Meine Schule

Schulmeist

oder die Geschichte meiner Ausbildung

Hugh Miller

Writat

Diese Ausgabe erschien im Jahr 2024

ISBN: 9789361462559

Herausgegeben von
Writat
E-Mail: info@writat.com

Inhalt

AN DEN LESER. ....- 1 -

KAPITEL I. ....- 3 -

KAPITEL II. ....- 18 -

KAPITEL III. ....- 34 -

KAPITEL IV. ....- 50 -

KAPITEL V. ....- 67 -

KAPITEL VI. ....- 84 -

KAPITEL VII. ....- 101 -

KAPITEL VIII. ....- 119 -

KAPITEL IX. ....- 136 -

KAPITEL X. ....- 153 -

KAPITEL XI. ....- 176 -

KAPITEL XII. ....- 196 -

KAPITEL XIII. ....- 214 -

KAPITEL XIV. ....- 235 -

KAPITEL XV. ....- 255 -

KAPITEL XVI. ....- 275 -

KAPITEL XVII. ....- 295 -

KAPITEL XVIII. ....- 314 -

KAPITEL XIX. ....- 330 -

KAPITEL XX. ....- 347 -

KAPITEL XXI. ....- 368 -

KAPITEL XXII. ....- 381 -

KAPITEL XXIII. ....- 398 -

KAPITEL XXIV. ....- 418 -

KAPITEL XXV. ....- 433 -

FUßNOTEN: ....- 450 -

AN DEN LESER.

Es ist nun fast hundert Jahre her, dass Goldsmith in seiner kleinen pädagogischen Abhandlung bemerkte, dass „über wenige Themen häufiger geschrieben wurde als über die Erziehung der Jugend". Und während des Jahrhunderts, das seit dieser Aussage beinahe vergangen ist, wurden der Welt so viele weitere Werke zu diesem fruchtbaren Thema gegeben, dass sich ihre Zahl mindestens verdoppelt hat. Fast alle Männer, die jemals ein paar Schüler unterrichtet haben, und viele weitere, die nie welche unterrichtet haben, halten sich für qualifiziert, etwas Originelles über Erziehung zu sagen; und vielleicht sind bisher nur wenige Bücher dieser Art erschienen, wie mittelmäßig ihr allgemeiner Ton auch sein mag, in denen nicht tatsächlich etwas Beachtungswürdiges gesagt wurde. Und doch habe ich, obwohl ich nicht wenige Bände zu diesem Thema gelesen und in viele weitere hineingeschaut habe, in ihnen nie die Art von Anleitung oder Ermutigung gefunden, die ich bei der Ausarbeitung meiner eigenen Erziehung am meisten brauchte. Sie betonten viel die verschiedenen Methoden, andere zu unterrichten, sagten aber nichts – oder, was auf dasselbe hinauslief, nichts Zweckmäßiges – über die beste Methode, sich selbst zu unterrichten. Und da meine Umstände und meine Position zu der Zeit, als ich die meiste Gelegenheit hatte, sie zu konsultieren, denen der bei weitem größten Bevölkerungsgruppe dieses und jedes anderen zivilisierten Landes entsprachen – denn ich war einer der vielen Millionen, die lernen müssen und dennoch niemanden haben, der sie unterrichtet –, konnte ich nicht umhin, das Versäumnis als schwerwiegend zu betrachten. Ich bin jedoch inzwischen zu der Überzeugung gelangt, dass eine formelle Abhandlung über Selbstbildung diesen Mangel möglicherweise nicht beheben kann. Neugier muss geweckt werden, bevor sie befriedigt werden kann; ja, wenn sie einmal geweckt ist, wird sie sich am Ende immer vollständig selbst befriedigen; und mir ist eingefallen, dass ich, indem ich den Arbeitern des Landes einfach die „Geschichte meiner Ausbildung" erzähle, zunächst ihre Neugier wecken und sie dann, zumindest gelegentlich, auch befriedigen kann. Sie werden feststellen, dass die mit Abstand besten Schulen, die ich je besucht habe, Schulen sind, die allen offen stehen – dass die besten Lehrer, die ich je hatte, (obwohl streng in ihrer Disziplin) immer leicht zu erreichen sind – und dass die spezielle *Klasse* , in der ich, wenn ich das so sagen darf, als Schüler am erfolgreichsten war, eine Klasse war, zu der ich mich stark hingezogen fühlte, in der ich jedoch weniger Hilfe von meinen Mitschülern oder sogar von Büchern bekam als in allen anderen. Es gibt nur wenige Naturwissenschaften, die den Arbeitern Großbritanniens und Amerikas nicht so offen stehen wie mir die Geologie.

Meine Arbeit kann also, wenn sie mir nicht völlig misslungen ist, als eine Art pädagogische Abhandlung angesehen werden, die in erzählender Form verfasst und insbesondere an Arbeiter gerichtet ist. Sie werden feststellen, dass ein beträchtlicher Teil der darin aufgezeichneten Szenen und Ereignisse ihnen eine Lehre, sei es als Ermutigung oder Warnung, vermittelt oder gelegentlich Licht auf Charaktereigenschaften oder merkwürdige Naturphänomene wirft, auf die ihre Aufmerksamkeit nicht unnütz gelenkt werden könnte. Sollte sich herausstellen, dass sie für irgendeine andere Klasse von Interesse ist, wird dies hauptsächlich auf die Einblicke zurückzuführen sein, die sie in das Innenleben des schottischen Volkes gewährt, und auf dessen Bezug zu dem, was etwas ungeschickt als „Frage des Zustands des Landes" bezeichnet wurde. Meine Skizzen werden, so hoffe ich, als wahrheitsgetreu und naturgetreu anerkannt werden. Und da ich noch nie die Autobiographie eines Arbeiters der aufmerksameren Art gelesen habe, ohne ihr neue Fakten und Ideen über die Umstände und den Charakter eines Teils der Menschen zu verdanken, mit denen ich zuvor weniger gut vertraut war, kann ich hoffen, dass meine Geschichte, wenn man sie einfach als die Erinnerung an eine lange Reise durch noch nicht sehr sorgfältig erkundete Gesellschaftsviertel und Szenen betrachtet , die nur wenige Leser selbst beobachten konnten, etwas von dem Interesse besitzt, das den Erzählungen von Reisenden zukommt, die Dinge sehen, die man nicht oft sieht, und infolgedessen wissen, was nicht allgemein bekannt ist. In einem Werk in autobiografischer Form hat der Autor immer viel zu entschuldigen. Da er sich selbst als sein Thema hat, erzählt er normalerweise nicht nur mehr, als er sollte, sondern in nicht wenigen Fällen auch mehr, als er beabsichtigt. Denn wie schon richtig bemerkt wurde, verrät der Autor seiner eigenen Memoiren selten den wahren Charakter, egal, welchen Charakter er annehmen möchte. Er hat fast immer seine unbeabsichtigten Enthüllungen, die Eigenheiten offenbaren, derer er sich nicht bewusst ist, und Schwächen, die er nicht als solche erkannt hat; und man wird zweifellos sehen, dass ich das, was in Werken wie meinem so häufig getan wird, nicht vermieden habe. Aber ich setze voll und ganz auf die Gutmütigkeit des Lesers. Ich vertraue darauf, dass meine Ziele ehrlich waren; und sollte es mir in gewissem Maße gelingen, die bescheideneren Klassen zu der wichtigen Arbeit der Selbstkultur und Selbstverwaltung aufzurütteln und die höheren Klassen davon zu überzeugen, dass es Fälle gibt, in denen Arbeiter mindestens einen ebenso legitimen Anspruch auf ihren Respekt wie auf ihr Mitleid haben, werde ich die üblichen Strafen des Autobiographen nicht als einen zu hohen Preis für die Erreichung so wichtiger Ziele erachten.

KAPITEL I.

„Ihr Herren von England,

    Die zu Hause in Frieden leben,

Oh, wenig denkst du über

    Die Gefahren der Meere." – ALTES LIED.

Vor etwas mehr als achtzig Jahren wurde ein kräftiger kleiner Junge, im sechsten oder siebten Jahr, von einem altmodischen Bauernhaus im oberen Teil der Gemeinde Cromarty losgeschickt, um einen Wurf Welpen in einem nahe gelegenen Teich zu ertränken. Der Auftrag schien ihm nicht im Geringsten angenehm. Er setzte sich neben den Teich und begann um seinen Schützling zu weinen; und schließlich, nachdem er viel Zeit in einem Anfall von Unentschlossenheit und Kummer vergeudet hatte, wickelte er die Welpen, anstatt sie dem Wasser zu überlassen, in seinen kleinen Kilt und machte sich auf den Weg über einen unübersichtlichen Pfad, der sich durch die verkümmerte Heide des trostlosen Maolbuoy Common schlängelte, in eine dem Bauernhaus – seinem Zuhause seit zwei zwölf Monaten – entgegengesetzte Richtung. Nach einigem zweifelhaften Umherirren auf der Wüste gelang es ihm, vor Einbruch der Nacht die benachbarte Hafenstadt zu erreichen und sich, beladen mit seinem Schützling, an der Tür seiner Mutter einzufinden. Die arme Frau – eine Matrosenwitwe in sehr bescheidenen Verhältnissen – hob erstaunt die Hände: „Oh, mein unglücklicher Junge", rief sie aus, „was ist das? – was führt dich hierher?" „Die kleinen Hündchen, Mutter", sagte der Junge; „ich konnte die kleinen Hündchen nicht ertränken und habe sie zu dir gebracht." Was danach mit den „kleinen Hündchen" geschah, weiß ich nicht; aber so unbedeutend der Vorfall auch erscheinen mag, er hatte einen deutlichen Einfluss auf die Umstände und das Schicksal von mindestens zwei Generationen von Wesen, die höher standen als sie selbst. Der Junge, der sich hartnäckig weigerte, zum Bauernhaus zurückzukehren, musste, seinem Wunsch entsprechend, als Schiffsjunge an Bord geschickt werden; Der Autor dieser Kapitel wurde folglich als Sohn eines Seemanns geboren und war bereits im Alter von fünf Jahren für seinen Lebensunterhalt hauptsächlich auf die fleißige, aber schlecht bezahlte Arbeit seines einzigen überlebenden Elternteils angewiesen, der zu dieser Zeit die Witwe eines Seemanns war.

Der kleine Junge aus dem Bauernhaus stammte aus einer langen Linie von Seefahrern – geschickten und abenteuerlustigen Matrosen – von denen einige schon zu Zeiten von Sir Andrew Wood und den „kühnen Bartons" die schottische Küste entlang gefahren waren und vielleicht dabei geholfen hatten, jenes „riesige Schiff Great Michael" zu bemannen, das „ganz

Schottland aufforderte, es in See zu stechen". Sie hatten sich so natürlich an das Wasser gewöhnt wie der Neufundländer oder das Entlein. Die Lebensverschwendung, die in der Seefahrt immer so groß ist, war in der gerade verstorbenen Generation noch größer als sonst. Von den beiden Onkeln des Jungen war einer mit Anson um die Welt gesegelt und hatte dabei geholfen, Paita niederzubrennen und die Galeone Manilla zu entern; aber als er die englische Küste erreichte, verschwand er auf mysteriöse Weise und man hörte nie wieder von ihm. Der andere Onkel, ein bemerkenswert gutaussehender und kräftiger Mann – oder, um die schlichte, aber nicht ausdruckslose Sprache zu verwenden, in der ich ihn beschreiben hörte, „ein so *hübscher* Kerl, wie noch nie jemand in Schuhleder gestanden hat" – kam bei einem Sturm auf See um; und mehrere Jahre später wurde der Vater des Jungen bei der Einfahrt in den Firth of Cromarty von einer plötzlichen Böe vom Baum seines Schiffes über Bord geworfen und stand, anscheinend betäubt von dem Aufprall, nie wieder auf. Kurz darauf hatte seine Mutter den Jungen in der Hoffnung, ihren Sohn vor dem scheinbar erblichen Schicksal zu bewahren, der Obhut einer Schwester anvertraut, die mit einem Bauern der Gemeinde verheiratet war und nun die Besitzerin des Bauernhauses von Ardavell war; aber der Tod der Familie ließ sich nicht so vermeiden; und die Vereinbarung endete, wie man gesehen hat, mit der Transaktion am Teich.

Im Laufe der Zeit wuchs der junge Seemann trotz Härte und rauer Behandlung zu einem außergewöhnlich kräftigen und aktiven Mann heran, nicht über Mittelgröße – denn seine Größe überschritt nie 1,73 m –, aber breitschultrig, mit tiefem Brustkorb, kräftigen Gliedmaßen und so kompakten Knochen und Muskeln, dass es auf einem Linienschiff, auf dem er später segelte, unter fünfhundert fähigen Seeleuten keinen Mann gab, der ein so großes Gewicht heben oder auf Augenhöhe mit ihm ringen konnte. Seine Erziehung war zu Hause nur mittelmäßig gepflegt worden: Er hatte jedoch von einer Cousine, einer Nichte seiner Mutter, die wie sie sowohl die Tochter als auch die Witwe eines Seemanns war, das Lesen gelernt; und für das einzige Kind seiner Cousine, ein etwas jüngeres Mädchen, hatte er eine kindliche Zuneigung entwickelt, die ihn in stärkerer Form auch nach seiner Kindheit noch besessen hatte. In der Muße, die ihm auf langen Reisen nach Indien und China zur Verfügung stand, lernte er das Schreiben; und profitierte so sehr von den Anweisungen eines Kameraden, eines intelligenten und warmherzigen, wenn auch rücksichtslosen Iren, dass er geschickt genug wurde, um ein Logbuch zu führen und mit der nötigen Genauigkeit Rechnung zu tragen – Fähigkeiten, die damals unter gewöhnlichen Matrosen alles andere als üblich waren. Er entwickelte auch eine Vorliebe für das Lesen. Die Erinnerung an die Tochter seines Cousins mag ihn beeinflusst haben, aber er begann sein Leben mit der Entschlossenheit, darin aufzusteigen – verdiente sein erstes Geld, indem er seinen Grog auf Vorrat anhäufte, anstatt ihn zu trinken – und trieb, wie es damals üblich war, ein wenig Handel mit den Eingeborenen aus fremden Gegenden mit Kuriositäten und Vertuschungen, für die, wie ich vermute, die Zollgebühren nicht immer bezahlt wurden. Bei all seiner schottischen Umsicht und bei viel Herzensgüte und Gelassenheit des Gemüts floss jedoch auch etwas wildes Blut in seinen Adern, vielleicht von einem oder zwei raubtierhaften Vorfahren, das, wenn es über seine Grenzen hinaus erregt wurde, hinreichend furchterregend wurde; und das zumindest bei einer Gelegenheit seine Pläne und Aussichten erheblich durchkreuzte.

Auf einer langen und mühsamen Reise auf einem großen Ostindienschiff war er zusammen mit der übrigen Mannschaft von einem strengen, launischen Kapitän hart angegangen worden; aber da er sicher war, dass er bei der Ankunft im Hafen Hilfe bekommen würde, hatte er alles klaglos ertragen. Sein Kamerad und ehemaliger Lehrer, der Ire, war jedoch weniger geduldig; und weil er dem Tyrannen als Mitglied einer Abordnung der Seeleute in einer als rebellisch angesehenen Stimmung Vorhaltungen machte, wurde er festgenommen und gerade unter der tropischen Sonne an Deck genagelt, als sein ruhigerer Kamerad, dessen Blut inzwischen bis zum Siedepunkt erhitzt war, nach achtern trat und mit scheinbarer Gelassenheit seine Beschwerde erneut vortrug. Der Kapitän zog eine geladene Pistole aus seinem Gürtel; der Matrose hob die Hand; und als die Kugel durch die Takelage oben pfiff, rang er mit ihm und entwaffnete ihn im Nu. Die Mannschaft erhob sich, und in wenigen Minuten gehörte das Schiff ihnen ganz. Da sie jedoch nicht mit einem solchen Ergebnis gerechnet hatten, wussten sie nicht, was sie mit ihrer Schützling anfangen sollten. Sie folgten dem Rat ihres neuen Anführers, der sich der Verlegenheit der Lage voll bewusst war, und begnügten sich damit, als Kapitulationsbedingungen die Wiedergutmachung ihrer Beschwerden zu fordern. Da kam, ganz ungelegen für ihre Ansprüche, ein Kriegsschiff in Sicht, das großen Mangel an Männern hatte. Als es auf den Ostindienfahrer zusteuerte, wurde die Meuterei sofort niedergeschlagen und die führenden Meuterer an Bord des bewaffneten Schiffes geschickt, begleitet von einer schweren Schützling und den schlimmsten Charakteren, die man sich vorstellen kann. Zu ihrem Glück und vor allem für den Iren und seinen Freund war das Kriegsschiff durch Skorbut, damals die ungezähmte Plage der Marine, so geschwächt, dass kaum zwei Dutzend seiner Besatzungsmitglieder auf hoher See ihren Dienst verrichten konnten. Auch ein heftiger tropischer Sturm, der nicht lange darauf ausbrach, sprach entscheidend zu ihren Gunsten. und die Affäre endete mit der Beförderung des Iren zum Schiffsschulmeister und seines schottischen Kameraden zum Kapitän auf dem Vordeck.

Meine Erzählung beschränkt sich auf Letzteres. Er blieb mehrere Jahre an Bord eines Kriegsschiffs, und obwohl er den Dienst nicht besonders liebte, tat er seine Pflicht sowohl im Sturm als auch in der Schlacht. Er diente im Gefecht vor der Doggerbank, einem der letzten Seegefechte, bevor das Manöver zum Durchbrechen der Linie der britischen Tapferkeit ihre gebührende Überlegenheit verlieh, indem es alle unsere großen Seeschlachten entscheidend machte; und ein Kamerad, der auf demselben Schiff segelte und von dem ich als Junge um meines Vaters willen Freundlichkeiten erfahren habe, hat mir erzählt, dass ihr Schiff zu dieser Zeit nur mittelmäßig bemannt war und die außergewöhnliche persönliche Stärke und Aktivität seines Freundes wohlbekannt war, dass ihm ein Posten an seinem Geschütz gegen zwei Besatzungsmitglieder zugewiesen wurde, und dass er während des Gefechts tatsächlich beide besiegte. Schließlich jedoch trieb der Feind nach Lee, um sich neu auszurüsten; und als er die zerfetzte und zerfetzte Takelage reparieren sollte, war sein Zustand der Erschöpfung infolge der vorherigen Überanstrengung aller Nerven und Muskeln so groß, dass er kaum noch Kraft hatte, den für die Arbeit verwendeten Marlingspiks bis auf Gesichtshöhe zu heben. Plötzlich, als er sich in diesem Zustand befand, wurde ein Signal entlang der Leine gesendet, dass die bereits wieder ausgerüstete holländische Flotte sich näherte, um das Gefecht wieder aufzunehmen. Ein Schauer wie von einem elektrischen Schlag durchfuhr den Körper des erschöpften Matrosen; seine Müdigkeit verließ ihn sofort; und, kräftig und stark wie zu Beginn der Schlacht, war er wie zuvor in der Lage, seinen beiden Kameraden die eine Seite einer 20-Pfünder-Kanone entgegenzuschießen. Das Beispiel ist ein merkwürdiges Beispiel für den Einfluss jenes „Geistes", der laut dem Weisen König einen Mann befähigt, „seine Gebrechlichkeit zu ertragen".

Es ist vielleicht besser, nicht zu neugierig nachzufragen, auf welche Weise dieser tüchtige Seemann die Marine verließ. Das Land hatte seine Dienste in Anspruch genommen, ohne seinen Willen zu prüfen, und er, so vermute ich, nahm sie in seinem eigenen Namen wieder in Anspruch, ohne vorher um Erlaubnis zu bitten. Meine Mutter hat mir erzählt, dass er die Marine sehr unerträglich fand; die Meuterei auf der Nore hatte den Dienst für den einfachen Seemann noch nicht verbessert. Neben anderen Härten hatte er mehr als einmal unter nicht nur sehr harten, sondern auch sehr inkompetenten Offizieren zu leiden; und einmal, nachdem er bei einem heftigen Nachtsturm mit einigen der besten Seeleute an Bord auf der Fock geschuftet hatte, musste er bei vergeblichen Versuchen, das Segel einzurollen, mit der Mütze in der Hand hinuntersteigen, auf die Gefahr hin, ausgepeitscht zu werden, und den verantwortlichen Leutnant demütig anflehen, anzuordnen, dass der Bug des Schiffes in eine bestimmte Richtung gelegt wird. Glücklicherweise befolgte der junge Herr den Rat und in wenigen Minuten war das Segel eingerollt. Er verließ sein Schiff eines schönen Morgens, in seine beste Kleidung gekleidet und mit einem Dreispitz auf dem Kopf, an dessen Ecken Spitzenbüschel waren. Ich erinnere mich noch gut an diesen Hut, da er lange danach zu Weihnachten und Neujahr eine wichtige Rolle bei gewissen Knabenmaskenfesten spielen sollte. Da er wirksame Vorkehrungen für den Fall getroffen hatte, dass er am Abend als vermisst gemeldet werden könnte, machte er sich aus dem Staub.

Von einigen späteren Ereignissen seines Lebens habe ich nur noch bruchstückhafte Erinnerungen, losgelöst von Datum und Ort, wie sie die Vorstellungskraft eines Kindes am leichtesten erfassen kann. Einmal, als er auf einer seiner Indienreisen war, verbrachte er während der Nacht, begleitet von nur einem Kameraden, in einem kleinen offenen Boot in der Nähe einer der kleineren Gangesmündungen. Er war gerade auf den Balken eingeschlafen, als er plötzlich von einer heftigen Bewegung aufgeweckt wurde, als würde sein Boot kentern. Als er aufsprang, sah er im unscharfen Licht einen riesigen Tiger, der anscheinend aus dem benachbarten Dschungel hergeschwommen war und gerade dabei war, das Boot zu entern. Er war so verblüfft, dass er, obwohl ein geladenes Gewehr neben ihm lag, einen der losen Balken oder *Fußspieren*, die beim Rudern als Stützpunkte für die Füße dienen, als Waffe ergriff; aber der Schlag, den er den Pfoten des Tieres versetzte, als sie auf der Bordwand ruhten, war so heftig, dass es mit einem fürchterlichen Knurren abfiel und er es nie mehr sah. Bei einer anderen Gelegenheit war er einer von drei Männern, die mit Depeschen in einem Boot zu einem indianischen Hafen geschickt wurden, das bei einem Sturm auf offener See kenterte und ihnen für fast drei Tage nur den umgedrehten Boden als Ruheplatz ließ. Und während dieser Zeit versammelten sich die Haie so dicht um sie herum, dass, obwohl ein Fass Rum, ein Teil der Vorräte des Bootes, die ersten zwei Tage nur wenige Meter von ihnen entfernt schwamm und sie weder Essen noch Trinken hatten, keiner von ihnen, obwohl sie alle gut schwammen, den Versuch wagte, es zurückzuholen. Sie wurden schließlich von einem spanischen Schiff abgelöst und mit solcher Freundlichkeit behandelt, dass der Gegenstand meiner Erzählung danach immer wieder gut von den Spaniern als einem großzügigen Volk sprach, das schließlich zum Aufstieg bestimmt war. Einmal litt er auf einem Schiff, dessen halbe Besatzung von der Krankheit dahingerafft worden war, so sehr an Skorbut, dass er zwar noch imstande war, auf dem Oberdeck Dienst zu tun, der Druck seines Fingers jedoch mehrere Sekunden lang eine Delle in seinem Oberschenkel hinterließ, als hätte das Muskelfleisch die Konsistenz von Teig angenommen. Ein anderes Mal, als er auf einem kleinen Schiff von einem anhaltenden Sturm heimgesucht wurde, in dem „viele Tage lang weder Sonne noch Mond zu sehen waren", hielt er das Ruder zwölf Stunden lang in der Hand, nachdem alle anderen Männer an Bord völlig erschöpft und am Boden lagen, und schaffte es infolgedessen, den Sturm für sie alle zu überstehen. Und nach seinem Tod wurde ein Neffe meiner Mutter, ein junger Mann, der bei ihm in die Lehre gegangen war, auf der spanischen Halbinsel seinetwegen von einem westindischen Kapitän mit großer Freundlichkeit behandelt. Wie der Kapitän dem Jungen erzählte, hatte er Schiff und Mannschaft gerettet, indem er sie bei einem Sturm unter unmittelbarer Gefahr für sich selbst enterte und ihr Schiff in den Hafen steuerte, als sie unter ähnlichen Erschöpfungsumständen direkt auf eine eisenbeschlagene Küste zutrieben. Viele meiner anderen Erinnerungen an diesen mannhaften Seemann sind in ihrem Charakter ebenso fragmentarisch; aber in ihnen allen steckt ein deutliches Bild, das die Fantasie des Jungen stark beeindruckte.

Als er knapp dreißig war, kehrte der Seemann mit genug Geld, das er hart verdient und sorgfältig aufbewahrt hatte, in seine Heimatstadt zurück, um eine schöne große Schaluppe zu kaufen, mit der er Küstenschifffahrt betrieb; und kurz darauf heiratete er die Tochter seiner Cousine. Er fand seine Cousine, die sich als Witwe durch Unterrichten an einer Schule ernährt hatte, in einem schäbigen, altmodischen Haus mit drei Zimmern vor, dessen Fenster im zweiten Stock jedoch halb in der Dachtraufe vergraben waren. Dieses Haus hatte ihr ihr gemeinsamer Großvater, der alte John Feddes, einer der letzten Freibeuter, hinterlassen. Ich habe allen Grund zu der Annahme, dass es mit spanischem Gold gebaut worden war; allerdings nicht mit viel Gold, denn trotz seiner sechs Zimmer war es ein eher bescheidenes Gebäude und inzwischen stark verfallen. Es wurde mit einem Teil des Geldes des Seemanns eingerichtet und wurde nach seiner Heirat sein Zuhause – ein Zuhause, das durch die Anwesenheit seiner Cousine, die nun in die Jahre gekommen war und während ihrer langen Witwenschaft inmitten ihrer Sorgen und Entbehrungen Trost gesucht und gefunden hatte, noch glücklicher wurde, da er ihn am sichersten finden konnte. Sie war eine sanftmütige, aufrichtig fromme Frau, und der Seemann hatte während seiner längeren Reisen – denn er trieb manchmal Handel mit Häfen der Ostsee einerseits und denen Irlands und Südenglands andererseits – den Trost zu wissen, dass seine Frau, deren Gesundheitszustand chronisch angeschlagen war , von einer hingebungsvollen Mutter sorgfältig gepflegt und versorgt wurde. Das Glück, das er sonst genossen hätte, wurde jedoch in gewissem Maße durch die große Zartheit seiner Frau getrübt und schließlich durch zwei unglückliche Unfälle zerstört.

Er hatte den Charakter, der sich in jungen Jahren am Teich gezeigt hatte, nicht verloren: für einen Mann, der dem Tod oft ins Auge geblickt hatte, war er dennoch liebevoll mit Menschenleben umgegangen und hatte oft sein eigenes aufs Spiel gesetzt, um das anderer zu retten; und als er einmal kurz vor der Abfahrt von seiner Frau und ihrer Mutter zu seinem Schiff begleitet wurde, musste er sich in ihrer Gegenwart leider für einen seiner Seeleute anstrengen, und zwar auf eine Weise, die ihr einen Schock versetzte, von dem sie sich nie wieder erholte. Ein klarer, frostiger Abend im Mondlicht war angebrochen; der Kopf der Mole glitzerte von neu gebildetem Eis; und als einer der Seeleute dabei war, ein gerade losgemachtes Schlepptau umzuwerfen, verlor er auf dem tückischen Rand den Halt und fiel ins Meer. Der Kapitän wusste, dass sein Mann nicht schwimmen konnte; in den ersten Stunden der Ebbe strömt eine mächtige Flut vom Meer her an der Stelle vorbei; es war keine Zeit zu verlieren; und er warf hastig seinen schweren Mantel ab und stürzte sich hinter ihn, und im Nu riss die starke Strömung sie beide außer Sicht. Es gelang ihm jedoch, den halb ertrunkenen Mann zu packen, und indem er mit ihm aus der gefährlichen Flut in einen Wirbel trieb, erreichte er mit herkulischer Anstrengung den Kai. Als er ihn erreichte, lag seine Frau bewusstlos in den Armen ihrer Mutter; und da sie sich zu dieser Zeit in dem empfindlichen Zustand befand, der verheirateten Frauen eigen ist, folgte die natürliche Konsequenz, und sie erholte sich nie von dem Schock, sondern blieb länger als zwölf Meilen als bloßer Schatten ihres früheren Selbst zurück; als ein zweites Ereignis, ebenso ungünstig wie das erste, den schnell ablaufenden Sand zu heftig erschütterte und ihren Untergang herbeiführte.

Ein anhaltender Sturm aus stürmischem Nordosten hatte den Moray Firth seiner Schiffe beraubt und die sturmgebeutelten Schiffe zu Dutzenden im prachtvollen Hafen von Cromarty versammelt, als der Wind plötzlich umschlug und sie alle in See stachen, darunter auch die Schaluppe des Kapitäns. Die anderen Schiffe hielten sich im offenen Firth; der Kapitän jedoch, der mit der Navigation bestens vertraut war und glaubte, dass der Windwechsel nur vorübergehend war, fuhr weiter dicht an Land auf der Wetterseite, bis, wie er erwartet hatte, die Brise voll in die alte Richtung wehte und sich zu einem Sturm steigerte. Und dann, als dem Rest der Flotte keine andere Wahl blieb, als einfach wieder zurückzufahren, segelte er mit einem langen Schlag in den Firth hinein, umrundete Kinnaird's Head und das gefürchtete Buchan Ness und schaffte es, seine Reise Richtung Süden erfolgreich abzuschließen. Am nächsten Morgen drängten sich die windgebeutelten Schiffe wie zuvor im Zufluchtshafen, und nur seine Schaluppe fehlte. Zu dieser Zeit war der erste Krieg der Französischen Revolution ausgebrochen; man wusste, dass sich mehrere französische Freibeuter an der Küste aufhielten; und es ging das Gerücht um, dass die vermisste Schaluppe von den Franzosen gekapert worden war. In der Nachbarschaft lebte ein wettergegerbter Schneider, der sehr merkwürdige Dinge zu tun pflegte, besonders, so hieß es, wenn der Mond voll war. Der Autor erinnert sich an ihn, weil er ihm seine erste Jacke anfertigte. Obwohl es ihm gelang, einen Ärmel an das Loch an der Schulter zu nähen, wo es sein sollte, beging er den kleinen Fehler, den anderen Ärmel an eines der Taschenlöcher zu nähen. Der arme Andrew Fern hatte gehört, dass die Schaluppe seines Stadtbewohners von einem Freibeuter gekapert worden war, und zappelig und ungeduldig, bis er die Nachricht dort weitergegeben hatte, wo sie seiner Meinung nach am wirksamsten sein würde, suchte er die

Frau des Kapitäns auf, um sie zu fragen, ob sie nicht gehört habe, dass alle windgetriebenen Schiffe außer dem des Kapitäns zurückgekehrt seien, und sich darüber wunderte, dass ihr noch niemand gesagt hatte, dass sein Schiff, wenn *es* nicht zurückgekehrt sei, einfach deshalb nicht zurückgekehrt sei, weil es von den Franzosen gekapert worden sei. Die Nachricht des Schneiders sprach eine stärkere Sprache, als er hätte ahnen können: Weniger als eine Woche später war die Frau des Kapitäns tot; und lange vor der Rückkehr ihres Mannes lag sie in der ruhigen Familienbegräbnisstätte, in der – so schwer waren die Belastungen durch Unfälle und gewaltsame Todesfälle für die Familie – seit mehr als hundert Jahren die Überreste keiner der männlichen Mitglieder beigesetzt worden waren.

Die Mutter, die nun durch den Tod ihrer Tochter in ein trostloses Einsamsein gestürzt war, versuchte, die Langeweile während der Abwesenheit ihres Schwiegersohns auf seinen häufigen Reisen zu lindern, indem sie, wie sie es vor seiner Rückkehr aus dem Ausland getan hatte, eine bescheidene Schule leitete. Sie wurde von zwei kleinen Mädchen besucht, den Kindern einer entfernten Verwandten, aber sehr lieben Freundin, der Frau eines örtlichen Kaufmanns – einer Frau, die wie sie selbst von aufrichtiger, wenn auch unprätentiöser Frömmigkeit war. Ihre Charakterähnlichkeit in dieser Hinsicht konnte kaum auf ihren gemeinsamen Vorfahren zurückgeführt werden. Er war der letzte Vikar der benachbarten Gemeinde Nigg; und obwohl er keiner jener intoleranten episkopalen Geistlichen war, die es schafften, ihre Kirche dem schottischen Volk völlig verhasst zu machen – denn er war ein einfacher, unkomplizierter Mann mit viel gutem Charakter –, war er, wenn die Überlieferung stimmt, so wenig religiös wie alle anderen. In einer der früheren Antworten auf dieses merkwürdige Werk, „Scotch Presbyterian Eloquence Displayed", finde ich eine unsinnige Passage aus einer der Predigten des Vikars, die als Gegenargument zu dem von der Gegenseite vorgebrachten presbyterianischen Unsinn dient. „Mr. James M'Kenzie, Vikar von Nigg in Ross", sagt der Autor, „beschrieb seinen Gemeindemitgliedern die Ewigkeit und sagte ihnen, dass sie in diesem Zustand unsterblich würden, sodass ihnen nichts schaden könne: Ein Hieb mit einem Breitschwert könne Ihnen nichts anhaben, sagt er; nein, eine Kanonenkugel würde Sie nur *treffen*." Die meisten Nachkommen des Vikars waren überzeugte Presbyterianer und von einem weitaus stärkeren Geist beseelt als er; und keiner von ihnen war überzeugter in seinem Presbyterianismus als die beiden älteren Frauen, die im vierten Grad mit ihm verwandt waren und die auf der Grundlage eines gemeinsamen Glaubens zu innigen Freundinnen geworden waren. Die kleinen Mädchen waren bei der Lehrerin sehr beliebt, und als sie im Alter gesundheitlich nachließ, zog die ältere der beiden aus dem Haus ihrer Mutter aus, um bei ihr zu leben und für sie zu sorgen. Die jüngere, die sich inzwischen zu einer hübschen jungen Frau entwickelt hatte, verbrachte nach wie vor viel Zeit mit ihrer Schwester und ihrer alten Lehrerin.

Inzwischen ging es dem Schiffskapitän gut. Er kaufte ein Grundstück für ein Haus neben dem seines raubgierigen Großvaters und baute für sich und seinen alten Verwandten ein anständiges Haus, das ihn etwa vierhundert Pfund kostete und seinem Sohn, dem Schriftsteller, das Wahlrecht nach der Verabschiedung des Reformgesetzes, deutlich mehr als dreißig Jahre später, einräumte. Das neue Haus sollte jedoch nie von seinem Erbauer bewohnt werden; denn bevor es vollständig fertiggestellt war, wurde er von einem traurigen Unglück heimgesucht, das für einen Mann mit weniger Energie und Entschlossenheit den Ruin bedeutet hätte, und infolgedessen musste er sich mit dem alten Haus wie zuvor zufrieden geben und die Welt fast von vorne beginnen. Ich bin jetzt an einem Punkt in meiner Erzählung angelangt, an dem ich aufgrund meiner Verbindung mit den beiden kleinen Mädchen – die beide noch immer in dem etwas veränderten Charakter von Frauen in fortgeschrittenem Alter leben – so genau auf die Einzelheiten eingehen kann, wie ich will; und die Einzelheiten des Missgeschicks, das den Schiffskapitän um die Verdienste jahrelanger Sorgfalt und Arbeit brachte, vermischt mit dem, was ein alter Kritiker als merkwürdige *Maschinerie* des Übernatürlichen bezeichnen würde, scheinen es nicht unwürdig, hier in voller Länge wiedergegeben zu werden.

Anfang November 1797 lagen zwei Schiffe – das eine ein Kutter im Handel zwischen London und Inverness, das andere die Rahsegel-Schaluppe des Kapitäns – auf ihrer Fahrt nach Norden einige Tage im Hafen von Peterhead gefangen. Das zuvor stürmische und unbeständige Wetter beruhigte sich gegen Abend des fünften Tages ihrer Festmachung. Als der Wind plötzlich auf Ost drehte, machten sich beide Schiffe von ihren Verankerungen los, und als ein ziemlich trüber Tag in eine noch trübere Nacht überging, fuhren sie aufs Meer hinaus. Die Brise frischte bald zu einem Sturm auf; der Sturm schwoll zu einem Orkan an, begleitet von einem dichten Schneesturm. Als das Kutter am nächsten Morgen früh den Firth durchfuhr, taumelte es unter seiner Sturmfock und einem gerefften Großsegel. Egal, welcher Wind weht, im Inneren der Sutors findet man immer Schutz. Bald lag es auf der Reede vor Anker. Aber es war allein in die Bucht eingefahren. und als der Tag anbrach und für eine kurze Zeit die treibende Schneewehe nach Osten aufklarte, tauchte kein zweites Segel in Sichtweite auf. „Der arme Miller!“, rief der Kapitän des Kutters aus, „wenn er nicht innerhalb einer Stunde in die Förde einfährt, wird er sie nie erreichen. Ein gutes, solides Schiff und ein besserer Seemann haben sich nie zwischen Bug und Heck gestellt, aber die letzte Nacht war, fürchte ich, zu viel für ihn. Er hätte schon längst hier sein sollen.“ Die Stunde verging, der Tag selbst verging schwer in Düsternis und

Sturm, und da nicht nur der Kapitän, sondern auch die gesamte Mannschaft der Schaluppe Einheimische des Ortes waren, konnte man, solange es hell war, Gruppen von Stadtbewohnern sehen, die von den vorspringenden Punkten der alten Küstenlinie, die sich unmittelbar hinter den Häusern erhebt und die Förde beherrscht, in den Sturm hinausschauten. Aber die Schaluppe kam nicht, und bevor sie sich in ihre Häuser zurückgezogen hatten, war eine zweite Nacht hereingebrochen, dunkel und stürmisch wie die erste.

Vor dem Morgen wurde das Wetter milder: ein scharfer Frost band den Wind in seinen eisigen Fesseln; und während des folgenden Tages war die Oberfläche des Meeres glasig und glatt geworden, obwohl eine schwere Dünung weiterhin zwischen den Sutors landwärts rollte und ihren weißen Schaum hoch gegen die Klippen schleuderte. Aber der Tag verging und es wurde wieder Abend; und selbst die Zuversichtlichsten gaben alle Hoffnung auf, die Schaluppe oder ihre Mannschaft je wiederzusehen. Es herrschte Trauer in der Wohnung des Kapitäns – Trauer, die nicht weniger ergreifend war, da es die tränenlose, klaglose Trauer des starren Alters war. Ihre beiden jungen Freunde und ihre Mutter wachten mit der Witwe, die nun, wie es schien, allein auf der Welt zurückgelassen war. Die Stadtuhr hatte Mitternacht geschlagen, und sie saß noch immer wie an ihren Sitz gefesselt, versunken in stille, betäubende Trauer, als man einen schweren Fuß die nun stille Straße entlanggehen hörte. Er ging vorüber und kam bald zurück; blieb für einen Moment fast gegenüber dem Fenster stehen; dann näherte sie sich der Tür, wo es eine zweite Pause gab; und dann folgte ein stockendes Klopfen, das die Herzen der Insassen im Inneren tief berührte. Eines der Mädchen sprang auf, und als die Tür aufging, schrie sie laut: „O Herrin, hier ist Jack Grant, der Maat!" Jack, ein großer, kräftiger Seemann, aber anscheinend in einem Zustand völliger Erschöpfung, taumelte, anstatt hineinzugehen, und warf sich in einen Stuhl. „Jack", rief die alte Frau und packte ihn krampfhaft an beiden Händen, „wo ist mein Cousin? – wo ist Hugh?" „Dem Kapitän geht es gut", sagte Jack; „aber die arme *Friendship* liegt in *Trümmern* auf der Sandbank von Findhorn." „Gott sei gepriesen!", rief die Witwe. „Lass das Zeug los!"

Ich habe Jacks Geschichte oft in Jacks eigenen Worten gehört, in einer Lebensphase, in der die Wiederholung niemals ermüdend ist; aber ich bin nicht sicher, ob ich ihr heute noch gerecht werden kann. „Wir verließen Peterhead", sagte er, „mit etwa einer halben Ladung Kohle – denn wir hatten das Schiff vor ein oder zwei Tagen leichter gemacht – und der Sturm frischte mit hereinbrechender Nacht auf. Wir machten jedoch alles fest; und obwohl die Schneewehen im dichten Regenschauer so blendend waren, dass ich kaum meine Hand vor mir sehen konnte, und obwohl es bald anfing, große Kanonen zu blasen, hatten wir dem Land einen guten Schlag versetzt, und der Hurrikan wehte in die richtige Richtung. Gerade als wir vom Kai losmachten, war eine arme junge Frau, schwer schwanger, mit einem Kind im Arm, an die Seite des Schiffes gekommen und hatte den Kapitän inständig gebeten, sie an Bord zu nehmen. Sie war die Frau eines Soldaten und reiste zu ihrem Mann nach Fort-George; aber sie war bereits erschöpft und mittellos, sagte sie; und jetzt, da ein Schneesturm drohte, die Straßen zu blockieren, konnte sie weder bleiben, wo sie war, noch ihre Reise fortsetzen. Auch ihr Kind – sie war sicher, wenn sie versuchte, sich ihren Weg durch die Hügel, es würde im Schnee zugrunde gehen. Der Kapitän, obwohl er uns bei solchem Wetter nicht mit einem Passagier belasten wollte, ließ sich aus Mitleid mit dem armen, mittellosen Geschöpf dazu bewegen, sie an Bord zu nehmen. Und sie war jetzt mit ihrem Kind ganz allein unten in der Kajüte. Ich stand vorne auf der Aussichtsplattform neben dem Fockpferd : die Nacht war stockfinster geworden; und die Lampe im Kompasshaus warf gerade genug Licht durch das Grau des Regenschauers, um mir den Kapitän am Steuer zu zeigen. Er sah besorgter aus, dachte ich, als ich ihn fast jemals zuvor gesehen hatte, obwohl ich schon bei schlechtem Wetter mit ihm zusammen gewesen bin, Herrin; und auf einmal sah ich, dass er Gesellschaft hatte, und zwar seltsame Gesellschaft für eine solche Nacht: da war eine Frau, die mit einem Kind in ihren Armen um ihn herumging. Ich konnte sie so deutlich sehen, wie ich jemals etwas sah – jetzt auf der einen Seite, jetzt auf der anderen – einmal ganz im Licht, dann wieder halb in der Dunkelheit verloren. Das, sagte ich mir, musste die Frau des Soldaten und ihr Kind sein; aber wie um alles in der Welt kann der Kapitän einer Frau erlauben, in einer Nacht wie dieser an Deck zu kommen, wenn wir selbst gerade genug zu tun haben, um uns auf den Beinen zu halten? Er nimmt auch keine Notiz von ihr, sondern schaut, ganz seiner Gewohnheit entsprechend, weiter zum Kompasshäuschen. „Meister", sagte ich und trat an ihn heran, „die Frau sollte besser unter Deck gehen." „Welche Frau, Jack?", sagte er; „unser Passagier ist, da können Sie sicher sein, nirgendwo anders." Ich sah mich um, Herrin, und sah, dass er ganz allein war und dass die Kajüte mit Haspeln heruntergekurbelt war. Ich bekam kalten Schweiß am ganzen Leib. „Jack", sagte der Kapitän, „die Nacht wird schlimmer und das Rollen der Wellen wird jeden Moment heftiger. Ich bin auch überzeugt, dass unsere Ladung verrutscht: Als die letzte Welle uns traf, konnte ich die Kohlen unten rasseln hören und sehen, wie steif wir uns nach Backbord neigen. Sagen Sie den Männern jedoch nichts, sondern behalten Sie Ihren Verstand bei sich und kümmern Sie sich in der Zwischenzeit um die Bootsausrüstung und die Ruder. Ich habe schon ein Boot gesehen, das eine so schlimme Nacht überlebt hat.' Während er sprach, schimmerte ein blaues Licht von oben auf dem Deck. Wir schauten auf und sahen ein erloschenes Feuer an den Salingen kleben. ‚Jetzt ist es mit uns vorbei, Meister', sagte ich. ‚Nein, Mann', antwortete der Meister in seiner lockeren, humorvollen Art, die mir immer recht gut gefällt, außer bei schlechtem Wetter, und dann sehe ich, dass er seinen Humor wie seinen Extragrog austeilt, um die Herzen zu trösten, die Grund genug haben, niedergeschlagen zu sein, – ‚Nein, Mann‘, sagte er, ‚wir können es uns nicht leisten, Ihre Großmutter heute Nacht an Bord zu lassen. Wenn Sie *mich* gegen die verrutschenden Kohlen versichern, bin ich Ihre Garantie gegen das erloschene Licht. Nun, es ist eine ebenso natürliche Erscheinung, Mann, wie ein Blitz. Gehen Sie zu Ihrer Koje und bleiben Sie guten Mutes: Wir können jetzt nicht weit von Covesea sein, wo, sobald wir die Schären hinter uns haben, die Dünung losgeht; und dann, in zwei kurzen Stunden, können wir gemütlich in den Sutors sein.' Ich hatte kaum meine Koje vorne erreicht, Herrin, als uns eine schwere See an Steuerbord traf und uns fast auf die Seite warf. Ich konnte das Rauschen der Kohlen unten hören, als sie sich an Backbord niederließen; und obwohl der Kapitän uns voll vor den Wind setzte und sofort befahl, jedes Segel zu lichten – und wir hatten im Moment nur wenig Segel zu lichten –, erhob sich das Schiff dennoch nicht, sondern lag unlenkbar wie ein Baumstamm mit der Bordwand im Wasser. Wir trieben jedoch weiter entlang der Südküste, mit wenig Erwartung, außer dass jede See uns auf den Grund treiben würde; bis wir uns im ersten Grau des Morgens zwischen den Brechern der schrecklichen Sandbank von Findhorn befanden. Und kurz darauf landete die arme *Friendship* direkt am Rand des Treibsandes, denn sie wollte weder bleiben noch tragen; und als sie heftig auf den Boden schlug, kam die Brandung bis auf Halbmasthöhe heran.

„Gerade als wir aufliefen“, fuhr Jack fort, „unternahm der Kapitän einen verzweifelten Versuch, in die Kajüte zu gelangen. Wir sahen, dass das Schiff nicht verfehlen konnte, auseinanderzubrechen und sich zu füllen; und obwohl es wenig Hoffnung gab, dass einer von uns jemals einen Fuß an Land setzen würde, wollte er der armen Frau unten eine Chance mit den anderen geben. Wir alle außer ihm, Herrin, waren in die Wanten gestiegen, und so konnten wir uns ein wenig umsehen; und er hatte gerade seine Hand auf den Riegel der Kajüte gelegt, um die Tür zu öffnen, als ich sah, wie eine gewaltige See wie eine sich bewegende Wand auf uns zurollte, und schrie ihm zu, er solle sich festhalten. Er sprang zum Luv-Achterstag und hielt sich fest. Die See kam herangestürzt und brach volle zwanzig Fuß über seinem Kopf und begrub ihn eine Minute lang im Schaum. Wir dachten, wir würden ihn nie wiedersehen; aber als sie sich auflöste, war er immer noch da, mit seinem eisernen Griff um das Stag, obwohl die furchtbare Welle die *Friendship* vom Bug bis zum Heck durchnässt und den Bug der Kajüte so sauber vom Deck gefegt hatte, als ob sie war mit einer Säge zerschnitten worden. Keine menschliche Hilfe konnte der armen Frau und ihrem Baby helfen. Der Herr konnte das schreckliche, erstickende Geräusch ihres Todeskampfes direkt unter seinen Füßen hören, nur ein fünf Zentimeter dickes Brett dazwischen; und die Geräusche verfolgen ihn seitdem. Aber selbst wenn es ihm gelungen wäre, sie an Deck zu bringen, hätte sie unmöglich überlebt, Herrin. Fünf lange Stunden klammerten wir uns an die Takelage, während die See die ganze Zeit wie wilde Pferde über uns hinwegfegte; und obwohl wir durch die Schneewehen und die Gischt Menschenmengen am Ufer und Boote sehen konnten, die dicht neben dem Pier lagen, wagte sich niemand hinaus, um uns zu helfen, bis gegen Ende des Tages der Wind mit der Ebbe nachließ und wir, mehr tot als lebendig, von einer freiwilligen Mannschaft aus dem Hafen an Land gebracht wurden. Die unglückselige *Friendship* begann noch vor Mittag unter uns auseinanderzubrechen, und wir sahen die Leiche der ertrunkenen Frau mit dem toten Säugling noch in den Armen durch ein Loch in der Seite heraustreiben. Doch die Brandung riss Mutter und Kind bald auseinander, und wir verloren sie aus den Augen, als sie nach Westen davontrieben. Der Kapitän hätte den Firth heute Morgen selbst überquert, um Sie zu beruhigen, aber da er weniger erschöpft war als jeder von uns, hielt er es für das Beste, weiterhin das Wrack unter Kontrolle zu behalten."

Dies war im Wesentlichen die Geschichte von Jack Grant, dem Maat. Der Kapitän hatte, wie ich bereits sagte, beinahe einen Neuanfang gemacht und war kurz davor, sein neues Haus mit Verlust zu verkaufen, um die Summe für ein neues Schiff zusammenzubekommen, als ein Freund dazwischenkam und ihm den Restbetrag vorstreckte. Er wurde auch von einer Schwester in Leith unterstützt, die in einigermaßen begüterten Verhältnissen lebte; und so bekam er eine neue Schaluppe, die zwar nicht ganz so groß war wie die, die er verloren hatte, aber ganz aus Eiche gebaut war, wobei er bei der Auflegung jedes Brett und jeden Balken beaufsichtigt hatte, und die obendrein ein erstklassiger Segler war; und so begann er wieder wie zuvor zu gedeihen, obwohl er sich mit der Ausstattung des alten Domizils mit seinen kleinen Zimmern und kleinen Fenstern zufriedengeben und das andere Haus an einen Mieter vermieten musste. In der Zwischenzeit ging es seiner alten Cousine allmählich schlechter. Der Kapitän war auf einer seiner längeren Reisen abwesend, und auch sie hatte das echte Gefühl, dass sie nicht bis zu seiner Rückkehr überleben würde. Sie rief ihre beiden jungen Freundinnen, die Schwestern, die unermüdlich in ihrer Aufmerksamkeit für sie gewesen waren, an ihr Bett und segnete sie; zuerst die Ältere und dann die Jüngere. „Aber was dich betrifft, Harriet", fügte sie hinzu und wandte sich an die Letztere, „auch auf dich wartet einer der besten Segnungen dieser Welt – der Segen eines guten Ehemannes: Du wirst am Ende, sogar in diesem Leben, durch deine Güte gegenüber der armen kinderlosen Witwe ein Gewinner sein." Die Prophezeiung war wahr: Die alte Frau hatte scharfsinnig bemerkt, wohin die Blicke ihrer Cousine in letzter Zeit gefallen waren; und etwa ein Jahr nach ihrem Tod war ihre junge Freundin und Schülerin die Frau des Lehrers geworden. Es gab einen sehr großen Altersunterschied – der Lehrer war vierundvierzig und seine Frau erst achtzehn –, aber nie gab es eine glücklichere Ehe. Die junge Frau war einfach, vertrauensvoll und liebevoll; und der Herr hatte ein sanftes und freundliches Wesen, viel heiteren Humor und war so ausgeglichen, dass seine Frau ihn in den sechs Ehejahren nur einmal wütend erlebte. Ich habe sie jedoch von diesem Ausnahmefall sprechen hören, er sei zu schrecklich gewesen, um ihn so schnell zu vergessen.

Sie hatte ihn im ersten Jahr ihres Ehelebens an Bord in die oberen Teile des Cromarty Firth begleitet, wo seine Schaluppe eine Ladung Getreide aufnahm und ruhig zweihundert Meter vom südlichen Ufer entfernt lag. Sein Maat war für die Nacht auf die gegenüberliegende Seite der Bucht gefahren, um seine Eltern zu besuchen, die in dieser Gegend wohnten; und die verbleibende Mannschaft bestand nur aus zwei Matrosen, beides junge und etwas leichtsinnige Männer, und dem Schiffsjungen. Die beiden Matrosen nahmen den Jungen mit, um das Beiboot über Wasser zu halten und auf ihre Rückkehr zu warten, gingen an Land, machten sich auf den Weg zu einem entfernten Wirtshaus und tranken dort bis in die späten Stunden. Der Mond stand hell am Himmel, aber der Abend war kühl und frostig; und der Junge, kalt, müde und halb vom Schlaf überwältigt, nachdem er bis nach Mitternacht gewartet hatte, stieß sich vom Boot ab, machte sich auf den Weg zum Schiff, legte sich sofort in seine Hängematte und schlief ein. Kurz darauf kamen die beiden Männer stark betrunken ans Ufer. Da sie sich von dem Jungen nicht gehört fühlen konnten, zogen sie ihre Kleider aus und schwammen, obwohl die Nacht kalt war, an Bord. Der Kapitän und seine Frau hatten stundenlang gemütlich in ihrem Bett gelegen, als sie von den Schreien des Jungen aufgeweckt wurden. Die betrunkenen Männer schlugen ihn gnadenlos mit je einem Seilende. Der Kapitän stand hastig auf, musste für ihn eingreifen und schickte sie beide mit der Miene eines Mannes, der weiß, dass Proteste unter diesen Umständen wenig nützen würden, in ihre Hängematten. Doch kaum war er wieder ins Bett gegangen, als er ein zweites Mal von den Schreien des Jungen aufgeweckt wurde, die diesmal in den schrillen Tönen der Qual und des Schreckens ausgestoßen wurden. und als er sofort aufsprang, nun gefolgt von seiner Frau, sah er, wie die beiden Matrosen den Jungen wieder bearbeiteten, und einer von ihnen hatte in seiner blinden Wut ein Seilende ergriffen, das, wie es an Bord üblich ist, mit einem eisernen Fingerhut oder Ring versehen war, und jeder Schlag hinterließ eine Wunde. Der arme Junge blutete über und über. Der Kapitän verlor in seiner äußersten Empörung die Kontrolle über sich. Er stürzte herein und die beiden Männer wurden im Nu gegen das Deck geschleudert – sie schienen machtlos in seinen Händen wie Kinder; und wäre nicht seine Frau, obwohl sie zu diesem Zeitpunkt sehr ungeeignet war, sich in ein Handgemenge einzumischen, hereingerannt und hätte ihn gepackt – eine Bewegung, die ihn sofort beruhigte –, so war sie der festen Überzeugung, dass er sie beide, unbewaffnet wie er war, auf der Stelle getötet hätte. Es gibt, glaube ich, nur wenige Dinge, die furchterregender sind als die ungewohnte Wut eines gutmütigen Mannes.

KAPITEL II.

„Drei stürmische Nächte und stürmische Tage

    Wir trieben auf dem tosenden Meer umher;

Und lange versuchten wir, unser Schiff zu retten,

    Aber all unser Bemühen war vergeblich." – LOWE.

Ich wurde als erstes Kind aus dieser Ehe am 10. Oktober 1802 in dem niedrigen, langen Haus geboren, das mein Urgroßvater, der Freibeuter, erbaut hatte. Meine Erinnerung erwachte früh. Ich habe Erinnerungen, die mehrere Monate vor Vollendung meines dritten Lebensjahres datieren; aber wie jene aus dem goldenen Zeitalter der Welt sind sie hauptsächlich mythologischer Natur. Ich erinnere mich zum Beispiel, wie ich eines Tages unbemerkt in den kleinen Garten meines Vaters ging und dort ein winziges Entlein sah, das mit weichem, gelbem Fell bedeckt war und an seinen Füßen aus dem Boden wuchs, und daneben eine Pflanze, die als Blüten kleine Muschelschalen von tiefroter Farbe trug. Ich weiß nicht, welches Wunder des Pflanzenreichs das kleine Entlein hervorgebracht hat; aber die Pflanze mit den Schalen muss, glaube ich, ein Roter Knabe gewesen sein, und die Schalen selbst die Schmetterlingsblüten. Ich erinnere mich auch deutlich daran – aber es gehört zu einer späteren Zeit –, meinen Vorfahren, den alten Freibeuter John Feddes, gesehen zu haben, obwohl er zu dieser Zeit schon deutlich mehr als ein halbes Jahrhundert tot gewesen sein muss. Ich hatte gelernt, mich für seine Geschichte zu interessieren, wie sie in dem alten Haus, das er vor mehr als hundert Jahren erbaut hatte, aufbewahrt und erzählt wird. Um eine Enttäuschung in der Liebe zu vergessen, war er schon früh in seinem Leben auf die spanische Halbinsel aufgebrochen, wo er, nachdem er einige harte Schläge ausgeteilt und eingesteckt hatte, einen kleinen Beutel mit Dollars und Dublonen füllen konnte. Als er dann nach Hause kam, fand er seine alte Liebste als Witwe vor, die so sehr auf Vernunft hören wollte, dass sie schließlich seine Frau wurde. Es gab einige kleine Umstände in seiner Geschichte, die meine Fantasie beflügelt haben müssen, denn ich verlangte immer wieder nach ihrer Wiederholung; und einer meiner ersten Versuche, ein Kunstwerk zu schaffen, bestand darin, seine Initialen mit meinen Fingern in roter Farbe auf die Haustür zu kritzeln. Eines Tages, als ich ganz allein am Fuß der Treppe spielte – die Hausbewohner waren ausgegangen –, fiel mir oben auf dem Treppenabsatz etwas Außergewöhnliches auf. Als ich hinaufsah, stand dort John Feddes – ich ahnte instinktiv, dass es niemand anders war – in Gestalt eines großen, hochgewachsenen, sehr alten Mannes, der einen hellblauen Mantel trug. Er schien mich mit offensichtlicher Selbstgefälligkeit unverwandt zu betrachten. Ich aber hatte schreckliche

Angst. Und noch Jahre später, wenn ich durch das schäbige, schlecht beleuchtete Zimmer ging, aus dem er, so schloss ich, gekommen war, war ich mir überhaupt nicht sicher, ob ich mich im Dunkeln nicht mit dem alten John anlegen könnte.

Ich erinnere mich lebhaft an die Freude, die das Haus bei der Ankunft meines Vaters erhellte; und ich erinnere mich, dass ich lernte, seine Schaluppe, als sie in See stach, an den zwei schmalen weißen Streifen, die an ihren Seiten entlang verliefen, und ihren zwei quadratischen Marssegeln zu erkennen. Ich habe auch meine goldenen Erinnerungen an die prächtigen Spielsachen, die er mit nach Hause brachte - unter anderem an einen prächtigen vierrädrigen Wagen aus bemaltem Blech, der von vier hölzernen Pferden und einem Strick gezogen wurde; und wie ich ihn, gleich nachdem er mir gebracht wurde, in eine ruhige Ecke stellte und dort jedes Rad und Pferd und das Gefährt selbst in seine ursprünglichen Einzelteile zerlegte, bis nicht mehr zwei Teile zusammenklebten. Außerdem erinnere ich mich noch an meine Enttäuschung, als ich nicht zumindest zwischen den Pferden und den Rädern etwas Merkwürdiges fand; und da der größte Spaß an solchen Dingen zweifellos darin besteht, sie zu zerbrechen, wundere ich mich manchmal, dass unsere erfinderischen Spielzeugleute nicht auf die Idee kommen, ihr Gewerbe sofort auszuweiten und seine Philosophie zu erweitern, indem sie einige ihrer brillantesten Dinge dort platzieren, wo die Natur den Nusskern hinlegt – hinein. Ich möchte nur auf eine andere Erinnerung aus dieser Zeit eingehen. Ich habe eine traumhafte Erinnerung an eine geschäftige Zeit, als Männer mit Goldborten auf der Brust und mindestens ein Herr mit goldenen Epauletten auf den Schultern bei meinem Vater vorbeischauten und meine neu erworbenen Taschen mit Kupfermünzen füllten; und wie sie, so hieß es, meinen Vater mitnehmen wollten, damit er ihnen half, ihr großes Schiff zu segeln; aber er zog es vor, bei seinem eigenen kleinen zu bleiben, so wurde hinzugefügt. Ein Kriegsschiff war unter der Führung eines unerfahrenen Lotsen auf einer flachen Ebene auf der gegenüberliegenden Seite des Firth, bekannt als Inches, auf Grund *gelaufen* ; und da die Flut zu diesem Zeitpunkt ihren Höhepunkt erreicht hatte und sofort wieder abfiel, stellte man fest, dass das Schiff nach der Entlastung von Kanonen und dem größten Teil seiner Vorräte immer noch feststeckte. Mein Vater, dessen Schaluppe in den Dienst gestellt worden war und bis zur Bordwand mit Geschützen beladen war, hatte unerwartete Kenntnisse über die Seiten eines großen Kriegsschiffs an den Tag gelegt. Der Kommandant, der mit ihm ins Gespräch kam, war von seinem Können so beeindruckt, dass er ihm sein Schiff anvertraute. Sein Vertrauen wurde dadurch belohnt, dass er sah, wie es bei einer einzigen Flut in tiefes Wasser gezogen wurde. Da er die Beschaffenheit des Bodens kannte - weicher, sandiger Schlamm, der sich, wenn man ihn eine Zeit lang mit Füßen oder Händen bearbeitete, in eine Art Treibsand verwandelte, halb Schlamm, halb Wasser, der, wenn er von ausreichend viel Meer bedeckt war, dem Kiel eines Schiffes keinen wirksamen Widerstand bieten konnte -, hatte der Kapitän die Hälfte der Mannschaft so angeordnet, dass sie als Gruppe von einer Seite auf die andere lief, bis durch die so erzeugte Bewegung der Teil des Ufers direkt darunter weich wurde; dann zog die andere Hälfte der Männer kräftig an Ruder und Schlepper und zog das Schiff jeweils ein paar Fuß hoch, bis es schließlich, nach nicht wenigen Wiederholungen des Vorgangs, frei schwamm. Auf einem härteren Boden hätte dieser Ausweg natürlich nichts genützt; Der Kommandant war jedoch von der Wirksamkeit und Originalität des Vorschlags und von den beruflichen Fähigkeiten des Kapitäns so beeindruckt, dass er ihm dringend empfahl, seine Schaluppe aufzugeben und zur Marine zu gehen, wo er seiner Meinung nach genug Einfluss hätte, um eine angemessene Position zu bekommen. Da die bisherigen Diensterfahrungen des Kapitäns jedoch sehr unangenehm waren und seine Position als Kapitän und Eigner des Schiffes, das er segelte, zumindest unabhängig war, lehnte er es ab, dem Rat zu folgen.

Das sind einige meiner früheren Erinnerungen. Aber es gab eine Zeit mit strengeren Erinnerungen. Der Kelphandel hatte noch nicht die Bedeutung erlangt, die er später erlangte, bevor er vor den ersten Ansätzen des Freihandels unterging; und mein Vater, der Vorräte für die Leith Glass Works sammelte, für die er gelegentlich sowohl als Agent als auch als Schiffskapitän fungierte, verbrachte manchmal ganze Monate auf den Hebriden, segelte von Station zu Station und kaufte hier ein paar Tonnen und dort ein paar Zentner, bis er seine Ladung vervollständigt hatte. Auf seiner letzten Kelpreise war er auf diese Weise von Ende August bis Ende Oktober aufgehalten worden; und schließlich war er schwer beladen um Cape Wrath herumgewandert und durch das Pentland und über die Moray Firths, als ihn ein schwerer Sturm zwang, im Hafen von Peterhead Schutz zu suchen. Von diesem Hafen aus schrieb er meiner Mutter am 9. November 1807 den letzten Brief, den sie je von ihm erhielt; denn am Tag nach seiner Abreise kam ein schrecklicher Sturm auf, bei dem viele Seeleute umkamen, und man hörte nie wieder von ihm und seiner Mannschaft. Seine Schaluppe wurde zuletzt von einem anderen Stadtbewohner und Schiffskapitän gesehen, der, bevor der Sturm aufkam, das Glück gehabt hatte, für seine Barke in einem englischen Hafen an einem exponierten Küstenabschnitt Unterschlupf zu finden. Im Laufe des Tages war ein Schiff nach dem anderen an Land gekommen, und der Strand war mit Wracks und Leichen übersät; aber er hatte die Schaluppe seines Stadtbewohners von Mittag bis fast zum Abend in Sichtweite beobachtet und dabei jede nautische Möglichkeit und jedes Mittel ausgeschöpft, um sich vom Ufer fernzuhalten; und schließlich, als die Nacht hereinbrach, schienen die eingesetzten Fähigkeiten und die Ausdauer erfolgreich zu sein; denn als die Schaluppe eine gewaltige Landzunge umfuhr, die stundenlang im Windschatten gelegen hatte und mit Schiffswracks und ertrunkenen Männern übersät war, sah man sie in einem langen Schlag auf das offene Meer hinausfahren. "Millers Seemannschaft hat ihn noch einmal gerettet!", sagte Matheson, der Kapitän von Cromarty, als er seinen Beobachtungsposten verließ und in seine Kabine zurückkehrte; aber die Nacht brach stürmisch und wild herein, und von der unglücklichen Schaluppe war nie wieder etwas zu sehen. Man nahm an, dass sie, schwer beladen und in einer stürmischen See kämpfend, ein Brett losgerissen und gesunken sein musste. Und so kam - um die schlichte Lobrede seiner seefahrenden Freunde zu zitieren, die ich noch lange nach dem Beileid meiner Mutter hörte - "einer der besten Seeleute ums Leben, die je den Moray Firth befahren haben."

Der verhängnisvolle Sturm, der hauptsächlich an den Ostküsten Englands und im Süden Schottlands herrschte, war im Norden nur durch ein paar trübe, düstere Tage gekennzeichnet, an denen bei schwachem Wind eine schwere Dünung von der Küste herüberrollte und ihre Brandung hoch gegen die Steilküste des nördlichen Sutors trieb. In der Wohnung des Herrn gab es keine Vorahnungen; denn sein Brief aus Peterhead – ein kurzes, aber hoffnungsvolles Schreiben – war gerade angekommen; und meine Mutter saß am Abend danach neben dem Hausfeuer und übte die fröhliche Nadel, als die Haustür, die offen geblieben war, aufging und ich von ihrer Seite weggeschickt wurde, um sie zu schließen. Was folgt, muss lediglich als die, wenn auch sehr lebhafte, Erinnerung eines Jungen betrachtet werden, der erst vor einem Monat sein fünftes Lebensjahr vollendet hatte. Der Tag war noch nicht ganz verschwunden, aber es wurde schnell Nacht, und ein grauer Dunst legte einen neutralen Schatten der Dunkelheit über alle weiter entfernten Gegenstände, ließ aber die näheren vergleichsweise deutlich, als ich an der offenen Tür, weniger als einen Meter von meiner Brust entfernt, so deutlich wie ich noch nie etwas sah, eine abgetrennte Hand und einen abgetrennten Arm sah, die sich mir entgegenstreckten. Hand und Arm gehörten offenbar einer Frau: Sie sahen bläulich und durchnässt aus; und direkt vor mir, wo der Körper hätte sein sollen, war nur ein leerer, durchsichtiger Raum, durch den ich die verschwommenen Umrisse der Gegenstände dahinter erkennen konnte. Ich erschrak furchtbar und rannte schreiend zu meiner Mutter und erzählte, was ich gesehen hatte; und das Hausmädchen, das sie als nächstes schickte, um die Tür zu schließen, kam, anscheinend von meiner Angst betroffen, ebenfalls erschrocken zurück und sagte, dass auch sie die Hand der Frau gesehen habe; was jedoch nicht der Fall zu sein schien. Und schließlich sah meine Mutter, als sie zur Tür ging, nichts, obwohl sie von der Unermesslichkeit meiner Angst und der Genauigkeit meiner Beschreibung sehr beeindruckt zu sein schien. Ich erzähle die Geschichte, so wie sie in meinem Gedächtnis verankert ist, ohne zu versuchen, sie zu erklären. Die angebliche Erscheinung könnte nur eine vorübergehende Augenerkrankung gewesen sein, wie sie Sir Walter Scott in seiner „Dämonologie" und Sir David Brewster in seiner „Natürlichen Magie" beschrieben haben. Aber wenn das so war, war die Erkrankung eine, die ich danach nicht mehr erlebte; und ihr Zusammentreffen mit dem wahrscheinlichen Todeszeitpunkt meines Vaters scheint zumindest merkwürdig.

Es folgte eine trostlose Zeit, an die ich mich noch immer erinnere, als an eine Aussicht, die eine Zeit lang sonnig und funkelnd war und sich plötzlich in Wolken und Sturm hüllte. Ich erinnere mich an die langen Weinkrämpfe meiner Mutter und die allgemeine Düsternis im verwitweten Haushalt; und wie sie, nachdem sie meine beiden kleinen Schwestern ins Bett geschickt hatte – denn so groß war der Zuwachs in der Familie – und ihre Hände für den Abend frei hatte, bis spät in die Nacht als Näherin arbeitete und Kleidungsstücke für die Nachbarn nähte, die sie beschäftigen wollten. Das neue Haus meines Vaters stand zu dieser Zeit unbewohnt; und obwohl seine Schaluppe teilweise versichert war, stand der Makler, mit dem er verhandelte, anscheinend kurz vor der Insolvenz, und da er Einwände gegen die Zahlung des Geldes erhob, dauerte es lange, bis ein Teil davon eingelöst werden konnte. Und so wäre es dem Haushalt trotz all dem Fleiß meiner Mutter schlecht ergangen, hätte sie nicht die Hilfe ihrer beiden Brüder erhalten, fleißige, hart arbeitende Männer, die bei ihren alten Eltern und einer unverheirateten Schwester lebten, die etwa einen Bugschuss entfernt lag und ihr jetzt nicht nur Geld vorstreckte, als sie es brauchte, sondern auch ihr zweites Kind, die ältere meiner beiden Schwestern, ein fügsames kleines Mädchen von drei Jahren, zu sich nahm. Ich erinnere mich, dass ich zu dieser Jahreszeit oft trostlos im Hafen umherwanderte, um die Schiffe zu untersuchen, die während der Nacht eingelaufen waren, und dass ich meine Mutter mehr als einmal zum Weinen brachte, wenn ich sie fragte, warum die Schiffskapitäne, die mir zu Lebzeiten meines Vaters immer den Kopf streichelten und mir ein paar halbe Pence in die Tasche steckten, mich jetzt nicht mehr beachteten oder mir etwas gaben? Sie wusste genau, dass die Schiffskapitäne – keine unedle Klasse von Männern – das Kind ihres alten Kameraden einfach nicht erkannt hatten; aber die Frage war trotzdem nur allzu vielsagend, sowohl an ihren eigenen Verlust als auch an meinen. Ich kletterte auch Tag für Tag auf einen grasbewachsenen Vorsprung der alten Küste direkt hinter dem Haus meiner Mutter, der einen großen Teil des Moray Firth beherrscht, und hielt sehnsüchtig Ausschau nach der Schaluppe mit den zwei weißen Streifen und den zwei quadratischen Marssegeln, lange nachdem alle anderen die Hoffnung aufgegeben hatten. Aber Monate und Jahre vergingen, und die weißen Streifen und die quadratischen Marssegel sah ich nie.

Die Vorgeschichte des Lebens meines Vaters hat mich während meiner Kindheit stärker beeindruckt als alles, was ich in der Schule gelernt habe. Ich habe sie dem Leser ausführlich dargelegt, nicht nur weil sie an sich interessant sind, sondern weil sie ein erstes Kapitel in der Geschichte meiner Erziehung bilden. Und die folgenden Strophen, die ich zu einer Zeit schrieb, als ich als heranwachsender Mann meine wilden Verse aussäte, mögen als Beweis dafür dienen, dass sie sich auch als Erwachsener noch deutlich in mein Gedächtnis einprägten:

„Rund um Albyns Westküste, ein einsames Boot

Gleitet langsam dahin: – die widrigen Winde halten auf:

Und nun umrundet sie die gefürchtete Klippe, [1]

Dessen schrecklicher Grat schlägt das nördliche Hauptgebiet zurück;

Und jetzt brüllt der wirbelnde Pentland im Regen

Ihr Heck darunter, damit günstige Brisen aufsteigen können;

Die grünen Inseln verblassen, die Wasserebene wird weiß.

Mit Meteorgeschwindigkeit fliegt sie über die aufgewühlten Wellen.

Bis sich Morays ferne Hügel über den blauen Wellen erheben.

Wer lenkt das Schiff auf seinen Wegen über die Wogen?

Ein geduldiger, robuster Mann mit nachdenklicher Stirn.

Heiter und warmherzig und weise und tapfer,

Und weise geschickt, wenn liebliche Lüftchen wehen,

Um den abenteuerlichen Bug durch wütende Wellen zu zwängen.

Das Alter hat seine Kraft nicht gedämpft, noch seine Sehnsucht gestillt

Von großzügiger Tat, noch kühlte er die Glut seiner Brust;

Doch seine Hoffnungen zielen auf eine bessere Welt.

Ah! Das musst du sein! Heil dir, mein verehrter Herr!

Ach, deine letzte Reise geht zu Ende,

Denn der Tod brütet lautlos im dunkler werdenden Himmel.

Die Brise legt sich, die Wellen ruhen ungestört.

Die Szene ist ganz friedlich. Kann der Tod nahe sein,

Wenn seine Vasallen so stumm und unbewaffnet daliegen?

Achtet auf die Wolke! Dort müht sich der gefangene Sturm;

Jetzt kommt es, mit hoch erhobener Stimme;

Die Küsten schallen, die Segel reißen laut,

Und die erstaunte Welle brüllt und lässt den Donner erschallen!

Drei Tage wütete der Sturm; an Schottlands Küste

Wrack türmte sich auf Wrack, und Leiche über Leiche wurde geworfen.

Ihre schroffen Klippen waren rot von geronnenem Blut;

Aus ihren dunklen Höhlen hallte das Stöhnen ihres Todes wider.

Und unglückliche Mädchen betrauerten den Tod ihrer Geliebten,

Und freundlose Waisen schrien vergeblich um Brot;

Und verwitwete Mütter zogen allein umher.

„Gib uns unsere Toten zurück, oh Welle", riefen sie.

Und dann entblößten sie die Brust und schlugen auf den ungeschützten Kopf.

Was kann eine sterbliche Zunge über dich sagen, mein Herr!

Deine zerstörte Barke empfing keine freundliche Bucht;

Selbst als dein Staub in der Ozeanzelle ruhte,

Seltsame, grundlose Geschichten von Hoffnung, die deine Freunde täuschten

Was sie oft traurig bezweifelten oder fröhlich glaubten.

Endlich, als die Dunkelheit tiefer und dunkler wurde,

Hoffnungslos trauerten sie; aber vergebens trauerten sie:

Wenn Gott wahr ist, dann ist es sicher keine Stimme des Untergangs,

Das heißt, die angenommene Seele möge ihr Gewand der Freude anlegen."

Vor dem Tod meines Vaters war ich auf eine Grundschule geschickt worden, wo man mir beibrachte, die Buchstaben nach alter schottischer Art so wirkungsvoll auszusprechen, dass mir heute noch, wenn ich versuche, ein Wort laut zu buchstabieren, was nicht oft vorkommt - denn ich empfinde den Vorgang als gefährlich -, die *aa's* und *ee's* , *uh's* und *vaus* wieder einfallen und ich sie ohne geringes Zögern in modernere Laute übersetzen muss. Die Kenntnis der Buchstaben selbst hatte ich mir bereits angeeignet, indem ich die Wegweiser des Ortes studierte - seltene Kunstwerke, die meine größte Bewunderung erregten, mit Krügen, Gläsern, Flaschen, Schiffen und

Brotlaiben darauf; die alle, wie die Künstler es beabsichtigt hatten, tatsächlich erkannt werden konnten. Im sechsten Jahr buchstabierte ich mich unter der Aufsicht der Grundschule durch den Kleinen Katechismus, die Sprichwörter und das Neue Testament und trat dann in ihre höchste Form ein, als Mitglied der Bibelklasse; aber die ganze Zeit über war der Prozess des Wissenserwerbs ein dunkler, den ich langsam meisterte, in demütigem Vertrauen in die ehrfurchtgebietende Weisheit der Lehrerin, ohne zu wissen, wohin er führte, als mir plötzlich die Bedeutung der entzückendsten aller Erzählungen bewusst wurde – der Geschichte von Joseph. Wurde jemals zuvor eine solche Entdeckung gemacht? Ich fand tatsächlich selbst heraus, dass die Kunst des Lesens darin besteht, Geschichten in Büchern zu finden, und von diesem Moment an wurde das Lesen zu einer meiner entzückendsten Freizeitbeschäftigungen. Ich begann, indem ich mich nach Schulschluss in eine Ecke zurückzog und mir dort die neu entdeckte Geschichte von Joseph vorlas; aber eine Lektüre half nichts; es folgten die anderen Geschichten der Heiligen Schrift – insbesondere die Geschichte von Samson und den Philistern, von David und Goliath, von den Propheten Elia und Elisa; und danach kamen die Geschichten und Parabeln des Neuen Testaments. Mit Hilfe meiner Onkel begann ich, eine Bibliothek in einer etwa neun Zoll großen Birkenrindenkiste zusammenzustellen, die groß genug war, um eine große Anzahl unsterblicher Werke aufzunehmen – Hans der Riesentöter, Hans und die Bohnenranke, Der gelbe Zwerg, Blaubart, Sindbad der Seefahrer, Die Schöne und das Biest, Aladdin und die Wunderlampe und mehrere andere ähnlicher Art. Diese unerträglichen Plagen, die Bücher über nützliches Wissen, waren noch nicht wie düstere Sterne am Bildungshorizont aufgetaucht, um die Welt zu verdunkeln und ihren verderblichen Einfluss auf den sich entwickelnden Intellekt der „Jugend" auszuüben. Und so ging ich von meinen rudimentären Büchern – Büchern, die durch ihre gründliche Assimilation an den rudimentären Verstand erst zu solchen wurden –, ohne mir einer Unterbrechung oder Trennlinie bewusst zu sein , zu Büchern über, zu denen die Gelehrten gerne Kommentare und Abhandlungen schreiben, die ich aber als ebenso schöne Kinderbücher empfand wie alle anderen. Der alte Homer schrieb bewundernswert für kleine Leute, besonders in der Odyssee; eine Kopie davon – in der einzigen echten Übersetzung, die es gibt – denn nach ihrem überragenden Interesse und dem Zorn der Kritiker zu urteilen, halte ich die von Pope für eine solche – fand ich im Haus eines Nachbarn. Als nächstes kam die Ilias; allerdings nicht in einer vollständigen Kopie, sondern vertreten durch vier der sechs Bände von Bernard Lintot. Mit welcher Kraft und in wie frühem Alter beeindruckt wahres Genie! Ich sah schon in dieser unreifen Zeit, dass kein anderer Schriftsteller einen Speer mit der halben Kraft von Homer werfen konnte. Die Geschosse sausten über seine Seiten; und ich konnte den kurzen Glanz des Stahls sehen, bevor er sich tief in Messing und Stierhaut vergrub. Als nächstes gelang es mir, ein

Kinderbuch zu entdecken, das nicht weniger interessant war als die Ilias, und das man, wie man mir sagte, am Sabbat lesen konnte. Es war eine prächtige alte Ausgabe von „Pilgrim's Progress", gedruckt auf grobem weißbraunem Papier und mit zahlreichen Holzschnitten versehen, von denen jeder eine ganze Seite einnahm, die aus Sparsamkeitsgründen auf der Rückseite im Buchdruckverfahren gedruckt waren. Und was für entzückende Drucke das waren! Es muss ein solcher Band gewesen sein, der Wordsworth als Porträt diente und den er so vorzüglich beschreibt als

„Üppig verziert mit Holzschnitten,

Seltsam und ungehobelt; schreckliche Gesichter, schreckliche Gestalten,

Mit spitzen Knien, spitzen Ellbogen und schmalen Knöcheln,

Mit langen, grausigen Beinen, Gestalten, die, einmal gesehen,

Könnte nie vergessen werden."

Im Laufe der Zeit hatte ich neben diesen genialen Werken Robinson Crusoe, Gullivers Reisen, Ambrosius über Engel, das „Urteilskapitel" in Howies Scotch Worthies, Byrons Erzählung und die Abenteuer von Philip Quarll verschlungen, zusammen mit einer ganzen Reihe anderer Abenteuer und Reisen, real und erfunden, die Teil einer sehr bunt gemischten Büchersammlung waren, die mein Vater angelegt hatte. Es war eine traurige kleine Bibliothek, die ich geerbt hatte. Die meisten der fehlenden Bände waren mit dem Kapitän an Bord seines Schiffes gewesen, als er umkam. Von einer frühen Ausgabe von Cooks Reisen fehlten nun alle Bände bis auf den ersten; und ein sehr spannender Liebesroman in vier Bänden – Mrs. Ratcliffs „Mysteries of Udolpho" – war nur durch die ersten beiden vertreten. So klein die Sammlung auch war, sie enthielt doch einige seltene Bücher, darunter ein merkwürdiges kleines Buch mit dem Titel „Die Wunder der Natur und Kunst", auf das sich Dr. Johnson in einem der von Boswell aufgezeichneten Dialoge bezog, das selbst zu seiner Zeit selten war, und das, wie er sagte, irgendwann im 17. Jahrhundert von einem Buchhändler veröffentlicht worden war, dessen Laden auf der Old London Bridge zwischen Himmel und Wasser hing. Es enthielt auch das einzige Exemplar der „Erinnerungen eines Protestanten, der wegen seines Glaubens auf den Galeeren Frankreichs verurteilt wurde", das ich je gesehen habe – ein Werk, das insofern interessant war, als es – obwohl es auf der Titelseite einen anderen Namen trug – vom armen Goldsmith in seinen Tagen obskurer literarischer Plackerei für ein paar Guineen aus dem Französischen übersetzt worden war und die besonderen Vorzüge seines Stils aufwies. Die Sammlung enthielt außerdem ein merkwürdiges altes Buch, illustriert mit sehr groben Tafeln, das die

Gefahren und Leiden eines englischen Seemanns schilderte, der seine besten Lebensjahre als Sklave in Marokko verbracht hatte. Sie enthielt auch Bände fundierter Theologie und harter Kontroversen – Flavel's Works und Henry's Commentary und Hutchinson über die kleinen Propheten, eine sehr alte Abhandlung über die Offenbarung, ohne Titelseite, und den Band des blinden Jameson über die Hierarchie mit Erstausgaben von Naphthali, The Cloud of Witnesses und The Hind let Loose. Aber mit diesen seriösen Autoren wagte ich mich erst lange danach auseinanderzusetzen. Von den darin enthaltenen Tatsachen- und Ereigniswerken waren mir die über die Reisenden besonders am liebsten. Ich las mit Begeisterung die Reisen von Anson, Drake, Raleigh, Dampier und Captain Woods Rogers; und mein Kopf war so erfüllt von Vorstellungen von dem, was es in fremden Gegenden zu sehen und zu tun gab, dass ich mir wünschte, ich wäre groß genug, um Seemann zu sein, damit ich Koralleninseln und brennende Berge sehen, wilde Tiere jagen und Schlachten schlagen könnte. Ich habe meine beiden Onkel mütterlicherseits bereits erwähnt und zumindest beiläufig auf ihre Mutter hingewiesen, als Freundin und Verwandte des alten Cousins meines Vaters und, wie sie, ein Urenkelkind des letzten Vikars von Nigg. Die jüngste Tochter des Vikars war von einem etwas wilden jungen Bauern aus dem Clan Ross umworben und geheiratet worden, der aber, wie der berühmte Highland-Gesetzlose, aufgrund seiner Haarfarbe als Roy oder der Rote bekannt war. Donald Roy war der beste Clubspieler im Bezirk, und da King James' „Book of Sports" in der halbkeltischen Gemeinde Nigg nicht als sehr schlecht galt, wurden die Spiele, an denen Donald teilnahm, normalerweise am Sabbat gespielt. Etwa zur Zeit der Revolution jedoch wurde er von starken religiösen Überzeugungen ergriffen, die, so sagen die Überlieferungen der Gegend, durch Ereignisse angekündigt wurden, die in ihrem Charakter dem Übernatürlichen nahe kamen; und Donald wurde Gegenstand einer gewaltigen Veränderung. Es gibt eine Phase des religiösen Charakters, die im Süden Schottlands zu den ersten beiden Zeitaltern des Presbyteriums gehört, die aber vor seiner dritten Gründung unter Wilhelm von Nassau verschwand, und die wir eindrucksvoll bei den Welches, Pedens und Cargills aus der Zeit der Christenverfolgung veranschaulicht finden, und in der eine Art wilde Maschinerie des Übernatürlichen zu den gewöhnlicheren Aspekten eines lebendigen Christentums hinzukam. Die Männer, in denen sich dies zeigte, waren Seher von Visionen und Träumer von Träumen; und da sie am äußersten Rand der natürlichen Welt standen, blickten sie tief in die Welt der Geister und hatten manchmal ihre merkwürdigen flüchtigen Blicke in die Ferne und die Zukunft. Im Norden der Grampians gehören diese Seher, als seien sie zur falschen Zeit geboren, einem späteren Zeitalter an. Sie blühten hauptsächlich im frühen Teil des letzten Jahrhunderts; denn es ist eine nicht unlehrreiche Tatsache, dass in der Religionsgeschichte Schottlands das 18. Jahrhundert der Highland- und

Semi-Highland-Bezirke im Norden in vielen seiner Züge dem 17. Jahrhundert der von Sachsen bewohnten Gebiete im Süden entsprach; und Donald Roy war einer der bemerkenswertesten dieser Art. Die Anekdoten über ihn, die noch immer in den alten Erinnerungen an Ross-shire herumschwirren, würden, wenn man sie Peden oder Welch übertrug, ganz im Einklang mit den merkwürdigen Geschichten stehen, die die Biographien dieser ergebenen Männer durchdringen und so dauerhaft im Gedächtnis des schottischen Volkes weiterleben. Da er in einer Zeit lebte, in der die Highlander, wie die Covenanters eines früheren Jahrhunderts, noch ihre Waffen besaßen und sie zu benutzen wussten, hatte Donald, wie die Patons, Hackstons und Balfours des Südens, seinen Schuss kriegerischen Geistes; und nachdem er seinem Pfarrer vor dem Aufstand von 1745 bei der sogenannten großen religiösen Erweckung von Nigg geholfen hatte, musste er ihm kurz darauf bei der Verfolgung einer Bande bewaffneter Cateraner helfen, die von den Bergen herabkam und die Gemeinde ihres Viehs beraubte. Und als er die Gesetzlosen in der Schlucht eines wilden Hochlandtals wieder einholte, war keiner seiner Männer in der darauf folgenden Schlacht aktiver als der alte Donald oder bemühte sich erfolgreicher, das Vieh zurückzuholen. Ich muss wohl kaum hinzufügen, dass er ein Mitglied der Kirche von Schottland war: aber es war ihm nicht bestimmt, in ihrer Gemeinschaft zu sterben.

Donalds Pfarrer John Balfour von Nigg – ein Mann, dessen Andenken im Norden noch immer in Ehren gehalten wird – starb in mittleren Jahren, und den Menschen wurde ein unbeliebter Kandidat aufgedrängt. Damals galt die Politik Robertsons; Gillespie war erst vier Jahre zuvor abgesetzt worden, weil er sich geweigert hatte, bei der umstrittenen Regelung von Inverkeithing mitzuhelfen; und vier Mitglieder des Nigger Presbyteriums, eingeschüchtert von der Strenge des Präzedenzfalls, begaben sich zur Pfarrkirche, um die Regelung des widerwärtigen Lizentiats durchzuführen und ihn den Gemeindemitgliedern vorzustellen. Sie fanden jedoch nur ein leeres Gebäude vor; und trotz der bedenklichen Abwesenheit der Menschen gingen sie in Scham und Trauer mit ihrer Arbeit fort, als plötzlich ein ehrwürdiger Mann, der schon weit fortgeschritten war, vor ihnen erschien und, feierlich gegen die völlige Verhöhnung eines solchen Vorgehens protestierend, eindrucksvoll erklärte, „wenn sie einen Mann an die *Mauern* dieser Kirche binden würden, würde das Blut der Gemeinde Nigg von ihnen verlangt werden." Sowohl Dr. Hetherington als auch Dr. Merle d'Aubigné berichten über das Ereignis; aber keiner dieser versierten Historiker scheint sich der besonderen Betonung bewusst gewesen zu sein, die eine Szene, die unter allen Umständen beeindruckend gewesen wäre, durch den Charakter des Protestierenden – des alten Donald Roy – erhielt. Das Presbyterium, entsetzt, hielt mitten in seiner Arbeit inne; erst einen Tag später wurde es wieder aufgenommen, als auf Befehl der gemäßigten Mehrheit der Kirche – ein

Befehl, der nicht ohne bedeutenden Hinweis auf das Schicksal von Gillespie war – die Zwangsansiedlung vollzogen wurde. Donald, der die gesamte Gemeinde mit sich zog, blieb danach noch fast zehn Jahre lang der Nationalkirche treu und wurde dabei von einem der bedeutendsten und einflussreichsten Geistlichen des Nordens – Fraser of Alness – befreundet, dem Autor eines Buches über die Heiligung, das unter schottischen Theologen noch heute als Standardwerk gilt. Da aber weder die Menschen noch ihr Anführer jemals die Gemeindekirche betraten oder den widerwärtigen Anwesenden hörten, weigerte sich das Presbyterium schließlich, die Unregelmäßigkeit zu tolerieren, indem es ihnen wie zuvor die üblichen kirchlichen Privilegien gewährte. So gingen sie für die Staatsführung verloren und wurden zu Sezessionisten. Und in der Gemeinschaft des Teils der Sezession, der als die Burghers bekannt war, starb Donald einige Jahre später in patriarchalisch hohem Alter.

Zu seinen weiteren Nachkommen zählten drei Enkelinnen, die durch den Tod ihrer Eltern schon in jungen Jahren zu Waisen geworden waren und die der alte Mann nach ihrem Verlust zu sich nach Hause gebracht hatte, um bei ihm zu leben. Jede von ihnen hatte einen kleinen Anteil, den sein Schwiegersohn, ihr Vater, ihr vererbt hatte und der unter Donalds Fürsorge nicht kleiner wurde. Da alle drei nacheinander aus seiner Familie heirateten, fügte er all seinen anderen Freundlichkeiten das Geschenk eines goldenen Rings hinzu. Sie waren unter seinen Augen im Glauben erzogen worden und Donalds Ring hatte in jedem Fall eine mystische Bedeutung. Er sagte ihnen, sie sollten ihn als den Ehering ihres *anderen Ehemanns*, des Oberhaupts der Kirche, betrachten und ihm in ihren jeweiligen Haushalten treue Gefährten sein. Weder die Anweisung noch das bedeutungsvolle Symbol, das sie begleitete, erwiesen sich am Ende als unnütz. Sie alle brachten den Duft aufrichtiger Frömmigkeit in ihre Familien. Die Enkelin, mit der der Autor in direkterer Verbindung stand, war von einem ehrlichen und fleißigen, aber etwas heiteren jungen Kaufmann umworben und geheiratet worden, aber sie erwies sich, so Gott will, als Vermittlerin seiner Bekehrung; und ihre Kinder, von denen acht zu Männern und Frauen heranwuchsen, wurden in anständiger Genügsamkeit erzogen und die Ausübung ehrlicher Grundsätze sorgfältig eingeflößt. Die Familie ihres Mannes war, wie die meiner väterlichen Vorfahren, eine Seefahrerfamilie. Sein Vater, der viele Jahre auf Schiffen gedient hatte, verbrachte den letzten Teil seines Lebens als einer der bewaffneten Bootsmänner, die im letzten Jahrhundert die Küsten im Interesse der Steuereinkünfte bewachten; und sein einziger Bruder, der Sohn des Bootsmanns, ein abenteuerlustiger junger Seemann, hatte an Admiral Vernons unglücklicher Expedition teilgenommen und seine Gebeine unter den Mauern von Karthago zurückgelassen; er selbst ging jedoch dem friedlichen Beruf eines Schuhmachers nach und beschäftigte bei der Ausübung seines Gewerbes gewöhnlich einige Gesellen und hielt einige

Lehrlinge. Im Laufe der Zeit heirateten die älteren Töchter der Familie und gründeten ihre eigenen Haushalte; die beiden Söhne, meine Onkel, blieben jedoch unter dem Dach ihrer Eltern, und als mein Vater starb, waren sie beide in den mittleren Jahren. Und da sie sich dazu berufen fühlten, seinen Platz bei der Erziehung und Disziplin einzunehmen, verdankte ich ihnen viel mehr von meiner wirklichen Bildung als den Lehrern, deren Schulen ich später besuchte. Sie hatten beide einen ausgeprägt individuellen Charakter und waren das genaue Gegenteil gewöhnlicher oder vulgärer Menschen.

Mein älterer Onkel James besaß neben einem klaren Kopf und viel angeborener Scharfsinnigkeit auch ein außergewöhnlich gutes Gedächtnis und einen großen Wissensdurst. Er war Sattler und arbeitete für die Bauern eines ausgedehnten Landstrichs; und da er nie Gesellen oder Lehrlinge beschäftigte, sondern alle seine Arbeiten mit seinen eigenen Händen ausführte, dauerten seine Arbeitszeiten, abgesehen von kurzen Pausen bei hereinbrechender Dämmerung und Spaziergängen von ungefähr einer Meile, normalerweise von sechs Uhr morgens bis zehn Uhr abends. Diese unaufhörliche Beschäftigung ließ ihm wenig Zeit zum Lesen; aber tagsüber fand er oft jemanden, der neben ihm las; und an Winterabenden pflegte er seine tragbare Bank aus seiner Werkstatt am anderen Ende des Hauses ins Wohnzimmer der Familie zu bringen und neben den Kreis um den Kamin zu stellen, wo sein Bruder Alexander, mein jüngerer Onkel, der berufsbedingt abends frei hatte, zur allgemeinen Nutzung aus einem interessanten Buch vorlas – wobei er sich immer auf die gegenüberliegende Seite der Bank setzte, um am Licht des Arbeiters teilzuhaben. Gelegentlich erweiterte sich der Familienkreis durch zwei oder drei intelligente Nachbarn, die vorbeikamen, um zuzuhören; und dann wurde das Buch nach einer Weile beiseite gelegt, damit sein Inhalt im Gespräch besprochen werden konnte. In den Sommermonaten verbrachte Onkel James immer einige Zeit auf dem Land, wo er das Geschirr der Bauern, für die er arbeitete, pflegte und instand hielt; und während seiner Reisen und Abendspaziergänge bei diesen Gelegenheiten gab es im Umkreis von dreißig Kilometern um die Stadt keine alte Burg, kein Bergfort, kein altes Lager, kein antikes Kirchengebäude, das er nicht immer wieder besucht und untersucht hätte. Er war ein eifriger lokaler Altertumsforscher; er wusste viel über die Architekturstile der verschiedenen Zeitalter, und das zu einer Zeit, als diese Themen noch wenig erforscht oder bekannt waren; und er besaß mehr überliefertes Wissen, das er sich hauptsächlich auf seinen Landreisen angeeignet hatte, als jeder andere Mensch, den ich je kannte. Was er einmal gehört hatte, vergaß er nie; und das Wissen, das er erworben hatte, konnte er angenehm und prägnant vermitteln, in einem Stil, der, wäre er ein Buchautor statt nur ein Leser gewesen, den Vorzug gehabt hätte, klar und knapp und mit mehr Bedeutung als Worten beladen zu sein. Aufgrund seines Rufs der Scharfsinnigkeit war sein Rat bei den Nachbarn bei jeder kleinen Schwierigkeit, die ihnen begegnete, sehr gefragt; und der Rat, den er erteilte, war immer klug und ehrlich. Ich habe nie einen Menschen gekannt, der in seinen Handlungen gerechter war als Onkel James oder der jede Art von Gemeinheit mit größerer Verachtung betrachtete. Ich lernte bald, meine Geschichtenbücher in seine Werkstatt mitzubringen, und wurde in gewissem Maße einer seiner *Leser* – allerdings viel mehr, wie man annehmen kann, aus eigenem Antrieb als aus seinem. Meine Bücher waren noch nicht von der Art, die er für sich selbst ausgewählt hätte; aber er interessierte sich für *mein* Interesse; und seine Erklärungen aller schwierigen Wörter ersparten mir die Mühe, ein Wörterbuch umzublättern . Und wenn ich des Lesens müde war, fand ich immer wieder seltenes Vergnügen an seinen Anekdoten und Geschichten aus der alten Welt, von denen viele nicht in Büchern zu finden waren und die er alle ohne erkennbare Anstrengung seinerseits außerordentlich unterhaltsam machen konnte. Von diesen Erzählungen starb der größte Teil mit ihm; aber einen Teil davon konnte ich in einem kleinen traditionellen Werk bewahren, das einige Jahre nach seinem Tod veröffentlicht wurde. Onkel James mochte mich sehr gern, und ich bin geneigt zu glauben, dass das eher wegen meines Vaters als wegen seiner Schwester, meiner Mutter, geschah. Mein Vater und er waren seit Jahren enge Freunde, und in dem kräftigen und energischen Seemann hatte er sein *Ideal* von Mann gefunden.

Mein Onkel Alexander war sowohl intellektuell als auch temperamentvoll von anderer Art als sein Bruder, aber er zeichnete sich durch dieselbe strenge Integrität aus, und seine religiösen Gefühle waren zwar ruhig und unaufdringlich, aber vielleicht tiefer. James war ein gewisser Humorist und mochte einen guten Witz. Alexander war ernst und ernsthaft, und ich habe ihn, außer bei einer einzigen Gelegenheit, nie auch nur einen Scherz machen hören. Als Onkel Sandy einen intelligenten, aber etwas exzentrischen Nachbarn sagen hörte, dass „alles Fleisch Gras ist", und zwar in einem streng physischen Sinne, da alles Fleisch der Pflanzenfresser aus Pflanzen gewonnen wird und alles Fleisch der Fleischfresser aus dem der Pflanzenfresser, bemerkte er, dass er, da er die fischfressenden Gewohnheiten der Cromarty-Bewohner kenne, sicherlich eine Ausnahme von seiner Verallgemeinerung machen sollte, indem er zugab, dass in mindestens einem Dorf „alles Fleisch Fisch ist". Mein Onkel hatte den Beruf des Stellmachers erlernt und arbeitete in einer Werkstatt in Glasgow, als der erste Krieg der Französischen Revolution ausbrach; als er, getrieben von einem Geist, wie ihn sein Onkel – das Opfer von Admiral Vernons unglückseliger Expedition – oder der alte Donald Roy – besessen hatte, als er sich an sein Hochlandschwert schnallte und zur Verfolgung der Cateraner aufbrach – in die Marine eintrat. Und während der ereignisreichen Zeit zwischen Kriegsbeginn und dem Frieden von 1802 gab es für seine Landsleute wenig Erleiden oder Erreichen, an dem er nicht Anteil hatte. Er segelte mit Nelson, wurde Zeuge der Meuterei bei Nore, kämpfte unter

Admiral Duncan in Camperdown und unter Sir John Borlase Warren am Loch Swilly, half bei der Kaperung der Généroux und der Guillaume Tell, zweier französischer Linienschiffe, war einer der Seeleute, die für die Ägyptenexpedition aus Lord Keiths Flotte eingezogen wurden, um den Mangel an Artilleristen in der Armee von Sir Ralph Abercromby auszugleichen, hatte Anteil an der Gefahr und dem Ruhm der Landung in Ägypten, und kämpfte in der Schlacht vom 13. März, in der unser Land einen seiner beliebtesten Generäle verlor. Er diente auch bei der Belagerung von Alexandria. Und als es ihm dann gelang, während des kurzen Friedens von 1802 seine Entlassung zu erwirken, kehrte er mit einer kleinen Summe seines schwer verdienten Preisgeldes nach Hause zurück, des Krieges und des Blutvergießens zutiefst überdrüssig. Vor kurzem wurde ich von einem seiner wenigen überlebenden Kameraden gefragt, ob mein Onkel mir jemals erzählt habe, dass *ihr* Geschütz das erste war, das in Ägypten landete, und das erste, das die Sandbank unmittelbar über dem Strand hinaufgezogen wurde, und wie heiß es unter ihren Händen wurde, als sie mit einer entlang der Linie unübertroffenen Schnelligkeit in dichter Folge ihre Eisensalven auf den Feind abfeuerten. Ich musste verneinen. Alle Erzählungen meines Onkels waren Erzählungen dessen, was er gesehen hatte – nicht dessen, was er getan hatte; und als er im hohen Alter eines seiner Lieblingswerke las – Dr. Keiths „Zeichen der Zeit" – er kam zu dem Kapitel, in dem dieser hervorragende Autor die Zeit des hitzigen Seekriegs beschreibt, die unmittelbar auf den Ausbruch des Krieges folgte, als die Zeit, in der die zweite Phiole auf das Meer ausgegossen wurde und in der das Wasser „wie das Blut eines Toten wurde, so dass jede lebende Seele im Meer starb", ich sah ihn ehrfürchtig den Kopf neigen, als er bemerkte: „Die Prophezeiung, so finde ich, gibt all unseren Ruhm nur einen einzigen Vers, und es ist ein Vers des Gerichts." Onkel Sandy jedoch setzte die Friedensprinzipien, die er inmitten von Szenen des Todes und des Blutbads erworben hatte, nicht in irgendwelche extravaganten Konsequenzen um; und als 1803 der zweite Unabhängigkeitskrieg ausbrach und Napoleon mit einer Invasion aus Brest und Boulogne drohte, schulterte er sofort als Freiwilliger seine Muskete. Er hatte nicht die Redegewandtheit seines Bruders, aber seine Schilderungen dessen, was er gesehen hatte, waren außergewöhnlich wahrheitsgetreu und anschaulich; und seine Beschreibungen fremder Pflanzen und Tiere und des Aussehens der fernen Regionen, die er besucht hatte, waren so sorgfältig und genau wie die eines Dampier. Er hatte ein ausgeprägtes Interesse an der Naturgeschichte. Meine Sammlung enthält eine Murex, die im Mittelmeerraum nicht selten vorkommt und die er während der Hitze der Landung in Ägypten noch rechtzeitig vom Strand in seine Tasche stecken konnte; und der erste Ammonit, den ich je sah, war ein Exemplar, das ich noch heute besitze und das er aus einer der Lias-Lagerstätten Englands mit nach Hause brachte.

Früh am Sabbatabend besuchte ich regelmäßig mit zwei meiner Cousins mütterlicherseits, Jungen in etwa meinem Alter, und später mit meinen beiden Schwestern meinen Onkel, um zunächst im Kleinen Katechismus und dann im Mutterkatechismus von Willison unterrichtet zu werden. Bei Willison verhörten uns meine Onkel immer, um sicherzustellen, dass wir die kurzen und einfachen Fragen verstanden; aber anscheinend betrachteten sie die Fragen des Kleinen Katechismus als Samen für einen zukünftigen Tag und waren zufrieden damit, sie gut in unserem Gedächtnis zu verankern. Zu dieser Zeit gab es in der Gemeindekirche eine Sabbatklasse, die von einem der Ältesten unterrichtet wurde; aber meine Onkel betrachteten Sabbatschulen als bloße Ausgleichseinrichtungen, die den Lehrern großes Verdienst, den Eltern und Verwandten der Schüler jedoch in höchstem Maße Schande bereiteten; und so dachten sie natürlich nie daran, uns dorthin zu schicken. Später am Abend, nach einem kurzen Spaziergang in der Dämmerung, für den die sitzende Tätigkeit meines Onkels James eine Entschuldigung war, an dem mein Onkel Alexander jedoch immer teilnahm und der sie normalerweise in einsame Wälder oder an eine einsame Küste entlang führte, wurden einige der alten geistlichen Texte gelesen; und ich pflegte meinen Platz im Kreis einzunehmen, obwohl ich, fürchte, nicht viel Nutzen daraus zog. Gelegentlich fiel mir eine Tatsache auf oder meine Aufmerksamkeit wurde für einen Moment durch ein Gleichnis oder eine Metapher gefesselt; aber die Ketten der schlüssigen Argumentation und die Passagen der langweiligen „Anwendung" gingen immer verloren.

FUSSNOTE:

[1] Kap Wrath.

KAPITEL III.

„Bei Wallace' nennen Sie schottisches Blut

Aber es brodelt bei einer Springflut!

Oft schritten unsere furchtlosen Väter

    An Wallaces Seite,

Immer noch vorwärts drängend, mit rotem Wat beschuht,

    Oder ruhmreich gestorben." – BURNS.

Irgendwann in meinem zehnten Lebensjahr wurde ich zum ersten Mal richtig
Schotte, und das Bewusstsein für mein Land ist seitdem ziemlich stark in mir
geblieben. Mein Onkel James hatte mir von einem Nachbarn eine gängige
Ausgabe von Blind Harrys „Wallace" in der von Hamilton modernisierten
Fassung geliehen; aber nachdem ich das erste Kapitel gelesen hatte – ein
Stück langweiliger Genealogie, in sehr grobe Reime zerlegt –, warf ich den
Band als uninteressant beiseite und nahm ihn erst wieder auf Bitte meines
Onkels zur Hand, der mich drängte, einfach zu *seiner* Unterhaltung und
Befriedigung noch drei oder vier weitere Kapitel zu lesen. Dementsprechend
las ich die drei oder vier weiteren Kapitel: „Wie Wallace den Sohn des jungen
Polizisten Selbie tötete", „Wie Wallace in Irvine Water fischte" und „Wie
Wallace den Bauern mit seinem eigenen Stab in Ayr tötete"; und dann sagte
mir Onkel James in seiner ruhigen Art, wie er es pflegte, einen Scherz zu
erzählen, dass das Buch eine ziemlich grobe Sache zu sein scheine, voller
Berichte über Streit und Blutvergießen, und dass ich nicht weiterlesen dürfe,
wenn ich nicht Lust dazu hätte. Aber jetzt verspürte ich eine starke Lust und
las mit wachsendem Erstaunen und Vergnügen weiter. Ich war berauscht
von den feurigen Erzählungen des blinden Minnesängers – von seinem
wilden Atemzug heißen, intoleranten Patriotismus und seinen Geschichten
von erstaunlicher Tapferkeit; und da ich mich darin rühmte, ein Schotte und
der Landsmann von Wallace und den Grahams zu sein, sehnte ich mich nach
einem Krieg mit den Südstaatlern, damit die Ungerechtigkeiten und Leiden
dieser edlen Helden noch gerächt werden könnten. Alles, was ich zuvor über
die Wunder fremder Länder und die Herrlichkeit moderner Schlachten
gehört und gelesen hatte, erschien mir im Vergleich zu den Ereignissen im
Leben von Wallace harmlos und alltäglich; und ich ärgerte meine Mutter nie
wieder, indem ich mir wünschte, groß genug zu sein, um Seemann zu werden.
Mein Onkel Sandy, der einen gewissen Sinn für die Feinheiten der Poesie
hatte, hätte mich gern von den Heldentaten Wallaces zu „Das Leben des
Bruce" geführt, das in Form einer nicht sehr energischen Nachahmung von
Drydens „Virgil" durch einen gewissen Harvey im selben Band enthalten war
und das mein Onkel für die besser geschriebene Lebensgeschichte der beiden

hielt. Und was die bloßen Annehmlichkeiten des Stils betraf, hatte er, so glaube ich, recht. Aber ich konnte ihm nicht zustimmen. Harvey war bei weitem zu schön und zu gelehrt für mich; und erst einige Jahre später, als ich das Glück hatte, eine der späteren Ausgaben von Barbours „Bruce" in die Hand zu nehmen, nahm der Heldenkönig von Schottland in meinen Gedanken seinen richtigen Platz neben seinem Heldenwächter ein. Es gibt Entwicklungsstufen in der unreifen Jugend von Individuen, die den Entwicklungsstufen in der unreifen Jugend von Nationen zu entsprechen scheinen; und die Erinnerungen an diese frühe Zeit ermöglichen es mir bis zu einem gewissen Grad zu verstehen, wie es laut Lord Hailes Hunderte von Jahren lang sein konnte, dass Blind Harrys „Wallace" mit seiner derben und unverhüllten Erzählung und den übertriebenen Ereignissen die Bibel des schottischen Volkes war.

Ich verließ die Damenschule am Ende des ersten Jahres, nachdem ich die größte Errungenschaft meines Lebens gemeistert hatte – die Kunst, sich mit Büchern zu unterhalten – und wurde direkt auf die Grammar School der Gemeinde versetzt, die zu dieser Zeit etwa hundertzwanzig Jungen besuchten, wobei die Klasse noch etwa dreißig weitere Personen umfasste, auf die die anderen sehr herabblickten und die man nicht für sehr der Zählung wert hielt, da sie nur aus *Mädchen bestand*. Und auch hier scheint die frühe individuelle Entwicklung gut mit einer frühen nationalen übereinzustimmen. In seiner abschätzigen Einschätzung der modernen Frau ist der Junge immer ein echter Wilder. Die alte Gemeindeschule des Ortes lag vornehm in einer gemütlichen Ecke zwischen dem Gemeindekirchhof und einem dichten Wald; und von dem interessanten Mittelpunkt, den es bildete, konnten die Jungen, wenn sie es satt hatten, aus den aufrecht stehenden Grabsteinen Dragonerpferde zu machen oder über die flach gelegten Grabmäler von einem Ende des Friedhofs zum anderen zu springen, „ohne das Gras zu berühren", zu den höheren Bäumen gehen und sich durch Klettern zwischen ihnen einen Namen machen. Da sie jedoch bei diesen letzteren Gelegenheiten in das Vergnügungsgelände des Gutsherrn einzudringen pflegten, war die Schule vor meiner Zeit ans Meeresufer verlegt worden; wo es zwar weder Grabsteine noch Bäume gab, aber einige ausgleichende Vorteile einer Art, die vielleicht nur Jungen der alten Schule ausreichend gewürdigt haben konnten. Da die Fenster der Schule auf die Öffnung des Firth hinausgingen, konnte kein Schiff den Hafen einfahren, das wir nicht sahen; und da wir uns durch unsere Möglichkeiten verbesserten, gab es im ganzen Königreich vielleicht keine Bildungseinrichtung, in der alle Arten von Barken und Schiffen, von der Fischerjacht bis zur Fregatte, genauer auf die Tafel gezeichnet werden konnten oder wo jeder Defekt am Schiffsrumpf oder an der Takelage, in irgendeiner fehlerhaften Darstellung, mit größerer Sicherheit gerechter und schonungsloser kritisiert werden konnte. Außerdem gab es in der Stadt, in der damals ein großer Handel mit gesalzenem Schweinefleisch betrieben wurde, keine dreißig Meter vom Schultor entfernt eine Schlachtstätte, wo manchmal an einem einzigen Tag achtzig bis hundert Schweine für das Gemeinwohl starben; und es war eine große Sache, in gelegentlichen Abständen das Todesgebrüll von draußen zu hören, das das allgemeine Gemurmel drinnen übertönte, oder von einem Kameraden, der von seinem fünfmütigen Urlaub zurückkam, zu hören, dass ein heldenhaftes Schwein drei Schläge mit der Axt einstecken musste, bevor es umfiel, und dass es, sogar nachdem es dem Stechen unterzogen worden war, Jock Keddies Hand mit dem Maul gepackt und ihm beinahe den Daumen zerquetscht hatte. Durch unsere besonderen Beobachtungsmöglichkeiten lernten wir auch nicht nur eine Menge über die Anatomie von Schweinen – besonders über die abgetrennten essbaren Teile des Tiers wie Milz und Pankreas und mindestens einen anderen sehr schmackhaften Eingeweideteil – sondern auch über den *Fang* und die Konservierung von Heringen. Während der Fangsaison fuhren alle Heringsboote auf ihrem Heimweg zum Hafen an unseren Fenstern vorbei; und anhand ihrer Wassertiefe wurden wir geschickt genug, die Anzahl der an Bord befindlichen Fische mit wunderbarem Urteilsvermögen und Genauigkeit zu berechnen. Auch in Tagen mit allgemein guter Fischerei, wenn sich die Fischkörbe als zu klein erwiesen, um die an Land gebrachten Mengen aufzunehmen, pflegte man den Fisch in glitzernden Haufen gegenüber der Schultür zu legen; und eine aufregende Szene, die das Treiben der Werkstatt mit dem Durcheinander des überfüllten Jahrmarkts verband, entstand sofort zwanzig Meter von den Bänken entfernt, an denen wir saßen, was uns sehr erfreute und natürlich auch nicht wenig lehrreich war. Wir konnten, indem wir einfach über ein Buch oder eine Schiefertafel spähten, sehen, wie die Fischkörbe ihre Fische mit Salz einlegten, um die Auswirkungen der Hundstagssonne auszugleichen; Scharen junger Frauen, die als Rinnen arbeiteten und grauenhaft mit Blut und Eingeweiden befleckt waren, hockten mit dem Messer in der Hand um die Haufen herum und verrichteten mit fleißigen Fingern ihre gut bezahlte Arbeit zum Stundenlohn von sechs Pence; Staffeln schwer beladener Fischweiber, die immer wieder frische Haufen Heringe in ihren Reusen bringen; und draußen hämmern die Böttcher, als ginge es um Leben und Tod – sie ziehen bald die Reifen fest, bald lockern sie sie, und bald kalfatern sie die undichten Nähte mit Binsen. Nicht jede Grammar School bietet solche Lektionen an wie die, in die alle eingeweiht wurden und in denen alle bis zu einem gewissen Grad versiert wurden, in der Grammar School von Cromarty!

Das Gebäude, in dem wir uns trafen, war ein niedriges, langes, strohgedecktes Häuschen, das von Giebel zu Giebel offen war, unten einen Lehmboden und oben ein Dach ohne Latten. Entlang der nackten Dachsparren, die dem Kapitän, wenn er zufällig ein paar Minuten abwesend war, eine ehrenvolle Übung im Klettern boten, lag dort häufig ein Steuer, ein

Ruder, ein Bootshaken oder sogar ein Focksegel – die Beute eines unglücklichen Torfboots von der anderen Seite des Firth. Die Hochlandschiffer von Ross hatten jahrhundertelang mit den Sachsen der Stadt Torfhandel betrieben; und da jedes Boot der Grammar School eine seit langem erwirtschaftete Nebenleistung von zwanzig Torf schuldete und die Zahlung manchmal dummerweise verweigert wurde, gelang es der Gruppe von Jungen, die vom Lehrer beauftragt worden waren, diese einzutreiben, fast immer, entweder mit Gewalt oder List, eine Spiere, ein Segel oder ein Stück Takelage für die Institution mitzunehmen, die, bis sie durch einen Sondervertrag und die Zahlung der Torf eingelöst wurden, über den Dachsparren verstaut wurde. Diese Torfexpeditionen, die in der Schule äußerst beliebt waren, waren eine hervorragende Übung für die Fähigkeiten. Es war immer eine große Sache, wenn, gerade wenn die Schule zusammenkam, ein aufmerksamer Junge mit der Mütze in der Hand vor dem Lehrer erschien und die Tatsache einer Ankunft am Ufer mit den einfachen Worten „Torfboot, Sir" ankündigte. Der Lehrer fuhr dann fort, eine Gruppe zu benennen, die je nach Bedarf mehr oder weniger groß war; aber es schien eine ziemlich korrekte Berechnung zu sein, dass in den Fällen, in denen der Torfanspruch bestritten wurde, etwa zwanzig Jungen nötig waren, um die zwanzig Torfstücke oder, falls diese fehlten, das Ersatzsegel oder die Spiere nach Hause zu bringen. Es gab gewisse schlecht ausgebildete Bootsleute, die sich fast immer widersetzten und uns gern erzählten – und das ausnahmslos in sehr schlechtem Englisch –, dass unser Privileg eigentlich das Privileg des Henkers [2] sei, das uns zugesprochen wurde, weil wir *wie er* waren; sie sahen nicht – Dummköpfe, wie sie waren! –, dass dieses Eingeständnis die Rechtmäßigkeit unseres Anspruchs völlig bewies und uns inmitten unserer schrecklichen Gefahren und treuen Auseinandersetzungen das stärkende Bewusstsein eines gerechten Streits gab. Im Umgang mit diesen Widerspenstigen teilten wir unsere Kräfte gewöhnlich in zwei Gruppen auf, wobei der größere Teil der Gruppe seine Taschen mit Steinen füllte und sich an einem günstigen Punkt, wie etwa dem Pierkopf, aufstellte, und der kleinere Teil sich so nah wie möglich an das Boot schlich und sich unter die Käufer des Torfs mischte. Wir eröffneten dann nach entsprechender Warnung das Feuer auf die Bootsleute, und als die Kieselsteine wie Hagelkörner um sie herumsprangen, gelang es den Jungen unten im Schutz des Feuers meist, den gewünschten Bootshaken oder das Ruder zu erbeuten. Und das waren die üblichen Umstände und Einzelheiten dieser spartanischen Erziehung, an die mich ein Stadtbewohner stark erinnerte, als er einmal im Schutz eines anhaltenden Musketenfeuers das Schiff eines Feindes enterte, das an der Küste von Berbice gestrandet war.

Der Gemeindeschullehrer war ein gelehrter und ehrlicher Mann, und wenn ein Junge wirklich lernen wollte, konnte *er* ihn sicherlich unterrichten. Er hatte die Kurse in Aberdeen während derselben Semester besucht wie der verstorbene Dr. Mearns und hatte in Mathematik und Sprachen mit dem Doktor um den Preis gekämpft; aber er war nicht so erfolgreich in der Welt geworden; und jetzt, in mittleren Jahren, hatte er sich, obwohl er ein Lizentiat der Kirche war, niedergelassen und war das, was er später blieb – Lehrer einer Gemeindeschule. Normalerweise standen ein paar erwachsene Jungen unter seiner Anleitung – sorgfältige Seeleute, die während des Wintersemesters an Land geblieben waren, um Navigation als Wissenschaft zu studieren – oder große Kerle, die glücklich waren, von den Großen gefördert zu werden, und in der Hoffnung, Steuereinnehmer zu werden, in die Schule gekommen waren, um in die Geheimnisse der Eichtechnik eingeweiht zu werden – oder erwachsene junge Männer, die nach reiflicher Überlegung und etwas spät die Kirche als ihre eigentliche Berufung erkannt hatten; und diese pflegten in den allerbesten Tönen über die Kenntnisse und Lehrfähigkeiten des Lehrers zu sprechen. Auch er selbst konnte sich darauf berufen, dass kein Lehrer im Norden jemals mehr Schüler aufs College geschickt hatte und dass seine besseren Schüler im Leben fast immer gut zurechtkamen. Andererseits wurde von den Schülern, die nichts tun wollten – eine Beschreibung von Personen, die volle zwei Drittel aller jüngeren Schüler umfasste – nicht viel mehr verlangt, als sie wollten; und Eltern und Erziehungsberechtigte beklagten sich lautstark, dass er kein geeigneter Schulmeister für sie sei; obwohl die Jungen selbst ihn normalerweise für völlig geeignet hielten.

Er pflegte den Eltern oder Verwandten derer, die er für seine klugen Jungs hielt, zu raten, ihnen eine klassische Ausbildung zu geben; und als er eines Tages Onkel James traf, drängte er darauf, dass ich Latein lernen sollte. Ich sei ein großer Leser, sagte er; und er fand heraus, dass ich, wenn ich in meinen Englischaufgaben ein Wort ausließ, es fast immer durch ein Synonym ersetzte. Und so wurde ich, da Onkel James aufgrund seiner eigenen Daten zu einem ähnlichen Schluss gekommen war, von der englischen in die lateinische Form versetzt und begann mit vier anderen Jungen mit den „Grundlagen". Ich arbeitete ein oder zwei Tage mit leidlichem Fleiß; aber es war niemand da, der mir erklärte, was die Regeln bedeuteten oder ob sie wirklich etwas bedeuteten; und als ich bis zu *penna*, einem Stift, kam und sah, wie die Änderungen an einem armen Wort vorgenommen wurden, das in der alten Sprache nicht wichtiger zu sein schien als in der modernen, begann ich kläglich zu erlahmen und sehnte mich nach meiner englischen Lektüre mit ihren netten, unterhaltsamen Geschichten und bildhaften Beschreibungen. Die Rudiments waren bei weitem das langweiligste Buch, das ich je gesehen hatte. Es enthielt keinen Gedanken, den ich wahrnehmen konnte – es enthielt sicherlich keine Erzählung – es war ein vollkommener Kontrast nicht nur zu „Leben und Abenteuer von Sir William Wallace", sondern sogar zu den Reisen von Cook und Anson. Keiner meiner Klassenkameraden war auch nur im Geringsten intelligent; sie waren alle ohne den Rat des Lehrers auf Latein eingestellt worden; und doch, als er lernte, was er bald tat, uns mit dem Namen der „schweren Klasse" zu kennzeichnen und zu unseren Aufgaben zu rufen, war ich in den meisten Fällen am unteren Ende zu finden. Kurz darauf jedoch, als wir ein wenig weiter kamen, zeigte sich, dass ich eine entschiedene Begabung fürs Übersetzen hatte. Der Lehrer, der gute, einfache Mann, der er war, las uns während der Schulzeit immer auf Englisch das Stück Latein vor, das wir als unsere Tagesaufgabe bekommen hatten; und da mein Gedächtnis stark genug war, um die ganze Übersetzung in der richtigen Reihenfolge zu behalten, pflegte ich ihm abends Wort für Wort seine eigene Übersetzung zurückzugeben, die ihn in den meisten Fällen ziemlich zufriedenstellte. Niemand von uns wurde groß beachtet; und ich lernte bald, unterhaltsame Bücher mit in die Schule zu bringen, die ich inmitten des babylonischen Durcheinanders des Ortes unentdeckt lesen konnte. Einige von ihnen waren, abgesehen von der Sprache, in der sie geschrieben waren, identisch mit den Büchern, die für den Ort typisch waren. Ich erinnere mich, wie ich auf diese Weise heimlich Drydens „Virgil" und den „Ovid" von Dryden und seinen Freunden durchlas; während Ovids eigener „Ovid" und Virgils eigener „Virgil" neben mir lagen, versiegelt in der schönen alten Sprache, die ich damit meine einzige Chance, sie zu erwerben, wegwarf.

Eines Morgens hatte ich die englische Wiedergabe der Tagesaufgabe durch den Lehrer gut im Gedächtnis und kein unterhaltsames Buch zu lesen, und so begann ich mit meinem Klassenkameraden zu tratschen, einem sehr großen Jungen, der schließlich zu 1,93 m heranwuchs und meistens neben mir saß, da ich bis auf einen der Kleinste in der Klasse war. Ich erzählte ihm von dem großen Wallace und seinen Heldentaten und weckte seine Neugier so erfolgreich, dass ich ihm jedes Abenteuer erzählen musste, das der blinde Minnesänger aufgezeichnet hatte. Nachdem ich meine Berufung als Geschichtenerzähler einmal völlig geklärt hatte, gab es, wie ich feststellte, kein Halten mehr. Ich musste alle Geschichten erzählen, die ich je gehört oder gelesen hatte; alle Abenteuer meines Vaters, soweit ich sie kannte, und alle meines Onkels Sandy – mit der Geschichte von Gulliver, Philip Quarll und Robinson Crusoe – von Sindbad, Ulysses und Mrs. Radcliffes Heldin Emily, natürlich mit den Liebespassagen ausgelassen; und schließlich, nach Wochen und Monaten des Erzählens, stellte ich fest, dass mein verfügbarer Vorrat an erworbenen Fakten und Fiktion ziemlich erschöpft war. Die Nachfrage seitens meiner Klassenkameraden war jedoch so groß und dringlich wie immer, und da ich mich in der Notlage dazu entschloss, meine Fähigkeit zur Originalliteratur zu erproben, begann ich, ihnen stunden- und tageweise lange improvisierte Biographien zuzuteilen, die sich als wunderbar beliebt und erfolgreich erwiesen. Meine Helden waren gewöhnlich Krieger wie Wallace, Reisende wie Gulliver und Bewohner einsamer Inseln wie Robinson Crusoe; und nicht selten mussten sie Schutz in riesigen verlassenen Schlössern suchen, die voller Falltüren und Geheimgänge waren, wie das von

Udolpho. Und schließlich, nach vielen vernichtenden Riesen und wilden Tieren und furchtbaren Begegnungen mit Zauberern und Wilden, gelang es ihnen fast ausnahmslos, enorme verborgene Schätze auszugraben oder Goldminen freizulegen, und dann verbrachten sie einen luxuriösen Lebensabend, wie den von Sindbad dem Seefahrer, in Frieden mit der ganzen Menschheit, inmitten von Süßigkeiten und Früchten. Der Meister hatte eine ziemlich richtige Vorstellung davon, was in der „schweren Klasse" vor sich ging – die gestreckten Hälse und die zusammengedrängten Köpfe erzählten immer ihre eigene besondere Geschichte, wenn ich damit beschäftigt war, meine zu erzählen; aber ohne das Kind zu hassen, sparte er mit der Rute und tat einfach, was er sich manchmal erlaubte – er gab mir einen Spitznamen. Ich war der *Sennachie* , sagte er; und als Sennachie hätte man mich wohl kennen können, solange ich unter seiner Obhut blieb, wäre er nicht, stolz auf sein Gälisch, dem Wort die volle keltische Aussprache gegeben, die aber nicht mit den teutonischen Mündern meiner Schulkameraden übereinstimmte und gegen seine Verwendung sprach; und so konnte sich der Name nicht durchsetzen. Trotz all meiner Nachlässigkeit blieb ich eine Art Liebling des Lehrers; und wenn er in der allgemeinen Englischstunde war, pflegte er kleine ruhige Reden an mich zu richten, die keinem anderen Schüler zugestanden wurden und die auf ein bestimmtes literarisches Gebiet hindeuteten, das wir gemeinsam hatten und das die anderen nicht betreten hatten. „Das, Sir", sagte er, nachdem die Klasse gerade in der Schulsammlung einen Tatler oder Spectator durchgelesen hatte , „ *Das* , Sir, ist eine gute Zeitung; es ist ein *Addison* "; oder „Das ist einer von Steele, Sir";; und als er einmal in meinem Schreibheft eine Seite voller Reime fand, die ich mit „Gedicht über die Sorge" überschrieben hatte, brachte er sie zu seinem Schreibtisch, las sie sorgfältig durch, rief mich herbei und begann mit seinem geschlossenen Taschenmesser, das als Zeigestab diente, in der einen Hand und dem Schreibheft, das ich auf Augenhöhe heruntergezogen hatte, in der anderen seine Kritik. „Das ist eine schlechte Grammatik, Sir", sagte er und legte den Messergriff auf eine der Zeilen; „und hier ist ein falsch geschriebenes Wort; und da ist noch eins; und Sie haben überhaupt nicht auf die Zeichensetzung geachtet; aber der Gesamtsinn des Stücks ist gut, – wirklich sehr gut, Sir." Und dann fügte er mit einem grimmigen Lächeln hinzu: „ *Sorge* , Sir, ist, wie Sie bemerken, wohl eine sehr schlechte Sache; aber Sie können getrost etwas mehr davon auf Ihre Rechtschreibung und Grammatik verwenden."

Die Schule hatte, wie fast alle anderen Grammar Schools in Schottland zu dieser Zeit, ihren jährlichen Hahnenkampf, dem zweieinhalb Ferien vorausgingen, während derer die Jungen damit beschäftigt waren, ihre Hähne einzusammeln und hochzubringen. Und die Zahl der kämpfenden Vögel, die zu diesem Anlass zusammengetrommelt wurden, war immer so groß, dass der Tag des Festes von morgens bis abends damit verbracht wurde, den

Kampf auszufechten. Noch Wochen danach waren auf dem Schulboden die tief befleckten Blutflecken zu sehen, und die Jungen waren voller spannender Geschichten über die Ruhmestaten tapferer Vögel, die weitergekämpft hatten, bis ihnen beide Augen ausgestochen worden waren, oder die im Augenblick des Sieges tot mitten im Hahnenkampf umgefallen waren. Der jährliche Kampf war das Relikt eines barbarischen Zeitalters; und zumindest eine seiner Bestimmungen schien darauf hinzuweisen, dass es sich auch um ein intolerantes Zeitalter handelte: Jeder Schüler der Schule wurde ausnahmslos als Hahnenkämpfer in die Teilnehmerliste eingetragen und musste dem Lehrer zwei Pence pro Kopf zahlen, angeblich für die Erlaubnis, seine Vögel zum Kampfplatz zu bringen; aber angesichts der wachsenden Humanität einer besseren Zeit war es nicht länger zwingend, die Vögel mitzubringen, obwohl die zwei Pence weiterhin verlangt wurden; und ich machte von dieser Freiheit Gebrauch und brachte nie welche mit. Auch besuchte ich, abgesehen von ein paar Minuten bei zwei verschiedenen Gelegenheiten, nie den Kampf. Wäre der Kampf unter den Jungen selbst gewesen, hätte ich bereitwillig meinen Teil dazu beigetragen, indem ich mich mit jedem Gegner meines Alters und Standes getroffen hätte; aber ich konnte es nicht ertragen, die blutenden Vögel anzusehen. Und so zahlte ich als Besitzer von drei Hähnen weiterhin meine jährlichen Sixpence – die niedrigste Summe, die man in irgendeiner Weise als vornehm erachtet –, blieb aber einfach ein fiktiver oder auf dem Papier spielender Hahnenkämpfer und trug in keiner Weise zum Erfolg des *Anführers* oder des Anführers bei, zu dessen Partei ich in der allgemeinen Schulaufteilung zu gehören hatte. Ich muss auch hinzufügen, dass ich auch nicht lernte, mich für die Opferorgien im angrenzenden Schlachthaus zu interessieren. Einigen der ausgewählten Schüler wurde von den Mördern manchmal das Privileg gestattet, ein Schwein niederzuschlagen und in seltenen Fällen sogar das Aufspießen zu versuchen; aber ich wandte mich mit Abscheu von beiden Vorgängen ab; und wenn ich mich überhaupt näherte, dann nur, wenn ein Tier, das abgeschabt und gesäubert und am Balken aufgehängt war, gerade mit dem Schlachtermesser aufgeschnitten wurde, damit ich die Form der Eingeweide und die Positionen, die sie einnahmen, erkennen konnte. Zu meiner Abneigung gegen den jährlichen Hahnenkampf müssen meine Onkel beigetragen haben. Sie verurteilten die Ungeheuerlichkeit lautstark, und als ein Nachbar einmal unglücklich genug war, zur Entschuldigung zu bemerken, dass der Brauch von frommen und tugendhaften Männern an uns weitergegeben worden sei, die nichts Falsches daran zu sehen schienen, sah ich, wie der gewohnte Respekt vor den alten Geistlichen zumindest für einen Moment nachließ. Onkel Sandy zögerte offensichtlich aufgeregt, aber Onkel James kam ihm schnell und feurig wie der Blitz zu Hilfe. „Ja, tugendhafte Männer!", sagte mein Onkel, „aber tugendhafte Männer aus einem rohen und barbarischen Zeitalter, und in manchen Teilen ihres Charakters von dessen

Barbarei geprägt. Für den Hahnenkampf, den uns diese tugendhaften Männer hinterlassen haben, hätte man sie für eine Woche nach Bridewell schicken und sich von Brot und Wasser ernähren sollen." Onkel James war zweifellos zu voreilig und fühlte sich eine Minute später so; aber die Praxis, die Grundlagen der Ethik auf einem „ *Sie selbst haben es getan* " *zu begründen* , ganz ähnlich der Art und Weise, wie die Scholastiker die Grundlagen ihrer unsinnigen Philosophie auf einem „ *Er selbst hat es gesagt* " begründeten, ist eine Praxis, die, obwohl sie selbst in sehr reinen Kirchen noch nicht verbreitet ist, immer provozierend ist und nicht ganz ungefährlich für die Würdenträger ist, ob tot oder lebendig, auf deren Präzedenzfällen das moralische Recht beruht. In der Geistesklasse, die im Volk beispielsweise durch Onkel James repräsentiert wird, wäre es viel einfacher, selbst die alten Geistlichen zu Fall zu bringen, als Hahnenkämpfe ins Gespräch zu bringen.

In meiner Heimatstadt gab es schon ein oder zwei Jahre vor meiner Kindheit eine Handvoll intelligenter, bücherkundiger Handwerker und Handwerker, und als ich allmählich ihre Vertreter und Nachkommen kennenlernte, durfte ich auf der Suche nach Wissen in entzückenden alten Truhen und Schränken stöbern, die mit zerfledderten und staubigen Büchern gefüllt waren. Der Rest der Bibliothek meines Vaters, der mir noch blieb, bestand aus etwa sechzig verschiedenen Werken; mein Onkel besaß etwa hundertfünfzig weitere; und in der Nachbarschaft lebte ein literarischer Tischler, der einmal auf dem Hügel von Cromarty ein dreißigzeiliges Gedicht verfasst hatte, dessen Sammlung hauptsächlich poetischer Bücher etwa achtzig bis hundert betrug. Ich war oft nachts in der Werkstatt des Tischlers und hatte manchmal das Privileg, ihm beim Aufsagen seiner Gedichte zuzuhören. Es gab dort nicht viel Bewunderung für Dichter oder Poesie; und mein Lob, obwohl das eines sehr jungen Kritikers, hatte immer den doppelten Verdienst, sowohl umfassend als auch aufrichtig zu sein. Ich kannte die Felsen und Bäume, die seine Beschreibung umfasste, hatte die Vögel gehört, auf die er sich bezog, und die Blumen gesehen; und da der Hügel früher häufig Schauplatz von Hinrichtungen gewesen war und auf seinem Gipfel die Galgen des Sheriffs gestanden hatten, konnte nichts eindeutiger sein als der ernste Hinweis in seiner Eröffnungszeile auf

„Die grüne Erhebung des *Galgenhügels* ."

Und so hielt ich sehr viel von seinem Gedicht und dem, was ich meiner Meinung nach gesagt hatte; und er andererseits hielt mich offensichtlich für einen Jungen mit außergewöhnlichem Geschmack und Urteilsvermögen für mein Alter. Es gab noch einen anderen Mechaniker in der Nachbarschaft – einen Zimmermann, der zwar kein Dichter war, aber sehr belesen war in Büchern aller Art, von den Theaterstücken Farquhars bis zu den Predigten Flavels; und da sowohl sein Vater als auch sein Großvater – letzterer übrigens ein Mann aus der Porteous-Gemeinde und ersterer ein persönlicher Freund des armen Dichters Fergusson – ebenfalls Leser und Sammler von Büchern gewesen waren, besaß er eine ganze Presse voll zerfledderter, schwer zu lesender Bände, einige davon sehr merkwürdig; und mir gegenüber gewährte er großzügig das, was Literaten immer schätzen, nämlich „die volle Pressefreiheit". Aber von all meinen gelegentlichen Wohltätern auf diese Weise war der arme alte Francie, der pensionierte Angestellte und Frachtführer, bei weitem der größte.

Francie war von Natur aus ein Mann mit viel Talent und lebhafter Neugier. Und es fehlte ihm keineswegs an Kenntnissen. Er schrieb und rechnete gut und wusste zumindest viel über die Theorie des Geschäftslebens; und als er in jungen Jahren bei einem Kaufmann und Ladenbesitzer in Cromarty in die Lehre ging, hatte er ziemlich gute Aussichten, in der Welt voranzukommen. Er hatte jedoch eine gewisse geistige Schwäche, die sowohl Talent als auch Kenntnisse nur wenig nützte, und das begann sich sehr früh zu zeigen. Als er noch Lehrling war und feststellte, dass der Weg frei war, rannte er, obwohl er schon ein großer Junge war, hinter dem Ladentisch hervor in die Mitte einer Grünfläche direkt gegenüber, und dort beteiligte er sich an den Spielen einer Gruppe von Jugendlichen, die es dort selten brauchte, spielte er eine halbe Partie Murmeln, Honigtöpfe oder Hy-Spy und rannte wieder zurück, wenn er seinen Meister oder einen Kunden näher kommen sah. Das galt nicht als schicklich; aber wenn Francie auf das Thema angesprochen wurde, konnte sie so vernünftig sprechen wie jeder junge Mensch seines Alters. Er brauche Entspannung, pflegte er zu sagen, obwohl er nie duldete, dass sie seine eigentlichen Geschäfte beeinträchtigte; und wo konnte man sich sicherer entspannen als unter unschuldigen Kindern? Das war natürlich äußerst vernünftig und sogar tugendhaft. Und so wurde Francie nach Ablauf seiner Lehrzeit, nicht ohne Hoffnung auf Erfolg, nach Neufundland geschickt – wo er Verwandte hatte, die viel im Fischereigewerbe tätig waren –, um dort als einer ihrer Schreiber zu arbeiten. Er erwies sich als fähiger Schreiber; aber unglücklicherweise wusste man damals nur wenig über das Innere der Insel; und einige der von St. John's am weitesten entfernten Orte, wie die Bucht und der Fluss Exploits, trugen verlockende Namen; und so kam, nachdem Francie bei den älteren Einwohnern viele Fragen darüber gestellt hatte, was es inmitten des dürren Unterholzes und der brüchigen Felsen im Landesinneren zu sehen gab, ein Morgen, an dem er im Büro als vermisst gemeldet wurde; und man konnte wenig mehr über ihn erfahren, als dass man ihn im frühen Morgengrauen gesehen hatte, wie er mit Stock und Tornister ausgerüstet in die Wälder aufbrach. Nach etwa einer Woche kehrte er erschöpft und halb verhungert zurück. Er sagte, es sei ihm nicht so gut gelungen, sich unterwegs mit Nahrung zu versorgen, wie er erwartet hatte, und so habe er umkehren müssen, bevor er den von ihm vorher festgelegten Punkt erreichen konnte; aber er war sicher, dass er auf seiner nächsten Reise glücklicher sein würde. Es war offensichtlich gefährlich, ihn der Versuchung eines unerforschten Landes auszusetzen; und da seine Freunde und Vorgesetzten in St. John's gerade ein Schiff mit Fisch für den italienischen Markt während der Fastenzeit beladen hatten, wurde Francie als Frachtführerin mitgeschickt, um den Verkauf in einem Land zu überwachen, das den Menschen seit Tausenden von Jahren auf Schritt und Tritt bekannt war und in dem er vermutlich keinen Grund haben würde, umherzuwandern. Francie hatte jedoch viel über Italien gelesen; und als er bei der Landung in Livorno feststellte, dass er sich in der Nähe von Pisa befand, ließ er Schiff und Ladung sich selbst überlassen und machte sich zu Fuß auf den Weg, um den berühmten Hängenden Turm und die große Marmorkathedrale zu besichtigen. Und Turm und Kathedrale sah er auch: aber inzwischen stellte sich heraus, dass er nicht ganz für einen Supercargo geeignet war; und er musste kurz darauf nach Schottland zurückkehren, wo es seinen Freunden gelang, ihn als Schreiber und Aufseher auf einem kleinen Anwesen in Forfarshire unterzubringen, das vom Eigentümer nach dem damals neu eingeführten modernen System bewirtschaftet wurde. Er kannte jedoch die klassische Beschreibung von Glammis Castle in den Briefen des Dichters Gray; und nachdem er das Schloss besucht hatte, machte er sich auf, um das alte Lager in Ardoch – das *Lindum* der Römer – zu erkunden. Schließlich gaben seine Freunde alle Hoffnungen auf, ihn in der Ferne unterzubringen, und er musste nach Cromarty zurückkehren, wo er erneut als Schreiber eingesetzt wurde. Das Unternehmen, mit dem er jetzt verbunden war, war eine große Hanffabrik; und seine Hauptbeschäftigung bestand darin, die an die Spinner abgegebenen Hanfmengen und die Anzahl der Garnstränge, in die sie sie nach Abgabe verarbeitet hatten, zu registrieren. Bald jedoch begann er, lange Spaziergänge zu machen; und die alten Frauen mit ihrem Garn waren oft schon vor seiner Rückkehr zu Dutzenden und Dutzenden vor seiner Bürotür versammelt. Schließlich, nachdem er einen wirklich sehr langen Spaziergang unternommen hatte, denn er erstreckte sich von der Mündung bis zur Spitze des Cromarty Firth, eine Entfernung von etwa zwanzig Meilen, und umfasste den antiken Turm von Kinkell und das alte Schloss von Craighouse, wurde er von den Pflichten seiner Schreiberstelle entbunden und konnte seine Forschungen ungestört mit einer kleinen Rente, einem Geschenk seiner Freunde, fortsetzen. Er war schon weit fortgeschritten im Leben, bevor ich ihn kannte, zutiefst ernst und sehr schweigsam, und obwohl er nie über Politik sprach, war er ein begeisterter Zeitungsleser. „Oh, das ist furchtbar", hörte ich ihn ausrufen, als einmal ein Schneesturm sowohl die Küsten- als auch die Hochlandstraßen eine Woche lang blockierte und die Post nach Norden zum Erliegen brachte. „Es ist furchtbar, in völliger Unkenntnis der öffentlichen Angelegenheiten des Landes zu sein!"

Francie, den jeder ins Gesicht Mr. —— nannte und immer Francie, wenn er ihm den Rücken zuwandte, hauptsächlich weil man wusste, dass er es genau nahm und die vertraulichere Bezeichnung nicht mochte, war an den Winterabenden ein regelmäßiges Mitglied des Kreises, der sich am Arbeitstisch meines Onkels James traf. Und hauptsächlich durch den Einfluss meiner Onkel durfte ich ihn in seinem eigenen Zimmer besuchen – ein Privileg, das kaum jemand sonst genoss – und wurde sogar eingeladen, mir seine Bücher auszuleihen. Sein Zimmer – ein dunkles und melancholisches Zimmer, grau von Staub – enthielt stets eine Anzahl merkwürdiger, aber nicht sehr seltener Dinge, die er auf seinen Spaziergängen aufgesammelt hatte – hübsch gefärbte Pilze – pflanzliche Monstrositäten gewöhnlicher Art, wie „Fause-Krebsnester" und abgeflachte Kiefernzweige – und neben diesen, als Vertreter eines anderen Bereichs der Naturwissenschaften, Fragmente von halbdurchsichtigem Quarz oder glitzerndem Feldspat und Glimmerplatten von etwas über der gewöhnlichen Größe. Aber der Reiz des Apartments lag in seinen Büchern. Francie war eine Bücherliebhaberin, und ihr fehlte nur der nötige Reichtum, um eine sehr hübsche Sammlung zu besitzen. So besaß er jedoch einige merkwürdige Bände; unter anderem eine Erstausgabe der „Neunzehnjährigen Reisen des William Lithgow" mit einem alten Holzschnitt, der den besagten William im Hintergrund zeigt, mit seinem Kopf den Himmel berührend, und weit vorne zwei der Gräber, die die Helden von Ilium begruben, kaum hoch genug, um ihm bis zur Hälfte des Knies zu reichen, und im Verhältnis zur Größe des Reisenden so lang wie gewöhnliche Oktavbände. Er hatte auch Bücher in Frakturschrift über Astrologie und die planetarischen Eigenschaften von Pflanzen; und ein altes Buch über Medizin, das als Heilmittel gegen Zahnschmerzen ein Stück des Kiefers eines Selbstmörders empfahl, gut verrieben; und als unfehlbares Heilmittel gegen die Fallsucht ein oder zwei Unzen des Gehirns eines jungen Mannes, sorgfältig über dem Feuer getrocknet. Besser als diese, zumindest für meinen Zweck, besaß er jedoch eine einigermaßen vollständige Sammlung der britischen Essayisten, von Addison bis Mackenzie, mit den „Essays" und „Citizen of the World" von Goldsmith, mehrere interessante Reise- und Reiseberichte, übersetzt aus dem Französischen, und Übersetzungen aus dem Deutschen von Lavater, Zimmerman und Klopstock. Er besaß auch eine ganze Reihe der kleineren Dichter, und ich konnte, hauptsächlich aus seiner Sammlung, eine einigermaßen angemessene Bekanntschaft mit den Witzen der Regierungszeit von Königin Anne knüpfen. Der arme Francie war im Grunde ein freundlicher und ehrlicher Mann, aber je besser man ihn kannte, desto deutlicher trat die Schwäche und Zerbrochenheit seines Intellekts zutage. Sein Verstand war ein Labyrinth ohne Anhaltspunkt, in dessen Tiefen eine riesige Menge an Buchwissen gespeichert war, das nie gefunden werden konnte, wenn man es brauchte, und das weder ihm noch irgendjemand anderem von Nutzen war. Ich gewann sein Vertrauen so weit, dass ich unter dem Siegel strenger Geheimhaltung erfahren konnte, dass er die Erstellung eines großen literarischen Werkes plante, dessen besonderen Charakter er noch nicht ganz bestimmt hatte, das er aber in einigen Jahren beginnen wollte. Und als er starb, in einem Alter, das nicht weit unter den vorgesehenen 70 Jahren lag, war das große unbekannte Werk noch immer eine unbestimmte Idee und musste noch begonnen werden.

Zu dieser Zeit gab es noch mehrere andere Zweige meiner Ausbildung außerhalb der Schule, die mir zwar Spaß machten, aber kein Leichtsinn waren. Die Ufer von Cromarty sind übersät mit vom Wasser weggerollten Bruchstücken des Urgesteins, das hauptsächlich aus dem Westen während der Zeit des Geschiebelehms stammt. Schon bald fand ich großes Interesse daran, über die verschiedenen Kieselsteine zu schlendern, wenn sie von den jüngsten Stürmen aufgeschüttet wurden, und ihre zahlreichen Bestandteile zu unterscheiden. Aber mir fehlte es sehr an Vokabeln. Und da, laut Cowper, „das Wachstum des Vorzüglichen langsam ist", kam ich erst viel später auf die naheliegende Lösung, die verschiedenen Arten einfacher Gesteine durch bestimmte Ziffern darzustellen und die zusammengesetzten durch die Ziffern, die für jeden einzelnen Bestandteil stehen. Diese sind wie gewöhnliche Brüche entlang einer Mittellinie angeordnet, wobei die Zahlen die vorherrschenden Materialien der Masse oben und die Zahlen die Materialien in geringerem Ausmaß unten repräsentieren. Obwohl mir jedoch die Zeichen fehlten, die das, was ich wusste, angemessen darstellten, entwickelte ich bald ein beträchtliches Auge für die Unterscheidung der verschiedenen Gesteinsarten und entwickelte ziemlich genaue Vorstellungen von der Gattung der Porphyre, Granite, Gneise, Quarzgesteine, Tonschiefer und Glimmerschiefer, die überall am Strand verstreut lagen. An den Gesteinen mechanischen Ursprungs interessierte ich mich zu dieser Zeit viel weniger; aber in der individuellen wie in der allgemeinen Geschichte geht die Mineralogie fast immer der Geologie voraus. Ich hatte das Glück, eines glücklichen Morgens zwischen dem Gerümpel und den Trümmern in der dunklen Kammer des alten John Feddes einen altmodischen Hammer zu entdecken, der, wie mir meine Mutter erzählte, vor über hundert Jahren dem alten John selbst gehört hatte. Es war ein grobschlächtiges Gerät mit einem Griff aus starker schwarzer Eiche und einem kurzen, kompakten Kopf, der auf der einen Seite quadratisch und auf der anderen länglich war. Und obwohl es einen ziemlich stumpfen Schlag ausführte, war die Härte ausgezeichnet und der Stiel fest; und ich ging damit umher und zertrümmerte mit großer Ausdauer und Erfolg alle möglichen Steine. Ich fand in einem grobkörnigen Granit einige Platten aus wunderschönem schwarzen Glimmer, die, wenn man sie extrem dünn spaltete und zwischen Glimmerstreifen der gewöhnlichen Art klebte, wunderbar gefärbte Brillen ergaben, die die Landschaften ringsum in reich getönte Sepiazeichnungen verwandelten; und zahlreiche Granatkristalle, eingebettet in Glimmerschiefer, die, da war ich mir sicher, mit den Steinen identisch waren, die in einer kleinen goldenen Brosche eingefasst waren, die meiner Mutter gehörte. Gegen diese letzte Vermutung hatten jedoch einige der Nachbarn, denen ich meine Beute zeigte, Einwände. Die Steine in der Brosche meiner Mutter seien Edelsteine, sagten sie; wohingegen das, was *ich* gefunden hatte, lediglich ein „Stein am Strand" war. Mein Freund, der Tischler, ging so weit zu sagen, dass das Exemplar nur eine Masse aus Plumpuddingstein und seine dunkel gefärbten Einfassungen lediglich die Johannisbeeren seien; aber dann vertrat Onkel Sandy meine Ansicht: Der Stein sei kein Plumpuddingstein, sagte er: Er habe in England oft Plumpuddingstein gesehen und wisse, dass es sich um eine Art grobes Konglomerat aus verschiedenen Bestandteilen handele; mein Stein hingegen bestehe aus einer feinkörnigen silbrigen Substanz, und die Kristalle, die er enthielt, seien, da war er sicher, Edelsteine wie die in der Brosche und, soweit er es beurteilen konnte, echte Granate. Das war eine großartige Entscheidung; und dadurch sehr ermutigt, stellte ich bald fest, dass Granate unter den Kieselsteinen der Küste von Cromarty keineswegs selten sind. Ja, sie sind sogar so sehr mit dem Sand vermischt - eine Folge des Überflusses des Minerals im Urgestein von Ross -, dass man, nachdem eine schwere Brandung an den bloßen Strand des benachbarten Hügels geschlagen hat, darauf Flecken von zerkleinertem Granat finden kann, ein bis drei Quadratyard groß, die aus einiger Entfernung Stücken eines karmesinroten Teppichs und näher an Platten aus karmesinroter Perlenstickerei ähneln und von denen fast jeder Punkt und jedes Teilchen ein Edelstein ist. Aufgrund irgendeines unerklärlichen Umstands, der offenbar mit dem spezifischen Gewicht der Substanz zusammenhängt, löst es sich an stark von den Wellen heimgesuchten Küsten auf diese Weise von der allgemeinen Masse; aber die Granate dieser merkwürdigen Flecken sind, obwohl so außerordentlich reichlich vorhanden, in jedem Fall außerordentlich winzig. Ich habe in ihnen nie ein Fragment entdeckt, das wesentlich größer als ein Stecknadelkopf wäre; Aber es bereitete mir stets großes Vergnügen, mich neben einem neu entdeckten Fleckchen ans Ufer zu werfen und, während ich mit meinen Fingern über die größeren Körner fuhr, an die Edelsteinhaufen in Aladins Höhle oder an Sindbads Tal der Diamanten zu denken.

Der Cromarty Hill war zu dieser Zeit meine wahre Schule und mein Lieblingsspielplatz, und wenn mein Herr manchmal stärker blinzelte, als es sich gehörte, wenn ich in seinen Wäldern oder an seinen Ufern schwänzte, so war das, glaube ich, ob er es nun dachte oder nicht, zum Besten. Mein Onkel Sandy war, wie ich bereits sagte, als Stellmacher ausgebildet worden, aber als er nach sieben Dienstjahren an Bord eines Kriegsschiffs nach Hause kam und feststellte, dass es dort genug Stellmacher für alle Arbeiten gab, widmete er sich dem bescheidenen, aber nicht unerträglichen Beruf eines

Sägewerks und baute seine Sägegrube in den angenehmeren Jahreszeiten oft in den Wäldern des Hügels auf. Ich erinnere mich, dass er sie immer an einem hübschen Ort aufstellte, geschützt vor den vorherrschenden Winden im Windschatten einer farnbedeckten Anhöhe oder eines dichten Dickichts und immer in der Nähe einer Quelle; und es war eine meiner reizvollsten Beschäftigungen, bei einer Urlaubserkundungsreise selbst in den dichten Wäldern den Ort einer neu entstandenen Grube zu finden. Mit der Sägegrube als Ausgangspunkt meiner Unternehmungen und der Gewissheit, immer an Onkel Sandys Abendessen teilzuhaben, pflegte ich Entdeckungsreisen in alle Richtungen zu unternehmen – jetzt in die dichteren Waldstücke, die von den Stadtjungen wegen der Dämmerlichtheit, die immer in ihren Nischen ruhte, den Namen „die Kerker" trugen; und bald zum steilen Meeresufer mit seinen wilden Klippen und Höhlen. Der Hügel von Cromarty ist Teil einer Kette, die zur großen Höhenlinie des Ben Nevis gehört; und obwohl er in einem Sandsteingebiet liegt, ist er selbst eine riesige Primärmasse, die vor langer Zeit aus dem Abgrund gehoben wurde und hauptsächlich aus Granitgneis und einem roten, splitterigen Hornstein besteht. Es enthält auch zahlreiche Adern und Schichten aus Hornblende-Gestein und Chloritschiefer sowie einen eigenartig aussehenden Granit, dessen Quarz weiß wie Milch und dessen Feldspat rot wie Blut ist. Wenn diese Adern und Schichten noch von der zurückgehenden Flut nass sind, wirken sie wie hochglanzpoliert und bieten einen wunderschönen Anblick; und es bereitete mir immer große Freude, mit dem Hammer in der Hand zwischen ihnen hindurchzuwandern und meine Taschen mit Proben zu füllen.

Es gab einen Ort, den ich besonders liebte. Kein Pfad führt den Weg entlang. Auf der einen Seite ragt ein abruptes, eisenfarbenes Vorgebirge in das tiefgrüne Wasser, das durch sein menschenähnliches Profil so bemerkenswert ist, dass es wie ein Teil einer halb vergrabenen Sphinx aussieht. Auf der anderen Seite – weniger auffällig, denn selbst bei Flut kann der Reisende zwischen seiner Basis und dem Meer hindurchwandern – erhebt sich ein zerschmetterter und zerstörter Abgrund, durchzogen von blutrotem Eisenstein, dessen Oberfläche den hellen metallischen Glanz bewahrt, und zwischen dessen Haufen aus losem und zerbrochenem Gestein man noch immer Stalaktitenfragmente erkennen kann. Der Stalaktit ist alles, was von einer geräumigen Höhle übrig geblieben ist, die einst den Abgrund ausgehöhlt hatte, die aber vor mehr als hundert Jahren während eines Gewitters einstürzte, als sie mit einer Schafherde gefüllt war, und die armen Geschöpfe für immer einsperrte. Der Raum zwischen diesen Landzungen bildet einen unregelmäßigen, sehr hohen Halbmond, der oben mit Wald bedeckt ist, und zwischen dessen flechtenbewachsenen Klippen und an dessen steilen Hängen Weißdorn, Brombeeren, wilde Raspeln und Felsenerdbeeren sowie viele dürre Sträucher und schöne Wildblumen wurzeln; an seiner Basis liegen riesige Blöcke aus grünem Hornblende auf einem groben Pflaster aus Granitgneis, das an einer Stelle viele Meter lang von einer breiten Ader aus milchweißem Quarz durchzogen wird. Die Quarzader bildete meinen zentralen Anziehungspunkt in diesem wilden Paradies. Der weiße Stein, dicht von violetten und roten Fäden durchzogen, ist ein wunderschöner, wenn auch unbearbeitbarer Fels; und ich stellte bald fest, dass es von einer breiteren Ader aus Feldspat in ziegelroter Farbe flankiert wird, und der rote Stein wiederum von einer graubraunen Ader desselben Minerals flankiert wird, in der in großer Menge Massen eines homogenen Glimmers vorkommen – Glimmer, der nicht in Schichten vorliegt, sondern, wenn ich den Begriff verwenden darf, als eine Art glimmerhaltiger Filz. Es scheint fast so, als hätte sich ein gigantischer Experimentator der alten Welt vorgenommen, die Granitfelsen des Hügels in ihre einfachen Mineralbestandteile zu zerlegen, und die drei parallelen Adern wären das Ergebnis seiner Arbeit. Das war jedoch nicht die Art von Idee, die sie mir zu diesem Zeitpunkt nahelegten. Ich hatte in Sir Walter Raleighs Reise nach Guayana die poetische Beschreibung jenes oberen Landes gelesen, in dem die Erkundung des Flusses Corale durch den Ritter endete, und wo inmitten lieblicher Aussichten auf üppige Täler, bewaldete Hügel und gewundene Gewässer fast jeder Felsen auf seiner Oberfläche den gelben Schimmer von Gold trug. Zwar fehlte dem Reisenden zufolge das Edelmetall selbst. Aber als Sir Walter später „einem Spanier aus Caraccas einige der Steine zeigte, erfuhr er von ihm, dass es sich um *la madre de oro* , also die Mutter des Goldes, handelte und dass die Mine selbst tiefer in der Erde liege." Und obwohl die Quarzader des Cromarty Hill kein wertvolleres Metall als Eisen enthielt und selbst davon nur wenig, war sie, da war ich mir sicher, die „Mutter" von etwas sehr Feinem. Was Silber anging, war ich mir ziemlich sicher, dass ich die „Mutter" davon, wenn nicht sogar das Edelmetall selbst, in einem kieselhaltigen Felsbrocken gefunden hatte , der zahlreiche Würfel aus edlem Galenit umschloss; und gelegentliche Massen von Eisenpyrit ließen, wie ich dachte, viel Gold erwarten. Doch obwohl mich die Knechte, die an den Strand von Cromarty kamen, um ihre Karren mit Seetang zu beladen, manchmal mit bescheidener Ironie fragten, ob ich „in den Steinbrüchen immer schlauer werde", hatte ich das Pech, dass ich ihre Frage nie bejahen konnte.

FUSSNOTE:

[2] An dieser Behauptung mag etwas Wahres sein; jedenfalls genoss der Henker von Inverness seit undenklichen Zeiten ein ähnliches Privileg: einen Torf aus jedem Fischkorb, der auf den Markt der Stadt gebracht wurde.

KAPITEL IV.

„Seltsame Marmorsteine, hier größer und dort kleiner,

Und von voller Vielfalt, die immer mehr

In Höhe und Volumen durch einen kontinuierlichen Abfall.

Die bei jedem Destillieren von oben,

Und fällt trotzdem genau auf die Krone.

Dort zerfällt der Nebel, der herabrieselt.

Kruste zu Stein, und (aber mit Muße) schwellen

Die Seiten, und das Wunder schreitet immer noch voran." – CHARLES COTTON.

Zwischen sechs und sieben Uhr abends herrscht Ebbe im Firth of Cromarty, und mein Onkel Sandy pflegte, wenn er am Ende des Tages von der Arbeit zurückkam, nicht selten, wenn, wie es in der Gegend heißt, „Flut im Wasser war", den Hang hinunterzulaufen und eine ruhige Stunde bei Ebbe zu verbringen. Ich begleitete ihn gern bei diesen Gelegenheiten. Es gibt Professoren der Naturgeschichte, die weniger über die belebte Natur wissen als Onkel Sandy, und ich hielt es für keine Kleinigkeit, auf diesen Spaziergängen alle verschiedenen Erzeugnisse des Meeres zu sehen, mit denen er vertraut war, und seine vielen merkwürdigen Anekdoten darüber zu hören.

Er war ein geschickter Krabben- und Hummerfischer und kannte jedes Loch und jede Ritze entlang mehrerer Meilen felsiger Küste, in denen die Tiere normalerweise Schutz suchten, mit nicht wenigen ihrer eigenen Charaktereigenschaften. Im Gegensatz zu der Ansicht einiger unserer Naturforscher wie Agassiz, die meinen, dass die Krabbe – eine Gattung, die in ihrer Entstehung verhältnismäßig neu ist – weniger embryonal und höherstehend ist als der ältere Hummer, betrachtete mein Onkel den Hummer als ein höher entwickeltes und intelligenteres Tier als die Krabbe. Das Loch, in dem der Hummer haust, hat fast immer zwei Öffnungen, sagte er, durch eine davon gelingt es ihm manchmal zu entkommen, wenn die andere vom Fischer gestürmt wird; während die Krabbe normalerweise wie die „seelenlose Ratte" mit einem Loch mit nur einer Öffnung zufrieden ist und außerdem in den meisten Fällen so wütend auf ihren Angreifer wird, dass er mehr auf Angriff als auf Flucht aus ist und sich so durch bloßen Wutausbruch verliert. Und doch hat der Krebs, wie er immer hinzufügte, auch einige intelligente Eigenschaften. Wenn er, wie es manchmal geschah, in seiner dunklen, engen Höhle im Felsen einen unglücklichen Finger zu fassen bekam, zeigte mir mein Onkel, dass er nach dem ersten gewaltigen Griff immer begann, zu testen, was er gepackt hatte, indem er seinen Griff abwechselnd lockerte und festigte, als wolle er feststellen, ob Leben darin war oder nur ein Stück tote Materie; und dass die einzige Möglichkeit, ihm in diesen schwierigen Situationen zu entkommen, darin bestand, den Finger passiv zwischen seinen Zangen liegen zu lassen, als wäre er ein Stück Stock oder Gewirr; dann, da er ihn anscheinend für einen solchen hielt, ließ er ihn bestimmt los; während er beim geringsten Versuch, ihn zurückzuziehen, seinen Griff sofort festigte und ihn vielleicht eine halbe Stunde lang nicht wieder lockerte. Beim Umgang mit dem Hummer hingegen musste der Fischer darauf achten, dass er sich nicht zu sehr auf den Griff verließ, den er an dem Tier hatte, wenn es sich nur um den Griff einer der großen Scheren handelte. Einen Moment lang blieb es passiv in seinem Griff; dann spürte er ein leichtes Zittern in dem gefangenen Glied und hörte vielleicht ein leises Knacken; und *presto* , der Gefangene schoss sofort wie ein Pfeil durch das tiefe Wasserloch, und nur das Glied blieb in der Hand des Fischers. Mein Onkel hat mir jedoch erzählt, dass Hummer ihre Gliedmaßen nicht immer mit der nötigen Vorsicht verlieren. Sie werfen sie ab, wenn sie plötzlich Angst bekommen, ohne vorher abzuwarten, ob das Opfer eines Beinpaares die beste Methode ist, der Gefahr zu entgehen. Als er eine Muskete direkt über einem gerade gefangenen Hummer abfeuerte, sah er, wie dieser in der plötzlichen Angst beide großen Scheren abwarf, so wie ein panischer Soldat manchmal seine Waffen wegwirft. Dies waren im Wesentlichen die Anekdoten von Onkel Sandy. Er zeigte mir auch, wie ich inmitten von Laminaria- und Fuci-Dickichten das Nest des Seehasen finden konnte, und lehrte mich, in seiner unmittelbaren Umgebung sorgfältig nach männlichen und weiblichen Fischen, besonders nach dem Männchen, Ausschau zu halten. Außerdem zeigte er mir, dass der hartschalige Laich dieses Geschöpfs, gut gewaschen, roh gegessen werden kann und in diesem Zustand eine mindestens ebenso schmackhafte Speise darstellt wie der importierte Kaviar aus Russland und dem Kaspischen Meer. Es gab Fälle, in denen die Feldkrähe bei unseren Seehasen-Erkundungen für uns wie eine Art Schakal fungierte. Wir sahen sie am Rand eines mit Fuci bedeckten Teichs geschäftig sein, schreiend und krächzend, als sei sie im Kampf gegen einen Feind; und als wir uns der Stelle näherten, fanden wir den Seehasen, den er erlegt hatte, frisch und ganz, jedoch ohne Augen. Wir stellten fest, dass der Angreifer, um seinen Sieg sicherzustellen, die Augen schon in einem frühen Stadium des Kampfes vorsorglich herausgepickt hatte.

Und es waren nicht nur die Essbaren, mit denen wir uns auf diesen Reisen beschäftigten. Das leuchtend metallische *Gefieder* der Seemaus (*Aphrodita*), getaucht wie in die Farben des Regenbogens, erregte immer wieder unsere Bewunderung; und noch größeres Staunen weckte ein viel seltenerer Ringelwurm, braun und schlank wie ein Stück Seil und dreißig bis vierzig Fuß lang, den außer meinem Onkel niemand jemals an den Küsten von Cromarty gefunden hatte, und der, wenn er in zwei Teile gebrochen wurde, wie es manchmal beim Messen geschah, seine Lebenskraft so gleichmäßig auf die Stücke verteilte, dass jedes Stück, daran konnten wir nicht zweifeln, ein unabhängiges Dasein fristete und sein eigenes Geschäft betrieb, obwohl wir das Experiment von Spallanzani in diesem Fall nicht wiederholen konnten. Auch die Ringelwürmer, die sich röhrenförmige Behausungen aus großen Sandkörnern (*Amphitrite*) bauen, erregten immer unser Interesse. Zwei handförmige Büschel aus goldfarbenen Haaren – die allerdings weit mehr Finger haben als üblich – wachsen aus den Schultern dieser Geschöpfe und müssen, wie ich vermute, beim Bauen als Hände verwendet werden; zumindest könnten die Hände des geübtesten Baumeisters keine geschickteren Steine setzen, als diese Würmer beim Setzen der Körner zeigen, aus denen ihre zylindrischen Behausungen bestehen – Behausungen, die den Altertumsforscher aufgrund ihrer Form und Struktur an die Rundtürme Irlands und aufgrund ihres Mauerwerksstils an alte Zyklopenmauern erinnern. Sogar die Mauerwespen und -bienen sind diesen Steinamphitriten weit unterlegene *Arbeiter*. Bei unseren Ebbeausflügen lernte ich auch den Tintenfisch und den Seehasen kennen und zeigte mir, wie der eine, wenn er von einem Feind verfolgt wird, eine Tintenwolke absondert, um seinen Rückzug zu verbergen, und dass der andere das Wasser um ihn herum mit einem schönen purpurnen Pigment verdunkelt, von dem mein Onkel ziemlich sicher war, dass es einen satten Farbstoff ergeben würde, ähnlich dem, den die Tyrier in alter Zeit aus einer Wellhornschnecke gewannen, die er oft am Strand bei Alexandria gesehen hatte. Ich lernte auch, zwei oder drei Arten von Doris kennenzulernen, die ihre baumartigen Lungen auf dem Rücken tragen, so wie Macduffs Soldaten die Zweige des Holzes von Birnam zum Hügel von Dunsinane trugen; und bald entwickelte ich eine Art Zuneigung für gewisse Muscheln, die, wie ich annahm, exotischer aussahen als ihre Nachbarn. Dazu gehörten *Trochus Zizyphinus* mit seinen flammenartigen karmesinroten Markierungen auf blassbraunem Grund; *Patella pellucida* mit ihren leuchtend blauen Strahlen auf der dunklen Epidermis, die den Funken eines Feuerwerks ähneln, das sich in einer Wolke zerschmettert; und vor allem *Cypræa Europea* , eine weiter nördlich nicht seltene Muschel, die im Firth of Cromarty aber so selten vorkommt, dass das lebende Tier, das ich ein- oder zweimal pro Saison auf dem Laminaria am äußersten Rand der Gezeitenlinie kriechen sah, mit seinem breiten orangefarbenen Mantel, der es großzügig umgab, eine Art Trophäe war. Kurz gesagt, der von der Ebbe trockengelegte Streifen Meeresboden bildete eine bewundernswerte Schule und Onkel Sandy einen ausgezeichneten Lehrer, mit dem ich nicht im Geringsten zu spielen geneigt war; und als ich viel später lernte, alte Meeresböden weit außerhalb der Sichtweite des Meeres zu erkennen – heute inmitten der uralten, waldbedeckten Silur-Berge

Mittelenglands, bald darauf an einem Berghang zwischen den Bergkalksteinen unseres Landes ans Licht kommend –, wurde mir bewusst, wie viel ich seinen Anweisungen zu verdanken hatte.

Seine Fakten brauchten ein Vokabular, das angemessen war, um sie darzustellen; aber obwohl es ihnen an „guten Namen mangelte", beruhten sie alle auf sorgfältiger Beobachtung und besaßen das erste Element der Ehrwürdigkeit – vollkommene Originalität: sie waren alle von ihm selbst erworben worden. Ich verdankte jedoch mehr der Beobachtungsgabe, die er mir bei der Ausbildung half, als sogar seinen Fakten; und doch waren einige von ihnen von hohem Wert. Er hat mir zum Beispiel gezeigt, dass ein riesiger Granitfelsen in der Nähe der Stadt, der seit Jahrhunderten als Clach Malloch oder Verfluchter Stein bekannt ist, so genau in der Niedrigwasserlinie steht, dass die größeren Gezeiten im März und September seine Innenseite trockenlegen, aber nie seine Außenseite; – um die Außenseite herum gibt es immer zwei bis vier Zoll Wasser; und das war schon mindestens hundert Jahre zuvor der Fall, in den Tagen seines Vaters und Großvaters – ein Beweis genug für sich, habe ich ihn sagen hören, dass sich die relativen Niveaus von Meer und Land nicht änderten; obwohl die Wellen im Laufe des vergangenen Jahrhunderts so weit in die niedrigen, flachen Küsten eingedrungen waren, dass ältere Männer aus seinem Bekanntenkreis, die längst verstorben sind, in ihrer Jugend tatsächlich den Pflug gehalten hatten, wo sie im Alter das Ruder gehalten hatten. Er pflegte mir auch die Wirkung bestimmter Winde auf die Gezeiten zu erklären. Ein starker, heftiger Sturm aus dem Osten, wenn er mit einer Springflut zusammentraf, ließ die Wellen hoch auf den Strand aufsteigen und ganze Erdschichten wegfegen; aber die Stürme, die normalerweise größere Gezeiten während der Ebbe davon abhielten, zu fallen, waren anhaltende Stürme aus dem Westen. Eine Reihe dieser Stürme, selbst wenn sie nicht sehr stark waren, hinterließen während der Gezeiten nicht selten ein bis zwei Fuß Wasser rund um den Clach Malloch, das sonst seinen Grund freigelegt hätte – ein Beweis, pflegte er zu sagen, dass der Deutsche Ozean aufgrund seiner geringen Breite nicht in demselben Ausmaß durch die Gewalt eines sehr starken Ostwindes gegen unsere Küsten aufgetürmt werden könne wie der Atlantik durch die Kraft eines vergleichsweise gemäßigten Westwindes. Es ist nicht unwahrscheinlich, dass in dieser einfachen Bemerkung die Philosophie der Driftströmung und des offenbar reaktionären Golfstroms verkörpert ist.

Die Wälder an den unteren Hängen des Hügels boten mir eine Beschäftigung anderer Art, wenn ich die bewaldeten Gebiete nur bei Ebbe vom Meer aus erreichen konnte. Ich lernte, die Arbeitsweisen bestimmter Insekten mit Interesse zu beobachten und zumindest einige ihrer einfacheren Instinkte zu verstehen. Die große Diademspinne, die ein so starkes Netz spinnt, dass ich, als ich mich durch das Ginsterdickicht kämpfte, ihre weißen Seidenschnüre knacken hören konnte, als sie vor mir nachgaben, und die, wie ich feststellte, wie ein alter Zauberer in der seltsamen Kunst bewandert war, sich im hellsten Licht unsichtbar zu machen, war ein besonderer Liebling; obwohl ihre enorme Größe und die wilden Geschichten, die ich über den Biss ihres Verwandten, der Tarantel, gelesen hatte, mich dazu veranlassten, ihre Bekanntschaft etwas aus der Ferne zu pflegen. Oft jedoch stand ich neben seinem großen Netz, wenn das Geschöpf seinen Platz in der Mitte einnahm, und als ich es mit einem verdorrten Grashalm berührte, sah ich, wie es mürrisch „mit seinen Händen" an den Leinen hin und her schwang und sie dann mit einer so schnellen Bewegung schüttelte, dass – wie bei Carathis, der Mutter des Kalifen Vathek, die, als ihre Stunde des Untergangs gekommen war, „in einem schnellen Wirbel davonglitt, der sie unsichtbar machte" – das Auge minutenlang weder Netz noch Insekt sah. Nichts spricht die jugendliche Fantasie stärker an als jene Mäntel, Ringe und Amulette der östlichen Sagen, die ihren Besitzern die Gabe der Unsichtbarkeit verliehen. Ich lernte auch, mich besonders für das zu interessieren, was, obwohl es zu einer anderen Familie gehört, als Wasserspinnen bekannt *ist* ; und habe beobachtet, wie sie ruckartig wie Schlittschuhläufer auf dem Eis über die Oberfläche einer Waldquelle oder eines Baches rasten – furchtlose Spaziergänger auf dem Wasser, die, mit wahrem Glauben an die Integrität des eingepflanzten Instinkts, nie im Wirbel Schiffbruch erlitten oder im Teich versanken. Auf diese kleinen Geschöpfe bezieht sich Wordsworth in einem seiner Sonette über den Schlaf:

„O Schlaf, du bist für mich

Eine Fliege, die sich selbst auf und ab schiebt

Auf einem störrischen Bach; jetzt *oben* ,

Jetzt *auf* dem Wasser, verärgert über den Spott."

Wie jedoch dem Dichter selbst bei einer Gelegenheit, etwas zu seinem Unbehagen, von sicherlich nicht geringer Autorität – Mr. James Wilson – gezeigt wurde, benutzt die „geplagte" „Fliege", obwohl sie zu den Halbflüglern gehört, nie ihre Flügel und gelangt so nie „ *über* " das Wasser. Zu meinen anderen Lieblingen gehörten die prächtigen Libellen, die purpurfarbenen Widderchen und die kleinen azurblauen Schmetterlinge, die, wenn sie zwischen zarten Glockenblumen und purpurfarbenen Gänseblümchen flatterten, in mir, lange bevor ich die hübsche Figur von Moore kennenlernte [3] oder sogar bevor die Figur überhaupt entstanden war, die Idee von Blumen hervorriefen, die das Fliegen gelernt hatten. Auch die wilden Honigbienen in ihren verschiedenen Arten übten einen besonderen Reiz auf mich aus. Da waren die gelbbraunen Wollbienen, die über ihren Honigtöpfen Mooskuppeln errichteten; die steinernen Bienen mit den roten Spitzen, die in den Nischen alter Steinhaufen und in alten Trockenmauern bauten und bei der Verteidigung ihrer Heimstätten so unbesiegbar tapfer waren, dass sie den Kampf bis zu ihrem Tod nicht aufgaben; und vor allem die gelb gefleckten Hummeln, die tief im Boden entlang der trockenen Seiten von Grasböschungen hausten und normalerweise mehr Honig hatten als ihre Artgenossen und in größeren Gemeinschaften lebten. Aber die Hirtenjungen der Gemeinde und die Füchse ihrer Wälder und Dickichte teilten mein Interesse an den wilden Honigbienen und waren, um etwas anderes als Wissen zu erlangen, rücksichtslose Räuber ihrer Nester. Ich habe oft bemerkt, dass der Fuchs trotz seiner angeblichen Schlauheit nicht besonders viel Ahnung von Bienen hat. Er macht sich auf ein Wespennest ebenso gefasst wie auf das einer Wollbiene oder Hummel und wird dafür, da bin ich mir sicher, herzhaft gestochen; denn obwohl er, wie die Abdrücke seiner Zähne auf den überall verstreuten Stücken der Papierwaben zeigen, versucht, die jungen Wespen im Puppenstadium zu fressen, scheinen die nicht gefressenen Überreste zu beweisen, dass er mit ihnen als Nahrung nicht viel Freude hat. Es gab jedoch Gelegenheiten, bei denen selbst die Hirtenjungen bei ihren Bienenjagdausflügen nur Enttäuschungen erlebten; und in einem bemerkenswerten Fall wurde das Ergebnis des Abenteuers in der Schule und anderswo, leise und im Geheimen, als etwas sehr Schreckliches bezeichnet. Eine Gruppe Jungen hatte ein Hummelnest an der Seite des alten Chapel-Brae gestürmt, und als sie den schmalen, gewundenen Erdgang nach innen gruben, stießen sie schließlich auf einen grinsenden menschlichen Schädel und sahen, wie die Bienen in großer Zahl aus einem runden Loch an seiner Basis – dem *Foramen magnum* – kamen. Die klugen kleinen Arbeiter hatten ihr Nest tatsächlich in der Kopfhöhle gebaut, die sonst vom emsigen Gehirn besetzt war. Und ihre Räuber, die gewissenhafter waren als der alte Samson, der das Fleisch, das der Esser hervorbrachte, und die Süße, die er den Starken entlockte, genossen zu haben schien, überließen voller Bestürzung ihren Honig sich selbst.

Eine meiner Entdeckungen aus dieser frühen Zeit wäre für den Geologen nicht unwichtig gewesen. Inmitten der Wälder des Hügels, eine halbe Meile von der Stadt entfernt, gibt es einen Morast von verhältnismäßig geringer Ausdehnung, aber beträchtlicher Tiefe, der durch das Aufbrechen einer Wasserhose auf dem Hochland freigelegt worden war und in dem der dunkle, torfige Abgrund unverschlossen blieb, obwohl das Ereignis vor meiner Geburt stattgefunden hatte, bis ich alt und neugierig genug geworden war, um ihn gründlich zu erforschen. Es war eine schwarze, schlammige Schlucht, etwa zehn oder zwölf Fuß tief. Die Sümpfe ringsum waren dicht mit kleinen, silbrigen Weiden bewachsen; aber aus den schwarzen Seiten der Schlucht selbst ragten und sich in einigen Fällen von Seite zu Seite über sie erstreckten, lagen die verrotteten Überreste riesiger Giganten der Pflanzenwelt, die lange

Zeit gediehen und gestorben waren, bevor, zumindest in unserem nördlichen Teil der Insel, der Lauf der Geschichte begann. Es gab Eichen von enormem Umfang, in deren kohlschwarze Substanz man mit einer Spitzhacke genauso leicht graben konnte wie in einen Lehmwall; und mindestens eine edle Ulme, die über den kleinen Bach lief, der am Boden der Schlucht entlang rieselte, anstatt zu fließen, und die sich in einem so schlechten Zustand befand, dass ich mit der bloßen Hand einen Weg zum Wasser aus ihrem Stamm geschaufelt habe. Ich habe in der Schlucht – die ich als Schauplatz für Erkundungen sehr zu schätzen gelernt habe, obwohl ich sie immer traurig versunken zurückließ – Handvoll Haselnüsse von gewöhnlicher Größe, aber pechschwarz, mit den Bechern der Eicheln und mit Birkenzweigen gefunden, die ihre silbrige äußere Rindenkruste fast unverändert behielten, deren holziges Inneres jedoch nur aus Brei bestand. Ich habe sogar Eichen-, Birken- und Haselnussblätter, die vor Tausenden von Jahren im Wind geflattert waren, in Schichten einer Art salbungsvollen Lehms, der an Bleicherde erinnerte, freigelegt. Und an einem glücklichen Tag gelang es mir, aus dem tiefsten Teil der Ausgrabung ein riesiges Fragment eines ungewöhnlich aussehenden Hirschhorns auszugraben. Es war ein breites, massives, seltsam aussehendes Knochenstück, offensichtlich altmodisch in seiner Art. Und so brachte ich es triumphierend zu Onkel James nach Hause, da der Altertumsforscher der Familie versicherte, dass er mir alles darüber erzählen könne. Onkel James hielt mitten in seiner Arbeit inne, nahm das Horn in die Hand und betrachtete es in aller Ruhe von allen Seiten. „Das ist das Horn, Junge“, sagte er schließlich, „von keinem Hirsch, der heute in diesem Land lebt. Wir haben Rothirsche, Damhirsche und Rehe, und keiner von ihnen hat überhaupt Hörner wie diese. Ich habe noch nie einen Elch gesehen, aber ich bin ziemlich sicher, dass dieses breite, brettartige Horn nichts anderes als das Horn eines Elchs sein kann.“ Mein Onkel legte seine Arbeit beiseite, nahm das Horn in die Hand und ging in die Werkstatt eines Tischlers in der Nachbarschaft, wo früher fünf bis sechs Gesellen arbeiteten. Sie versammelten sich alle um ihn, um es zu untersuchen, und stimmten darin überein, dass es sich um eine völlig andere Art von Horn handelte als die, die die heute in Schottland lebenden Hirsche tragen, und dass diese Vermutung wahrscheinlich richtig war. Und anscheinend um das Wunder noch zu verstärken, bemerkte ein Nachbar, der sich zu dieser Zeit in der Werkstatt aufhielt, in einem Ton nüchterner Ernsthaftigkeit, dass es „vielleicht ein halbes Jahrhundert“ im Weidenmoos gelegen habe. In der Antwort meines Onkels lag eindeutig Zorn. „Ein halbes Jahrhundert, Sir!!“, rief er aus. „War der Elch vor einem halben Jahrhundert in Schottland heimisch? In der britischen Geschichte gibt es keine Erwähnung des Elchs, Sir. Dieses Geweih muss Tausende von Jahren im Weidenmoos gelegen haben!“ „Ah, ha, James, ah, ha“, stieß der Nachbar mit einem skeptischen Kopfschütteln hervor. Da aber weder er noch sonst jemand es wagte, meinem Onkel auf historischem Boden zu begegnen, endete die Kontroverse mit dem Ausruf. Ich fügte dem Geweih des Elchs bald das eines Rehs und einen Teil des Geweihs eines Rothirsches hinzu, die in derselben Schlucht gefunden worden waren. Und die Nachbarn, beeindruckt von Onkel James' Anblick, pflegten Fremde mitzubringen, um sie zu betrachten. Schließlich fand unglücklicherweise ein im Süden ansässiger Verwandter, der mir gegenüber freundlich gewesen war, Gefallen an ihnen. und da ich vom Charme eines prachtvollen Malkastens, den er mir gerade geschickt hatte, hingerissen war, überließ ich sie ihm als Ganzes. Sie fanden ihren Weg nach London und landeten schließlich in der Sammlung eines unbekannten Virtuosen, dessen Wohnort oder Namen ich nicht ausfindig machen konnte.

Die Cromarty Sutors haben zwei Höhlenreihen – eine alte Reihe, die vor vielen Jahrhunderten von den Wellen ausgehöhlt wurde, als das Meer im Verhältnis zum Land an unseren Küsten 15 bis 30 Fuß höher stand als heute; und eine moderne Reihe, die die Brandung immer noch aushöhlt. Viele der älteren Höhlen sind mit Stalaktiten gesäumt, die von Quellen abgelagert wurden, die durch die Risse und Spalten des Gneis sickern und dabei genug Kalk finden, um eine sogenannte versteinernde , in Wirklichkeit jedoch nur eine Krustenbildung bewirkende Wirkung zu erzielen. Und diese Stalaktiten, die als „weiße, vom Wasser geformte Steine" bezeichnet werden, wurden vor langer Zeit gebildet – wie in der von Buchanan und den Chronisten speziell erwähnten Höhle der Slains und in den von Cotton so kurios beschriebenen Höhlen des Peak – und sind eines der großen Wunder des Ortes. Fast alle alten Ortsverzeichnisse, die so ausführlich sind, dass sie Cromarty überhaupt erwähnen, beziehen sich auf die „Dropping Cave" als eine wunderbare Marmorhöhle; und diese „Dropping Cave" ist nur eine von vielen, die von den Steilhängen des südlichen Sutor auf das Meer blicken, in deren dunklen Tiefen die Tropfen immer klimpern und die steinernen Decken immer wachsen. Ein Mann wie der verstorbene Sir George Mackenzie von Coul, der durch seine Reisen nach Island und seine Experimente zur Entflammbarkeit des Diamanten bekannt war, hätte dieses Wunder nicht als groß oder sehr selten erachten können; aber es geschah, dass Sir George, der neugierig war, die Art von Steinen zu sehen, auf die sich die alten Ortsverzeichnisse bezogen, den Pfarrer der Gemeinde um eine Reihe von Exemplaren bat; und der Pfarrer übertrug den Auftrag, der seiner Meinung nach nicht schwierig war, sofort einem seiner ärmeren Gemeindemitgliedern, einem alten Nagelschmied, um ihm ein paar Schilling in die Hand zu schieben.

Es traf sich jedoch, dass der Nagelschmied erst wenige Wochen zuvor seine Frau durch einen traurigen Unfall verloren hatte, und es ging die Geschichte um, dass die arme Frau, wie die Stadtbewohner es ausdrückten, „zurückkam". Sie war sehr plötzlich aus der Welt hinausgedrängt worden.

Als sie eines Abends nach Einbruch der Dunkelheit mit einem Bündel sauberer Wäsche für einen Matrosen, ihren Verwandten, den Kai hinunterging, hatte sie den Halt auf der Pierkante verloren und war am Morgen halb benommen, halb ertrunken mausetot auf dem Grund des Hafens gefunden worden. Und jetzt, so hieß es, sah man sie, als ob sie durch eine unerledigte Angelegenheit bedrängt würde, nach Einbruch der Dunkelheit in ihrer alten Wohnung herumlungern oder die Nachbarstraße entlangschlendern; ja, es gab laut allgemeiner Meldung sogar Gelegenheiten, bei denen sie mit einigen Nachbarn Worte gewechselt hatte, die diese kaum zufriedenstellten. Die Worte schienen jedoch in jedem Fall erstaunlich wenig mit den Angelegenheiten einer anderen Welt zu tun zu haben. Ich erinnere mich, wie ich eines Abends um diese Zeit die Frau eines Nachbarn sprachlos vor Angst in das Haus meiner Mutter stürmen sah und nach einer schrecklichen Pause, während der sie halb ohnmächtig auf einem Stuhl lag, erklärte, sie habe gerade Christy gesehen. Als die Nacht hereinbrach, aber noch bevor es ganz dunkel war, war sie damit beschäftigt, vor der Tür eine Ladung Reisig als Brennholz aufzustapeln, als das Gespenst auf der anderen Seite des Haufens auftauchte, gekleidet in die normale Arbeitskleidung des Verstorbenen, und in leichtem und hastigem Ton, wie Christy es vor dem tödlichen Unfall getan haben könnte, um einen Teil des Reisigs bat. „Gib mir etwas von dieser *Hexe* ", sagte das Gespenst; „du hast genug – ich habe nichts." Es war nicht bekannt, ob der Nagelschmied die Erscheinung gesehen hatte oder nicht; aber es war ziemlich sicher, dass er daran glaubte; und da die „Dropping Cave" sowohl dunkel als auch einsam ist und vor vierzig Jahren noch dazu einen schlechten Ruf hatte – denn man hatte die Meerjungfrau sogar mittags dabei beobachtet, wie sie sich vor ihr vergnügte, und nachts waren Lichter und Schreie zu hören –, muss sie für einen Mann, der ständig den Besuch einer toten Frau erwartete, ein ziemlich furchteinflößender Ort gewesen sein. Soweit man feststellen konnte – denn der Nagelschmied selbst war ziemlich nah dran –, hatte er die Höhle überhaupt nicht betreten. Den Kratzspuren nach zu urteilen, die etwa zwei oder drei Fuß von der schmalen Öffnung an den Seiten hinterlassen worden waren, schien er sich draußen aufgestellt zu haben, wo das Licht gut und der Rückzugsweg frei war, und so weit er reichen konnte, alles, was an den Wänden klebte, einschließlich zähflüssigem Schleim und schimmeliger Feuchtigkeit, aber nicht ein einziges Stalaktitenteilchen, nach außen zu geharkt zu haben. Es war natürlich klar, dass seine Proben Sir George nicht passen würden; und der Minister wandte sich im äußersten Notfall an meine Onkel, wenn auch etwas widerwillig, da bekannt war, dass ihnen für ihre Mühe keine Vergütung angeboten werden konnte. Meine Onkel waren jedoch von dem Auftrag entzückt – er diente ganz dem Wohl der Wissenschaft; und sie machten sich mit Fackeln und einem Hammer auf den Weg zu den Höhlen. Und ich begleitete sie natürlich – ein sehr glücklicher

Junge – bewaffnet wie sie selbst mit Hammer und Fackel und bereitete mich hingebungsvoll darauf vor, für die Wissenschaft und Sir George zu arbeiten.

Ich hatte die Höhlen noch nie zuvor im Licht einer Taschenlampe gesehen, und obwohl das, was ich jetzt sah, nicht ganz mit dem mithalten konnte, was ich über die Grotte von Antiparos oder sogar die Wunder des Gipfels gelesen hatte, war es zweifellos sowohl seltsam als auch schön. Die berühmte Dropping Cave erwies sich als minderwertig – wie es bei berühmten nicht selten der Fall ist – gegenüber einer fast völlig unbekannten Höhle, die sich etwas weiter östlich zwischen den Felsen öffnete, und doch war auch *sie* interessant. Sie weitete sich beim Betreten zu einer Dämmerkammer, grün von samtigen Moosen, die Feuchtigkeit und Schatten lieben, und endete in einer Reihe kristallklarer Brunnen, die von dem ständigen Tropfen gespeist wurden und in etwas ausgehöhlt waren, das wie ein Altarbild aus abgelagertem Marmor aussah. Und oben und an den Seiten hingen viele drapierte Falten herab und viele durchscheinende Eiszapfen. Die andere Höhle war jedoch, wie wir feststellten, viel größer und vielfältiger. Es ist eine von drei Höhlen der alten Küstenlinie, die als Doocot- oder Pigeon-Höhlen bekannt sind und sich zu einem Stück felsigen Strandes hin öffnen, über dem eine grobe, halbkreisförmige Reihe düsterer Steilhänge thront. Die Spitzen des Halbkreises ragen auf beiden Seiten in tiefes Wasser – in Wasser, das zumindest so viel tiefer ist als der Fall gewöhnlicher Nippfluten, dass der Ort nur während der Ebbe von Land aus zugänglich ist; und in jedem dieser kühnen Vorgebirge – den Endhörnern der Sichel – befindet sich eine Höhle der heutigen Küstenlinie, tief ausgehöhlt, in der das Meer bei Flut zehn bis zwölf Fuß tief steht und in der die Brandung donnert, wenn Stürme aus dem stürmischen Nordosten wehen, mit dem Dröhnen ganzer Artillerieparks. Die Höhle im westlichen Vorgebirge, die unter den Stadtbewohnern den Namen „Essenskasten der armen Frau“ trägt, hat an der Decke zwei kleine Löcher – das größte davon nicht viel breiter als das Blasloch eines Delphins –, die sich nach außen zwischen den darüber liegenden Klippen öffnen. Und wenn bei Stürmen vom Meer die riesigen Wellen wie bewegliche grüne Wände ans Ufer rollen, verschließen sie zu bestimmten Zeiten der Flut den Eingang der Höhle und komprimieren die Luft im Inneren so sehr, dass sie durch die Öffnungen nach oben strömt und dabei brüllt, als würden zehn Wale gleichzeitig blasen. Zwischen den Klippen über ihnen steigen in zwei deutlich sichtbaren weißen Dampfstrahlen zwei bis achtzig Fuß hohe, deutlich sichtbare Dampfstrahlen auf. Wenn es Kritiker gibt, die es als eine Extravaganz Goethes ansehen, dass er den Hartz-Felsen Leben und Bewegung verliehen hat, wie in seiner berühmten Hexenszene im „Faust“, so täten sie gut daran, dieses kühne Vorgebirge während eines Wintersturms aus dem Osten zu besuchen und seine Beschreibung vollkommen nüchtern und wahr vorzufinden:

„Seht die riesigen Klippen, oh ho!

Wie sie schnauben und wie sie pusten!"

Drinnen, am Grund der Sichel, wo die Flut bei voller Flut nie hinkommt, fanden wir die große Taubenhöhle, die wir erforschen wollten, etwa 150 Fuß tief entlang einer Verwerfung ausgehöhlt. Quer über die Öffnung verlaufen die zerbrochenen Überreste einer Mauer, die ein monopolisierender Eigentümer der benachbarten Ländereien mit der Absicht errichtet hatte, sich die Tauben der Höhle anzueignen; aber seine Zeit war selbst zu dieser Zeit schon lange vorbei und die Mauer war zu einer Ruine versunken. Als wir weitergingen, hörte man das Echo unserer Schritte in der Höhle, und ein Schwarm Tauben, die aus ihren Nestern aufgeschreckt waren, kam herausgezischt und streifte uns fast mit ihren Flügeln. Der feuchte Boden klang hohl beim Auftreten; wir sahen die grün-moosigen Wände, die sich im unsicheren Licht mehr als zwanzig Fuß über uns schließen, durchfurcht von Stalaktitenreihen, die weißer und reiner wurden, je mehr sie sich dem Einfluss der Vegetation entzogen; und bemerkte, dass die letzte Pflanze, die auf unserem Weg nach innen erschien, ein winziges grünes Moos war, etwa einen halben Zoll lang, das sich an den Seitenkanten nach außen neigte und Myriaden ähnlicher Mooszweige überlagerte, die sich lange zuvor in Stein verwandelt hatten, die aber, im Tod dem herrschenden Gesetz ihres Lebens treu, wie die anderen noch immer in die freie Luft und das Licht zeigten. Und dann, in den tieferen Winkeln der Höhle, wo der Boden mit unebenen Stalagmitenschichten bedeckt ist und wo lange, speerartige Eiszapfen und draperieartige Falten, rein wie der Marmor des Bildhauers, von oben herabfallen oder herabhängen, fanden wir in Hülle und Fülle prächtige Exemplare für Sir George. Die gesamte Expedition war von wundersamem Interesse; und am nächsten Tag kehrte ich in die Schule zurück, voll mit Beschreibungen und Erzählungen, um mit Wahrheiten, die wunderbarer als Fiktion sind, die Neugier meiner Klassenkameraden zu erregen.

Ich hatte ihnen zuvor die Wunder des Hügels gezeigt, und während unserer Samstagshalbferien hatten mich einige von ihnen auf meinen Ausflügen dorthin begleitet. Aber irgendwie hatte es sie nicht gefesselt. Es war zu einsam und zu weit von zu Hause entfernt, und als Vergnügungsort war es überhaupt nicht mit den Stadtclubs vergleichbar, wo sie „Shinty" und „Französisch und Englisch" spielen konnten, fast in *Reichweite* der Gehöfte ihrer Eltern. Der Abschnitt entlang des flachen, moorigen Gipfels, über den Wallace der Überlieferung zufolge einst eine starke englische Truppe in halsbrecherischer Flucht vor sich hergetrieben hatte, und der tatsächlich mit Grabhügeln übersät war, die noch immer inmitten der Heide sichtbar sind, konnte sie nicht besonders fesseln, und obwohl sie gern von den Höhlen hörten, schienen sie kein großes Verlangen zu haben, sie zu sehen. Es gab jedoch einen kleinen Kerl, der in der lateinischen Klasse saß – ein Mitglied einer Klasse, die niedriger und intelligenter war als die schwere, obwohl auch sie nicht besonders intelligent war –, der sich in dieser Hinsicht von allen anderen unterschied. Obwohl er etwa ein Jahr jünger war als ich und etwa einen halben Kopf kleiner, war er sogar in der Grammar School, in der Jungen so selten fleißig waren, ein fleißiger Junge und für sein Alter ein durch und durch vernünftiger Junge, ohne ein Körnchen Träumer in seiner Persönlichkeit. Trotz seiner Nüchternheit gelang es mir jedoch, ihn gründlich mit meinen besonderen Vorlieben anzustecken, und ich lernte ihn sehr lieben, teilweise, weil er meine Vergnügungen verdoppelte, indem er sie teilte, und teilweise, wage ich zu sagen – aufgrund des Prinzips, nach dem Mohammed seine alte Frau seiner jungen vorzog –, weil „er an mich glaubte". Ihm ergeben wie Caliban in The *Storm* seinem Freund Trinculo –

„Ich habe ihm die schönsten Quellen gezeigt, ich habe ihm Beeren gepflückt.

Und ich habe ihm mit meinen langen Nägeln Erdnüsse gegraben."

Seine Neugier war bei dieser Gelegenheit vor allem durch meine Beschreibung der Doocot-Höhle geweckt worden. Und als wir uns eines Morgens aufmachten, ihre Wunder zu erkunden, bewaffnet mit John Feddes' Hammer, an dessen Segnungen mein Freund großzügig teilhaben durfte, gelang es uns, zumindest an diesem Tag, den Weg zurück zu finden.

Es war an einem schönen Frühlingsmorgen, als ich mit meinem kleinen neugierigen Freund an der Seite am Strand gegenüber dem östlichen Vorgebirge stand, das mit seiner strengen Granitwand an zehn von vierzehn Tagen den Zugang zu den Wundern des Doocot versperrt, und sah, wie es sich herausfordernd ins grüne Wasser erstreckte. Es war schwer, enttäuscht zu werden, da die Höhlen so nah waren. Es war Ebbe, und wenn wir trockenen Fußes passieren wollten, mussten wir mindestens eine Woche warten; aber keiner von uns verstand die Philosophie der Nippfluten zu dieser Zeit. Ich war mir ganz sicher, dass ich vor nicht allzu vielen Tagen mit meinen Onkeln bei Ebbe herumgekommen war, und wir schlussfolgerten beide, dass es ein Vergnügen sein würde, in den Höhlen drinnen zu warten, bis die Flut einen Durchgang für unsere Rückkehr freigeben würde, wenn es uns jetzt nur gelingen würde, herumzukommen. Ein schmaler und zerklüfteter Felsvorsprung verläuft entlang des Vorgebirges, auf dem man mit Hilfe der nackten Zehen und Zehennägel gerade so kriechen kann. Es gelang uns, hinaufzuklettern, und dann krochen wir auf allen Vieren nach außen – der Abgrund wurde von oben immer gewaltiger, und das Wasser wurde unten immer grüner und tiefer –, und erreichten die äußere Spitze des Vorgebirges. Dann umrundeten wir das Kap auf einer noch schmaler werdenden Kante – das Wasser wurde in umgekehrter Richtung flacher und weniger grün, je weiter wir nach innen vordrangen – und fanden das Ende des Felsvorsprungs genau dort, wo er, nachdem er das Meer verlassen hatte, in einer Höhe von fast zehn Fuß über dem Kiesstrand hing. Wir ließen uns beide hinab, stolz auf unseren Erfolg; der klappernde Kies spritzte hoch, als wir fielen, und zumindest für die ganze kommende Woche – obwohl wir uns des Ausmaßes unseres Glücks zu diesem Zeitpunkt nicht bewusst waren – konnten wir die Wunder der Doocot-Höhle als einzig und allein unser Eigentum betrachten. Für kurze sieben Tage – um die Betonung auf Carlyles Ausdrucksweise zu stützen – „gehörten sie uns und niemand anderem."

Die ersten paar Stunden waren Stunden purer Freude. Die größere Höhle erwies sich als eine wahre Fundgrube an Wundern; und wir fanden noch viel mehr zu bestaunen an den Hängen unter den Steilhängen und entlang des felsigen Strandes davor. Es gelang uns, in kriechenden Zwergbüschen, die von der schädlichen Wirkung der Gischt kündeten, das blassgelbe Geißblatt zu entdecken, das wir zuvor nie gesehen hatten, außer in Gärten und Gebüschen; und an einem tief beschatteten Hang, der an einen der steileren Steilhänge lehnte, entdeckten wir das süß duftende Walddach des Blumenbeets und Parterres mit seinen hübschen wirbelförmigen Blättern, die umso duftender werden, je mehr man sie zerdrückt, und seinen zarten weißen Blüten. Dort, gleich am Eingang der tieferen Höhle, wo ein kleiner Bach in einzelnen Tropfen von dem übersteilen Abgrund herabprasselte wie die ersten Tropfen eines schweren Gewitters, fanden wir das heiße, bittere Löffelgras mit seinen winzigen kreuzförmigen Blüten, das der große Kapitän Cook auf seinen Reisen verwendet hatte; vor allem waren *da* die Höhlen mit ihren Tauben – weiß, bunt und blau – und ihre geheimnisvollen und düsteren Tiefen, in denen Pflanzen zu Stein erstarrten und Wasser zu Marmor wurde. In kurzer Zeit hatten wir mit unseren Hämmern ganze Taschen voll Stalaktiten und versteinertem Moos abgebrochen. An den Seiten der Höhle befanden sich kleine Pfützen, in denen wir die Gefriervorgänge beobachten konnten, wie zu Beginn eines Oktoberfrosts, wenn der kalte Nordwind die Oberfläche eines Gebirgssees oder eines trägen Moorbachs kräuselt, wenn auch nur ganz leicht, und die neu entstandenen Eisnadeln wie Maulwurfsböschungen vom Ufer ins Wasser ragen sieht. Die Ablagerung ging so schnell voran, dass es Fälle gab, in denen die Wände der Höhlen fast im gleichen Maße zu wachsen schienen, wie das Wasser in ihnen stieg; die überlaufenden Quellen lagerten ihre winzigen Kristalle an den Rändern ab; und die Reservoirs wurden tiefer und geräumiger, während ihre Hügel durch dieses seltsame Mauerwerk aufgeschüttet wurden. Der weite, teleskopische Ausblick auf das glitzernde Meer, wie er vom inneren Ende der Höhle aus zu sehen war, während es rundherum dunkel wie Mitternacht war – das plötzliche Aufblitzen der Möwe, die man für einen Moment von der Nische aus sah, als sie im Sonnenschein vorbeihuschte – die schwarze, wogende

Masse der Grampus, als sie ihre schmalen Gischtstrahlen aufwirbelte und sich dann nach unten wandte und ihren glänzenden Rücken und ihre riesige, eckige Flosse zeigte – selbst die Tauben, als sie vorbeisausten, einen Moment lang kaum sichtbar in der Dunkelheit, im nächsten strahlend im Licht – all das gewann durch die Eigenartigkeit der *Umgebung*, in der wir sie sahen, ein neues Interesse. Sie bildeten eine Reihe sonnenvergoldeter Vignetten, eingerahmt in Jett; und es dauerte lange, bis wir es satt hatten, in ihnen viel Seltsames und Schönes zu sehen und zu bewundern. Es schien jedoch ziemlich bedrohlich und vielleicht sogar etwas übernatürlich, dass etwa eine Stunde nach Mittag die Flut, obwohl noch eine volle Fadenhöhe Wasser unter der Spitze des Vorgebirges stand, aufhörte zu fallen und dann, nach einer Viertelstunde, tatsächlich begann, sich auf den Strand zuzubewegen. Aber in der Hoffnung, dass es sich um einen Irrtum handeln könnte, den die Abendflut kaum versäumen würde, uns zu amüsieren und weiterzuhoffen, fuhren wir fort. Stunde um Stunde verging und wurde länger, je länger die Schatten wurden, und doch stieg die Flut immer noch. Die Sonne war hinter den Steilhängen versunken, und an ihren Füßen war alles düster, und in ihren Höhlen war es doppelt düster; aber ihre schroffen Stirnen fingen immer noch das rote Glänzen des Abends ein. Die Röte stieg höher und höher, von den Schatten verfolgt; und dann, nachdem sie einen Moment auf ihren Geißblatt- und Wacholderkämmen verweilt hatte, verschwand sie, und alles wurde düster und grau. Die Möwe sprang von der Stelle, an der sie auf der Welle geschwommen war, nach oben und eilte langsam zu ihrer Unterkunft in seinem tiefen Meeresfelsen; der dunkle Kormoran huschte mit schwereren und häufigeren Schlägen vorbei zu seinem weißen Felsvorsprung hoch oben auf der Klippe; die Tauben kamen von den Hochebenen und dem gegenüberliegenden Land herabgesaust und verschwanden im Dunkel ihrer Höhlen; jedes Lebewesen, das Flügel hatte, nutzte sie, um schnell nach Hause zu fliegen; aber weder mein Begleiter noch ich hatten welche, und ohne sie gab es keine Möglichkeit, nach Hause zu kommen. Wir unternahmen verzweifelte Anstrengungen, die Klippen zu erklimmen, und zweimal gelang es uns, auf halbem Weg Felsvorsprünge zwischen den Klippen zu erreichen, wo der Sperber und der Rabe bauen; aber obwohl wir gut genug geklettert waren, um unsere Rückkehr kaum noch möglich zu machen, gab es überhaupt keine Möglichkeit, weiter nach oben zu kommen: Die Klippen waren noch nie zuvor erklommen worden, und es war auch jetzt nicht vorgesehen, sie zu erklimmen. Und so mussten wir, als die Dämmerung tiefer wurde und der unsichere Stand mit jedem Moment noch unsicherer und unsicherer wurde, einfach in Verzweiflung aufgeben. „Ich würde mich nicht um mich selbst kümmern", sagte der arme kleine Kerl, mein Begleiter, und brach in Tränen aus, „wenn meine Mutter nicht wäre; aber was wird meine Mutter sagen?" „Ich würde mich auch nicht darum kümmern", sagte ich schweren Herzens; „aber es ist nur ein Nebengewässer, und wir kommen bei

Twall raus." Wir zogen uns zusammen in eine der flacheren und trockeneren Höhlen zurück, räumten eine kleine Stelle von den rauen Steinen frei, tasteten dann an den Felsen entlang nach dem trockenen Gras, das im Frühling in verdorrten Büscheln an ihnen hängt, bildeten für uns ein äußerst unbequemes Bett und legten uns in die Arme des anderen. In den letzten Stunden waren dunkle, stürmische Wolkenberge in der Meeresmündung aufgestiegen: Sie hatten in der untergehenden Sonne unheilvoll aufgeflammt und mit Einbruch des Abends fast jede meteorische Farbe des Zorns angenommen, von feurigem Rot zu einem düsteren, donnernden Braun und von düsterem Braun zu traurigem Schwarz. Und jetzt konnten wir zumindest hören, was sie ankündigten, obwohl wir nichts mehr sehen konnten. Der aufkommende Wind begann klagend zwischen den Klippen zu heulen, und das Meer, das bis dahin so still war, schlug schwer gegen das Ufer und dröhnte wie Notgeschütze aus den Tiefen der beiden Tiefseehöhlen. Wir konnten auch den prasselnden Regen hören, mal stärker, mal schwächer, je nachdem, wie die Böen anschwollen oder abfielen; und das gelegentliche Prasseln des Bachs über der tieferen Höhle, der mal gegen die Steilhänge trieb, mal schwer auf die Steine niederging.

Mein Begleiter hatte nur mit den wirklichen Übeln des Falles zu kämpfen, und so schlief er, die Härte unseres Bettes und die Kälte der Nacht in Betracht ziehend, einigermaßen gut; ich aber hatte das Pech, dass mich Übel, die weitaus schlimmer waren als die wirklichen, ärgerten. Die Leiche eines ertrunkenen Seemanns war etwa einen Monat zuvor am Strand gefunden worden, etwa vierzig Meter fest von der Stelle entfernt, wo wir lagen. Die Hände und Füße, jämmerlich verkrüppelt und an jedem Gelenk in tiefe Falten gewellt, aber auf die doppelte Größe angeschwollen, waren so weiß gebleicht wie Stücke von alauniertem Schafsfell; und wo der Kopf hätte sein sollen, war nur ein trauriger Haufen Schutt. Ich hatte den Körper untersucht, wie junge Leute es zu tun pflegen, viel zu neugierig für meine Ruhe; und obwohl ich dem armen namenlosen Seemann nie etwas zuleide getan hatte, hätte ich während dieser traurigen Nacht nicht mehr unter ihm leiden können, wenn ich sein Mörder gewesen wäre. Ob schlafend oder wachend, er war ständig vor mir. Jedes Mal, wenn ich einnickte, kam er mit seinen steifen weißen Fingern, die wie Adlerzehen hervorragten, und seinem blassen, gebrochenen Kopf von der Stelle, an der er gelegen hatte, den Strand heraufgeschlichen und versuchte, mich zu schlagen. Dann erwachte ich mit einem Ruck, klammerte mich an meinen Begleiter und erinnerte mich daran, dass der ertrunkene Seemann verwesend zwischen den gleichen Seegrasbüscheln gelegen hatte, die noch immer am Strand verrotteten, keinen Steinwurf entfernt. Die unmittelbare Nähe von zwanzig lebenden Banditen hätte weniger Schrecken ausgelöst als die Erinnerung an diesen einen toten Seemann.

Gegen Mitternacht klarte der Himmel auf, der Wind legte sich und der Mond stieg in seinem letzten Viertel rot wie eine Masse glühenden Eisens aus dem Meer. Wir krochen im unsicheren Licht über die rauhen, schlüpfrigen Klippen hinunter, um uns zu vergewissern, ob die Flut nicht weit genug gefallen war, um uns eine Passage zu ermöglichen; aber wir fanden die Wellen genau dort an den Felsen reiben, wo die Flutlinie zwölf Stunden zuvor gelegen hatte, und ein voller Faden Meer umschloss den Fuß des Vorgebirges. Schließlich schoss mir eine vage Vorstellung von der wahren Natur unserer Lage durch den Kopf. Wir waren nicht einer Gefangenschaft für eine Flut ausgeliefert, sondern für eine Woche. Dieser Gedanke war wenig tröstlich, da er inmitten der Kälte und des Schreckens einer trostlosen Mitternacht aufkam; und wehmütig sah ich das Meer als unseren einzigen Fluchtweg. Zu dieser Zeit kreuzte ein Schiff die Spur des Mondes, kaum eine halbe Meile vom Ufer entfernt; und mit Hilfe meines Begleiters begann ich aus voller Kehle zu schreien, in der Hoffnung, von den Matrosen gehört zu werden. Wir sahen, wie ihr undeutlicher Rumpf langsam quer durch den rot glitzernden Lichtgürtel sank, der sie sichtbar gemacht hatte, und dann in der trüben Schwärze verschwand, und gerade als wir sie für immer aus den Augen verloren, konnten wir ein undeutliches Geräusch hören, das sich mit dem Rauschen der Wellen vermischte – den Antwortschrei des erschrockenen Steuermanns. Das Schiff, wie wir später erfuhren, war ein großer Steinleichter, schwer beladen und ohne Boot; und die Besatzung war sich auch keineswegs sicher, ob es sicher gewesen wäre, zwischen den Felsen auf die mitternächtliche Stimme zu hören, selbst wenn sie eine Möglichkeit gehabt hätte, mit dem Ufer zu kommunizieren. Wir warteten jedoch endlos und riefen mal abwechselnd, mal durcheinander; aber es kam keine Antwort; und schließlich gaben wir die Hoffnung auf und tasteten uns zurück zu unserem unbequemen Bett, gerade als die Flut am Strand erneut umschlug und die Wellen mit jedem Stoß höher und höher zu rollen begannen.

Als der Mond aufging und heller wurde, machte der tote Seemann weniger Ärger; und ich war gerade so fest eingeschlafen wie mein Begleiter, als wir beide von einem lauten Schrei geweckt wurden. Wir machten uns auf und krochen wieder zwischen den Klippen hinab zum Ufer; und als wir das Meer erreichten, wiederholte sich der Schrei. Es war der von mindestens einem Dutzend harscher Stimmen vereint. Es gab eine kurze Pause, gefolgt von einem weiteren Schrei; und dann schossen zwei stark bemannte Boote um das westliche Vorgebirge herum, und die Männer, die sich auf ihre Ruder stützten, drehten sich in Richtung des Felsens und schrien noch einmal. Die ganze Stadt war alarmiert durch die Nachricht, dass zwei kleine Jungen am Morgen zu den Felsen des südlichen Sutors gewandert waren und den Weg nicht zurück gefunden hatten. Die Steilküste war seit jeher Schauplatz schrecklicher Unfälle gewesen, und man schloss sofort, dass sich dieser Zahl ein weiterer trauriger Unfall angeschlossen hatte. Es gab zwar Fälle, in denen

Leute in den Doocot Caves von der Flut eingeschlossen worden waren, und die Folgen waren nicht viel schlimmer; aber da die Höhlen bei Nippwinden unzugänglich waren, konnten wir uns, so hieß es, unmöglich darin aufhalten; und die einzige verbleibende Hoffnung war, dass, wie schon einmal geschehen, nur einer der beiden getötet worden war und der Überlebende zwischen den Felsen herumlungerte und sich nicht traute, nach Hause zu kommen. Und in dieser Annahme waren die beiden Boote ausgerüstet worden, als der Mond aufging und die Brandung nachließ. Es war später Morgen, bevor wir Cromarty erreichten, aber eine Menschenmenge erwartete unsere Ankunft am Strand; und in den Fenstern schimmerten dichte und vielfältige Lichter, die Angst machten; ja, das Interesse war so groß, dass einige ungeheuer schlechte Verse, in denen der Autor den Vorfall einige Tage später beschrieb, so populär wurden, dass sie als Manuskript herumgereicht und bei Teepartys von der *Elite* der Stadt gelesen wurden. Die arme alte Miss Bond, die das städtische Internat leitete, ließ das Stück hübsch aufpeppen, etwa nach dem Prinzip, nach dem Macpherson Ossian übersetzte. Und bei unserer ersten Schulprüfung – ein stolzer und glücklicher Tag für die Autorin! – wurde es unter großem Beifall von einer ihrer hübschesten jungen Damen vor dem versammelten Publikum aus Cromarty vorgetragen, das sich um Geschmack und Mode kümmerte.

FUSSNOTE:

[3]

„Die schöne blaue Jungfrau fliegt,

Das flatterte um die Jasminkrüge,

Wie geflügelte Blumen oder fliegende Edelsteine."

DAS PARADIES UND DIE SCHALE.

KAPITEL V.

"Der Weise

Sie schüttelten ihre alten, weißen Köpfe über mir und sagten:

Aus solchem Material wurden elende Menschen gemacht." – BYRON.

Etwa zu dieser Zeit machte das Gerücht die Runde, dass Miss Bond vorhatte, mich zu bevormunden. Die Kopie meiner Verse, die ihr in die Hände gefallen war – ein echtes Handschrift-Etui – zeigte oben eine herrliche Ansicht des Doocot, in der grauenhafte Felsen aus gebranntem Umbra von gähnenden Höhlen aus Tusche durchbohrt und von einem dichten Kiefernwald in Saftgrün gekrönt wurden, während gewaltige Wellen, auf der einen Seite blau und auf der anderen grün, mit Flecken aus Bleiweiß obenauf, furchterregend darunter dahinrollten. Und Miss Bond war zu dem Schluss gekommen, so hieß es, dass ein solches Genie, wie es die Skizze und das „Gedicht" für jene Schwesterkünste der Malerei und Poesie bewiesen, in denen sie selbst brillierte, nicht unbeachtet in der Wüstenwildnis vergeudet werden sollte. Sie hatte kurz zuvor ein Werk in zwei schmalen Bänden mit dem Titel „Briefe einer Dorfgouvernante" veröffentlicht – eine Art seltsames Sammelsurium, das sich kaum an die üblichen Regeln hielt, aber dennoch ein heiteres Buch mit mehr Herz als Verstand; und nicht wenige der darin erzählten Ereignisse hatten den Verdienst, wahr zu sein. Dies war ein unglücklicher Verdienst für die arme Miss Bond. Sie datierte ihr Buch aus Fortrose, wo sie in dem im Almanach als Internat des Ortes bezeichneten Schulgebäude unterrichtete, das jedoch nach Miss Bonds eigener Beschreibung die Schule der „Dorfgouvernante" war. Und da sich herausstellte, dass ihre Geschichten eine Art Mosaik aus drolligen Faktenstücken waren, die sie in der Nachbarschaft aufgeschnappt hatte, wurde ihr Fortrose bald zu heiß. Sie hatte unter der allzu durchsichtigen Gestalt der geizigen Mrs. Flint die geizige Frau eines „Papierpfarrers" gezeichnet, der auf einen Schlag ihr bestes Seidenkleid und obendrein ein Dutzend guter Eier ruiniert hatte, indem er die Eier beim Ausgehen zu einer Party in die Tasche steckte und dann über einen Stein stolperte. Und natürlich konnten Mrs. Skinflint und der ehrwürdige Mr. Skinflint mit all ihren Blutsverwandten nur sehr erfreut sein, die Geschichte in gedruckter Form aufgehübscht und ins Lächerliche gezogen vorzufinden. Es gab andere Geschichten, die ebenso unvorsichtig und amüsant waren – von jungen Damen, die dabei erwischt wurden, wie sie an den Fenstern ihrer Nachbarn lauschten; und von Herren, die sich in ihren Familien unwohl fühlten und in der Kneipe unter vulgären Gefährten saßen; und so hörte die Autorin kurz nach Erscheinen ihres Werks auf, die Dorfgouvernante von Fortrose zu sein, und wurde die Dorfgouvernante von Cromarty.

Bei dieser Gelegenheit sah ich zum ersten Mal mit einer Mischung aus Bewunderung und Ehrfurcht ein menschliches Wesen – das nicht tot und verschwunden, sondern bloß ein gedruckter Name war – das tatsächlich ein Buch veröffentlicht hatte. Die arme Miss Bond war ein freundlicher Mensch , sie mochte Kinder und wurde von ihnen wiederum sehr geliebt, und obwohl sie für alles Lächerliche ein offenes Ohr hatte, war in ihr kein Körnchen Bosheit. Ich erinnere mich, wie es mir etwa zu dieser Zeit, als ich mit der Hilfe von drei oder vier weiteren Jungen ein riesiges Haus gebaut hatte, volle vier Fuß lang und drei Fuß hoch, in dem wir alle Platz fanden, und ein Feuer und noch dazu eine Menge Rauch. Miss Bond, die Schriftstellerin, kam und sah nach uns herein, zuerst durch die kleine Tür und dann durch den Schornstein, und sagte freundliche Worte zu uns und schien unser Vergnügen sehr zu genießen; und wie wir alle ihren Besuch für eines der größten Ereignisse hielten, die jemals stattgefunden hatten. Sie war mit den Eltern von Sir Walter Scott befreundet gewesen; und als Sir Walters erste Veröffentlichung, „Minstrelsy of the Scottish Border", erschien, hatte sie einen Anfall von Begeisterung bekommen und ihm geschrieben; und als sie in einem Kälteanfall dazu neigte, zu denken, sie hätte etwas Dummes getan, hatte sie von Sir Walter, damals Mr. Scott, eine charakteristisch warmherzige Antwort erhalten. Sie erfuhr von da an viel Freundlichkeit von ihm; und als sie selbst Autorin wurde, widmete sie ihm ihr Buch. Er besorgte ihr hin und wieder Pensionäre; und als sie, nachdem sie Cromarty verlassen hatte, um nach Edinburgh zu gehen, dort eine Schule eröffnete und nur mit mäßigem Erfolg vorankam, schickte Sir Walter ihr – obwohl er zu der Zeit mit seinen eigenen Schwierigkeiten zu kämpfen hatte – ein Pfand von zehn Pfund, um, wie er in seiner Notiz sagte, „den Wolf von der Tür zu vertreiben". Aber Miss Bond war, wie das Original seiner eigenen Jeanie Deans, ein „stolzer Bodie"; und die zehn Pfund wurden zurückgegeben, mit der Andeutung, dass der Wolf noch nicht an die Tür gekommen sei. Arme Frau! Ich vermute, dass er schließlich an die Tür kam. Wie bei vielen anderen Buchautoren verlief ihre Lebensreise den größten Teil des Weges am öden Leeufer der Notwendigkeit entlang, und es kostete sie manchmal nicht wenig geschicktes Steuern, um dem Strand ein anständiges Aussehen zu verleihen. Und in ihrem einsamen Alter schien sie ziemlich auf Grund gelaufen zu sein. Einige ihrer ehemaligen Schüler versuchten, genug Geld aufzutreiben, um ihr eine kleine Rente zu kaufen; aber als der Plan in Gang war, hörte ich von ihrem Tod. Sie illustrierte in ihrem Leben die Bemerkung, die sie selbst in ihren „Briefen" niederschrieb und die ein bescheidener Freund machte: „Es ist keine leichte Sache, Mem, für eine Frau, *ohne Kopf durch die Welt zu gehen* ", d. *h* . allein und schutzlos.

Aus unerklärlichen Gründen erreichte mich Miss Bonds Gönnerschaft nie. Ich bin sicher, die gute Dame wollte mir Zeichen- und Kompositionsunterricht geben; denn sie hatte es gesagt und sie hatte ein gutes Herz; aber sie war zu beschäftigt, um mir gelegentlich eine Stunde allein zu widmen; und mich in ihren Unterricht für junge Damen einzuführen, in meinen groben Kleidern, die durch meine Erkundungen in Ebbe und Torf immer mehr in die falsche Richtung gerutscht waren und manchmal so ausgefranst waren, dass selbst meine Mutter sie nicht mehr reparieren konnte, weil sie sich bis zu den Wipfeln großer Bäume verzogen und durch meine Heldentaten als Felskletterer ausgeleiert waren – das wäre ein Stück Jack-Cadeismus gewesen, an das sich weder damals noch heute eine Dorfgouvernante hätte wagen können. Und so blieb mir nichts anderes übrig, als ganz wild und ohne Sorge oder Bildung mit dem Verse- und Gemäldemalen fortzufahren.

Meine Schulkameraden mochten meine Geschichten recht gut – zumindest meistens besser als die Lektionen des Lehrers; aber abgesehen von der gemeinsamen Freude, die diese improvisierten Kompositionen sowohl dem „Sennachie" als auch seinen Zuhörern bereiteten, lagen unsere Unterhaltungsarten weit auseinander. Wie ich schon sagte, mochte ich den jährlichen Hahnenkampf nicht – ich fand kein Vergnügen daran, Katzen zu töten oder die übellaunigen, schwachsinnigen *Exzentriker* des Dorfes nachts oder auf der Straße zu necken – hielt mich normalerweise von den normalen Spielplätzen fern und beteiligte mich nur sehr selten an den alten, überlieferten Spielen. Mit Ausnahme meines kleinen Freundes aus der Höhle, der selbst nach diesem verhängnisvollen Vorfall die Neigung zeigte, mir genauso bedingungslos zu vertrauen und zu folgen wie zuvor, interessierten sich meine Schulkameraden dagegen genauso wenig für meine Unterhaltungen wie ich für ihre; und da sie die Mehrheit auf ihrer Seite hatten, wählten sie natürlich meine zu den albernsten. Und sicherlich hatte ich zu dieser Zeit beim Sport eine Pechsträhne, die ihrer Entscheidung durchaus Anlass gab.

Bei meiner Büchersuche stieß ich auf zwei altmodische Militärabhandlungen aus der kleinen Bibliothek eines kürzlich verstorbenen pensionierten Offiziers. Die eine mit dem Titel „Militärisches Medley" behandelte die gesamte Kunst der Truppenaufstellung und enthielt zahlreiche, schön kolorierte Pläne von Bataillonen in allen möglichen Formen, um allen möglichen Erfordernissen gerecht zu werden; die andere, die ebenfalls in gedruckter Form vorlag, behandelte die edle Wissenschaft der Befestigung nach Vaubans System. Ich studierte beide Werke mit großer Beharrlichkeit und machte mich, da ich sie für bewundernswerte Spielzeugbücher hielt, daran, einige der Spielzeuge, von denen sie speziell handelten, in sehr kleinem Maßstab nachzubauen. Die Küste in unmittelbarer Nähe der Stadt erschien meinem unerfahrenen Auge als ein ausgezeichnetes Feld für die Durchführung eines Feldzugs. Der Seesand war, wenn er noch von den Wassern der Ebbe befeuchtet war, meiner Ansicht nach zusammenhängend genug, um die Form von Türmen und Bastionen und langen Wällen zu bilden; und da war eine der häufigsten Littorinidae – *Littorina litoralis* , die in einer ihrer Varianten eine satte gelbe Farbe hat und in einer anderen eine bläulich-grüne Tönung –, die mir genügend Soldaten lieferte, um alle im „Medley" abgebildeten und beschriebenen Entwicklungen auszuführen. Die warm gefärbten gelben Muscheln stellten Briten in Scharlachrot dar – die schmutzigeren die Franzosen in ihren schmutzig blauen Uniformen; wohlausgesuchte Exemplare von *Purpura lapillus* , die nur auf der Rückseite mit einem Spritzer blauer oder roter Farbe aus meiner Kiste bestrichen waren, ergaben hervorragende Dragoner; während ein paar Dutzend der schlanken pyramidenförmigen Muscheln von *Turritella communis* ganze Artillerieparks bildeten. Mit solch unbegrenzten Vorräten an Kriegsmaterial *unter* meiner Verfügung war ich glücklicher als Onkel Toby damals und konnte Schlachten schlagen und Rückzüge durchführen, angreifen und verteidigen, Befestigungen errichten und sie dann wieder niederreißen, und das ohne jegliche Kosten; und der einzige Nachteil bei einem so großen Vorteil, den ich zunächst wahrnehmen konnte, bestand darin, dass die Küste außerordentlich gut einsehbar war und dass meine neuen Vergnügungen, aus einiger Entfernung betrachtet, denen der ganz kleinen Kinder des Ortes sehr ähnelten, die sich an dieselben sandigen Ufer und Kiesbetten begaben, um im Sande Sandkuchen zu backen oder auf kleinen Steinbrettern Reihen von Muscheln aufzustellen, die den Geschirrschrank zu Hause nachahmten. Nicht nur meine Schulkameraden, sondern auch einige ihrer Eltern kamen offensichtlich zu dem Schluss, dass die beiden Vergnügungen – meine und die der kleinen Kinder – identisch waren; denn die älteren Leute sagten, dass „der arme Francie zu ihrer Zeit ein ganz normaler Junge gewesen sei und jeder gesehen habe, was aus ihm geworden sei", während die jüngeren, die energischer in ihren Äußerungen waren und Torheiten weniger duldeten, sogar ihr Murmelspiel unterbrochen oder aufgehört hatten, ihre Kreisel zu drehen, um mich aus sicherer Entfernung anzuschreien. Aber der Feldzug ging weiter und ich tröstete mich mit dem Gedanken, dass weder die großen noch die kleinen Leute ein Bataillon Truppen über eine Brücke aus Booten vor einem Feind bringen konnten oder wussten, dass eine reguläre Festung nur auf einem regelmäßigen Polygon errichtet werden konnte.

Schließlich entdeckte ich jedoch, dass eine Meeresküste immer eine abschüssige Ebene ist und der Strand von Cromarty insbesondere eine Ebene mit einem ziemlich steilen Abhang ist. Er bot keinen geeigneten Standort für eine Festung, die einer langwierigen Belagerung standhalten könnte, da der Ort, so sehr ich ihn auch befestigen mochte, leicht von Batterien beherrscht werden konnte, die auf der höheren Seite errichtet wurden. Und so entschied ich mich für einen grasbewachsenen Hügel inmitten der Wälder in unmittelbarer Nähe einer von einer dicken Sandschicht bedeckten Lehmschicht, der ein viel besseres Operationsgebiet darstellte. Ich nahm den Hügel auf etwas unregelmäßige Weise in Besitz und schaffte große Mengen Sand von der Lehmschicht dorthin, um ihn in den Standort einer prächtigen Festung zu verwandeln. Zuerst errichtete ich eine alte Burg, bestehend aus vier Türmen auf rechteckigem Grundriss, die durch gerade, oben mit Schießscharten versehene Vorhänge verbunden waren. Dann umgab ich die Burg mit Außenwerken im modernen Stil, die aus viel niedrigeren Kurtinen als die alten bestanden, von zahlreichen Bastionen flankiert und mit Kanonen riesigen Kalibers gespickt waren, die aus den gegliederten Stängeln der Hemlocktanne gefertigt waren; davor legte ich Ravelins, Hornwerke und Tenailles an. Ich war überglücklich über meine Arbeit: Es würde, da war ich mir sicher, keine leichte Sache sein, eine solche Festung einzunehmen; aber als ich in der unmittelbaren Nachbarschaft eine Anhöhe bemerkte, die, wie ich dachte, von einer ziemlich lästigen Batterie besetzt sein könnte, überlegte ich, wie ich sie am besten durch eine Redoute in Besitz nehmen könnte, als hinter einem Baum der Faktor des Grundstücks hervorkam, auf das ich eindrang, und mir eine gehörige Strafe dafür gab, dass ich den Rasen auf eine so mutwillige, boshafte Weise verdorben hatte. Hornwerk und Halbmond, Turm und Bastion erwiesen sich als völlig wirkungslos bei der Abwehr eines Angriffs einer so wenig erwarteten Art. Ich dachte, der Faktor, der nicht nur ein intelligenter Mann war, sondern auch zu seiner Zeit als Offizier der Cromarty Volunteers viel Dienst auf den Stadtbahnen geleistet hatte, hätte vielleicht bemerkt, dass ich nach wissenschaftlichen Prinzipien arbeitete, und mich deshalb einer gewissen Toleranz würdig finden können; aber ich nehme an, er tat das nicht; obwohl seine Schelte am Ende natürlich gutmütig genug verklang und ich ihn lachen sah, als er sich abwandte. Aber so kam es, dass ich in meiner äußersten Demütigung das Feldherrntum und den Bastionsbau fürs Erste aufgab; obwohl, ach! mein nächstes Vergnügen in den Augen meiner jugendlichen Kameraden einen ebenso verdächtigen Anblick gehabt haben muss wie beide.

Mein Freund aus der Höhle hatte mir etwas geliehen, was ich nie zuvor gesehen hatte – eine schöne Quartoausgabe von Ansons Reisen, die die Originaldrucke enthielt (das Exemplar meines Vaters enthielt nur die Karten); unter anderem Mr. Bretts ausführliche Beschreibung dieses merkwürdigsten aller Schiffe, einer Proa der Ladrone-Inseln. Ich war sehr beeindruckt von der einzigartigen Konstruktion einer Bark, die zwar Bug und Heck genau gleich waren, aber völlig verschiedene Seiten hatte, und die, mit Wind auf der Seite, so hieß es, alle anderen Schiffe der Welt übersegelte; und da ich das Kommando über die kleine Werkstatt hatte, in der mein Onkel Sandy gelegentlich Karren und Schubkarren herstellte, wenn er im Ausland arbeitslos war, machte ich mich daran, eine Miniatur-Proa nach dem in der Druckgrafik angegebenen Modell zu konstruieren, und es gelang mir, eine wirklich sehr außergewöhnliche Proa anzufertigen. Während ihre Leeseite senkrecht wie eine Wand war, ähnelte die Luvseite, an der ein Ausleger befestigt war, der eines Flachbodenboots; Bug und Heck waren genau gleich, so dass sie sich für die abwechselnde Rolle des einen oder anderen eigneten; eine bewegliche Rah, die das Segel stützte, musste bei jedem Schlag gegen das Ende verschoben werden, das für diese Zeit zum Heck umfunktioniert wurde; während das Segel selbst – ein höchst ungehobelt aussehendes Ding – ein ungleichseitiges Dreieck bildete. So war das Schiff – etwa achtzehn Zoll lang –, mit dem ich die nachahmenden Seefahrer eines Pferdeteichs in der Nachbarschaft – allesamt sehr meisterhafte Kritiker aller Arten von Barken und Kähnen, die an der schottischen Küste bekannt sind – aus ihrer Schicklichkeit erschreckte. Laut Campbell

„Das war etwas, das jenseits

Beschreibung elend: so ein Wherry,

Vielleicht wagte er sich nie auf einen Teich,

Oder eine Fähre überquert."

Und meine Mitmenschen erkannten seine extreme Lächerlichkeit. Es war sicherlich voreilig, es auf diesem speziellen „Teich" zu „wagen"; denn es wurde, sehr zum Schaden der Takelage, regelrecht abgesprengt, und ich wurde geschickt, um seine Segeleigenschaften woanders zu testen, die, wie ich feststellte, letztlich nicht sehr bemerkenswert waren. Und so wurden meine Versuche in Strategie und Barkenbau auf eine so unwürdige Weise von einem kritisch eingestellten Zeitalter aufgenommen, das urteilte, bevor es es wusste. Wäre ich sentimental, was ich klarerweise nicht bin, könnte ich im Stil von Rousseau ausrufen: „ Ach! Es war immer das Unglück meines Lebens, dass ich, abgesehen von ein paar Freunden, nie verstanden wurde!"

Ich war offensichtlich Francie überlegen, und die Eltern meines jungen Freundes, die sahen, dass ich beträchtlichen Einfluss auf ihn gewonnen hatte, und befürchteten, ich könnte ihn zu einem zweiten Francie machen , hatten natürlich den Wunsch entwickelt, unsere Vertrautheit abzubrechen, als sich ein unglücklicher Unfall ereignete, der ihnen bei ihrem Vorhaben wesentlich half. Der Vater meines Freundes war Kapitän eines großen Handelsschiffs, das in Kriegszeiten einige Zwölfpfünder transportierte und mit einem kleinen Magazin für Pulver und Schrot ausgestattet war; und da mein Freund sich mit Duldung des Schiffsjungen aus dem allgemeinen Vorrat eine ganze Kanonenpatrone mit zwei oder drei Pfund Schießpulver gesichert hatte, wurde ich natürlich in das Geheimnis eingeweiht und eingeladen, an dem Spiel und der Beute teilzuhaben. Wir verbrachten einen herrlichen Tag zusammen im Garten seiner Mutter: Nie zuvor brachen so prächtige Vulkane aus Maulwurfshügeln hervor oder wurden Gänseblümchen- und

Veilchenbeete so unbarmherzig durch die Explosion tief gelegter Minen versengt und zerrissen; und obwohl ein paar zu weit vorgestreckte Finger und im Weg liegende Augenbrauen ein paar Unfälle passierten, verliefen unsere Vergnügungen im Großen und Ganzen harmlos, und am Abend war fast die Hälfte unseres kostbaren Vorrats nicht aufgebraucht. Mein Freund sammelte ihn in einer unerwarteten Ecke der Dachkammer auf, in der er schlief, und wäre in Sicherheit gewesen, wenn ihn nicht beim Zubettgehen das sehnsüchtige Verlangen gepackt hätte, seinen Schatz bei Kerzenlicht zu betrachten; als ein unglücklicher Funke aus der Flamme alles explodieren ließ. Er war im Gesicht und an den Augen so schlimm verbrannt, dass er mehrere Tage lang blind war; aber inmitten von Rauch und Verwirrung verriegelte er tapfer seine Dachbodentür, und während die Hausbewohner, aufgeschreckt durch den Schock und den Lärm, die Treppe heraufgerannt kamen, weigerte er sich standhaft, jemanden von ihnen hereinzulassen. Unmengen von Schießpulver stanken aus jeder Ritze und jedem Winkel, und seine Mutter und Schwestern waren zutiefst beunruhigt. Schließlich kapitulierte er jedoch – Bedingungen unbekannt; und ich hörte am nächsten Morgen mit Entsetzen und Bestürzung von dem Unfall. Es war am Vortag zwischen uns vereinbart worden, dass ich als Eigentümer des Pulvers angesehen werden sollte, hauptsächlich um den feinen Schiffsjungen abzuschirmen; aber hier ergab sich eine Konsequenz, mit der ich nicht gerechnet hatte; und der starke Wunsch, meinen armen Freund zu sehen, wurde durch die Angst zunichte gemacht, von seinen Eltern und Schwestern für den Unfall verantwortlich gemacht zu werden. Und so verging mehr als eine Woche, bevor ich den Mut aufbringen konnte, ihn zu besuchen. Seine Mutter empfing mich kühl, und, was mich zutiefst ärgerte, er selbst auch; und da ich vermutete, dass er unseren letzten Vertrag unedel ausgenutzt hatte, verabschiedete ich mich in höchster Entrüstung und ging fort. Mein Verdacht schadete ihm jedoch: Wie ich später erfuhr, hatte er entschieden bestritten, dass ich einen Anteil an dem Pulver hatte; aber seine Freunde hielten die Gelegenheit für günstig, mit mir Schluss zu machen, und zwangen ihn, mich nur sehr widerwillig und nach langem Widerstand aufzugeben. Und von dieser Zeit an vergingen mehr als zwei Jahre, obwohl unsere Herzen jedes Mal, wenn wir uns zufällig trafen, schnell und heftig schlugen, bevor wir ein einziges Wort wechselten. Einmal jedoch, kurz nach dem Unfall, tauschten wir Briefe aus. Ich schrieb ihm von der Schule aus, als ich eigentlich mit meinen Aufgaben hätte beschäftigt sein sollen, einen stattlichen Brief im Stil der Briefe in „Die Quijote-Frau", der, soweit ich mich erinnere, folgendermaßen begann: „Ich dachte einmal, ich hätte einen Freund, auf den ich mich verlassen könnte; aber die Erfahrung sagt mir, dass er nur nominell war. Denn wäre er ein echter Freund gewesen, hätte kein Zufall seine Zuneigung beeinträchtigen oder ein willkürlicher Befehl sie zerstören können" usw. usw. Da ich damals ein eher mittelmäßiger Schreiber war, fertigte einer der Jungen, die als „Kupferstichschreiber" der Klasse bekannt waren, eine saubere Kopie meiner Handschrift an, die voller allerlei eleganter Striche war und in der die Rechtschreibung jedes Wortes gewissenhaft im Wörterbuch überprüft wurde. Und zu gegebener Zeit erhielt ich als Antwort eine sorgfältig geschriebene Notiz, deren handschriftlicher Teil von meinem alten Gefährten stammte, die Komposition jedoch, wie er mir später erzählte, von jemand anderem ausgearbeitet wurde. Es versicherte mir, dass er immer noch mein Freund war, aber dass es „gewisse Umstände" gab, die uns daran hindern würden, uns in Zukunft wieder zu treffen. Trotzdem war es uns bestimmt, uns in Zukunft ziemlich oft zu treffen, und viele Jahre später hätten wir es nur knapp verpasst, gemeinsam auf dem Grund zu liegen, in der Floating Manse, deren Unterleib zu der Zeit gebrechlich geworden war, als er der geoutete Pfarrer von Small Isles und ich Herausgeber der Zeitung *Witness* war.

Ich hatte eine Tante mütterlicherseits, die seit langem in den Highlands von Sutherland lebte und so viel älter war als ihre Schwester, meine Mutter, dass sie, als sie ihren ältesten Sohn stillte, bei einem Besuch im Tiefland ebenfalls bei deren Stillen half. Der Junge war zu einem sehr klugen Jungen herangewachsen, der, nachdem er in den Süden gegangen war, um sein Glück zu suchen, die verschiedenen Stufen einer Angestelltenstelle in einer Handelsfirma absolvierte und schließlich der Chef eines eigenen Handelsunternehmens wurde, das, obwohl letztlich erfolglos, etwa vier oder fünf Jahre lang auf einem recht guten Weg zu florieren schien. Ungefähr drei dieser Jahre lang lag der Gewinnanteil, der meinem Cousin zufiel, nicht unter fünfzehnhundert Pfund pro Jahr; und als er nach jahrelanger Abwesenheit seine Eltern in der Blütezeit seines Wohlstands in ihrem Haus in den Highlands besuchte, stellte sich heraus, dass er in seiner Heimat viele Freunde hatte, mit denen er nicht gerechnet hatte, und zwar aus einer Klasse, die nicht oft die Gewohnheit gehabt hatte, das Cottage seiner Mutter zu besuchen, die jetzt aber zum Lunch, Diner und Weintrinken mit ihm kamen und die ihn sehr zu schätzen und zu bewundern schienen. Meine Tante, die es nicht gewohnt war, vornehme Gesellschaft zu empfangen, und sich, wie einst Martha, „mit viel Bedienung beschäftigt" sah, bat meine Mutter, die damals jung und fleißig war, dringend, sie zu besuchen und ihr beizustehen; und zu meiner unendlichen Freude wurde auch ich in die Einladung aufgenommen. Der Ort war nicht viel mehr als dreißig Meilen von Cromarty entfernt; aber er lag in den *echten* Highlands, die ich nie zuvor gesehen hatte, außer am fernen Horizont; und für einen Jungen, der den ganzen Weg zu Fuß gehen musste, stellten selbst dreißig Meilen in einer Zeit, als es noch keine Eisenbahnen gab und noch nicht einmal Postkutschen so weit verbreitet waren, eine nicht unerhebliche Entfernung dar. Meine Mutter, obwohl eine eher zart wirkende Frau, konnte bemerkenswert gut gehen, und am frühen Abend des zweiten Tages erreichten wir gemeinsam die Hütte meiner Tante in der alten Baronie Gruids. Es war ein niedriges, langes, schmuddeliges Gebäude aus Torf mit vier oder fünf Zimmern in der Länge, aber nur einem in der Höhe, das an einem sanften Abhang lag und aus der Ferne ein wenig einer riesigen schwarzen Schnecke ähnelte, die den Hügel hinaufkroch. Da das untere Zimmer von den sechs Milchkühen meines Onkels bewohnt wurde, erwies sich das Gefälle des Fußbodens aufgrund der Beschaffenheit des Geländes als äußerst wichtig, da es eine freie Entwässerung gewährleistete; das zweite, von oben gerechnete, beträchtlich große Zimmer bildete das Wohnzimmer der Familie und hatte, im alten Highland-Stil, sein Feuer voll in der Mitte des Fußbodens, ohne Rück- oder Seitenwände; so dass, wie bei einem im Freien entzündeten Lagerfeuer, alle Bewohner in einem weiten Kreis darum herum sitzen konnten – die Frauen immer auf der einen Seite und die Männer auf der anderen; das Zimmer dahinter war in kleine und sehr dunkle Schlafzimmer unterteilt; während es noch weiter hinten ein Kämmerchen mit einem kleinen Fenster gab, das meiner Mutter und mir vorbehalten war; und dahinter lag das, was ausdrücklich „das Zimmer" war, da es aus Stein gebaut war und sowohl Fenster als auch Kamin hatte, mit Stühlen und Tisch und Kommode, einem großen Alkovenbett und einem kleinen, aber gut gefüllten Bücherregal. Und „das Zimmer" war natürlich zu dieser Zeit das Zimmer meines Cousins, des Kaufmanns – sein Schlafsaal in der Nacht und das gastfreundliche Refektorium, in dem er tagsüber seine Freunde bewirtete.

Die Familie meiner Tante war von solidem Ansehen. Ihr Mann – ein gedrungen gebauter, kräftig gebauter, älterer Highlander, etwas unter der Mittelgröße, von ernster und etwas melancholischer Erscheinung, aber in Wirklichkeit von eher heiterem Temperament – war in seinen jungen Tagen etwas wild gewesen. Er war ein guter Schütze und ein geschickter Angler gewesen und hatte bei Brautfesten und, wie es damals in den Highlands üblich war, bei Totenwachen getanzt; ja, einmal war es ihm gelungen, eine frischgebackene Witwe dazu zu bewegen, bei einem Strathspey neben der Leiche ihres Mannes zu tanzen, als alle anderen es versäumt hatten, sie aufzurichten, indem er in ihrer Gegenwart schelmisch bemerkte, wer auch immer sich sonst geweigert haben sollte, bei der Totenwache des armen Donald zu tanzen, er hätte kaum gedacht, dass sie es gewesen wäre. Aber eine große Veränderung hatte mit ihm vorgegangen; und er war jetzt ein gesetzter, nachdenklicher, gottesfürchtiger Mann, der in der Baronie wegen seines ehrlichen Wertes und seiner ruhigen, unaufdringlichen Charakterfestigkeit sehr geachtet wurde. Seine Frau war schon in jungen Jahren unter den Einfluss von Donald Roys Ring geraten und hatte, wie ihre Mutter, die Lebenskraft der Religion in ihren Haushalt gebracht. Sie hatten neben dem Kaufmann noch zwei weitere Söhne – beide gut gebaute, robuste Männer, etwas größer als ihr Vater und von solchem Charakter, dass einer meiner Cromarty-Cousins, als er sich durch häufiges und eifriges Nachfragen zu ihrer Wohnung auf den Weg machte, das allgemeine Urteil des Bezirks in dem sehr schlechten Englisch einer armen alten Frau verkörpert fand, die, nachdem sie ihr Bestes getan hatte, um ihn zu leiten, ihre Kenntnis des Haushalts mit der Bemerkung bescheinigte: „Es ist eine gute Herrin; – es ist ein guter Herr; – es sind zwei gute, gute Jungs." Der ältere der beiden Brüder beaufsichtigte und arbeitete teilweise auf dem kleinen Bauernhof seines Vaters; denn der Vater selbst fand genug Beschäftigung damit, als eine Art bescheidener Vermittler für den Besitzer der Baronie zu fungieren, der weit weg lebte und keine Wohnung auf dem Land hatte. Der Jüngere war Maurer und Dachdecker und arbeitete während der Arbeitssaison normalerweise weit weg; aber im Winter und in diesem Fall für ein paar Wochen während des Besuchs seines Bruders, des Kaufmanns, wohnte er bei seinem Vater. Beide waren Männer von ausgeprägt individuellem Charakter. Der Ältere, Hugh, war ein genialer, autodidaktischer Mechaniker, der an den langen Winterabenden am Kaminfeuer eine Reihe merkwürdiger kleiner Artikel herstellte – unter anderem Hochland-Schnupftabaksäcke, mit denen er alle seine Freunde versorgte; und er war zu dieser Zeit damit beschäftigt, für seinen Vater eine Hochlandscheune zu bauen und, zur Abwechslung, einen Hochlandpflug für ihn anzufertigen. Der jüngere George, der einige Jahre in Südschottland in seinem Beruf gearbeitet hatte, war ein großer Leser und schrieb recht passable Prosa und Verse, die, wenn auch keine Poesie, auf die er keinen Anspruch erhob, so doch zumindest kurios gereimt waren. Er besaß außerdem gute Kenntnisse in Geometrie und war geschickt im Architekturzeichnen; und – eine seltsame Fähigkeit für einen Kelten – er war ein Meister der edlen Wissenschaft der Selbstverteidigung. Aber George suchte nie Streit; und er war so stark gebaut und so stark bemuskelt und sein Gesicht hatte einen so starken Ausdruck männlicher Entschlossenheit, dass er nie ungebeten mit Streit konfrontiert wurde.

Am Ende des Tages, als sich die Mitglieder des Haushalts in einem weiten Kreis um das Feuer versammelt hatten, „nahm mein Onkel das Buch" und ich wurde zum ersten Mal Zeuge eines Familiengottesdienstes auf Gälisch. Ich fand, dass ein Teil der Gottesdienste, die er leitete, eine interessante Besonderheit aufwies. Er war, wie ich bereits sagte, ein älterer Mann und hatte in seiner Familie Gottesdienste abgehalten, bevor Dr. Stewarts gälische Übersetzung der Heiligen Schrift in der Grafschaft eingeführt worden war. Da er damals nur die englische Bibel besaß und seine Diener nur Gälisch verstanden, musste er sich die Kunst aneignen, die damals in Sutherland nicht ungewöhnlich war, ihnen das englische Kapitel, während er es las, in ihre Muttersprache zu übersetzen. Und er hatte gelernt, dies mit einer so mühelosen Gewandtheit zu tun, dass niemand hätte erraten können, dass es sich um etwas anderes als ein gälisches Werk handelte, aus dem er las. Auch die Einführung von Dr. Stewarts Übersetzung hatte diese Praxis in seinem Haushalt nicht überholt gemacht. Sein Gälisch war *Sutherlandshire-* Gälisch, während das von Dr. Stewart Argyleshire-Gälisch war. Seine Familie verstand seine Übersetzung daher besser als die des Doktors, und so übersetzte er weiterhin aus seiner englischen Bibel *ad aperturam libri* , viele Jahre nachdem die gälische Ausgabe im ganzen Land verbreitet war. Das abschließende Abendgebet war von großer Feierlichkeit und Salbung. Ich war mit der Sprache, in der es verfasst war, nicht vertraut, aber es war trotzdem unmöglich, von seiner ringenden Ernsthaftigkeit und Inbrunst beeindruckt zu sein. Der Mann, der es vortrug, glaubte offensichtlich, dass ein unsichtbares Ohr dafür offen stand und eine allsehende Präsenz an diesem Ort war, vor der jeder geheime Gedanke offen lag. Die gesamte Szene war zutiefst eindrucksvoll; und als ich viele Jahre später bei der Feier der Hochmesse in einer katholischen Kathedrale sah, wie der Altar plötzlich in eine trübe und malerische Dunkelheit gehüllt war, aus der der wirbelnde Rauch des Weihrauchs aufstieg, und als ich in der Ferne das musikalisch modulierte Gebet hinter dem Wandschirm erklingen hörte, kehrten meine Gedanken zu der einfachen Hütte im Hochland zurück, wo inmitten nicht gerade theatralischer Feierlichkeiten das rote, schattenfarbene Licht des Feuers mit unsicherem Schimmer auf dunkle Wände, kahle schwarze Dachsparren, kniende Gestalten und eine blasse Fläche aus dichtem Rauch fiel, die den oberen Teil des Daches füllte und wie eine Decke über den Boden hing, und aus der Dunkelheit erhob sich der Klang eines Gebets, das wahrhaft von Gott geleitet und aus den Tiefen des Herzens strömte; und ich fühlte, dass der gestohlene Priester der Kathedrale nur ein Künstler war, wenn auch ein geschickter, aber dass in dem „Priester und Vater" der Hütte die Wahrheit und Realität steckte, aus der der Künstler schöpfte. Als wir uns für die Nacht zurückzogen, war kein Riegel vor der Außentür vorgezogen. Der philosophische Biot verbrachte, als er mit seinen Experimenten zum zweiten Pendel beschäftigt war, mehrere Monate auf einer der kleineren Shetlandinseln. Frisch von den Unruhen in Frankreich zurückgekommen – seine Phantasie trug, wenn ich so sagen darf, die Flecken der Guillotine mit sich –, erstaunte ihn der Zustand vertrauensvoller Sicherheit, in dem er die einfachen Einwohner vorfand. „Hier, während der fünfundzwanzig Jahre, in denen Europa sich selbst verschlungen hat", rief er aus, „war die Tür des Hauses, in dem ich wohne, Tag und Nacht offen geblieben." Das Innere von Sutherland war zur Zeit meines Besuchs in einem ähnlichen Zustand. Die Tür der Hütte meines Onkels, die weder Schloss noch Riegel hatte, ließ sich wie die des Einsiedlers in der Ballade mit einem Riegel öffnen; aber anders als bei der des Einsiedlers lag dies nicht daran, dass es im Inneren keine Vorräte gab, die die Fürsorge des Meisters erforderten, sondern daran, dass zu dieser verhältnismäßig jungen Zeit das Verbrechen des Diebstahls in der Gegend unbekannt war.

Am nächsten Morgen stand ich früh auf, als der Tau noch schwer auf Gras und Flechten lag, neugierig, eine für mich so neue Gegend zu erkunden. Das

Gebiet ist zwar ein Primärgebiet, bildet aber eines der zahmeren Gneisgebiete Schottlands; und ich fand die näheren Hügel verhältnismäßig niedrig und ineinander übergehend und das weite Tal, in dem die Hütte meines Onkels lag, flach, offen und wenig vielversprechend. Dennoch gab es ein paar Punkte, die mich interessierten, und je mehr ich mich mit ihnen beschäftigte, desto interessanter wurde sie. Die Westhänge des Tals sind von grasbewachsenen Tomhans gesprenkelt – den Moränen eines uralten Gletschers, um und über den sich zu dieser Zeit ein niedriger, weitläufiger Wald aus Birken, Haselnusssträuchern und Ebereschen erhob – aus Haselnusssträuchern, deren Nüsse sich damals schnell füllten, und aus Ebereschensträuchern, deren Beeren hell in Orange und Scharlachrot leuchteten. Wenn man in die Senke blickte, konnte man eine Gruppe der grünen Tomhans sehen, die sich gegen die blauen Hügel von Ross abhoben; als ich nach oben blickte, erhob sich ein einsamer, birkenbewachsener Hügel ähnlichen Ursprungs, aber größerer Ausmaße, deutlich gegen die ruhigen Wasser des Loch Shin und die violetten Gipfel des fernen Ben-Hope. Unten im Tal, dicht neben der Hütte meines Onkels, bemerkte ich mehrere niedrige Erhebungen des Felsens, die sich über das allgemeine Niveau erhoben; und entlang dieser befanden sich Gruppen von scheinbar riesigen Felsblöcken, außer dass sie weniger abgerundet und vom Wasser abgeschliffen waren als gewöhnliche Felsblöcke und, was bei Felsblöcken selten der Fall ist, alle von gleicher Qualität waren. Und bei näherer Betrachtung stellte ich fest, dass einige von ihnen, die wie zerbrochene Obelisken aufragten, hoch und mit verhältnismäßig schmaler Basis und ganz uralt von Moos und Flechten, tatsächlich noch mit der Felsmasse darunter verbunden waren. Es handelte sich um die verödeten oberen Teile riesiger Deiche und Adern aus grauem, grobkörnigem Syenit, die den Grundgneis des Tals durchziehen und die wiederum von Fäden und Adern aus weißem Quarz durchzogen waren, der voller drusenartiger Hohlräume war und an seinen Seiten dicht mit zweigartigen Kristallen ausgekleidet war. Nie zuvor hatte ich an den Ufern von Cromarty oder sonst wo so schöne Kristalle gesehen. Sie waren klar und durchsichtig wie das reinste Quellwasser, jeder hatte sechs Kanten und war oben in sechs Facetten geschliffen. Ich lieh mir einen von Cousin Georges Hämmern und füllte bald eine kleine Schachtel mit diesen Edelsteinen, die sogar meine Mutter und meine Tante bewunderten, wie das, was man früher, wie sie sagten, Bristol-Diamanten nannte und in silberne Broschen und Ärmelknöpfe einarbeitete. Weniger als hundert Meter von der Hütte entfernt fand ich einen lebhaften kleinen Bach, braun, aber klar wie ein Steinhaufen mit reinstem Wasser, und wie ich bald feststellte, voller Forellen, lebhaft und klein wie er selbst und bunt gesprenkelt mit Scharlach. Er schlängelte sich durch eine flache, feuchte Wiese, die nie vom Pflug aufgewühlt wurde; denn es war früher ein Friedhof gewesen, und flache, unbearbeitete Steine lagen dicht zwischen dem üppigen Gras. Und in der unteren Ecke, wo die alte

Torfmauer zu einem unscheinbaren Hügel versunken war, stand ein mächtiger Baum, ganz einsam, denn seine Artgenossen waren schon lange verschwunden, und so hohlherzig in seinem verdorbenen Alter, dass er zwar noch jede Saison eine gewaltige Laubfläche auswarf, ich aber in eine kleine Kammer in seinem Stamm kriechen konnte, von wo aus ich durch runde Öffnungen, wo einst Äste gewesen waren, hinausschauen und, wenn ein plötzlicher Regenschauer das Tal hinunterfegte, dem Prasseln der Regentropfen zwischen den Blättern lauschen konnte. Das Tal der Gruids war vielleicht nicht eines der schönsten oder schönsten Täler des Hochlandes, aber es war dennoch ein sehr bewundernswerter Ort; und inmitten seiner Wälder, Felsen und Tomhans und am Ufer seines kleinen Forellenbachs vergingen die Wochen herrlich.

Mein Cousin William, der Kaufmann, hatte, wie gesagt, viele Gäste; aber sie waren alle zu vornehm, um mich zu beachten. Es gab jedoch einen entzückenden Mann, von dem es hieß, er wisse sehr viel über Felsen und Steine, und als er von meinen schönen großen Kristallen gehört hatte, wollte er sie und den Jungen, der sie gefunden hatte, sehen; und ich durfte ihm zuhören, wie er über Granite und Marmor und metallische Adern sprach und über die Edelsteine, die in den Bergen in Winkeln und Nischen verborgen liegen. Ich fürchte, ich würde ihn heute nicht für einen sehr versierten Mineralogen halten: Ich erinnere mich genug an seine Unterhaltung, um zu dem Schluss zu kommen, dass er nur wenig wusste und dieses Wenige nicht sehr genau: aber nicht vor Werner oder Hutton hätte ich mich mit tieferer Ehrfurcht vor ihm verneigen können. Er sprach über die Marmore von Assynt – über die Versteinerungen von Helmsdale und Brora – über Muscheln und Pflanzen, die in massive Felsen eingebettet sind, und über Waldbäume, die in Stein verwandelt wurden; und meine Ohren sogen das Wissen begierig auf, wie die der Königin von Saba in alten Zeiten, als sie Salomon zuhörte. Doch nur allzu schnell änderte sich das Thema. Mein Cousin war ein großer Kenner der gälischen Etymologie, und der Mineraloge ebenso; und während mein Cousin der Meinung war, der Name der Baronie Gruids leite sich von dem großen hohlen Baum ab, war der Mineraloge ganz sicher, dass er von seinem Syenit oder, wie er es nannte, seinem *Granit abstamme* , der, wie er bemerkte, aufgrund der Weiße seines Feldspats an ein Stück Quark erinnerte. *Gruids* , sagte der eine, bedeutet den Ort des großen Baums; *Gruids* , sagte der andere, bedeutet den Ort des geronnenen Steins. Ich weiß nicht mehr, wie sie den Streit beilegten; aber er endete nach einem einfachen Übergang in einer Diskussion über die Echtheit von Ossian – ein Thema, in dem sie beide vollkommen übereinstimmten. Es konnte nicht der geringste Zweifel daran bestehen, dass die Gedichte, die Macpherson der Welt schenkte, vor über vierzehnhundert Jahren in den Highlands von Ossian, dem Sohn Fingals, gesungen worden waren. Mein Cousin war ein engagiertes Mitglied der Highland Society. Die Highland Society war damals sehr damit beschäftigt, den richtigen Schliff des Philabegs herauszufinden und die Chronologie und wahre Abfolge der Ereignisse im Ossianischen Zeitalter zu ermitteln.

Vollkommenes und vollkommenes Glück, so heißt es, kann man in diesem sublunaren Zustand nicht genießen; und selbst in den Gruids, wo es so viel zu sehen, zu hören und herauszufinden gab und wo mich mehr als dreißig Meilen von meinem Latein trennten – denn ich hatte nichts davon von zu Hause mitgebracht –, stieg diese gleiche Ossianische Kontroverse wie ein hochländischer Nebel an meinem Horizont auf, um meine vergnügten Stunden zu kühlen und zu verdunkeln. Mein Cousin besaß alles, was zu diesem Thema geschrieben worden war, darunter eine beträchtliche Menge seiner eigenen Manuskripte; und da Onkel James ihm den Glauben eingeflößt hatte, dass ich alles meistern könnte, was ich mir ernsthaft vornahm, war er entschlossen, es sei nicht seine Schuld, wenn ich in der Kontroverse um die Echtheit Ossians nicht mächtig würde. Das war furchtbar. Blairs Dissertation gefiel mir recht gut, und mit der von Kames hatte ich auch nicht viel zu tun; und was Sir Walters Kritik im *Edinburgh* hingegen angeht, so hielt ich sie nicht nur für durchaus vernünftig, sondern, da sie mir Argumente gegen die anderen lieferte, noch dazu für höchst interessant. Doch dann folgte ein gewaltiger Ozean von Abhandlungen, die von Hochland-Gentlemen und ihren Freunden ausgestoßen wurden, wie der Drache in der Apokalypse die große Flut aussandte, die die Erde verschlang; und als ich mich einmal richtig darauf eingelassen hatte, konnte ich kein Ufer sehen und keinen Grund finden. Und so meuterte ich schließlich, wenn auch sehr ungern – denn mein Cousin war sehr freundlich – und legte die Arbeit nieder, gerade als er mir vorzuschlagen begonnen hatte, ich solle mir, nachdem ich den Echtheitsstreit beigelegt hätte, Gälisch aneignen, damit ich Ossian im Original lesen könne. Mein Cousin war nicht sehr erfreut; aber ich wollte die Sache nicht noch verschlimmern, indem ich dem Verdacht Ausdruck gab, der, anstatt abzuschwächen, sich in mir verstärkt hat, nämlich dass ich, da ich eine englische Kopie der Gedichte besaß, den echten Ossian bereits im Original gelesen hatte. Bei Cousin George jedoch, der, obwohl er stark auf Authentizität bedacht war, einen Witz lieber mochte als Ossian, war ich freizügiger; und ihm gegenüber wagte ich es, die schöne gälische Kopie der Gedichte seines Bruders, mit einem großartigen Kopf des alten Barden versehen, als „Die Gedichte von Ossian auf Gälisch, vom Autor aus dem englischen Original übersetzt" zu bezeichnen. George sah grimmig aus und nannte mich einen Ungläubigen, dann lachte er und sagte, er würde es seinem Bruder erzählen. Aber er tat es nicht; und da mir die Gedichte wirklich gefielen, besonders „ *Temora* " und einige der kleineren Stücke, und ich sie mit mehr echtem Vergnügen lesen konnte als der Großteil der Hochländer, die an sie glaubten, verlor ich das Ansehen bei meinem Cousin, dem Kaufmann, nicht ganz. Er versprach mir sogar, mir eine schön gebundene

Ausgabe der „Elegant Extracts" in drei umfangreichen Oktavbänden zu schenken, wenn ich am College meinen ersten Preis gewinnen würde. Leider erfüllte ich jedoch nicht die Voraussetzungen für das Geschenk und musste mir mein Exemplar der „Extracts" zehn Jahre später selbst an einem Bücherstand kaufen, als ich in der Umgebung von Edinburgh als Maurergeselle arbeitete.

Man trifft nicht alle Tage einen so echten Hochländer wie meinen Vetter, den Kaufmann; und obwohl er mich nicht mit seinem eigenen ossianischen Glauben und Eifer inspirieren konnte, gab es einige der alten kleinen keltischen Bräuche, die er im Haushalt seines Vaters *vorübergehend wiederbelebte* und die ich sehr zu schätzen lernte. Er führte das echte Hochlandfrühstück wieder ein, und nachdem ich stundenlang draußen eifrig umhergestöbert hatte, stellte ich fest, dass ich den ächzenden Tisch mit seinem Käse, seiner Forelle und seinem kalten Fleisch ebenso sehr bewundern konnte wie der unsterbliche Lexikograph selbst. Auch einige der Gerichte, die er wiederbelebte, waren zumindest kurios. Es gab einen Vorrat an Gradden-Mehl – d. h. Getreide , das *in* einem Topf über dem Feuer getrocknet und dann in einer Handmühle grob gemahlen wurde –, aus dem man Kuchen machen konnte, die man essen konnte, wenn man Hunger auf die Soße hatte; und mehr als einmal habe ich an einer nicht ungenießbaren Art Blutwurst teilgenommen, angereichert mit Butter und gut gewürzt mit Pfeffer und Salz, dessen Hauptbestandteil durch umsichtigen Einsatz der Lanzette aus dem *Vieh* der Farm gewonnen wurde. Das war eine alte und keineswegs unphilosophische Praxis. Im Sommer und Frühherbst gibt es in den Highlands viel Gras; aber zumindest früher gab es vor Anfang Oktober sehr wenig Getreide darin; und da sich das Vieh infolgedessen aus dem Gras ausreichend mit Blut versorgen konnte, als seine Herren, die kein Gras essen konnten und kaum etwas anderes zu essen hatten, nur sehr wenig besorgen konnten, entdeckte man passenderweise, dass durch eine Aufteilung der lebenswichtigen Flüssigkeit, die als gemeinsamer Vorrat angesammelt wurde, die Umstände des Viehs und seiner Besitzer bis zu einem gewissen Grad angeglichen werden konnten. Zu diesen typisch schottischen Gerichten mischten sich noch andere, nicht minder authentische Gerichte – ab und zu ein Lachs aus dem Fluss und eine Rehkeule vom Berghang –, die mir noch besser schmeckten. Und wenn alle Highlander heutzutage nur so gut leben würden wie ich während meines Aufenthaltes bei meiner Tante und meinen Cousins, wäre es ziemlich unvernünftig, wenn sie sich groß beschweren würden.

Einige der anderen von meinem Cousin durchgeführten Restaurationen im Hochland gefielen mir sehr. Gelegentlich versammelte er nachts einen Kreis älterer Männer aus der Nachbarschaft um das zentrale Ha'-Feuer, um alte Geschichten über die alten Clanfehden des Bezirks und wilde Legenden aus Fingalian zu wiederholen. Obwohl ich natürlich die Sprache, in der die Geschichten erzählt wurden, nicht beherrschte, gelang es mir, zumindest so viele Clangeschichten und -legenden mitzunehmen, wie ich später jemals brauchte, indem ich mich neben Cousin George setzte und ihn im Laufe der Erzählungen leise für mich übersetzen ließ. Die Clangeschichten wurden zu dieser Zeit in Sutherland ziemlich düster und ungewiss. Die Grafschaft war durch den Einfluss ihrer guten Grafen und ihrer frommen Lords Reay früh zum Protestantismus konvertiert; und ihre Leute hatten infolgedessen aufgehört, sich Freiheiten mit der Kehle und dem Vieh ihrer Nachbarn herauszunehmen, etwa hundert Jahre früher als in jedem anderen Teil der schottischen Highlands. Und was die Legenden der Fingalia angeht, so waren sie, wie ich fand, in der Tat sehr wilde Legenden. Einige von ihnen verewigten wunderbare Jäger, die die Liebe von Fingals Frau erregt hatten und die ihr wütender und eifersüchtiger Ehemann ausgeschickt hatte, um monströse Wildschweine mit giftigen Borsten auf dem Rücken zu jagen – und auf diese Weise sicher waren, sie loszuwerden. Und einige von ihnen balsamierten die Missetaten geistloser, kleiner Fions ein, die kaum über fünf Meter groß waren, die im Gegensatz zu ihren aktiveren Gefährten nicht mit ihren Speeren über die Cromarty- oder Dornoch-Förde springen konnten und die, wie es natürlich war, von den Frauen des Stammes sehr verachtet wurden. Die Stücke feiner Gefühle und brillanter Beschreibungen, die Macpherson entdeckte, schienen nie ihren Weg in diesen nördlichen Bezirk gefunden zu haben. Aber in fließendem Gälisch, in dem großen „Ha"', erzählt, erfüllten die wilden Legenden jeden notwendigen Zweck gleichermaßen gut. Das „Ha"' war in den Herbstnächten, wenn die Tage kürzer wurden und der Frost einsetzte, ein angenehmer Ort; und mein Cousin war so sehr an seinem besonderen Prinzip – dem Feuer in der Mitte –, wie es aus den „Tagen anderer Jahre" überliefert war, dass im Plan eines neuen zweistöckigen Hauses für seinen Vater, den er von einem Londoner Architekten erhalten hatte, einer der unteren Räume tatsächlich kreisförmig gestaltet war; und ein Herd wie ein Mühlstein, der in der Mitte platziert war, stellte den Ort des Feuers dar. Aber es gab, wie ich Cousin George gegenüber bemerkte, kein entsprechendes zentrales Loch im Raum darüber, durch das der Rauch abziehen konnte; und ich fragte mich, ob ein schön verputzter Raum, rund wie ein Hutkasten, mit dem Feuer in der Mitte, wie die Sonne in der Mitte eines Planetariums, genau wie alles gewesen wäre, was man in den Highlands je zuvor gesehen hatte. Der Plan sollte jedoch nicht auf Kritik stoßen oder bei der Ausführung Probleme bereiten.

An den Sabbaten besuchten mein Cousin und seine beiden Brüder die Pfarrkirche, in voller Hochlandtracht gekleidet; und es waren drei gutaussehende, wohlgebaute Männer; aber meine Tante, obwohl vielleicht nicht ganz ohne den Stolz der Mutter, genoss die Zurschaustellung nicht besonders; und mehr als einmal hörte ich sie das zu ihrer Schwester, meiner Mutter, sagen; obwohl sie, hingerissen von der galanten Erscheinung ihrer Neffen, eher geneigt schien, die Gegenseite einzunehmen. Mein Onkel dagegen sagte weder für noch gegen die Zurschaustellung. Er war in seinen jüngeren Tagen ein begeisterter Hochlandbewohner gewesen; und als die Hemmungen, Tartan und Philabeg zu tragen, praktisch verschwunden waren, hatte er angesichts der Leistungen der „kühnen und unerschrockenen Männer", die laut Chatham „jeden Teil der Erde" für England eroberten, das Ereignis mit einer lustigen Feier gefeiert, bei der von Nacht bis Morgen getanzt wurde; aber obwohl er, wie ich vermute, seine alten Vorlieben beibehielt, war er jetzt ein nüchterner Mann; und als ich es einmal wagte, ihn zu fragen, warum er sich nicht auch einen Sonntagskilt zugelegt habe, den er, nebenbei bemerkt, trotz seines Alters ebenso gern „ *angezogen* " hätte wie jeder seiner Söhne, antwortete er nur mit einem ruhigen „Nein, nein, es gibt keinen größeren Narren als einen alten Narren."

KAPITEL VI.

„Als sie die dunkle Nacht sahen,

Sie setzten sich hin und weinten."— BABES IN THE WOOD.

Ich verbrachte die Ferien zweier weiterer Herbste in diesem entzückenden Hochlandtal. Beim zweiten Mal hatte ich, wie beim ersten Mal, meine Mutter auf besondere Einladung begleitet; die dritte Reise jedoch war ein nicht genehmigtes Unterfangen von mir und einem Cousin aus Cromarty, meinem Altersgenossen, dem ich als Beschützer und Führer dienen musste, da er den Weg nie bereist hatte. Ich erreichte das Cottage meiner Tante ohne Zwischenfälle oder Abenteuer irgendeiner Art, stellte jedoch fest, dass sich die Umstände des Haushalts in den vergangenen zwölf Monaten stark verändert hatten. Mein Cousin George, der in der Zwischenzeit geheiratet hatte, war in ein eigenes Cottage gezogen; und ich stellte bald fest, dass mein Cousin William, der mehrere Monate bei seinem Vater gelebt hatte, bei weitem nicht mehr so viele Besucher hatte wie früher; auch Lachs- und Rehkeulengeschenke kamen nicht mehr so oft den Weg. Unmittelbar nach der endgültigen Niederlage Napoleons hatte sich eine ausgedehnte Spekulationstour, die er gewagt hatte, als so schlecht erwiesen, dass sie ihm, statt ihm ein Vermögen zu verschaffen, wie es zunächst wahrscheinlich schien, einen Platz in der *Gazette einbrachte* ; und jetzt überstand er die Schwierigkeiten einer Siedlungsphase, 600 Meilen vom Schauplatz der Katastrophe entfernt, in der Hoffnung, bald in der Lage zu sein, die Welt neu zu beginnen. Er ertrug seine Verluste mit ruhiger Großmut; und ich lernte ihn während seiner Zeit der Finsternis besser kennen und mögen als in der Zeit davor, als ihn Sommerfreunde zu Dutzenden umschwirrten. Er war ein großzügiger, warmherziger Mann, der mit der Kraft eines eingepflanzten Instinkts, der nicht jedem zuteil wird, fühlte, dass Geben seliger ist als Nehmen; und es war zweifellos eine weise Vorkehrung der Natur und in dieser Hinsicht der besonderen Aufmerksamkeit von Moralisten und Philosophen würdig, dass seine alten Gefährten, die großen Herren, ihm jetzt nicht mehr so oft begegneten; Da er erkannte, dass seine Unfähigkeit, weiterhin zu geben, ihm unter den gegebenen Umständen großen Schmerz bereiten würde.

Ich war viel mit meinem Cousin George in seinem neuen Haus. Es war eines der entzückendsten Cottages im Hochland, und George war mit seiner jungen Frau darin glücklich, weit über dem durchschnittlichen Schicksal der Menschheit. Er hatte es gewagt, es gegen den allgemeinen Vorwurf der Gegend auf halber Höhe des Abhangs eines wunderschönen Tomhan zu bauen, der, von der Basis bis zur Spitze mit Birken bewachsen, regelmäßig wie eine Pyramide aus dem Talgrund aufstieg und einerseits einen weiten

Blick auf Loch Shin und die dahinter liegenden Moore und Berge bot und andererseits alle reicheren Teile der Baronie Gruids, die Kirche und das malerische Dörfchen Lairg überblickte. Halb verborgen von den anmutigen Birken, die dicht um ihn herum wuchsen, mit ihren silbrigen Stämmen und hellen Blättern, war es eher ein Nest als ein Haus; und George, der durch seine Lektüre und seinen zeitweiligen Aufenthalt im Süden zumindest von den wilderen Glaubensvorstellungen der Gegend befreit war, musste, wie vorhergesagt, nicht für seine Kühnheit leiden; denn die „guten Leute", die, was man ihnen hoch anrechnen muss, den Ort schon lange vorher für sich selbst ausgewählt hatten, statteten ihm seines Wissens nach nie einen Besuch ab. Er hatte seinen Anteil an der Familienbibliothek mitgebracht; und es war ein großer Anteil. Er hatte auch mathematische Instrumente und einen Farbkasten und die Werkzeuge seines Berufs; insbesondere große Hämmer, die dazu geeignet waren, große Steine zu zerschlagen; und ich wurde großzügigerweise von all dem befreit – Büchern, Instrumenten, Farbkasten und Hämmern. Auch sein Häuschen bot aufgrund seiner Lage eine reizvolle Vielfalt höchst interessanter Gegenstände. Es hatte alle Vorteile des Wohnsitzes meines Onkels und noch viel mehr.

Die näheren Ufer des Loch Shin waren kaum eine halbe Meile entfernt; und dort gab es ein niedriges, langes Vorgebirge, das in den See hineinragte, der damals von einem alten Wald aus verwitterten, verwitterten Bäumen bedeckt war, und in seiner äußeren Einsamkeit, wo das Wasser um seine letzte Spitze kreiste, befand sich einer jener Türme aus uraltem Alter – vielleicht Denkmäler aus der Urzeit der Steinzeit auf unserer Insel, zu denen die kreisförmigen Bauten von Glenelg und Dornadilla gehören. Er war aus unbehauenen Steinen von enormer Größe gebaut, die nicht mit Mörtel zusammengehalten wurden; und durch die dicken Mauern liefen gewundene Gänge – die einzigen überdachten Teile des Gebäudes, denn der innere Bereich war nie mit einem Dach versehen worden –, in denen der Herumtreiber zwischen den Ruinen Schutz finden konnte, wenn ein plötzlicher Regenschauer niederging. Für einen neugierigen Jungen war es ein faszinierender Ort. Einige der alten Bäume waren zu bloßen weißen Skeletten geworden, die ihre verfluchten Arme gen Himmel streckten und so wenig Halt im Boden hatten, dass ich sie mit einem entzückenden Krachen umgeworfen habe, indem ich einfach gegen sie rannte; dicht erhob sich das Heidekraut darunter, und es war eine Quelle furchtbarer Freude zu wissen, dass es Schlangen beherbergte, die gut einen Meter lang waren; und obwohl der See selbst keineswegs einer unserer schöneren Hochland-Sees ist, bot er, zumindest für mein Auge zu dieser Zeit, an stillen Oktobermorgen einen entzückenden Anblick, wenn das leichte Gespinst in weißen, hauchdünnen Fäden umhersegelte und Birken und Haselnusssträucher, verherrlicht durch den Verfall, dazu dienten, die braunen Hänge mit Gold zu besticken, die sich zu beiden Seiten in ihrer langen Aussicht von mehr als dreißig Kilometern emporragen und die Barrieren des Sees bilden; und als die Sonne, die noch immer mit einem blauen, verdünnten Dunst kämpfte, zart auf die glatte Oberfläche fiel oder einen Moment lang auf den silbrigen Mänteln der kleinen Forellen funkelte, als sie ein paar Zoll in die Luft sprangen und dann beim Abstieg das Wasser in eine Reihe konzentrischer Ringe aufteilten. Als ich den Weg zuletzt passierte, waren sowohl der alte Wald als auch der alte Turm verschwunden; und von letzterem, der zwar eine Ruine war, aber Jahrhunderte überdauert haben könnte, fand ich nur einen langen Abschnitt eines Trockenmauerdeichs und den breiten Ring, der von den alten Grundsteinen gebildet wurde, die sich als zu massiv erwiesen hatten, um entfernt zu werden. Ein weitaus vollständigerer Bau gleichen Alters und Stils, der früher als Dunaliscag bekannt war – der auf der Ross-shire-Seite des Dornoch Firth stand und innerhalb dessen Mauern, die eine Art Zwischenstation bildeten, ich auf diesen Reisen durch Sutherlandshire benutzte, um mein Stück Kuchen mit doppeltem Genuss zu essen – fand ich, als ich den Weg zuletzt passierte, ähnlich dargestellt. Seine grauen, ehrwürdigen Mauern und dunklen, gewundenen Gänge mit vielen Stufen – sogar der riesige, birnenförmige Türsturz, der sich über der kleinen Tür erstreckte und den der Überlieferung zufolge einst eine große Dame aus Fingalian von der Spitze ihrer Spindel über den Dornoch Firth geworfen hatte – waren alle verschwunden, und ich sah stattdessen nur eine Trockenmauer. Die Menschen der heutigen Generation leben zweifellos in einem äußerst aufgeklärten Zeitalter – einem Zeitalter, in dem jede Spur der Barbarei unserer frühen Vorfahren schnell verschwindet; und wenn wir nur eifriger darin wären, die öffentlichen Wohltäter zu verewigen, die so dunkle Denkmäler der Vergangenheit wie den Turm von Dunaliscag und das Vorgebirge von Loch Shin auslöschen, wäre dies zweifellos eine Ermutigung für andere, uns auf dem Weg der Verbesserung noch weiter voranzutreiben. Es erscheint kaum gerecht, dass die aufgeklärten Zerstörer von Arthur's Oven oder des Flachreliefs namens Robin of Redesdale oder des Stadtkreuzes von Edinburgh all den Ruhm genießen, der mit solchen Taten einhergeht, während die ebenso verdienstvollen Bilderstürmer von Dunaliscag und des Turms von Loch Shin ohne ihren Ruhm sterben müssen.

Ich erinnere mich, wie ich mit Cousin George einen außergewöhnlich schönen Morgen neben dem alten Turm verbrachte. Er zeigte mir inmitten der Heide mehrere Pflanzen, denen die alten Hochländer geheimnisvolle Kräfte zuschrieben – Pflanzen, die verzaubertes Vieh entzauberten, nicht indem sie den kranken Tieren als Medizin verabreicht wurden, sondern indem sie als Zaubermittel mit der verdorbenen Milch in Berührung kamen; und Pflanzen, die als Liebestrank verwendet wurden, um entweder Liebe zu erregen oder Hass zu erregen. Er zeigte mir die Wurzel einer Orchideenart, die zur Herstellung der Liebestranke verwendet wurde. Während die meisten der Wurzelfasern der Pflanze die gewöhnliche zylindrische Form behalten, findet man zwei von ihnen normalerweise zu stärkehaltigen Knollen entwickelt; aber da sie anscheinend zu verschiedenen Jahreszeiten gehören, ist einer der beiden dunkel gefärbt und so schwer, dass er im Wasser versinkt, während der andere hell gefärbt ist und schwimmt. Und ein Pulver aus dem hell gefärbten Knollen bildete, sagte mein Cousin, die Hauptzutat des Liebestrankes; während ein Pulver aus dem dunkel gefärbten Pulver, so behauptete man, nur Antipathie und Abneigung hervorrief. Und dann spekulierte George über den Ursprung eines Glaubens, der, wie er sagte, weder durch Vernunft nahegelegt noch durch Erfahrung geprüft werden konnte. Da er jedoch unter einem Volk lebte, bei dem derartige Glaubensvorstellungen noch lebendig und einflussreich waren, konnte er sich ihrem Einfluss nicht ganz entziehen; und ich sah ihn einmal einer kranken Kuh eine kleine lebende Forelle verabreichen, einfach weil die Traditionen der Gegend ihm versicherten, dass eine von dem Tier lebendig verschluckte Forelle das einzig Spezifische in diesem Fall war. Einige seiner Highland-Geschichten waren sehr merkwürdig. So erzählte er mir beispielsweise neben dem zerstörten Turm eine Tradition, die die keltische Traumtheorie veranschaulicht, an die ich seitdem oft gedacht habe. Zwei junge Männer hatten den frühen Teil eines warmen Sommertages in genau einer solchen Szene verbracht, wie der, in der er die Anekdote erzählte. Neben ihnen befand sich eine alte Ruine, die jedoch von dem moosbewachsenen Ufer, auf dem sie saßen, durch eine schmale Rinne getrennt war, über der, unmittelbar über einem kleinen Wasserfall, ein paar verdorrte Grashalme lagen. Von der Hitze des Tages überwältigt, schlief einer der jungen Männer ein; sein Begleiter wachte schläfrig neben ihm; als der Beobachter plötzlich aufhorchte, als er eine kleine undeutliche Gestalt, kaum größer als eine Hummel, aus dem Mund des schlafenden Mannes kommen sah, auf das Moos sprang und hinab zur Rinne wanderte, die sie entlang der verdorrten Grashalme überquerte und dann in den Zwischenräumen der Ruine verschwand. Aufgeschreckt von dem, was er sah, schüttelte der Beobachter seinen Begleiter hastig an der Schulter und weckte ihn; Doch trotz seiner Eile verließ das kleine wolkenähnliche Wesen, das sich noch schneller bewegte, den Zwischenraum, in den es geraten war, und flog über den Bach, anstatt wie zuvor an den Grashalmen und über den Rasen entlang zu kriechen, sondern kehrte in den Mund des Schlafenden zurück, gerade als dieser gerade aufwachen wollte. „Was ist los mit dir?", fragte der Wächter höchst erschrocken. „Was fehlt dir?" „Mir fehlt nichts", antwortete der andere, „aber du hast mir einen höchst reizenden Traum geraubt. Ich träumte, ich wanderte durch ein schönes, reiches Land und kam schließlich an die Ufer eines edlen Flusses; und genau dort, wo das klare Wasser donnernd einen Abgrund hinunterstürzte, gab es eine Brücke ganz aus Silber, die ich überquerte; und als ich dann auf der gegenüberliegenden Seite einen edlen Palast betrat, sah ich große Haufen von Gold und Juwelen, und ich wollte mich gerade mit Schätzen beladen, als du mich unsanft wecktest und ich alles verlor." Ich weiß nicht, was die Vertreter der hellseherischen Fähigkeiten von der Geschichte halten, aber ich glaube, ich habe sie gelegentlich Anekdoten verwenden sehen, die auf nicht viel solideren Beweisen basierten als die Hochlandlegende und die die Philosophie der Phänomene, mit denen sie sich angeblich befassen, nicht viel klarer illustrierten.

Von allen meinen Cousins war Cousin George derjenige, dessen Beschäftigungen meinen am nächsten kamen und dessen Gesellschaft ich am liebsten genossen habe. Er lieh sich manchmal einen Tag von seiner Arbeit, sogar nach seiner Heirat; aber dann, so der Dichter, war es

„Seine Liebe zur Wissenschaft war schuld."

Den geliehenen Tag verbrachte er stets damit, irgendeinen Architekturentwurf zu Papier zu bringen, ein mathematisches Problem zu lösen, einen gälischen Vers ins Englische oder englische Prosa ins Gälische zu übertragen; und da er ein gewissenhafter, sorgfältiger Mann war, versäumte er den reservierten Tag nie ernstlich. Auch der Winter gehörte ganz ihm, denn in diesen nördlichen Distrikten werden Maurer von kurz nach Hallowday bis zum zweiten oder selbst dritten Frühlingsmonat nie beschäftigt, ein Umstand, dessen Auswirkung auf die Vergnügungen meines Cousins ich damals sorgfältig zur Kenntnis nahm und der mir später nicht wenig zu schaffen machte, als ich mich selbst für einen Beruf entscheiden musste. Und George verbrachte seine Winter immer auf einfallsreiche Weise. Er beherrschte das Gälische sehr gut und das Englische ganz passabel; und so wurde eine Übersetzung von Bunyans „Visionen von Himmel und Hölle", die er einige Jahre später veröffentlichte, nicht nur von seinen Landsleuten in Sutherland und Ross gut aufgenommen, sondern von kompetenten Richtern als eine wirklich nicht unzulängliche Wiedergabe der Bedeutung und des Geistes des edlen alten Kesselflickers von Elstow bezeichnet. Ich konnte natürlich keine Autorität hinsichtlich der Qualität einer Übersetzung sein, deren Sprache ich nicht verstand; aber da ich viel mit der Literatur einer Zeit zu tun hatte, als fast jeder Band, sei es der Virgil eines Dryden oder die Meditationen eines Hervey, durch seine Reihe von Komplimenten angekündigt wurde, und da ich ein tiefes Interesse an allem hatte, was Cousin George unternahm und aufführte, richtete ich ihm im alten Stil ein paar einleitende Strophen, die er, um mir den unbeschreiblichen Luxus zu gönnen, mich selbst zum ersten Mal gedruckt zu sehen, wohlwollend in Druck setzte. Sie sind erhalten geblieben und erinnern mich daran, dass der Glaube meines Cousins an Ossian einen gewissen Einfluss auf meine Ausdrucksweise hatte, als ich mich an ihn wandte, und dass ich damals mit der der unreifen Jugend eigenen Unbesonnenheit die Kühnheit besaß, mich selbst als „Dichter" zu bezeichnen.

Ja, oft habe ich gesagt, so oft habe ich gesehen
    Die Menschen, die in seinen Hügeln wohnen,
Dass Morvens Land jemals
    Ein Land der Tapferkeit, der Werte und des Gesangs.

Aber Unwissenheit, der schrecklichen Dunkelheit,
    Hat über dieses Land einen Mantel ausgebreitet;
Und ganz unstimmig und rau die Leier
    Das klingt unter seinem düsteren Schatten.

Mit Muse der ruhigen, unermüdlichen Flügel,
    Oh, sei es dein, mein Freund, zu zeigen
Der keltische Schwan, wie die Sachsen singen
    Von der Höllenfinsternis und dem Glanz des Himmels

So soll dir der Lohn des Ruhms gehören,
    Der glitzernde Lorbeerkranz, grün und fröhlich;
Auch dein Dichter, wenn auch schwach seine Worte,
    Soll dir das anerkennende Lied komponieren.

Da er sich nach einem Beruf sehnte, in dem er durch seine eigentliche Arbeit die Fähigkeiten trainieren konnte, die er am liebsten pflegte, beschloss mein Cousin, sich als Kandidat für eine Schule der Gaelic Society zu bewerben – damals wie heute ein eher armseliges Amt, aber wenn er ein wenig Geld in Vieh investierte, einen kleinen Bauernhof bestellte und ab und zu eine gälische Übersetzung aus der Druckerpresse brachte, könnte er, so dachte er, ausreichend einträglich werden, um die sehr bescheidenen Bedürfnisse von sich und seiner kleinen Familie zu decken. Und so machte er sich auf den Weg nach Edinburgh, reichlich ausgestattet mit Zeugnissen, die in seinem Fall mehr bedeuteten als Zeugnisse normalerweise, um sich einer Prüfung vor einem Komitee der Gaelic School Society zu unterziehen. Zu seinem Unglück brachte er jedoch nicht seinen gewöhnlichen dunkelbraunen und blauen Sabbatanzug mit (den Kilt hatte er erst seit ein paar Wochen getragen, um seinem Bruder William zu gefallen), sondern besorgte sich einen Anzug aus Schottenmuster, der billig und zugleich respektabel war, und erschien vor dem Komitee – wenn auch nicht in der Tracht, so doch zumindest in den bunten Farbtönen seines Clans – als robuster, männlicher Highlander, der anscheinend ebenso gut geeignet war, die Rolle des Fahnen-Sergeanten des 42. Regiments zu spielen, wie Kinder das Lesen und Schreiben zu lehren. Ein ernstes Mitglied der Gesellschaft, das damals einen hohen Ruf für seine Heiligkeit hatte, das aber später, als es zu rechtschaffen wurde, von seiner Obhut entlassen wurde und sich sofort, den Boden verschmähend, in einen irvingitischen Engel verwandelte, kam sofort zu dem Schluss, dass kein Mann dieser Art, eingehüllt in ein Clan-Schottenmuster, die Ursache der Sache in sich tragen konnte; und so beschloss er, dass Cousin George zur Prüfung zugelassen werden sollte. Da man dann aber nicht mit Fug und Recht behaupten konnte, mein Cousin sei wegen zu viel Schottenmuster nicht zugelassen, wurde vereinbart, dass er wegen zu wenig Gälisch für nicht zugelassen erklärt werden sollte. Und natürlich trafen die Prüfer bei diesem Ergebnis ein, und George wurde, letztlich zu seinem Vorteil, entsprechend eingestuft. Ich erinnere mich noch an das Erstaunen eines würdigen Katecheten aus dem Norden – selbst ein Gälischlehrer –, als man ihm sagte, wie mein Cousin abgeschnitten hatte. „George Munro wurde nicht zugelassen", sagte er, „weil er kein richtiges Gälisch kann! Er hat mehr richtiges Gälisch in sich als alle Lehrer der Gesellschaft in dieser Ecke Schottlands zusammen. Einige dieser guten Herren der Edinburgh Committees sind die *merkwürdigsten* Leute, von denen ich je gehört habe: Sie sind genau wie unsere Landanwälte." Es wäre jedoch alles andere als fair, diese Transaktion, die, wie ich erwähnen möchte, erst im Jahr 1829 stattfand, als Musterbeispiel für das Verhalten von Bürgervereinen oder Landanwälten zu betrachten. Georges Hauptprüfer bei dieser Gelegenheit war der Pfarrer der gälischen Kapelle des Ortes, damals Mitglied des Komitees des Vereins für das Jahr; und da er kein besonders gewissenhafter Mann war, scheint er ein oder zwei Punkte übertrieben zu haben, um den frommen Wünschen und dem geheimen Urteil des Vereinssekretärs nachzukommen. Aber die Anekdote ist nicht ohne Lehre. Wenn fromme Walter Taits sich mit den reinsten Absichten und für das, was sie für das beste halten, auf raffinierte Weise ans Werk machen – wenn sie ihre wirklichen Einwände auf eine Reihe von Erscheinungen gründen, ihre angeblichen Einwände jedoch auf eine andere und völlig andere Reihe stützen – sind sie immer der großen Gefahr ausgesetzt, sich von dem frommen Duncan M'Caigs helfen zu lassen. Nur zwei Jahre nach der Prüfung meines Cousins vor der Gesellschaft wurde sein ehrwürdiger Prüfer vor dem High Court of Justiciary als Dieb, der wegen elf verschiedener Diebstähle verurteilt worden war, zu vierzehn Jahren Verbannung verurteilt.

Ich habe mit meinem Cousin William mehrere interessante Ausflüge unternommen. Eines Abends befanden wir uns auf dem Heimweg von einer Mineralquelle, die er in den Hügeln entdeckt hatte, in einem kleinen einsamen Tal, das quer in das Tal der Gruids mündete und in dem, obwohl seine Seiten mit grünen, von Furchen gezeichneten Flecken gesprenkelt waren, zu dieser Zeit kein einziger Mensch wohnte. Am oberen Ende jedoch standen die Ruinen eines schmalen zweistöckigen Hauses, dessen Giebel vom Grundstein bis zur zertrümmerten Schornsteinspitze noch intakt war, während der andere Giebel und der größere Teil der Vorderwand ausgestreckt auf dem Rasen lagen. Mein Cousin, der mich auf die völlige Einsamkeit aufmerksam machte und darauf, dass das Auge von der Ruinenstelle aus keinen einzigen Ort erkennen konnte, an dem jemals ein Mensch gewohnt hatte, erzählte mir, dass dies vor etwa achtzig Jahren der Schauplatz der strengen Abgeschiedenheit gewesen war, die fast einer Gefangenschaft gleichkam, einer Dame von hoher Geburt, über die sich in früher Jugend eine traurige Wolke der Schande gelegt hatte. Sie hatte einem der Diener im Haus ihres Vaters ein Kind geboren, das sie mit Hilfe ihres Liebhabers ermordet hatte. Da sie in diesen nördlichen Gegenden zu hoch für das Gesetz war, zu einer Zeit, als die erbliche Gerichtsbarkeit noch vollständig bestand und ihr Vater der einzige Beamte war, der in diesem Bezirk über Leben und Tod verfügte, wurde sie von ihrer Familie dorthin geschickt, um ihr Leben in dieser einsamen Zuflucht zu verbringen, wo sie mehr als ein halbes Jahrhundert lang von der Welt abgeschieden blieb. Und dann, lange nach der Abschaffung der örtlichen Gerichtsbarkeiten und als ihr Vater und ihr Bruder sowie die gesamte Generation, die von ihrem Verbrechen wusste, gestorben waren, durfte sie ihren Wohnsitz in einer der Hafenstädte des Nordens nehmen, wo man sich noch zu dieser Zeit an sie als eine verrückte alte Dame erinnerte, die immer schweigsam und mürrisch war und die man in der Dämmerung wie ein unglückliches Gespenst in den abgelegeneren Gassen und Gassen herumhuschen sah. Die Geschichte, die mir in diesem einsamen Tal erzählt wurde, als gerade die Sonne hinter dem Hügel unterging, hinterließ einen starken Eindruck auf meine Phantasie. Crabbe hätte sie gern erzählt, und ich erzähle sie jetzt, da sie sich tief in mein Gedächtnis eingeprägt hat, hauptsächlich wegen des besonderen Lichts, das sie auf die Zeit der Erbgerichtsbarkeit wirft . Sie ist ein Beispiel für eine der gerichtlichen Verbannungen einer Zeit, die sich in gewöhnlichen Fällen alle Arten von Ärger dieser Art ersparte, indem sie ihre Opfer hängen ließ. Ich möchte hinzufügen, dass ich zu dieser Zeit in Begleitung meines Cousins einen großen Teil der Gegend sah und bei meinen Besuchen in Hütten und auf Landhäusern die meisten meiner Vorstellungen vom Zustand der nördlichen Highlands gewann, bevor das Räumungssystem das Landesinnere entvölkerte und die verarmte Bevölkerung an die Küste trieb.

Einer meiner Ausflüge mit Cousin William verlief jedoch ziemlich unglücklich. Der Fluss Shin hat seinen kühnen Lachssprung, der selbst heute noch, nachdem mehrere hundert Pfund Schießpulver verbraucht wurden, um seinen Anstiegswinkel abzuflachen und den Fischen die Passage zu erleichtern, ein schönes malerisches Bild bietet, das aber zu dieser Zeit, als es seine ursprüngliche Steilheit zeigte, ein noch schöneres Bild war. Obwohl es ungefähr drei Meilen von der Hütte meines Onkels entfernt war, konnten wir sein Tosen deutlich neben seiner Tür hören, wenn die Oktobernächte frostig und still waren; und da man uns viele merkwürdige Geschichten darüber erzählt hatte – Geschichten über mutige Fischer, die sich ihren gefährlichen Weg zwischen den überhängenden Felsen und dem Wasser gebahnt hatten und die nach außen stießen und Lachse im Sprung durch den Schaum des Wasserfalls aufgespießt hatten – auch Geschichten über geschickte Jäger, die im dichten Wald dahinter Stellung bezogen und die aufspringenden Tiere erschossen hatten, wie man auf einen fliegenden Vogel schießt –, so begierig waren sowohl mein Cousin aus Cromarty als auch ich sehr, den Schauplatz solcher Heldentaten und Wunder zu besuchen, und Cousin William erklärte sich bereit, uns unterwegs als Führer und Lehrer zu fungieren. Er blickte etwas misstrauisch auf unsere nackten Füße, und wir hörten ihn in gedämpfter Stimme seiner Mutter gegenüber bemerken, dass sie nie zugelassen habe, dass er und seine Brüder, als sie noch Jungen waren, *ihre* Verwandten aus Cromarty unbeschuht besuchten; doch weder Cousin Walter noch ich hatten die Großmütigkeit zu sagen, dass *unsere* Mütter auch darauf geachtet hatten, dass wir beschuht waren; aber da die guten Frauen es für leichter und kühler hielten, barfuß zu gehen, hatten wir uns kaum umgedreht, als wir beide beschlossen, unsere Schuhe in eine Ecke zu werfen und uns ohne sie auf die Reise zu machen. Der Spaziergang zum Lachssprung war durch und durch herrlich. Wir gingen durch die Wälder von Achanie, die für ihre Nüsse berühmt sind, schreckten unterwegs eine Herde Rehe auf und stellten fest, dass der Sprung selbst alle Erwartungen übertraf. Der Shin wird in seinem Unterlauf wild. Schroffe Gneisklippen mit vereinzelten, in den Spalten fest verankerten Büschen hängen über dem Strom, der in vielen dunklen Tümpeln brodelt und über viele steile Stromschnellen schäumt; und unmittelbar darunter, wo er sich damals kopfüber über den Sprung stürzte – denn jetzt stürzt er nur noch im Schnee einen steilen Abhang hinunter –, war ein Kessel, so furchtbar dunkel und tief, dass er den Berichten der Gegend zufolge keinen Boden hatte; und es wurde von einem fürchterlichen Strudel so heimgesucht, dass es, so hieß, niemandem, der jemals richtig in seinen Wirbeln gefangen war, gelungen war, das Ufer zurückzuerlangen. Als wir zwischen den dürren Bäumen eines überhängenden Gehölzes standen, sahen wir, wie die Lachse zu Dutzenden hinaufsprangen, die meisten jedoch wieder in den Tümpel zurückfielen – denn nur sehr wenige verirrte Fische, die den Wasserfall an seinen Rändern versuchten, schienen es zu schaffen, sich nach oben zu drängen; wir sahen auch auf einem Felsvorsprung des steilen, aber bewaldeten Ufers die primitive Hütte aus unbehauenen Baumstämmen, in der ein einsamer Wächter Stellung hielt, um die Fische vor Speer und Flinte des Wilderers zu schützen, und die in stürmischen Nächten, wenn sich das Geschrei der Kelpies mit dem Tosen der Flut vermischte, eine erhabene Hütte in der Wildnis gewesen sein muss, in der ein Dichter gern gewohnt hätte. Der Anblick erregte mich; und als ich unachtsam von einem hohen, flechtenbewachsenen Stein in die lange Heide darunter sprang, kam mein rechter Fuß so heftig mit einem scharfkantigen Felsfragment in Berührung, das im Moos verborgen war, dass ich vor Schmerz fast laut aufgeschrien hätte. Ich unterdrückte jedoch den Schrei, setzte mich hin, biss die Zähne zusammen und ertrug den Schmerz, bis er allmählich nachließ und mein Fuß bis zum Knöchel fast gefühllos schien. Auf dem Rückweg blieb ich beim Gehen stehen und blieb beträchtlich hinter meinen Gefährten zurück, und den ganzen Abend über schien der verletzte Fuß wie tot, nur dass er vor intensiver Hitze glühte. Ich fühlte mich jedoch wohl genug, um über den Wasserfall ein erhabenes Stück Blankverse zu schreiben, und stolz auf mein Werk versuchte ich, es Cousin William vorzulesen. Aber William hatte Rezitationsunterricht bei dem großen Mr. Thelwall, einem Politiker und Vortragskünstler, genommen; und da er es für angebracht hielt, mich in allen Wörtern, die ich falsch ausgesprochen hatte – mindestens drei von vier und nicht selten auch das vierte Wort –, zu korrigieren, erwies sich das Lesen des Stücks als weitaus steifer und langsamer als das Schreiben; und zu meiner Beschämung weigerte sich mein Cousin, mir ein endgültiges Urteil über seine Vorzüge zu geben, selbst als ich fertig war. Er bestand jedoch auf den erheblichen Vorteilen des guten Lesens. Er habe einen Bekannten, sagte er, einen Dichter, der bei Mr. Thelwall Unterricht genommen habe und der, obwohl seine Verse bei der Veröffentlichung keinen großen Erfolg hatten, seiner bewundernswerten Redekunst so viel zu verdanken habe, dass er ausnahmslos Erfolg habe, wenn er sie seinen Freunden vorlese.

Am nächsten Morgen war mein verletzter Fuß steif und wund; und nach ein paar Tagen des Leidens eiterte er und sonderte große Mengen Blut und Eiter ab. Er wurde jedoch schnell wieder gesund, als ich, müde von der Untätigkeit und angestachelt von meinem Cousin Walter, der die Highlands sehr satt hatte, entgegen aller Ratschläge mit ihm die Heimreise antrat und die ersten sechs oder acht Meilen ziemlich gut zurechtkam. Mein Cousin, ein kräftiger, lebhafter Junge, trug die Tasche mit den Highland-Köstlichkeiten – Käse und Butter und ein ganzes Schälchen Nüsse –, die uns meine Tante beladen hatte; und als Wiedergutmachung dafür, dass er sowohl meinen als auch seinen Teil der Last getragen hatte, verlangte er von mir eine meiner langen improvisierten Geschichten, die ich kurz nach Verlassen der Hütte meiner Tante dementsprechend zu erzählen begann. Meine Geschichten, wenn ich

Vetter Walter als Begleiter hatte, erstreckten sich gewöhnlich auf die gesamte Reise, die ich zurücklegen musste: sie wurden zehn, fünfzehn oder zwanzig Meilen lang, je nach der Länge der Straße und der Markierung der Meilensteine; und was gegenwärtig erforderlich war, war eine Geschichte von etwa dreißig Meilen Länge, deren eines Ende die Baronie Gruids und das andere die Cromarty-Fähre berühren würde. Am Ende der ersten sechs oder acht Meilen jedoch brach meine Geschichte plötzlich ab, und mein Fuß begann, nachdem er sehr schmerzhaft geworden war, zu bluten. Auch war der Tag rau und unangenehm geworden, und nach zwölf Uhr setzte ein dichter, nasser Nieselregen ein. Ich humpelte schweigend hinter mir her und hinterließ alle paar Schritte einen Blutfleck auf der Straße, bis wir uns in der Gemeinde Edderton beide daran erinnerten, dass es eine Abkürzung durch die Berge gab, die zwei unserer älteren Vettern im vergangenen Jahr auf einer ähnlichen Reise genommen hatten; und da Walter glaubte, alles leisten zu können, was seine älteren Cousins vermochten, und ich den größten Wunsch hatte, so schnell wie möglich und auf dem kürzesten Weg nach Hause zu kommen, liefen wir beide den Berghang hinauf und fanden uns bald in einer trostlosen Einöde wieder, ohne eine Spur menschlicher Behausung.

Walter jedoch marschierte tapfer und in die richtige Richtung weiter; und obwohl mir jetzt schwindlig wurde und ich trübe sehen konnte, gelang es mir, ihm nachzukämpfen, bis wir, gerade als die Nacht hereinbrach, einen mit Heide bewachsenen Bergrücken erreichten, der die nördliche Küste des Cromarty Firth beherrscht, und das kultivierte Land und die Sandbänke von Nigg nur wenige Meilen unter uns liegen sahen. Die Sandbänke sind zu bestimmten Zeiten der Flut gefährlich, und in den Furten passieren häufig Unfälle; aber dann, dachten wir, brauchten wir keine Angst vor uns zu haben; denn obwohl Walter nicht schwimmen konnte, konnte ich es; und da ich den Weg anführen sollte, würde er natürlich sicher sein, indem er einfach die Stellen vermied, an denen ich den Halt verlor. Die Nacht brach eher dicht als dunkel herein, denn am Himmel stand ein Mond, obwohl man ihn durch die Wolken nicht sehen konnte; aber obwohl Walter gut steuerte, war der Weg nach unten äußerst rau und steinig, und wir waren vom Pfad abgekommen. Ich behalte eine schwache, aber schmerzliche Erinnerung an ein kahles Moor und dunkle Pflanzflecken, durch die ich mich stolpernd weitertasten musste; und dann begann ich mich zu fühlen, als träumte ich nur, und es war ein sehr schrecklicher Traum, aus dem ich nicht erwachen konnte. Als ich schließlich eine kleine Lichtung am Rande der bebauten Landschaft erreichte, sank ich so plötzlich hin, als hätte mich eine Kugel getroffen, und schlief nach einem vergeblichen Versuch aufzustehen fest ein. Walter war sehr erschrocken; aber es gelang ihm, mich zu einem kleinen Haufen getrockneten Grases zu tragen, der mitten auf der Lichtung stand; und nachdem er mich gut mit dem Gras zugedeckt hatte, legte er sich neben mich. Die Angst hielt ihn jedoch wach; und er erschrak, als er im Liegen die

Geräusche von Psalmgesang im alten gälischen Stil hörte, die offenbar aus einem benachbarten Gehölz kamen. Walter glaubte an Feen; und obwohl das Singen von Psalmen nicht zu den bekannten Fähigkeiten der „guten Leute" im Tiefland gehörte, wusste er nicht, dass es im Hochland anders sein könnte. Nach einiger Zeit, nachdem das Singen aufgehört hatte, hörte man einen langsamen, schweren Schritt, der sich dem Schrott näherte; ein Ausruf auf Gälisch folgte; und dann packte eine raue, harte Hand Walter an der nackten Ferse. Er sprang auf und sah sich einem alten, grauhaarigen Mann gegenüber, dem Bewohner einer Hütte, die, versteckt im benachbarten Waldstück, seiner Aufmerksamkeit entgangen war.

Der alte Mann, der glaubte, wir seien Zigeuner, war zunächst geneigt, wütend über die Freiheit zu sein, die wir uns mit seinem Heuhaufen genommen hatten; aber Walters einfache Geschichte besänftigte ihn sofort, und er drückte sein tiefes Bedauern darüber aus, dass „arme Jungen, die einen Unfall hatten", sie in einer solchen Nacht unter freiem Himmel und in einem so nahe gelegenen Haus niedergelegt hatten. „Es war eine Schande", sagte er, „für ein christliches Land." Man half mir in seine Hütte, deren einzige andere Bewohnerin, eine alte Frau, die Frau des alten Highlanders, uns mit großer Freundlichkeit und Sympathie empfing; und als Walter unsere Namen und Abstammung erklärte, wurden die gastfreundlichen Bedauern und Grüße von Gastgeber und Gastgeberin noch stärker und lauter. Sie kannten unseren Großvater und unsere Großmutter mütterlicherseits und erinnerten sich an den alten Donald Roy; und als mein Vetter meinen Vater nannte, brach ein heftiger Ausbruch von Trauer und Mitleid aus, dass der Sohn eines Mannes, den sie als so „wohlhabend" angesehen hatten, in so beklagenswert mittellosen Verhältnissen war. Ich war zu krank, um viel von dem Geschehenen mitzubekommen. Ich erinnere mich nur, dass ich von dem Essen, das sie mir vorsetzten, nur ein paar Löffel Milch zu mir nehmen konnte und dass die alte Frau, als sie mir die Füße wusch, weinend über mich fiel. Eine Nachtruhe in ihrem besten Bett stärkte mich jedoch so sehr, dass ich am Morgen fit genug war, um im *Sprossenkarren des alten Mannes* zum Haus eines Verwandten in der Gemeinde Nigg gebracht zu werden, von wo aus ich nach einem zweiten Tag Ruhe in einem anderen Karren zur Cromarty-Fähre gebracht wurde. Und so endete der letzte meiner Besuche in den Highlands als Junge.

Sowohl mein Großvater als auch meine Großmutter stammten aus langlebigen Familien, und der Tod klopfte nicht oft an die Tür der Familie. Aber die Zeit, als letztere „den Fluss überqueren sollte", obwohl sie etwa sechs oder acht Jahre jünger war als ihr Mann, kam zuerst; und so rief sie laut Bunyan „nach ihren Kindern und sagte ihnen, dass ihre Stunde gekommen sei". Sie war eine ruhige, zurückhaltende Frau, und obwohl sie mit ihrer Bibel bestens vertraut war, war sie nicht im Geringsten dazu geeignet, Professorin der Theologie zu werden: Sie konnte ihre Religion besser *leben als darüber reden*; aber jetzt empfahl sie ihrer Familie erneut ernsthaft die großen Interessen; und als sich deren verschiedene Mitglieder um ihr Bett versammelten, bat sie eine ihrer Töchter, ihr in Anwesenheit ihrer Familie das achte Kapitel des Römerbriefs vorzulesen, in dem es heißt: „Jetzt gibt es keine Verdammnis mehr für die, die in Christus Jesus sind, die nicht nach dem Fleisch, sondern nach dem Geist leben." Mit sinkender Stimme wiederholte sie die abschließenden Verse: „Denn ich bin überzeugt, dass weder Tod noch Leben, weder Engel noch Mächte noch Gewalten, weder Gegenwärtiges noch Zukünftiges, weder Höhe noch Tiefe noch irgendein anderes Geschöpf uns scheiden kann von der Liebe Gottes, die in Christus Jesus ist, unserem Herrn." Und im Vertrauen auf die Hoffnung, die diese Passage so kraftvoll zum Ausdruck bringt, schlief sie ihren letzten Schlaf, in der einfachen Zuversicht, dass am Morgen des allgemeinen Erwachens alles gut mit ihr sein würde. Ich behalte ihren Ehering, ein Geschenk von Donald Roy. Es ist ein stark beschädigtes Fragment, an einer Seite durchgescheuert, denn sie hatte lange und hart in ihrem Haushalt gearbeitet, und der Riss im Reif mit seiner allgemeinen Dünnheit zeugt davon; aber sein Gold ist immer noch hell und rein; und obwohl ich kein großer Reliquienhändler bin, würde ich zögern, es gegen den Heiligen Mantel von Trier oder gegen Wagenladungen des Holzes des „wahren Kreuzes" einzutauschen.

Die Lebensspanne meiner Großmutter hatte die vollen 70 Jahre um mehrere zwölf Monate überschritten; doch als der Tod nur wenige Jahre später den Kreis das nächste Mal heimsuchte, waren es die jüngsten Mitglieder, die seine Hand auf sie legten. Ein tödliches Fieber brach über den Ort aus, und meine beiden Schwestern – die eine im zehnten, die andere im zwölften Jahr – erlagen ihm innerhalb weniger Tage nacheinander. Jean, die Ältere, die bei meinen Onkeln lebte, war ein hübsches kleines Mädchen mit einem guten Verstand und einer großen Leseratte; Catherine, die Jüngere, war lebhaft und liebevoll und allgemein beliebt; und ihr Verlust stürzte die Familie in tiefe Trauer. Meine Onkel zeigten kaum Anzeichen ihrer Trauer, aber sie empfanden sie stark: Meine Mutter weinte wochen- und monatelang um ihre Kinder, wie Rachel in alten Zeiten, und weigerte sich, getröstet zu werden, weil sie nicht mehr getröstet wurden; aber mein Großvater, jetzt in seinem fünfundachtzigsten Jahr, schien durch ihren Verlust im Herzen völlig bankrott. Wie es in solchen Fällen vielleicht nicht ungewöhnlich ist, strahlte seine wärmere Zuneigung auf die Generation der erwachsenen Männer und Frauen aus – seine Söhne und Töchter – und schwelgte unter den Kindern und ihren Nachkommen. Die Jungen, seine Enkel, waren zu wild für ihn; aber die beiden kleinen Mädchen – sanft und liebevoll – hatten sein ganzes Herz erobert; und jetzt, da sie fort waren, schien es, als hätte er nichts mehr auf der Welt, um das er sich kümmern musste. Bis zu diesem Zeitpunkt war er trotz seines hohen Alters ein gesunder und aktiver Mann gewesen. Als

Frankreich 1803 mit einer Invasion drohte, war er, obwohl er fast siebzig war, einer der ersten Männer vor Ort, die sich als Freiwilliger zum Militär meldeten; aber jetzt ließ er nach und verfiel allmählich und sehnte sich nach der Ruhe im Grab. „Es ist Gottes Wille", hörte ich ihn etwa zu dieser Zeit zu einem Nachbarn sagen, der ihm zu seinem langen Leben und seiner ungebrochenen Gesundheit gratulierte – „Es ist Gottes Wille, aber nicht mein Wunsch." Und etwas mehr als ein Jahr nach dem Tod meiner Schwestern befiel ihn fast seine einzige Krankheit – denn seit fast siebzig Jahren war er keinen einzigen Tag ans Bett gefesselt gewesen – und er starb in weniger als einer Woche. Während der letzten paar Tage stieg ihm das Fieber, unter dem er litt, ins Gehirn, und er sprach ununterbrochen über die Ereignisse seines vergangenen Lebens. Er begann mit seinen frühesten Erinnerungen, beschrieb die Schlacht von Culloden, wie er sie vom Hügel von Cromarty aus gesehen hatte, und das Erscheinen von Herzog William und der königlichen Armee bei einem späteren Besuch in Inverness, ging die späteren Ereignisse seiner Karriere durch – seine Heirat, seine Gespräche mit Donald Roy, seine Geschäftsbeziehungen mit benachbarten Eigentümern, die zu dieser Zeit schon lange tot waren, und schließlich, nachdem er in seiner mündlichen Überlieferung die Lebensmitte erreicht hatte, schlug er einen anderen Weg ein und begann, mit bemerkenswerter Kohärenz die Lehraussagen eines theologischen Werks der alten Schule niederzulegen, das er kürzlich gelesen hatte. Und schließlich, als sein Ende nahte, klärte sich sein Geist und er starb in guter Hoffnung. Es ist nicht uninteressant, auf zwei Generationen von Schotten zurückzublicken, zu denen meine Onkel und mein Großvater gehörten. Sie unterschieden sich in mancher Hinsicht sehr stark. Mein Großvater hatte, wie die meisten seiner Zeitgenossen derselben Klasse, eine Menge Tory-Gesinnung in sich. Er stand in der frühen Politik seiner Herrschaft zu Georg III. und zu seinem Berater Lord Bute, verurteilte Wilkes und Junius und stellte ernsthaft in Frage, ob Washington und seine Mitarbeiter, die amerikanischen Republikaner, nicht kühne Rebellen seien. Meine Onkel dagegen waren überzeugte Whigs, die Washington als vielleicht den besten und größten Mann der modernen Zeit betrachteten – sie standen fest zu der Politik von Fox, im Gegensatz zu der von Pitt – und waren der Ansicht, dass der Krieg mit Frankreich, der unmittelbar auf die Erste Revolution folgte,, wie sehr er seinen Charakter später auch veränderte, ein Krieg ungerechtfertigter Aggression war. Doch so unterschiedlich die Ansichten meiner Onkel und meines Großvaters in diesen Punkten auch gewesen sein mögen, sie waren gleichermaßen ehrliche Männer.

Die heranwachsende Generation kann sich vielleicht keine angemessene Vorstellung von der Zahl und dem besonderen Interesse der Verknüpfungen machen, die die Erinnerungen eines Mannes, der seinen fünfzigsten Geburtstag erlebt hat, mit einer Zeit verbinden, die ihnen wie eine weit entfernte Vergangenheit erscheinen muss. Ich habe mindestens zwei Männer gesehen, die in Culloden kämpften – den einen auf der Seite des Königs, den anderen auf der des Prinzen – und neben diesen nicht wenige, die die Schlacht aus der Ferne miterlebten. Ich habe mich mit einer alten Frau unterhalten, die wiederum mit einem alten Mann gesprochen hatte, der das Erwachsenenalter erreicht hatte, als die Verfolgungen von Charles und James ihren Höhepunkt erreichten, und sich an das allgemeine Bedauern erinnerte, das der Tod von Renwick ausgelöst hatte. Meine älteste Tante mütterlicherseits – die Mutter von Cousin George – erinnerte sich an den alten John Feddes – der damals neunzig wurde; und Johns Piratenexpedition kann nicht später als im Jahr 1687 stattgefunden haben. Ich habe viele gekannt, die sich an die Abschaffung der erblichen Gerichtsbarkeiten erinnerten; und habe Geschichten über Hinrichtungen gehört, die auf den Galgenhügeln von Städten und Sheriffs stattfanden, und über Hexenverbrennungen, die auf Stadtmauern und in Adelshäusern verübt wurden. Und ich habe ein seltsames Interesse an diesen Einblicken in eine Vergangenheit gespürt, die so anders ist als die Gegenwart, wenn sie dem Geist als persönliche Erinnerungen oder als gut belegte Überlieferungen präsentiert werden, die nur um eine Stufe von den ursprünglichen Zeugen entfernt sind. Alles, was ich zum Beispiel bisher über Hexenverbrennungen gelesen habe, hat mich nicht so stark beeindruckt wie die Erinnerungen einer alten Dame, die 1722 auf den Armen ihrer Amme – denn sie war damals noch fast ein Kleinkind – zu einer Hexenhinrichtung in der Nähe von Dornoch getragen wurde – der letzten, die in Schottland stattfand. Die Dame erinnerte sich noch gut an die ehrfurchtsvolle und doch aufgeregte Menge, an das Anzünden des Feuers und an das jämmerliche Aussehen des armen, einfältigen Geschöpfs, das das Feuer verzehren sollte und das sich seiner Lage so wenig bewusst zu sein schien, dass es seine dünnen, schrumpeligen Hände ausstreckte, um sie an der Glut zu wärmen. Was die Erzählerin jedoch am meisten beeindruckte – denn es muss ein furchtbarer Vorfall in einem traurigen Schauspiel gewesen sein – war der Umstand, dass, als die verkohlten Überreste des Opfers in der intensiven Hitze der Flammen brodelten und kochten, ein Windstoß plötzlich den Rauch über die Zuschauer hinwegblies und sie sich in den Armen ihres Dieners fühlte, als ob sie in Gefahr wäre, von dem schrecklichen Gestank erstickt zu werden. Ich habe auch von einem Mann gehört, dessen Vater die Szene miterlebt hatte, eine Hinrichtung, die nach einem kurzen und unzureichenden Prozess am Galgen der Stadt Tain stattfand. Der mutmaßliche Täter, ein Hochländer aus Strathcarron, war dabei ertappt worden, wie er sich an dem Ort herumtrieb und, wie man annahm, bemerkte, wo die Bürger ihr Vieh hielten, und wurde als Spion gehängt. Nach der Hinrichtung waren jedoch alle der Meinung, er sei unschuldig, da, als sein Leichnam im Wind baumelte, eine weiße Taube angeflogen kam und im Vorbeiflug den Galgen zur Hälfte umkreiste.

Einer der beiden Culloden-Soldaten, an die ich mich erinnere, war ein alter Förster, der in einem malerischen Häuschen in den Wäldern des Cromarty Hill lebte. Während seiner letzten Krankheit besuchten ihn meine Onkel, die ich immer begleiten durfte, nicht selten. Er hatte damals sein volles Jahrhundert und ein paar Monate mehr gelebt. Ich erinnere mich noch lebhaft an das große, hagere Gesicht, das mich aus dem Bett anstarrte, wenn sie hereinkamen, und an die riesige, schwielige Hand. Vor dem Jahr 1745 hatte er ein festes Leben als Obergärtner eines nördlichen Eigentümers geführt und dachte nicht im Traum daran, in den Krieg verwickelt zu werden. Doch dann brach der Aufstand aus. Da sein Herr, ein überzeugter Whig, sich freiwillig gemeldet hatte, um für seine Prinzipien in der königlichen Armee zu dienen, ging sein Gärtner, ein „mächtiger Mann seiner Hände", mit ihm. Da seine Erinnerung an die späteren Ereignisse seines Lebens zu dieser Zeit verschwunden war, schienen die vorangegangenen vierzig Jahre wie eine leere Stelle, aus der sich keine einzige Erinnerung ziehen ließ. aber er erinnerte sich gut an die Schlacht und noch lebhafter an die darauffolgenden Grausamkeiten der Truppen von Cumberland. Er hatte die Armee nach ihrem Sieg bei Culloden zum Lager in Fort Augustus begleitet und dort Szenen der Grausamkeit und Plünderung miterlebt, deren Erinnerung nach siebzig Jahren und in seinem hohen Alter immer noch stark genug war, um sein schottisches Blut in Wallung zu bringen. Während in der Ferne Dutzende von Hütten brannten und nicht selten Blut auf den Glutnester zischte, pflegten die Männer und Frauen der Armee in Säcken oder auf Hochlandponys Rennen zu veranstalten; und wenn die Ponys gefragt waren, nahmen die Frauen, die in Hogarths „Marsch nach Finchley" für ihre Porträts Modell gestanden haben müssen, wie die Männer rittlings auf ihnen Platz. Gold war im Umlauf und Alkohol floss in Hülle und Fülle; und innerhalb weniger Wochen hatten plündernde Soldatentrupps etwa zwanzigtausend Stück Vieh von den unterdrückten und verarmten Hochländern eingebracht; und Gruppen von Viehtreibern aus Yorkshire und dem Süden Schottlands - grobe, vulgäre Leute - kamen jeden Tag, um an der Beute teilzuhaben, indem sie Einkäufe für weit weniger als die Hälfte des Preises machten.

Die Erinnerungen meines Großvaters an Culloden waren lediglich die eines aufmerksamen Jungen von vierzehn Jahren, der die Schlacht aus der Ferne miterlebt hatte. Der Tag, so erzählte er mir, war nieselig und wolkenverhangen; und als er die Kuppe des Hügels von Cromarty erreichte, wo er viele seiner Mitbürger bereits versammelt vorfand, konnte er das gegenüberliegende Land kaum sehen. Doch der Nebel lichtete sich allmählich; zuerst kam eine Hügelspitze in Sicht, dann eine andere; bis schließlich die lange Küstenlinie, von der Öffnung des großen kaledonischen Tals bis zum Vorgebirge von Burgh-head, durch den Dunst verschwommen zu erkennen war. Kurz nach Mittag erhob sich plötzlich eine runde weiße

Wolke aus der Heide von Culloden und dann eine zweite runde weiße Wolke daneben. Und dann vermischten sich die beiden Wolken und rollten schräg mit dem Wind nach Westen; und er konnte das Rattern der kleineren Feuerwaffen hören, das sich mit dem Dröhnen der Artillerie vermischte. Und dann, nach einer scheinbar sehr kurzen Zeitspanne, löste sich die Wolke auf und verschwand, das Dröhnen der schweren Kanonen hörte auf und ein scharfes, unterbrochenes Musketenfeuer zog in Richtung Inverness. Doch die Schlacht wurde der Fantasie in diesen alten persönlichen Erzählungen in vielerlei Hinsicht präsentiert. Eine alte Frau, die am Tag der Schlacht damit beschäftigt war, einige Schafe auf einer einsamen Allmende in der Nähe von Munlochy zu hüten, die durch den Firth vom Moor von Culloden getrennt und durch einen hohen Hügel abgeschirmt war, erzählte mir, dass sie voller Angst dem Kanonendonner lauschte; aber noch mehr Angst hatte sie das ununterbrochene Heulen ihres Hundes, der während der gesamten Feuerdauer aufrecht auf seinen Hinterbeinen saß, den Hals in Richtung Schlachtfeld streckte und „aussah, als sähe er einen Geist". Dies sind einige der Erinnerungen, die die Erinnerungen eines Menschen, der sein halbes Jahrhundert gelebt hat, mit denen des vorangegangenen Zeitalters verbinden und ihn daran erinnern, wie eine Menschengeneration nach der anderen an den Küsten der ewigen Welt zerbricht und verschwindet, so wie Welle um Welle sich in Schaum am Strand bricht, wenn Stürme aufziehen und die Dünung schwer vom Meer hereinbricht.

KAPITEL VII.

„Dessen elfenhafte Tapferkeit die Mauer des Obstgartens erklomm." –
ROGERS.

Einige der wohlhabenderen Kaufleute der Stadt waren mit den geringen
Fortschritten, die ihre Jungen unter dem Gemeindeschulmeister machten,
unzufrieden und schlossen sich zusammen, um einen eigenen Schulmeister
zu finden. Obwohl er ein ziemlich kluger junger Mann war, erwies er sich als
labil, und seine Unregelmäßigkeiten waren regelmäßig. Er besoff sich jeden
Tag, wenn er an den Schultagen die Raten seines Gehalts erhielt, solange sein
Geld reichte. Sie entledigten sich seiner und besorgten sich einen anderen –
einen Lizentiat der Kirche –, der für einige Zeit viel versprach. Er schien
besonnen und nachdenklich und außerdem ein gewissenhafter Lehrer zu
sein. Als sie jedoch mit einigen eifrigen Baptisten in Kontakt kamen, gelang
es ihnen, eine solche Wolke des Zweifels um ihn herum zu säen, was die
Angemessenheit der Kindertaufe betraf, dass seine körperliche und geistige
Gesundheit durch seine Verwirrung beeinträchtigt wurde und er sein Amt
aufgeben musste. Und dann, nach einer Pause, während der die Jungen
herrlich lange Ferien genossen, bekamen sie noch einen dritten Schulmeister,
ebenfalls einen Lizentiat und eine Person mit einem hohen, wenn auch nicht
sehr konsequenten religiösen Bekenntnis, der immer in finanzielle
Schwierigkeiten geriet und immer, wenn auch mit wenig Erfolg, reiche
Damen umwarb, die laut dem Dichter „viel Charme" besaßen. Auf
Veranlassung von Onkel James wurde ich in die Subskriptionsschule
versetzt, der trotz der Erfahrungen der Vergangenheit ganz sicher war, dass
ich dazu bestimmt war, ein Schüler zu werden. Und da ich ausnahmslos
Glück mit meinen Möglichkeiten zur Unterhaltung hatte, fand die
Versetzung nur wenige Wochen statt, bevor der bessere Schulmeister, der in
einem Labyrinth der Verwirrung Gesundheit und Mut verlor, seine Obhut
aufgab. Ich hatte kaum mehr als genug Zeit, um mich auf den neuen
Formularen umzusehen und meine Freundschaft mit meiner alten
Höhlenkameradin – die in den beiden vorhergehenden Jahren Insassin der
Subskriptionsschule gewesen war und nun weniger unter mütterlicher
Kontrolle stand als zuvor – auf einer festeren Grundlage zu erneuern, als die
langen Ferien kamen und ich vier glückliche Monate lang nichts zu tun hatte.

Meine Vergnügungen hatten sich kaum verändert: Ich mochte die Strände
und Wälder noch mehr als je zuvor und kannte die Felsen und Höhlen
besser. Eine sehr erhebliche Veränderung hatte jedoch in den Vergnügungen
meiner Schulkameraden stattgefunden, die jetzt zwei bis drei Jahre älter
waren als damals, als ich mit ihnen in der Pfarrschule war. Hy-spy hatte
seinen Charme verloren; auch Französisch und Englisch waren für sie nicht

mehr so interessant wie früher; meine Ausflüge in die Felsen hingegen fanden sie inzwischen sehr interessant. Mit Ausnahme meines Höhlenfreundes kümmerten sie sich wenig um Felsen oder Steine; aber sie alle mochten Brombeeren, Schlehen und *Wildäpfel* ziemlich gern und hatten große Freude daran, mir zu helfen, in den Höhlen der alten Küstenlinie Feuer zu entzünden, an denen wir Schalentiere und Krabben brieten, die wir unten zwischen den Felsen und Felsbrocken der Ebbe gefangen hatten, und Bratkartoffeln, die wir von den Feldern des Hügels oben hergebracht hatten. Es gab eine Höhle, die wir besonders liebten und in der unsere Feuer wochenlang Tag für Tag brannten. Sie ist tief in den Fuß eines steilen, efeubewachsenen Abgrunds aus Granitgneis gegraben, der volle 30 Meter hoch ist. An ihren glatten Seiten und ihrer Decke und an ihrem unebenen Boden – in topfartige Hohlräume mit großen, abgerundeten Kieselsteinen gegraben – sind eindeutige Beweise dafür zu finden, dass die wilde Brandung dieser exponierten Küste sie aushöhlen ließ. Aber über zweitausend Jahre lang hatte sie nie eine Welle erreicht: Die letzte allgemeine Hebung des Landes hatte sie außerhalb der Reichweite der höchsten Gezeiten angehoben. Als meine Bande und ich ihre dämmrigen Nischen in Besitz nahmen, waren ihre steinigen Seiten mit Moosen und Lebermoosen verkrustet. Auf ihrem Boden wuchs dicht eine Ansammlung blasser, dünner, kränklich aussehender Unkräuter, die die Sonne nie mit ihrer ganzen Kraft erblickt hatte. In ferner Vergangenheit wurde sie von einem Bauern namens Marcus aus der Gemeinde als eine Art Kornkammer und Dreschplatz genutzt. Er hatte auf zwei abfallenden Parzellen am Fuße der Klippen in unmittelbarer Nähe Getreide und Hafer angebaut. Aus diesem Grund war sie bei meinen Onkeln und den älteren Einwohnern der Stadt als Marcus's Cave bekannt. Meine Gefährten waren jedoch hauptsächlich durch eine viel jüngere Verbindung hierhergezogen. Ein armer Rentner aus den Highlands – ein stark verfallenes Relikt des Französisch-Amerikanischen Krieges, der zu seiner Zeit unter General Wolfe gekämpft hatte – hatte große Vorliebe für die Höhle gefunden und hätte sie gern zu seinem Zuhause gemacht. Er fühlte sich in seiner Familie nicht wohl. Seine Frau war eine Mißgeburt und seine Tochter hatte einen schlechten Ruf. Da er die Gesellschaft dieser Familie ganz verlassen und als Einsiedler zwischen den Felsen leben wollte, hatte er den Herrn, der den Hof oben pachtete, gebeten, die Höhle als Wohnung für sich einrichten zu dürfen. Sein Englisch war jedoch so schlecht, dass der Herr ihn nicht verstand; und sein Gesuch wurde, wie er glaubte, abgelehnt, während es in Wirklichkeit nur nicht verstanden wurde. Unter den jüngeren Leuten wurde die Höhle nach diesem Vorfall als „Rory Shingles' Cave" bekannt; und meine Gefährten waren entzückt, als sie glaubten, dass sie darin so lebten, wie Rory gelebt hätte, wenn seine Bitte gewährt worden wäre. In dem wilden, halbwilden Leben, das wir führten, schafften wir es tatsächlich, uns bemerkenswert gut zu versorgen. Die felsigen Küsten versorgten uns mit Napfschnecken, Strandschnecken und Krabben und ab und zu einem Seehasen; die schroffen Hänge unter den Steilhängen mit Hagebutten, Schlehen und Brombeeren; die zerbrochenen Wrackteile entlang des Strandes und der Wald darüber lieferten reichlich Brennmaterial; und da es keine halbe Meile entfernt Felder gab, fürchte ich, dass der Hauptteil unserer Ernährung oft aus Kartoffeln bestand, die wir nicht gepflanzt hatten, und aus Erbsen und Bohnen, die wir nicht gesät hatten. Einem von uns gelang es, unbemerkt einen Topf aus seinem Haus mitzunehmen; einem anderen gelang es, uns einen Krug zu besorgen; keine zweihundert Meter vom Höhleneingang entfernt gab es eine gute Quelle, die uns mit Wasser versorgte; und da wir so nicht nur alles besaßen, was die Natur erfordert, sondern noch viel mehr, gelang es uns, jeden Tag üppig zu leben. Es wurde oft bemerkt, dass der zivilisierte Mensch in einigermaßen günstigen Umständen schnell lernt, sich wie ein Wilder zu verhalten. Ich will nicht sagen, dass meine Gefährten oder ich in unserem vorherigen Zustand besonders zivilisiert gewesen wären; aber nichts könnte sicherer sein, als dass wir während unserer langen Ferien sehr glückliche und ziemlich vollkommene Wilde wurden. Der Unterricht, den wir besuchten, war von einer Art, die keine unserer anerkannten Schulen anbietet, und es dürfte schwierig sein, Zeugnisse dafür zu beschaffen, so leicht diese normalerweise auch zu beschaffen sind; und doch gab es einige seiner Lehren, die man mit einigem Vorteil nutzen konnte, wenn man das edle Gefühl der Selbstständigkeit oder die überaus wichtige Gewohnheit der Selbsthilfe kultivieren wollte. Damals jedoch schienen sie ziemlich sinnlos; und die Moral schien, wie im Fall der kontinentalen Apologie von Reinhard Fuchs, immer ausgelassen zu werden.

Unsere Gruppen bei diesen Ausflügen wuchsen manchmal auf zehn oder zwölf an – manchmal schrumpften sie auf zwei oder drei; aber was sie an Quantität gewannen, büßten sie immer an Qualität ein, und jedes neue Mitglied wurde bösartig, und zwar weit mehr als das arithmetische Verhältnis. In ihren unschuldigsten Momenten bestanden sie nur aus einem Paar Mitgliedern – einem warmherzigen, intelligenten Jungen aus dem Süden Schottlands, der bei zwei älteren Damen des Ortes wohnte und die Subskriptionsschule besuchte, und dem anerkannten Leiter der Kapelle, der zum ständigen, unverzichtbaren Personal des Etablissements gehörte und nie dienstfrei hatte. Wir waren in diesen kleinen Skelettgruppen sehr glücklich und nicht ganz irrational. Mein neuer Freund war ein sanfter, geschmackvoller Junge, der Poesie liebte und sanfte, einfache Verse im altmodischen pastoralen Stil schrieb, die er nie jemand anderem als mir zeigte; und wir lernten uns umso mehr lieben, da ich ein eher kühnes, selbstsicheres Temperament hatte und er ein anhängliches, schüchternes. Zwei Strophen aus einem kleinen Pastoralstück, das er etwa ein Jahr später an mich schrieb, als er den Norden endgültig verließ und nach Edinburgh ging, sind mir noch immer im Gedächtnis haften geblieben; und ich muss sie dem Leser vorlegen, sowohl als angemessene Repräsentanten der vielen anderen, ihrer Artgenossen, die verloren gegangen sind, als auch jener Jugendlyrik im Allgemeinen, die „eher aus der Erinnerung dessen geschrieben ist, was dem Autor an anderen gefallen hat, als aus dem, was seine eigene Vorstellungskraft ihm eingab", wie Sir Walter Scott sagt.

„Euch, meine armen Schafe, übergebe ich mich,

    Mein Colly, mein Krummstab und mein Horn:

Dich zu verlassen, das schmerzt mich wirklich,

    Aber ich muss morgen früh weg.

Neue Szenen werden sich vor meinen Augen entwickeln,

    Die Welt und ihre Torheiten sind neu;

Doch ach! Können solche Freudenszenen

    Erhebe dich, wie ich es bei dir bezeugt habe!

Obwohl er von Natur aus schüchtern war, lernte er bald, in meiner Gesellschaft Schrecken zu ertragen, vor denen die meisten meiner mutigeren Gefährten zurückschreckten. Ich blieb gern bis lange nach Einbruch der Dunkelheit in den Höhlen, besonders in jenen Jahreszeiten, wenn der Vollmond oder erst seit wenigen Tagen abnehmend im Laufe des Abends aus dem Meer stieg, um die wilden Steilhänge dieser einsamen Küste zu erhellen und unseren Aufstieg zum Hügel darüber gangbar zu machen. Und Finlay war fast der einzige aus meiner Gruppe, der es wagte, mit mir den Schrecken der Dunkelheit entgegenzutreten. Unser Feuer hat den unwissenden Bootsmann oft erschreckt, wenn er um ein felsiges Vorgebirge ruderte und das rote Licht sah, das vom Höhleneingang seewärts strömte und die wütend tosende Brandung dahinter teilweise erhellte; und Zollkutter haben in der Mitte des Firth mehr als einmal ihren Kurs geändert und Kurs auf die Küste genommen, um festzustellen, ob die wilden Felsen von Marcus nicht zu einem Treffpunkt für Schmuggler wurden.

Unmittelbar hinter dem Granitgneis des Hügels befindet sich eine Unterwasserablagerung der Lias-Formation, die noch nie von Geologen erforscht wurde, da sie noch nie von der Ebbe freigelegt wurde; doch jeder stärkere Sturm vom Meer zeugt von ihrer Existenz, indem er Fragmente ihres dunklen, bituminösen Schiefers an Land wirft. Ich stellte bald fest, dass der Schiefer so stark mit brennbarem Material beladen ist, dass er mit starker Flamme brennt, als ob er in Teer oder Öl getaucht wäre, und dass ich mit ihm das übliche Experiment wiederholen könnte, Gas mit Hilfe einer mit

Ton ausgekleideten Tabakpfeife zu erzeugen. Und da ich bei Shakespeare von einem Brennstoff namens „Seekohle" gelesen hatte und damals nicht wusste, dass der Dichter lediglich Kohle meinte, die über das Meer nach London gebracht wurde, schloss ich daraus, dass der brennbare Schiefer, der von den Wellen aus den Tiefen des Firth hochgespült wurde, nichts anderes sein konnte als die wahre „Seekohle", die in den Erinnerungen von Dame Quickly auftauchte; und so sammelte ich, unterstützt von Finlay, der mein Interesse an dieser Substanz als klassischer und zugleich origineller Entdeckung teilte, große Mengen davon und verwandelte sie in rauchige und unruhige Feuer, die unsere Höhle stets mit einem fürchterlichen Gestank erfüllten und die ganze Küste mit ihrem Duft erfüllten. Obwohl ich mir dessen damals nicht bewusst war, verdankte die Substanz ihre Entflammbarkeit nicht pflanzlicher, sondern tierischer Substanz; der Teer, der bei der Hitze darin kochte wie Harz in einem Moostannenbündel, war eine ebenso merkwürdige Mischung, wie noch nie in Hexenkesseln brodelte – Blut von Flugsauriern und Fett von Ichthyosauriern – Auge von Belemniten und Haube von Nautilus; und wir lernten, uns an ihrem Geruch zu erfreuen, so bedrückend er auch war, als wäre er etwas Wildes, Seltsames und Unerklärliches. Ein- oder zweimal schien ich am Vorabend einer Entdeckung zu stehen: als ich die Massen spaltete, sah ich gelegentlich etwas, das wie in die Substanz eingebettete Muschelfragmente aussah; und mindestens einmal legte ich eine geheimnisvoll aussehende Schriftrolle oder Volute frei, die wie ein cremefarbener Film auf der dunklen Oberfläche lag. Doch obwohl diese Organismen vorübergehend Staunen erregten, lernte ich ihre wahre Bedeutung erst später zu verstehen, nämlich als halb ausgelöschte, aber noch immer entzifferbare Zeichen einer wunderbaren Aufzeichnung der grauen, von Träumen umhüllten Vergangenheit.

Mit dem gefügigen Finlay als Gefährten und der Möglichkeit, meinen eigenen Willen ungehindert durchzusetzen, war ich selten oder nie boshaft. Bei den Gelegenheiten jedoch, bei denen meine Bande auf zehn oder ein Dutzend anwuchs, erlebte ich oft die üblichen Übel der Führung, wie sie in allen Banden und Parteien, bürgerlichen und kirchlichen, bekannt sind; und wurde infolgedessen manchmal dazu verleitet, Unternehmungen zu unternehmen, die mein besseres Urteilsvermögen verurteilte. Ich wünschte sehr, wir hätten unter den anderen „Bekenntnissen", mit denen unsere Literatur vollgestopft ist, die *echten* „Bekenntnisse eines Führers" mit Beispielen der Fälle, in denen er, obwohl er zu überheblich scheint, in Wirklichkeit überwältigt wird und tatsächlich folgt, obwohl er zu führen scheint. Der ehrliche Sir William Wallace war, obwohl sieben Fuß groß und ein Held, zugleich aufrichtig und demütig genug, den Kanonikern von Hexham zu gestehen, dass er, da seine „Soldaten böswillige Männer" seien, die er weder „rechtfertigen noch bestrafen" könne, Frauen und Kirchenmänner nur so lange beschützen könne, wie sie „in seinem Blickfeld blieben". Und natürlich dürften sich andere, weniger große und weniger heroische Anführer, wenn sie nur Wallaces Großmut hätten, dies zuzugeben, nicht selten in Umständen wiederfinden, die denen von Wallace sehr ähnlich sind. Wenn Bienenmeister Bienenköniginnen in die Hände bekommen, sind sie in der Lage, durch die Kontrolle der Bewegungen dieser natürlichen Anführer der Bienenstöcke die Bewegungen der Bienenstöcke selbst zu kontrollieren; und nicht selten gibt es in Kirchen und Staaten unauffällige Bienenmeister, die, indem sie die Anführerbienen beeinflussen oder kontrollieren, in Wirklichkeit die Bewegungen des gesamten politischen oder kirchlichen Körpers beeinflussen und kontrollieren, über den diese natürlichen Monarchen zu herrschen scheinen. Aber Waffenstillstand mit Entschuldigung. Teilweise in meiner Rolle als Anführer – teilweise durch meine eigene Führung – gelang es mir zu dieser Zeit, eine meiner größeren Gruppen in eine ziemlich ernste Lage zu bringen. Jeden Tag kamen wir auf unserem Weg zur Höhle an einem schönen großen Obstgarten vorbei, der an das Herrenhaus des Cromarty-Anwesens angrenzte; und als wir einen angrenzenden Hügel hinaufstiegen, über den unser Weg führte und von dem aus man die gepflegten Wege und die gut bewachsenen Bäume aus der Vogelperspektive überblicken konnte, kam es nicht selten zu wilden Spekulationen unter uns über die Möglichkeit und Angemessenheit, uns einen Vorrat an Früchten zu besorgen, um sie als Dessert zu unseren Mahlzeiten aus Schalentieren und Kartoffeln zu servieren. Wochen vergingen jedoch, und der Herbst neigte sich seinem Ende zu, bevor wir uns hinsichtlich des Abenteuers ganz entscheiden konnten, bis ich schließlich zustimmte, die Führung zu übernehmen; und nachdem wir den Plan der Expedition ausgearbeitet hatten, brachen wir im Dunkel der Nacht in den Obstgarten ein und nahmen ganze Taschen voller Äpfel mit. Sie waren alle unerträglich schlecht – saure, harte Bratäpfel. Wir hatten das Unternehmen aufgeschoben, bis wir die besseren Früchte geerntet hatten. Aber obwohl sie uns die Zähne zusammenbeißen ließen und wir die meisten ins Meer warfen, hatten wir bei dem Raubzug etwas „geschnappt" , was Gray treffend als „furchtbare Freude" bezeichnet, und dachten daran, es zu wiederholen, bloß der Aufregung und des Risikos wegen, als die verblüffende Tatsache ans Licht kam, dass einer von uns „gepfiffen" und, als königliches Zeugnis, seine Gefährten verraten hatte.

Der Verwalter des Cromarty-Anwesens hatte einen verwaisten Neffen, der zeitweise Mitglied unserer Bande war und bereitwillig an dem Raubzug in den Obstgarten teilgenommen hatte. Er hatte sich jedoch auch ganz auf eigene Rechnung an einem zweiten Unternehmen ähnlicher Art beteiligt, von dem wir nichts wussten. Ein Nebengebäude des Hauses, in dem er wohnte, lag zwar außerhalb des Obstgartens, war aber an ein anderes Haus innerhalb der Mauern angebaut, das dem Gärtner als Lager für seine Äpfel diente. Als unser Kamerad in der Trennwand zwischen den beiden Gebäuden einen unerwarteten Spalt fand, der ein wenig dem ähnelte, durch den Pyramus und

Thisbe sich einst in der Stadt Babylon liebten, nutzte er sofort diese schöne Öffnung und machte sich daran, die Äpfel des Gärtners zu erbeuten. Er spitzte das Ende eines langen Stocks und begann durch das Loch den darunter liegenden Apfelhaufen zu harpunieren; und obwohl das Loch für die schöneren und größeren Exemplare viel zu klein war und diese daher beim Versuch, sie an Land zu ziehen, zurückfielen, gelöst von der Harpune, gelang es ihm, eine ganze Menge der kleineren zu erwischen. Der alte Gärtner John Clark – damals schon weit fortgeschritten im Leben und mit zu unzureichendem Sehvermögen, um den Spalt zu entdecken, der sich hoch oben in der Dunkelheit des Dachbodens öffnete – war völlig ratlos, was den bösen Einfluss betraf, der seine Äpfel zerstörte. Die harpunierten Exemplare lagen zu Dutzenden über den Boden verstreut; doch der Täter, der sie zerstreut und durchbohrt hatte, blieb John wochenlang ein unergründliches Rätsel. Schließlich jedoch kam ein unglücklicher Morgen, an dem unser ehemaliger Gefährte bei der Arbeit den spitzen Stock verlor, und als John das nächste Mal sein Lager betrat, lag die schuldige Harpune quer über die harpunierten Äpfel ausgestreckt. Der Entdeckung wurde nachgegangen, der Täter ermittelt; und als er mit seinem Onkel, dem Verwalter, insgeheim zusammen war, teilte er ihm nicht nur die Einzelheiten seines eigenen Abenteuers mit, sondern auch die Einzelheiten unseres. Und früh am nächsten Tag wurde uns durch einen sicheren und geheimen Boten eine Nachricht gesandt, dass wir im Laufe der Woche alle ins Gefängnis gesteckt würden.

Wir waren furchtbar verängstigt, so sehr, dass keinem von uns der springende Punkt unserer Lage einfiel – die doppelte Schuld des Neffen des Faktors – und wir konnten nur mit sofortiger Inhaftierung rechnen. Ich erinnere mich noch an das intensive Schamgefühl, das ich jedes Mal empfand, wenn ich durch die Tür meiner Mutter auf die Straße ging – den qualvollen, alles einnehmenden Glauben, dass jeder mich ansah und mit dem Finger auf mich zeigte – und an die Angst im Haus meiner Onkel – ähnlich der des Angeklagten, der von seiner Loge aus die Schritte der zurückkehrenden Geschworenen hört –, als sie von meinem Vergehen erfuhren und sich darauf vorbereiteten, mich als Schande für eine ehrliche Familie anzuprangern, die, soweit die Menschheit sich erinnert, noch nie mit einem Makel behaftet war. Die Disziplin war überaus gesund und ich habe sie nie vergessen. Es schien jedoch etwas merkwürdig, dass scheinbar niemand etwas von unserem Vergehen wusste: Der Faktor bewahrte unser Geheimnis bemerkenswert gut; Wir schlossen aber daraus, dass er dies tat, um uns umso wirksamer anzugreifen, und hielten in der Höhle eine hastige Beratung ab. Wir beschlossen, dass wir unsere Häuser für ein paar Wochen verlassen und zwischen den Felsen leben würden, bis der Sturm, der aufzuziehen schien, vorüber sei.

Marcus' Höhle war zu zugänglich und zu bekannt; aber meine Ortskenntnis ermöglichte es mir, meinen Jungs zwei andere Höhlen zu empfehlen, in denen wir meiner Meinung nach sicher sein könnten. Die eine öffnete sich in einem Dickicht aus Ginster, etwa vierzig Fuß über dem Ufer; und obwohl sie innen groß genug war, um fünfzehn bis zwanzig Männer aufzunehmen, sah sie von außen eher wie ein Fuchsbau aus und war einem halben Dutzend Leute im Land unbekannt. Sie war jedoch feucht und dunkel; und wir stellten fest, dass wir es nicht wagen konnten, darin ein Feuer anzuzünden, ohne zu ersticken. Sie wurde jedoch als ausgezeichneter vorübergehender Unterschlupf bezeichnet, falls die Suche nach uns sehr heiß werden sollte. Die andere Höhle war weit und offen; aber es war ein wilder, gespenstisch aussehender Ort, der von einem Jahresende zum anderen kaum einmal besucht wurde: Ihr Boden war grün von Schimmel, und ihre zerfurchten Wände und die Decke waren mit schlanken, blassen Stalaktiten übersät, die wie die spitzen Flecken aussahen, die ein totes Kleid aufrauen. Es war auch sicher, dass es dort spukte. Auf dem Boden waren die Spuren eines Pferdefußes zu sehen, die entweder von einer streunenden Ziege oder von etwas Schlimmerem stammten. Die wenigen Jungen, die ihre Existenz und ihren Charakter kannten, sprachen leise von ihr als „Teufelshöhle". Meine Jungs sahen sich beim Betreten der Höhle zunächst mit ehrfürchtigem und trostlosem Gesichtsausdruck um. Dann begannen wir eifrig mit der Arbeit zwischen den Klippen und sammelten große Mengen verdorrtes Gras und Farn als Bettzeug. Wir wählten die trockeneren und weniger exponierten Teile des Bodens aus und häuften bald eine Reihe kleiner Höhlen für uns auf, die eine Art Zwischenform zwischen der des wilden Tieres und der des Zigeuners bildeten und in denen man durchaus hätte schlafen können. Wir wählten auch einen Platz für unser Feuer, sammelten einen kleinen Haufen Brennmaterial und versteckten in einer Nische, um es sofort verwenden zu können, unseren Topf und Krug aus der Marcus-Höhle sowie die tödlichen Waffen der Bande, die aus einem alten Bajonett bestanden, das so verrostet war, dass es einer dreischneidigen Säge ähnelte, und einer alten Reiterpistole, die mit Schusters Rappen am Schaft befestigt war und bei der Schloss und Ladestock fehlten. Der Abend überraschte uns mitten in unseren Vorbereitungen; und als die Schatten dunkel und dicht wurden, begannen meine Jungs, sich höchst unbehaglich umzusehen. Schließlich machten sie sich auf die Arbeit: Es hatte keinen Sinn, sagten sie, so lange in der Teufelshöhle zu bleiben – eigentlich keinen Sinn, überhaupt dort zu sein, bis wir sicher waren, dass der Verwalter tatsächlich vorhatte, uns einzusperren; und nachdem sie sich zu diesem Zweck geäußert hatten, rannten sie einfach los und ließen Finlay und mich in aller Ruhe die Nachhut bilden. Kurz gesagt, mein wohldurchdachter Plan erwies sich aufgrund der minderwertigen Qualität meiner Materialien als undurchführbar. Ich kehrte schweren Herzens nach Hause zurück, ein wenig betrübt, dass ich meinen Plan nicht nur Finlay anvertraut hatte, der, wie ich feststellte, trotz seiner Ängstlichkeit mutigere Dinge tun konnte als die mutigeren Jungen, unsere gelegentlichen Gefährten. Und doch, als ich auf dem Heimweg durch die dunklen, einsamen Wälder des Hügels an die noch tiefere Einsamkeit und Düsterkeit der verwunschenen Höhle weit unten dachte und weiter dachte, dass in genau diesem Moment das geheimnisvolle Wesen mit dem gespaltenen Fuß vielleicht über ihren stillen Boden wandelte, gefror mir das Blut in den Adern und ich kam sofort zu dem Schluss, dass, abgesehen von der Schande, eine Höhle mit einem bösen Geist darin nicht viel besser sein konnte als ein Gefängnis. Vom Gefängnis hörten wir jedoch nichts mehr, obwohl ich nie die grausame, aber wertvolle Lektion vergaß, die mir die Drohung des Verwalters erteilt hatte; und von dieser Zeit bis heute – abgesehen von gelegentlichen versehentlichen Abdrucken eines zu knappen Absatzes, den ein guter Mann aus der Provinz gegen einen sehr schlechten Mann, seinen Nachbarn, geschrieben hatte, in meiner Zeitung – war ich nicht wirklich im Bereich des Gesetzes. Ich möchte jedoch meinen jungen Freunden, die einen neugierigen Blick auf diese Seiten werfen, ernsthaft raten, eine Lektion wie die meine nicht aus erster Hand zu lernen. Eine halbe Stunde der seelischen Qual, die ich damals empfand, wenn ich an meine Mutter und Onkel und die Schande eines Gefängnisses dachte, hätte all die Freuden, die ich beim Schlemmen von Äpfeln hätte genießen können, bei weitem aufgewogen, selbst wenn es Äpfel der Hesperiden oder Edens gewesen wären, statt, was sie in diesem Fall waren, grüne Massen aus beißender Säure, die Zähnen und Magen gleichermaßen furchterregend waren. Um meinem Freund aus der Doocot-Höhle gerecht zu werden, muss ich hinzufügen, dass er, obwohl er gelegentlich in Marcus zu Besuch war, es klugerweise vermieden hatte, in diese Schwierigkeiten zu geraten.

Unsere langen Ferien endeten schließlich mit der Anstellung eines Lehrers an der Subskriptionsschule; aber die Regelung war für die Schüler nicht die profitabelste. Es war ein unheilvoller Umstand, dass wir in wenigen Tagen lernten, den neuen Lehrer mit einem Spitznamen zu bezeichnen, und dass der Name hängen blieb – ein Unglück, das einem wirklich überlegenen Mann fast nie widerfährt. Er hatte jedoch eine gewisse Prise Klugheit an sich; und als er bemerkte, dass ich einen starken Einfluss auf meine Schulkameraden hatte, machte er sich daran, die Grundlagen meiner Autorität zu ermitteln. In jenen alten Zeiten waren Abschreib- und Rechenbücher in Schulen, in denen es Freiheit gab, mit merkwürdigen Offenbarungen gefüllt. In der Pfarrschule zum Beispiel, die, wie ich bereits sagte, jede andere Schule der Welt in ihrem Wissen über Barken und Carvels übertraf, war es nicht ungewöhnlich, ein Buch zu finden, das, wenn man es am richtigen Ende aufschlug, nur Abschreibzeilen oder Rechenaufgaben enthielt, während es, wenn man es am falschen Ende aufschlug, nur Schiffe und Boote zeigte. Und es gibt Fälle, in denen der ehrenwerte Gemeindepfarrer am großen jährlichen

Prüfungstag, der die Ferien einläutete, anfing, die Seiten eines ausgestellten Buches auf der Rückseite umzublättern, und sich dabei inmitten ganzer Flotten von Schmacken, Fregatten und Brigantinen wiederfand, obwohl er eigentlich nur die Fragen von Cocker oder die Slip-Lines von Butterworth erwartet hatte. Mein neuer Herr, der mit diesem geheimen Besitz von Rechen- und Schreibheften bestens vertraut war, ergriff meine und stellte fest, dass sie, als er sie auf sein Pult brachte, mit wirklich außergewöhnlichen Enthüllungen gefüllt waren. Die leeren Stellen waren mit beklagenswert gekritzelten Versen und Strophen gefüllt, vermischt mit gelegentlichen Bemerkungen in grober Prosa, die sich hauptsächlich mit Naturphänomenen befassten. Eine Notiz zum Beispiel, die der Lehrer sich die Mühe machte zu entziffern, bezog sich auf die vermeintliche *Tatsache*, die Jungen an der Küste durch ihr Gefühl vertraut ist, dass das Wasser während der Badesaison an windigen Tagen, wenn die Wellen hoch brechen, wärmer ist als bei völliger Windstille; und er begründete dies (fürchte ich, nicht sehr philosophisch) mit der Hypothese, dass die „Wellen, wenn sie gegeneinander schlagen, Wärme erzeugen, so wie Wärme durch Händeklatschen erzeugt werden kann". Der Lehrer las weiter, offensichtlich mit großer Mühe und anscheinend mit beträchtlicher Skepsis: Er schloss daraus, dass ich geborgt und nicht erfunden hatte: obwohl selbst klügere Leute als er es wohl nie herausgefunden hätten, wenn sie solche Prosa und solche Verse und insbesondere solche Grammatik und Rechtschreibung hätten borgen können. Und um meine Fähigkeiten zu testen, schlug er vor, mir ein Thema zu geben, über das ich schreiben könnte. „Mal sehen", sagte er, „mal sehen: nächste Woche findet hier der Tanzschulball statt – bringen Sie mir ein Gedicht über den Tanzschulball." Das Thema versprach nicht viel; aber als ich mich abends an die Arbeit machte, brachte ich ein halbes Dutzend Strophen über den Ball zustande, die als gut aufgenommen wurden, als Beweis, dass ich tatsächlich reimen konnte; und einige Wochen danach war ich beim neuen Lehrer ziemlich beliebt.

Ich war jedoch schon zu einem wilden, ungehorsamen Jungen geworden, und die einzige Schule, in der ich richtig unterrichtet werden konnte, war die weltweite Schule, die mich erwartete, in der Mühsal und Not die strengen, aber edlen Lehrer sind. Ich geriet in schlimme Schwierigkeiten. Einmal stritten wir uns mit einem Jungen meines Standes, und wir tauschten Schläge über die Schulbank hinweg aus. Als wir zur Verhandlung und Bestrafung aufgerufen wurden, stellte sich heraus, dass der Fehler so gleichmäßig auf beiden Seiten lag, dass jeder die gleiche Anzahl von *Palmies* erhielt, die gut verteilt waren. Ich trug meine jedoch wie ein nordamerikanischer Indianer, während mein Gegner zu heulen und zu schreien begann. Ich konnte der Versuchung nicht widerstehen, ihm in einem Flüsterton, der unglücklicherweise das Ohr des Lehrers erreichte, zu sagen: „Du großer, heulender Dummkopf, nimm das als Tracht Prügel von mir." Natürlich musste ich für die Rede ein paar Palmies zusätzlich erhalten, aber andererseits: „Wen kümmerte das?" Dem Lehrer jedoch „kümmerte" sich wesentlich mehr um das Vergehen als mir um die Bestrafung. Und bei einem späteren Streit mit einem anderen Jungen – einem kräftigen und etwas verzweifelten Mulatten – geriet ich in eine noch schlimmere Lage, die er für noch schlimmer hielt. Der Mulatte hatte in seinen vielen Kämpfen die Angewohnheit, sein Messer zu ziehen, wenn er in Gefahr war, unterlegen zu sein; und in unserer Angelegenheit – die Notwendigkeit des Kampfes schien es zu erfordern – richtete er sein Messer auf mich. Zu seinem Entsetzen und Erstaunen zog ich jedoch, anstatt wegzulaufen, sofort meins und stach ihm blitzschnell in den Oberschenkel. Er brüllte vor Angst und Schmerz auf und zog, obwohl er mehr erschrocken als verletzt war, danach nie wieder das Messer gegen einen Kämpfer. Aber der Wert der Lektion, die ich erteilte, wurde, wie die meisten anderen sehr wertvollen Dinge, nicht ausreichend gewürdigt; und sie verschaffte mir lediglich den Ruf eines gefährlichen Jungen. Ich hatte sicherlich ein gefährliches Stadium erreicht; aber hauptsächlich ich selbst war in Gefahr. Es gibt eine Übergangszeit, in der sich die Stärke und Unabhängigkeit des heranwachsenden Mannes mit der Eigensinnigkeit und Unbesonnenheit des bloßen Jungen zu vermischen beginnen. Diese Übergangszeit ist gefährlicher als jede andere, und in dieser Zeit beginnen viel mehr abwärts gerichtete Karrieren der Rücksichtslosigkeit und Torheit, die in Ruin und Verderben enden, als in allen anderen Lebensjahren zwischen Kindheit und Alter. In dieser kritischen Phase sollte mit dem heranwachsenden Jungen weise und zärtlich umgegangen werden. Die Strenge, die die in einer früheren Phase bedingungslose Unterwerfung erzwingen würde, würde, wenn sein Charakter stark wäre, wahrscheinlich nur seinen Ruin herbeiführen. In dieser Übergangsphase laufen Jungen vor ihren Eltern und Lehrern zur See oder melden sich, wenn sie groß genug sind, als Soldaten bei der Armee an. Streng orthodoxe Eltern, wenn sie strenger als weise sind, treiben ihren Sohn während dieser Krise gelegentlich in den Papsttum oder in die Untreue; und streng moralisch strenge Eltern treiben *ihn* in völlige Lasterhaftigkeit. Doch wenn man nachsichtig und umsichtig mit ihm umgeht, geht die gefährliche Phase vorüber: Nach höchstens ein paar Jahren – in manchen Fällen sogar nach ein paar Monaten – tritt die mit der weiteren Charakterentwicklung einhergehende Nüchternheit ein und aus dem wilden Jungen wird ein vernünftiger junger Mann.

Es geschah jedoch, dass ich bei der letzten Szene meines Schulbesuchs eher Pech als Schuld hatte. Die Klasse, zu der ich jetzt gehörte, las jeden Nachmittag eine Englischstunde und hatte ihre Rechtschreibübungen, und bei letzteren schlug ich mich nur schlecht; teilweise, weil ich nur mittelmäßig buchstabierte, aber noch mehr, weil ich die breite schottische Aussprache, die ich in der Grundschule gelernt hatte, fest im Gedächtnis hatte und im Kopf den doppelten Prozess durchführen musste, das geforderte Wort zu buchstabieren und die alten Laute der Buchstaben, aus denen es bestand, in die modernen zu übersetzen. Auch hatte man mich nicht gelehrt, die Wörter in Silben zu zerlegen, und so buchstabierte ich, als ich eines Abends das Wort „ *awrty* " buchstabieren sollte, mit viel Überlegung – denn ich musste im Laufe des Lernens die Buchstaben *aw* und *u* übersetzen – es Wort für Wort, ohne Unterbrechung oder Pause, als „awrty". "Nein", sagte der Meister, "aw, *aw* , ful, *terrible* ; buchstabiere es noch einmal." Das schien eine absurde Schreibweise zu sein. Es steckte ein *a* , wie ich dachte, mitten in dem Wort, wo, da war ich sicher, kein *a* hingehört; und so buchstabierte ich es wie zuerst. Der Meister belohnte meine vermeintliche Widerspenstigkeit mit einem scharfen Schnitt mit seinem Riemen quer über die Ohren; und als er wieder nach der Schreibweise des Wortes verlangte, buchstabierte ich es noch einmal wie zuerst. Aber als ich einen zweiten Schnitt erhielt, weigerte ich mich, es weiter zu buchstabieren; und entschlossen, meine Sturheit zu überwinden, packte er mich und versuchte, mich niederzuwerfen . Da Ringen jedoch eine unserer Lieblingsübungen in Marcus' Cave gewesen war und nur wenige Jungs mit meiner Körpergröße besser rangen als ich, fand der Meister, obwohl er ein großer und ziemlich robuster Kerl war, das Kunststück erheblich schwieriger, als er hätte annehmen können. Wir schwankten von einer Seite des Klassenzimmers zur anderen, mal vorwärts, mal rückwärts, und eine ganze Minute lang schien es ziemlich fraglich, auf welche Seite der Sieg fallen würde. Schließlich jedoch stolperte ich über eine Schulbank, und da der Lehrer mit mir nicht so umgehen musste, wie der Lehrer normalerweise mit einem Schüler umgeht, sondern wie ein Kämpfer mit einem anderen umgeht, den er zur Unterwerfung schlagen muss, wurde ich auf eine Weise misshandelt, die mich einen ganzen Monat lang mit Schmerzen und Prellungen erfüllte. Ich fürchte sehr, dass der Kerl, wenn ich ihn fünf Jahre nach unserer Begegnung auf einer einsamen Straße getroffen hätte, als ich stark genug geworden war, den „großen Hebestein der Dropping Cave" brusthoch zu heben, eine so heftige Tracht Prügel bekommen hätte, wie er noch nie in seinem Leben einem kleinen Jungen oder Mädchen zugefügt hatte; aber alles, was ich zu diesem Zeitpunkt tun konnte, war, als die Angelegenheit vorbei war, meine Mütze vom Stift zu nehmen und geradewegs aus der Schule zu marschieren. Und damit endete meine Schulausbildung. Noch vor Einbruch der Nacht hatte ich mich mit einer Abschrift satirischer Verse gerächt, die den Titel „Der Pädagoge" trug. Da sie ein wenig Klugheit enthielten, als das Werk eines Jungen betrachtet, und da die bekannten Exzentrizitäten ihres Themas mir viel Spielraum ließen, sorgten sie für viel Heiterkeit im Ort. Eine von Finlay geschriebene Reinschrift der Verse wurde per Post an den Pädagogen selbst übermittelt. Er nahm sie jedoch nur beiläufig wahr, in einer kurzen Rede, die er ein paar Tage später an den Kopisten hielt. „Ich *sehe* , Sir", sagte er, „ich *sehe* , Sie verkehren immer noch mit diesem Kerl Miller; vielleicht macht er einen

Dichter aus Ihnen!" „Ich dachte, Sir", antwortete Finlay sehr ruhig, „dass Dichter geboren – nicht gemacht werden."

Als Beispiel für den Reim dieser Zeit und gewissermaßen auch als Ausgleich für meine Prügel, mit denen ich bis heute nichts zu tun hatte, lege ich dem Leser meine Pasquinade vor:

DER PÄDAGOGE.

Mit feierlicher Miene und frommer Miene,

S—k—r folgt jedem Ruf der Gnade;

Laute Beredsamkeit schmückt sein Gebet,

Und sein Gesicht ist formelle Heiligkeit.

Alles gut; aber drehe die andere Seite,

Und sehen Sie sich den grinsenden Verehrer an;

Das pompöse Gehabe, die erhabene Luft,

Und alles, was einen Geck auszeichnet, ist da.

Im Charakter sehen wir selten

So unterschiedliche Eigenschaften treffen aufeinander und stimmen überein:

Kann der betroffene Hacken stolpern,

Erhabene Stirn und stolz gepresste Lippen,

In seltsam unpassender Vereinigung treffen wir uns,

Mit allem, was den Heuchler kennzeichnet?

Wir sehen, dass das so ist. Aber lassen Sie uns

Diese geheimen Quellen, die den Mann bewegen.

Obwohl er jetzt die knorrige Birke schwingt,

Seine bessere Hoffnung liegt in der Kirche:

Dafür trägt er das Zobelgewand,

Denn dieser erscheint in frommer Gestalt.

Aber der schwache Wille kann sich nicht verbergen

Die innewohnende Eitelkeit und der Stolz;

Und so spielt er den Gecken,

Als lieber seinem armen, eitlen Herzen:

Von Natur aus ein Gecken, von Kunst ein Heiliger!!

Aber halt! Er trägt kein Geschöpfkleid

Jede Naht, jeder Faden ist für das Auge erkennbar

Sein Gewand überall; – die Farbe, obwohl echt,

Durch die Zeit gebleicht, zeigt sich ein blasser Farbton:

Das Kleid ist der bessere Teil des Jungen;

Bringen Sie dies in Einklang und beweisen Sie Ihre Kunst.

„Kälte Armut unterdrückt den Stolz." –

Eine Maxime, die von den Weisen abgelehnt wird;

Denn es sind nur zahme, trottende Seelen,

Deren Geist sich beugt, wenn es kontrolliert wird,—

Deren Leben in einem einzigen, öden Gleichen verlaufen,

Einfache Ehrlichkeit ist ihr höchstes Ziel.

Bei ihm kann es nur unterdrücken –

Schneider überwältigt – die Pracht der Kleidung;

Sein Geist kann, wenn er nicht unterdrückt wird, schweben

So hoch wie je zuvor die Torheit war;

Kann blasses Studium fliegen, gelehrte Debatte,

Und ahme den Leerlauf der stolzen Mode nach:

Doch fehlt die einnehmende Anmut

Das erhellt das Gesicht des erfahrenen Höflings.

Wir bemerken seine schwache, affektierte Miene,

Und lächelnd den Funken betrachten, der überspringen könnte;

Vollkommen in jeder Handlung und jedem Zug,—

Ein schlecht erzogenes, dummes und ungeschicktes Geschöpf.

Meine Schulzeit war ziemlich vorbei, ein Leben voller Mühsal lag vor mir; aber noch nie gab es einen halbwüchsigen Jungen, der weniger bereit war, den Mann zu nehmen und den Jungen hinzulegen. Meine Gruppe von Gefährten löste sich schnell auf; mein Freund aus der Doocot-Höhle stand kurz davor, auf eine Akademie in einer benachbarten Stadt zu gehen; Finlay hatte einen Ruf aus dem Süden erhalten, um seine Ausbildung in einem Priesterseminar an den Ufern des Tweed zu beenden; ein Junge aus der Marcus-Höhle bereitete sich darauf vor, zur See zu fahren; ein anderer wollte ein Handwerk lernen; ein dritter wollte in einem Laden arbeiten; die Zeit der Auflösung war nur allzu offensichtlich nahe; und als wir uns eines Tages zusammen berieten, beschlossen wir, etwas zu errichten – wir wussten zunächst nicht, was –, das uns in späteren Jahren als Denkmal dienen und uns an unsere frühen Freizeitbeschäftigungen und Vergnügungen erinnern könnte. Die bekannte Schulbuchgeschichte vom persischen Hirten, der, als er von seinem Herrscher in eine hohe Position im Reich erhoben wurde, sein größtes Vergnügen darin fand, in einem geheimen Raum Pfeife, Stock und grobe Kleidung aus seinen glücklicheren Tagen zu betrachten, brachte mich auf die Idee, dass auch wir unseren geheimen Raum haben sollten, in dem wir für spätere Betrachtung Bajonett und Pistole, Topf und Krug aufbewahren könnten. Ich empfahl, dass wir uns daran machen sollten, zu diesem Zweck eine unterirdische Kammer in den Wäldern des Hügels zu graben, die wie die geheimnisvollen Gewölbe unserer Geschichtenbücher durch eine Falltür zugänglich wäre. Der Vorschlag wurde positiv aufgenommen. Wir wählten einen einsamen Platz zwischen den Bäumen als geeigneten Ort, besorgten uns Spaten und Hacke und begannen zu graben.

Bald durchbrachen wir die dünne Kruste aus Pflanzenerde und fanden den roten Geschiebelehm darunter äußerst steif und hart. Doch Tag für Tag arbeiteten wir beharrlich weiter und es gelang uns, eine riesige quadratische Grube zu graben, etwa sechs Fuß lang und breit und volle sieben Fuß tief. Wir befestigten vier aufrechte Pfosten in den Ecken und kleideten unsere Kammer mit schmalen, eng aneinander genagelten Balken aus. Wir hatten uns darauf vorbereitet, ihr ein massives Dach aus Balken aus umgestürzten Bäumen zu geben, das stark genug war, eine Schicht Erde und Torf von einem bis anderthalb Fuß Dicke zu tragen, mit einer kleinen Öffnung für die Falltür. Als wir eines Morgens weiter zum Schauplatz unserer Arbeit marschierten, stellten wir fest, dass uns eine Horde Jungen hartnäckig folgte, die erheblich zahlreicher war als unsere eigene Gruppe. Ihre Neugier war, wie die der Prinzessin Nekayah in Rasselas, durch die Werkzeuge geweckt worden, die wir bei uns trugen, und dadurch, dass sie „sahen, dass wir jeden Tag zum selben Punkt gingen". und vergeblich versuchten wir sie nun durch Laufen und Weglaufen, Schimpfen und Protestieren abzuschütteln. Ich sah, dass wir kaum erwarten konnten, als Sieger hervorzugehen, wenn wir ein allgemeines *Handgemenge provozierten* ; aber da ich mich ihrem stärksten Jungen durchaus gewachsen fühlte, trat ich vor und forderte ihn auf, vorzutreten und gegen mich zu kämpfen. Er zögerte, sah töricht aus und lehnte ab, sagte aber, er würde bereitwillig gegen jeden aus meiner Gruppe kämpfen, außer gegen mich. Ich rief sofort meinen Freund aus der Doocot-Höhle, der ihm mit einem Satz entgegensprang; aber der Junge weigerte sich, wie ich erwartet hatte, auch gegen ihn zu kämpfen; und als ich die entsprechende Wirkung bemerkte, befahl ich meinen Jungs, vorwärts zu marschieren; und von einem oberen Hang des Hügels aus hatten wir die Genugtuung zu sehen, dass unsere Verfolger, nachdem sie eine kleine Weile an der Stelle verweilt hatten, an der wir sie zurückgelassen hatten, ziemlich eingeschüchtert nach Hause gingen und uns nicht mehr verfolgten. Aber, ach! als wir unsere geheime Kammer erreichten, stellten wir anhand allzu eindeutiger Zeichen fest, dass sie nicht länger geheim bleiben würde. Eine grobe Hand hatte die Holzverkleidung abgerissen und zwei der Pfosten mit einer Axt halb durchgehauen; und als wir trostlos in die Stadt zurückkehrten, stellten wir fest, dass der Förster Johnstone kurz vor uns dort gewesen war und erklärt hatte, dass einige grausam böse Personen – zu deren Ergreifung sofort eine Proklamation erlassen werden sollte – eine teuflische Falle konstruiert hatten, die er gerade entdeckt hatte, um das Vieh des Herrn, seines Arbeitgebers, der den Hügel bewirtschaftete, zu verstümmeln. Johnstone war ein alter Mann aus dem 42. Regiment, der Wellington über den größten Teil der Halbinsel gefolgt war; aber obwohl er die Erstürmung und Plünderung von San Sebastian und viele andere schlimme Dinge miterlebt hatte, hatte er auf der Halbinsel oder sonst wo, sagte er, nichts gesehen, das auch nur halb so bösartig gewesen wäre wie die Viehfalle. Wir behielten natürlich unser eigenes Geheimnis; und als wir alle im Dunkel der Nacht zurückkehrten und schweren Herzens unsere Ausgrabungsfläche mit Erde auffüllten, wurde die angedrohte Proklamation nie ausgesprochen. Johnstone jedoch – der meine Bewegungen schon eine ganze Weile zuvor beobachtet hatte und den ich, da er ein furchterregender Kerl war, ganz anders als die anderen Förster, wiederum eifrig beobachtet hatte – hatte kein Zögern zu erklären, dass ich und nur ich der Erfinder der Viehfalle sein könnte. Ich hätte mich in Büchern mit der Methode vertraut gemacht, sagte er, wie man in den Wäldern im Ausland wilde Tiere mit Fallgruben gefangen hält; und meine Falle für das Vieh des Obersten war, da war er sicher, das Ergebnis meines in Büchern erworbenen Wissens.

Eines Tages lungerte ich vor dem Haus meiner Mutter herum, als Johnstone auf mich zukam und mich ansprach. Da die Beweise für die Ausgrabung völlig zusammengebrochen waren, war mir zu diesem Zeitpunkt kein besonderer Verstoß bekannt, der mir eine solche Aufmerksamkeit hätte einbringen können, und ich schloss daraus, dass der alte Soldat einem Irrtum unterlag; aber Johnstones Ansprache bewies bald, dass er sich nicht im Geringsten irrte. „Er wollte mich kennenlernen", sagte er. „Es war völliger

Unsinn, dass wir uns gegenseitig belästigten, wenn wir keinen Grund hatten, uns zu streiten." Gelegentlich verdiente er sich seine Pension und seine knappe Zulage als Förster, indem er sich einen Korb Fisch von den Felsen des Hügels fing; und er hatte gerade einen vorspringenden Felsen am Fuße einer hohen Klippe entdeckt, der sich, da war er sich sicher, als einer der besten Angelplätze im Firth erweisen würde. Aber in seinem jetzigen Zustand war er völlig unzugänglich. Er war jedoch der Meinung, dass es möglich sei, den Abgrund freizulegen, indem man einen Pfad die steile Wand des Abgrunds hinunter bahnt. Er hatte gesehen, wie Wellington sich auf der Halbinsel ebenso verzweifelten Angelegenheiten widmete, und wenn ich ihm nur helfen würde, sagte er, sei er sicher, dass wir gemeinsam den notwendigen Pfad bauen könnten. Das Vorhaben war ganz nach meinem Herzen, und am nächsten Morgen arbeiteten Johnstone und ich hart an der schwindelerregenden Kante des Abgrunds. Er war von einer dicken Schicht aus Geschiebelehm bedeckt, die selbst – so steil war der Abhang – fast ein Abgrund war; aber eine Reihe tief eingeschnittener Stufen führte uns leicht die Lehmschicht hinab, und dann führte uns ein abfallender Felsvorsprung, den wir mit viel Mühe vertieften und ebneten, ungefähr fünfundzwanzig oder dreißig Fuß an der eigentlichen Wand des Abgrunds entlang, ohne Gefahr zu laufen. Eine zweite Reihe von Stufen, die mühsam aus dem lebenden Fels gehauen wurden und die nur wenige Meter an einer Reihe von Reihernester vorbeiführten, die auf einer bis dahin unzugänglichen Plattform thronten, brachte uns noch fünfundzwanzig oder dreißig Fuß hinab; dann erreichten wir aber einen steilen Abhang von ungefähr zwanzig Fuß, bei dem Johnstone ziemlich verständnislos dreinschaute. Als ich ihm jedoch eine Leiter vorschlug, fasste er sich wieder ein Herz, fällte zwei schlanke, kegelförmige Bäume im Wald darüber und warfen sie über die Klippe ins Meer. Dann fischten wir sie mit einer Menge Mühe und Mühe heraus, bohrten sie nach oben, schnitten Zapfen für sie in den harten Gneis, stellten sie an die Felsfront und nagelten eine Reihe von Stufen darüber. Die Klippe darunter neigte sich sanft zum Angelfelsen, und so vervollständigten ein paar weitere Stufen unseren Weg. Ich habe nie einen Menschen gesehen, der entzückter war als Johnstone. Da ich leichter und aktiver war als er – denn obwohl er noch nicht sehr weit fortgeschritten war, war er durch schwere Wunden erheblich geschwächt –, musste ich einige der gefährlicheren Arbeiten selbst übernehmen. Ich hatte die Zapfen für die Leiter mit einem Seil um die Hüften durchgeschnitten und die ins Meer geworfenen Bäume durch geschicktes Schwimmen wiedergefunden; und der alte Soldat war zutiefst davon überzeugt, dass mein eigentlicher Aufgabenbereich die Armee war. Ich sei bereits 1,60 m groß, sagte er; in etwas mehr als einem Jahr würde ich 1,70 m groß sein; und wenn ich mich dann nur zur Armee melden und mich vom „Tropfentrinken" fernhalten würde – was er nie konnte –, würde ich, da war er sich sicher, Sergeant werden. Kurz gesagt, dies waren die

Bedingungen, unter denen Johnstone und ich von da an lernten, zu leben, dass er, hätte ich zwanzig *Fallen* für das Vieh des Obersten gebaut, sie alle wohl übersehen hätte. Armer Kerl! Viele Jahre später geriet er in Schwierigkeiten, und als die Whigs an die Macht kamen, verpfändete er seine Pension und wanderte nach Kanada aus. Da er die Bedingungen jedoch für hart hielt, was durchaus möglich war, schrieb er zunächst einen Brief an seinen alten Kommandanten, den Herzog von Wellington – ich hielt die Feder für ihn –, in dem er in der Hoffnung, dass die Strenge zu seinen Gunsten gemildert werden könnte, sowohl seine Dienste als auch seinen Fall darlegte. Und der Herzog antwortete umgehend in einem im Wesentlichen freundlichen eigenhändigen Brief, in dem er, nachdem er erklärt hatte, dass er zu dieser Zeit keinen Einfluss auf die Minister der Krone und keine Möglichkeit hatte, eine Lockerung ihrer Bedingungen zu Gunsten von irgendjemandem zu erreichen, „William Johnstone ernsthaft empfahl, *erstens* keine eigene Versorgung in Kanada zu suchen, es sei denn, er sei körperlich leistungsfähig und in der Lage, in extremen Härtefällen für sich selbst zu sorgen; und *zweitens* seine Pension auf keinen Fall zu verkaufen oder zu verpfänden". Aber der Rat wurde nicht befolgt; – Johnstone wanderte tatsächlich nach Kanada aus und verpfändete seine Pension; und ich fürchte – obwohl es mir nicht gelungen ist, seine weitere Lebensgeschichte zurückzuverfolgen –, dass er infolgedessen gelitten hat.

KAPITEL VIII.

„Jetzt, dachte ich, gibt es sicher genug

Um den staubigen Weg des Lebens zu füllen;

Und wer wird die Füße eines Dichters vermissen,

Oder mich fragen, wohin er sich verirrt hat!

Also gehe ich in die Wälder und Wüsten,

Und ich werde eine Ozier-Laube bauen;

Und süß wird es zu mir fließen

Die meditative Stunde."— HENRY KIRKE WHITE.

Finlay war weg; mein Freund aus der Doocot-Höhle war weg; meine anderen Gefährten waren alle im Ausland verstreut; meine Mutter war nach einer langen Witwenschaft von mehr als elf Jahren eine zweite Ehe eingegangen, und ich sah mich einem Leben voller Arbeit und Entbehrungen gegenüber. Die Aussicht erschien äußerst trostlos. Die Notwendigkeit, von morgens bis abends und von einem Ende der Woche bis zum anderen zu schuften, und das alles für ein bisschen grobe Nahrung und einfache Kleidung, schien schrecklich, und ich hätte es gern vermieden. Aber es gab kein Entkommen, und so beschloss ich, Maurer zu werden. Ich erinnerte mich an die langen Winterferien meines Cousins George und wie wunderbar er sie verbrachte; und indem ich Cousin Georges Beruf wählte, hoffte ich, wie er in den Vergnügungen der einen Hälfte des Jahres eine große Entschädigung für die Mühen der anderen Hälfte zu finden. „Labour soll keinen ganz schwarzen Stab über mich schwingen", sagte ich, „sondern einen Stab wie einen von Jakobs abgezogenen Stäben, abwechselnd weiß und schwarz kariert."

Ich jedoch strebte schon damals, ungeachtet der Vorgeschichte einer traurig vergeudeten Kindheit, nach etwas Höherem als bloßer Unterhaltung, und da ich zu glauben wagte, dass Literatur und vielleicht Naturwissenschaften letztlich meine eigentlichen Berufungen waren, beschloss ich, einen Großteil meiner Freizeit der sorgfältigen Beobachtung und dem Studium unserer besten englischen Autoren zu widmen. Meine beiden Onkel, besonders James, waren zutiefst verärgert über meinen Entschluss, Maurer zu werden. Sie hatten erwartet, dass ich in einem der gelehrten Berufe aufsteigen würde, und doch sollte ich ein einfacher Mechaniker werden, wie einer von ihnen! Ich verbrachte eine ernste Stunde mit ihnen, in der sie mir nahelegten, statt eine Maurerlehre anzutreten, mich erneut meiner Ausbildung zu widmen. Obwohl die Arbeit ihrer Hände ihr einziger Reichtum sei, würden sie mir, sagten sie, dabei helfen, das College zu absolvieren. nein, wenn ich es vorziehen würde, könnte ich in der Zwischenzeit kommen und bei ihnen leben: alles, was sie als Gegenleistung von mir verlangten, war, dass ich mich so eifrig meinen Lektionen widmen sollte, wie ich mich, falls ich Maurer werden sollte, meinem Beruf widmen müsste. Ich zögerte. Die Jungen meiner Bekanntschaft, die sich auf das College vorbereiteten, hatten, sagte ich, ein Auge auf irgendeinen Beruf geworfen; sie machten sich zum Anwalt oder Mediziner oder studierten, was viel mehr der Fall war, für die Kirche; während ich weder den Wunsch noch die besondere Eignung hatte, Anwalt oder Arzt zu werden; und was die Kirche anbelangte, war das eine zu ernste Richtung, um dort sein Brot zu suchen, es sei denn, man konnte sich ehrlich als zur eigentlichen Arbeit der Kirche *berufen betrachten* ; und das konnte ich nicht. Da, sagten meine Onkel, hast du vollkommen recht: Es ist besser, ein armer Maurer zu sein – besser, irgendetwas Ehrliches, wie bescheiden es auch sein mag – als ein *unberufener* Pfarrer. Wie sehr wird der Geist in manchen Fällen durch ererbte Überzeugungen beherrscht, von denen das normale Verhalten kaum sichtbare Spuren zeigt! Ich war in den letzten Jahren ein wilder Junge gewesen – nicht ohne Respekt für Donald Roys Religion, aber ohne Donalds Ernsthaftigkeit; und doch war sein Glaube an diese spezielle Angelegenheit so tief in meinem Innern verwurzelt, dass mich keine Überlegung dazu hätte bewegen können, ihn zu verletzen, indem ich der Kirche meine Unwürdigkeit aufdrängte. Obwohl diese Überzeugung in vielen ihrer älteren Formen vielleicht überstrapaziert wurde, wünschte ich mir doch, sie wäre heute allgemeiner verbreitet, zumindest in einigen ihrer besseren Modifikationen. Es wäre gut, wenn alle protestantischen Kirchen praktisch mit Onkel James und Sandy der Ansicht wären, dass wahre Geistliche nicht in einer bestimmten Anzahl von Jahren aus gewöhnlichen Menschen – Menschen mit gewöhnlichem Talent und Charakter – gemacht und dann durch Handauflegen in das heilige Amt eingeführt werden können; sondern dass im Gegenteil alle Geistlichen, wenn sie echt sind, besondere Schöpfungen der Gnade Gottes sind. Ich möchte hinzufügen, dass die Stärke unserer jüngsten Kirchenkontroverse hauptsächlich in einem Glauben dieser Art lag, der tief im Volksbewusstsein Schottlands verwurzelt ist.

Langsam und widerwillig willigten meine Onkel schließlich ein, dass ich ein Leben als Handarbeiter ausprobieren sollte. Der Ehemann einer meiner Tanten mütterlicherseits war Maurer, der kleine Aufträge vergab, normalerweise einen oder zwei Lehrlinge hatte und einige Gesellen beschäftigte. Ich willigte ein, drei Jahre lang bei ihm zu arbeiten. Ich besorgte mir einen Anzug aus festem Moleskin und ein Paar schwere, mit Nägeln besetzte Schuhe und wartete nur auf das Ende des Winterfrosts, um in den Steinbrüchen von Cromarty mit der Arbeit zu beginnen – Handwerker im Norden Schottlands, die normalerweise den Beruf des Steinbrechers mit dem des Maurers kombinierten. In dem schönen Gedichtfragment, aus dem ich mein Motto gewählt habe, schwelgt der arme Kirke White in seinem Traum von einem Leben als Einsiedler – ruhig, nachdenklich, einsam, weit weg in tiefen Wäldern oder inmitten weitläufiger Wüsten, wo selbst die Geräusche, die aufsteigen, nur schwache Echos einer Einsamkeit wären, in der es keinen Menschen gibt – eine „Stimme der Wüste, die niemals verstummt". Der Traum ist der einer gewissen kurzen Lebensphase zwischen Kindheit und relativ reifer Jugend; und wir finden mehr Spuren davon in der Poesie von Kirke White als in der von fast jedem anderen Dichter; einfach, weil er in dem Alter schrieb, in dem es natürlich ist, sich dem hinzugeben, und weil er, da er weniger ein Nachahmer und origineller als die meisten Jugenddichter war, ihn als Teil der inneren Erfahrung wiedergab, aus der er schöpfte. Aber dieser Traum ist nicht auf junge Dichter beschränkt: Der unwissende, halbwüchsige Junge, der zum ersten Mal „von dem großen reichen Herrn erfährt, der einen Einsiedler sucht", und wünscht, er hätte nur die notwendige Bartqualifikation, um sich als Kandidat anzubieten, gibt sich ihm ebenfalls hin; und auch ich hegte ihn in dieser Übergangsphase mit der ganzen Kraft einer Leidenschaft. Er scheint einer latenten Ängstlichkeit im noch unentwickelten Geist zu entspringen, der davor zurückschreckt, sich mit den harten Realitäten des Lebens auseinanderzusetzen, inmitten der Menge und des Drucks der geschäftigen Welt und überschattet von der furchtbaren Konkurrenz der bereits im Kampf geübten Männer. Ich habe immer noch das Bild der „Hütte in einer riesigen Wildnis" vor mir, in die ich mich gern zurückgezogen hätte, um ganz allein ein ruhigeres, aber genauso wildes Leben zu führen wie das in meiner Marcus-Höhle; und die Behaglichkeit und Bequemlichkeit des bescheidenen Inneren meiner Einsiedelei in einer stürmischen Winternacht, wenn der stürmische Wind um das Dach heulte und der Regen gegen das Fenster schlug, aber in der Stille im Inneren die fröhliche Flamme im Kamin loderte und hell auf Dachsparren und Wand strahlte, beeindruckt mich noch immer, als wäre die Erinnerung in Wirklichkeit die einer erlebten Szene und nicht nur einer von der Phantasie heraufbeschworenen Vision. Aber es war alles der müßige Traum eines Schulschwänzers, der heute wie früher gern die Schule vermieden hätte – die beste und edelste aller Schulen, abgesehen von der christlichen, in der ehrliche Arbeit der Lehrer ist – in der die Fähigkeit, nützlich zu sein, vermittelt und der Geist der Unabhängigkeit vermittelt und die Gewohnheit beharrlicher Anstrengung erworben wird; und die moralischer ist als die Schulen, in denen nur Philosophie gelehrt wird, und weitaus glücklicher als die Schulen, die vorgeben, nur die Kunst des Genießens zu lehren. Edle, aufrechte, selbständige Arbeit! Wer deinen wahren Wert und deine Bedeutung kennt, würde sich deiner harten Hände, deiner schmutzigen Gewänder und deiner obskuren Aufgaben schämen – deiner bescheidenen Hütte, deines harten Sofas und deiner einfachen Kost! Ohne dich und deine Lehren würde der Mensch in der Gesellschaft überall zu einer traurigen Mischung aus Teufel und wildem Tier versinken; und diese gefallene Welt wäre ebenso moralisch wie eine natürliche Wildnis. Aber ich dachte kaum an die Vortrefflichkeit deines Charakters und deiner Lehren, als ich mich schweren Herzens um diese Zeit an einem Morgen im frühen Frühling auf den Weg machte, um in einem Sandsteinbruch meine erste Lektion bei dir zu erhalten.

Ich habe die Geschichte meiner ersten Tage harter Arbeit an anderer Stelle aufgezeichnet; es ist jedoch möglich, dass zwei Geschichten aus derselben Zeit und von derselben Person gleichzeitig den Tatsachen entsprechen und sich in den Szenen, die sie beschreiben, und den Ereignissen, die sie aufzeichnen, unterscheiden. Der Steinbruch, in dem ich mein Arbeitsleben begann, war, wie ich bereits sagte, ein Sandsteinbruch und wies in dem Abschnitt des mit Ginster bedeckten Ufers, den er darstellte, eine Bank aus tiefrotem Stein darunter und eine Bank aus blassrotem Ton darüber auf. Beide Ablagerungen gehörten zu Formationen, die dem Geologen damals gleichermaßen unbekannt waren. Der tiefrote Stein bildete einen Teil eines oberen Elements des unteren alten roten Sandsteins; der blassrote Ton, der durch abgerundete Kieselsteine stark aufgeraut und durch den jüngsten Frost stark rissig und zerklüftet war, war eine Schicht aus Geschiebelehm. Wäre ich nicht Tag für Tag durch die gesunde Zurückhaltung an diesen Ort gebunden gewesen, hätte ich beiden wahrscheinlich wenig Beachtung geschenkt. Die Mineralogie hatte in ihren ersten Anfängen schon früh meine Neugier geweckt, so wie sie mit ihren Edelsteinen und Metallen und ihren harten, glitzernden Steinen, aus denen man Werkzeuge herstellen kann, stets die Neugier junger Stämme und Nationen weckt. Aber für unansehnliche Massen mechanischen Ursprungs, ob Sandstein oder Ton, konnte ich kein Interesse aufbringen; so wie junge Gesellschaften kein Interesse an solchen Massen haben und daher nichts von Geologie verstehen; und erst als ich gelernt hatte, in den alten Sandsteinschichten dieses Steinbruchs genau dieselben Phänomene zu erkennen, die ich auf meinen Spaziergängen mit Onkel Sandy bei Ebbe beobachtet hatte, war ich ziemlich gespannt, sie zu untersuchen und zu erforschen. Die Notwendigkeit, die mich zum Steinbrucharbeiter machte, lehrte mich, Geologe zu werden. Außerdem fand ich bald heraus, dass ein Leben voller Arbeit viele Freuden bereithält. Ein Geschmack für die Schönheiten natürlicher Landschaften ist an sich schon eine nie versiegende Quelle der Freude; und es gab in dieser Zeit kaum einen Tag, an dem ich im Freien arbeitete, ohne seine wohltuende und belebende Wirkung zu spüren. Der Dichter Keats hat treffend gesagt, dass „eine Sache der Schönheit eine ewige Freude ist". Ich verdanke viel dem oberen Teil des Cromarty Firth, den wir, als wir uns zu unserem Mittagessen niederließen, von der Schlucht des Steinbruchs aus sahen, mit ihren zahlreichen plätschernden Strömungen, die in der Ruhe kleinen Bächen glichen, die sich durch eine Wiese schlängelten, und ihren fernen grauen Vorgebirgen, die von Dörfern gekrönt waren, die im Sonnenschein erhellten; während im blassen

Hintergrund die mächtigen, noch schneebedeckten Berge hoch über Bucht und Vorgebirge aufragten und der Szene Würde und Macht verliehen.

Trotz all meiner Freuden musste ich jedoch einige der Übel übermäßiger Arbeit erleiden. Obwohl ich jetzt siebzehn war, fehlten mir noch sieben Zoll zu meiner endgültigen Größe; und mein Körperbau, der damals eher dem meiner Mutter als dem des robusten Seemanns entsprach, dessen „Rücken" nach der Beschreibung eines seiner Kameraden „niemand je zu Boden gebracht hatte", war schmal und locker; und ich litt sehr unter wandernden Schmerzen in den Gelenken und einem beklemmenden Gefühl in der Brust, als ob eine große Last auf mir lastete. Ich litt auch häufig unter Anfällen extremer Niedergeschlagenheit, die fast die Form eines wandelnden Schlafs annahmen – die Folge, glaube ich, übermäßiger Erschöpfung – und während derer meine Geistesabwesenheit so extrem war, dass ich mich selbst in den einfachsten und gewöhnlichsten Fällen nicht gegen Unfälle schützen konnte. Neben anderen Verletzungen verlor ich während der ersten Monate meiner Lehrzeit bei diesen Anfällen partiellen Schlafwandelns zu verschiedenen Zeiten nicht weniger als sieben meiner Fingernägel. Doch als ich wieder zu Kräften kam, wurde auch meine Stimmung ausgeglichener, und erst viele Jahre später, als meine Gesundheit aufgrund einer anderen Art von Überanstrengung zeitweise nachließ, erlebte ich erneut Anfälle von Wanderschlaf.

Mein Meister, damals ein älterer Herr – denn wie er seinen Lehrlingen nicht selten erzählte, war er am selben Tag und im selben Jahr wie Georg der Vierte geboren, und so konnten wir, wenn es uns beliebt, beide Geburtstage zusammen feiern – war ein fleißiger, ausdauernder Mensch, der etwas länger arbeitete, als es für jemanden, der etwas Zeit für sich haben wollte, ganz angenehm war; aber im Großen und Ganzen war er ein guter Meister. Als Baumeister achtete er auf jeden Stein, den er legte. Es wurde an diesem Ort bemerkt, dass die von Onkel David errichteten Mauern sich nie wölbten oder einstürzten; und keinem seiner Lehrlinge oder Gesellen wurde unter irgendeinem Vorwand gestattet, „kleine Arbeiten" auszuführen. Obwohl er keineswegs ein kühner oder wagemutiger Mann war, war er, wenn er in seine Arbeit vertieft war, aus reiner Geistesabwesenheit gegenüber persönlichen Gefahren unempfindlicher als fast jeder andere Mensch, den ich je kannte. Als einmal ein überladenes Boot, mit dem er Steine aus dem Steinbruch in die Nachbarstadt transportierte, von einer Reihe tosender Wellen erfasst wurde und plötzlich sank, so dass er bis zum Hals unter Wasser auf einer der Duchten stehen blieb, sagte er lediglich zu seinem Partner, als er seinen Lieblingstabak vorbeitreiben sah: „Od, Andro-Mann, reiß einfach deine Hand raus und nimm meine Schnupftabakdose." Als einmal im Steinbruch eine riesige Masse aus Geschiebelehm mit solcher Wucht auf uns herabstürzte, dass sie einen massiven Eisenhebel wie einen Bogen bog und einen starken Schubkarren in winzige Stücke zerschmetterte, beruhigte uns Onkel David, der älter und weniger flink als alle anderen war und in den gewaltigen Trümmern verfangen war, uns alle mit der Bemerkung, als wir zurückeilten und erwarteten, ihn so platt wie ein botanisches Präparat zu finden: „Och, ich fürchte, Andro-Mann, wir haben unseren guten Schubkarren verloren." Er war zunächst der Meinung, dass ich ihm als Arbeiter wenig Ehre machen würde: In meinen Abwesenheitsanfällen war ich für Anweisungen beinahe ebenso unempfänglich wie er selbst für Gefahren; und ich litt unter dem weiteren Nachteil, dass ich als Amateur sowohl vom Behauen als auch vom Bauen nur wenig Ahnung hatte, da ich, wenn die Unternehmungen in meiner Schulzeit, wie es manchmal der Fall war, den Bau eines Hauses beinhalteten, immer als Maurer der Gruppe ausgewählt wurde. Und alles, was ich bei diesen Gelegenheiten gelernt hatte, musste ich nun wieder verlernen. Im Laufe einiger Monate verlernte ich jedoch alles; und dann, nachdem ich in weniger als zwei Wochen eine sehr beachtliche Meisterschaft im Umgang mit dem Hammer erlangt hatte – denn mein Hammer war einer der nicht seltenen Fälle, in denen das mechanische Klopfen nach vielen fehlgeschlagenen Versuchen sofort zu greifen scheint – überraschte ich Onkel David eines Morgens, indem ich mich an einen Wettkampf mit ihm machte und fast zwei Fuß Pflaster für seinen hauen musste. Und bei dieser Gelegenheit wurde meine Tante, seine Frau, die seine früheren Beschwerden nicht fremd gewesen war, informiert, dass ihr „dummer Neffe" sich „am Ende doch als großartiger Arbeiter" herausstellen würde.

Ein Leben voller Arbeit hat jedoch seine besonderen Versuchungen. Wenn ich überreizt war und in depressiver Stimmung, lernte ich, die leidenschaftlichen Spirituosen der Schankstube als Luxus zu betrachten: Sie gaben Körper und Geist Leichtigkeit und Energie und ersetzten einen Zustand der Langeweile und Schwermut durch einen der Erheiterung und des Vergnügens. Usquebaugh war einfach Glück, das glasweise ausgeschenkt und kiemenweise verkauft wurde. Die Trinkbräuche des Berufs, in dem ich arbeitete, waren zu dieser Zeit vielfältig: Wenn ein Fundament gelegt wurde, wurden die Arbeiter zu einem Drink eingeladen; sie wurden zu einem Drink eingeladen, wenn die Wände zum Verlegen der Balken nivelliert wurden; sie wurden zu einem Drink eingeladen, wenn das Gebäude fertig war; sie wurden zu einem Drink eingeladen, wenn ein Lehrling zur Truppe kam; sie wurden zu einem Drink eingeladen, wenn seine „Schürze gewaschen wurde"; sie wurden zu einem Drink eingeladen, wenn „seine Zeit abgelaufen war"; und gelegentlich lernten sie, sich gegenseitig zu einem Drink einzuladen. Als der Grundstein für eines der größeren Häuser gelegt wurde, die Onkel David und sein Partner dieses Jahr gebaut hatten, tranken die Arbeiter ein königliches „Gründungs-Pint", und ich bekam zwei ganze Gläser Whisky. Ein erwachsener Mann hätte eine Gill Usquebaugh nicht als Überdosis angesehen, aber für mich war es erheblich zu viel; und als die Party zu Ende ging und ich nach Hause zu meinen Büchern ging, stellte ich fest, dass die Buchstaben vor meinen Augen tanzten, als ich die Seiten eines Lieblingsautors aufschlug, und dass ich den Sinn nicht mehr begreifen konnte. Ich habe den Band gerade vor mir – eine kleine Ausgabe der Essays von Bacon, an den Ecken ziemlich abgenutzt durch die Reibung in der Tasche; denn Bacon wurde mir nie langweilig. Der Zustand, in den ich mich gebracht hatte, war, wie ich fühlte, einer der Erniedrigung. Ich war durch mein eigenes Handeln für die Zeit auf eine niedrigere Intelligenzstufe herabgesunken, als ich es mir vergönnt hatte; und obwohl der Zustand nicht sehr günstig für einen Entschluss gewesen sein dürfte, beschloss ich in dieser Stunde, dass ich meine Fähigkeit zum intellektuellen Genuss nie wieder dem Trinkgenuss opfern würde; und mit Gottes Hilfe war ich in der Lage, an diesem Entschluss festzuhalten. Obwohl ich nie ein strikter Abstinenzler war, habe ich ganze zwölf Monate lang als Maurer gearbeitet, ohne ein halbes Dutzend Gläser hochprozentigen Schnaps zu trinken oder ein halbes Dutzend Schlucke fermentierten Alkohols zu mir zu nehmen. Aber wenn ich auf dieses mein erstes Arbeitsjahr zurückblicke, sehe ich einen gefährlichen Punkt, an dem beim Versuch, dem Gefühl der Depression und Müdigkeit zu entkommen, der gierige Appetit des eingefleischten Trinkers hätte entstehen können.

Die gewöhnlichen, seit langem betriebenen Steinbrüche meiner Heimatstadt wurden in der alten Küstenlinie entlang der südlichen Küste des Cromarty Firth geöffnet und enthalten keine Organismen. Die Schichten zeigen gelegentlich ihre vom Wasser gekräuselten Oberflächen und gelegentlich ihre Bereiche alter Austrocknung, in denen die polygonalen Trennlinien noch immer so vorhanden sind, wie sie in den trocknenden, unzähligen Zeitaltern zuvor geknackt wurden. Aber der Stein enthält weder Fische noch Muscheln; und die bloßen mechanischen Prozesse, von denen er Zeugnis ablegte, weckten zwar seltsame Fragen in meinem Kopf, interessierten mich aber nicht so sehr, wie es die wunderbaren Organismen anderer Schöpfungen getan hätten. Wir verließen diese Steinbrüche jedoch bald, da sich ihre Bearbeitung zu dieser Zeit als schwieriger als gewöhnlich erwies, und gingen zu einem Steinbruch an der Nordküste des Moray Firth, der vor kurzem in einem unteren Teil des Lower Old Red Sandstone geöffnet worden war und der, wie ich später feststellte, in einigen seiner Schichten Fossilien enthält. Meine ersten gefundenen Organismen stammten jedoch nicht aus dem Steinbruch selbst. Dahinter liegt in der Firth ein Ausläufer des Lias, der wie der in einem vorhergehenden Kapitel erwähnte Ausläufer der Marcus-Höhle nach jedem Seesturm den Strand mit seinen Fragmenten übersät, und in einer knollenartigen Masse aus bläulich-grauem Kalkstein aus dieser unterseeischen Schicht legte ich meinen ersten Ammonitenfund frei. Es war ein wunderschönes Exemplar, anmutig in seinen Rundungen wie die der ionischen Volute und weitaus feiner in seiner Bildhauerei, und seine helle cremefarbene Tönung, schwach poliert durch die prismatischen Farbtöne der ursprünglichen Perle, bildete einen herrlichen Kontrast zu dem dunklen Grau der Matrix, die ihn umgab. Während unseres Aufenthaltes in diesem entzückenden Steinbruch brach ich viele ähnliche Knollen auf, und es gab nur wenige, in denen ich nicht irgendein Lebewesen der antiken Welt entdeckte – Fischschuppen, Muschelgruppen, Stücke verrotteten Holzes und Farnfragmente. Beim Abendessen zeigte ich den Arbeitern meine neu gefundenen Exemplare; aber obwohl sie sich immer die Mühe machten, sie anzusehen, und sich manchmal wunderten, wie die Muscheln und Pflanzen „in die Steine gekommen waren", schienen sie sie als eine Art natürliches Spielzeug zu betrachten, mit dessen Pflege ein einfacher Junge sich vielleicht amüsieren könnte, das aber für Erwachsene wie sie eher unter der Beachtung lag. Ein Arbeiter informierte mich jedoch, dass Dinge einer Art, die ich noch nicht gefunden hatte – echte Blitze – die zu Zeiten seines Vaters sehr gesucht wurden, um verzaubertes Vieh zu heilen – in ziemlicher Menge an einem Strandabschnitt etwa zwei Meilen weiter westlich zu finden seien; und da Onkel David uns allen einen halben Feiertag gab, als wir den Steinbruch verließen, um mit der Arbeit zu beginnen, die wir als nächstes erledigen sollten, nutzte ich ihn, um den vom Arbeiter angegebenen Küstenabschnitt zu besuchen. Und dort, an den Granitgneis und Hornblendschiefer des Hill of Eathie gelehnt, fand ich eine Lias-Lagerstätte, die erstaunlich reich an Organismen war – nicht unter den Wellen begraben, wie an Marcus' Ufer oder gegenüber unserem neuen Steinbruch, sondern an einer Stelle unter einer kleinen grasbedeckten Ebene, an einer anderen Stelle mehrere hundert Meter entlang der Küste freiliegend. Noch nie hat ein angehender Geologe den Boden auf einem vielversprechenderen Feld erschlossen; und dieser erste der vielen glücklichen Abende, die ich mit der Erforschung dieses Feldes verbracht habe, war mir in meinem Leben unvergesslich.

Der Hill of Eathie gehört, wie die Cromarty Sutors, wie ich bereits erwähnen konnte, zu dem, was De Beaumont das Ben-Nevis-Hügelsystem nennen würde, jenem jüngsten unserer schottischen Gebirgssysteme, das von Südwesten nach Nordosten entlang des großen kaledonischen Tals und der Täler von Nairn, Findhorn und Spey verläuft und bei seiner Entstehung die Oolites von Sutherland und die Lias von Cromarty und Ross aufschüttete. Das vom Hill of Eathie gestörte Ablagerungsmaterial ist ausschließlich aus dem Lias stammend. Die umgestülpte Basis der Formation ruht unmittelbar auf dem Hill, und wir können die Ränder der verschiedenen darüber liegenden Schichten mehrere hundert Fuß weit verfolgen, bis wir sie offenbar nahe der Spitze der Ablagerung im Meer verlieren. Die verschiedenen Schichten – alle außer der untersten, die aus blauem, anhaftendem Ton besteht – bestehen aus dunklem Schiefergestein, das aus leicht trennbaren Schichten besteht, die dünn wie Pappe sind; und sie sind seltsamerweise durch Bänder aus fossilhaltigem Kalkstein von nur ein bis zwei Fuß Dicke voneinander getrennt. Diese Lias-Schichten mit ihren Trennbändern sind eine Art gebundene Bücher; denn als eine Reihe von Bänden, die in der geologischen Bibliothek der Natur auf einem Granitsockel ruhten, hatte ich Freude daran, sie zu betrachten. Die Kalksteinbänder, kunstvoll mit Braunkohle, Ichthyolith und Muscheln marmoriert, bilden die steife Umrandung; die pappeartigen Schichten dazwischen – Zehn- und Hunderttausende an der Zahl selbst in den schmaleren Bänden – bilden die eng beschriebenen Blätter. Ich sage eng beschrieben; denn noch nie lagen Zeichen oder Schriftzeichen auf Seiten oder Schriftrollen dichter beieinander als die Organismen des Lias auf der Oberfläche dieser blattartigen Schichten. Ich kann kaum hoffen, dem Leser nach so vielen Jahren eine angemessene Vorstellung von dem Gefühl des Staunens zu vermitteln, das die Wunder dieser Lagerstätte in meinem Kopf auslösten, so völlig neu sie mir damals auch waren. Sogar die Märchengeschichten meiner ersten Bibliothek – die der Birkenkiste – hatten mich weniger beeindruckt. Der allgemeine Farbton dieser beschriebenen Blätter ist, obwohl durch die Wirkung unzähliger Jahrhunderte verblasst, immer noch sehr eindrucksvoll. Der Untergrund ist ausnahmslos von einem tiefen neutralen Grau, das an Schwarz grenzt; während die abgeflachten Organismen, die ungefähr den gleichen Reliefgrad aufweisen wie die Figuren einer geprägten Karte, in Farbtönen, die von undurchsichtig bis silbrig weiß und von blassgelb bis zu einem umbrigen oder kastanienbraun variieren, davon abheben. Ammonitengruppen sehen aus, als wären sie mit weißer Kreide gezeichnet; Ansammlungen winziger, unbeschriebener Muscheln sind noch mit dünnen Filmen des silbrigen Perlmutts überzogen; die Mytilaceen weisen normalerweise einen warmen gelblich-braunen Farbton auf und müssen zu ihrer Zeit leuchtende Muscheln gewesen sein; Gryphiten und Austern sind immer dunkelgrau und Plagiostomen gewöhnlich bläulich oder neutral gefärbt. Auf einigen Blättern scheinen merkwürdige Ereignisse aufgezeichnet zu sein. Wir sehen Flotten winziger Terebratulas, die anscheinend von einer plötzlichen Ablagerung von oben bedeckt wurden, als sie vor Anker lagen; und ganze Ammonitenschiffe, die anscheinend durch einen unglücklichen Unfall sofort zerstört und zerquetscht und tot auf den Grund geschickt wurden. Ansammlungen heller schwarzer Platten, die wie japanische Stickereien glänzen und zahlreiche parallelogrammförmige Schuppen aufweisen, die mit nagelartigen Spitzen gespickt sind, zeigen an, wo einige bewaffnete Fische der alten Ganoiden-Ordnung sich niederließen und starben; und Gruppen von Belemniten, die wie Haufen von Enterspießen liegen, die achtlos auf das Deck eines Schiffes geworfen wurden, als die Besatzung kapitulierte, zeigen an, wo *Schädel* von Tintenfischen des alten Typs aufgehört hatten, das Wasser zu trüben. Ich muss kaum hinzufügen, dass diese speerartigen Belemniten die angeblichen Donnerkeile der Ablagerung bildeten. Quer über einige der so seltsam beschrifteten Seiten finden wir gelegentlich schmale, in dunklem Umbra gefärbte Blätter, ähnlich dem dunklen Weißdornblatt in Bewicks bekannter Vignette; und Zweige ausgestorbener Kiefern und Fragmente seltsam geformter Farne bilden ihre eher gewöhnliche Verzierung. Seite für Seite, Dutzende und Hunderte von Fuß lang, wiederholt sich dieselbe wunderbare Geschichte. Die große Bibliothek von Alexandria mit ihren Bänden antiker Literatur, der Ansammlung langer Zeitalter, war nur eine dürftige Sammlung – nicht weniger mickrig in ihrem Umfang als neuzeitlich – verglichen mit dieser wunderbaren Bibliothek des schottischen Lias.

Wer könnte, nachdem er nur ein paar Stunden in einer solchen Schule verbracht hat, nicht Geologe werden? Früher hatte ich viel Freude an Felsen und Höhlen gefunden, aber es waren die Wunder des Eathie Lias, die meiner Neugier Richtung und Ziel gaben. Von einem bloßen Kind, das sich beim Betrachten der *Bilder* des steinernen Naturkörpers amüsiert hatte, wurde ich fortan ein ernsthafter Student, der es als Buch lesen und kennen lernen wollte. Die außerordentliche Schönheit der Lias-Fossilien ließ mich jedoch zu diesem Zeitpunkt eine Entdeckung als uninteressant übergehen, die mich, wenn ich sie richtig verfolgt hätte, wahrscheinlich volle zehn Jahre, bevor ich sie kennen gelernt hätte, mitten in die Ichthyolithe des alten roten Sandsteins geführt hätte. Als wir einen provisorischen Hafen anlegten, zu dem wir die Steine, die wir abgebaut hatten, per Boot transportierten, stieß ich mit meiner Spitzhacke in eine schiefrige Sandsteinschicht, deren Schichten dicht mit kohlenstoffhaltigen Markierungen gesprenkelt waren. Sie bestanden, wie ich sah, aus dünnen, geradlinigen Stängeln oder Blättern, die stark zerbrochen und schlecht konserviert waren, was mich sofort an Schichten von zertrümmertem *Zostera marina erinnerte* , wie ich sie oft am Strand von Cromarty gesehen hatte, angeschwemmt aus den unterseeischen Wiesen des dahinterliegenden Firth. Aber wie konnte ich da auf die Idee kommen, etwas auszugraben, das aussah wie zerbrochene Zostera -Fragmente ? Nur wenige Fuß dieser kohlenstoffhaltigen Markierungen entfernt befand sich jedoch eine jener Plattformen eines gewaltsamen Todes, für die der Old Red Sandstone so bemerkenswert ist – eine Plattform, übersät mit versteinerten Überresten der erstgeborenen Ganoiden der Schöpfung, von denen viele in ihren verzerrten Umrissen noch immer Hinweise auf plötzliche Auflösung und Todesqual trugen.

Im Winter dieses Jahres – denn endlich kam der Winter, und nach Abschluss meiner Arbeit gehörten mir drei glückliche Monate ganz allein – hatte ich Gelegenheit, tief in einem wilden Hochlandtal die Überreste eines unserer alten schottischen Kiefernwälder zu sehen. Mein Cousin George, der feststellte, dass sein hübsches Hochlandhäuschen auf dem birkenbedeckten Tomhan zu weit von seinem üblichen Arbeitsplatz entfernt war, war nach Cromarty gezogen. Als seine Arbeit für dieses Jahr zu Ende ging, nutzte er seine erste freie Zeit dazu, seinen Schwiegervater zu besuchen, einen betagten Schafhirten, der in den höher gelegenen Teilen von Strathcarron lebte. Er hatte mich eingeladen, ihn zu begleiten, und ich nahm die Einladung gern an. Wir überquerten das wilde Hügelland zwischen den Firths Cromarty und Dornoch, einige Meilen westlich des Dorfes Invergordon. und nachdem wir mehrere Stunden damit verbracht hatten, uns durch öde Moore zu quälen, die zu dieser Zeit von keiner öffentlichen Straße aus erreichbar waren, nahmen wir unsere Mittagserfrischung in einem unbewohnten Tal ein, zwischen zerfallenen Hüttenmauern, und um uns herum erstreckten sich ein paar zerfurchte Flecken, grün inmitten der Wüste. Einer der besten Schwertkämpfer von Ross hatte einst dort gelebt; aber sowohl er als auch seine Familie waren infolge der erzwungenen Auswanderung, die in den letzten beiden Jahrhunderten in den Highlands so häufig vorkam, für Schottland verloren gegangen; und Cousin George trat energisch gegen die Gutsherren auf. Die kalte Winternacht war über die dunklen Hügel und den von Erlen gesäumten Fluss Strathcarron hereingebrochen, als wir von der Straße abbogen, die sich entlang des Kyle of Dornoch windet, und seine öde Schlucht betraten; und da die Behausung des Hirten hoch oben im Tal lag, wo die hohen Seiten so nahe herankommen und so abrupt aufsteigen, dass während des gesamten Winters die Sonne nie auf den Fluss darunter fällt, hatten wir noch etwa zehn oder zwölf Meilen holpriger Straße vor uns. Der Mond stand in seinem ersten Viertel am Rand der Hügel und enthüllte schwach ihre groben Umrisse; in einer Nische des Flusses tief unter uns konnten wir die Fackel eines abenteuerlustigen Fischers sehen, die bald rot auf Felsen und Wasser schimmerte, bald plötzlich verschwand und vom überhängenden Gestrüpp verdeckt wurde. Es war spät, bevor wir die Hütte des Schäfers erreichten – ein mit dunklen Balken bedecktes, schwach beleuchtetes Bauwerk aus Torf und Stein. Das Wetter war in den letzten Wochen regnerisch und schwül gewesen, und die Herden des Bewohners waren durch die in solchen Jahreszeiten auf feuchten, sumpfigen Farmen übliche Plage der Schafzüchter dezimiert worden. Die Balken waren mit blutverschmierten Fellen beladen, die über uns herabbaumelten, um die konservierende Wirkung des Rauchs aufzufangen; und auf einem groben Brettertisch darunter erhoben sich zwei hohe Pyramiden aus Braxy-Hammel, jede auf einem Kornsieb aufgehäuft. Der Hirte – ein Hochländer von großem Körperbau, aber hart und dünn und von den Sorgen und Mühen von mindestens sechzig Wintern gezeichnet – saß trübsinnig neben dem Feuer. Der Zustand seiner Herden war nicht erfreulich; außerdem hatte er kürzlich eine Vision gehabt, sagte er, die seinen Geist mit seltsamen Vorahnungen erfüllte. Er war am Abend zuvor nach Einbruch der Dunkelheit in eine feuchte Senke gegangen, in der viele seiner Herden gestorben waren. Der Regen hatte vor ein paar Stunden aufgehört, und ein beißender Frost hatte eingesetzt und das ganze Tal mit einem Kranz aus silbrigem Dunst erfüllt, der schwach von dem dünnen Mondfragment erhellt wurde, das aussah, als ruhte es auf der Bergspitze. Der Kranz breitete seine grauen Falten unter ihm aus – denn er war bis zur Hälfte des Abhangs hinaufgestiegen –, als plötzlich die Gestalt eines Mannes, geformt wie aus erhitztem Metall – die Gestalt eines Mannes, der aussah wie ein in einem Ofen zur Rotglut gebrachter Mann aus Messing – aus der Dunkelheit hervorsprang; und nachdem er einige Sekunden lang über die Oberfläche des Nebels gestreift war, während dieser Zeit jedoch den größten Teil des Tals durchquert hatte, verschwand er plötzlich und ließ eine flüchtige Flammenspur hinter sich. Es konnte kaum ein Zweifel daran bestehen, dass der alte Hirte nur eines jener stechenden Lichter gesehen hatte, die in Gebirgsgegenden den Nachtreisenden so oft erschrecken; aber die Erscheinung erfüllte jetzt seinen ganzen Geist, wie eine Erscheinung aus der Geisterwelt, und war von seltsamer und furchterregender Bedeutung:

„Ein Meteor der Nacht ferner Jahre,

Das blitzte unbemerkt auf, außer auf dem faltigen Feld,

Um Mitternacht über Prophezeiungen nachdenken."

Den größten Teil des folgenden Tages verbrachte ich mit meinem Cousin im Wald von Corrybhalgan und sah zwei große Herden Rothirsche auf den Hügeln. Der Wald war nur noch ein Bruchstück seines früheren Zustands; aber die ehrwürdigen Bäume ragten in einigen der unzugänglicheren Täler noch immer dicht und hoch empor; und es war interessant zu beobachten, wie sehr sie dort, wo sie am weitesten in die offene Wüste vordrangen, den gewöhnlichen Charakter der Waldtanne verloren und wie sie, indem sie aus ihren kurzen, knorrigen Stämmen riesige Äste ausstießen, die sich teilweise zwei oder drei Fuß über dem Boden erhoben, in ihren gedrungenen, dichten Proportionen und abgerundeten Konturen ein wenig an riesige Bienenstöcke erinnerten. Es war an sich schon eine Reise ins Hochland wert, um diese letzten Überreste jener baumreichen Beschaffenheit unseres Landes zu sehen, von der die jüngsten unserer geologischen Formationen, die Torfmoose, so bedeutsame Zeugnisse ablegen; und dies ist noch heute, da es in den nördlichen Ländern Kontinentaleuropas weitgehend vorhanden ist, „bezeugt", wie Humboldt treffend bemerkt, „mehr als die Geschichtsbücher die Jugendlichkeit unserer Zivilisation." Zu dieser Zeit besuchte ich, bevor ich nach Hause zurückkehrte, die Baronie Gruids noch einmal, aber der Winter hatte ihr nichts Gutes getan: ihre bescheidenen Züge, ihres sommerlichen Teints beraubt, hatten einen Ausdruck blanken Elends angenommen, und Hunderte ihrer Bewohner, die damals über eine Aufforderung zur Ausweisung entsetzt waren, sahen genauso niedergeschlagen und elend aus wie die Landschaft.

Finlay und mein Freund aus der Doocot-Höhle waren nicht mehr in Reichweite; aber in diesem Winter war ich oft in der Gesellschaft eines jungen Mannes, der etwa fünf Jahre älter war als ich, der aus dem Holz geschnitzt war, aus dem Freundschaft gemacht ist, und den ich sehr liebgewonnen hatte. Ich hatte ihn vor etwa fünf Jahren kennengelernt, als er aus der benachbarten Gemeinde Nigg hierhergekommen war, um bei einem Anstreicher in die Lehre zu gehen, der ein paar Häuser von meiner Mutter entfernt wohnte. Aber zunächst waren wir zu verschieden für eine Freundschaft; er war ein großer Junge und ich ein wilder Junge; und obwohl ich gelegentlich in sein Allerheiligstes eingelassen wurde – ein feuchtes kleines Zimmer in einem Nebengebäude, in dem er schlief und in seinen Mußestunden Aquarelle und Verse malte –, war es nur ein gelegentlicher Besucher, der, da er einen rohen Geschmack für Literatur und die schönen Künste hatte, gerade verdiente, auf diese Weise ermutigt zu werden. Mein Jahr der Arbeit hatte jedoch Wunder für mich bewirkt: Es hatte mich in einen nüchternen jungen Mann verwandelt; und William Ross schien meine Gesellschaft jetzt kaum weniger zu genießen als ich seine. Armer William! Sein Name muss dem Leser völlig unbekannt sein; und doch hatte er das in sich, was ihn bekannt hätte machen sollen. Er war ein genialer Junge – er zeichnete wahrheitsgetreu, hatte einen feinen Sinn für das Schöne und besaß die wahre poetische Begabung; aber es fehlte ihm an Gesundheit und Lebensmut, und er war von Natur aus melancholisch und schüchtern. Er war zu dieser Zeit ein dünner, blasser Junge, blond, mit einem klaren wächsernen Teint , flacher Brust und gebückter Gestalt; und obwohl er erheblich länger lebte, als man von seinem Aussehen erwarten konnte, lag er nach sieben Jahren im Grab. Er hatte kein Glück mit seinen Eltern; seine Mutter, obwohl aus einer frommen Familie des alten schottischen Typs, war ein abweichendes Exemplar; sie war in früher Jugend gefallen und hatte später einen unwissenden, halb schwachsinnigen Arbeiter geheiratet, mit dem sie ein Leben in Armut und Unglück verbrachte; und aus dieser wenig vielversprechenden Ehe war William das älteste Kind. Sein Genie hatte er sicherlich nicht von einem der beiden Elternteile. Seine Großmutter mütterlicherseits und seine Tante waren jedoch hervorragende christliche Frauen von überragender Intelligenz, die ihren Lebensunterhalt damit verdienten, dass sie eine Mädchenschule in der Gemeinde unterhielten; und William, der schon in jungen Jahren zu ihnen gebracht worden war und von Natur aus ein sanftmütiger, gelehriger Junge war, hatte infolgedessen den Vorteil, dass ihm die wichtigste Lektion jeder Erziehung – die Lektion eines guten Beispiels zu Hause – gut vor Augen geführt wurde. Seine Kindheit war die eines Dichters gewesen: Er hatte es geliebt, in der Einsamkeit eines tiefen Waldes neben dem Häuschen seiner Großmutter seinen Tagträumen nachzuhängen; und er hatte gelernt, Verse zu schreiben und Landschaften in einer ländlichen Gegend zu zeichnen, in der noch nie jemand Verse geschrieben oder Landschaften gezeichnet hatte. Und schließlich, da in jenen primitiven Zeiten im Norden Schottlands der Anstreicher das Beste war, was einem Künstler am nächsten kam, wurde William, als er groß genug für die Arbeit war, nach Cromarty geschickt, um dort seinen natürlichen Sinn für die schönen Künste zu kultivieren, indem er Zimmer und Eingangshallen tapezierte und Geländer und Schubkarren strich. Es sind, glaube ich, einige Fälle bekannt, in denen Anstreicher zu Künstlern wurden: Die Geschichte des verstorbenen Mr. William Bonnar von der Royal Academy of Edinburgh ist einer davon; aber die Tatsache, dass die Fälle nicht zahlreicher sind, zeigt, wie viel häufiger eine Neigung zum Zeichnen lediglich eine Nachahmung ist als eine ursprüngliche, selbst erworbene Begabung. Fast alle Lehrlinge unseres Nachbarn, des Anstreichers, hatten ihre Neigung zum Zeichnen so ausgeprägt, dass sie ihre Berufswahl beeinflusste; und was in Cromarty so oft der Fall war, muss, denke ich, auch an vielen ähnlichen Orten der Fall gewesen sein; Aber von wie wenigen dieser Zeichner-Embryonen sind die Werke auch nur in einem Ausstellungsraum in der Provinz erschienen!

Zu der Zeit, als meine Vertrautheit mit William am engsten wurde, waren sowohl seine Großmutter als auch seine Tante gestorben, und er kämpfte sich mit großen Schwierigkeiten durch das letzte Jahr seiner Lehrzeit. Da sein Meister ihn nur mit Essen und Unterkunft versorgte, wurde seine Wäsche knapp und sein Sabbatanzug schäbig; und er sah der Zeit entgegen, in der er frei sein würde, für sich selbst zu arbeiten, mit der ganzen Sorge des Reisenden, der befürchtet, dass sein dürftiger Vorrat an Proviant und Wasser ihn völlig verlassen könnte, bevor er den Hafen erreicht. Ich konnte ihm natürlich nicht helfen. Ich war ein Lehrling wie er und verfügte nicht einmal über einen Sixpence; und wäre es anders gewesen, hätte er aller Wahrscheinlichkeit nach eingewilligt, meine Hilfe anzunehmen; aber es fehlte ihm ebenso an Mut wie an Geld, und in dieser Hinsicht tat ihm meine Gesellschaft gut. Wir diskutierten gemeinsam über alle möglichen Themen, insbesondere Poesie und die schönen Künste; und obwohl wir oft unterschiedlicher Meinung waren, dienten unsere Unterschiede nur dazu, uns noch enger zu verbinden. So hielt er beispielsweise Beattie's „Minstrel" für das vollkommenste englische Gedicht; aber obwohl ihm Dryden's „Virgil" recht gut gefiel, konnte er in Dryden's „Absalom und Ahithophel" überhaupt keine Poesie finden; während mir sowohl „Minstrel" als auch „Ahithophel" gefielen und ich kaum sagen konnte, welchen der beiden ich, so verschieden sie auch in ihrer Zusammensetzung und ihrem Charakter waren, am häufigsten las oder am meisten bewunderte. Unter den Prosaschriftstellern wiederum war Addison sein besonderer Liebling und Swift verabscheute er; während mir Addison und Swift fast gleich gut gefielen und ich ohne Gefühl der Unstimmigkeit von Mirza's Vision oder dem Aufsatz über Westminster Abbey zu dem wahren Bericht über Partridges Tod oder der Geschichte einer Wanne überging. Wenn er sich jedoch über die laxe Laxheit meines

Geschmacks wundern konnte, gab es zumindest einen speziellen Bereich, in dem ich mich ebenso sehr über die unfassbare Breite seines Geschmacks wundern konnte. Die Natur hatte mir, entgegen der Meinung der Phrenologen, die Musik durch zwei große Ausstülpungen an den Ecken meiner Stirn erkennen, ein beklagenswert mangelhaftes Gehör gegeben. Mein Onkel Sandy, der ein großer Psalmist war, hatte sein Bestes getan, um einen Sänger aus mir zu machen; doch schließlich gab er sich nach einer Welt der Anstrengung damit zufrieden, aufzuhören, als er, wie er dachte, mich dazu gebracht hatte, St. George's von jeder anderen Psalmmelodie zu unterscheiden. Als jedoch in der Gemeindekirche eine zweite Melodie eingeführt wurde, die die Zeile am Ende der Strophe wiederholte, verließ mich selbst dieses armselige Stückchen an Begabung; und bis heute – obwohl ich die Klänge des Dudelsacks im Allgemeinen recht mag und nichts gegen Trommeln im Besonderen einzuwenden habe – kommen mir gelegentlich Zweifel, ob es in Wirklichkeit so etwas wie Melodien gibt. Mein Freund William Ross dagegen war ein geborener Musiker. Als kleiner Junge hatte er sich aus jungen Holundertrieben eine Querpfeife und eine Klarinette gebaut, auf denen er liebliche Musik vortragen konnte. Später beschäftigte er sich mit den Prinzipien und der Praxis dieser Wissenschaft und wurde einer der besten Flötenspieler der Gegend. Trotz meiner Schwerhörigkeit hege ich eine angenehme Erinnerung an die lieblichen Klänge, die an jedem milderen Abend, wenn ich mich näherte, aus seinem kleinen Zimmer im Nebengebäude drangen, und an den besänftigten und ruhigen Zustand, in dem ich ihn bei diesen Gelegenheiten immer vorfand, wenn ich eintrat. Ich konnte seine Musik nicht verstehen, aber ich sah, dass sie ihm zumindest geistig, wenn auch, fürchte ich, nicht körperlich – denn die Atmungsorgane waren schwach – sehr gut tat.

Es gab jedoch einen besonderen Bereich, in dem unsere Geschmäcker vollkommen harmonierten. Wir waren beide, wenn auch nicht gleichermaßen begünstigt, so doch zumindest gleichermaßen hingebungsvolle Liebhaber der wilden und schönen Natur, und so manchen Mondscheinspaziergang unternahmen wir diesen Winter gemeinsam durch die Wälder und Felsen des Hügels. Jemand, der selbst in seinen Gefühlen überhaupt nicht krankhaft poetisch war, sagte einmal über Thomson, dass „er zwei brennende Kerzen nicht anders als mit poetischem Blick hätte betrachten können". Von meinem Freund könnte man zumindest sagen, dass er nie eine schöne oder eindrucksvolle Landschaft sah, ohne tief davon bewegt zu sein. Was die bloßen Kerzen angeht, wenn sie auf einer Anrichte aus Kiefernholz oder einem Ladentisch gestanden hätten, hätten sie ihn vielleicht nicht berührt; aber wenn sie in einer Totenwache neben den Toten oder in einer gewölbten Krypta oder einer einsamen Felsenhöhle brannten , hätte er sie auch nur mit poetischem Blick betrachten können. Ich habe ihn auf unseren Spaziergängen in tiefe Feierlichkeit versunken gesehen, als der aufgehende Mond rot und breit und von Wolken umgeben über den Hügel durch die Zwischenräume einer Gruppe dunkler Tannen auf uns herabblickte; und ich habe ihn plötzlich verstummen sehen, als wir aus dem mondbeschienenen Wald hervortraten und in ein zerklüftetes Tal blickten und weit unter uns das schmale, sich kräuselnde Bächlein im Licht glitzern sahen, wie ein schmaler Streifen des Polarlichts, das sich quer durch einen dunklen Himmel schoss, während die steilen, rauen Seiten der Schlucht auf beiden Seiten in Dunkelheit gehüllt waren. Mein Freund hatte nicht die gleichen Möglichkeiten zur allgemeinen Lektüre wie ich, aber er kannte zumindest eine Art von Büchern, von denen ich kaum etwas wusste: Er hatte Hogarths „Analyse der Schönheit", Fresnoys „Kunst der Malerei", Gessners „Briefe", die „Vorlesungen von Sir Joshua Reynolds" und mehrere andere Werke ähnlicher Art sorgfältig studiert; und in allen Fragen der Kritik, die sich auf die äußere Form, die Wirkung von Licht und Schatten und die Einflüsse der meteorischen Medien bezogen, hielt ich ihn für eine hohe Autorität. Er hatte ein feines Auge für das Erkennen der besonderen Merkmale, die einer Landschaft Individualität und Charakter verliehen – jene Merkmale, wie er zu sagen pflegte, die der Künstler oder Dichter erfassen und hervorheben sollte, während er gleichzeitig die anderen abmilderte, damit sie nicht wie in einem Mob untergingen; und da ich ihn als Meister auf diesem Gebiet der Merkmalsauswahl erkannte, freute ich mich, in seiner Schule zu lernen – bei weitem die beste ihrer Art, die ich je besuchte. Ich konnte mich jedoch teilweise bei ihm revanchieren, indem ich ihm viele interessante Stellen zwischen den Felsen oder abgelegene Täler und Höhlen in den Wäldern zeigte, die er aufgrund seiner sesshaften Lebensweise kaum jemals selbst entdeckt hätte. Ich lehrte ihn auch, nach Einbruch der Dunkelheit in den Höhlen Feuer anzuzünden, damit wir die Wirkung der starken Lichter und tiefen Schatten in so wilden Szenen beobachten konnten; und ich erinnere mich noch lebhaft an die Freude, die er empfand, als wir, nachdem wir bei Tageslicht ein starkes Feuer am Eingang der Doocot-Höhle entfacht hatten, das die Nische im Inneren mit Rauch füllte, uns durch die Wolke nach innen kämpften, um das Aussehen des Meeres und des gegenüberliegenden Landes durch ein so dichtes Medium zu erkennen, und als wir uns umdrehten, sahen wir die Landschaft seltsam eingehüllt „in die graubraunen Farben von Erdbeben und Sonnenfinsternis". Wir haben nach Einbruch der Dunkelheit gemeinsam die Lichtungen der umliegenden Wälder besucht, um der Nachtbrise zuzuhören, die düster über die Kiefernwipfel strich; und nachdem wir in der alten Grabkammer eines einsamen Friedhofs ein Licht angezündet hatten, haben wir beobachtet, wie der Strahl auf die zerklüfteten Wände und die faserige Feuchtigkeit und den Schimmel fiel; oder wir haben, als wir ein paar verwelkte Blätter anzündeten, gesehen, wie der Rauch langsam durch eine quadratische Öffnung im Dach in den dunklen Himmel aufstieg. Williams Geist war nicht von wissenschaftlicher Natur. Er hatte sich jedoch einige Kenntnisse in Mathematik angeeignet und einige Fertigkeiten in Architektur und Anatomie des menschlichen Skeletts und der Muskeln; über Perspektive wusste er vielleicht fast so viel, wie damals bekannt war. Ich erinnere mich, dass er die Abhandlung über diese Kunst des Astronomen und Mechanikers Ferguson allen anderen vorzog; und er sagte immer, dass die zwanzig Jahre, die der Philosoph als Maler verbracht hatte, durch seine kleine Arbeit über die Perspektive allein völlig ausgeglichen wurden, obwohl sie keine guten Bilder hervorgebracht hatten. Mein Freund hatte zuvor das Schreiben von Versen weitgehend aufgegeben, weil er gelernt hatte, was Verse sein sollten, und sich mit seinen eigenen nicht zufrieden geben konnte; und vor seinem Tod sah ich, wie er nacheinander seine Flöte und seinen Bleistift aufgab und alle Hoffnungen aufgab, die er einst gehegt hatte, bekannt zu werden. Aber seine schwache Gesundheit wirkte sich auf seine Stimmung aus und schwächte die Energien eines Geistes, der ursprünglich eher zart als stark war.

KAPITEL IX.

„Andere saßen abseits auf einem Hügel,

In Gedanken höher, und hoch urteilend

Von Vorsehung, Vorauswissen, Willen und Schicksal –

Festgelegtes Schicksal, freier Wille, absolutes Vorherwissen;

Und fand kein Ende, verlor sich in irrenden Labyrinthen." – MILTON.

Der Frühling kam und brachte seinen Arbeitsalltag mit sich – Steinbrüche, Bauen und Steinschlagen; aber die Arbeit hatte nun keine Schrecken mehr für mich: Ich arbeitete hart während der für die Mühen vorgesehenen Stunden und war zufrieden; und ich las, schrieb oder ging während der Stunden, die mir eigentlich zugestanden wurden, spazieren und war glücklich. Anfang Mai jedoch hatten wir alle Arbeiten beendet, die mein Herr zuvor in Auftrag gegeben hatte, und da das Geschäft zu dieser Zeit ungewöhnlich langweilig war, konnte er keine weiteren Aufträge an Land ziehen, und die Truppe wurde arbeitslos. Ich eilte in die Wälder und Felsen und setzte meinen Unterricht in Geologie und Naturwissenschaften fort; aber mein Herr, der nichts zu lernen hatte, wurde des Nichtstuns traurigerweise müde; und schließlich machte er sich sehr widerwillig daran – denn er hatte ein volles Vierteljahrhundert lang, wenn auch in kleinem Maßstab, die Rolle des Arbeitgebers gespielt –, Arbeit als Geselle zu beschaffen. Er hatte zu dieser Zeit einen anderen Lehrling; und er nutzte die Gelegenheit, die sich ihm durch die Unfähigkeit des alten Mannes, ihn anzustellen, bot, kündigte seinen Dienst und begann auf eigene Faust zu arbeiten – ein Schritt, zu dem ich mich nicht durchringen konnte, obwohl die Stellung eines Gesellenlehrlings ziemlich ungewöhnlich schien. Und so machte ich mich, als sich für Meister und Lehrling Arbeit an einem etwa dreißig Kilometer von Cromarty entfernten Ort ergab, mit ihm auf den Weg, um zum ersten Mal das Leben auszuprobieren, das man in Hütten und Kasernen verbringt. Unsere Arbeit sollte, wie man mir mitteilte, aus dem Bau und der Behauung eines großen Bauernhofs am Ufer des Flusses Conon bestehen, den einer der wohlhabenderen Eigentümer der Gegend für sich selbst bauen ließ, und zwar nicht auf Vertragsbasis, sondern nach der alten Methode, Arbeiter auf Tageslohnbasis anzustellen; und mein Meister sollte als vollwertiger Geselle eingestuft werden dürfen, obwohl seine Fähigkeiten als Arbeiter schon beträchtlich zurückgegangen waren, unter der Bedingung, dass die Dienste seines Lehrlings so viel niedriger bewertet wurden als ihr tatsächlicher Wert, dass Meister und Knecht als ein Los angesehen wurden – ein fairer Handel für den Arbeitgeber, und noch etwas mehr. Die Vereinbarung war für mich nicht gerade schmeichelhaft, aber ich stimmte ihr ohne Kommentar zu und machte mich mit meinem Meister auf den Weg nach Conon-side.

Als wir uns dem Ort unserer Arbeit an den breiten Ausläufern des Conon näherten, schien die Abendsonne herrlich und erleuchtete die schönen Wälder und edlen Hügel dahinter. Ich wusste, es wäre ein Glück, etwa zehn Stunden am Tag in einer so lieblichen Gegend zu arbeiten und dann den Abend ganz für sich zu haben. Aber als wir bei der Arbeit ankamen, sagte man uns, dass wir am Morgen zu einem Ort etwa vier Meilen weiter westlich aufbrechen müssten, wo ein paar Arbeiter damit beschäftigt waren, ein Mietshaus für die Dame eines kürzlich verstorbenen Gutsbesitzers aus Ross-shire zu bauen. Das Haus lag abseits des Flusses in einer wenig vielversprechenden Richtung. Kurz nach Sonnenaufgang mussten wir uns also mit unseren Werkzeugen auf dem Rücken auf den Weg machen, und vor sechs Uhr erreichten wir das aufstrebende Mietshaus und machten uns an die Arbeit. Die Gegend ringsum war ziemlich kahl und trostlos – eine Szenerie aus Sümpfen und Mooren, über die eine Reihe sanfter, heidebewachsener Hügel ragte. aber in unserer unmittelbaren Nachbarschaft gab es eine malerische kleine Szene – eher eine Vignette als ein Bild – die die allgemeine Missgestalt bis zu einem gewissen Grad wettmachte. Zwei Mehlmühlen – die eine klein und alt, die andere größer und moderner – standen nebeneinander auf so unebenem Boden, dass von vorne gesehen die kleinere auf der Spitze der größeren zu thronen schien; eine Gruppe hoher, anmutiger Lärchen erhob sich unmittelbar neben dem unteren Gebäude und ließ ihre schlanken Zweige über das riesige Rad hängen; während ein paar alte Eschen, die den Mühlteich umgaben, der, indem er sein Wasser den Hügel hinunterschickte, beide Räder nacheinander versorgte, unmittelbar neben dem oberen Gebäude aufsprangen und ihre Zweige über dessen Dach streckten. Als wir unsere Arbeit für den Abend beendeten, begaben wir uns in das alte Herrenhaus, etwa eine halbe Meile entfernt, in dem die verwitwete Dame, für die wir arbeiteten, noch immer wohnte und wo wir, wie die anderen Arbeiter, mit Betten für die Nacht untergebracht werden wollten. Man hatte uns jedoch nicht erwartet, und es waren keine Betten für uns bereitgestellt worden. Da aber der hochländische Zimmermann, der die Holzarbeiten für das neue Gebäude ausführen sollte, ein ganzes Bett für sich allein hatte, sagte man uns, dass wir, wenn wir wollten, zu dritt bei ihm in einem Bett liegen könnten. Obwohl der Zimmermann, wie ich vermute, ein höchst ehrenwerter Mann und ein durch und durch Kelter war, hatte ich im Laufe des Tages bemerkt, dass er schwer von einer gewissen Hautkrankheit befallen war, die in der Vergangenheit der hochländischen Geschichte häufiger vorkam als heute und seine alten Vorfahren selbst ohne ihre Breitschwerter sehr furchterregend gemacht haben musste. Deshalb beschloss ich, auf keinen Fall bei ihm zu schlafen. Ich warnte meinen Herrn, indem ich ihm erzählte, was ich gesehen hatte. Onkel David jedoch, der immer unempfindlich gegenüber Gefahren war, benahm sich bei dieser Gelegenheit wie in dem sinkenden Boot oder unter der fallenden Böschung und ging so bei dem Zimmermann zu Bett, während ich mich hinausstahl und in das obere Stockwerk eines Nebengebäudes gelangte. und ich warf mich in meinen Kleidern auf einen Strohhaufen auf dem Boden und schlief bald fest ein. Allerdings war ich damals noch nicht an ein so raues Bett gewöhnt: Jedes Mal, wenn ich mich in meiner Höhle umdrehte, raschelte das starke, steife Stroh in meinem Gesicht; und gegen Mitternacht erwachte ich.

Ich ging zu einem kleinen Fenster, das auf eine trostlose Heide hinausging und in der Ferne einen Blick auf eine verfallene Kapelle und einen einsamen Friedhof bot, der in den Überlieferungen der Gegend als Kapelle und Friedhof von Gillie-Christ bekannt ist. Dr. Johnson berichtet in seiner „Reise", dass er einmal, als er auf Skye zu Dudelsackmusik zu Abend aß, von einem Herrn informiert wurde, „dass die Macdonalds von Glengarry vor langer Zeit von den Einwohnern von Culloden verletzt oder beleidigt worden waren und entschlossen waren, Gerechtigkeit oder Rache zu üben. Sie kamen an einem Sonntag nach Culloden, wo sie ihre Feinde beim Gottesdienst vorfanden, sie in der Kirche einsperrten und diese in Brand steckten; und dies, sagte er, sei die Melodie, die der Dudelsackspieler spielte, während sie brannten." Culloden war jedoch nicht der Schauplatz der Gräueltat: Es waren die Mackenzies von Ord, die ihre Mitchristen und Kirchenbrüder, die Macdonalds von Glengarry, in tierische Holzkohle verwandelten, als die armen Leute wie brave Katholiken der Messe beiwohnten. Und in dieser alten Kapelle von Gilliechrist wurde das Experiment durchgeführt. Nachdem die Macdonalds das Gebäude in Brand gesteckt hatten, hielten sie die Türen fest, bis der letzte der Mackenzies von Ord in den Flammen umgekommen war. Dann flohen sie, verfolgt von den Mackenzies von Brahan, in ihr eigenes Land, um fortan der Größe ihrer Tat zu frönen. Der Abend war ruhig und still, aber dunkel für die Jahreszeit, denn es war nun fast Mittsommer. Und alles war in der Dunkelheit verschwunden, bis auf die Umrisse einer Reihe niedriger Hügel, die sich hinter dem Moor erhob. Aber ich konnte feststellen, wo die Kapelle und der Friedhof lagen. und ich war sehr erstaunt, als ich zwischen den Grabsteinen und Ruinen ein Licht flackern sah. Mal war es zu sehen, mal war es verborgen, wie die rotierende Laterne eines Leuchtturms, und es schien, als würde es immer wieder um das Gebäude herumfliegen; und als ich lauschte, konnte ich deutlich etwas hören, das wie ein ununterbrochenes Kreischen von höchst unheimlichem Klang klang, das offensichtlich von derselben Stelle kam wie das Funkeln des Lichts. Was konnte eine solche Erscheinung mit solchen Begleiterscheinungen bedeuten – die Zeit ihres Erscheinens Mitternacht – der Ort eine einsame Begräbnisstätte? Ich war in den Highlands: War denn doch etwas Wahres an den vielen in den Highlands kursierenden Geschichten von geisterhaften Totenlichtern und wilden übernatürlichen

Geräuschen, die man nachts an einsamen Grabstätten sah und hörte, wenn ein plötzlicher Tod nahte? Ich spürte, wie mir das Blut in den Adern gefror, denn ich hatte die Zeit des Leichtgläubigen noch nicht hinter mir – und dachte daran, mich an das Bett meines Herrn zu schleichen, um in Reichweite der menschlichen Stimme zu sein, als ich sah, wie das Licht den Friedhof verließ und in gerader Linie über das Moor herabkam, obwohl es in der Stille in vielen Wellen und Schnörkeln hin und her geworfen wurde; und außerdem konnte ich feststellen, dass das, was ich für ein anhaltendes Schreien gehalten hatte, in Wirklichkeit ein anhaltendes Singen war, das mit einer kräftigen, wenn auch etwas brüchigen Stimme vorgetragen wurde. Einen Moment später kam eines der Dienstmädchen des Herrenhauses halb angezogen zur Tür eines Nebengebäudes gerannt, in dem die Arbeiter und der Landknecht lagen, und forderte sie auf, sofort aufzustehen. Mad Bell sei wieder ausgebrochen, sagte sie, und würde sie ein zweites Mal in Brand stecken.

Die Männer standen auf, und als sie an der Tür erschienen, gesellte ich mich zu ihnen; doch als wir ein paar Meter ins Moor hinausgingen, fanden wir die Wahnsinnige bereits in der Obhut zweier Männer, die sie gepackt hatten und zu ihrer Hütte schleiften, einer elenden Bruchbude, etwa eine halbe Meile entfernt. Sie sprach kein einziges Mal mit uns, sondern sang weiter, wenn auch in tieferem und gedämpfterem Ton als zuvor, ein gälisches Lied. Wir erreichten ihre Hütte und traten mit ihrem eigenen Licht ein. Eine ziemlich lange Kette, die mit einem Stopper an einem der Hochlandpaare des Gebäudes befestigt war , zeigte, dass ihre Nachbarn bei früheren Gelegenheiten gezwungen gewesen waren, ihre Freiheit einzuschränken; und einer der Männer benutzte die Kette jetzt und wickelte sie so um ihre Person, dass sie, anstatt ihr Zugang zum Raum zu gewähren, an den feuchten, unebenen Boden gefesselt war. Es war ein sehr feuchter und unebener Boden. Darüber waren Spalten im Dach, durch die die Elemente freien Zugang hatten; und die Torfwände, die durch das Leck an mehreren Stellen gefährlich gewölbt waren, waren grün vor Schimmel. Einer der Maurer und ich griffen gleichzeitig ein. Es ginge nicht, sagten wir, ein menschliches Wesen auf diese Weise an die feuchte Erde zu fesseln. Warum geben wir ihr nicht, was die Länge der Kette zuließe – die ganze Reichweite des Raumes? Wenn wir das täten, antwortete der Mann, würde sie sich vor dem Morgen sicher befreien, und wir müssten nur aufstehen und sie erneut fesseln. Aber wir beschlossen, erwiderten wir, dass wir sie, was auch immer geschehen mochte, *nicht* auf diese Weise an den schmutzigen Boden fesseln sollten; und schließlich gelang es uns, unseren Standpunkt durchzusetzen. Das Lied verstummte für einen Moment: Die Wahnsinnige drehte sich um und präsentierte die stark ausgeprägten, energischen Gesichtszüge einer Frau von etwa fünfundfünfzig Jahren voll ins Licht; und während sie uns mit einem scharfen, prüfenden Blick musterte, der ganz anders war als der des Idioten, wiederholte sie nachdrücklich den heiligen Text: „Selig sind die

Barmherzigen, denn sie werden Barmherzigkeit erlangen." Dann begann sie mit leiser, trauriger Stimme eine alte schottische Ballade zu singen, und als wir das Cottage verließen, konnten wir hören, wie ihre Stimme beim Zurückweichen allmählich höher wurde, bis sie schließlich ihre frühere Höhe und wilde Klangfülle wiedererlangt hatte.

Vor Tagesanbruch gelang es der Wahnsinnigen, sich zu befreien; aber der Anfall war inzwischen vorüber; und als sie mich am nächsten Morgen an der Stelle besuchte, wo ich hauen musste – etwas abseits von den anderen Arbeitern, die alle mit dem Bau der Mauern beschäftigt waren – hätte ich sie kaum wiedererkannt, wenn ich ihre markanten Gesichtszüge nicht gesehen hätte. Sie war ordentlich gekleidet, obwohl ihr Kleid weder schön noch neu war; ihre saubere weiße Haube war schön zurechtgemacht; und ihr Auftreten schien eher das der Frau oder Tochter eines anständigen Händlers zu sein als das einer gewöhnlichen Landfrau. Eine Weile stand sie schweigend neben mir und fragte dann etwas abrupt: „Was bringt *Sie* dazu, als Maurer zu arbeiten?" Ich gab eine banale Antwort; aber sie war damit nicht zufrieden. „Alle Ihre Kollegen sind echte Maurer", sagte sie; „aber Sie sind nur als Maurer verkleidet; und ich bin gekommen, um Sie über die tiefen Angelegenheiten der Seele zu konsultieren." Die Angelegenheiten, nach denen sie fragen wollte, waren in der Tat sehr tiefgründig; sie hatte, wie ich herausfand, Flavels „Abhandlung über die Seele des Menschen" sorgfältig gelesen – ein Buch, das ich, zu meinem Glück, ebenfalls durchgelesen hatte; und bald vertieften wir uns gemeinsam in die ziemlich schlechte Metaphysik, die zu diesem Thema von den Scholastikern verbreitet und von den Geistlichen neu veröffentlicht wurde. Es scheine klar zu sein, sagte sie, dass jede menschliche Seele erschaffen – nicht weitergegeben – erschaffen wurde, vielleicht zu der Zeit, als sie zu entstehen begann; aber wenn dem so war, wie oder aufgrund welchen Prinzips kam sie unter den Einfluss des Sündenfalls? Ich bemerkte lediglich als Antwort, dass sie natürlich mit den Ansichten der alten Theologen – *wie Flavel* – vertraut war, Männern, die wirklich so viel über solche Dinge wussten, wie man wissen konnte, und vielleicht sogar noch ein bisschen mehr: war sie mit ihnen nicht zufrieden? Nicht unzufrieden, sagte sie; aber sie wollte mehr Licht. Könnte eine Seele, die nicht von unseren ersten Eltern abstammt, einfach dadurch verkommen, dass man sie in einen von ihnen abstammenden Körper steckt? Eine der Passagen in Flavel zu diesem speziellen Punkt war mir glücklicherweise aufgrund ihrer seltsamen Unklarheit im Ausdruck aufgefallen, und ich konnte sie fast im Originalwortlaut zitieren. Wissen Sie, bemerkte ich, dass eine große Autorität in dieser Frage „sich entschieden weigerte zu behaupten, dass die moralische Infektion durch physische Einwirkung erfolgte, so wie eine rostige Schwertscheide ein glänzendes Schwert infiziert und befleckt, wenn es darin steckt: Es könnte", dachte er, „durch natürliche Begleiterscheinung geschehen sein, wie Estius es ausdrückt, oder, um es mit Dr. Reynolds auszudrücken, durch unbeschreibliche Resultate und Ausstrahlung." Da dies vollkommen unverständlich war, schien es meine neue Freundin zufriedenzustellen. Ich fügte jedoch hinzu, dass ich wie sie auf mehr Licht in dieser Schwierigkeit warte und mich ernsthaft damit befassen könnte, wenn ich vollständig bewiesen fände, dass der Schöpfer den Menschen nicht in gleicher Weise zum Nachkommen der ursprünglichen Vorfahren der Rasse machen konnte oder wollte. Ich war wie der große Mr. Locke davon überzeugt, dass er es schaffen konnte; und ich wusste auch nicht, dass er irgendwo gesagt hatte, dass er das, was er in dieser Angelegenheit tun konnte, nicht getan hatte. Dies war das erste von vielen seltsamen Gesprächen mit der Wahnsinnigen, die trotz ihrer traurigen Zerbrochenheit eine der intellektuellsten Frauen war, die ich je kannte. So bescheiden die Umstände auch waren, in denen ich sie vorfand, ihr Bruder, der zu dieser Zeit seit etwa zwei Jahren tot war, war einer der bekanntesten Pfarrer der schottischen Kirche in den nördlichen Highlands gewesen. Um aus einer liebevollen Bemerkung des Herausgebers eines kleinen Bandes seiner Predigten zu zitieren, der vor einigen Jahren veröffentlicht wurde – des Reverend Mr. Mackenzie aus North Leith – „er war ein tiefsinniger Geistlicher, ein beredter Prediger, ein sehr erfahrener Christ und darüber hinaus ein klassischer Gelehrter, ein populärer Dichter, ein Mann von originellem Genie und ein hervorragender Mann des Gebets." Und seine arme Schwester Isabel schien, obwohl sie zuweilen schwer von einem schrecklichen Wahnsinn geplagt wurde, von der Natur Kräfte erhalten zu haben, die seinen vielleicht nicht nachstanden.

Wir waren nicht immer mit den alten Geistlichen beschäftigt; Isabels zähes Gedächtnis war mit den Traditionen der Gegend gefüllt; und sie konnte viele Anekdoten über alte Häuptlinge erzählen, die auf dem Land, das einst ihr eigenes gewesen war, vergessen worden waren, und über Hochlanddichter, deren Lieder zum letzten Mal gesungen worden waren. Die Geschichte des „Überfalls von Gillie-christ" wurde wiederholt gedruckt, seit ich sie zum ersten Mal von ihr hörte: Sie bildet die Grundlage für die eindrucksvolle Erzählung „Allan mit der roten Jacke" des verstorbenen Sir Thomas Dick Lander; und ich habe sie in ihrem eher gewöhnlichen traditionellen Gewand in den Spalten des *Inverness Courier gesehen* . Aber zu dieser Zeit war sie neu für mich; und bei keiner Gelegenheit hätte sie durch den Erzähler weniger an Bedeutung verlieren können . Sie selbst war eine Mackenzie; und ihre Augen blitzten wie wildes Feuer, wenn sie von den barbarischen und brutalen Macdonalds sprach und von dem gemessenen Marsch und den unerschütterlichen Tönen ihres Dudelsackspielers vor der brennenden Kapelle, während ihre sterbenden Vorfahren drinnen in ihrer Qual schrien. Sie kannte auch die ähnliche Geschichte von der Höhle von Eigg, in der eine Gruppe der Macdonalds selbst, bestehend aus Männern, Frauen und Kindern – die gesamte Bevölkerung der Insel – von den Macleods von Skye massenhaft erstickt worden war; und ich habe von ihr mehr gesunden Menschenverstand zum Thema des Charakters der Highlands gehört, „bevor das Evangelium ihn änderte", wie diese Passagen in ihrer Geschichte zeigen, als von einigen Highlandern, die in anderen Angelegenheiten vernünftig genug waren, sich aber von einem zu wahllosen Respekt für den wilden Mut und die halb instinktive Treue der alten Rasse mitreißen ließen. Die alten Highlander waren mutige, treue Hunde, sagte sie, bereit, für ihre Herren zu sterben und auf deren Geheiß wie andere Hunde die grausamsten und bösesten Taten zu begehen; und oft wurden sie wie Hunde behandelt; ja, selbst nachdem die Religion sie zu Menschen gemacht hatte (als wären sie dazu verurteilt, für die Sünden ihrer Eltern zu leiden), wurden sie oft wie Hunde behandelt. Die frommen Märtyrer des Südens hatten für Gott gekämpft; während die armen Hochländer des Nordens nur für ihre Häuptlinge gekämpft hatten; und so war Gott zwar gütig zu den Nachkommen *seiner* Diener gewesen, aber die Häuptlinge waren sehr unfreundlich zu den Nachkommen ihrer Diener. Aus gutem Grund jedoch geriet meine neue Gefährtin bei diesen Gesprächen oft in beklagenswerten Wahnsinn. Sie sagte, sie habe ihre nächtlichen Besuche in der alten Kapelle von Gillie-Christ gemacht, damit sie ihren Vater in ihren Schwierigkeiten konsultieren könne; und der gute Mann, obwohl er oft nächtelang schwieg, versäumte es selten, sie aus den Tiefen seines stillen Grabes zu trösten und ihr Ratschläge zu geben, wenn ihr Unglück extrem wurde. Auf seinen Rat hin hatte sie jedoch eine Tür angezündet, die sie eine Zeit lang vom Friedhof ferngehalten hatte, und sie niedergebrannt. Sie war in jungen Jahren verheiratet gewesen; und ich habe selten etwas Wilderes oder Einfallsreicheres gehört als den Bericht, den sie über einen Streit mit ihrem Mann gab, der mit ihrer Trennung endete.

Nachdem sie mehrere Jahre glücklich mit ihm gelebt hatte, wurde sie, sagte sie, auf einmal sehr unglücklich und alles in ihrem Haushalt ging schlecht. Aber während ihr Mann keine wahre Vorstellung von der Ursache ihres neugeborenen Elends zu haben schien, hatte sie eine. Aus Sparsamkeit hielt er ein Schwein, das, zu Speck verarbeitet, der Familie immer nützlich war; und ab und zu fand ein Schinken des Tiers seinen Weg in das Pfarrhaus ihres Bruders, als eine Art freundliche Anerkennung für die vielen guten Dinge, die sie von ihm erhielt. Ein elendes Schwein jedoch - ein kleines schwarzes Ding, erst ein paar Wochen alt -, das ihr Mann auf einem Jahrmarkt gekauft hatte, war, wie sie bald herausfand, von einem bösen Geist besessen, der die seltsame Macht hatte, das Tier zu verlassen, um in ihrem Heim Unheil anzurichten, und der sie nicht nur furchtbar unglücklich machte, sondern manchmal sogar in ihren Mann hineingeriet. Der Mann selbst, der arme, geblendete Mann! konnte von alledem nichts sehen; noch wollte er *ihr glauben*, die es sehen konnte und sah; noch konnte sie ihn davon überzeugen, dass es entschieden seine Pflicht war, das Schwein loszuwerden. Sie war nicht überzeugt, dass sie selbst ein klares Recht hatte, das Tier zu töten: es war zweifellos das Eigentum ihres Mannes, nicht ihres; aber sie konnte es nur in Umstände bringen, in denen es frei sein konnte, sich selbst zu töten oder nicht, und sollte es sich unter diesen Umständen selbst töten, war sie sicher, dass alle besseren Geistlichen sie von jeder auch nur annähernd moralischen Schuld in dieser Angelegenheit freisprechen würden; und der erleichterte Haushalt wäre sowohl von dem bösen Geist als auch von dem kleinen Schwein befreit. Der Mühlteich befand sich unmittelbar neben ihrer Wohnung: seine steilen, mit Steinen ummauerten Seiten waren zumindest für kleine Schweine unerklimmbar; und unter den alten Aschen, die unmittelbar an seinem Rand aufwuchsen, gab es eine, die einen riesigen Ast wie einen gebogenen Arm direkt darüber ausstreckte, weit über das Mauerwerk hinaus, so dass die Jungen aus der Nachbarschaft sich darauf niederließen und nach kleinen Forellen fischten, die manchmal ihren Weg in den Teich fanden. Eines Tages, als ihr Mann ihr den Rücken zuwandte und niemand da war, der es sehen oder eingreifen konnte, setzte sie das Schwein auf den vorspringenden Ast. Es stand eine Weile da: Es bestand also kein Zweifel, dass es stehen *konnte*; aber da es nicht länger stehen wollte, streckte es sich aus – rutschte aus – fiel – fiel ins Wasser – und ertrank schließlich, da es nicht das Ufer hinaufklettern konnte. Und das war das Ende des Schweins. Es schien jedoch, als sei der böse Geist stattdessen von ihrem Mann gefahren – so extrem war seine Empörung über die Angelegenheit. Er wollte weder eine Entschuldigung noch eine Erklärung annehmen und da sie natürlich nicht länger unter einem Dach mit einem so unvernünftigen Mann leben konnte, nutzte sie die Gelegenheit, als er diesen Teil des Landes verließ, um weiter weg zu arbeiten, und blieb in ihrer alten Hütte zurück – in derselben, in der sie damals lebte. So schilderte die Wahnsinnige ihren Streit mit ihrem Mann: und wenn ich Männern zuhörte, die sich mit wenig vertrauter Logik über eines der tiefsten Geheimnisse der Offenbarung streiten – ein Geheimnis, das, wenn es einmal als Glaubensartikel angenommen wurde, dazu dient, viele Schwierigkeiten zu lösen, das aber selbst vom menschlichen Verstand völlig unlösbar ist –, musste ich manchmal unwillkürlich an ihre geistreiche, aber nicht sehr stichhaltige Argumentation über den Fall des Schweins denken. Es ist gefährlich, im theologischen Bereich zu versuchen, zu erklären, was in Wirklichkeit nicht erklärt werden kann. Bei dem Versuch wird immer eine schwache Fehlgeburt der menschlichen Vernunft an die Stelle eines tiefen Geheimnisses der moralischen Regierung Gottes gesetzt; und Menschen, die im Glauben nicht gut verankert sind, werden dazu verleitet, die greifbare Fehlgeburt mit dem unergründlichen Geheimnis zu verwechseln und werden dadurch geschädigt.

Es gelang mir, ein Bett im Herrenhaus zu bekommen, ohne wie Marsyas in alten Zeiten meine Haut zu gefährden; und obwohl es in der unmittelbaren Nachbarschaft wenig Interessantes gab und drinnen nicht viel zu genießen war – denn ich konnte weder Bücher noch angenehme Gesellschaft finden –, kam ich mit Hilfe meines Bleistifts und meines Skizzenbuchs ziemlich gut über meine freien Stunden hinweg. Meine neue Freundin Isabel hätte mit mir so viel von ihrer Unterhaltung geredet, wie ich gewollt hätte; denn es gab viele Punkte, zu denen sie mich um Rat fragen musste, und viele Geheimnisse, die ich mitteilen musste; aber obwohl ich immer an ihrer Gesellschaft interessiert war, war ich auch immer betrübt und verließ sie nach jedem längeren *Tête-à-Tête* in einem Zustand niedergeschlagener Stimmung, den ich nur schwer abschütteln konnte. Die Gesellschaft einer willensstarken Wahnsinnigen scheint etwas besonders Ungesundes zu sein; und so gelang es mir, ihr so weit wie möglich aus dem Weg zu gehen – manchmal nicht wenig, was sie sehr beschämte. Ich habe sie jedoch stundenlang bei völliger geistiger Gesundheit erlebt. Bei diesen Gelegenheiten sprach sie viel über ihren Bruder, für den sie große Ehrfurcht hegte, und erzählte mir viele Anekdoten über ihn, die an sich nicht uninteressant waren und die sie bemerkenswert gut erzählte. Einige davon sind mir noch heute in Erinnerung. „Es gab zwei Klassen von Männern", sagte sie, „für die er eine besondere Hochachtung hatte – christliche Männer mit einem beständigen Charakter und Männer, die, obwohl sie sich nicht zur Religion bekannten, in ihrem Umgang ehrlich und freundlich waren. Und mit Leuten dieser letzteren Art pflegte er viel freundlichen Umgang zu pflegen, der manchmal recht heiter war – denn er konnte sowohl Witze machen als auch Witze aufnehmen –, was seinen Freunden aber am Ende meist gut tat. Solange mein Vater und meine Mutter lebten, reiste er jedes Jahr einmal durchs Land, um ihnen einen Besuch abzustatten; und auf einer dieser Reisen wurde er von einem dieser weniger religiösen Gemeindemitglieder begleitet, der ihn jedoch sehr schätzte und den er wiederum wegen seiner unverblümten Ehrlichkeit und seines zuvorkommenden Wesens mochte. Sie hatten eine Zeit lang in einem Haus am Rande der Gemeinde meines Bruders gehaust, wo ein Kind getauft werden musste und wo, fürchte ich, Donald einen zusätzlichen Schluck bekommen haben muss; denn er war den ganzen Abend danach sehr streitlustig; und als er merkte, dass er in keinem Punkt mit meinem Bruder übereinstimmen konnte, ließ er ihn einige hundert Meter weit los und holte ihn nicht wieder ein, bis er ihn, als er durch ein dichtes Wäldchen ging, in Gedanken versunken vor einem merkwürdig geformten Baum stehen sah. Donald hatte in seinem ganzen Leben noch nie einen so merkwürdig aussehenden Baum gesehen. Der untere Teil war nach innen und außen und vor und zurück verdreht wie ein schlecht gemachter Korkenzieher, während der höhere schnurgerade nach oben schoss, gerade wie eine Linie, und seine spitz zulaufende Spitze schien wie ein Finger, der zum Himmel zeigte. „Komm, sag mir, Donald", sagte mein Bruder, „wie siehst du diesen Baum aus?" „Das weiß ich wirklich, Mr. Lachlan", erwiderte Donald, „aber wenn Sie mich das gerade Stück vom Hahn abnehmen lassen, wird er grün und wie die *Wurm* einer Whisky-Brennblase." „Aber das gerade Stück kann ich nicht brauchen", sagte mein Bruder; „Der Kern und die eigentliche Bedeutung meines Vergleichs liegt in dem geraden Teil. Einer der alten Väter hätte vielleicht gesagt, Donald, dass dieser Baum dem Weg des Christen ähnelt. Sein früher Fortschritt hat Wendungen und Drehungen, genau wie der untere Teil dieses Baumes; eine Versuchung zieht ihn nach links – eine andere nach rechts: sein Weg nach oben ist krumm; aber es ist trotzdem ein Weg nach oben; denn er hat, wie der Baum, das Prinzip des himmelwärts gerichteten Wachstums in sich: Die störenden Einflüsse schwächen sich ab, wenn die Gnade stärker wird und Appetit und Leidenschaft abnehmen; und so ähnelt der frühe Teil seiner Karriere nicht mehr dem verzogenen und verdrehten Stamm dieses Baumes, als seine späteren Jahre seiner spitz zulaufenden Spitze ähneln. Er schießt in gerader Linie himmelwärts.'" Dies ist ein Beispiel für die Anekdoten dieser armen Frau. Ich sah sie später einmal, wenn auch nur für kurze Zeit; da erzählte sie mir, dass ihre und meine Gedanken, obwohl die Leute *uns nicht verstehen* könnten, einen Sinn hätten; und einige Jahre später, als ich als Maurergeselle im Süden Schottlands arbeitete, ging sie zwanzig Meilen zu Fuß, um meine Mutter zu besuchen, und blieb mehrere Tage bei ihr. Ihr Tod war melancholisch. Als sie in einer ihrer wilderen Stimmungen den Fluss Conon durchquerte, wurde sie von der Strömung mitgerissen und ertrank, und ihre Leiche wurde ein oder zwei Tage später ans Ufer geworfen.

Nachdem wir unsere Arbeit an diesem Ort beendet hatten, kehrten mein Meister und ich an einem Samstagabend nach Conon-side zurück, wo wir 24 Arbeiter in einem rostigen Kornofen zusammengedrängt vorfanden, der von Giebel zu Giebel offen und nicht länger als dreißig Fuß war. Eine Reihe einfacher Betten aus unbehauenen Platten verlief an den Seiten; und an einem der Giebel loderte eine Reihe von Feuern, in deren Mauerwerk sogenannte Maurer-Schieber steckten, um darüber die Töpfe aufzuhängen, die zum Kochen des Essens der Truppe verwendet wurden. Als wir eintraten, herrschte wildes Durcheinander. Einige der nüchterneren Arbeiter waren damit beschäftigt, Haferkuchen zu „backen und zu brennen", und einige andere waren mit gleicher Nüchternheit damit beschäftigt, ihren abendlichen Haferbrei zu kochen; aber vor dem Gebäude befand sich eine wilde Gruppe von Lehrlingen, die aufrührerisch versuchten, einen schottischen Hirten daran zu hindern, seine Herde an ihnen vorbeizutreiben, indem sie ihre Schürzen vor den verängstigten Tieren schüttelten; und eine ebenso auf Unterhaltung aus seiende Gruppe stimmte mit burlesker Vehemenz in ein Lied ein, das einer der Männer, der zu Recht stolz auf sein musikalisches Talent war, gerade angestimmt hatte. Plötzlich verstummte das Lied, und mit wildem Lärm stürmte eine Schar von etwa acht oder zehn Arbeitern in die Grünanlage, um einen kleinen, untersetzten Kerl zu verfolgen, der den Sänger, wie sie sagten, beleidigt hatte. Der Schrei erklang wild und hoch:

„Eine Rammung! Eine Rammung!" Der kleine Kerl wurde gepackt und niedergeworfen, und fünf Männer – einer hielt seinen Kopf und einer an jedem Arm und Bein – begannen, die strengen Befehle der Kasernenpolizei an seinem Körper auszuführen. Er wurde wie ein alter Rammbock in Stellung gebracht und mit dem ganzen Ende gegen die Wand des Ofens getrieben, wobei dieser wichtige Teil seines Körpers in heftigen Kontakt mit dem Mauerwerk kam, „wo", so Butler, „ein Tritt die Ehre sehr verletzt". Nach dem dritten Schlag wurde er jedoch freigelassen, und das unterbrochene Lied ging weiter wie zuvor. Ich war erstaunt und etwas bestürzt über dieses Beispiel des Kasernenlebens; doch ich begab mich leise in das Gebäude und kochte mir und meinem Onkel über einem der unbesetzten Feuer etwas Haferbrei. Dann schlich ich mich so früh wie möglich in mein Lager auf einem einsamen Heuboden – denn in der Kaserne war kein Platz für uns –, wo ich durch die umsichtige Verwendung von etwas Schwefel und Quecksilber meinen Herrn von den Folgen der seltsamen Bettgemeinschaft befreien konnte, die unser jüngstes Elend verursacht hatte, und mich selbst vor einer Ansteckung bewahren konnte. Der folgende Sabbat war ein Tag der ruhigen Ruhe; und ich begann mit den Arbeiten der Woche, in der Annahme, dass mein Schicksal, wenn auch ein ziemlich hartes, doch nicht ganz unerträglich war; und dass es, selbst wenn es schlimmer wäre, angesichts des mit Sicherheit kommenden Winters weise und männlich zugleich wäre, sich freudig damit abzufinden und es zu ertragen.

Ich war in der Tat in eine für mich völlig neue Schule eingetreten – zeitweise, wie ich gerade gezeigt habe, eine außerordentlich laute und lärmende, denn es war eine Schule ohne Lehrer oder Aufseher; aber ihre gelegentlichen Lektionen waren nichtsdestotrotz äußerst kritikwürdig. Jeder weiß, dass es so etwas wie einen Berufscharakter gibt. Manchen Menschen prägt die Natur tatsächlich so stark den Stempel der Individualität auf, dass der schwächere Stempel der Umstände und der Stellung sie nicht beeindruckt. Solche Fälle müssen jedoch immer als Ausnahme betrachtet werden. Auf die durchschnittliche Masse der Menschheit haben die speziellen Beschäftigungen, denen sie nachgehen, oder die Art der Geschäfte, die sie abwickeln, den Effekt, sie in unterschiedliche Klassen zu formen, von denen jede einen künstlich erzeugten, ganz eigenen Charakter trägt. Geistliche als solche unterscheiden sich von Kaufleuten und Soldaten und alle drei von Anwälten und Ärzten. Jeder dieser Berufe hat in unserer Literatur und in der allgemeinen Meinung seit langem einen Charakter, der für die breite Öffentlichkeit so klar erkennbar ist, dass, wenn er in einem neuen Werk der Fiktion wahrheitsgetreu wiedergegeben oder durch eine Handlung im wirklichen Leben veranschaulicht wird, sofort erkannt wird, dass er von den echten Klassenmerkmalen und Eigenheiten geprägt ist. Aber die beruflichen Merkmale stehen viel tiefer auf der Stufenleiter, als gewöhnlich angenommen wird. Es gibt kaum ein Gewerbe oder einen Bereich manueller Arbeit, der nicht seine eigenen Eigenheiten mit sich bringt – Eigenheiten, die zwar weniger im Beobachtungsbereich von Menschen liegen, die es gewohnt sind, aufzuzeichnen, was sie bemerken, aber nicht weniger real sind als die des Arztes oder des Rechtsgelehrten. Der Barbier ist so anders als der Weber und der Schneider so anders als beide, wie der Bauer anders als der Soldat ist oder wie Bauer oder Soldat anders als der Kaufmann, Anwalt oder Pfarrer ist. Und nur aufgrund desselben Prinzips scheinen von der Spitze eines hohen Turms aus alle Menschen, ob groß oder klein, von gleicher Statur zu sein, so dass diese Unterschiede den Menschen in höheren Gesellschaftsschichten entgehen.

Zwischen den Arbeitern, die ihr sitzendes Leben drinnen verbringen, wie Weber und Schneider, und denen, die im Freien arbeiten, wie Maurer und Pflüger, besteht ein großer Gattungsunterschied. Sitzende Handwerker sind gewöhnlich weniger zufrieden als die fleißigen; und da sie fast immer in Gruppen arbeiten und da ihre verhältnismäßig leichten, wenn auch oft langen und ermüdenden Tätigkeiten ihre Atmungsorgane nicht so sehr beanspruchen, dass sie während ihrer Arbeit einen Gedankenaustausch aufrechterhalten können, sind sie gewöhnlich viel besser in der Lage, ihre Beschwerden vorzubringen und viel flüssiger über deren Ursachen zu spekulieren. Sie entwickeln sich freier als die fleißigen Freiluftarbeiter des Landes und stellen als Klasse ein intelligenteres Bild dar. Wenn andererseits der Freiluftarbeiter seine Schwierigkeiten so überwindet, dass er sich einigermaßen entwickelt, ist er gewöhnlich frischer oder kräftiger als der sitzende. Burns, Hogg und Allan Cunningham sind die literarischen Vertreter dieser Klasse; und man wird feststellen, dass sie den Thoms, Bloomfields und Tannahills, die die sesshaften Arbeiter repräsentieren, beträchtlich voraus sind. Die schweigsamen, einsamen, hart arbeitenden Menschen bleiben, wenn die Natur ihnen keinen besseren Stoff gegeben hat als den, aus dem Wahlkampfredner und Chartisten-Dozenten gemacht sind, still, unterdrückt durch ihre Umstände; aber wenn sie von höherer Klasse sind und einmal den Mund aufmachen, sprechen sie mit Macht und bringen die Frische der grünen Erde und die Freiheit des offenen Himmels in unsere Literatur.

Die spezifischen Eigenheiten, die durch bestimmte Berufe hervorgerufen werden, sind nicht weniger ausgeprägt als die allgemeinen. Wie unterschiedlich ist zum Beispiel der Charakter eines sesshaften Schneiders als solcher von dem des ebenso sesshaften Barbiers! Zwei unvollkommen ausgebildete junge Burschen mit nicht mehr als durchschnittlicher Intelligenz gehen in die Lehre, der eine beim Friseur, der andere beim Modekonfektionär eines großen Dorfes. Der Barbier muss seine vertraute Runde von Kunden unterhalten, während er an ihren Köpfen und Bärten arbeitet. Er darf keine Kontroversen mit ihnen haben; das könnte unangenehm sein und seine Beherrschung der Schere oder des Rasiermessers beeinträchtigen; aber es wird von ihm erwartet, dass er ihnen alles mitteilt, was er über den Klatsch des Ortes weiß; und da jeder Kunde ihm ein wenig davon mitteilt, erfährt er natürlich mehr als jeder andere. Und da seine leichte und einfache Arbeit seine Atmung nicht belastet, lernt er im Laufe der Zeit, ein schneller und fließender Redner zu sein, mit großem Appetit auf Neuigkeiten, aber wenig Neigung zu Streit. Er eignet sich auch, wenn seine Kunden gut sind, höfliche Manieren an, und wenn diese zum großen Teil konservativ sind, wird auch er aller Wahrscheinlichkeit nach ein Konservativer. Der junge Schneider durchläuft einen ganz anderen Prozess. Er lernt, die Kleidung als das Wichtigste von allen irdischen Dingen zu betrachten – er lernt Schnitte und Mode zu kennen – er lernt, das Aussehen eines Knopfes oder das Muster einer Weste auf eine Art zu schätzen, wie es kein anderer kann; und da er sauber arbeitet und seine Kleidung nicht beschmutzt und da er sie billiger und modischer bekommen kann als andere Handwerker, stehen die Chancen zehn zu eins, dass er ein Schönheitskönig wird. Er wird groß in dem, was er für das Größte von allen Dingen hält – der Kleidung. Ein junger Schneider kann unter allen anderen Handwerkern am Schnitt seines Rocks und den Vorzügen seiner Hosen erkannt werden, und da selbst schöne Kleidung allein nicht genügt, ist es notwendig, dass er auch gute Manieren hat; und da er nicht den Vorteil hat, in der vornehmen Gesellschaft zu sein wie sein Nachbar, der Barbier, sind seine Gentleman-Manieren immer weniger fein als grotesk. Daher werden Schneider unter Arbeitern mehr verspottet als jede andere Klasse von Handwerkern. Und dies sind die Prozesse, durch die Schneider und Friseure ihren unverwechselbaren Charakter als solche annehmen – wenn die Natur sie aus ihrer Hand als gewöhnliche Menschen geschickt hat, denn die Außergewöhnlichkeit erhebt sich über alle modifizierenden Einflüsse des Berufs. Ein Dorfschmied hört fast so viel Klatsch wie ein Dorfbarbier; aber er entwickelt sich zu einer völlig anderen Art von Mensch. Er ist nicht verpflichtet, seinen Kunden durch sein Gerede zu gefallen; auch lässt ihm sein Beruf nicht genug Atem, um flüssig oder viel zu reden; und so hört er in grimmiger und dunkelhäutiger Unabhängigkeit zu – schmiedet sein Eisen, solange es heiß ist – und wenn er sich, nachdem er es ins Feuer gestoßen hat, zum Blasebalg beugt, lässt er in grober Rede eine kurze richterliche Bemerkung fallen und macht sich wieder fest an die Arbeit. Auch könnte man den Schuhmacher aufgrund des rein mechanischen Charakters seines Berufs als nahe Verwandten des Schneiders betrachten. Aber das ist nicht der Fall. Er muss mit Kleister, Wachs, Öl und Schuhcreme arbeiten und riecht nach Leder. Er kann sich nicht besonders sauber halten, und obwohl ein schön gearbeiteter Schuh auf seine Weise ganz gut ist, gibt es nicht viel daran, worauf sich Eitelkeit aufbauen lässt. Kein Mann kann sich aufgrund eines hübsch geformten Schuhs als Schönheitskönig etablieren, und so ist der Schuhmacher auch kein Schönheitskönig, sondern im Gegenteil ein sorgloser, männlicher Kerl, der, wenn er nicht übermäßig dem Montagsfest gewidmet ist, im Laufe seines Lebens normalerweise eine beträchtliche Menge Verstand erlangt. Schuhmacher sind oft in hohem Maße intelligente Männer, und Bloomfield, der Dichter, Gifford, der Kritiker und Satiriker, und Carey, der Missionar, müssen sicherlich als durch und durch respektable Beiträge des Berufs zur Welt der Poesie, Kritik und Religion angesehen werden.

Der Berufscharakter des Maurers variiert in den verschiedenen Provinzen Schottlands sehr stark, je nach den verschiedenen Umständen, in denen er tätig ist. Er ist im Allgemeinen ein grober, männlicher, schweigsamer Kerl, der, ohne viel Radikalismus oder Chartismus an sich zu haben, selten vor einem Gentleman den Hut zieht, insbesondere wenn der Lohn gut und die Beschäftigung reichlich ist. Seine Beschäftigung ist weniger rein mechanisch als die vieler anderer: Er ist nicht wie ein Mann, der unaufhörlich damit beschäftigt ist, Nadeln zu spitzen oder Stecknadelköpfe zu formen. Im Gegenteil, jeder Stein, den er legt oder behaut, erfordert ein gewisses Maß an Urteilsvermögen; und so kann er es nicht völlig ertragen, dass sein Geist bei seiner Arbeit einschläft. Auch wenn er mit der Errichtung eines schönen Gebäudes beschäftigt ist, empfindet er immer ein gewisses Interesse daran, die Wirkung des Entwurfs zu beobachten, der sich Stück für Stück entwickelt und unter seinen Händen wächst; und so wird er seiner Arbeit selten müde. Darüber hinaus hat sein Beruf den Vorteil, dass er seinen Sehsinn schult. Er ist es gewohnt, die Geradlinigkeit von Linien auf einen Blick zu erkennen und seinen Blick an ebenen Wänden oder den Formen von Gebälken oder Architraven entlang zu richten, um die Geradlinigkeit des Mauerwerks zu bestimmen. Dabei erwirbt er eine Art mathematische Präzision bei der Bestimmung der wahren Richtung und Position von Gegenständen und kann, wenn er in einen Schützenverein aufgenommen wird, ohne vorherige Übung gewöhnlich mit dessen zweitklassigen Schüssen mithalten. An die erstklassigen Schüsse kommt er nur deshalb nicht heran, weil er, da er durch die Erfahrung seines Berufs nicht in das Geheimnis der Parabelkurve eingeweiht ist, beim Zielen nicht die gebührende Berücksichtigung dieser Punkte findet. Der Maurer ist fast immer ein schweigsamer Mann: Die Belastung seiner Atmung ist bei aktiver Arbeit zu groß, um den Sprechorganen die nötige Freiheit zu lassen; und so wird zumindest der Baumeister oder Steinmetz aus der Provinz selten oder nie ein demokratischer Redner. Ausnahmefälle habe ich in den größeren Städten erlebt; Aber sie waren das Ergebnis individueller Eigenheiten, die sich in Clubs und Kneipen entwickelt hatten, und hatten keinen professionellen Charakter.

Es ist jedoch derzeit hauptsächlich der Charakter unserer Maurer aus dem Norden, mit dem ich mich beschäftige. Da sie in kleinen Dörfern oder in Landhäusern leben, können sie in der Nähe ihrer Wohnstätten nur sehr selten Arbeit finden. Daher begnügen sie sich normalerweise damit, diese einfach als ihr Zuhause für die Winter- und Frühjahrsmonate zu betrachten, wenn sie nichts zu tun haben, und ziehen zum Arbeiten in andere Teile des Landes, wo Brücken, Häfen oder Bauernhöfe gebaut werden – um dort den Einflüssen des sogenannten Baracken- oder vielmehr Bothy-Lebens ausgesetzt zu sein. Diese Baracken oder Bothies sind fast immer von der erbärmlichsten Art. Ich habe in Hütten gelebt, die bei nassem Wetter ausnahmslos von den Überschwemmungen der benachbarten Sümpfe überschwemmt wurden, und durch deren Dächer ich nachts die Stunde ablesen konnte, indem ich von meinem Bett aus die Sterne markierte, die über die Öffnungen entlang des Bergrückens zogen: Ich habe in anderen Behausungen mit etwas gehobeneren Ansprüchen gewohnt, in denen ich bei jedem stärkeren nächtlichen Regenguss von den Regentropfen aufgeweckt wurde, die mir im Bett ins Gesicht spritzten. Ich erinnere mich, dass Onkel James mir, als er mich drängte, kein Maurer zu werden, erzählte, dass ein benachbarter Gutsherr, als er gefragt wurde, warum er ein verrücktes altes Gebäude hinter einer Gruppe hübscher moderner Büros stehen ließ, dem Fragesteller mitteilte, dass die Hütte nicht nur aus schlechtem Geschmack verschont geblieben sei, sondern aus dem Umstand, dass er sie jedes Mal sehr praktisch fand, wenn seine Spekulationen eine *Herde Schweine* oder *eine Truppe Maurer* in die Quere brachten. Und meine spätere Erfahrung zeigte mir, dass die Geschichte möglicherweise nicht im Geringsten apokryph war und dass Maurer manchmal Gründe hatten, vor Herren nicht den Hut zu ziehen.

In diesen Baracken ist das Essen sehr einfach und gröbstartig: Haferflocken sind das Grundnahrungsmittel, und Milch, wenn Milch verfügbar ist, was nicht immer der Fall ist. Da die Männer abwechselnd kochen müssen und ihnen nur etwa eine halbe Stunde Zeit bleibt, ein Feuer anzuzünden und das Essen für ein Dutzend oder zwanzig Kameraden zuzubereiten, ist das Kochen ausnahmslos eine äußerst rohe und einfache Angelegenheit. Ich habe Maurertrupps gekannt, die im zentralen Hochland Brücken bauten und dabei nicht selten durch nasses Wetter zerstört wurden, das ihren einzigen Brennstoff, den Torf, durchweichte und unbrennbar machte, sodass sie ihren Haferflocken schließlich roh aßen und nur mit ein wenig Wasser angefeuchtet, das sie mit der Hand aus einem benachbarten Bach schöpften. Ich habe mehr als einmal erlebt, dass uns unser eigener Salzvorrat ausging. und nachdem ein Hochlandschmuggler Hilfe geleistet hatte – denn in jenen Tagen, vor der Aufhebung der Zölle, wurde viel Salz geschmuggelt – hörte ich die Klage eines jungen Burschen über die Härte unserer Kost, die sofort von einem Kameraden abgewiesen wurde, der ihn fragte, ob er nicht ein undankbarer Hund sei, der so murre, da wir, nachdem wir eine Woche lang von frischen Umschlägen gelebt hatten, an diesem Morgen tatsächlich Haferbrei mit Salz darin bekommen hatten. Eine deutliche Auswirkung des jährlichen Wechsels, den der Maurer aus dem Norden durchmachen muss, von einem Leben in häuslicher Bequemlichkeit zu einem Leben voller Entbehrungen in der Hütte, wenn er die mittleren Lebensjahre noch nicht hinter sich hat, ist eine scheinbar große Steigerung seiner Lebensgeister. Zu Hause ist er aller Wahrscheinlichkeit nach eine ruhige, etwas langweilig wirkende Person, die nicht viel zum Lachen oder Scherzen neigt; während er in der Hütte, wenn die Truppe groß ist, wild und humorvoll wird – viel lacht und einfallsreich wird, wenn es darum geht, seinen Kameraden Streiche zu spielen. Wie in allen anderen Gemeinschaften gibt es auch in der Kaserne gewisse Gesetze, die als nützlich zur Kontrolle zumindest der jüngeren Mitglieder, der Lehrlinge, anerkannt werden. Doch in der allgemeinen Heiterkeit verlieren selbst diese ihren Charakter und sind kein Schrecken mehr für Übeltäter, sondern werden bei der Ausführung zu bloßen Anlässen der Heiterkeit. In all meiner Erfahrung habe ich noch nie erlebt, dass eine ernsthafte Strafe verhängt wurde. Kurz nach unserer Ankunft in Conon-side wurde meinem Meister, der zufällig bemerkte, dass er seit 25 Jahren nicht mehr als Geselle gearbeitet hatte, eine „Rammstrafe" zugesprochen, weil er, wie es hieß, gegenüber seinen Arbeitskollegen so überlegen war. Doch obwohl das Urteil sofort vollstreckt wurde, ging man mit dem alten Mann sanft um, der genug gesunden Menschenverstand hatte, das Ganze als Scherz hinzunehmen. Und doch gab es inmitten all dieser wilden Heiterkeit und Zügellosigkeit keinen Arbeiter, der nicht die Annehmlichkeiten seines ruhigen Zuhauses bedauerte und sich nach dem Glück sehnte, das er, wie er fühlte, nur dort genießen konnte. Es ist seit langem bekannt, dass Fröhlichkeit kein wirkliches Vergnügen ist; aber dass Fröhlichkeit nicht viel mehr als den Mangel an wirklichem Vergnügen bedeuten sollte, ist ein Umstand, den man nicht immer vermutet. Meine Erfahrung im Kasernenleben hat es mir ermöglicht, ohne Zögern zu akzeptieren, was über die gelegentliche Fröhlichkeit von Sklaven in Amerika und anderswo gesagt wurde, und der oft wiederholten Aussage, dass die erbärmlichen Leibeigenen despotischer Regierungen mehr lachen als die Untertanen eines freien Landes, voll und ganz Glauben zu schenken. Die armen Kerle! Wenn das britische Volk so unglücklich wäre wie Sklaven oder Leibeigene, würde es, wage ich zu behaupten, mit der Zeit lernen, genauso fröhlich zu sein. Es gibt jedoch zwei Umstände, die verhindern, dass das Leben in der Hütte des Maurers im Norden seinem Charakter so schadet, wie es fast immer dem des Landknechts schadet. Da er damit rechnen muss, jeden Winter und fast jeden Frühling arbeitslos zu sein, ist er gezwungen, auf Selbstverleugnung zu achten, was jedoch immer eine gute Wirkung hat, wenn es nicht bis zur äußersten Geizhalsigkeit getrieben wird. Und an Halloween kehrt er zu jeder Jahreszeit in den humanisierenden Einfluss seines Zuhauses zurück.

KAPITEL X.

„Die Muse, kein Dichter fand sie je,

Bis er selbst lernte zu wandern

Auf einem mäandernden Bachlauf,

Und nicht lange nachdenken:

Oh, süß zum Nachdenken und nachdenklichen Grübeln

Ein gefühlvolles Lied!" – BURNS.

In der unmittelbaren Umgebung von Conon-side gibt es herrliche Spazierwege, und da die Arbeiter – die, wie gesagt, auf Tageslohnbasis arbeiteten – sofort nach sechs Uhr ihre Arbeit einstellten, hatte ich in den Sommermonaten jeden Abend drei bis vier Stunden für mich, um diese zu genießen. Die große Senke, die von den Wassern des Cromarty Firth eingenommen wird, teilt sich an ihrem oberen Ende, genau dort, wo das Meer aufhört zu fließen, in zwei Täler. Es gibt das Tal des Peffer und das Tal des Conon, und dazwischen liegt eine Reihe zerklüfteter Hügel, die aus dem großen Konglomerat des Old Red System gebildet werden. Das Konglomerat, immer eine malerische Ablagerung, endet etwa vier oder fünf Meilen weiter oben im Tal in einer Reihe schroffer Steilhänge, die, obwohl sie ins Landesinnere ragen, so kühn und steil sind, als bildeten sie die Endbarriere einer exponierten Seeküste. Ein paar vereinzelte Kiefern krönen ihre Gipfel; und die edlen Wälder von Brahan Castle, dem alten Sitz der Earls of Seaforth, erstrecken sich von ihrem Fuß bis zum Ufer des Conon. Auf unserer Seite des Flusses erhoben sich die unreiferen, aber frischen und dicht bewachsenen Wälder von Conon House entlang der Ufer; und ich war erfreut, inmitten dieser Wälder eine verfallene Kapelle und einen alten Friedhof zu finden, die in einer äußerst einsamen Ecke einen kleinen grünen Hügel einnahmen, einst eine Insel des Flusses, die jetzt aber durch die allmähliche Abnutzung des Kanals und das daraus resultierende Absinken des Wassers auf ein niedrigeres Niveau trockengelegt wurde. Auf dem höchsten Gipfel der Anhöhe erhoben sich ein paar zerbrochene Mauern; der Hang war von den kleinen moosbewachsenen Hügeln und stark flechtenbewachsenen Grabsteinen bedeckt, die den alten Friedhof kennzeichnen; und zwischen den Gräbern unmittelbar neben der Ruine stand ein rustikales Zifferblatt, dessen Eisengnomon bis zu einem oxidierten Film abgenutzt und grün von Wetterflecken und Moos war. Und rund um diesen kleinen, einsamen Hof erstreckte sich der junge Wald, dicht wie eine Hecke, aber nach Westen hin gerade offen genug, um in schrägen Linien entlang der Grabsteine und Ruinen das rote Licht der untergehenden Sonne hereinzulassen.

Ich habe diese Abendspaziergänge sehr genossen. Von Conon-side als Zentrum aus umfasst ein Radius von sechs Meilen viele interessante Objekte: Strathpeffer mit seinen Mineralquellen – Castle Leod mit seinen alten Bäumen, darunter eine der größten spanischen Kastanien in Schottland – Knockferrel mit seiner verglasten Festung – der alte Turm von Fairburn – der alte, wenn auch etwas modernisierte Turm von Kinkell – die Brahan-Policen mit dem alten Castle of the Seaforths – das alte Castle of Kilcoy – und die Druidenkreise des Moors von Redcastle. Nacheinander besuchte ich sie alle und erlebte dabei viele schöne Szenen; aber ich stellte fest, dass mir meine vier Stunden, wenn der Besuch, wie es manchmal der Fall war, zwölf Meilen Fußmarsch beinhaltete, kaum genug Zeit ließen, um sie zu erkunden und zu genießen. Ein halber Feiertag pro Woche wäre ein großer Segen für den Arbeiter, der eine Vorliebe für die stillen Freuden des Intellekts entwickelt hat und entweder eine Vorliebe für Naturobjekte entwickelt oder, wie der Altertumsforscher sagt, „es liebt, Altes anzuschauen". Meine Erinnerungen an dieses reiche Stück Land mit seinen Wäldern, Türmen und dem edlen Fluss scheinen in das rote Licht herrlicher Sonnenuntergänge getaucht zu sein. Seine unebene Ebene aus Old Red Sandstone lehnt sich in einigen Meilen Entfernung an dunkle Hochlandhügel aus schieferhaltigem Gneis an, die an der Stelle, an der sie an das grüne Tiefland angrenzen, niedrig und zahm sind, sich aber nach oben in eine alpine Region erstrecken, wo die alte skandinavische Flora des Landes – jene Flora, die allein in der Zeit des Geschiebelehms blühte – noch immer ihren Platz gegen die germanischen Invasoren behauptet, die die tiefer gelegenen Gebiete bedecken, so wie die Kelten früher genau denselben Platz gegen die Sachsen behaupteten. Und auf der Spitze eines anschwellenden Moorlandes, direkt unterhalb der schroffen, schwarzen Hügel, steht der hohe, blasse Turm von Fairburn, der, wie ich ihn oft gesehen habe, in der Dämmerung wie ein gespenstisches Gespenst der Vergangenheit wirkt, das aus seiner Einsamkeit auf die Veränderungen der Gegenwart blickt. Der Freibeuter, sein Gründer, hatte ihn aus Sicherheitsgründen zunächst ohne Tür gebaut und kletterte über eine Leiter durch das Fenster eines oberen Stockwerks hinein. Doch jetzt brütete ungebrochener Frieden über seinen zerfallenen, efeuumrankten Mauern, und Jahr für Jahr zogen sich gepflügte Felder entlang des Moorhangs, auf dem er stand, bis schließlich alles grün wurde und die dunkle Heide verschwand. Es gibt ein poetisches Zeitalter im Leben der meisten Menschen, ebenso wie in der Geschichte der meisten Nationen; und es ist ein sehr glückliches Zeitalter. Ich war jetzt vollständig in dieses Zeitalter eingetreten und genoss auf meinen einsamen Spaziergängen entlang des Conon ein Glück, das reichlich genug war, um für viele lange Stunden der Mühe und viele Entbehrungen zu entschädigen. Ich habe als Motto dieses Kapitels einen exquisiten Vers von Burns zitiert. Es gibt kaum eine andere Strophe in der breiten britischen Literatur, die so getreulich die Stimmung beschreibt, die mich regelmäßig überkam, wenn der Abend hereinbrach und ich mich in den dichten Wäldern vergraben oder eine waldige Nische am Flussufer erreicht hatte, und in der ich fühlte, dass mein Herz und mein Verstand so vollkommen mit der Szene und der Stunde im Einklang waren wie der stille Waldteich neben mir, dessen Oberfläche in der Stille jeden Baum und jeden Felsen widerspiegelte, der sich um ihn herum erhob, und jeden Farbton des Himmels darüber. Und doch war die Stimmung, obwohl süß, auch, wie der Dichter es ausdrückt, nachdenklich: Sie war durchdrungen von der glücklichen Melancholie, die ein älterer Barde so wahrheitsgetreu besang, der ebenfalls tief in das Gefühl eingedrungen sein muss.

„Wenn ich ganz allein grübele,

Denken Sie an verschiedene Dinge, die vorhergesehen wurden –

Wenn ich Luftschlösser baue,

Ohne Kummer und ohne Sorge,

Ich erfreue mich an süßen Phantasmen –

Mich dünkt, die Zeit vergeht wie im Flug;

    Alle meine Freuden daran sind Torheit.

    Nichts ist so süß wie die Melancholie.

„Wenn ich für mich sitze und lächle,

Mit angenehmen Gedanken die Zeit vertreiben,

An einem Bachufer oder einem grünen Wald,

Ungehört, unaufgefordert oder ungesehen,

Tausend Freuden segnen mich,

Und kröne meine Seele mit Glück

    Alle meine Freuden daran sind Torheit.

    Nichts ist so süß wie die Melancholie."

Wenn ich daran denke, wie mein Glück durch jeden kleinen Vogel gesteigert wurde, der plötzlich in den Bäumen zu singen begann und dann ebenso plötzlich verstummte, oder durch jeden buntschuppigen Fisch, der durch die topasfarbenen Tiefen des Wassers schoss oder für einen Moment über seine ruhige Oberfläche stieg – wie mich die blauen Hyazinthenschichten entzückten, die die Lichtungen im Wald bedeckten, und wie jede goldfarbene

Wolke, die über der untergehenden Sonne schimmerte und ihren hellen Glanz auf den Fluss warf, das Herz eines Himmels jenseits zu beschreiben schien – wundere ich mich, wenn ich die damals verfassten Gedichtfetzen durchsehe und feststelle, wie wenig von dem Gefühl, in dem ich so schwelgte, oder von der Natur, die ich so genoss, darin ihren Weg fand. Aber was Wordsworth treffend als „die Vollendung des Verses" bezeichnet, die nur wenigen zuteil wird, unterscheidet sich so sehr von der poetischen Fähigkeit, die vielen zuteil wird, wie die Fähigkeit, exquisite Musik zu genießen, sich von der Kraft unterscheidet, sie hervorzubringen. Es gibt sogar Fälle, in denen die „Fähigkeit" sehr hoch, die „Leistung" jedoch vergleichsweise gering oder gar nicht vorhanden ist. Der verstorbene Dr. Chalmers, dessen Astronomical Discourses eines der schönsten philosophischen Gedichte überhaupt sind, hat mir erzählt, dass es ihm nie gelungen sei, eine lesbare Strophe zu zustande zu bringen; und Dr. Thomas Brown, dessen Metaphysik vor Poesie glüht, hätte, obwohl er ganze Gedichtbände verfasste, fast dasselbe von sich sagen können. Aber wie der Metaphysiker, der seine Verse kaum veröffentlicht hätte, wenn er sie nicht für gut gehalten hätte, gefielen mir meine Reime zu dieser Zeit und noch einige Zeit danach wunderbar: Sie wurden in meinem Kopf so mit der Landschaft, in der sie verfasst waren, und der Stimmung, die sie selten verfehlten, verbunden, dass sie, obwohl sie weder die Stimmung atmeten noch die Landschaft widerspiegelten, immer beides suggerierten; Ich nehme an, dass ein Zinnlöffel mit dem Londoner Stempel einer Mannschaft armer, wettergegerbter Seeleute auf einer der Inseln des Pazifiks ihre ferne Heimat und ihre Freuden vor Augen führte. Eines der Stücke, die mir damals einfielen, möchte ich dem Leser jedoch gerne vorlegen. Die wenigen einfachen Gedanken, die es verkörpert, entstanden auf dem einsamen Friedhof inmitten der Wälder neben dem alten, mit Flechten überzogenen Zifferblatt.

Beim Betrachten einer Sonnenuhr auf einem Friedhof

Grauer Zifferblattstein, ich würde gern wissen

    Welches Motiv führte dich hierher,

Wo sich dunkel das häufige Grab öffnet,

    Und ruht die Vielbahre.

Ach! Vergeblich kriecht der dunkle Schatten,

    Langsam über deine gemusterte Ebene:

Wenn das sterbliche Leben vergeht,

    Die Zeit zählt ihre Stunden vergeblich.

Wie die Wolken über des Ozeans Brust fegen,
    Wenn der Winterwind schreit.
So zweifelhafte Gedanken, grauer Zifferblattstein,
    Komm und überwältig meine Gedanken.
Ich denke daran, was dich hierher bringen könnte,
    Von denen, die unter dir liegen,
Und denke nach, wenn du nicht auferweckt worden wärst
    Zur Verhöhnung der Toten.

Nein, Mann, wenn sie auf der Bühne des Lebens stehen, sind sie unruhig.
    Darf seine Mitmenschen verspotten!
In der Tat, ihre nüchternsten Freaks leisten
    Seltener Stoff zum Spott also.
Doch ach! Als ihr kurzer Aufenthalt vorüber war –
    Wenn das schreckliche Schicksal des Himmels verkündet wird –
Dort schlägt das menschliche Herz
    Wie Verhöhnung der Toten?

Der Unglückselige, der noch immer zu schaden
    Lenkt seine Macht als Verbrecher,
Möge ihm das Buch der Gnade geöffnet werden
    Wessen Tag der Gnade ist vorbei;
Aber der sterbliche Mensch konnte nie sicher sein,
    Egal wie alt er ist und in welchem Land er lebt,
So erhebt euch zum Spott über die Toten,
    Der Stein, der die Zeit misst.

Grauer Zifferblattstein, ich würde gern wissen
    Welches Motiv führte dich hierher,
Wo die Traurigkeit oft seufzt,

Und vergießt häufig eine Träne.
Wie dein schlichter, grauer Zifferblattstein,
   Seid müde von der Trauer und trauert:
Dunkle Trauer teilt ihnen die Zeit zu –
   Dunkler Schatten hinterlässt auf dir ein Zeichen der Zeit.

Ich weiß es jetzt: warst du nicht
   Um seine Aufmerksamkeit zu erregen
Dem durch glitzernde Tränen die Freuden der Erde
   Wertlos erscheinen und trübe?
Wir denken an die Zeit, wenn die Zeit verflogen ist,
   Der Freund, den unsere Tränen beklagen;
Der Gott, den stolze Herzen verleugnen,
   Von Trauer demütige Herzen beten an.

Grauer Stein, über dir die träge Nacht
   Vergeht unerzählt;
Auch war es nicht deine Aufgabe, mittags zu lehren
   Wenn der Sonnenstrahl versagt.
In der dunklen Nacht des Todes, grauer Zifferblattstein,
   Hört auf mit allen Werken der Menschen;
Wenn der Himmel im Leben seine Hilfe verweigert,
   Diese Arbeiten sind nutzlos und vergeblich.

Grauer Zifferblattstein, während noch dein Schatten
   Weist darauf hin, dass diese Stunden mir gehören –
Während ich noch früh am Morgen aufstehe –
   Und ruhe dich aus, wenn der Tag sich neigt –
Wenn doch die SONNE , die deine formte,
   Seine hellen Strahlen strahlten auf mich,
Dass ich, weise für den letzten Tag,

Könnte die Zeit messen, wie du!

Das waren glückliche Abende – umso glücklicher, da ich im Herzen und Appetit noch ein Junge war und, wenn die Saison kam, die wilden Himbeeren der Conon-Wälder – eine in diesem Teil des Landes sehr häufig vorkommende Frucht – so sehr genießen konnte wie immer und so leicht wie immer klettern konnte, um die Guan-Bäume von ihren wilden Kirschen zu befreien. Wenn der Fluss niedrig war, watete ich in seine Furten auf der Suche nach Perlenmuscheln (*Unio Margaritiferus*); und obwohl ich beim Perlenfischen nicht sehr erfolgreich war, war es doch immerhin etwas, zu sehen, wie dicht die Individuen dieser größten britischen Süßwasserweichtiere zwischen den Kieselsteinen der Furten verstreut lagen, oder sie zu beobachten, wie sie langsam am Boden entlangkrochen – wenn infolge längerer Dürreperioden die Strömung so nachgelassen hatte, dass sie nicht in Gefahr waren, weggespült zu werden –, jedes auf seinem großen weißen Fuß, mit seinen über den Rücken erhobenen Schalen, wie der Panzer einer großen Schildkröte. Ich fand diesmal Gelegenheit zu dem Schluss, dass der *Unio* unserer Flussfurten so viel häufiger Perlen absondert als die *Unionidæ* und *Anadonta* unserer stillen Tümpel und Seen, und zwar nicht aufgrund irgendeiner besonderen Besonderheit in der Konstitution des Geschöpfs, sondern aufgrund der Auswirkungen des Lebensraums, den es von Natur aus wählt. In den Furten und Untiefen eines reißenden Flusses erhält er viele heftige Schläge von Stöcken und Kieselsteinen, die bei Hochwasser heruntergetragen werden, und gelegentlich von den Füßen der Menschen und Tiere, die den Strom bei Dürre überqueren; und diese Schläge lösen die krankhaften Absonderungen aus, die zur Folge haben Perlen. Es scheint keinen inneren Grund zu geben, warum *Anadon Cygnea* mit seinem wunderschönen silbrigen Perlmutt – oft ebenso hell und immer zarter als das von *Unio Margaritiferus* – nicht ebenso Perlen hervorbringen sollte; aber da er in seinen stillen Tümpeln und Seen vor Gewalt geschützt und den Umständen, die abnormale Absonderungen hervorrufen, nicht ausgesetzt ist, bringt er nicht eine einzige Perle pro hundert hervor, die durch die freiliegenden, strömungsgeschüttelten *Unioniden* unserer reißenden Gebirgsflüsse zu Wert und Schönheit herangereift sind. Wenn Not und Leiden doch bei einem Geschöpf einer viel höheren Familie immer ähnliche Folgen hätten und die harten Schläge, die ihm das Schicksal im rauen Strom des Lebens versetzt, durch eine gesegnete innere Veranlagung seiner Natur in Perlen von großem Wert verwandelt werden könnten.

Zu dieser Zeit gehörte es zu meinen ständigen Freuden, in den tieferen Tümpeln des Conon zu baden, wenn die Sonne hinter den Wäldern unterging – ein Vergnügen, das wie alle aufregenderen Freuden der Jugend an Schrecken grenzte. Wie bei dem Dichter, als er „mit den Brechern vergnügt war" und die „kühle See sie zu einem Schrecken machte", „war es eine angenehme Furcht". Aber es waren weder die Strömung noch die kühle Strömung, die es zu einem solchen machte: Ich hatte schon lange vorher eine vollständige Beherrschung aller meiner Bewegungen im Wasser erlangt und bin von den Ufern der Bucht von Cromarty aus um Schiffe auf der Reede herumgeschwommen, als von den vielen Jungen einer Hafenstadt nicht mehr als ein oder zwei es wagten, mich zu begleiten; aber das poetische Zeitalter ist immer ein leichtgläubiges, sowohl bei Individuen als auch bei Nationen: Die alten Ängste vor dem Übernatürlichen mögen abgemildert und vergeistigt werden, aber sie beeinflussen es weiterhin; und zu dieser Zeit nahm der Conon noch seinen Platz unter den verwunschenen Flüssen Schottlands ein. Es gab keinen Fluss im Hochland, der vor dem Bau der stattlichen Brücke in unserer Gegend hemmungsloser mit Menschenleben spielte – ein Beweis, wie der Ethnograph vielleicht sagen würde, für seinen rein keltischen Ursprung; und da der Aberglaube seine Gestalten ebenso sicher hat wie die Poesie, wurden die Gefahren eines wilden, aus den Bergen stammenden Flusses, der zwischen dünn besiedelten Ufern fließt, im Glauben der Menschen durch einen furchtbaren Kobold personifiziert, der ein bösartiges Vergnügen daran hatte, den unwissenden Reisenden in seine Tümpel zu locken oder ihn in seinen Furten zu überwältigen. Sein Kobold, der „Wassergeist", erschien als große Frau in Grün, zeichnete sich aber vor allem durch ihr verwelktes, dürres Gesicht aus, das immer von einem bösartigen Stirnrunzeln verzerrt wurde. Ich kannte alle Furten – immer gefährliche –, wo sie, so hieß es, früher vor dem verängstigten Reisenden aus dem Fluss zu springen pflegte, um mit ihrem dürren Finger wie zum Spott auf ihn zu zeigen oder ihn einladend weiterzuwinken; und man zeigte mir genau den Baum, an den sich ein armer Hochländer geklammert hatte, als er bei der nächtlichen Überquerung des Flusses von dem Kobold gepackt wurde, und von dem er trotz seiner größten Anstrengungen, obwohl ihm ein junger Bursche, sein Begleiter, half, mitten in die Strömung gezogen wurde, wo er umkam. Und wenn ich bei Sonnenuntergang beim Schwimmen über einen dunklen Teich, wo das Auge nichts erkennen oder der Fuß nicht den entfernten Boden ertasten konnte, beim Vorbeischwimmen der Zweig eines versunkenen Busches oder Baumes gegen mich stieß, hatte ich mit plötzlichem Aufschrecken das Gefühl, als ob mich die kalten, blutleeren Finger des Kobolds berührten.

Die alte Kapelle inmitten der Wälder war der Überlieferung zufolge Schauplatz eines Vorfalls, der dem ähnelt, den Sir Walter Scott in seinem Buch „Heart of Mid-Lothian" beschreibt. Als Motto für das Kapitel, in dem er die Vorbereitungen für die Hinrichtung von Porteous beschreibt, entlehnt er einen Autor, der selten zitiert wird – den Kelpie. „Die Stunde ist gekommen", so heißt es in dem Auszug, „aber nicht der Mann" – fast dieselben Worte, die derselbe Autor in seinem Buch „Guy Mannering" in der Höhlenszene zwischen Meg Merrilies und Dirk Hatteraick verwendet. "Es gibt eine Überlieferung", fügt er in der beigefügten Anmerkung hinzu, "dass, während ein kleiner Bach durch kürzliche Regenfälle zu einem reißenden Strom angeschwollen war, die unzufriedene Stimme des Wassergeistes diese Worte aussprach. Im selben Moment kam ein Mann, von seinem Schicksal getrieben, oder, in der schottischen Sprache, *fey*, im Galopp an und bereitete sich darauf vor, das Wasser zu überqueren. Kein Protest der Umstehenden konnte ihn aufhalten: Er stürzte sich in den Bach und starb." So weit, Sir Walter. Die Geschichte aus Ross-shire ist ausführlicher und in ihren Einzelheiten etwas anders. Auf einem Feld in der Nähe der Kapelle, das heute in die Gärten von Conon House übergeht, war an einem Herbsttag vor etwa zwei oder drei Jahrhunderten mittags eine Gruppe von Highlandern damit beschäftigt, ihr Getreide zu mähen, als die unheilvolle Stimme des Geistes aus dem Conon unter ihnen zu hören war - "Die Stunde ist gekommen, aber nicht der Mann." Unmittelbar danach sah man einen Kurier zu Pferd in rasender Eile den Hügel hinunterjagen, direkt auf eine sogenannte „fause furt" zu, die quer über den Bach verläuft, genau gegenüber dem alten Gebäude, in Form einer sich kräuselnden Sandbank, die anscheinend, wenn auch sehr fälschlicherweise, nur eine geringe Wassertiefe andeutet und oben und unten von einem tiefen schwarzen Teich flankiert wird. Die Highlander sprangen vor, um ihn vor der Gefahr zu warnen und ihn zurückzuhalten; aber er war ungläubig und in Eile und ritt im Eiltempo, sagte er, in einer Angelegenheit, die keinen Aufschub duldete; und was die „fause furt" betraf, wenn sie nicht geritten werden konnte, konnte man sie zumindest durchschwimmen; und ob zu Pferd oder schwimmend, er war entschlossen, hinüberzukommen. Entschlossen, ihn jedoch trotz seiner eigenen Bemühungen zu retten, zwangen ihn die Highlander von seinem Pferd, stießen ihn in die kleine Kapelle, sperrten ihn ein; und als die verhängnisvolle Stunde vorüber war, stießen sie die Tür auf und riefen ihm zu, er könne nun seine Reise fortsetzen. Aber es kam keine Antwort, und niemand kam heraus; und als sie hineingingen, fanden sie ihn kalt und steif daliegen, mit dem Gesicht im Wasser eines kleinen Steintaufbeckens vergraben. Er war offenbar in einem Anfall quer über die Mauer gestürzt, und als seine vorherbestimmte Stunde gekommen war, erstickte er an den wenigen Litern Wasser im hervorstehenden Taufbecken. Zu dieser Zeit war das Steintaufbecken der Überlieferung – ein einfacher Trog, kaum mehr als einen Fuß im Durchmesser in beide Richtungen – noch immer zwischen den Ruinen zu sehen; und wie die wahre Kanone im Schloss von Udolpho, neben der der Geist laut Annette seinen Posten einnahm, verlieh es durch seine solide Realität der Geschichte in diesem Teil des Landes ein gewisses Maß an Authentizität, das ihr, wenn es nicht mit einer „örtlichen Behausung" ausgestattet gewesen wäre, wie in Sir Walters Anmerkung, gefehlt hätte. Dies war eine der vielen Geschichten über den Conon, die ich zu einer Zeit kennenlernte, als die Glaubensvorstellungen, die sie verkörperten, noch keineswegs ganz ausgestorben waren und ich sie als einigermaßen ernstzunehmende Realität betrachten konnte, als ich als einsamer Insasse einer trostlosen Baracke um Mitternacht ganz allein im Bett lag und dem Brüllen des Conon lauschte.

Außer den langen Abenden hatten wir eine Stunde zum Frühstück und eine weitere zum Abendessen. Einen Großteil der Frühstücksstunde verbrachten wir mit dem Kochen unseres Essens; aber da wir für das Mittagessen normalerweise ein Stück Haferkuchen und einen Schluck Milch hatten, stand der Großteil der dafür vorgesehenen Stunde *zum* Ausruhen oder zur Unterhaltung zur Verfügung. Und wenn der Tag schön war, verbrachte ich ihn am Ufer eines moosbewachsenen Baches, nur wenige Gehminuten von der Werkhalle entfernt, oder in einer benachbarten Pflanzung neben einem kleinen unregelmäßigen See, der von Binsen und Schilf gesäumt war. Der moosbewachsene Bach, der in seinen tieferen Becken schwarz war, als wäre er ein Rinnsal aus Teer, enthielt eine Menge Forellen, die eine fast ebenso tiefe Farbe angenommen hatten wie sie selbst und die wahren Neger ihrer Rasse bildeten. Sie waren normalerweise klein – denn der Bach selbst war klein; und obwohl kleine Länder manchmal große Männer hervorbringen, bringen kleine Flüsse selten große Fische hervor. Doch einmal, gegen Ende des Herbstes, als sich eine Gruppe jüngerer Arbeiter in aller Herrgottsfrühe daran machte, es mit Fackel und Speer zu durchkämmen, gelang es ihnen, in einem dunklen, von Erlen beschatteten Teich ein monströses Exemplar zu fangen, fast drei Fuß lang und im Verhältnis massig, mit einer Schnauze, die über den Unterkiefer an der Symphyse gebogen war wie der Schnabel eines Falken, und so dunkel gefärbt (wenn auch mit mehr Braun in der Farbe) wie der schwärzeste Seelachs, den ich je gesehen habe. Es muss eine Forelle gewesen sein, ein Besucher aus dem benachbarten Fluss; doch wir alle schlossen damals aufgrund der extremen Schmutzigkeit ihres Fells, dass sie jahrelang in ihrem dunklen Teich gelebt hatte, ein Einsiedler abseits ihrer Artgenossen. Ich bin mir jetzt jedoch nicht ganz sicher, ob diese Schlussfolgerung richtig war. Manche Fische haben, wie manche Menschen, die wunderbare Fähigkeit, die Farben anzunehmen, die ihren Interessen im jeweiligen Moment am besten entsprechen. Ich konnte nicht feststellen, ob die Forelle eine dieser Konformisten war; aber es kam mir damals zumindest merkwürdig vor, dass die Fische selbst im Unterlauf des dunklen kleinen Baches sich in der Farbe so sehr von denen des viel klareren Conon unterschieden, in den sein torfiges Wasser mündet und dessen schuppige Bewohner silbrig schimmern. Kein Fisch scheint eine bessere Macht über sein schmutziges Fell zu haben als ein sehr häufig vorkommender Fisch in der Mündung des Conon – die Flunder. Am Ufer stehend habe ich diese Tiere von dem Fleck Boden aufgeschreckt, auf dem sie lagen – nur für ein sehr scharfes Auge sichtbar –, indem ich einen sehr kleinen Kieselstein direkt über sie warf. War der Fleck blass – etwa eine Minute lang trugen sie seine blasse Farbe mit sich in einen dunkleren Bereich, wo sie aufgrund des Kontrasts deutlich sichtbar blieben, bis sie, nachdem sie allmählich den dunkleren Farbton angenommen hatten, wieder unauffällig wurden. Aber wenn sie auf den gleichen hellen Fleck zurückgeschreckt wurden, von dem sie aufgebrochen waren, habe ich sie etwa eine Minute lang sichtbar gesehen, von ihrer allzu dunklen Tönung, bis sie diese allmählich wieder verloren und wie am Anfang auf die Farbe des helleren Untergrunds herabbleichten. Ein alter Hochländer, dessen Schottenmuster dem allgemeinen Farbton des Heidekrauts entsprach, war aus kurzer Entfernung unsichtbar, als er ein Moor durchquerte, wurde aber beim Überqueren eines grünen Feldes oder einer Wiese vollständig sichtbar: Das von der Natur dem Flunder gegebene Schottenmuster, das anscheinend nach dem gleichen Prinzip der Tarnung gefärbt ist, zeigt einen Grad an Anpassung an seine wechselnden Umstände, den das Schottenmuster benötigte. Und es ist sicherlich merkwürdig genug, bei einem unserer häufigsten Fische eine Eigenschaft zu finden, die früher als eines der herausragenden Wunder der Zoologie jener abgelegenen Länder galt, aus denen das Chamäleon stammt.

Der Teich in der Bepflanzung war zwar ein so unansehnlicher kleiner Wasserfleck, wie er nur sein konnte, aber ich fand, dass er ein weitaus lohnenderes Studienobjekt war als das dunkle Rinnsal. So schäbig und klein er auch war – innerhalb seines Binsensaums nicht größer als ein schickes Wohnzimmer –, hätte seine Naturgeschichte ein interessantes Buch ergeben, und ich habe viele halbe Stunden in der Hitze des Tages an ihm verbracht und seine zahlreichen Bewohner beobachtet – Insekten, Reptilien und Wurmträger. Es gab zwei – anscheinend drei – verschiedene Arten von Libellen, die kamen und ihre Eier darin ablegten – eine der beiden war diese große Libellenart (*Eshna grandis*), kaum kleiner als ein Mittelfinger – die so wunderschön schwarz und gelb gefärbt ist, als sei sie mit demselben Geschmack geschmückt, den man an den Streitwagen und Livreen der eleganten Welt sieht. Die andere Fliege war eine weitaus schlankere und kleinere Art oder Gattung, eher *Agrion* ; und es schienen zwei und nicht eins zu sein, da etwa die Hälfte der Individuen wunderschön schwarz und himmelblau gescheckt war, die andere Hälfte schwarz und leuchtend purpurrot. Aber die Besonderheit war lediglich eine sexuelle: als ob sie jene feinen Analogien illustrieren wollten, mit denen die ganze Natur beladen ist, nehmen die Geschlechter die *Komplementärfarben an* und faszinieren sich gegenseitig, nicht indem sie sich ähneln, sondern indem sie einander *entsprechen* . Mit der Zeit lernte ich, die unangenehm aussehenden Larven dieser Fliegen, sowohl die größeren als auch die kleineren, mit ihren sechs haarigen Beinen und ihren grotesken, furchterregenden Visieren zu unterscheiden, und fand heraus, dass sie die wahren Piraten des Wassers waren, so wie die prächtigen Insekten, zu denen sie sich schließlich entwickelten, die wahren Tyrannen der unteren Luft waren. Es war seltsam zu sehen, wie das schöne geflügelte Geschöpf, das aus der Puppe schlüpfte, in die der abstoßend aussehende Pirat verwandelt worden war, in sein neues Element vordrang, in allem verändert außer seiner Natur, aber darin immer noch unverändert, und sich für die Motte und den Schmetterling ebenso furchterregend erwies, wie es zuvor für den Molch und die Kaulquappe gewesen war. Ich vermute, dass es hier auch eine Analogie gibt. Der Charakter ist im ersten Stadium unserer eigenen Art ebenso sicher wie in dem der Libelle festgelegt. Außerdem war es für mich immer sehr interessant, die Entwicklung des Frosches in seinen frühen Stadien vom Ei zum Fisch zu beobachten; dann vom Fisch zum Reptilienfisch mit seinem gefransten Schwanz und seinen Bauch- und Brustgliedmaßen ; und schließlich vom Reptilienfisch zum vollständigen Reptil. Ich hatte noch nicht gelernt – und es war damals auch nirgends bekannt –, dass die Geschichte des einzelnen Frosches durch diese aufeinanderfolgenden Transformationen eine kleine Geschichte der Tierschöpfung selbst in ihren früheren Stadien ist – dass in der Zeitfolge die eiähnlichen Weichtiere den Fischen vorgezogen hatten und die Fische den Reptilien; und dass es einst eine Zwischenordnung von Lebewesen gegeben hatte, in der, wie beim halb entwickelten Frosch, die Naturen von Fisch und Reptil vereint waren. Aber obwohl ich diese seltsame Analogie nicht kannte, waren die Transformationen an sich schon wundersam genug, um eine Zeit lang meinen ganzen Geist zu füllen. Ich erinnere mich, wie mir eines Nachmittags auffiel, nachdem ich meine übliche freie halbe Stunde am Teich verbracht und die eigentümliche Farbgebung der gelben und schwarzen Libelluliden der gemeinen Wespe und einer gelben und schwarzen Schlupfwespenart bemerkt hatte, dass ich in etwa einem halben Dutzend Herrenkutschen, die gegenüber unserer Werkbank standen – denn der gute alte Ritter von Conon House hatte an diesem Abend eine Dinnerparty – genau dieselbe Art ornamentaler Farbgebung entdeckte. Die meisten Fahrzeuge waren gelb und schwarz – genau wie dies die vorherrschenden Farben bei den Wespen und Libelluliden waren; aber es gab auch eine leichte Beimischung anderer Farben unter ihnen: Es gab mindestens eines, das schwarz und grün oder schwarz und blau war, ich habe vergessen, welches, und ein anderes schwarz und braun. Und so war es auch bei den Insekten: dieselbe Art von Geschmack, sowohl in Bezug auf Farbe als auch Farbanordnung und sogar in Bezug auf die Proportionen der verschiedenen Farben, schien den Stil der Ornamentierung bestimmt zu haben, der sich in den Kutschen der Dinnerparty und der Insektenbesucher des Teichs zeigte. Außerdem glaubte ich, eine beträchtliche Ähnlichkeit in der Form zwischen einem Streitwagen und einem Insekt feststellen zu können. Es gab einen großen *Bauchkörper*, der durch eine schmale Landenge von einem Brustkorb getrennt war , in dem die Lenkkraft untergebracht war; während die Räder, Stangen, Federn und das allgemeine Gerüst, auf dem das Gefährt ruhte, den Flügeln, Gliedmaßen und Fühlern des Insekts entsprachen. Die Ähnlichkeit in der Form war zumindest ausreichend, um die Ähnlichkeit in der Farbe zu rechtfertigen; und hier *war* die tatsächliche Ähnlichkeit in der Farbe, die die Ähnlichkeit in der Form rechtfertigte. Ich erinnere mich, dass ich beim Nachsinnen über den Zufall zum ersten Mal zu vermuten begann, dass es sich vielleicht doch nicht um einen bloßen Zufall handelte; und dass die Tatsache, die in dem bemerkenswerten Text enthalten ist, der uns mitteilt, dass der Schöpfer den Menschen nach seinem eigenen Bild schuf, in Wirklichkeit als die richtige Lösung zugrunde liegen könnte. Der Mensch hat, angetrieben von seinen Bedürfnissen, mechanische Erfindungen für sich entdeckt , die er später als Erfindungen des göttlichen Geistes in irgendeinem Organismus, Tier oder Pflanze, vorweggenommen fand. Auf die gleiche Weise bringt sein Sinn für Schönheit in Form oder Farbe eine gefällige Kombination von Linien oder Farbtönen hervor; und dann entdeckt er, dass auch *diese* vorweggenommen wurde. Er lässt seinen Wagen geschmackvoll schwarz und gelb anstreichen, und siehe da! Die Wespe, die sich auf seinem Rad niederlässt, oder die Libelle, die darüberflitzt, findet er in genau demselben Stil bemalt. Sein Nachbar, der einem anderen Geschmack frönt, lässt *sein* Fahrzeug schwarz und blau anstreichen, und siehe da! Eine kleinere Libelle oder Schlupfwespe saust vorbei, um ebenfalls seinen Ornamentstil zu rechtfertigen, aber gleichzeitig zu zeigen, dass auch dieser schon vor Jahrhunderten existierte.

Die Abende wurden allmählich länger, als die Saison zu Ende ging – was meine Abendspaziergänge zunächst einschränkte und schließlich ganz untersagte. Da ich keinen anderen Ort hatte, an den ich mich zurückziehen konnte, als den dunklen, modrigen Heuboden, in den nie Licht fiel, musste ich den Schutz der Baracke aufsuchen und fand normalerweise einen Sitzplatz, von dem aus ich das Feuer zumindest *sehen konnte* . Der Ort war stark überfüllt und wie in allen übergroßen Gesellschaften gab es normalerweise vier oder fünf Gruppen von Rednern, wobei jede Gruppe ein eigenes Thema hatte. Die älteren Männer sprachen über den Zustand der Märkte und spekulierten insbesondere über den Preis von Haferflocken; die Lehrlinge sprachen über Mädchen; während Gruppen mittleren Alters gelegentlich sowohl über Märkte als auch über Mädchen diskutierten oder über alte Gefährten, ihre Eigenheiten und ihre Geschichte sprachen oder sich über die Abenteuer früherer Arbeitssaisons und die Charaktere der benachbarten Gutsherren ausließen. Von eigentlicher Politik hörte ich nie etwas. Während der gesamten Saison kam nicht ein einziges Mal eine Zeitung durch die Tür der Baracke. Manchmal fesselte ein Lied oder eine Geschichte die Aufmerksamkeit der ganzen Baracke, und es gab insbesondere einen Geschichtenerzähler, der sehr gut die Aufmerksamkeit fesseln konnte. Er war ein Hochländer mittleren Alters, kein sehr geschickter Arbeiter und mit nur mäßigen Englischkenntnissen, und da Personen aus den bescheideneren Schichten, die durch irgendeine Art von Charakterexzentrizität gekennzeichnet sind, gewöhnlich einen Spitznamen bekommen, war er unter seinen Arbeitskollegen besser als Jock Mo-ghoal, *d. h.* John, mein Liebling, bekannt als seinen richtigen Namen. Von allen Geschichten Jock Mo-ghoals war Jock Mo-ghoal selbst der Held, und am wunderbarsten war sicherlich die Erfindungsgabe dieses Mannes. Wie in seinen Erzählungen festgehalten, war sein Leben ein einziges langes episches Gedicht, angefüllt mit merkwürdigen und überraschenden Abenteuern und ausgestattet mit einer außergewöhnlichen Maschinerie des Wilden und Übernatürlichen; und obwohl alle wussten, dass Jock in seinen Geschichten die Vorstellungskraft an die Stelle der Erinnerung setzte, hätten nicht einmal Odysseus oder Äneas – Männer, die, wenn sie ihren Dichtern nicht viel zu verdanken hätten, von ähnlicher Art gewesen sein müssen – an den Höfen von Alkinoos oder Dido mehr Aufmerksamkeit erregen können als Jock in der Kaserne. An den Morgen nach großen, größeren Erzählungen schauten sich die Arbeiter gegenseitig direkt ins Gesicht und fragten mit einem eher beginnenden als ganz ausgeprägten Lächeln, ob „Jock letzte Nacht nicht absolut wunderbar war?"

Er hatte als Mitglied einer Gruppe von Highland-Schnittern den Süden Schottlands mehrmals besucht, um seinem eigentlichen Beruf nachzugehen, und diese Reisen waren die großen Ereignisse seiner Abenteuer. Eine seiner Erzählungen begann, so erinnere ich mich, mit einer furchtbaren Mitternachtsszene auf einem einsamen Friedhof. Jock hatte sich in der Dunkelheit verirrt, war zwischen Grabhügeln und Grabsteinen gestolpert und in ein offenes Grab gestürzt, das so tief war, dass er eine Zeit lang nicht herauskam und sich bei seinen Versuchen, an den losen Wänden zu klettern, nur selbst mitriss: modrige Schädel, große Oberschenkelknochen und Teile verwester Särge. Schließlich gelang es ihm jedoch, herauszukommen, gerade als eine Gruppe gewissenloser Auferstehungsbefürworter im Begriff war, den Friedhof zu betreten; und da sie natürlich einen unverwesten Menschen, der noch Leben in sich hatte, um ihn frisch zu erhalten, toten Leichen vorzogen, die durch die Aufbewahrung verdorben waren, verfolgten sie ihn. und nur mit äußerster Mühe konnte er ihnen, nachdem er über wildes Moorland und durch dunkle Wälder gerannt war, schließlich entkommen, indem er sich in einen Fuchsbau stürzte. Die Zeit der Herbstarbeit war vorüber und er besuchte auf seinem Weg nach Norden Edinburgh und kam gerade die High Street entlang, als er auf der anderen Seite ein Hochlandmädchen sah, mit dem er befreundet war und das er später heiratete. Er schritt hinüber, um sie anzusprechen, und als in diesem Moment ein Wagen mit voller Geschwindigkeit die Straße entlangraste, wurde er von der Deichsel getroffen und niedergeworfen. Der Schlag hatte ihn voll auf die Brust getroffen; aber obwohl der Knochen verletzt schien und die Haut furchtbar geschwollen und blau war, konnte er aufstehen; und als er darum bat, ihm den Weg zu einem Chirurgen zu zeigen, brachte ihn sein Bekannter, das Mädchen, in einen unterirdischen Raum in einer der schmalen Gassen abseits der Straße, der, wenn nicht das Licht eines großen Feuers gewesen wäre, mittags stockfinster gewesen wäre, und in dem er eine kleine runzlige alte Frau fand, so gelb wie der Rauch, der das Zimmer erfüllte. „Wähle", sagte die Hexe, als sie die verletzte Stelle betrachtete, „eine von zwei Möglichkeiten – eine langsame, aber sichere Heilung oder eine plötzliche, aber unvollkommene. Oder soll ich die Verletzung ganz zurückdrängen, bis du nach Hause kommst?" „Das, das", sagte Jock, „wenn ich wieder zu Hause wäre, könnte ich es gut genug ertragen." Die Hexe begann, ihre Hand über die verletzte Stelle zu streichen und leise einen starken Zauberspruch zu murmeln; und während sie murmelte und manipulierte, ging die Schwellung allmählich zurück und die bläulichen Farben verblassten, bis schließlich nichts mehr von dem jüngsten Unfall übrig blieb, außer einem blassen Fleck in der Mitte der Brust, umgeben von einem fadenförmigen blauen Kreis. Und jetzt, sagte sie, geht es dir drei Wochen lang gut; aber sei auf die vierte vorbereitet. Jock setzte seine Reise nach Norden fort und erlebte unterwegs die üblichen Abenteuer. Er wurde von Räubern angegriffen, aber als Hilfe kam, gelang es ihm, sie abzuwehren. Er verirrte sich in dichtem Nebel, fand aber nach vielen Stunden des Umherirrens weit in den Bergen Unterschlupf in einem verlassenen Schafstall. Er wurde beinahe von einem plötzlichen Schneesturm begraben, der nachts ausbrach, aber als er mitten in eine eingepferchte Schafherde geriet, hielten sie ihn warm und behaglich inmitten der riesigen Treibholzkörbe, bis das Morgenlicht es ihm ermöglichte, seine Reise fortzusetzen. Endlich kam er nach Hause und ging seinen üblichen Beschäftigungen nach, als die dritte Woche zu Ende ging; und er befand sich auf einer einsamen Heide zu der Stunde, in der er den Unfall auf der High Street gehabt hatte, als er plötzlich das ferne Rattern eines Streitwagens hörte, obwohl kein Schatten des Fahrzeugs zu sehen war; die Geräusche drangen auf ihn ein und wurden lauter, je näher sie kamen, und als sie am lautesten waren, warf ihn ein heftiger Schlag auf die Brust auf das Moor. Der Schlag der High Street war „zurückgekommen", genau wie die weise Frau es vorausgesagt hatte, wenn auch mit Begleiterscheinungen, die Jock nicht erwartet hatte. Nur mit Mühe erreichte er an diesem Abend seine Hütte, und es vergingen volle sechs Wochen, bevor er sie wieder verlassen konnte. So in seinen Grundzügen war eine der wunderbaren Erzählungen von Jock Moghoal. Er gehörte einer merkwürdigen Klasse an, die, wie ich annehme, in fast jeder Gegend, besonders in den primitiveren, durch Beispiele bekannt ist – denn der in den künstlichen Gesellschaftszuständen übliche Spott hemmt ihr Wachstum erheblich; und in unserer Literatur – vertreten durch die Bobadils, die jungen Wildlinge, Caleb Balderstons und Baron Münchhausens – nehmen sie einen prominenten Platz ein. Die Klasse ist unter den Vagabundenstämmen sehr weit verbreitet. Ich habe wunderbare persönliche Erzählungen gehört, die kein einziges wahres Wort enthielten,

„von Zigeunern, die sich in Sommerlichtungen sonnen", während ich mich neben ihr Feuer setzte, in einer wilden Felsenhöhle in der Nähe von Rosemarkie oder später in der Höhle von Marcus; und als ich mit Personen aus den abtrünnigeren Klassen unserer großen Städte ins Gespräch kam, stellte ich fest, dass die Fähigkeit zur spontanen Erfindung fast die einzige war, die ich bei ihnen in einem Zustand lebhafter Aktivität erwarten konnte. Dass diese Neigung in manchen Fällen mit überlegenem Kaliber und Wissen und sogar mit einem keineswegs sehr ausgeprägten Ehrgefühl einhergeht, muss als eine der seltsamen Anomalien angesehen werden, die den Forscher des menschlichen Charakters so oft überraschen und verwirren. So wie ein fehlgeleiteter Zehennagel, der durch Druck verletzt wurde, sich manchmal umdreht und, wenn er wieder ins Fleisch eindringt, es wund schmerzt, könnte man meinen, dass auch jene edle Erfindungsgabe, der wir das Gleichnis und das epische Gedicht verdanken, in dem Fall, wenn sie von Eigenliebe getrieben wird, zu ähnlichen Fehlleitungen neigt; und sicherlich schwärt oder verhärtet sich der moralische Charakter um sie herum, wenn er sich nach innen auf seinen Besitzer richtet.

Es gab niemanden in der Baracke, mit dem ich mich gern unterhalten hätte oder der im Gegenzug gern mit mir gesprochen hätte. Und so lernte ich, mich, wenn es der Gesellschaft langweilig wurde und sie sich in Gruppen auflöste, auf den Heuboden zurückzuziehen, wo ich schlief, und dort ganze Stunden auf meiner Brust sitzend zu verbringen. Der Heuboden war ein riesiger Raum, etwa fünfzig oder sechzig Fuß lang, dessen nackte Dachbalken kaum mehr als eine Mannshöhe über dem Boden lagen. Aber in den sternenklaren Nächten, wenn die Öffnungen in der Wand die Gestalt quadratischer Flecken Dunkelheit annahmen - sichtbare Abdrücke auf völliger Dunkelheit -, sah er genauso gut aus wie jeder andere unbeleuchtete Ort, den man nicht sehen konnte. Und in mondhellen Nächten machten die blassen Balken, die durch Öffnungen und Spalten hereindrangen, den weiten Raum malerisch genug, dass Geister hineinspazieren konnten. Aber ich sah nie welche. Und die einzigen Geräusche, die ich hörte, waren die der Pferde im Stall unten, die nach ihrem Futter kauten und schnaubten. Sie waren, daran zweifle ich nicht, in ihren dunklen Ställen recht glücklich, weil es Pferde waren und genug zu essen hatten; und ich war manchmal ganz glücklich auf dem dunklen Dachboden oben, weil ich ein Mensch war und denken und mir etwas vorstellen konnte. Ich glaube, es war Addison, der bemerkte, dass, wenn alle Gedanken, die den Menschen durch den Kopf gehen, öffentlich gemacht würden, der große Unterschied, der zwischen dem Denken der Weisen und der Unweisen zu bestehen scheint, um einiges geringer wäre; denn dieser Unterschied besteht nicht darin, dass sie nicht dieselben schwachen Gedanken gemeinsam haben, sondern lediglich in der Klugheit, mit der die Weisen ihre dummen unterdrücken. Ich besitze noch Notizen zu den Gedanken dieser einsamen Abende, die ausreichen, um zu zeigen, dass es sich dabei um außergewöhnliche Kombinationen von Falschem und Wahrem handelte; aber gleichzeitig habe ich sie noch gut genug im Gedächtnis, um mich daran zu erinnern, dass ich damals kaum oder gar nicht zwischen dem, was in ihnen falsch und wahr war, unterschied. Die Literatur fast aller Völker kennt eine entsprechende Frühphase, in der sich frisches Denken mit kleinen Einbildungen vermischt und in der der Geschmack meist falsch, das Gefühl jedoch wahr ist.

Ich möchte meinen jungen Lesern anhand meiner Notizen die vielfältigen Gedankengänge eines dieser ruhigen Abende vorstellen. Was vor so langer Zeit eine meiner Übungen war, kann heute eine ihrer sein, wenn sie sich nur die Mühe machen, die in meiner Zusammenfassung enthaltenen soliden von den unsoliden Gedanken zu trennen.

GEDANKEN.

„Ich stand letzten Sommer auf dem Gipfel des Tor-Achilty [ein pyramidenförmiger Hügel etwa sechs Meilen von Conon entfernt] und befand mich dort im Zentrum eines weiten Kreises mit einem Durchmesser von etwa fünfzig Meilen. Ich kann mir noch immer das raue Meer aus Hügeln vorstellen, über das sich das klare blaue Firmament wölbt und die schrägen Strahlen der untergehenden Sonne quer durch den Himmel scheinen. Ja, über diesem kreisförmigen Feld mit einem Durchmesser von fünfzig Meilen schloss sich das Firmament rundherum am Horizont, wie sich ein Uhrglas um das Zifferblatt einer Uhr schließt. Himmel und Erde schienen gleich groß zu sein, und doch war ihr Flächenunterschied unermesslich groß! Tausende von Systemen schienen für das Auge nur einem kleinen Erdteil von fünfzig Meilen in jede Richtung angemessen. Aber so geräumig die menschliche Vorstellungskraft auch sein mag, kann sie sich ein größeres Gebiet vorstellen? Meine kann es nicht. Mein Verstand kann nicht mehr auf einen Blick erfassen, wenn ich so sagen darf, als das Auge erfasst. Ich kann mir kein größeres Gebiet vorstellen als das, das der Blick von der Gipfel einer erhabenen Anhöhe. Ich kann in meiner Vorstellung viele solcher Bereiche durchqueren. Ich kann Feld zu Feld *bis ins Unendliche erweitern* und mir so unendlichen Raum vorstellen, indem ich mir einen Raum vorstelle, der unendlich erweitert werden kann; aber der gesamte Raum, den ich in einem Vorgang erfassen kann, ist eine Fläche, die der Fläche entspricht, die das Auge auf einen Blick erfasst. Wie habe ich dann meine Vorstellung von der Erde als Ganzem – vom Sonnensystem als Ganzem

– nein, von vielen Systemen als Ganzes? Genau wie ich meine Vorstellungen von einem Schulglobus oder einem Planetarium habe – durch Verkleinerung. Durch die durch die Entfernung bedingte Verkleinerung erstreckt sich der siderische Himmel, von der Spitze des Tor-Achilty aus gesehen, nur mit einem Teil der Grafschaften Ross und Inverness. Die scheinbare Fläche ist dieselbe, aber die Farbgebung ist anders. Unsere Vorstellungen von Größe hängen also viel weniger von der tatsächlichen Fläche ab als von dem, was Maler als Luftperspektive bezeichnen. Die geringe Entfernung und die Verkleinerung der Teile sind für die richtige Vorstellung großer Ausmaße von wesentlicher Bedeutung.

"Von den verschiedenen Figuren, die mir hier präsentiert werden, halte ich nur eine fest. Ich grüble über das Bild des heraufbeschworenen Sonnensystems. Ich stelle mir die Satelliten als leichte Schaluppen vor, die ständig um schwerere Schiffe herumsegeln, und überlege, wie viel mehr Raum sie durchqueren müssen als die Himmelskörper, an denen sie befestigt sind. Das gesamte System wird mir als ein Planetarium von der scheinbaren Größe der Landschaftsfläche präsentiert, die man von der Bergspitze aus sieht; aber Düsterkeit und Dunkelheit verhindern, dass die Verkleinerung dem Ganzen jenen Anschein von Kleinheit verleiht, der ihm anhaften würde, wenn es, wie ein echtes Planetarium, scharf abgegrenzt und klar wäre. Während das Bild vor mir auftaucht, scheint das gesamte System, was es, wie ich vermute, nicht braucht, seine Atmosphäre wie die der Erde zu besitzen, die das Licht der Sonne in den verschiedenen Graden übermäßiger Helligkeit reflektiert – Mittagsglanz, die blasseren Schattierungen des Abends und graue Dämmerungsdunkelheit. Dieser Lichtschleier ist zum Zentrum des Systems hin am dichtesten; denn wenn der Blick auf seine Ränder ruht, kann man die Sonnen anderer Systeme hindurchscheinen sehen. Ich sehe Merkur mit seinen Ozeanen aus geschmolzenem Glas und seinen Fontänen aus flüssigem Gold zur Sonne funkeln. Ich sehe die Eisberge des Saturn, grau im Zwielicht. Ich sehe die Erde auf sich selbst rollen, von der Dunkelheit zum Licht und vom Licht zur Dunkelheit. Ich sehe die Winterwolken über einem Teil davon aufsteigen, durch die die untere Schneedecke scheint; in einem anderen sehe ich eine braune, düstere Sandwüste, erleuchtet vom

Glanz des Sommers. Ein Ozean erscheint glatt wie ein Spiegel – ein anderer ist schwarz vom Sturm. Ich sehe die Schattenpyramide, die jeder der Planeten von seiner dunklen Seite in den Raum dahinter wirft; und ich nehme die Sterne durch jede Öffnung funkeln wahr, wie durch die eckigen Türen eines Pavillons.

„So sieht die Szene aus, wenn man sie im rechten Winkel zur Ebene sieht, in der sich die Planeten bewegen. Aber wie würde sie aussehen, wenn ich sie in der Linie der Ebene sähe? Wie würde sie aussehen, wenn ich sie von der Kante aus sähe? In meinem Kopf entsteht eine jener Unsicherheiten, die mich so oft davon überzeugen, dass ich unwissend bin. Ich kann mein Bild nicht vervollständigen, denn ich weiß nicht, ob sich alle Planeten in einer Ebene bewegen. Wie kann ich den Punkt bestimmen? Ein Lichtstrahl bricht herein. Hurra! Ich habe ihn gefunden. Wenn die Bahnen der Planeten, wie sie am Himmel zu sehen sind, parallele Linien bilden, dann müssen sie sich alle in einer Ebene bewegen und *umgekehrt*. Aber halt! Das wäre von der Sonne aus gesehen – wenn die Planeten von der Sonne aus gesehen werden *könnten*. Die Erde ist nur eine von ihnen, und von ihr aus muss der Standpunkt nachteilig sein. Die tägliche Bewegung muss verwirrend sein. Aber nein. Die scheinbare Bewegung des Himmels braucht die Beobachtung nicht zu stören. Lassen Sie den Lauf der Planeten durch die Fixsterne markiert sein, und obwohl ihre Bewegung aufgrund der Besonderheit des Beobachtungspunkts gleichzeitig erfolgen kann, mal schneller, mal langsamer erscheinen, doch wenn ihre Ebene, wie ein Arbeiter sagen würde, *verdreht ist*, erscheinen ihre Linien parallel. Ich bin jedoch immer noch etwas im Zweifel: Ich möchte gern einen Blick auf ein Planetarium werfen, um das herauszufinden; und dann fällt mir ein, dass Ferguson, ein Ungebildeter wie ich, mehr Planetarien gebaut hat als irgendjemand sonst und dass mechanische Vorrichtungen dieser Art die natürliche Zuflucht eines Mannes sind, der in der höheren Geometrie unerfahren ist. Aber es wäre besser, Mathematiker zu sein, als geschickt im Bau von Planetarien. Ein Mann mit der newtonschen Geisteshaltung und Kenntnissen im newtonschen Lernen könnte das Problem dort, wo ich saß, auch ohne ein Planetarium lösen.

"Von der betrachteten Sache gehe ich zur Betrachtung des Geistes über, der betrachtet. Oh! Dieser wunderbare Newton, über den der Franzose sich erkundigte, ob er wie andere Menschen esse und schlafe! Ich denke darüber nach, wie ein Geist den anderen übertrifft; ja, wie ein Mensch tausend übertrifft; und zur Veranschaulichung denke ich an die Art und Weise, wie Diamanten bewertet werden. Ein einzelner Diamant, der fünfzig Karat wiegt, gilt als wertvoller als zweitausend Diamanten, von denen jeder nur ein Karat wiegt. Meine Veranschaulichung bezieht sich ausschließlich auf die einheimischen Kräfte; aber könnte sie, so frage ich, nicht auch den Erwerb von Wissen betreffen? Jede neue Idee, die dem bereits gesammelten Bestand hinzugefügt wird, ist ein Karat, das dem Diamanten hinzugefügt wird; denn sie ist nicht nur an sich wertvoll, sondern sie erhöht auch den Wert aller anderen, indem sie jedem von ihnen ein neues Bindeglied verleiht.

„Dieser Gedanke verbindet sich mit einem anderen, vielleicht weniger vernünftigen: Scheinen die Geister von Männern von erhabenem Genie wie Homer, Milton, Shakespeare nicht einige der Eigenschaften der Unendlichkeit zu besitzen? Wenn man viele Steine zusammenfügt, bilden sie eine Pyramide, so groß wie der Gipfel von Teneriffa. Wenn man alle gewöhnlichen Geister zusammenzählt, die die Welt je hervorgebracht hat, überragt der Geist eines Shakespeare das Ganze in all der Erhabenheit unerreichbarer Unendlichkeit. Das Unendliche lässt weder eine Zunahme noch eine Abnahme zu. Ist es nicht so mit Genies einer gewissen Höhe? Homer, Milton, Shakespeare waren vielleicht Männer von gleicher Macht. Homer war, so heißt es, ein Bettler; Shakespeare ein ungebildeter Wollkämmerer; Milton in allen menschlichen Kenntnissen bewandert. Aber sie sind alle zu gleicher Höhe aufgestiegen. Die Bildung hat dem *grenzenlosen* Genie des einen nichts hinzugefügt; noch hat der Mangel daran die *unendlichen* Kräfte der anderen geschmälert. Aber es ist Zeit, dass ich gehe und das Abendessen vorbereite."

Ein volles Vierteljahrhundert später besuchte ich die Politik von Conon House – ging um den Brennofen herum, einst unsere Baracke – erklomm die steinerne Außentreppe des Heubodens, um eine halbe Minute an der Stelle zu verharren, wo ich früher stundenlang auf meiner Brust sitzend verbracht hatte; und genoss dann einen ruhigen Spaziergang durch die Wälder des

Conon. Der Fluss führte Hochwasser: Es war genau so ein Fluss, der Conon, wie ich ihn im Winter 1821 aus den Augen verloren hatte, und er wirbelte dunkel und schwer vorbei und schwappte über Bollwerk und Ufer. Die niedrigstämmigen Erlen, die auf Inselchen und Hügeln wuchsen, schienen in der Flut der Hälfte ihres Stammes beraubt zu sein; hier und da neigte sich ein elastischer Ast der Strömung, hob sich und neigte sich wieder; und jetzt trieb ein Büschel verdorrter Heide herab, und jetzt ein schmutziger Schaumkranz. Wie lebhaft tauchte die Vergangenheit vor meinen Augen auf! – kindliche Tagträume, zwanzig Jahre lang vergessen – die Fossilien einer frühen Geistesbildung, hervorgebracht in einer Zeit, als die Atmosphäre der Gefühle wärmer war als heute und die Unreife des geistigen Reiches üppig und groß wurde wie die alten *Kryptogamen* und keine besondere Ähnlichkeit mit den Erzeugnissen einer reiferen Zeit aufwies. Die Jahreszeit, die ich vor so langer Zeit in der Gegend verbracht hatte – die erste, die ich überhaupt unter Fremden verbracht hatte – gehörte zu einem Zeitalter, in dem Heimat kein Land ist, nicht einmal eine Provinz, sondern einfach ein kleiner Fleck Erde, bewohnt von Freunden und Verwandten; und die längst vergessenen Verse, in denen meine Freude am Vorabend der Rückkehr in jene Heimat ihren Ausdruck gefunden hatte, kamen mir so frisch ins Gedächtnis, als sei kaum ein Monat vergangen, seit ich sie neben dem Conon verfasst hatte. Hier sind sie, mit all der grünen Jugendlichkeit des Heimwehs noch um sie herum – eine wahre Versteinerung eines erloschenen Gefühls: –

ZUM CONON.

Conon, schön floss dein Gebirgsbach,
    Durch blühende Heide und reife Felder.
Wenn, geschrumpft durch den glühenden Strahl des Sommers,
    Als erstes erblickte ich Deine friedlichen Wellen.
Ruhig glitten sie über dein gewundenes Ufer.
    Als das fröhliche Fest der Ernte nahte –
Wenn du, vom Wind getragen, mit deinem heiseren Brüllen
    Süß vermischte sich der Schrei der Schnitter.

Doch nun sehe ich deine wütende Welle
    Stürze dich kopfüber in die stürmische See;
Wild toben die Böen des Winters,

Trauriges Rascheln durch den blattlosen Baum

Das Erlenblatt löst sich auf seinem Sprühnebel

Hängt schwankend, zitternd, brennend und stirn

Und dunkel wirbeln deine Wirbel darunter,

Und weißer Schaum kommt herabgeschwemmt.

Deine Ufer sind mit verdorrtem Gebüsch bedeckt.

Deine Felder zeugen von der Herrschaft des strengen Winters.

Und dort drüben glänzt der Dorn mit roten Beeren,

Wie ein Banner auf einer verwüsteten Ebene.

Horch! Unaufhörlich stöhnt der blattlose Wald;

Horch! Unaufhörlich rauscht dein Strom da unten

Ben-Vaichards Gipfel sind dunkel von Wolken

Ben-Weavis' Wappen ist schneeweiß.

Und doch, obwohl rot dein Strom herabströmt

Obwohl die umliegenden Berge öde erscheinen –

Auch wenn das Feld kahl und der Wald braun ist,

Und der Winter beherrscht das abnehmende Jahr –

Unbewegt sehe ich jeden Zauber verfallen,

Unbetrauert sterben die Süßigkeiten des Herbstes;

Und welkende Blüten und blattlose Zweige

Das nachdenkliche Seufzen ist vergebens.

Nicht, dass stumpfer Kummer Freude daran hat,

Die gequälte Natur trägt eine ähnliche Düsternis;

Nicht, dass sie mich vergeblich anlächelte,

Wenn man in der Sommerblüte fröhlich Streiche spielt

Nein, ich liebte es sehr, am Abend

Durch Brahans einsame Wälder streifen.

Um dein friedliches Gleiten der Wogen zu beobachten,

Und beobachten Sie den untergehenden Strahl der Sonne.

Doch, obgleich deine Wogen schön rollten
    Wie immer rollten jene des klassischen Stroms –
Obwohl deine Wälder grün sind, jetzt dunkel und kahl,
    Schön im westlichen Strahl gesonnt;
Um eine Szene zu markieren, die die Kindheit liebte,
    Der besorgte Blick war vergeblich;
Auch konnte ich den Freund nicht billigen,
    Das hat meine Freude geteilt oder meinen Schmerz gelindert.

Jetzt herrscht Winter: diese Hügel nicht mehr
    Soll meinen ängstlichen Blick streng binden
Bald lenkte ich meinen Kurs zu Cromas Ufer,
    Soll ich jenem gewundenen Pfad folgen?
Schöner als *hier* das fröhliche Sommerglühen
    Mir werden *die* Winterstürme erscheinen
Dann weht, ihr bitteren Lüftchen, weht,
    Und peitsche den Gebirgsbach des Conon.

———————

KAPITEL XI.

„Der springende Puls, das träge Glied

Das Auf und Ab des wandelnden Geistes –

Wir wissen, dass er diese empfand,

Denn diese Gefühle werden von allen gespürt." – MONTGOMERY.

Die Lehrzeit meines Freundes William Ross war während der Arbeitssaison
dieses Jahres zu Ende gegangen, als ich in Conon-side beschäftigt war; er
lebte jetzt im Cottage seiner Mutter in der Gemeinde Nigg auf der Ross-
shire-Seite des Cromarty Firth. Da das Meer zwischen uns lag, konnten wir
uns nicht mehr jeden Abend wie früher treffen oder lange nächtliche
Spaziergänge durch die Wälder unternehmen. Ich überquerte jedoch den
Firth und verbrachte einen glücklichen Tag in seiner Gesellschaft in einem
kleinen, niedrig überdachten Domizil, das auf der einen Seite von einer von
Ginster durchzogenen Schlucht und auf der anderen von einem dunklen
Tannenwald umgeben war; und das, obwohl es als Cottage malerisch und
interessant war, wohl ein sehr unbequemes Heim gewesen sein muss, fürchte
ich. Sein Vater, den ich vorher noch nie gesehen hatte, saß neben dem
Kamin, als ich eintrat. Außer in seinem Ausdruck war er meinem Freund
wunderbar ähnlich; und doch war er einer der geistlosesten Menschen, die
ich je kannte – ein Mann buchstäblich ohne eine Idee und fast ohne eine
Erinnerung oder eine Tatsache. Und die Mutter meiner Freundin war,
obwohl sie eine gewisse Freundlichkeit zeigte, die ihr Mann sich wünschte,
redselig und schwach. Hätte meine ehemalige Bekannte, die energische
Verrückte aus Ord, William und seine Eltern gesehen, hätte sie sie
triumphierend als Beweis dafür angeführt, dass Flavel und die Scholastiker
völlig recht hatten, als sie behaupteten, Seelen würden nicht „durch elterliche
Überlieferung" entstehen.

Mein Freund hatte mir viel zu zeigen: Er hatte eine interessante Reihe von
Aquarellskizzen der alten Burgen der Nachbarschaft angefertigt und eine
sehr kunstvolle Reihe von Zeichnungen der sogenannten Runenobelisken
von Ross. Er hatte auch einige erste Versuche in der Ölmalerei
unternommen; aber obwohl seine Zeichnungen wie üblich korrekt waren,
war seine Farbgebung von einer Leblosigkeit und einem Mangel an
Transparenz geprägt, was alle seine späteren Versuche in diesem Bereich
kennzeichnete und was, wie ich vermute, das Ergebnis eines Mangels in
seiner Wahrnehmung der Farbharmonien war, der mich in einem anderen
Sinnesbereich so unempfindlich für die Harmonien des Klangs machte. Seine
Zeichnungen der Obelisken waren von besonderem Interesse. Nicht nur

haben die dreißig Jahre, die seitdem vergangen sind, ihre verfallende Wirkung auf alle Originale ausgeübt, von denen er gezeichnet hat, sondern eines davon – das vollständigste der Gruppe zu dieser Zeit – ist inzwischen fast vollständig zerstört worden; und so kann es für das, was er damals tun konnte, keine Gelegenheit mehr geben, eine solche Möglichkeit zu schaffen. Außerdem waren seine Darstellungen der gemeißelten Ornamente nicht bloße bildliche Annäherungen (wie es Künstler allzu oft tun), sondern in jeder Kurve und Linie getreu. Er erzählte mir, er habe vierzehn Tage damit verbracht, die komplizierten mathematischen Figuren, Kurven, Kreise und geraden Linien nachzuzeichnen, auf denen das komplizierte Laubsägewerk eines der Obelisken geformt wurde, und er habe separate Zeichnungen von jedem Abschnitt angefertigt, bevor er mit dem Entwurf des gesamten Steins begann. Und als ich seine vorläufigen Skizzen mit dem Auge eines Steinmetzes betrachtete, von den ersten dürftigen Lilien, die die Grundlage eines komplizierten und schwierigen Knotens bildeten, bis hin zum kunstvollen Knoten selbst, sah ich, dass ich mit einer solchen Reihe von Zeichnungen vor mir selbst lernen konnte, Runen-Obelisken in der ganzen Integrität des komplexen antiken Stils in weniger als vierzehn Tagen zu schnitzen. Mein Freund hatte einige bemerkenswerte und originelle Ansichten über die Theologie entwickelt, die durch die Symbole auf diesen antiken Steinen repräsentiert wurde – die damals als Runen galten, heute jedoch eher keltischen Ursprungs sind. In der Mitte jedes Obelisken, auf der wichtigeren und stärker erhabenen Seite, befindet sich immer ein großes Kreuz, eher griechischer als römischer Art und normalerweise kunstvoll in ein Laubsägewerk aus Myriaden von Schlangen eingearbeitet, die in einigen der Fächer über Halbkugeln ragen, die Äpfeln ähneln. Bei einem der Obelisken von Ross-shire – dem von Shadwick in der Gemeinde Nigg – besteht das Kreuz vollständig aus diesen apfelähnlichen, schlangenbedeckten Ausstülpungen; und mein Freund glaubte, dass die ursprüngliche Idee des Ganzen und tatsächlich die Grundidee dieser Bildhauerschule genau die war, die Milton in der Eröffnungsrede seines Gedichts so nachdrücklich dargelegt hatte – der Sündenfall des Menschen, symbolisiert durch die Schlangen und Äpfel, und das große Zeichen seiner Wiederherstellung durch das Kreuz. Aber um anzuzeigen, dass für den göttlichen Menschen, den Wiederhersteller, das Kreuz selbst eine Folge des Sündenfalls war, wurde es sogar mit Symbolen des Ereignisses bedeckt und in einem merkwürdigen Exemplar aus ihnen aufgebaut. Es waren die Schlangen und Äpfel, die das Kreuz hervorgebracht, d. h. *ihm* seine Imperativität verliehen hatten. Mein Freund bemerkte weiter, dass aus dieser Grundidee eine Art Laubsägewerk entstanden sei, das in einigen seiner Exemplare moderner zu sein schien als die kunstvoll geschnitzten Schlangen und stark erhabenen Äpfel, in denen jedoch die Windungen der einen und die kreisförmigen Umrisse der anderen deutlich zu erkennen waren; und dass es letztlich von einem Symbol zu einem bloßen Ornament geworden zu sein schien, so wie in früheren Fällen Hieroglyphenbilder zu bloßen willkürlichen Zeichen oder Schriftzeichen geworden waren. Ich weiß nicht, was man von der Theorie von William Ross halten soll; aber als ich vor einigen Jahren bei einem Besuch der antiken Ruinen von Iona auf den älteren Kreuzen die Schlangen und scheinbaren Äpfel bemerkte und dann sah, wie dieselbe Kombination von Figuren auf einigen der späteren Gräber als bloßes ornamentales Laubsägewerk erschien, hielt ich sie für wahrscheinlicher als alle anderen, die ich bisher zu diesem Thema gesehen habe. An diesem Tag aß ich mit meinem Freund Kartoffeln und Salz, dazu einen Krug Wasser. Die Kartoffeln waren keineswegs besonders gut, aber sie waren zu dieser Zeit das einzige Nahrungsmittel im Haushalt. Er habe sie nun, sagte er, mehrere Wochen lang gegessen und gefrühstückt. Obwohl sie nicht sehr stärkend seien, hielten sie den Lebensfunken aufrecht. Und er hatte genug Geld gespart, um im Frühjahr in den Süden Schottlands zu reisen, wo er Arbeit finden wollte. Ein armer, freundloser, genialer Junge, der sein dünnes, schwindsüchtiges Blut mit schlechten Kartoffeln und Wasser verdünnte und gleichzeitig die Arbeit unserer Altertumsvereine durch seine kunstvollen und wahrheitsgetreuen Zeichnungen einer interessanten Klasse nationaler Altertümer vorwegnahm, muss als trauriges Objekt der Betrachtung betrachtet werden. Aber solche unglücklichen Genies gibt es in jedem Zeitalter, in dem Kunst kultiviert wird und die Literatur ihre Bewunderer hat. Und da sie von Natur aus bescheiden und zurückhaltend sind, entdeckt die Welt sie selten rechtzeitig.

In diesem Winter fand ich genügend Beschäftigung für meine Freizeit mit meinen Büchern und Spaziergängen und in der Werkstatt meines Onkels James, die, da Onkel James mir nun keine Vorträge mehr über mein Latein und meine Nachlässigkeit als Schüler im Allgemeinen halten musste, ein sehr angenehmer Ort war, an dem es immer viele vernünftige Bemerkungen und ausgezeichnete Informationen gab. In der Nachbarschaft gab es noch eine andere Wohnung, in der ich manchmal eine nicht unangenehme Stunde verbrachte. Es war ein feuchter Kellerraum, bewohnt von einer armen alten Frau, die im vergangenen Jahr aus einer ländlichen Gemeinde in die Stadt gekommen war und einen jämmerlich missgestalteten Jungen mitgebracht hatte, ihren Sohn, der, obwohl er jetzt zwanzig Jahre alt war, bis auf Kopf und Gesicht eher einem zehnjährigen Jungen ähnelte und ein so hilfloser Krüppel war, dass er sich nicht von seinem Sitz bewegen konnte. „Der arme, lahme Danie", wie er genannt wurde, war trotz der harten Maßnahmen, die ihm die Natur auferlegte, ein ausgeglichener, gutmütiger Junge und daher bei den jungen Leuten in der Nachbarschaft sehr beliebt, insbesondere bei den bescheidenen, gebildeten jungen Frauen, die ihn einfach als eine Intelligenz mit Sympathie betrachteten, die Briefe schreiben konnte, und ihm eine Anstellung verschafften, die ihm nicht wenig gefiel, nämlich als eine Art Sekretär und Generalberater in ihren Herzensangelegenheiten. Richardson erzählt, dass er das Schreiben seiner Pamela durch die Übung lernte, die er sich als sehr junger Junge im Schreiben von Liebesbriefen für ein halbes Dutzend liebeskranker Frauen aneignete, die ihm vertrauten und ihn beschäftigten. „Der arme Danie", obwohl er einen skelettartigen Körper hatte, der völlig ohne Muskeln war, und ein Gehirn von durchschnittlicher Größe und Aktivität, war nicht zum Romanautor geboren; aber er hatte das notwendige Material im Überfluss; und obwohl es für alle seine anderen Bekannten ziemlich geheim war, konnte ich, der ich mich nicht besonders um die Sache kümmerte, so viele seiner Erfahrungen machen, wie ich wollte. Ich genoss unter meinen Gefährten den Ruf, das zu sein, was sie „engstirnig" nannten; und Danie, der in gewisser Weise zufrieden war, dass ich diesen Ruf verdiente, schien es als Erleichterung zu empfinden, die große Last des Vertrauens, die man ihm, wie es schien, zu seinem eigenen Trost ziemlich freizügig auferlegt hatte, auf meine Schultern abzuwälzen. Burns berichtet von sich selbst, dass er „ebenso viel Freude daran empfand, in die Geheimnisse der Hälfte der Liebesgeschichten der Gemeinde Tarbolton eingeweiht zu sein, wie es ein Staatsmann empfand, die Intrigen der Hälfte der Höfe Europas zu kennen". Und in seinem Brief an Dr. Moore fügt er hinzu, dass er „nur mit Mühe" seine Feder davon abhalten konnte, ihm ein paar Absätze über die Liebesabenteuer seiner Kameraden, der bescheidenen Bewohner des Bauernhauses und der Hütte, zu widmen." Ich dagegen trug meine Geheimnisse ziemlich nüchtern und hielt sie sicher und sehr geheim – ich betrachtete mich selbst lediglich als eine Art Hinterhof des Geistes, in dem Danie nach Belieben die ihm anvertrauten kostbaren Waren aufbewahren konnte, die ihm aus Mangel an Stauraum schwerfielen, die aber sein Eigentum waren, nicht meines. Und obwohl ich, wage ich zu behaupten, immer noch mehr als „ein paar Absätze" mit den Liebesgeschichten von Stadtfrauen füllen könnte, von denen einige Töchter vor zehn Jahren umworben und geheiratet haben, verspüre ich, nachdem ich ihre Geheimnisse so lange für mich behalten habe, überhaupt keine Neigung, sie jetzt auszuplaudern. Danie führte ein Musterbrett und war stolz darauf, alle seine Nachbarn zu schlagen; aber nach kurzer Zeit brachte er mir – zu seinem Verdruss allzu offensichtlich – bei, mich selbst zu schlagen; und da ich das Spiel außerdem ziemlich fesselnd fand und es mir nichts ausmachte, den kummervollen Ausdruck auf dem sanften, blassen Gesicht meines armen Bekannten zu sehen, der jedes Mal, wenn seine Figuren vom Brett gefegt oder in eine Ecke gedrängt wurden, das Spiel mit Dame aufgab, dem einzigen Spiel dieser Art, das ich je beherrschte, und es gelang mir im Laufe einiger Jahre, alle Züge ziemlich vollständig zu verlernen. Es schien erstaunlich, dass die lebensnotwendigen Vorgänge in einem so erbärmlichen Gebilde wie der Person des armen Danie stattfinden konnten: Er war einfach ein menschliches Skelett, das zusammengekrümmt und mit fahler Haut bedeckt war. Aber sie wurden nicht lange darin abgehalten. Ungefähr achtzehn

Monate nach dem Beginn unserer Bekanntschaft, als ich viele Meilen entfernt war, wurde er plötzlich krank und starb innerhalb weniger Stunden. Selbst in unseren besseren Romanen habe ich weniger interessante Charaktere dargestellt gesehen als den armen, sanftmütigen Danie, den Liebesbewahrer der jungen Damen des Dorfes; und ich habe in seiner Schule das eine oder andere gelernt.

Erst nachdem mehrere Wochen der Arbeitssaison vergangen waren, überwand die große Abneigung meines Herrn, nichts zu tun, seine fast ebenso große Abneigung, erneut Arbeit als Geselle zu suchen. Schließlich wurde ihm jedoch ein Leben der Untätigkeit völlig unerträglich; er wandte sich an seinen früheren Arbeitgeber und wurde zu den bisherigen Bedingungen eingestellt – voller Lohn für sich selbst und eine sehr kleine Zulage für seinen Lehrling, der jetzt jedoch als der geschicktere und geschicktere Steinmetz von beiden anerkannt wurde. Beim Schneiden von Zierleisten der schwierigeren Art musste ich den alten Mann manchmal unter meine Aufsicht nehmen und ihm Unterricht in der Kunst geben, von der er jedoch geistig und körperlich zu starr geworden war, um viel zu profitieren. Wir kehrten beide nach Conon-side zurück, wo über dem Haupttorbogen des Gehöfts, auf dem wir im vergangenen Jahr angestellt gewesen waren, eine hohe Kuppel aus behauener Arbeit errichtet werden sollte; und da sich noch wenige Arbeiter vor Ort versammelt hatten, gelang es uns, uns als Bewohner der Baracke einzurichten und den Heuboden mit seiner minderwertigen Ausstattung den späteren Ankömmlingen zu überlassen. Wir bauten uns ein Bettgestell aus groben Platten und füllten es mit Heu, stellten unsere Truhen davor und hängten, als sich die Ratten zu Tausenden im Ort versammelten, unseren Sack Haferflocken an einem Seil an einem der nackten Dachsparren auf, etwas mehr als eine Mannshöhe über dem Boden. Und da wir sowohl Topf als auch Krug hatten, war unsere Haushaltsökonomie vollständig. Obwohl ich entschlossen war, meine Abendspaziergänge nicht zu vernachlässigen, hatte ich beschlossen, mich auch an jede Praxis der Baracke zu halten; und als die Arbeiter, die aus verschiedenen Teilen des Landes herangezogen wurden, allmählich um uns herum zunahmen und der Ort überfüllt wurde, fand ich mich bald in das ausgelassene Barackenleben eines Maurers aus dem Norden verwickelt. Die Ratten waren etwas lästig. Einem Kameraden, der im Bett direkt neben uns schlief, wurde eines Nachts im Schlaf ein Ohr durchgebissen, und er meinte, er nehme an, es sei seine Ratte, und sie würden ihn das nächste Mal angreifen. Als ich eines Morgens aufstand, stellte ich fest, dass die vier bunten Knöpfe, an denen meine Hosenträger befestigt waren, von meiner Hose abgeschnitten und weggetragen worden waren, um, so zweifle ich nicht, einen Teil eines knausrigen Vorrats in der Wand zu bilden. Aber auch die Ratten selbst wurden zu einer Quelle der Unterhaltung für uns und verliehen unserem primitiven Domizil in gewissem Maße die Würde der Gefahr. Es war unwahrscheinlich, dass es ihnen gelingen würde, uns alle aufzufressen, wie sie es einst mit dem bösen Bischof Hatto getan hatten; aber es war zumindest etwas, was sie zu versuchen begannen.

Die Bewohner des Heubodens hatten in der vergangenen Saison nicht alle Privilegien der Baracke genießen dürfen, noch waren sie verpflichtet gewesen, an allen Mühen und Pflichten teilzuhaben. Sie mussten ihren Anteil an Holz für das Feuer und Wasser für den allgemeinen Haushalt selbst mitbringen, aber sie mussten nicht abwechselnd für die ganze Kaserne kochen und backen, sondern durften, je nach Bedarf, für sich selbst kochen und backen. Und so hatte ich bis jetzt nur für meinen Herrn und mich Kuchen und Haferbrei gebacken, manchmal auch eine Kaserne Brose oder *Brochan* – eine glückliche Regelung, die mir, wie ich vermute, einige *Rammungen erspart hat*, da ich zumindest bei meinen früheren Versuchen als Koch ziemlich viel Pech gehabt hatte und als Bäcker auch nicht viel Glück hatte. Meine Erfahrung in den Höhlen von Cromarty hatte mich geschickt darin gemacht, Kartoffeln zu kochen und zu rösten und Schalentiere, ob Weich- oder Krustentiere, nach den bewährtesten Methoden für den Tisch zuzubereiten; aber die Erfordernisse unseres wilden Lebens hatten mich nie wirklich mit den Cerealien in Berührung gebracht; und jetzt musste ich jedes Mal ein oder zwei Mahlzeiten verderben, bevor mein Haferbrei genießbar wurde, oder meine Kuchen knusprig, oder mein Brochan locker und knotig, oder mein *Brochan* ausreichend glatt und ohne Knoten. Mein Herr, der arme Mann, murrte anfangs ein wenig; aber in der Baracke herrschte allgemein die Neigung, sich eher auf die Seite seines Lehrlings als auf seine eigene zu stellen; und nachdem er erfahren hatte, dass die Fälle gegen ihn vorgebracht werden sollten, hörte er auf, sich zu beschweren. Mein Haferbrei war manchmal, das muss ich gestehen, sehr sauer; aber damals war es ein festes Rezept in der Baracke, dass der Koch das Essen weiter umrühren und Mehl hinzufügen sollte, bis es von seinen ersten wilden Siedevorgängen über dem Feuer still wurde; und so konnte ich zeigen, dass ich meinen Haferbrei ganz nach Vorschrift sauer gemacht hatte. Und was meinen *Brochan angeht*, so gelang es mir zu beweisen, dass ich ihn tatsächlich nicht zufriedenstellen konnte, obwohl ich zwei Sorten davon gleichzeitig im selben Topf zubereitet hatte. Ich mochte dieses Gericht lieber, wenn es eine dickere Konsistenz als gewöhnlich hatte, während mein Herr es lieber dünn genug mochte, um es aus der Schüssel zu trinken. Da ich es aber zuzubereiten hatte, verwendete ich mehr statt weniger Mehl als gewöhnlich und mischte das Mehl bei meinem ersten Experiment unglücklicherweise in einer sehr kleinen Schüssel an. Es wurde eine dichte teigartige Masse, und als ich es in den Topf leerte, sank es, anstatt sich mit dem kochenden Wasser zu verbinden, als fester Kuchen auf den Boden. Vergebens rührte und manipulierte ich und hielt das Feuer am Brennen. Die widerspenstige Masse wollte sich nicht trennen oder verdünnen und brannte schließlich braun am Boden des Topfes an – eine

Farbe, die auch die darüber schwimmende breiartige Flüssigkeit annahm. und schließlich, in völliger Verzweiflung, irgendetwas annähernd durchschnittlicher Konsistenz für das Ganze zu erreichen, und als ich den Fuß meines Herrn an der Tür hörte, nahm ich den Topf vom Feuer und trank zum Abendessen eine Portion der dünneren Mischung, die er enthielt und die zumindest in Farbe und Konsistenz nicht wenig an Schokolade erinnerte. Der arme Mann schöpfte das Zeug in völliger Bestürzung. „Od, Junge", sagte er, „was soll das? Soll das *Brochan* sein?" „Alles, was du magst, Herr", antwortete ich; „aber es sind zwei Sorten im Topf, und es wird hart, wenn dir keine davon zusagt." Dann trank ich ihm ein Stück Kuchen, das in Größe und Konsistenz ein wenig einem kleinen braunen Knödel ähnelte, den er natürlich völlig ungenießbar fand und wütend wurde. Aber diese schlechte Erde von uns „ist", laut Cowper, „voller Unrecht und Empörung"; und die Baracke lachte und nahm die Seite des Schuldigen ein. Erfahrung jedoch, die so viel für alle bewirkt, hat mir nur wenig gebracht. Schließlich wurde ich ein einigermaßen guter Koch und kein sehr schlechter Bäcker; und jetzt, als die Notwendigkeit es erforderte, dass ich meinen vollen Anteil an den Pflichten der Kaserne übernahm, erwies ich mich als fähig, diese ordnungsgemäß zu erfüllen. Ich backte Kuchen und Haferbrei von ganz durchschnittlicher Qualität; und mein Brose und *Brochan* erfreuten sich zumindest des negativen Glücks, Kritik und Kommentaren zu entgehen.

Einige der Insassen jedoch, die beim Essen außerordentlich gut waren, waren große Haferbreikenner, und es war keine leichte Sache, sie zufriedenzustellen. Es gab ungeklärte Meinungsverschiedenheiten – das Ergebnis unterschiedlicher Geschmäcker – hinsichtlich der Zeit, die man zum Kochen des Essens verwenden sollte, hinsichtlich der Salzmenge, die jedem Einzelnen zugeteilt werden sollte, und darüber, ob der Vorgang des „Essens", wie es genannt wurde, langsam oder hastig erfolgen sollte, und natürlich gewannen die Streitpunkte, wie bei allen Kontroversen aller Art, an Bedeutung, je mehr sie diskutiert wurden. Gelegentlich wurde der Haferbrei der Streitenden gleichzeitig im selben Topf zubereitet: Es gab insbesondere zwei Arbeiter, die in der Frage des Salzgehalts unterschiedlicher Meinung waren, deren Streitpunkte auf derselben allgemeinen Zubereitung beruhten; und da diese normalerweise gegensätzliche Beschwerden gegen das Kochen vorzubringen hatten, neutralisierten sich ihre Einwände so vollständig, dass sie dem Koch in keiner Weise zum Verhängnis wurden. Eines Morgens bereitete der Koch – ein Witzbold und ein Liebling – für die beiden Streithähne Haferbrei zu, und zwar so frisch, dass er kaum von einem Umschlag zu unterscheiden war. Er füllte den Topf des salzliebenden Kenners mit der Zubereitung in diesem Zustand, nahm dann eine Handvoll Salz, mischte es mit dem Rest, der im Topf übrig geblieben war, und goss den Topf des Frischen zu einem Haferbrei, der einer Salzgurke sehr ähnlich war. Beide betraten die Baracke, die gerade zum Frühstück bereit stand, und setzten sich jeder zu seiner Mahlzeit. Und beide ließen beim ersten Löffel ihre Löffel fallen. „Eine Tracht Prügel für den Koch!", rief der eine – „er hat mir Haferbrei ohne Salz gegeben!" „Eine Tracht Prügel für den Koch!", brüllte der andere – „er hat mir Haferbrei wie Salzlake gegeben!" "Seht ihr, Jungs", sagte der Koch und trat mit der Miene eines schwer verletzten Redners in die Mitte des Saals - "seht ihr, Jungs, was aus der Sache geworden ist: Da ist der Topf, in dem ich in ihren beiden Streitereien auf einmal den Brei gekocht habe. Ich glaube nicht, dass wir das länger ertragen sollten; wir haben alle schon unsere Chance gehabt, obwohl ich zufällig am schlimmsten dran war; und jetzt beantrage ich, dass diese beiden Kerle gerammt werden." Gesagt, getan. Es gab ein schreckliches Gerangel und ein brennendes Gefühl der Ungerechtigkeit; aber kein einziger Mann in der Baracke war einem halben Dutzend der anderen gewachsen. Auch waren die Streitenden, anstatt gemeinsame Sache zu machen, bereit, sich gegenseitig beim Rammen zu helfen; und so wurden sie beide gerammt. Und als schließlich die Einzelheiten seiner List ans Licht kamen, gelang es dem Koch, der verdienten Strafe zu entgehen, indem er für eine halbe Stunde in den benachbarten Wald floh und sich dort wie ein politischer Exilant unter dem Bann der Regierung versteckte.

Ich fand, dass die Sache der Gerechtigkeit in unserer kleinen Gemeinde nie stärker in Gefahr war, als wenn es einem Schuldigen gelang, die Lacher auf seine Seite zu ziehen. Ich habe gesagt, dass ich ein nicht sehr schlechter Bäcker wurde. Je besser ich in dieser nützlichen Kunst wurde, desto weniger belasteten meine Kuchen die schwächelnden Zähne meines Herrn, bis sie schließlich knusprig und schön wurden. Und er stellte fest, dass meine neue Leistung ernste Auswirkungen auf den Inhalt seiner Brotkiste hatte. Mit stark gesteigertem Appetit und bei bester Gesundheit aß ich sehr viel Brot, und nach einigem Murren erließ er schließlich das Gesetz, dass ich mich in Zukunft auf zwei Kuchen pro Woche beschränken sollte. Ich war sofort einverstanden. Aber die Kaserne, die einige der Vorwürfe meines Herrn zu Ohren bekommen hatte, war unzufrieden. und es hätte wahrscheinlich im Konklave unsere Vereinbarung gekippt und den alten Mann, meinen Herrn, für die knausrige Strenge seiner Bedingungen bestraft, hätte ich nicht darum gebeten, ihnen als besondere Gunst eine Woche lang eine Probezeit geben zu dürfen. Eines Abends zu Beginn der Woche, als der alte Mann ausgegangen war, mischte ich den größten Teil eines Scheffels Mehl in einem Topf, stellte zwei der größeren Kisten auf derselben Ebene nebeneinander und knetete es zu einem riesigen Kuchen, der mindestens so groß war wie ein normal großer Newcastle-Schleifstein. Dann schnitt ich ihn in etwa zwanzig Stücke, bildete einen riesigen Halbkreis aus Steinen um das Feuer und hielt die Stücke in einer durchgehenden Reihe von etwa fünf oder sechs Fuß Länge in die Hitze. Ich erhielt reichlich und bereitwillige Hilfe beim „Brennen" – die halbe Baracke war mit der Arbeit beschäftigt –, als mein

Herr hereinkam und unsere Arbeit in völligem Erstaunen überblickte – mal auf den Mehlring blickte, der noch auf den zusammengefügten Truhen lag, um die riesigen Ausmaße des auseinandergerissenen Fladenbrots zu bezeugen, mal auf die Kegel, Quadrate, Rauten und Trapeze des Kuchens, der in der Hitze vor dem Feuer hart wurde, und plötzlich fragte er: „Was ist das, Junge? Backst du für eine Watte?" „Backe nur einen der beiden Kuchen, Herr", antwortete ich; „ich glaube nicht, dass wir den anderen vor Samstagabend brauchen werden." Ein schallendes Gelächter aus allen Ecken der Baracke verhinderte eine Antwort; und in das Gelächter, nach einer verlegenen Pause, hatte der arme Mann den gesunden Menschenverstand, mitzumachen. Und während der restlichen Saison backte ich so oft und so viel, wie ich wollte. Ich glaube, Goldsmith ist es, der bemerkt, dass „Witz im Allgemeinen mehr Erfolg hat, wenn er fröhlich vorgetragen wird, als durch seine natürliche Schärfe" und dass „ein Scherz, der sich am Spieltisch verbreiten soll, mit völliger Gleichgültigkeit aufgenommen werden kann, wenn er zufällig in ein Makrelenboot fällt." Nach Goldsmiths Prinzip hätte der Witz über das, was nach dem bekannten Märchen „das große Fladenbrot mit dem Malison" genannt wurde, vielleicht nur in einer Maurerbaracke Erfolg haben können; aber dort hätte ein Witz zumindest nie erfolgreicher sein können.

Da ich noch nicht festgestellt hatte, dass der Old Red Sandstone im Norden Schottlands reich an Fossilien ist, boten mir Conon und Umgebung kein besonders günstiges Feld für geologische Erkundungen. Es ermöglichte mir jedoch, meine Bekanntschaft mit der großen Konglomeratbasis des Systems zu erweitern, die hier, wie ich bereits sagte, eine Art Miniatur-Highland bildet, das sich zwischen den Tälern des Conon und des Peffer erstreckt und das – bemerkenswert für seine malerischen Klippen, schroffen Anhöhen und engen, steilen Täler – in seiner Mitte einen hübschen, von Wäldern gesäumten See trägt, in den der alte keltische Prophet Kenneth Ore, als er wie Prospero seine Kunst aufgab, „tief hinter dem Senklot" den magischen Stein vergrub, in dem er sowohl die Ferne als auch die Zukunft zu sehen pflegte. Unmittelbar über den Vergnügungsplätzen von Brahan bildet der Fels genau solche Klippen, wie sie ein Landschaftsgärtner erschaffen würde, wenn er könnte – Klippen mit ihren groben, hervorstehenden Kieselsteinen, die das Licht über jeden Quadratfuß Oberfläche brechen und mit ihren zahllosen Vorsprüngen vielen grünen Moosbüscheln und vielen süßen kleinen Blumen Halt bieten; während weit unten, zwischen den tiefen Wäldern, enorme Fragmente desselben Felsens aufragen, die in fernen Zeiten von den darüber liegenden Steilhängen heruntergerollt sein müssen und die, moosbedeckt und graubewachsen und viele von ihnen mit Efeu umrankt, künstlichen Ruinen ähneln – die jedoch keine der abschätzigen Assoziationen erwecken, die diese imaginäre Ruine mit Sicherheit immer weckt. Es war unsagbar angenehm, eine ruhige Abendstunde zwischen diesen wilden Klippen zu verbringen und sich eine Zeit vorzustellen, als das ferne Meer gegen ihre Basen schlug; aber obwohl die eingeschlossenen Kiesel ihre runde Form offensichtlich der Reibung durch Wasser verdankten, schien die Vorstellungskraft gelähmt, wenn sie versuchte, sich eine noch frühere Zeit ins Gedächtnis zu rufen, als diese festen Felsen nur aus losem Sand und Kieselsteinen bestanden, die von Wellen hin- und hergeworfen oder von Strömungen verstreut wurden; und als das wilde Gebiet rundherum auf Hunderten und Tausenden von Quadratmeilen wie ein alter Ozean aussah, gesäumt von unbekannten Ländern. Ich hatte noch nicht genug geologische Fakten gesammelt, um mich mit den Schwierigkeiten einer Rekonstruktion der älteren Zeit auseinandersetzen zu können. Es gab auch eine spätere Periode, die in der unmittelbaren Nachbarschaft durch eine dicke Ablagerung geschichteten Sandes repräsentiert wurde, von dem ich ebenso wenig wusste wie vom Konglomerat. Wir gruben beim Bau einer Dreschmühle etwa zehn Fuß tief hinein, stießen aber nicht auf Grund; und ich konnte sehen, dass er den Untergrund des Tals rund um die Grundstücke von Conon-side bildete und die Grundlage für die meisten seiner Felder und Wälder bildete. Er war weiß und rein, als wäre er erst vor wenigen Wochen vom Meer umspült worden; aber vergeblich suchte ich in seinen Betten und Schichten nach einem Muschelfragment, anhand dessen ich sein Alter bestimmen konnte. Jetzt kann ich jedoch kaum noch daran zweifeln, dass er zur Zeit der Unterspülung durch Geschiebelehm gehörte und dass die Fauna, mit der er in Verbindung stand, den üblichen subarktischen Charakter hatte. Als dieser geschichtete Sand abgelagert wurde, müssen die Wellen an den Konglomeratklippen von Brahan gebrochen sein, und das Meer hat in Form von Förden und Meerengen die tiefen Hochlandtäler im Landesinneren eingenommen. Und auf den Hügeln des Landes, die damals über dem Wasser ragten, muss jene interessante, aber etwas dürftige Alpenflora geblüht haben, die wir heute nur noch auf unseren höheren Berggipfeln vorfinden.

Alle sechs Wochen durfte ich Cromarty besuchen und dort den Sabbat verbringen. Da mich mein Herr aber normalerweise begleitete und der Weg lang und beschwerlich genug war, um seine schwindenden Kräfte und steifen Glieder zu belasten, mussten wir uns auf die ausgetretenen Straßen beschränken und sahen nur wenig. Einmal in dieser Saison reiste ich jedoch allein und verbrachte einen so glücklichen Tag damit, meinen Heimweg auf blinden Pfaden zu finden – die mal an den felsigen Ufern des Cromarty Firth in seinem oberen Teil entlangführten, mal durch braune, einsame Heidelandschaft, übersät mit dänischen Lagern, mal an ruhigen, mit Gräbern übersäten Friedhöfen und den zerstörten Mauern verlassener Kirchen vorbei –, dass die Erinnerung an diesen Tag noch immer frisch in meinem Gedächtnis lebt, als einer der glücklichsten meines Lebens. Ich verbrachte viele Stunden in den Ruinen von Craighouse – einem grauen, phantastischen Fetzen von einer Burg, bestehend aus vier schwer gewölbten Stockwerken aus von der Zeit zerfressenem Stein, die übereinander gestapelt waren und noch immer ihr Steindach und ihre verzierten Türmchen und Wachtürme trugen –

„Ein grausiges Gefängnis, das ewig

Hängt sein blindes Antlitz in das eine Meer hinaus."

Damals hieß es, dass es dort von einem Kobold heimgesucht wurde – einem elend aussehenden, grauhaarigen, graubärtigen kleinen alten Mann, der gelegentlich spät abends oder früh morgens gesehen werden konnte, wie er durch eine Schießscharte oder ein Schussloch auf den zufälligen Passanten spähte. Ich erinnere mich, dass ich an diesem Tag die ganze Geschichte des Kobolds von einem sonnenverbrannten Hirtenjungen erfuhr, den ich im Schatten der alten Burgmauer beim Hüten seines Viehs fand. Ich begann damit, ihn zu fragen, wessen *Erscheinung* seiner Meinung nach noch immer in einem Gebäude spuken könnte, dessen letzter Bewohner längst vergessen war. „ *Oh, sie sagen* ", war die Antwort, „es ist der Geist des Mannes, der auf dem Grundstein getötet wurde, kurz nachdem er gelegt wurde, und der dann von den Maurern bis zum Ende gebaut wurde, damit er die Burg *behalten konnte* , indem er zurückkam; und *sie sagen* , dass an all den alten Häusern in der Kintra Mörder auf diese Weise gebaut wurden und dass sie alle ihre Geister haben." Ich erkannte in der Schilderung der Sache durch den Jungen eine alte und weit verbreitete Tradition, die, was auch immer ihre ursprüngliche Wahrheitsgrundlage gewesen sein mag, die Freibeuter des 17. Jahrhunderts so sehr beeinflusst zu haben scheint, dass sie in ihren Händen Wirklichkeit wurde. "Wenn die Zeit", sagt Sir Walter Scott, "es den Freibeutern nicht erlaubte, ihre Beute in ihren üblichen Ausschweifungen zu verprassen, pflegten sie sie mit vielen abergläubischen Feierlichkeiten auf den einsamen Inseln und *Inselchen zu verstecken* , die sie häufig besuchten, und wo noch immer viele Schätze verborgen sein sollen, deren gesetzlose Besitzer umkamen, ohne sie zurückzufordern. Die grausamsten Menschen sind oft die abergläubischsten; und diese Piraten sollen auf ein schreckliches Ritual zurückgegriffen haben, um einen überirdischen Wächter für ihre Schätze zu gewinnen. Sie töteten einen Neger oder Spanier und begruben ihn mit dem Schatz, weil sie glaubten, dass sein Geist an diesem Ort spuken und alle Eindringlinge vertreiben würde." Es gibt eine bildliche Eigenart in der Sprache, in der Josua den Mann anprangerte, der es wagte, Jericho wieder aufzubauen, die auf ein altes heidnisches Ritual dieser Art hinzuweisen scheint. Es scheint auch nicht unwahrscheinlich, dass ein Brauch, der in so wenig zurückliegenden Zeiten wie denen der Freibeuter existierte, erstmals in den dunklen und grausamen Zeiten der Menschenopfer begann. „Verflucht sei der Mann vor dem Herrn", sagte Josua, „der sich aufmacht und diese Stadt Jericho baut! *Er soll ihren Grundstein mit seinem Erstgeborenen legen und ihre Tore mit seinem jüngsten Sohn errichten.*"

In dem Teil des Landes, in dem ich damals lebte, war das System der Großfarmen bereits eingeführt worden, auf den reicheren und ebeneren Gebieten; aber viele gälisch sprechende Häusler und Kleinpächter lebten noch immer auf den benachbarten Heide- und Berghängen. Obwohl sie in ihren Nachnamen und ihrer Sprache Highland-Wörter waren, hatten sie einen ganz anderen Charakter als die einfacheren Highlander im Inneren von Sutherland oder eine Klasse, die ich kurz darauf studieren konnte – die Highlander der Westküste von Ross-shire. In der Nachbarschaft wurden nachts keine Türen unverriegelt gelassen; und in den Heiden gab es elende Hütten, die wirklich sehr eifrig bewacht und bewacht wurden. Unter den gälisch sprechenden Menschen des Bezirks gab es zu dieser Zeit viel illegale Destillation und Schmuggel; und das wirkte sich auf ihren Charakter mit der üblichen verschlechternden Wirkung aus. Viele der Hochländer hatten auch als Arbeiter am Caledonian Canal gearbeitet, wo sie mit Arbeitern aus dem Süden in Kontakt gekommen waren, und brachten eine selbstbewusste, redselige Eleganz mit nach Hause, die auf einer Grundlage der Unwissenheit basierte, die sie aktiv und aufdringlich machte, eine bizarre und unangenehme Wirkung hatte und nur einen gleichgültigen Ersatz für die schüchterne und schweigsame Einfachheit darstellte, die sie verdrängt hatte. Aber ich habe die Menschen jener Grenzgebiete der Hochländer, die an das Tiefland angrenzen, oder die Gebiete bewohnen, die von Touristen stark durchquert werden, immer von vergleichsweise minderwertiger Qualität gefunden: Die feineren Eigenschaften des Hochlandcharakters scheinen leicht beschädigt zu werden: Die Gastfreundschaft, die Einfachheit, die arglose Ehrlichkeit verschwinden; und wir finden stattdessen ein gieriges, misstrauisches und gewissenloses Volk, das erheblich unter dem Durchschnitt der Tiefländer liegt. In allen unerschlossenen Gegenden der abgelegenen Highlands, in die ich vorgedrungen bin, habe ich festgestellt, dass die Menschen meine Sympathien und Zuneigung stark geweckt haben – viel stärker als in irgendeinem Teil der Lowlands; im Gegenteil, in den heruntergekommenen Gegenden habe ich eine unwillkürliche Gefühlsabwendung gespürt, wenn ich mit der veränderten Rasse in Kontakt kam, mit der ich weder bei den Schotten noch bei den Engländern des Lowlands vertraut war. Ich erinnere mich, dass ich beim Lesen eines Romans von Miss Ferrier vor vielen Jahren von der Wahrheit eines Schlags beeindruckt war, der die leichte Verletzlichkeit des keltischen Charakters sehr praktisch zum Ausdruck brachte. Einige wohlhabende Besucher aus den Highlands sollen in einer unserer größeren Städte im Süden einen einfachen Jungen aus den Highlands gesucht haben, der erst vor wenigen Monaten eine abgelegene nördliche Gegend verlassen hatte; und als sie ihn finden, ist er ein Gefangener in Bridewell.

Gegen Ende September gelang es meinem Meister, der seine Abneigung gegen die Arbeit als einfacher Geselle nicht überwinden konnte, eine Arbeit per Vertrag in einer Gegend zu beschaffen, die etwa vierzehn Meilen näher an unserem Zuhause als Conon-side lag, und ich begleitete ihn, um bei der Fertigstellung zu helfen. Unsere Arbeit an unserem neuen Arbeitsplatz war höchst unangenehm. Burns, der ziemlich viel Erfahrung mit den Übeln harter Arbeit gehabt haben muss, beschreibt in seinen „Twa Dogs" insbesondere drei Arten von Arbeit, die armen „Krippenleuten" „Fash genug" machen.

„Wahrhaftig, Cäsar, solange sie genug erschreckt sind;

Ein Häusler, der in einem Sheugh herumläuft,

Mit schmutzigen Steinen, die eine Lesbe groß machen.

Ohne Steinbruch und dergleichen."

Alles sehr unangenehme Aufgaben, wie ich ebenfalls bezeugen kann, und unsere Arbeit hier kombinierte unglücklicherweise alle drei. Wir waren damit beschäftigt, eine jener altmodischen Mauern von Herrenhöfen, die als „ *Hahas* " bekannt sind, wieder aufzubauen, die die Seiten tiefer Gräben säumen und ihre Oberseiten gerade bis auf die Höhe der Grasnarbe anheben; und da der Graben in diesem speziellen Fall nass war und wir ihn von den alten herabgefallenen Materialien befreien und für unsere neue Fundamentlinie ausheben mussten, während wir uns gleichzeitig mit zusätzlichem Material aus einem benachbarten Steinbruch versorgen mussten, mussten wir uns gleichzeitig mit dem „Ausgraben des Steinbruchs", dem „Hauen im Graben" und dem „Aufreißen des Deichs mit schmutzigen Steinen" „quälen". Die letztgenannte Aufgabe ist bei weitem die schmerzhafteste und anstrengendste. Bei den meisten Arten schwerer Arbeit verdickt sich die Haut und die Hand wird durch natürliche Vorkehrungen härter, um den Anforderungen der gestellten Aufgabe gerecht zu werden und den darunter liegenden Hautschichten den notwendigen Schutz zu bieten; aber die „schmutzigen Steine" des Deichbauers strapazieren, wenn sie nass und schmutzig sind, die Fortpflanzungskräfte der Nagelhaut zu sehr und nutzen sie ab, so dass unter der groben Reibung das Leben freigelegt wird. Bei dieser Gelegenheit und bei mindestens einer anderen, als ich in einer Regenzeit in den Western Highlands mit Bauarbeiten beschäftigt war, bluteten alle meine Finger auf einmal; und wer glaubt, dass unter solchen Umständen Arbeit, die sich über einen langen Tag erstreckt, etwas anderes als Folter sein kann, sollte es einmal versuchen. Wie brannten und schlugen meine armen Hände nachts zu dieser Zeit, als ob in jedem Finger ein unglückliches Herz steckte! Und welche kalten Schauer liefen plötzlich wie elektrische Schläge durch den fiebrigen Körper!

Auch mein allgemeiner Gesundheitszustand war alles andere als gut. Da ich die beiden vorangegangenen Saisons fast ausschließlich mit Steinmetzearbeiten beschäftigt gewesen war, hatte der Staub der Steine, den ich mit jedem Atemzug einatmete, die üblichen schwächenden Auswirkungen auf die Lunge gehabt – jene Auswirkungen, die das Leben eines Steinmetzes auf etwa 45 Jahre beschränken; aber erst jetzt, als ich Tag für Tag mit nassen Füßen in einem wassergetränkten Graben arbeitete, wurde mir durch einen dumpfen, deprimierenden Schmerz in der Brust und eine blutbefleckte schleimige Substanz, die ich nur schwer ausspuckte, deutlich bewusst, dass ich mir durch meine Arbeit bereits Schaden zugezogen hatte und dass meine Lebenserwartung weit unter der durchschnittlichen liegen würde. Da sich das letzte Jahr meiner Lehrzeit schnell dem Ende näherte, beschloss ich jedoch, meine Ausbildung bei meinem Meister um jeden Preis abzuschließen. Es war lediglich eine mündliche Abmachung gewesen, und ich hätte sie ohne Tadel brechen können, als er, da er mir in seiner Eigenschaft als Maurermeister keine Arbeit geben konnte, meine Arbeit einem anderen übertragen musste; aber ich hatte beschlossen, sie nicht zu brechen, umso hartnäckiger, als mein Onkel James in einem Moment der Verärgerung zu Beginn gesagt hatte, er fürchte, ich würde ebenso wenig als Maurer bestehen wie als Schüler; und so arbeitete ich beharrlich weiter; und langsam und mühsam, Stab für Stab, wuchs die Mauer unter unseren Händen in die Höhe. Mein armer Meister, der noch mehr unter abgehackten Händen und blutenden Fingern litt als ich, war mürrisch und gereizt und suchte manchmal Erleichterung, indem er an seinem Lehrling herumnörgelte; aber ernüchtert durch meine Vorahnungen eines frühen Todes, pflegte ich nicht zu antworten; und den hastigen, übellaunigen Ausdrücken, in denen er praktisch nur seinem Gefühl von Schmerz und Unbehagen Ausdruck gab, folgte fast immer eine versöhnliche Bemerkung. In Situationen wie denen, in denen ich mich zu dieser Zeit befand, nimmt der Aberglaube einen starken Einfluss auf den Geist. Eines Tages, als wir auf dem Dach eines hohen Gebäudes standen, von dem wir einen Teil abrissen, um Material für unsere Arbeit zu beschaffen, hob ich eine breite Platte aus rotem Glimmersandstein hoch, dünn wie Dachschiefer und äußerst zerbrechlich, hielt sie auf Armeslänge von mir und ließ sie über die Mauer fallen. Den ganzen Morgen ging es mir schlechter als sonst und ich war sehr deprimiert; und bevor ich die Platte aus der Hand nahm, sagte ich – da ich nur noch wenige Monate zu leben hatte –, ich werde wie diese Sandsteinplatte zerbrechen und als wenig bekanntes Wesen zugrunde gehen. Aber die Sandsteinplatte zerbrach nicht: eine plötzliche Brise blies sie schräg, als sie fiel; sie räumte den groben Steinhaufen darunter weg, wo ich vermutet hatte, dass sie in Stücke zersplittert wäre; und als sie auf ihrer Kante landete, blieb sie aufrecht wie ein Miniaturobelisk im weichen grünen Rasen dahinter stecken. Keine Philosophie oder Logik hätte die Schlussfolgerung gebilligt, die ich sofort zog; aber dieses merkwürdige Kapitel in der Geschichte des menschlichen Glaubens, das sich mit Zeichen und Omen beschäftigt, ist voll von solchen Postulaten und Schlussfolgerungen. Ich schloss sofort, dass mir Genesung bevorstand: Ich sollte „leben und nicht sterben"; und während der wenigen Wochen, die ich danach an diesem Ort schuftete, fühlte ich mich unter dem aufmunternden Einfluss dieser Überzeugung leichter.

Der Pächter des Hofes, auf dem wir arbeiteten, und der zu seiner Zeit sowohl ein großer Destillateur als auch ein bedeutender Bauer gewesen war, war kurz zuvor bankrott gegangen und stand kurz davor, den Hof als gebrochener Mann zu verlassen. Und seine trostlose Lage schien auf fast jedem Feld und jedem Nebengebäude seines Hofes zu spüren. Die Steinzäune waren verfallen, die Hecken von dem fast unbeaufsichtigten Vieh durchbrochen, eine beträchtliche Anzahl von Kornähren lag verrottend auf der Wiese, und hier und da konnte man eine ganze Garbe, die am Ende der Ernte vom „Leitkarren" gefallen war, noch zwischen den Stoppeln liegen sehen, durch die Keimung ihrer Körner am Boden befestigt. Einige der Nebengebäude waren unbeschreiblich erbärmlich. Es gab einen Platz mit modernen Nebengebäuden, in denen das Vieh und die Pferde des Hofes – die sich der Grundbesitzer damals nach dem Hypothekengesetz angeeignet hatte – einigermaßen gut untergebracht waren; aber die Hütte, in der drei der Landarbeiter lebten und in der mein Herr und ich, da wir keine bessere Unterkunft hatten, kochen und schlafen mussten, war eines der elendsten, baufälligsten Gebäude, die ich je bewohnt gesehen habe. Sie war Teil einer alten Büroanlage gewesen, die vor etwa vierzehn Jahren abgerissen worden war; aber als der Eigentümer des Gebäudes zahlungsunfähig wurde, hatte man sie, da es keine bessere Unterkunft gab, verschont, um die auf dem Bauernhof arbeitenden Bediensteten unterzubringen; und nun war sie nicht nur eine unbequeme, sondern auch eine sehr unsichere Wohnung geworden. Mit ihren gewölbten Wänden und dem rissigen Dach, durch dessen Risse die bloßen Rippen zu sehen waren, wäre sie kein schlechtes Motiv für den Bleistift meines Freundes William Koss gewesen; aber die Kuh oder das Pferd, die keinen besseren Schutz hatten als den, den sie bot, konnten nur als mittelmäßig untergebracht betrachtet werden. Jeder stärkere Regenguss fand in Sturzbächen seinen Weg durch das Dach: Ich konnte sogar die Stunde der Nacht anhand der Sterne erkennen, die über die lange Öffnung zogen, die sich entlang des Dachfirsts von Giebel zu Giebel erstreckte; und an stürmischen Abenden hielt ich bei jedem heftigeren Windstoß inne, in der Erwartung, die Dachsparren über meinem Kopf knacken und nachgeben zu hören. Der Destillateur hatte auf seiner Farm in kleinem Maßstab das eingeführt, was seitdem weithin als Bothy-System bekannt ist; und diese Hütte war die Bothy. Wie ich bereits sagte, lebten damals nur drei Landarbeiter darin – junge, unverheiratete Burschen, äußerst ungebildet und von fröhlichem, rücksichtslosem Wesen, deren Sorge um die Interessen ihres

Herrn an den keimenden Garben zu erkennen war, die auf seinen Feldern lagen, und die ihn, wenn er außer Hörweite war, gewöhnlich als „den alten Sünder" bezeichneten. Auch er kümmerte sich offensichtlich nicht um sie; und sie verabscheuten ihn und betrachteten den Ruin, der ihn ereilt hatte und zu dem ihre eigene Rücksichtslosigkeit und Gleichgültigkeit gegenüber seinem Wohlergehen zumindest beigetragen haben musste, mit offener Genugtuung. „Jedenfalls war es ein Trost", sagten sie, „dass der verfluchte alte Sünder, nachdem er beinahe mit ihnen zusammen gewesen wäre, jetzt nur noch einen halben Bankrott hatte." Sicherlich schlimm genug; und doch natürlich genug und in gewissem Sinne auch angemessen genug. Der christliche Geistliche hätte diese Männer gedrängt, ihrem Herrn Böses mit Gutem zu vergelten. Cobbett hingegen hätte ihnen geraten, nachts hinauszugehen und einen Steinhaufen zu verbrennen. Den besseren Rat werden mit Sicherheit neunundneunzig von hundert unserer Hüttenbewohner nicht befolgen; denn es ist eines der großen Übel des Systems, dass es seine Opfer dem veredelnden Einfluss der Religion entzieht; Und andererseits kann zu Gunsten des schlechteren Ratschlags zumindest so viel gesagt werden: Das System kostet das Land jedes Jahr den Preis einer großen Anzahl von Getreidespeichern.

Die drei Jungen ernährten sich hauptsächlich von Reis, dem essbaren Lebensmittel, in das sich ihr Haferbrei am leichtesten verwandeln ließ, und sie buken oder kochten sich nie Haferbrei oder Grütze, offenbar um Ärger zu vermeiden und um sich so wenig wie möglich in der verhassten Hütte aufzuhalten. Abends verlor ich sie immer aus den Augen, aber gegen Mitternacht weckte mich ihr Gerede häufig, wenn sie zu Bett gingen, und ich hörte sie von Vorfällen erzählen, die ihnen auf den benachbarten Bauernhöfen zugestoßen waren, oder von Skandalgeschichten, die sie aufgeschnappt hatten. Manchmal mischte sich eine vierte Stimme in den Dialog. Es war die eines rücksichtslosen Wilddiebes, der immer lange nach Einbruch der Dunkelheit hereinkam und sich in einer Ecke der Hütte auf ein Strohlager warf; und normalerweise war er vor Tagesanbruch auf und davon. Das große Vergnügen der drei Bauernjungen - das Vergnügen, das mit seinen konzentrierten Freuden die trostlose Monotonie der Wochen auszugleichen schien - war ein Bauernball, der einmal im Monat, manchmal auch öfter, in einem Wirtshaus im Nachbardorf stattfand, und bei dem sie einige der Bauernmädchen der Gegend trafen und bis zum Morgen tanzten und Whisky tranken. Ich weiß nicht, wie ihr Geld für so häufige Gelage ausreichte; aber ich sah, dass ihnen jedes notwendige Kleidungsstück fehlte, besonders Unterwäsche und Wäsche; und aus ihren gelegentlichen Gesprächen über Vorladungen zum Friedensrichter erfuhr ich, dass der vorangegangene Schultag in den Händen ihrer Schuhmacher und Tuchhändler offene Rechnungen hinterlassen hatte. Aber solche Angelegenheiten wurden sehr leicht genommen: die drei Jungen waren, wenn auch nicht glücklich, so doch zumindest heiter; und der monatliche Ball, für den sie so viel opferten, bescherte ihnen nicht nur vergnügliche Stunden, solange er dauerte, sondern auch eine Woche voller Gespräche im Vorfeld, bevor er kam, und eine weitere Woche Gespräche über die verschiedenen Ereignisse, nachdem er vorbei war. Und das war meine Erfahrung mit dem Bothy-System in seinen ersten Anfängen. Es hat sich seitdem so stark ausgeweitet, dass es jetzt einzelne Grafschaften in Schottland gibt, in denen zwischen fünf- und achthundert Landarbeiter seinen verderblichen Einflüssen ausgesetzt sind; und die ländliche Bevölkerung in diesen Bezirken könnte es in Sachen Verschwendung durchaus mit der unserer großen Städte aufnehmen und sie in Sachen Grobheit bei weitem übertreffen. Wäre ich ein Staatsmann, würde ich, glaube ich, mutig genug sein, die Wirksamkeit einer Bothy-Steuer zu testen. Es ist lange her, dass Goldsmith über einen Zustand der Gesellschaft schrieb, in dem „Reichtum sich anhäuft und Menschen verfallen", und seit Burns mit seiner gewohnten Scharfsinnigkeit auf diese Veränderung zum Schlechteren im Charakter unserer Landbevölkerung blickte, die das Großfarmsystem mit sich gebracht hat. „West Lothian ist ein fruchtbares, kultiviertes Land", bemerkt der letztgenannte Dichter in einem seiner Tagebücher, „aber je mehr Eleganz und Luxus die Bauern haben, desto mehr Grobheit und Dummheit bemerke ich in gleichem Maße. Diese Bemerkung habe ich überall in den Lothians, Merse, Roxburgh usw. gemacht; und aus diesem und anderen Gründen glaube ich, dass ein Mann mit romantischem Geschmack – ein „Mann mit Gefühl" – mehr Freude an der Armut, aber den intelligenten Köpfen der Bauern von Ayrshire (sie sind alle Bauern, unter dem Friedensrichter) haben wird als am Reichtum eines Klubs von Merse-Bauern, wenn er gleichzeitig den Vandalismus ihrer Pflugleute bedenkt." Die vom Dichter bemerkte zerstörerische Wirkung des Großfarmsystems ist unvermeidlich. Es ist unmöglich, dass der moderne Landarbeiter in seiner verhältnismäßig verantwortungslosen Lage und mit seinem festen, dürftigen Lohn als eine so umsichtige und vorausschauende Person dargestellt werden kann wie der Kleinbauer des letzten Zeitalters, der, auf sich allein gestellt, seine Felder bestellen und seine Geschäfte mit seiner Martins- und Pfingstzahlung abschließen musste, während der Gutsherr ihm alle Hände voll zu tun hatte, und dem es oft gelang, Geld zu sparen und einem vielversprechenden Sohn oder Neffen eine klassische Ausbildung zu ermöglichen, die es dem jungen Mann ermöglichte, in höhere Lebensbereiche aufzusteigen. Landarbeiter *müssen als Klasse* auf der Stufenleiter niedriger stehen als die alten Pächter, die ihre kleinen Höfe mit ihren eigenen Händen bewirtschafteten; aber es ist möglich, sie weit über das erniedrigte Niveau der Hütten zu heben; und wenn keine Maßnahmen ergriffen werden, um die Ausbreitung des verheerenden Prozesses der Tierquälerei, den dieses System mit sich bringt, einzudämmen, wird die schottische Bevölkerung in den landwirtschaftlichen Bezirken mit Sicherheit von einer der vorsorglichsten, intelligentesten und moralischsten in Europa zu einer der zügellosesten, rücksichtslosesten und unwissendsten absinken.

Kerzenlicht ist ein Luxus, den sich in einer Baracke niemand leisten würde; und in einer Baracke wie der unseren, die zu dieser Zeit voller Lücken und Risse war und in der es von allerlei kalter Zugluft wimmelte, brannte nicht jede Nacht eine Kerze. Und da unser Brennstoff, der aus stark verrottetem Holz bestand – dem Dach eines verfallenen Nebengebäudes, das wir abreißen ließen –, nur ein schwaches Feuer war, konnte ich im Licht nur mit Mühe lesen. Indem ich mein Buch jedoch etwa einen Fuß von der Glut entfernt ausbreitete, konnte ich, wenn auch manchmal auf Kosten von Kopfschmerzen, ein neues Lesestück weiterverfolgen, das sich mir gerade eröffnet hatte und das mir eine Zeit lang viel Vergnügen bereitete. Es gab einen vagabundierenden Hausierer, der zu dieser Zeit durch die nördlichen Grafschaften zog und weithin als Jack aus Dover bekannt war, dessen richtiger Name jedoch Alexander Knox war und der immer behauptete, er stamme aus derselben Familie wie der große Reformator. Der Hausierer selbst war jedoch kein Reformer. Einmal alle sechs Wochen oder zwei Monate betrank er sich wie verrückt und brachte nicht nur „die Meute um", wie er zu sagen pflegte, sondern landete auch manchmal im Gefängnis. Es gab jedoch einige freundliche Verwandte im Süden, die ihm immer wieder auf die Beine halfen; und Jack aus Dover tauchte nach vierzehn Tagen des Elends mit der üblichen Menge an Waren im Rücken auf und lebte weiter, bis er wieder betrunken war. Er hatte eine Vorliebe dafür, seltsame Bücher zu kaufen und zu lesen, die er, nachdem er ihren Inhalt gemeistert hatte, immer wieder verkaufte; und er lernte, sie meiner Mutter zu bringen, wenn sie von einer Art waren, die sonst niemand kaufen würde, und sie als für mich geeignet zu empfehlen. Der arme Jack war bei seinen Empfehlungen immer gewissenhaft. Ich weiß nicht, wie er es schaffte, meinen Geschmack in dieser Angelegenheit genau zu erfassen, aber sie waren ausnahmslos für mich geeignet; und da sein Preis selten einen Schilling pro Band überstieg und manchmal unter sechs Pence fiel, kaufte meine Mutter immer, wenn sie konnte, nach seinem Urteil. Seinem Urteilsvermögen verdankte ich mein erstes Exemplar von Bacons „Weisheit der Alten", „in englischer Sprache übersetzt von Sir Arthur Gorges", und ein Buch, auf das ich noch lange später in meinen geologischen Schriften zurückgreifen musste – Maillets „Telliamed" – eine der früheren Abhandlungen über die Entwicklungshypothese; und er hatte mir nun eine Auswahl der Gedichte von Gawin Douglas und Will Dunbar in einem Band und eine weitere Sammlung in einem größeren Band mit „alten schottischen Gedichten" aus den Manuskripten von George Bannatyne besorgt. Die älteren schottischen Dichter waren mir zuvor fast völlig unbekannt gewesen. Mein Onkel James hatte mich in sehr jungen Jahren mit Burns und Ramsay bekannt gemacht, und ich hatte Fergusson und Tannahill selbst entdeckt; aber diese Schule der schottischen Literatur, die zwischen der Herrschaft von David dem Zweiten und Jakob dem Sechsten florierte, war für mich bis jetzt beinahe eine *terra incognita geblieben*, und ich fand nicht wenig Vergnügen daran, die alten Winkel zu erforschen, die sie mir eröffnete. Kurz darauf las ich Ramsays „Evergreen", „King's Quair" und die wahren „Actes and Deides of ye illuster and vailyeand campioun Shyr Wilham Wallace", nicht modernisiert wie in meinem ersten Exemplar, sondern in der Sprache, in der sie einst von Henry the Minstrel vorgetragen worden waren: Ich hatte mich zuvor über Harbours Bruce gefreut; und so wurde meine Bekanntschaft mit den alten schottischen Dichtern, wenn auch nicht sehr tiefgreifend, so doch zumindest so respektabel, dass ich erst viele Jahre später jemanden traf, der sie ebenso gut kannte.

Die seltsamen, malerischen Allegorien von Douglas und der knappe Sinn und der rassige Humor von Dunbar haben mich sehr erfreut. Als ich mich langsam durch die Schwierigkeiten einer Sprache bewegen musste, die nicht mehr die Sprache meiner Landsleute war, hatte ich das Gefühl, als würde ich den Sinn erschaffen, den ich fand; er kam allmählich zum Vorschein wie ein Fossil des Felsens, aus dem ich mühsam die umhüllende Matrix herausschlagen musste; und als ich bewundernd darüber hing, glaubte ich zu erkennen, warum einige meiner alten Schulkameraden, die ihre Ausbildung am College fortsetzten, immer auf der großen Überlegenheit der alten griechischen und römischen Schriftsteller gegenüber den Schriftstellern unseres eigenen Landes beharrten. Ich konnte ihnen nicht viel kritisches Urteilsvermögen zutrauen: Einige von ihnen waren Versen und Prosa gegenüber ziemlich gleichgültig und wussten kaum, worin Poesie bestand; und doch glaubte ich, dass sie ihren Wahrnehmungen treu blieben, wenn sie auf dem beharrten, was sie die hohe Vortrefflichkeit der Alten nannten. Wie ich bereits sagte, ist bei meinen alten Schulkameraden der Lesevorgang bei einem englischen Werk von klassischem Rang so plötzlich, verglichen mit der Langsamkeit, mit der sie sich etwas vorstellen oder verstehen, dass sie über die Oberfläche der Zahlen oder Perioden ihres Autors gleiten, ohne ein richtiges Gespür dafür zu entwickeln, was darunter liegt; während sie beim Lesen der Werke eines griechischen oder lateinischen Autors genau das tun müssen, was ich tue, wenn ich den „Palice of Honour" oder das „Goldin Terge" entziffere – sie müssen langsam vorgehen und die Sprache ihres Autors in die Sprache ihres eigenen Denkens übertragen. Und so verlieren sie infolgedessen kaum etwas von seiner Bedeutung und denken nicht über den Prozess nach, durch den sie in sie eingedrungen sind. Sie stellen das Wenige, das sie aus dem hastigen Lesen eines guten englischen Buches gewinnen, dem Viel gegenüber, das sie aus dem sehr gemächlichen Lesen eines guten lateinischen oder griechischen Buches gewinnen; und sie bezeichnen *das Wenige als* die Armut moderner Schriftsteller und *das Viel als* die Fruchtbarkeit der Alten. Das war meine Theorie, und sie war zumindest gegenüber meinen Bekannten nicht unbarmherzig. Ich wurde jedoch mitten in meinen Studien durch einen Tag mit strömendem Regen aufgehalten, der das verrottete, schwammige Holz, unseren Brennstoff, so mit Feuchtigkeit durchtränkte, dass es mir zwar mit einiger Mühe gelang, so viele Feuer zu machen, dass wir unsere Lebensmittel kochen konnten, aber es meine Fähigkeiten überstieg, eines zu machen, auf dem ich lesen konnte. Schließlich jedoch ging diese trostlose Arbeitssaison – bei weitem die trübste, die ich je verbracht habe – zu Ende, und ich kehrte mit meinem Meister etwa um Martinstag nach Cromarty zurück, nachdem unsere schwere Arbeit erledigt und meine Lehrzeit zu Ende war.

KAPITEL XII.

"Weit mög ich wandern dein schroffes Ufer hinab,

Mit Felsen und Bäumen übersät, das dunkle Loch Maree." – KLEIN.

Die heilenden Kräfte einer Konstitution, die zu dieser Zeit nur durch harte Behandlung geschädigt werden konnte, traten nach meiner Entlassung aus dem nassen Graben und der verfallenen Hütte wieder voll in Kraft; und noch vor dem Ende des Winters war ich wieder in meinem gewohnten, robusten Gesundheitszustand. Ich las, schrieb, zeichnete, korrespondierte mit meinem Freund William Ross (der nach Edinburgh gezogen war), untersuchte den Eathie Lias erneut und erkundete den Eathie Burn erneut – eine herrliche Schlucht aus altem roten Sandstein, bemerkenswert für die wilde Malerhaftigkeit seiner Klippen und die Schönheit seiner Wasserfälle. Ich verbrachte auch viele Abende in Onkel James' Werkstatt und stand mit meinen beiden Onkeln in besserem Verhältnis als fast jemals zuvor – eine Folge zum Teil der nüchternen Gesichtsfarbe, die mein Geist im Laufe der Jahreszeiten allmählich annahm, und zum Teil der Art und Weise, wie ich meine Verpflichtung gegenüber meinem Meister erfüllt hatte. „Handeln Sie immer so", sagte Onkel James, „wie Sie es in dieser Angelegenheit getan haben. Geben Sie Ihrem Nachbarn bei all Ihren Geschäften den *Guss des Bauk* – ‚gutes Maß, aufgehäuft und überlaufend' – und Sie werden am Ende nichts dabei verlieren." Ich habe sicherlich nichts verloren, indem ich meine Lehrzeit treu abgeleistet habe. Es ist nicht unlehrreich zu beobachten, wie seltsam die Öffentlichkeit manchmal dazu verleitet wird, dem, was in Wirklichkeit nur untergeordnet wichtig ist, höchste Bedeutung beizumessen und das wirklich Wichtigste ohne Nachdenken oder Beachtung zu übergehen. Das Schicksal des gelernten Mechanikers wird beispielsweise viel stärker von seiner zweiten Ausbildung – der seiner Lehrzeit – beeinflusst als von seiner ersten – der Schulausbildung; und doch wird allgemein der Schulausbildung die größte Bedeutung zugeschrieben, und von der anderen hören wir nie etwas. Der nachlässige, unfähige Schüler hat viele Möglichkeiten, sich zu erholen; der nachlässige, unfähige Lehrling, der entweder seine reguläre Zeit nicht ableistet oder der, obwohl er seine Zeit erfüllt, als schlechter Arbeiter entlassen wird, hat sehr wenige; und außerdem kann nichts sicherer sein, als dass sich die Minderwertigkeit als Arbeiter viel verheerender auf die Lage des Mechanikers auswirkt als die Minderwertigkeit als Schüler. Unfähig, seinen Platz unter seinen Gesellenkollegen zu behaupten oder sich des Durchschnittslohns seines Handwerks würdig zu erweisen, verliert der schlecht ausgebildete Mechaniker seine reguläre Beschäftigung, lebt eine Zeitlang unsicher von Gelegenheitsjobs und wird entweder, indem er sich müßige Gewohnheiten aneignet, ein vagabundierender *Wanderer* oder, indem er in die Fänge eines habgierigen Zuchtmeisters gerät, ein versklavter *Schwindler*. Auf einen Arbeiter, der durch Vernachlässigung seiner Schulbildung geschädigt wurde, kommen Dutzende, die durch Vernachlässigung ihrer Lehrlingsausbildung ruiniert wurden. Drei Viertel des Elends der Mechaniker des Landes (natürlich ohne das der unglücklichen Klasse, die mit Maschinen konkurrieren muss) und neun Zehntel ihres Vagabundentums sind auf minderwertige Arbeiter beschränkt, die wie Hogarths „nachlässiger Lehrling" die Möglichkeiten ihres zweiten Schulhalbjahrs versäumten. Der scharfsinnige Maler hatte in dieser Angelegenheit einen besseren Einblick als die meisten unserer modernen Pädagogen.

Mein Freund aus der Doocot-Höhle hatte in den letzten Jahren, in denen ich meine Ausbildung als Steinmetz im Norden des Landes absolvierte, eine kurze Lehre bei einem Lebensmittelhändler in London absolviert; und ich erfuhr nun, dass er gerade in seine Heimat zurückgekehrt war, mit der Absicht, sich selbständig zu machen. Für diejenigen, die sich in den oberen Schichten bewegen, mag die Überlegenheit des Dorfladenbesitzers gegenüber dem Steinmetzgesellen nicht sehr auffällig sein; aber von den unteren Schichten der Gesellschaft aus betrachtet, ist sie durchaus deutlich zu erkennen; selbst Gulliver konnte feststellen, dass der Kaiser von Liliput fast um eine Nagelbreite größer war als jeder seiner Hofleute; und obwohl ich die Bekanntschaft mit meinem alten Freund unbedingt erneuern wollte, war ich mir seines Vorteils in Bezug auf die Stellung mir gegenüber so bewusst, dass ich das Gefühl hatte, dass die notwendigen Annäherungsversuche von seiner Seite und nicht von meiner Seite unternommen werden sollten. Ich jedoch warf mich ihm in den Weg, allerdings auf eine so überhebliche, stolze und eifersüchtige Art, dass ich immer noch jedes Mal, wenn ich daran zurückdenke, lächeln muss. Als ich erfuhr, dass er am Kai damit beschäftigt war, die Landung einiger Waren zu überwachen, vermutlich für seinen zukünftigen Laden, nahm ich die Lederschürze an, die ich zu Martini für den Winter weggeworfen hatte, und stolzierte in meiner Arbeitskleidung – ein wahrer Maurer – an ihm vorbei und musterte ihn dabei fest. Er sah mich einen Moment an und wandte sich dann, ohne ein Zeichen des Erkennens, gleichgültig ab. Ich hatte nicht bedacht, dass er mich noch nie mit einer Lederschürze umgürtet gesehen hatte – dass ich seit unserer letzten Trennung mehr als einen halben Fuß gewachsen war – und dass ein junger Mann von fast 1,80 m mit einem deutlich sichtbaren Bartansatz auf der Wange ein ganz anderer Mensch sein könnte als ein glattkinniger Jüngling von kaum mehr als 1,60 m. Und tatsächlich erkannte mich mein Freund, wie ich fast drei Jahre später von ihm erfuhr, bei dieser Gelegenheit nicht wieder. Da ich aber glaubte, dass er mich doch erkannte und dass er einen einfachen Arbeiter nicht zu seinen Freunden zählen wollte, kehrte ich sehr traurig und, wie ich befürchte, auch nicht wenig wütend nach Hause zurück. Ich verbarg die vermeintliche Beleidigung in meinem Herzen, da sie zu heikel war, um sie irgendjemandem mitzuteilen, und kreuzte seinen Weg mehr als zwei Jahre lang nicht mehr.

Ich war nun mein eigener Herr und begann als Geselle für eine meiner Tanten mütterlicherseits zu arbeiten – die Tante, die vor so vielen Jahren zu ihrer alten Verwandten gegangen war, der Cousine meines Vaters und der Mutter seiner ersten Frau. Tante Jenny hatte danach viele Jahre bei einer alten Witwe gewohnt, die in stiller Vornehmheit und mit sehr bescheidenen Mitteln ein Leben abseits geführt hatte; und jetzt, da sie gestorben war, sah meine Tante ihre Berufung verloren und wünschte, auch sie könnte abseits ein Leben in bescheidener Unabhängigkeit führen, sich von ihrem Spinnrad ernähren und ab und zu einen Strumpf stricken. Sie fürchtete jedoch, dass eine halbjährliche Zimmermiete ihre Mittel stark belasten würde; und da es am Ende des Gartenstreifens, den mir mein Vater hinterlassen hatte, ein kleines Stück Land gab, das an eine Straße grenzte, die als Verbindung zwischen Stadt und Land, wie im Norden Schottlands üblich, den französischen Namen „Pays" trug , kam mir die Idee, dass ich mich als gelernter Mechaniker versuchen könnte, indem ich darauf ein Häuschen für Tante Jenny errichte. Maurer sind natürlich im Häuserbau besser bewandert als jede andere Klasse von Mechanikern. Es war jedoch notwendig, Geld für den Kauf von Holz für das Dach und für den Transport der benötigten Steine und des Mörtels bereitzustellen; und ich hatte keines. Aber Tante Jenny hatte ein paar Pfund gespart, und ein paar davon erwiesen sich als ausreichend; und so baute ich als meine erste Arbeit ein Häuschen im *Pays* mit einem Zimmer und einer Kammer, das zwar nicht sehr elegant und geräumig war, aber Tante Jennys Vorstellungen von Komfort voll und ganz entsprach und ihr mindestens ein Vierteljahrhundert lang als Zuhause diente. Es wurde vor Pfingsten fertiggestellt, und ich beschloss, mich auf die Suche nach einer besser bezahlten Beschäftigung zu machen, mit nur ein wenig von dem Gefühl, dem wir eines der bekanntesten elegischen Gedichte der Sprache verdanken – Burns' „Der Mensch wurde zum Trauern gebracht". „Nichts gibt mir ein demütigenderes Bild des menschlichen Lebens", sagte der Dichter, „als ein Mann, der Arbeit sucht." Die erforderliche Arbeit kam jedoch direkt und ohne Aufforderung zu mir und genau zur richtigen Zeit. Ich wurde beauftragt, beim Behauen eines gotischen Tores in den Wäldern meines alten Wohnorts Conon-side zu helfen; und wurde dann, als die Arbeit kurz vor der Fertigstellung stand, losgeschickt, um Materialien für den Bau eines Hauses an der Westküste von Ross-shire zu besorgen. Mein neuer Herr hatte mich in der vergangenen Saison inmitten des wilden Durcheinanders in der Kaserne beim Studium praktischer Geometrie vorgefunden und hatte eine Reihe von Architekturzeichnungen, die ich gerade fertiggestellt hatte, zustimmend überflogen; Deshalb suchte er mich nun auf und übertrug mir die Leitung einer kleinen Gruppe, die er vor seinen anderen Arbeitern aussandte. Ich sollte die Gruppe vergrößern, indem ich bei unserer Ankunft am Ort unserer künftigen Beschäftigung einen oder zwei Arbeiter anstellte.

Wir sollten von einem Fuhrmann aus einer Nachbarstadt begleitet werden. Am Morgen, an dem unsere Reise beginnen sollte, waren sein Wagen und sein Pferd früh in Conon, um die für unsere neue Arbeit benötigten Werkzeuge über das Land zu transportieren. Von ihm selbst sahen wir jedoch keine Spur und gegen zehn Uhr brachen wir ohne ihn auf. Als wir jedoch etwa zwei Meilen unterwegs waren und feststellten, dass wir einen Hebel zurückgelassen hatten, der zum Einsetzen großer Steine nützlich war, bat ich meinen Begleiter, im Dorf Contin auf mich zu warten, wo wir den Fuhrmann zu treffen erwarteten. Als ich das Werkzeug holte, verließ ich die Hauptstraße, als ich sie fand, und um Zeit zu sparen und einen Umweg von etwa drei Meilen zu vermeiden, ging ich über das Land direkt zum Dorf. Mein Weg war jedoch sehr steinig. Als ich zum Conon kam, den ich durchqueren musste – denn durch die Vermeidung des Umwegs hatte ich die Brücke verpasst –, stellte ich fest, dass er ziemlich hoch war. Wäre da nicht der Eisenhebel gewesen, den ich bei mir trug, hätte ich als Überquerungspunkt einen der noch tiefen Tümpel gewählt, der für einen kräftigen Schwimmer viel sicherer war als eine der offensichtlichen Furten mit ihren starken Strömungen, wirbelnden Wirbeln und rauen Böden. Aber obwohl die Helden der Antike – Männer wie Julius Cäsar und Horatius Cocles – in schwerer Rüstung Flüsse und Meere durchschwimmen konnten, verbietet das spezifische Gewicht des menschlichen Subjekts in diesen späteren Zeitaltern der Welt solche Leistungen; und da ich zu dem Schluss kam, dass ich nicht leicht genug in meinem Körper war, um über den Hebel zu schweben, wählte ich mit einigem Zögern eine der besser aussehenden Furten und betrat den Fluss, wobei meine Hose an dem Eisenbalken über meiner Schulter baumelte. Die Strömung war jedoch so pfeilschnell, dass das Wasser kaum meine Mitte erreicht hatte, als es begann, die Steine und den Kies unter meinen Füßen auszuhöhlen und mich mit Gewalt in eine schräge Richtung nach unten zu ziehen. Gleich in der Nähe war eine schäumende Stromschnelle und gleich dahinter ein tiefer, dunkler Tümpel, in dem die aufgescheuerte Strömung herumwirbelte, als würde sie die Wut, die durch die jüngste Behandlung zwischen Felsen und Steinen geweckt worden war, austoben, bevor sie ihre normale Stärke wiedererlangte; und hätte ich den Halt verloren oder wäre ich ein wenig weiter hinabgetragen worden, ich weiß nicht, wie es mir in dem wilden, schäumenden Abstieg zwischen der Furt und dem Tümpel ergangen wäre. Merkwürdigerweise war jedoch der einzige Gedanke, der mir in der Aufregung des Augenblicks durch den Kopf ging, ein äußerst lächerlicher. Natürlich würde ich in der Strömung nicht nur den Hebel verlieren, sondern auch meine Hosen; und wie sollte ich jemals ohne sie nach Hause kommen? Wo, in aller Welt, sollte ich mir einen Kilt ausleihen? Ich habe dieses seltsame, lächerliche Gefühl mehr als einmal in

Situationen erlebt, mit denen ein anderes Gefühl besser harmoniert hätte. Byron stellt es als ein Gefühl äußerster Trauer dar; ich vermute jedoch, dass es bei äußerster Gefahr weitaus häufiger vorkommt; und alle Beispiele, die der Dichter selbst in seiner Anmerkung anführt – Sir Thomas More auf dem Schafott, Anne Boleyn im Tower und jene Opfer der Französischen Revolution, „bei denen es Mode wurde, etwas als Vermächtnis zu hinterlassen " – waren allesamt eher Scherze in verzweifelter und hoffnungsloser Gefahr als in Trauer. In Gefahr ist es jedoch, für uns sicherlich wie in Trauer, eine freudlose Art von Heiterkeit.

„Diese Verspieltheit des Kummers täuscht nie;

Es lächelt bitter: aber es lächelt noch immer,

Und manchmal mit den Weisesten und Besten.

Bis selbst das Schafott von ihrem Scherz widerhallt."

Das Gefühl ist zwar unharmonisch, aber es lässt mich nicht schwächer werden. Ich lachte im Strom, aber ich gab ihm nicht nach. Und als ich am Rand der Stromschnelle war, unternahm ich eine gewaltige Anstrengung, gelangte in ruhigeres Wasser und schaffte es, bis zu den Achselhöhlen durchnässt, ans gegenüberliegende Ufer zu gelangen. Fast an derselben Stelle des Conon verlor meine arme Freundin, die Wahnsinnige von Ord, ein paar Tage später ihr Leben.

Ich fand meinen Begleiter, der den Karren mit unserem Werkzeug hütete, vor einem Gasthaus etwas hinter Contin; aber vom Fuhrmann war keine Spur, und der Gastwirt, dem er gut bekannt war, teilte uns mit, dass wir möglicherweise den ganzen Tag auf ihn warten müssten und ihn abends vielleicht nicht sehen würden. Klick-Klack - ein Name, der die Redegewandtheit des Fuhrmanns ausdrückt und mit dem er häufiger bezeichnet wurde als mit dem im Kirchenregister - hatte ohne Zweifel vorgehabt, sich uns am Morgen früh anzuschließen, aber dann war er nüchtern; und was er jetzt vorhatte, sagte der Gastwirt, da er aller Wahrscheinlichkeit nach betrunken war, vermochte kein lebender Mensch zu sagen. Dies war eine ziemlich verblüffende Nachricht für Männer, die eine lange Reise durch ein raues Land vor sich hatten; und mein Kamerad – ein Junge, der ein oder zwei Jahre älter war als ich, aber noch Lehrling – steigerte meine Bestürzung noch, indem er mir erzählte, er sei von Anfang an sicher gewesen, dass mit Click-Clack etwas nicht stimmte, und sein Meister habe sich seine Dienste nicht aus freien Stücken gesichert, sondern einfach, weil er, nachdem er bei einem Verkauf zum Preis eines Pferdes leichtfertig für ihn Bürge geworden war und das Tier bezahlen musste, ihn jetzt in der Hoffnung angestellt habe, sein Geld zurückzubekommen. Ich beschloss jedoch, bis zum letzten Moment auf den Fuhrmann zu warten, denn dann könnten wir unser Endziel erreichen, ohne gefährlich in die Nacht hineinzudringen; und da ich davon ausging, dass er sich uns nicht sehr bald anschließen würde, machte ich mich auf den Weg zu einem benachbarten Hügel, von dem aus man eine weite Aussicht hat, um mir die Hauptmerkmale einer Gegend anzusehen, mit der ich in den beiden vorangegangenen Jahren nicht wenige interessante Verbindungen aufgebaut hatte, und um meine nassen Kleider in der Brise und der Sonne zu trocknen. Der alte Turm von Fairburn war eines der auffälligsten Objekte in der Aussicht; und das Auge schweifte über den Beginn der Gneisregion hinaus auf ein Stück zerklüftetes Hügelland und braunes Moorland, das weder von einem einzigen grünen Feld noch von einer menschlichen Behausung gesäumt war. Es gibt Überlieferungen, die gerade durch ihre Eigentümlichkeit und Entfernung von dem, was man normalerweise meint, von ihrer Wahrheit zeugen; und jetzt rief ich eine Überlieferung hervor, die ich meinem verrückten Freund verdankte, und zwar über die Art und Weise, wie die Mackenzies von Fairburn und die Chisholms von Strathglass dieses öde Landstück unter sich aufgeteilt hatten. Es war seit der ersten Besiedlung des Landes eine unbewohnte Wüste gewesen, und keiner der Eigentümer konnte sagen, wo sein eigenes Land endete oder das seines Nachbarn begann; als sie aber feststellten, dass das Fehlen einer richtigen Demarkationslinie zu Streitigkeiten zwischen ihren Hirten führte, wenn sie mit ihrem Vieh auf ihren Sommerweiden Weideland anlegten, stimmten sie der Aufteilung des Landes zu. Das Zeitalter der Landvermesser war noch nicht angebrochen; sondern sie wählten zwei alte Frauen von fünfundsiebzig Jahren aus und schickten sie zur gleichen Stunde los, um sich in den Hügeln zu treffen, die eine vom Fairburn Tower, die andere vom Erchless Castle, nachdem sie sich zuerst verpflichtet hatten, ihren Treffpunkt als den Punkt zu akzeptieren, an dem der Grenzstein zwischen den beiden Grundstücken gesetzt werden sollte. Die Frauen, begleitet von einer Schar fähiger Zeugen, reisten, als ginge es um Leben und Tod; aber die Frau aus Fairburn, die Pflegemutter des Gutsherrn, war entweder eifriger oder aktiver als die aus Chisholm, reiste für ihre Meile fast zwei Meilen; und als sie sich in der Wüste wieder sahen, war dies weit entfernt von den Feldern von Fairburn und verhältnismäßig nicht weit von denen von Chisholm. Es ist nicht leicht zu verstehen, warum sie einander als Feinde betrachteten; aber nach einer Meile beschleunigte sich ihr nachlassendes Tempo zu einem Lauf, und als sie sich an einem schmalen Bach trafen, hätten sie gern gekämpft; aber da ihnen in ihrer völligen Erschöpfung die Kraft zum Kämpfen und der Atem zum Schimpfen fehlte, konnten sie sich nur an die gegenüberliegenden Ufer setzen und sich über den Fluss hinweg *angrinsen* . George Cruikshank hatte zuweilen schlechtere Motive für seine Bleistiftzeichnung. Ich glaube, es war Landor, der in einem seiner „imaginären Gespräche" einen schottischen Gutsherrn Adam Smith mitteilen ließ, er habe, um die Größe seines Besitzes in einem erdenklichen Ausmaß festzustellen, eine Reihe von Dudelsackspielern darum aufgestellt, jeden in einem solchen Abstand von seinem nächsten Nachbarn, dass er kaum den Klang seines Dudelsacks hören konnte; und er konnte anhand der Anzahl der benötigten Dudelsackspieler eine ungefähre Schätzung der Größe seines Besitzes vornehmen. Und hier, in einer schottischen Tradition, die zumindest als solche echt ist, werden wir mit einem Hilfsmittel bekannt gemacht, das kaum weniger lächerlich oder unzureichend ist als das, was Landor in einer seiner humorvollen Stimmungen bloß erdacht haben muss.

Ich kehrte zu der Stunde zum Gasthof zurück, von der aus wir, wie gesagt, unsere Tagesreise beenden konnten, und da wir, wie erwartet, keine Spur von Click-Clack fanden, machten wir uns ohne ihn auf den Weg. Unser Weg führte uns durch lange, moorige Landstriche, mit hier und da einem blauen See und Birkenwäldern und hier und da einer Gruppe schäbiger Hütten und unregelmäßiger Felder; aber die Landschaft war im Großen und Ganzen die des vorherrschenden schiefrigen Gneises der schottischen Highlands, in dem sich abgerundete, zusammenfließende Hügel über langgezogenen Tälern erheben und eher durch ihre kahle und einsame Weite als durch irgendetwas Kühnes oder Auffälliges in ihren Zügen imposant wirken. Das Gebiet war erst vor wenigen Saisons durch die Parliamentary Road erschlossen worden, auf der wir reisten, und war damals den Touristen kaum bekannt; und die dreißig Jahre, die seitdem vergangen sind, haben es in mancher Hinsicht erheblich verändert, wie sie es mit den Highlands im Allgemeinen getan haben. Als ich das letzte Mal auf dieser Reise war, bestanden die meisten Hütten nur noch aus Ruinen und die Felder aus moosbedeckten Flecken, die inmitten der Wüste grün blieben. An einer Stelle bemerkte ich eine außergewöhnliche Gruppe von Eichen im letzten Stadium des Verfalls, die aufgrund ihrer Größe und Größe selbst in den Wäldern Englands aufgefallen wären. Die größte der Gruppe lag verrottend auf dem Boden – eine schwarze, schwielige Schale mit einem Durchmesser von gut sechs Fuß, aber hohl wie ein Teerfass; während die anderen, etwa vier oder fünf an der Zahl, um sie herum standen, völlig enteäußert von allen größeren Ästen, aber grün von Blättern, die sie aufgrund der Winzigkeit der Zweige, an denen sie wuchsen, wie eng anliegende Mäntel umhüllten. Ihre Zeit der „Baumzucht" – um eine Phrase von Cowper zu verwenden – muss sich weit in die dunkle Vergangenheit der Highland-Geschichte erstreckt haben – bis in eine Zeit, an der ich nicht zweifle, als nicht wenige der angrenzenden Torfmoose noch als Wälder existierten und als einige der benachbarten Clans – Frasers, Bissets und Chisholms – zumindest unter den bestehenden Namen (französischer und sächsischer Herkunft) noch nicht zu existieren begonnen. Bevor wir das einsame Gasthaus von Auchen-nasheen erreichten – ein echtes Highland-Clan des alten Typs – war die Nacht für eine Nacht im Juni dunkel und stürmisch geworden; und ein grauer Nebel, der sich seit Stunden entlang der

Hügel senkte – und ihre braunen Gipfel Stück für Stück abtupfte, wie ein Künstler seine mit Bleistift gezeichneten Hügel mit einem Stück Radiergummi zeichnen würde, der aber, methodisch in seinen Eingriffen, bei seinen Fortschritten eine perfekte Horizontalität der Linien bewahrt hatte – war in einen schweren, anhaltenden Regen übergegangen. Da das schöne Wetter jedoch bis auf eine Meile vor dem Ziel unserer Reise angehalten hatte, waren wir bei unserer Ankunft nur teilweise nass und trockneten uns bald vor einem edlen Torffeuer. Mein Kamerad hätte sich nach unserer ermüdenden Reise gern mit etwas Leckerem getröstet. Er meinte, ein Gasthaus in den Highlands müsse zumindest ein Stück Hammelschinken oder ein Stück getrockneten Lachs anbieten können, und bestellte ein paar Scheiben, zuerst Schinken und dann Lachs. Seine Bestellungen verwirrten den Wirt und seine Frau jedoch nur, deren Vorräte nur aus Haferflocken und Whisky zu bestehen schienen. Als er seine Erwartungen und Forderungen erfüllte und andeutete, dass er sehr hungrig sei und alles Essbare in Ordnung sei, hörten wir, wie die Wirtin einem rotarmigen, in blaues Plaid gekleideten Mädchen mit sichtlicher Befriedigung mitteilte, dass „die Jungs Haferbrei nehmen würden". Der Haferbrei wurde entsprechend zubereitet; und als wir kurz vor Mitternacht – denn wir waren spät angekommen – über dieses bekannte Gericht sprachen, betrat ein großer Highlander das Gasthaus und fiel wie ein Mühlrad in sich zusammen. Er war, wie er sagte, mit Nachrichten an den Wirt und an zwei Maurerjungen im Gasthaus beauftragt, von einem einsamen Fuhrmann, mit dem er etwa zwanzig Meilen gereist war, der aber, von dem „Drap-Getränk" und einem Paar schlechter Schuhe aufgeputscht, gezwungen war, die Nacht in einer Hütte etwa sieben Meilen vor Auchennasheen zu verbringen. Die Nachricht des Fuhrmanns an den Wirt bestand einfach darin, dass die beiden Maurerjungen sein Pferd und seinen Wagen gestohlen hatten und er ihn anwies, sein Eigentum für ihn aufzubewahren, bis er selbst am Morgen heraufkäme. Was seine Nachricht an die Jungen betraf, sagte der Highlander, „war kein Kleinod, das es wert war, noch einmal durchzugehen; aber wenn wir alle gälischen Flüche zu den englischen hinzufügen wollten, wäre es ungefähr so."

Am nächsten Morgen wurden wir durch einen gewaltigen Tumult im angrenzenden Zimmer geweckt. „Es ist Click-Clack, der Fuhrmann", sagte mein Kamerad. „Oh, was sollen wir tun?" Wir sprangen auf, zogen uns in doppelter Geschwindigkeit an und machten uns daran, durch die Ritzen einer Trennwand aus Holz zu spähen. Wir sahen den Fuhrmann mitten im Nebenzimmer stehen und wütend toben, und den Wirt, einen glatt sprechenden kleinen alten Mann, der sich sehr bemühte, ihn zu besänftigen. Click-Clack war ein rau aussehender Kerl, etwa vierzig Jahre alt, etwa 1,78 Meter groß, mit einem schwarzen, unrasierten Bart, der wie eine Schuhbürste unter seiner kohlroten Nase steckte, und trug einen traurig zerrissenen Anzug in Aberdeen-Grau, darüber einen krempenlosen Hut, den er sich anscheinend von einer hilfsbereiten Vogelscheuche geliehen hatte. Ich schätzte ihn in Person und Ausdruck ein; und da ich mich für seinen Gegner hielt, sogar ohne die Hilfe meines Kameraden, auf dessen Diskretion ich mich sicherer verlassen konnte als auf seine Tapferkeit, betrat ich das Zimmer und beschuldigte ihn grober Pflichtverletzung. Er hatte uns einen ganzen Tag lang seinen Pferdewagen lenken lassen und hatte wegen seines erbärmlichen Vergnügens im Wirtshaus seine Verabredung mit unserem Herrn gebrochen; und ich würde ihn mit Sicherheit melden. Der Fuhrmann wandte sich mit der Wildheit eines wilden Tiers gegen mich; aber ich fing zuerst seinen Blick auf, wie ich es bei einem Wahnsinnigen tun würde, und brachte mein Gesicht ganz nah an seins, und er beruhigte sich augenblicklich. Er könne nichts dafür, dass er zu spät gekommen sei, sagte er; er habe das Gasthaus in Contin kaum eine Stunde, nachdem wir es verlassen hätten, erreicht; und es sei wirklich sehr hart, eine lange Tagesreise in so schlechten Schuhen zurücklegen zu müssen. Wir nahmen seine Entschuldigung an; und nachdem wir dem Wirt befohlen hatten, eine halbe Flasche Whisky hereinzubringen, zog der Sturm vorüber. Der Morgen war wie die Nacht zuvor dicht und regnerisch gewesen; doch mit zunehmendem Tagesanbruch klarte es allmählich auf; und nach dem Frühstück machten wir uns gemeinsam auf den Weg entlang eines schroffen Fußpfades, den noch nie zuvor ein Pferd und ein Wagen befahren hatten. Wir kamen an einem einsamen See vorbei, an dessen Ufern die einzige menschliche Behausung eine dunkle Torfhütte war, an der jedoch Click-Clack feststellte, dass es dort Whisky zu verkaufen gab; und dann betraten wir eine Landschaft, die in ihrer Zusammensetzung und ihrem Charakter völlig anders war als die, durch die unsere Reise zuvor geführt hatte.

Entlang der Westküste Schottlands, von der Insel Rum bis in die unmittelbare Umgebung von Cape Wrath, verläuft eine Formation, die von Macculloch in seiner „Geologischen Karte des Königreichs" als „Old Red Sandstone" bezeichnet wird, die aber als primäre Formationen zugrunde liegt – zwei davon aus Quarzgestein und ein Drittel aus jenem fossilfreien Kalkstein, in den die riesige Höhle von Smoo ausgehöhlt ist und zu dem die Assynt-Marmorschichten gehören. Das System, das in seiner Gesamtheit – Quarzgestein, Kalk und Sandstein – Schicht für Schicht dem Lower Old Red der Ostküste entspricht und wahrscheinlich ein hoch metamorphes Beispiel dieser großen Lagerstätte ist, zeigt seine vollste Entwicklung in Assynt, wo alle vier daraus bestehenden Schichten vorhanden sind. In dem Gebiet, das wir jetzt betreten haben, weist es nur zwei davon auf – das untere Quarzgestein und den darunter liegenden roten Sandstein; aber wo immer seine Bestandteile auftauchen, weisen sie einzigartige Merkmale auf – Zeichen enormer Abtragung und einen ganz eigenen, kühnen Landschaftsstil; und als ich ihn jetzt zum ersten Mal betrat, war ich sehr beeindruckt von seinem außergewöhnlichen Charakter. Loch Maree, einer der wildesten unserer Hochland-Seen und derzeit dem Touristen kaum bekannt, verdankt ihm alles, was sein eigentümliches Aussehen ausmacht – seine hohen pyramidenförmigen Quarzberge, die sich mit einem Schritt steil und beinahe so nackt wie die alten Pyramiden fast vom Meeresspiegel bis zu Höhen erheben, auf denen im Hochsommer der Winterschnee in Streifen und Flecken weiß schimmert; und eine malerische Sandsteinlandschaft mit steilen Hügeln, die sein Westufer flankiert und zu dieser Zeit die Reste eines der alten Kiefernwälder trug. Eine ununterbrochene Wand aus Gneisbergen, die entlang der Ostseite des Sees verläuft, sinkt steil in seine braunen Tiefen ab, außer an einer Stelle, wo eine ebene, halb von Steilhängen umgebene Fläche von Feldern und Unterholz eingenommen wird und in deren Mitte ein weißes Herrenhaus steht; die blaue Fläche des Sees wird in seinem unteren Teil viel breiter; und eine Gruppe teilweise unter Wasser liegender Hügel, die den waldbedeckten Hügeln an seinem Westufer ähneln, aber niedriger liegen, erheben sich über sein Wasser und bilden einen Miniatur-Archipel, grau von flechtenbewachsenem Gestein und bewaldet von Birken und Haselnusssträuchern. Da wir am oberen Ende des Sees feststellten, dass noch nie ein Pferd und ein Wagen sich seinen Weg entlang gebahnt hatten, mussten wir ein Boot mieten, um zumindest Wagen und Gepäck zu transportieren; und als die Bootsleute sich für die Reise bereit machten, die mit der für die Gegend typischen Langsamkeit eine Arbeit von Stunden war, machten wir im Clachan von *Kinlochewe Halt* – einem bescheidenen Gasthof in den Highlands, ähnlich dem, in dem wir die Nacht verbracht hatten. Der Name – der eines alten Bauernhofs, der sich entlang der *Spitze* oder des oberen Endes von Loch Maree erstreckt – hat eine bemerkenswerte Etymologie: Er bedeutet einfach die Spitze von *Loch Ewe* – dem Salzwassersee, in den die Wasser von Loch Maree über einen kaum mehr als eine Meile langen Fluss münden und dessen heutige *Spitze* etwa sechzehn oder zwanzig Meilen von dem Bauernhof entfernt ist, der seinen Namen trägt. Vor dieser letzten Erhebung des Landes, der unser Land den ebenen Randstreifen verdankt, der sich zwischen der heutigen und der alten Küstenlinie erstreckt, muss das Meer jedoch seinen Weg zu dem alten Bauernhof gefunden haben. Loch Maree (Mary's Loch), ein Name offensichtlich mittelalterlichen Ursprungs, hätte dann als Verlängerung des maritimen Loch Ewe existiert, und *Kinlochewe* wäre tatsächlich das gewesen, was die zusammengesetzten Wörter bedeuten – die Spitze von Loch Ewe. Es scheint Grund zu geben, anzunehmen, dass unsere Insel schon vor der jüngsten Landhebung ihre ersten menschlichen Bewohner hatte – rohe Wilde, die Werkzeuge und Waffen aus Stein verwendeten und Kanus aus einzelnen Holzstämmen bauten. Sollen wir Etymologien wie die hier genannte – und davon gibt es mehrere in den Highlands – als gültig akzeptieren, als Beweis dafür, dass diese ursprünglichen Wilden keltischer Abstammung waren und dass in Schottland Gälisch gesprochen wurde, als die Grasstreifen und die Standorte vieler seiner Hafenstädte wie Leith, Greenock, Musselburgh und Cromarty noch schlammige Meeresstrände waren, die zweimal täglich vom Wasser des Ozeans überflutet wurden?

Es war ein herrlicher Abend – still, atemlos, klar – als wir langsam über die breite Brust des Loch Maree glitten; und das rote Licht der untergehenden Sonne fiel auf viele süße, wilde Winkel inmitten des Labyrinths von Inseln, die lila von Heidekraut bedeckt und von Birken und Ebereschen überragt wurden; oder es schlängelte sich über die zerklüfteten Lichtungen des uralten Waldes; oder ließ die blassen, steinernen Gesichter der hohen, pyramidenförmigen Hügel erröten. Ein Boot mit einer Hochzeitsgesellschaft überquerte den See zu dem weißen Haus auf der gegenüberliegenden Seite, und ein Dudelsackspieler, der am Bug stand, spielte süße Musik, die, durch die Entfernung gemildert und durch das Echo der Felsen aufgefangen, keiner Melodie ähnelte, die ich je zuvor von einem Dudelsack gehört hatte. Sogar die Bootsleute ruhten sich auf ihren Rudern aus, und ich konnte gerade genug Gälisch, um zu wissen, dass sie bemerkten, wie wunderschön es war. „Ich wünschte", sagte mein Kamerad, „Sie würden diese Männer verstehen: Sie haben viele merkwürdige Geschichten über den See, die Ihnen bestimmt gefallen würden. Sehen Sie die große Insel? Es ist Island-Maree. Dort, so erzählt man mir, gibt es einen alten Friedhof, auf dem die Dänen vor langer Zeit ihre Toten begruben und dessen alte Grabsteine niemand lesen kann. Und die andere Insel daneben ist berühmt als der Ort, an dem sich die *guten* Leute jedes Jahr treffen, um sich ihrer Königin zu unterwerfen. Es gibt, so erzählt man, einen kleinen See auf der Insel und eine weitere kleine Insel im See; und unter einem Baum auf dieser inneren Insel sitzt die Königin und sammelt Kain für den Bösen. Man erzählt mir, dass die Feen diesen Teil des Landes mit Sicherheit noch nicht verlassen haben." Kurz nach Sonnenuntergang landeten wir an der Stelle, von der unsere Straße über die Hügel zur Küste führte, stellten aber fest, dass der Fuhrmann noch nicht angekommen war; und schließlich, da wir an seinem Aussehen verzweifelten und nicht in der Lage waren, seinen Karren und das Gepäck mitzunehmen, wie es uns am Vortag gelungen war, Karren, Pferd und Gepäck wegzubringen, bereiteten wir uns darauf vor, unser Nachtlager im Schutz einer überhängenden Klippe einzunehmen, als wir ihn durch den Wald kommen hörten, wie er in einer seines Namens würdigen Art einen Monolog hielt, als wäre er nicht einer, sondern zwanzig Fuhrleute. „Was für eine wahre Schande für ein Land!", rief er aus – „eine wahre Schande! Ein Weg für ein Pferd, fürwahr! – eher wie eine Mautstraßentreppe. Und kein Getreidefutter für das arme Tier; und kein Wirtshaus zwischen hier und Kinlochewe; und kein Tropfen Whisky: eine wahre, wahre Schande für ein Land!" Als er in anscheinend sehr schlechter Laune auf uns zukam, fanden wir ihn geneigt, die Schande des Landes auf unsere Schultern zu übertragen. Was für Leute seien wir, fragte er, um in einem solchen Land ohne Whisky zu reisen!

Whisky gab es jedoch nicht: Wir sagten ihm, es gäbe keinen Whisky näher als das Wirtshaus am Meer, wo wir die Nacht verbringen wollten; und natürlich war es besser, je früher wir dort ankämen. Nachdem wir ihm geholfen hatten, sein Pferd anzuschirren, machten wir uns in der zunehmenden Dämmerung auf den Weg in die Berge. Raue graue Felsen und kleine blaue Seen, von Flaggen gesäumt und zu ihrer Jahreszeit mit Seerosen gesprenkelt, schimmerten schwach und undeutlich im unvollkommenen Licht, als wir vorbeifuhren; doch bevor wir das Gasthaus Flowerdale in Gairloch erreichten, hob sich alles klar, wenn auch kalt, im zunehmenden Licht des Morgens ab; und ein paar leichte Wolkenstreifen, die im Osten über der noch nicht aufgegangenen Sonne schwebten, tauschten allmählich ihren blassen Bronzeschimmer gegen eine tiefe Röte aus einer Mischung von Blut und Feuer.

Nach ein paar Stunden Schlaf und einem passablen Frühstück machten wir uns auf den Weg zu unserem Arbeitsfeld, das etwa zwei Meilen weiter nördlich und westlich an der Küste lag. Man zeigte uns ein Nebengebäude – eines von einem Quadrat verfallener Büros –, das wir, wie man uns sagte, zu unserer Baracke ausbauen könnten. Das Gebäude war ursprünglich das gewesen, was man an der Nordwestküste Schottlands mit ihrem immer feuchten Klima als Heuscheune bezeichnet. Jetzt war es nur noch ein überdachter Tank mit grünem, stehendem Wasser, etwa dreiviertel Fuß tief, das aus einem überfluteten Teich im angrenzenden Hof durch die Mauern gesickert war, der nach einigen Regenfällen über die Ufer getreten war und noch nicht abgesunken war. Unser neues Haus sah einem Biberdamm sehr ähnlich, mit dem nachteiligen Unterschied, dass wir durch kein Tauchen bessere Räume auf der anderen Seite der Mauer erreichen konnten. Mein Kamerad machte sich daran, mit seinem Stock den Abgrund zu erkunden, und sang im Seemannsstil: „Drei Fuß Wasser im Laderaum." Click-Clack geriet in Rage: „Das ist eine Behausung für Menschen!", sagte er. „Wenn ich mein Pferd umkippen würde, das arme Tier! Selbst die Hufe würden ihm in weniger als einer Woche abfaulen. Sind wir Aale oder Puddocks, die man uns in einen See schickt?" Ich markierte jedoch einen schmalen Teil des Grates, der das Wasser des benachbarten Teichs aufstaute, aus dem unser Domizil seine Versorgung bezog, und machte mich daran, ihn zu durchschneiden, und hatte bald die Genugtuung, zu sehen, dass die Gesamtoberfläche einen vollen Fuß abgesenkt war und der Boden unserer zukünftigen Behausung freigelegt war. Click-Clack, der Mut fasste, als er sah, wie das Wasser zurückging, ergriff eine Schaufel und zeigte uns bald den Wert seiner langjährigen Praxis in der Arbeit im Stall; und dann schickte ich ihn los, um ein paar Karrenladungen trockenen Muschelsands vom Ufer zu holen, den ich nebenbei als geeignet zum Mischen mit unserem Kalk markiert hatte, und bald hatten wir für unseren Tank mit grünem Wasser einen schönen weißen Boden. „Hier unten braucht der Mensch nur wenig", besonders in einer

Maurerbaracke. Es gab zwei quadratische Öffnungen in der Wohnung, keine von ihnen mit Rahmen oder Glas versehen; aber die eine füllten wir mit Steinen, und ein alter unglasierter Rahmen, den ich mit Hilfe eines Sockels und einer Umrandung aus Torf in den anderen einpassen konnte, verlieh dem Ort zumindest einen Anschein von Respektabilität. Felssteine, die mit Stücken von moosigem Torf bedeckt waren, dienten uns als Sitzgelegenheiten; und bald hatten wir ein gemütliches Torffeuer, das am Giebel loderte; aber wir brauchten noch immer dringend ein Bett: Die Grundfeuchtigkeit des Bodens übertrug sich, wie wir sahen, schnell auf den Sand; und es wäre weder bequem noch sicher, unser getrocknetes Gras und unsere Decken darauf *auszubreiten*. Mein Kamerad ging hinaus, um zu sehen, ob es nicht genug Materialien für den Bau eines Bettgestells gab, und kehrte bald triumphierend zurück. Er schleppte ein Paar Eggen hinter sich her, die er nebeneinander in eine gemütliche Ecke neben dem Feuer stellte, natürlich mit den Zinken nach unten. Ein guter Katholik, der bereit war, sich durch den umsichtigen Einsatz scharfer Spitzen den Himmel zu erobern, hätte sie vielleicht lieber andersherum aufgestellt; aber mein Kamerad war ein aufgeklärter Protestant; und außerdem lag er, wie Goldsmiths Matrose, gern weich. Das zweite Glück hatte ich. Ich fand im Hof eine alte Scheunentür, die ein Sturm kürzlich aus den Angeln gerissen hatte, und indem ich sie über die Eggen stellte und eine Reihe Pflöcke darum in den Boden rammte, um zu verhindern, dass das äußere Bett herunterrollte – denn die Wand diente dazu, die Position des inneren Bettes zu sichern –, gelang es uns durch unsere gemeinsamen Anstrengungen, ein luxuriöses Bett zu bauen. Der Komfort hatte jedoch einen ernsthaften Nachteil: Das Dach war schlecht, und es gab einen hartnäckigen Regenguss, der mir bei jedem Regenschauer, der in die Schlafenszeit fiel, direkt ins Gesicht spritzte und mich manchmal der Wasserfolter aus der alten Geschichte unterzog, vielleicht ein halbes Dutzend Mal im Laufe einer einzigen Nacht.

Nachdem unsere Baracke einigermaßen ausgerüstet war, machte ich mich mit meinem Kameraden, der dank seiner Gälischkenntnisse als mein Dolmetscher fungieren konnte, auf den Weg zu einer benachbarten Gruppe von Hütten, um einen Arbeiter für die Arbeit am nächsten Tag zu finden. Der Abend begann sich nun zu verdunkeln; aber es war noch hell genug, um mir zu zeigen, dass die kleinen Felder, die ich auf meinem Weg durchquerte, denen von Liliput, wie es Gulliver beschrieben hatte, sehr ähnelten. Sie waren jedoch, obwohl ebenso klein, viel unregelmäßiger und hatten auch ganz eigene Besonderheiten. Das Land war ursprünglich steinig gewesen; und wie es, wie es in den Highlands heißt, „die nackten Knochen durch die Haut" zeigte – große Felsvorsprünge darunter, die hier und da an die Oberfläche kamen –, hatten die Highlander die Steine in großen pyramidenförmigen Haufen auf den nackten Vorsprüngen gesammelt; und diese waren auf einigen der Felder so zahlreich, dass sie aussahen, als hätte ein bösartiger

Zauberer zur Erntezeit alle ihre Stöße in Stein verwandelt. Als ich mich der Hütte unseres zukünftigen Arbeiters näherte, wurde ich von einer Tür von sehr eigenartiger Konstruktion angezogen, die an der Wand lag. Sie war aus dem alten Kiefernwald am westlichen Ufer des Loch Maree hergebracht worden und bestand aus den Wurzeln von Bäumen, die von der Natur so seltsam miteinander verflochten waren, dass sie, als sie aus dem Boden herausgeschnitten wurden, den sie wie ein Stück Netz bedeckt hatten, fest zusammenhielten und nun eine Tür bildeten, mit der der bloße Nachahmer des Bauern vergebens nachzueifern versuchen könnte. Wir betraten die Hütte, stürzten uns etwa zwei Fuß nach unten und fanden uns auf dem Misthaufen des Gebäudes wieder, das in diesem Teil des Landes zu dieser Zeit normalerweise einen Vorraum einnahm, der dem entsprach, den das Vieh einige Jahre zuvor in den mittelenglischen Bezirken von Sutherland bewohnte. Wir tasteten uns durch diese schmutzige Außenkammer durch eine erstickende Rauchatmosphäre und gelangten zu einer Innentür, die auf die Höhe des Bodens draußen angehoben war, durch die ein roter, schattenfarbener Schimmer in die Dunkelheit drang; und als wir in das innere Zimmer stiegen, fanden wir uns in der Gegenwart der Bewohner des Hauses wieder. Das Feuer war, wie in der Hütte meines Verwandten aus Sutherlandshire, in der Mitte des Fußbodens angebracht: Der Herr des Hauses, ein rothaariger, kräftig gebauter Highlander mittlerer Größe und mittleren Alters, saß mit seinem Sohn, einem zwölfjährigen Jungen, auf der einen Seite; seine Frau, die zwar kaum die Dreißig überstanden hatte, aber die hageren, hängenden Wangen, hohlen Augen und die blasse, fahlen Gesichtszüge des Alters hatte, saß auf der anderen Seite. Wir teilten dem Highlander unsere Angelegenheit durch meinen Begleiter mit – denn abgesehen von ein paar Wörtern, die der Junge in der Schule gelernt hatte, sprach das Haus kein Englisch – und fanden ihn geneigt, es positiv zu begutachten. Ein großer Topf Kartoffeln hing über dem Feuer unter einer dichten Rauchdecke; und er lud uns gastfreundlich ein, auf das Abendessen zu warten, was wir gern taten, da unser Abendessen nur aus einem Stück trockenem Haferkuchen bestanden hatte. Im weiteren Verlauf des Gesprächs wurde mir bewusst, dass es sich um mich selbst drehte und dass ich Gegenstand tiefen Mitleids der Bewohner des Häuschens war. „Weswegen", fragte ich meinen Begleiter, „bemitleiden mich diese netten Leute so sehr?" „Wegen Ihres Mangels an Gälisch, ganz bestimmt. Wie kann ein Mann in der Welt zurechtkommen, der Gälisch nicht kann?" „Aber wollen sie nicht selbst Englisch", fragte ich, „O ja", sagte er, „aber was bedeutet das? Was nützt Englisch in Gairloch?" Die Kartoffeln, mit ein wenig gemahlenem Salz und viel ungebrochenem Hunger als Soße, aßen bemerkenswert gut. Unser Gastgeber bedauerte, dass er uns keinen Fisch anbieten konnte; aber eine Zeit rauhen Wetters hatte ihn vom Meer ferngehalten, und er hatte gerade seinen vorherigen Vorrat aufgebraucht; und was Brot anging, hatte er kurz nach Weihnachten den Rest seiner Getreideernte aufgebraucht und lebte seitdem mit seiner Familie von Kartoffeln und Fisch, wenn er welchen bekommen konnte.

Dreißig Jahre sind nun vergangen, seit ich am Abendessen der Highlander teilnahm, und während der ersten zwanzig Jahre davon hat die Verwendung der Kartoffel – die ein Jahrhundert zuvor in den Highlands unbekannt war – stark zugenommen. Mein Großvater mütterlicherseits hat mir erzählt, dass der Obergärtner von Balnagown Castle ihm um das Jahr 1740, als er ein Junge von etwa acht oder neun Jahren war, bei seinen gelegentlichen Besuchen in Cromarty als große Rarität drei oder vier Kartoffeln in der Tasche mitbrachte; und dass er erst fünfzehn oder zwanzig Jahre danach irgendwo in den nördlichen Highlands Kartoffeln auf Feldern angebaut sah. Aber nachdem sie einmal als Nahrungsmittel verwendet wurden, wurden mit jeder Saison mehr davon angebaut. Besonders in den nordwestlichen Highlands hat die Verwendung dieser Wurzeln zwischen 1801 und 1846 fast um das Hundertfache zugenommen und wurde schließlich, wie in Irland, nicht nur zum Grundnahrungsmittel, sondern in manchen Gegenden fast zum einzigen Nahrungsmittel der Bevölkerung; und als es im letzteren Jahr durch eine Krankheit vernichtet wurde, brach sofort in Irland und den Highlands eine Hungersnot aus. Ein Autor des *Witness*, dessen Brief dazu führte, dass diese respektable Zeitung ins Blickfeld von Mr. Punch geriet, stellte die irische Hungersnot als direktes Urteil über das Maynooth Endowment dar; ein anderer Autor, ein Mitglied der Peace Association – dessen Brief zwar den Weg in den *Witness fand*, aber den Herausgeber erreichte – focht die Entscheidung mit der Begründung an, dass die schottischen Highlander, die große Gegner von Maynooth waren, unter der Pein fast ebenso sehr gelitten hätten wie die Iren selbst und dass das bestrafte Vergehen sicherlich eines gewesen sein müsse, dessen sich sowohl Highlander als auch Iren gemeinsam schuldig gemacht hätten. *Er* habe jedoch herausgefunden, sagte er, welches Verbrechen tatsächlich begangen worden sei. Sowohl die irische als auch die Highland-Hungersnot waren Urteile über die Menschen für ihre große mörderische Effizienz als Soldaten in den Kriegen des Imperiums – eine Effizienz, die, wie er richtig bemerkte, für beide Nationen fast gleichermaßen charakteristisch war. Ich für meinen Teil war bisher nicht in der Lage, die Schritte zu solch tiefgründigen Schlussfolgerungen zu erkennen und begnüge mich einfach mit der Annahme, dass die lenkende Vorsehung, die dem Menschen eine berechnende, vorausschauende Natur verliehen hat, gelegentlich zornig auf ihn wird und ihn richtet, wenn er, statt seine Fähigkeiten zu nutzen, auf eine niedrigere Ebene als seine eigene herabsinkt und sich, wie einige der niederen Tiere, damit zufrieden gibt, von einer einzigen Wurzel zu leben.

Es gibt zwei Zeiträume, die sich für Beobachtungen eignen – einen frühen und einen späten. Ein unvoreingenommener Blick erkennt bei einem Volk, das man zum ersten Mal sieht, äußere Merkmale und Eigenheiten, die verschwinden, wenn man sich mit ihnen vertraut macht; aber erst nach wiederholten Studienmöglichkeiten und längerer Bekanntschaft beginnt man, innere Merkmale und Bedingungen richtig zu erkennen. Während der ersten vierzehn Tage meines Aufenthalts in dieser abgelegenen Gegend beeindruckten mich gewisse Eigenheiten im Benehmen und Aussehen der Einwohner stärker als später. Dr. Johnson bemerkte, dass er unter den Menschen der Hebriden weniger sehr große oder sehr kleine Männer fand als in England: Mir fiel jetzt eine ähnliche Mittelmäßigkeit der Größe bei den Hochländern von Western Ross auf; fünf Sechstel der erwachsenen Männer schienen im Durchschnitt zwischen 1,70 und 1,75 m groß zu sein, und große oder kleine Männer fand ich verhältnismäßig selten. Die Hochländer der Ostküste dagegen waren zu dieser Zeit vielleicht noch immer sehr unterschiedlich in ihrer Statur – einige von ihnen waren äußerst klein, andere von großer Statur und Größe; und wie man in den Gemeinden der nur wenige Meilen entfernten Pfarrkirchen sehen konnte, gab es in dieser Hinsicht deutliche Unterschiede zwischen den Menschen in angrenzenden Bezirken – bestimmte Ebenen oder Talabschnitte brachten größere Rassen hervor als andere. Ich war damals geneigt zu glauben, dass die mittelgroßen Hochländer der Westküste eine weniger gemischte Rasse waren als die ungleich großen Hochländer des Ostens: Ich fand zumindest entsprechende Ungleichheiten unter den höher geborenen Hochlandfamilien, die, wie ihre Genealogien zeigten, das normannische und sächsische mit dem keltischen Blut vermischten; und da die ungleich große Hochlandrasse an jene skandinavische grenzte, die den größten Teil der Ostküste Schottlands säumt, schloss ich, dass es unter *ihnen eine ähnliche Blutsmischung gegeben hatte* .
Ich habe später in Gustav Kombsts Ethnographischer Karte der Britischen Inseln den Unterschied gesehen, den ich damals nur erschlossen hatte, angezeigt durch einen anderen Farbton und einen anderen Namen. Die Hochländer der Ostküste nennt Kombst „skandinavisch-gälisch"; die des Westens, „Gälisch-Skandinavisch-Gälisch" – Namen, die natürlich auf die Proportionen hinweisen, in denen er annimmt, dass sie das keltische Blut besitzen. Unterschiede in Körpergröße und Körperbau scheinen eine der Folgen einer Rassenmischung zu sein; die dadurch hervorgerufene Ungleichheit scheint sich auch nicht auf den physischen Körperbau zu beschränken. Geister von großem Kaliber und mit königlichen Fähigkeiten ausgestattet, treten in unserer Geschichte zuerst bei den verschmolzenen Stämmen in Erscheinung, so wie es in alten Zeiten die Mischehen waren, die zuerst die Riesen hervorbrachten. Der Größenunterschied, den ich in bestimmten Bezirken der skandinavisch-gälischen Region bemerkte, die in einigen Fällen nur durch einen Hügelkamm oder eine Heidefläche getrennt

waren, muss ein Ergebnis der alten Clan-Unterteilungen gewesen sein und soll die Clans selbst sehr stark geprägt haben. Einige von ihnen waren wesentlich robuster und einige schlanker als andere.

Mir fiel eine weitere Besonderheit der Hochländer an der Westküste auf. Ich fand, dass die Männer im Allgemeinen viel besser aussahen als die Frauen und dass sie in der Lebensmitte ihre Jahre viel leichter trugen. Die Frauen schienen alt und hager zu sein, in einer Zeit, in der die Männer noch verhältnismäßig frisch und kräftig waren. Ich bin nicht sicher, ob diese Bemerkung nicht in gewissem Maße auf die Hochländer im Allgemeinen zutrifft. Die „schroffe Gestalt" und die „härteren Gesichtszüge", die laut Sir Walter „die Bergkette kennzeichnen", passen schlechter zum Gesicht und zur Figur der Frauen als zum Gesicht und zur Figur der Männer. Aber ich fand zumindest, dass diese Diskrepanz im Aussehen der Geschlechter an der Westküste viel ausgeprägter war als an der Ostküste; und sah nur zu viele Gründe für die Schlussfolgerung, dass sie größtenteils auf den unverhältnismäßig großen Anteil der zermürbenden Arbeit zurückzuführen war, der in diesem Bezirk, gemäß der Praxis einer barbarischen Zeit, auf den schwächeren Körper der Frauen gelegt wurde. Es gibt jedoch einen Stil weiblicher Schönheit, der gelegentlich, wenn auch selten, in den Highlands zum Ausdruck kommt und weit über den sächsischen oder skandinavischen Typ hinausgeht. Er zeigt sich normalerweise in extremer Jugend – zumindest zwischen dem vierzehnten und achtzehnten Lebensjahr; und seine Wirkung wird von Wordsworth – der anscheinend auf ein typisches Beispiel gestoßen ist – in seinen Zeilen an ein Highland-Mädchen treffend beschrieben. Er beschreibt sie als eine „Mitgift", die „einen wahren *Schauer* der Schönheit" besitzt. Darüber hinaus beschreibt er sie jedoch als sehr jung.

"Zweimal sieben Jahre des Einverständnisses waren vergossen

Auf ihr Haupt ist das höchste Kopfgeld ausgesetzt."

Außerdem war ich damals überrascht, als ich feststellte, dass fast alle jungen Burschen unter zwanzig, mit denen ich in Kontakt kam, zumindest ein paar Brocken Englisch konnten, während ich nur einen einzigen Highlander über vierzig fand, mit dem ich ein Wort wechseln konnte. Der außergewöhnliche Highlander war jedoch auf seine Art eine Kuriosität. Er schien eine natürliche Begabung für das Erlernen von Sprachen zu haben und hatte sein Englisch nicht aus Gesprächen, sondern, inmitten eines gälisch sprechenden Volkes, aus dem Studium der Heiligen Schrift in unserer üblichen englischen Version gewonnen. Seine Anwendung der Bibelsprache auf alltägliche Themen wirkte manchmal ziemlich lächerlich. Als ich ihn einmal nach einem jungen Mann fragte, den er als zusätzlichen Arbeiter einstellen wollte, beschrieb er ihn genau mit den Worten, mit denen David in dem Kapitel beschrieben wird, das den Kampf mit Goliath beschreibt, als „nur ein junger Mann, rothaarig und von schönem Gesicht"; und als wir ihn fragten, wo wir seiner Meinung nach ein paar Ladungen wassergerollter Kieselsteine für den Bau eines Damms herbekommen könnten, verwies er uns an das Bett eines benachbarten Bachs, wo wir uns, wie er sagte, „glatte Steine aus dem Bach aussuchen" könnten. Er sprach mit großer Überlegung und übersetzte dabei offensichtlich seine gälischen Gedanken in biblisches Englisch.

KAPITEL XIII.

„Ein Mann der Freude

Mit glitzerndem grauem Haar,

Ein so artiger Mann, wie man ihn sich nur vorstellen kann

„An einem Frühlingsfeiertag." – WORDSWORTH.

Zu dieser Zeit existierte noch keine geologische Karte von Schottland. Die von Macculloch erschien erst sechs oder sieben Jahre später (1829 oder 1830) und Sedgwicks und Murchisons interessante Skizze der nördlichen Formationen [4] erst mindestens fünf Jahre später (1828). Als ich also am Morgen nach meiner Ankunft aufbrach, um Steine für unser künftiges Bauwerk zu besorgen, befand ich mich auf Terra *incognita* , die dem Steinbrucharbeiter neu und dem Geologen unbekannt war. Die meisten geschichteten Primärgesteine eignen sich nur mittelmäßig als Baumaterial und in der unmittelbaren Umgebung unseres Arbeitsplatzes konnte ich nur eines der schlechtesten seiner Art finden – den schiefrigen Gneis. Als ich mir jedoch die Landschaft der Gegend ansah, bemerkte ich, dass an einer bestimmten Stelle beide Ufer des offenen Meeresarms, an dessen Rand wir uns befanden, plötzlich ihren Charakter änderten. Die schroffen, zerklüfteten Gneishügel, die von einer Anhöhe aus betrachtet einem tosenden Meer ähnelten, versanken plötzlich in niedrigen, braunen, von Schluchten nicht unterbrochenen Vorgebirgen, deren Anhöhen bloße flache Erhebungen waren; und in der Hoffnung, gleichzeitig mit dem Landschaftswechsel eine Veränderung der Formation zu finden, machte ich mich mit meinem Kameraden auf den Weg zum nächsten Punkt, an dem die unterbrochene Silhouette in eine geradlinige oder bloß gewellte überging. Aber obwohl ich eine Veränderung erwartete, war ich nicht ohne ein gewisses Maß an Überraschung, als ich mich gleich nach Passieren der Kreuzung in einem Gebiet aus rotem Sandstein wiederfand. Es war ein harter, kompakter, dunkel gefärbter Stein, der sich aber leicht mit Picken und Hämmern bearbeiten ließ und ausgezeichnete Ecksteine und Quader lieferte; und es hätte uns sogar Steinarbeit für unser Gebäude geliefert, wenn unser Arbeitgeber, der wie alle anderen zu dieser Zeit mit den Bodenschätzen der Gegend nicht vertraut war, seine Steine nicht mit einem nicht geringen Aufwand auf einer Schaluppe durch den Kaledonischen Kanal aus einem der Steinbrüche von Moray gebracht hätte – eine Umwegreise von mehr als dreihundert Kilometern.

Unmittelbar neben der Stelle, an der wir unsere Beute eröffneten, stand eine kleine einsame Unterbringung: es war fast so ein Gebäude wie das, das ich als Junge zu errichten pflegte – etwa acht oder zehn Fuß lang und von so bescheidener Höhe, dass ich, wenn ich aufrecht in der Mitte stand, meine Hand auf den Dachbalken legen konnte. Ein Heidebeet nahm eine der Ecken ein, mitten auf dem Boden glimmten ein paar graue Glutstücke, daneben lag ein gebrauchsfertiger Topf, halb gefüllt mit Herzmuscheln und Schwertfischen, der Beute der Morgenebbe, und ein Milchkrug stand auf einem kleinen Regal, das oben aus dem Giebel ragte. Das war der Inhalt der Unterbringung. Ihr einziger Bewohner, ein munterer kleiner alter Mann, saß draußen und hütete ein paar Kühe, die auf dem Moor zusammengepfercht waren, und war damit beschäftigt, mit einem Taschenmesser lange, dünne Fäden von einem Stück Moos zu schneiden; und während er arbeitete und zusah, trällerte er ein gälisches Lied, vielleicht nicht sehr musikalisch, aber wie das fröhliche Lied der Hummel war in jedem Ton vollkommene Zufriedenheit. Er hatte meinem Kameraden in seinem muttersprachlichen Gälisch viele neugierige Fragen zu unserer Beschäftigung und unserem Arbeitgeber zu stellen; und als er zufrieden war, begann er, wie ich bemerkte, wie der Highlander vom Vorabend, sein tiefes Mitleid mit mir auszudrücken. „Hat dieser Mann auch Mitleid mit mir?", fragte ich. „O ja, sehr wohl", war die Antwort: „Er versteht überhaupt nicht, wie Sie in Gairloch ohne Gälisch leben sollen." Die Hütte und ihr glücklicher Bewohner erinnerten mich an eine Erfahrung meines Vaters, die mir Onkel James erzählt hatte. Während einer langen Kelpfahrt durch die Hebriden war er mit seinem Boot vor einer der Meerengen von Long Island an Land gegangen, um einen Lotsen zu suchen, fand aber in der Fischerhütte, die er ansteuerte, nur die Frau des Fischers vor – ein junges Geschöpf von kaum achtzehn Jahren –, die ihr Kind stillte und ein gälisches Lied in einer Stimme sang, die ein leichtes Herz ausdrückte, bis die Felsen wieder erklangen. Ein Bett aus Heide, ein Topf aus gebranntem Ton, von Hand gefertigt und ein Haufen frisch gefangener Fische schienen die einzigen Schätze der Hütte zu sein; aber die Besitzerin war trotzdem eine der glücklichsten Frauen; und sie bemitleidete die armen Seeleute zutiefst und wünschte sich inständig die Rückkehr ihres Mannes, damit er ihnen in ihrer Verlegenheit helfen könne. Der Mann erschien schließlich. „Oh", fragte er nach der ersten Begrüßung, „haben Sie Salz?" „Viel", sagte der Kapitän; "und ich sehe, Sie brauchen es von Ihrem Vorrat an frischem Fisch sehr; aber kommen Sie, lotsen Sie uns durch die Meerenge, und Sie werden so viel Salz haben, wie Sie brauchen." Und so bekam das Schiff einen Lotsen und der Fischer Salz; aber mein Vater vergaß nie das heitere Lied der glücklichen Herrin jener armen Hochlandhütte. Es war eine der greifbaren Eigenschaften unserer schottischen Hochlandbewohner, zumindest in den ersten dreißig Jahren des Jahrhunderts, dass sie als Volk zufrieden genug waren, um an der Lage ihrer Nachbarn mehr Mitleid als Neid zu haben; und ich erinnere mich, dass ich diese Eigenschaft zu dieser Zeit und noch Jahre danach für eine gute hielt. Jetzt habe ich jedoch meine Zweifel diesbezüglich und bin mir nicht ganz sicher, ob ein so allgemeiner

Inhalt, dass er national ist, unter bestimmten Umständen nicht eher ein Laster als eine Tugend sein kann. Es ist sicherlich keine Tugend, wenn es dazu führt, dass es Individuen oder Völker in ihrem Entwicklungsverlauf aufhält; Und sie ist gefährlich mit großem Leid verbunden, wenn die Menschen, die sie verkörpern, inmitten der Mittelmäßigkeit der Gegenwart so glücklich sind, dass sie es versäumen, für die Eventualitäten der Zukunft Vorsorge zu treffen.

Etwa vierzehn Tage später gesellten sich die anderen Arbeiter aus dem Tiefland zu uns, und ich übergab meine vorübergehende Aufgabe (abgesehen davon, dass ich im Namen meines Herrn immer noch das Stundenbuch führte) einem alten Maurer, der im Norden Schottlands für seine Fertigkeiten als Arbeiter bekannt war und der, obwohl er inzwischen sechzig war, immer noch in der Lage war, erheblich mehr zu bauen und zu hauen als der jüngste und fleißigste Mann in der Truppe. Er war zu dieser Zeit der einzige Überlebende von drei Brüdern, allesamt Maurer und nicht nur erstklassige Arbeiter, sondern einer Klasse, zu der zumindest im Norden der Grampians nur sie selbst gehörten, und sie waren dem ersten weit voraus. Und als der zweite der drei Brüder in den Süden Schottlands zog, stellte sich heraus, dass David Fraser unter den Steinmetzen von Glasgow relativ denselben Platz einnahm wie unter denen im Norden. Mr. Kenneth Matheson – ein im Westen Schottlands als Baumeister bekannter Herr – hat mir erzählt, dass seine einfachen Arbeiter beim Errichten einiger Hängetreppen aus poliertem Stein, die vorne und außen mit der üblichen Abrundungsleiste und dem Wulst verziert waren, für ihn täglich eine Stufe fertigstellten und David Fraser seine *drei* Stufen ebenso gut vollendete. Es ist leicht vorstellbar, dass ein Mann in den höheren Bereichen der Kunst tausend übertreffen kann – ja, dass er zu Lebzeiten weder Konkurrenten noch nach seinem Tod Nachfolger haben kann. Der englische Herr, der nach dem Tod Canovas einen überlebenden Bruder des Bildhauers fragte, ob er beabsichtige, Canovas *Geschäft weiterzuführen*, stellte fest, dass er mit der Frage einen unbeabsichtigten Scherz gemacht hatte. Aber bei den einfacheren Berufen gibt es keine solchen Unterschiede zwischen den Menschen; und es mag seltsam erscheinen, wie ein Mann beim gewöhnlichen Steinmetzhandwerk die Arbeit von dreien erledigen kann. Meine Bekanntschaft mit dem alten John Fraser zeigte mir, wie sehr diese Fähigkeit von einer natürlichen Begabung abhing. Johns Kraft war nie stärker gewesen als die der Schotten im Durchschnitt und war jetzt beträchtlich zurückgegangen; auch versetzte sein Hammer nicht mehr oder schwerere Schläge als der des einfachen Arbeiters. Er hatte jedoch eine außergewöhnliche Fähigkeit, sich das fertige Werk so vorzustellen, als läge es innerhalb des rohen Steins, aus dem er es herauslösen sollte; und während gewöhnliche Steinmetze ihre Linien und Entwürfe immer wieder wiederholen mussten und auf diese Weise ihrem Werk praktisch mehrere

Oberflächen im Detail geben mussten, bevor sie die wahre Form erreichten, schnitt der alte John sofort nach der wahren Form und ließ eine Oberfläche für alle dienen. Auch beim Bauen übte er eine ähnliche Fähigkeit aus: Er hämmerte seine Steine mit weniger Schlägen als andere Arbeiter und nahm beim Einpassen der Zwischenräume zwischen bereits verlegten Steinen immer den Stein aus dem Haufen zu seinen Füßen, der genau an die Stelle passte; während andere Arbeiter damit beschäftigt waren, Steine aufzunehmen, die zu klein oder zu groß waren; oder, wenn sie sich daran machten, die zu großen zu verkleinern, sie zu wenig oder zu viel verkleinerten und sie immer wieder einpassen mussten. Ob er baute oder hieb, John schien nie in Eile zu sein. Als er schon weit fortgeschritten war, sah man ihn, wie er, wie es seinem Alter entsprach, sehr gemächlich auf der einen Seite einer Mauer arbeitete, während zwei kräftige junge Burschen auf der anderen Seite neben ihm bauten – sie arbeiteten anscheinend doppelt so hart wie er, aber der alte Mann schaffte es immer, ihnen beiden ein wenig voraus zu sein.

David Fraser habe ich nie gesehen; aber als Steinmetze soll er sogar seinen Bruder John bei weitem übertroffen haben. Als er hörte, dass in einer Gruppe von Steinmetzen aus Edinburgh die Bemerkung gemacht worden war, dass er, obwohl er als der erste der Steinmetze aus Glasgow angesehen wurde, in der östlichen Hauptstadt zumindest seinesgleichen finden würde, kleidete er sich höchst ungehobelt in einen langschößigen Mantel aus Schottenstoff und stellte sich am Montagmorgen, bewaffnet mit einem Empfehlungsschreiben eines Baumeisters aus Glasgow, dem Vorarbeiter einer Gruppe von Steinmetzen aus Edinburgh vor, die an einem der schöneren Gebäude arbeitete, die zu dieser Zeit im Bau waren. Der Brief gab weder seine Qualifikationen noch seinen Namen an: Er war lediglich geschrieben worden, um ihm die notwendige Anstellung zu sichern, und die notwendige Anstellung sicherte er ihm tatsächlich. Die besseren Arbeiter der Gruppe waren bei seiner Ankunft damit beschäftigt, Säulen zu hauen, von denen jede als ausreichende Arbeit für eine Woche angesehen wurde; und David wurde vom Vorarbeiter etwas ungläubig gefragt: „Ob er hauen könne?" "O ja, *er dachte*, er könnte hauen." "Könnte er Säulen wie diese hauen?" "O ja, *er dachte,* er könnte Säulen wie diese hauen." Ein Steinhaufen, in dem eine mögliche Säule verborgen lag, wurde dementsprechend vor David platziert, nicht im Schutz des Schuppens, der bereits von Arbeitern besetzt war, sondern, gemäß Davids eigenem Wunsch, direkt davor, wo er von allen gesehen werden konnte, und wo er sofort mit einer höchst außergewöhnlichen Reihe von Mätzchen begann. Er knöpfte seinen langen Tartanmantel fest um sich, betrachtete den Stein zuerst von einem Ende, dann vom anderen und untersuchte ihn dann von vorne und hinten; oder er verließ ihn für den Moment ganz, stellte sich neben die anderen Arbeiter, und nachdem er sie mit großer Aufmerksamkeit betrachtet hatte, kehrte er zurück und schlug ein paar Mal mit dem Hammer darauf, in einem Stil, der offensichtlich ihren nachahmte, aber in ungeheuerlicher Weise eine Karikatur war. Der Schuppen hallte den ganzen Tag von brüllendem Gelächter wider; und der einzige wirklich ernste Mann auf dem Gelände war der, der alle anderen zum Lachen brachte. Am nächsten Morgen knöpfte David seinen Mantel wieder zu; aber an diesem Tag kam er viel besser voran als am Vortag: er war weniger ungeschickt und weniger faul, obwohl nicht weniger aufmerksam als zuvor: und es gelang ihm noch vor dem Abend, in handwerklicher Manier ein paar Skizzen entlang der zukünftigen Säule zu zeichnen. Er machte offensichtlich große Fortschritte. Am Mittwochmorgen warf er seinen Mantel ab; und man sah, dass er, obwohl keineswegs in Eile, ernsthaft bei der Arbeit war. Es gab keine Witze oder Gelächter mehr; und am Abend flüsterte man, dass der seltsame Highlander im Laufe des Tages erstaunliche Fortschritte gemacht hatte. Bis Mitte Donnerstag hatte er seine zweitägigen Mühen wettgemacht und war auf Augenhöhe mit den anderen Arbeitern; vor Einbruch der Dunkelheit war er ihnen weit voraus; und noch vor dem Freitagabend, als sie noch einen ganzen Tag Arbeit an jeder ihrer Säulen hatten, war Davids in einem Stil fertig, der jeder Kritik trotzte; und, seinen Tartanmantel wieder zugeknöpft, setzte er sich daneben und ruhte sich aus. Der Vorarbeiter ging hinaus und begrüßte ihn. „Nun", sagte er, „Sie haben uns alle geschlagen: Sie *können ganz sicher* hauen!" „Ja", sagte David; „ich *dachte,* ich könnte Säulen hauen. Haben die anderen Männer viel länger als eine Woche gebraucht, um es zu lernen?" „Kommen Sie, kommen Sie, *David Fraser* ", antwortete der Vorarbeiter; „wir alle erraten, wer Sie sind: Sie haben Ihren Witz aufgemacht; und jetzt, nehme ich an, müssen wir Ihnen Ihren Wochenlohn geben und Sie gehen lassen." „Ja", sagte David; „in Glasgow wartet Arbeit auf mich; aber ich dachte, es wäre gut zu wissen, wie Sie auf dieser Ostseite des Landes hauen."

John Fraser war ein gerissener, sarkastischer alter Mann, der jedoch bei seinen Arbeitskollegen sehr beliebt war; obwohl seine strengen Sprüche – die nie von Bösartigkeit begleitet waren und in der Baracke immer geduldet wurden – sowohl ihm als auch ihnen gelegentlich schadeten, wenn sie draußen wiederholt wurden. Für Männer, die monatelang von Haferflocken und Salz leben müssen, ist der Unterschied zwischen Haferbrei mit und ohne Milch sowohl in Bezug auf die Gesundheit als auch auf den Komfort ein sehr großer Unterschied; und es war mir gelungen, vor Johns Ankunft zu den üblichen Bedingungen eine sogenannte Magermilch von der Frau des Herrn zu bekommen, *in* dessen Wohnhaus wir arbeiteten. Die Magermilch war jedoch keineswegs gut: Sie war dünn, blau und sauer; und wir nahmen sie ohne zu klagen, nur weil wir wussten, dass sie laut dem Dichter „besser gerecht als Mangel war" und dass es in diesem Teil des Landes keine andere Molkerei gab. Aber der alte John war weniger umsichtig; und er nahm die Milchmagd in seinem ruhigen, ironischen Stil zur Rede und begann damit, sein Erstaunen und Bedauern darüber auszudrücken, dass eine vornehme

Dame wie ihre Herrin nicht in der Lage sei, den Unterschied zwischen Milch und Wein zu erkennen. Die Magd leugnete die Tatsache empört *in toto* : Ihre Herrin, sagte sie, kenne den Unterschied. „O nein", antwortete John; „Wein wird immer besser, je länger man ihn lagert, und Milch immer schlechter; aber Ihre Herrin, die den Unterschied nicht kennt, lagert ihre Milch sehr lange, um sie besser zu machen, und macht sie infolgedessen so sehr schlecht, dass wir sie an manchen Tagen kaum essen können." Die Milchmagd zügelte sich, und als sie ihrer Herrin die Bemerkung mitteilte, wurde uns am nächsten Morgen gesagt, dass wir unsere Milch zur nächsten Molkerei holen könnten, wenn wir wollten, aber dass wir keine von ihr bekämen. Und so mussten wir vier Monate lang für den Scherz Buße tun, mit diesem nicht sehr luxuriösen Lebensmittel „trockener Haferbrei". Die Freuden der Tafel hatten schon vorher nur einen kleinen Raum inmitten der sehr spärlichen Genüsse unserer Baracke eingenommen und waren jetzt so stark eingeschränkt, dass ich mir bei den Mahlzeiten fast gewünscht hätte, ich könnte – wie die Bewohner des Mondes, wie Baron Münchhausen sie beschrieb – ein Bullauge in meiner Seite öffnen und sofort genug Proviant für vierzehn Tage anlegen; aber die Plage wirkte sich deutlich mehr auf unsere Konstitution als auf unseren Appetit aus, und wir alle bekamen kleine, aber sehr schmerzhafte Furunkel in den Muskelteilen des Körpers – eine Art Krankheit, die kaum weniger sicher mit dem ausschließlichen Verzehr von Haferflocken einhergeht als Seeskorbut mit dem ausschließlichen Verzehr von gepökeltem Fleisch. Old John jedoch, obwohl in gewissem Sinne der Urheber unseres Unglücks, entging jeder Kritik, während der Frau des Herrn eine doppelte Portion zufiel.

Ich habe nie einen Mann mit einem so ausgeprägten mathematischen Verstand getroffen wie diesen alten Steinmetz. Ich weiß nicht, ob er jemals eine Ausgabe von Euklid gesehen hat, aber die Prinzipien des Werks schienen ihm als selbstverständliche Wahrheiten in den Sinn zu kommen. Auch in der Fähigkeit, aus Naturphänomenen kluge Schlüsse zu ziehen, übertraf der alte John Fraser alle anderen ungebildeten Männer, die ich kannte. Bis ich ihn kennenlernte, war ich daran gewöhnt, von der Entfernung dessen zu hören, was im Norden Schottlands als „der gewanderte Stein von Petty" bekannt war und übernatürlicher Kraft zugeschrieben wurde. Ein riesiger Felsbrocken, so hieß es, war nachts von den Feen von seinem Ruheplatz am Meeresstrand in die Mitte einer kleinen Bucht getragen worden – eine Reise von mehreren hundert Fuß; aber der alte John, obwohl er zu der Zeit nicht vor Ort gewesen war, schloss sofort, dass er nicht von den Feen getragen worden war, sondern von einer dicken Eisschicht, die groß genug war, um ihn wegzutreiben, wenn man sie fest umklammerte. Er hatte, erzählte er mir, Steine von beträchtlicher Größe gesehen, die vom Eis am Ufer gegenüber seiner Hütte im oberen Teil des Cromarty Firth weggeschwemmt wurden: Eis war ein Wirkstoff, der manchmal „mit großen

Steinen davonschwemmte", während er keinerlei Beweise dafür hatte, dass die Feen derartige Kräfte hatten; und so nahm er den Wirkstoff, den er kannte, als den wahren an, der den weggeschwemmten Stein entfernt hatte, und nicht die hypothetischen Wirkstoffe, von denen er nichts wusste. Das war die Naturphilosophie des alten John; und in diesem besonderen Fall hat die geologische Wissenschaft seine Entscheidung seitdem voll bestätigt. Er war jedoch vor allem wegen seines ausgeglichenen und fröhlichen Gemüts und seiner Fähigkeit, humorvolle Geschichten zu erzählen, die die Baracke zum Toben brachten, und bei denen er sich nie schonte, wenn die Zurschaustellung einer Schwäche oder Absurdität nur einen Anhaltspunkt für den Spaß bot, bei uns beliebt. Seine Erzählung von einem Besuch in Inverness, den er als Lehrling gemacht hatte, um zu sehen, wie ein Schafdieb gehängt wurde, und seine Beschreibung der Schrecken einer nächtlichen Rückreise, bei der er sich einbildete, an fast jedem Baum im Wind wehende Männer zu sehen, bis er bei seiner einsamen Baracke völlig niedergestreckt wurde, als sein eigener Mantel an einer Nadel hing, hat uns mehr als einmal vor Lachen geschüttelt. Aber Johns humorvolle Geständnisse, die immer auf einem starken gesunden Menschenverstand beruhten, der die anfängliche Torheit immer in ihrer lächerlichsten Form sah, haben ihn in unseren Augen nie herabgesetzt. Von seinem wunderbaren Geschick als Arbeiter war vieles nicht mitteilbar; aber es war zumindest etwas, die Prinzipien zu kennen, nach denen er die Wirkungen dessen lenkte, was ein Phrenologe vielleicht seine außergewöhnlichen Fähigkeiten in Bezug auf *Form* und *Größe nennen würde* ; und so erkenne ich den alten John als einen meiner vielen Lehrer an, der nicht der am wenigsten nützlich oder fähig war. Einige seiner beruflichen Lektionen waren von einer Art, die den Maurern im Süden und Osten des Landes von Nutzen sein würde. In diesem regnerischen Bezirk Schottlands, dessen zentrales Gebiet wir zu dieser Zeit bewohnten, waren Bruchsteinmauern, die im üblichen Stil gebaut wurden, undicht wie die schlechten Dächer in anderen Teilen des Landes; und es wurde festgestellt, dass Herrenhäuser, die innerhalb dieses Bezirks von qualifizierten Arbeitern aus Edinburgh und Glasgow gebaut wurden, das Wasser in solchen Strömen durchließen, dass sie unbewohnbar waren, bis ihre freiliegenden Mauern wie ihre Dächer mit Schiefer gedeckt worden waren. Old John gelang es jedoch immer, wasserdichte Mauern zu bauen. Er wich von den üblichen Regeln der Baumeister andererorts ab, die er selbst an der Ostküste Schottlands immer respektierte, und erhöhte die unteren Schichten seiner Steine leicht, anstatt sie wie üblich auf dem absoluten Niveau zu verlegen; während er entlang der Ränder ihrer oberen Schichten eine kleine, grobe Kerbe ausschlug; und durch diese einfachen Mittel strömte der Regen, obwohl er mit Gewalt gegen sein Werk getrieben wurde, in Strömen an seiner Oberfläche entlang, ohne ins Innere einzudringen und es zu durchnässen.

Etwa sechs Wochen lang hatten wir herrliches Wetter – klare, sonnige Himmel und ruhige See, und ich genoss meine abendlichen Spaziergänge durch die Berge oder entlang der Küste sehr. Bei diesen Spaziergängen war ich beeindruckt von der erstaunlichen Fülle der wilden Blumen, die die natürlichen Wiesen und unteren Berghänge bedeckten – eine Fülle, die, wie ich später bemerkt habe, für die nördlichen wie die westlichen Inseln Schottlands gleichermaßen charakteristisch ist. Die unteren Hänge von Gairloch, im westlichen Sutherland, auf den Orkneyinseln und den nördlichen Hebriden im Allgemeinen – obwohl dort für die Zwecke der Landwirte die Vegetation kümmerlich ist und nie Weizen angebaut wird – sind um vieles reicher an Wildblumen als die fetten Lehmwiesen Englands. Sie ähneln bunten Teppichen und haben ebenso viele Blütenblätter wie Blätter. Auf diesen Wiesen ist wenig Seltenes zu entdecken, außer vielleicht, dass auf denen im westlichen Sutherland ein paar Alpenpflanzen in viel niedrigerer Höhe zu finden sind als anderswo in Britannien; aber die enorme Blütenfülle, die von Arten getragen wird, die in fast jedem anderen Teil des Königreichs verbreitet sind, verleiht ihnen einen scheinbar neuartigen Charakter. Ich bin geneigt zu glauben, dass wir in dieser einzigartigen Blumenfülle die Wirkung eines Gesetzes erkennen können, das in der Tierwelt nicht weniger einflussreich ist als in der Pflanzenwelt, das, wenn Not auf das Leben des einzelnen Strauchs oder Vierbeiners drückt und seine Vitalität bedroht, es im Interesse seiner Art fruchtbar macht. Ich habe dieses Prinzip in eindrucksvoller Weise an der gewöhnlichen Tabakpflanze gesehen, als sie in einem nördlichen Land im Freien aufgezogen wurde. Jahr für Jahr degenerierte sie weiter und zeigte kleinere Blätter und kürzere Stängel, bis die Nachfolger der im ersten Versuchsjahr kräftig wachsenden Pflanzen von etwa drei bis vier Fuß Höhe im sechsten oder achten Jahr zu bloßem Unkraut von kaum ebenso vielen Zoll geworden waren. Aber während die noch nicht entartete Pflanze nur ein paar Blüten hervorgebracht hatte, die eine kleine Menge äußerst winziger Samen produzierten, war das verkümmerte Unkraut, sein Abkömmling, zu seiner Zeit so dicht mit seinen blassgelben Glocken bedeckt, dass es wie ein Blumenstrauß aussah; und die produzierten Samen waren nicht nur massenhafter, sondern auch einzeln viel größer. Der Tabak war in dem Maße produktiver geworden, wie er entartet war. Auch beim gewöhnlichen Löffelkraut – bemerkenswert, da es zusammen mit einigen anderen Pflanzen seinen Platz sowohl unter den Erzeugnissen unserer Alpenhöhen als auch unserer Meeresküsten einnimmt – wird man feststellen, dass seine kleinen weißen kreuzförmigen Blüten in dem Maße zunehmen, wie sich sein Lebensraum als ungeeignet erweist und seine Blätter und Stängel zwergartig und dünn werden, bis wir an Orten, wo es kaum noch existiert, als ob es kurz vor dem Aussterben stünde, die ganze Pflanze ein dichtes Bündel von Samenkapseln bildend vorfinden, die alle bis zum Rande mit Samen gefüllt sind. Und auf den heiteren Wiesen von Gairloch und

Orkney, die von einer Vegetation bewachsen sind, die sich ihrer nördlichen Produktionsgrenze nähert, entdecken wir, was anscheinend dasselbe Prinzip chronisch wirksam ist; und daher, so scheint es, ihre außergewöhnliche Fröhlichkeit. Ihre reich blühenden Pflanzen sind die armen produktiven *Iren* der Pflanzenwelt; denn Doubleday scheint ganz im Recht zu sein, wenn er behauptet, dass sich das Gesetz nicht nur auf die niederen Tiere, sondern auch auf unsere eigene Art erstreckt. Die magere, schlecht gefütterte Sau und das Kaninchen züchten, wie man seit langem weiß, eine weit zahlreichere Nachkommenschaft als dieselben Tiere, wenn sie gut gepflegt und fett sind; und jeder Pferde- und Viehzüchter weiß, dass Überfütterung seiner Tiere ein sicherer Weg ist, sie unfruchtbar zu machen. Das Schaf bringt, wenn es einigermaßen gut geweidet wird, bei der Geburt nur ein einziges Lamm zur Welt; aber wenn es halb verhungert und mager ist, ist die Wahrscheinlichkeit groß, dass es zwei oder drei zur Welt bringt. Und so ist es auch mit der weitaus höheren menschlichen Rasse. Bringt man sie in so extreme Erniedrigung und Not, dass ihre Existenz als Individuen beinahe bedroht ist, so vermehren sie sich, als ob es der Gattung zugute käme, mit einer Geschwindigkeit, die in komfortableren Verhältnissen beispiellos wäre. Die Adelsfamilien eines Landes gehen ständig aus, und es bedarf häufiger Neugründungen, um das House of Lords zu erhalten; unsere ärmeren Leute scheinen dagegen in einem arithmetischen Verhältnis stärker zuzunehmen als im arithmetischen Verhältnis. Obwohl in der zweiten Hälfte des letzten Jahrhunderts volle zwei Drittel der Bevölkerung auswanderten, war kaum eine Generation vergangen, bevor die Lücke vollständig gefüllt war; und das elende Irland, wie es vor der Hungersnot existierte, hätte, wenn die Menschheitsfamilie keinen anderen Nährboden gehabt hätte, von sich aus ausgereicht, um in wenigen Zeitaltern die Welt zu bevölkern. Auch hier, in unmittelbarer Nähe der blumenübersäten Wiesen, standen elende Hütten, in denen es von Kindern wimmelte – Hütten, in denen Getreide fast die Hälfte des Jahres als Nahrungsmittel unbekannt war und deren überarbeitete weibliche Bewohnerinnen die ganze Hausarbeit und mehr als die Hälfte der Arbeit auf den kleinen Feldern draußen erledigten.

Wie herrlich geht die Sonne an einem klaren, ruhigen Sommerabend über den blauen Hebriden unter! Weniger als eine Meile von unserer Baracke entfernt erhob sich ein hoher Hügel, dessen kühner Gipfel alle westlichen Inseln von Sleat in Skye bis zum Butt of the Lewis beherrschte. Im Süden lagen die Trap Islands, im Norden und Westen die Gneisinseln. Von diesem Hügel aus gesehen bildeten sie jedoch eine große Gruppe, die, gerade als die Sonne untergegangen war und Meer und Himmel so gleichmäßig in Gold getaucht waren, dass am Horizont keine Trennlinie zu erkennen war, in ihrem transparenten Purpur – je nach Entfernung dunkler oder heller – wie eine Gruppe lieblicher Wolken wirkte, die, obwohl in der Ruhe unbeweglich, von der ersten leichten Brise weggefegt werden konnten. Sogar die flachen

Sandsteinvorgebirge, die wie ausgestreckte Arme die äußeren Bereiche des Vordergrunds umschlossen – Vorgebirge, gesäumt von niedrigen roten Klippen und bedeckt mit braunem Heidekraut –, liehen sich zu diesen Zeiten von dem sanften gelben Strahl eine Schönheit, die ihnen nicht eigen war. Inmitten der Unebenheiten der Gneisregion im Inneren – einer Region, die zerklüfteter und steiler ist, aber niedriger auf einer Höhe liegt als die großen Gneisgebiete der mittelenglischen Highlands – lagen bei Sonnenuntergang schillernde Licht- und Schattenflecken in stark kontrastierenden Bereichen, die die abrupten Unebenheiten des Bodens verrieten und, wenn alles ringsum warm, gefärbt und hell war, einen Farbton von kaltem, neutralem Grau annahmen. Unmittelbar über dieser rauhen, düsteren Basis erhoben sich zwei edle, etwa zweitausend Fuß hohe Pyramiden aus rotem Sandstein, die in leuchtendem Purpurrot in der untergehenden Sonne aufleuchteten und deren nahezu horizontale, entlang der Linien tiefe Einschnitte aufwiesen, wie Quaderschichten in einer alten Mauer, den Wandmalerei-Effekt verstärkten, den ihre kahlen Vorderseiten und steilen, geradlinigen Umrisse vermittelten. Diese hohen Pyramiden bilden die südlichen Endglieder einer außergewöhnlichen Gruppe von Sandsteinhügeln, deren Abtragung auf den britischen Inseln einzigartig ist, die ich bereits erwähnt habe und die sich von der Nordgrenze von Assynt bis in die Nähe von Applecross erstreckt. Obwohl ich zu dieser Zeit meine erste Bekanntschaft mit der Gruppe machte, hatte ich erst viele Jahre später Gelegenheit, die Beziehungen ihrer einzelnen Schichten zueinander und zu den Grundgesteinen des Landes zu bestimmen.

Manchmal führte mich mein Weg an der Küste entlang. Naturforscher wissen genau, wie sehr sich die Westküste Schottlands in ihrer Produktion von der Ostküste unterscheidet; aber dieser Unterschied war mir damals völlig neu; und obwohl ich ihn aufgrund meiner begrenzten Kenntnisse nur in verhältnismäßig wenigen Einzelheiten erkennen konnte, fand ich es keine uninteressante Aufgabe, ihn selbst in diesen wenigen Einzelheiten selbst aufzuspüren. Zuerst zog mich eine der größeren Seepflanzen an, *Himanthalia lorea* – mit ihrer becherförmigen Scheibe und den langen, riemenartigen Blütenkelchen –, die ich hier auf den Felsen in großer Menge fand, die ich jedoch im oberen Teil des Moray Firth noch nie gesehen hatte und die an keinem Teil der Ostküste sehr häufig vorkommt. Von den Algen ging ich zu den Muscheln über, bei denen ich nicht nur einen Unterschied in den Mengenverhältnissen der verschiedenen Arten entdeckte, sondern auch Arten, die mir neu waren, wie eine Muschel, die in Gairloch nicht selten ist, *Nassa reticulata* , aber in den Moray oder Cromarty Firths selten oder nie anzutreffen ist, und drei andere Muscheln, die ich hier zum ersten Mal sah, *Trochus umbilicatus* , *Trochus magus* und *Pecten niveus* . [5] Ich fand auch heraus, dass die gewöhnliche essbare Auster, *Ostrea edulis*, die an der Ostküste immer in verhältnismäßig tiefem Wasser liegt, manchmal im Gairloch gefunden wird, so zum Beispiel in der kleinen Bucht gegenüber von Flowerdale, in Böden, die durch die Ebbe der Flüsse freigelegt wurden. Es ist immer interessant, unerwartet entweder auf eine neue Art oder eine auffallende Besonderheit bei einer alten zu stoßen; und ich hielt es für eine merkwürdige und aufschlussreiche Tatsache, dass es britische Muscheln gibt, die immer noch auf unsere Westküste beschränkt sind und die ihren Weg ins Deutsche Meer entlang der beiden Küstenenden der Insel noch nicht gefunden haben. Sollen wir daraus schließen, dass diese Muscheln jüngeren Ursprungs sind als die weit verbreiteten? Oder ist ihre Fortpflanzungskraft lediglich schwächer? Und ist das Deutsche Meer, wie einige unserer Geologen behaupten, ein verhältnismäßig modernes Meer, in das bisher nur die widerstandsfähigeren und sich schnell vermehrenden Weichtiere gelangt sind? Ferner stellte ich fest, dass die echten Fische in den Gruppen auf den gegenüberliegenden Seiten der Insel erheblich voneinander abweichen. Schellfisch und Wittling sind an der Ostküste weitaus häufiger: Seehecht und Stöcker sind im Westen sehr viel häufiger. Selbst dort, wo die Arten auf beiden Seiten gleich sind, sind die Sorten unterschiedlich. Der Hering der Westküste ist ein kurzer, dicker Fisch mit reichem Geschmack, der der großen, mageren Art, die im Osten so häufig vorkommt, weit überlegen; während die Kabeljaue der Westküste großköpfige, dünnleibige, blasse Fische sind, die selbst in ihrer besten Saison den dunkler gefärbten, kleinköpfigen Arten der Ostküste unterlegen sind. Die beiden Küsten unterscheiden sich in keiner Hinsicht mehr, zumindest nicht nördlich der Grampians, als in der Durchsichtigkeit des Wassers. An der Ostküste ist der Grund selten in einer Tiefe von mehr als zwanzig Fuß zu sehen und nicht oft in einer Tiefe von mehr als zwölf Fuß; an der Westküste hingegen habe ich ihn während einer Trockenperiode in einer Tiefe von sechzig oder siebzig Fuß sehr deutlich gesehen. Die Griffe der Speere, die in Gairloch zum Harpunieren von Plattfischen und der gewöhnlichen Taschenkrebse (*Cancer pagurus*) verwendet werden, sind manchmal fünfundzwanzig Fuß lang – eine Länge, die man den Speergriffen an der Ostküste vergeblich zuschreiben könnte, da dort, in einer solchen Wassertiefe, Plattfische oder Krebse noch nie von der Oberfläche aus gesehen wurden.

Durch diese Transparenz getäuscht, bin ich beim Baden zwischen den Felsen öfter als einmal über Kopf und Ohren in Tümpel gestürzt, in denen ich zuversichtlich erwartet hatte, Halt zu finden. Von einem Felsen, der sich abrupt wie eine Wand vom Niedrigwasserspiegel der Gezeiten bis knapp über die Flutlinie erhob, vergnügte ich mich gelegentlich, wenn die Abende ruhig waren, damit, die indianische Tauchmethode zu üben – bei der der Taucher ein Gewicht mit sich trägt, um sein Absinken zu erleichtern und ihn fest am Boden zu halten. Ich wählte einen länglichen Stein von sechzehn oder achtzehn Pfund Gewicht, der aber dünn genug war, um ihn leicht in einer Hand zu halten; und nachdem ich ihn fest gepackt und die Felskante verlassen hatte, befand ich mich in ein oder zwei Sekunden auf dem grauen, mit Kieselsteinen übersäten Schlamm darunter, etwa zwölf oder fünfzehn Fuß unter der Oberfläche, wo ich fest verharrte und alle kleinen Gegenstände aufhob, die mir zufällig in die Hände fielen, bis mir der Atem stockte und ich den Stein losließ. Und dann genügten immer noch zwei oder drei Sekunden, um mich wieder an die Oberfläche zu bringen. In den Werken der Dichter finden sich viele Beschreibungen unterseeischer Landschaften, aber es sind immer Landschaften, wie sie ein Auge sehen kann, das ins Wasser hinabblickt – nicht ein Auge, das darin versunken ist – und sehr verschieden von denen, die ich jetzt kennenlernte. Ich stellte fest, dass ich bei diesen hastigen Ausflügen auf den Grund Massen und Farben unterscheiden konnte, aber nie in der Lage war, Umrisse zu erkennen. Die winzigeren Objekte – Kieselsteine, Muscheln und kleinere Bündel von Seetang – nahmen immer eine kreisförmige Form an; die größeren, etwa losgelöste Felsen und Sandflecken, erschienen wie durch unregelmäßige Kurven beschrieben. Der schmutzige Gneisfelsen erhob sich hinter und über mir wie eine dunkle Wolke, dicht übersät mit winzigen, kreisrunden Flecken von schmutzigem Weiß – ein Aussehen, das, durch das Wasser betrachtet, die zahlreichen Exemplare von Einschalenmuscheln (*Purpura lapillus* und *Patella vulgata*) annahmen, mit denen er gesprenkelt war; Darunter schien der unregelmäßige Boden von einem Teppich bedeckt zu sein, dessen Muster ein wenig an ein Stück marmoriertes Papier erinnerte, außer dass die kreisförmigen oder ovalen Flecken, aus denen er bestand und deren Kerne Steine, Felsen, Schalentiere, Fucusbüschel und Laminaria-Wedel waren, viel größer waren. Rundherum breitete sich ein nebliges Grundgebilde aus, das am Horizont intensiv dunkel war, aber oben, in der Mitte, verhältnismäßig hell, und das immer seine Wunder hatte – wunderbare Lichtkreise, die sich nach außen ausweiteten und mit deren zartem Grün sich gelegentliche Blitze von blassem Purpur vermischten. So sah die eindrucksvolle, wenn auch etwas dürftige Landschaft des Meeresgrundes in Gairloch aus, wie sie ein menschliches Auge aus zwei bis drei Faden tiefem Wasser wahrnahm.

In dieser primitiven Gegend gab es damals noch einige merkwürdige Künste und Geräte, die in den meisten anderen Teilen der Highlands schon lange veraltet waren und deren Überreste, wenn sie in England oder den Niederlanden gefunden worden wären, von Altertumsforschern als aus sehr ferner Zeit stammend angesehen worden wären. Im vergangenen Winter hatte ich ein kleines Werk gelesen, in dem ein altes Schiff beschrieben wurde, das vermutlich dänisch war und aus dem Schlamm eines englischen Flusses gegraben worden war und das neben anderen Zeichen des Altertums mit Moos kalfaterte Nähte aufwies – eine Besonderheit, die, so hieß es, den modernen Schiffszimmermann in der Chronologie seiner Kunst in

Verlegenheit gebracht hatte, da er nicht wusste, dass es jemals eine Zeit gegeben hatte, in der Moos für einen solchen Zweck verwendet wurde. Als ich jedoch eine Bootswerft in Gairloch besuchte, fand ich den Highland-Bauer dabei, eine Schicht getrockneten, in Teer getränkten Mooses entlang einer seiner Nähte zu verlegen, und erfuhr, dass dies seit jeher die Praxis der Bootszimmerleute in dieser Gegend war. Ich habe bereits erwähnt, dass der kleine alte Highlander aus der einsamen Scheune, den wir trafen, als wir unsere Steinbrucharbeiten neben seiner Hütte begannen, gerade damit beschäftigt war, mit einem Taschenmesser lange, dünne Fasern von einem Stück Moostanne abzustreifen. Er war damit beschäftigt, diese Holzfasern für die Herstellung einer primitiven Art von Tauwerk vorzubereiten, das unter den Fischern weit verbreitet war und eine Stärke und Flexibilität besaß, die man von Materialien von so ehrwürdigem Alter und so hoher Festigkeit wie den Wurzeln und Stämmen uralter Bäume, die vielleicht tausend Jahre lang im Torfmoos der Gegend eingeschlossen waren, kaum erwarten konnte. Wie das gewöhnliche Tauwerk des Seilmachers bestand es aus drei Strängen und wurde für Zugvorrichtungen, die Korkbalken von Heringsnetzen und die Schnürung von Segeln verwendet. Die meisten Segel selbst waren nicht aus Segeltuch, sondern aus einem Wollstoff, dessen Faden, der viel härter und kräftiger als der von gewöhnlichem Plaid war, auf dem Spinnrocken und der Spindel gesponnen worden war. Da Hanf und Flachs in den westlichen Highlands und auf den Hebriden im Allgemeinen früher ebenso seltene Güter gewesen sein müssen wie vor dreißig Jahren in Gairloch, während Moostannen im Überfluss vorhanden gewesen sein müssen und Schafe, wie grob ihr Fell auch sein mochte, recht häufig waren, scheint es nicht unwahrscheinlich, dass die alten Highland-Flotten, die in der „Schlacht an der Bloody Bay" kämpften, oder die in unruhigen Zeiten, als Donald mit dem König stritt, die Küsten von Arran und Ayrshire verwüsteten, mit ähnlichen Segeln und Tauwerk ausgestattet waren. Scott beschreibt die Flotte des „Lord of the Isles" in den Tagen von Bruce als aus „stolzen Galeeren" bestehend, „mit Seide geschmückt und mit Gold verziert". Ich vermute, er hätte sich als wahrerer Altertumsforscher, wenn auch vielleicht schlechterer Dichter, bezeichnet, wenn er sie als aus sehr groben Karvellen bestehend beschrieben hätte, mit Moos kalfatert, mit Segeln aus graubraunem Wollstoff versehen, der noch nach Öl duftete, und mit braunem Tauwerk aus den gedrehten Fasern der Moostanne ausgerüstet. Der Spinnrocken und die Spindel waren, wie ich bereits sagte, in der Gegend noch weit verbreitet. In einem verstreuten Dorf in der Nähe unserer Kaserne, in dem alle erwachsenen Frauen unaufhörlich mit der Herstellung von Garn beschäftigt waren, gab es kein einziges Spinnrad. Und obwohl alle seine Hütten ihre kleinen Ackerflächen hatten, hatte es weder ein Pferd noch einen Pflug. Die Häusler gruben den Boden mit dem alten Hochlandgerät um, dem *Cass-Chron* ; und der notwendige Dünger wurde im Frühjahr auf die Felder gebracht und die Erzeugnisse im Herbst nach Hause gebracht, und zwar auf dem Rücken der Frauen, in quadratischen Korbkörben mit Schlupfboden. Wie diese armen Hochlandfrauen doch geschuftet haben! Ich habe mitten in meiner Arbeit in der heißen Sonne innegehalten, um ihnen zuzusehen, wie sie vorbeigingen, gebeugt unter ihrer Last aus Torf oder Dünger, und gleichzeitig beim Vorbeischleichen die Spindel drehten und den nicht enden wollenden Faden aus dem Rocken zogen, der in ihren Gürteln steckte. Ihr Aussehen verriet in den meisten Fällen ihr entbehrungsreiches Leben. Ich sah kaum eine Gairloch-Frau aus der einfacheren Klasse über dreißig, die nicht dünn, fahl und vorzeitig gealtert war. Die Männer, ihre Ehemänner und Brüder waren keineswegs von der harten Arbeit erschöpft. Ich habe sie immer wieder auf einem moosigen Ufer sich sonnen sehen, wenn die Frauen damit beschäftigt waren; und war, wie meine Arbeitsbrüder – die selbst Kelten waren, aber vom fleißigen, hart arbeitenden Typ –, ziemlich empört über die faulen Kerle. Aber die Einrichtung, die ihnen Ruhe und ihren Frauen und Schwestern harte Arbeit verschaffte, schien ebenso sehr das Kind einer fernen Zeit zu sein wie die wollenen Segel und die Taue aus Moostannen. Mehrere andere alte Praktiken und Geräte waren zu dieser Zeit gerade aus der Gegend verschwunden. Eine gute Mehlmühle moderner Bauart hatte, kaum eine Generation zuvor, mehrere kleine Mühlen mit horizontalen Wasserrädern jener primitiven antiken Art abgelöst, die zuerst die noch ältere Handmühle verdrängt hatten. Diese horizontalen Mühlen existieren jedoch noch – zumindest taten sie das noch vor zwei Jahren – in der Gneisregion von Assynt. Der Altertumsforscher vergisst manchmal, dass, geprüft nach seinen speziellen Regeln zur Bestimmung von Perioden, mehrere Zeitalter in aneinandergrenzenden Gegenden desselben Landes gleichzeitig vorkommen können. Ich bin alt genug, um die Handmühle im Norden Schottlands in Betrieb gesehen zu haben; und der Reisende in die Highlands im Westen von Sutherland hat die Horizontalmühle vielleicht erst vor zwei Jahren in Betrieb gesehen. Aber die Überreste von beiden, wenn sie aus den Moosen oder Sandhügeln der südlichen Grafschaften ausgegraben würden, würden wir ein Alter von Jahrhunderten zuschreiben. In gleicher Weise wird die unglasierte Tontöpfe, die von Hand ohne die Hilfe der Töpferscheibe geformt wurden, als der „Bronze- und Steinzeit" der Altertumsforscher zugehörig betrachtet; und doch fand mein Freund aus der Doocot-Höhle, als er Pfarrer der Small Isles war, die Überreste eines dieser Töpfer in der berühmten Beinhaushöhle von Eigg, die nicht aus einer Zeit vor der von Mary stammten und wahrscheinlicher in die Zeit ihres Sohnes James gehörten; und ich habe seitdem erfahren, dass in den südlichen Teilen von Long Island dieselbe handgeformte Keramik aus der Bronzezeit im frühen Teil des heutigen Jahrhunderts für den Hausgebrauch hergestellt wurde. Ein Kapitel, das diesen noch verbliebenen oder erst kürzlich verschwundenen Künsten der Urzeit gewidmet wäre, wäre ein merkwürdiges; aber ich fürchte, die Zeit, es zu schreiben, ist jetzt schon lange vorbei. Meine wenigen Fakten zu diesem Thema mögen zeigen, dass selbst noch im Jahr 1823 eine dreitägige Reise in die Highlands in mancher Hinsicht als vergleichbar mit einer Reise in die Vergangenheit von drei oder vier Jahrhunderten angesehen werden konnte. Aber selbst seit dieser vergleichsweise jungen Zeit haben sich die Highlands stark verändert.

Nach etwa sechs oder acht Wochen mit warmen, sonnigen Tagen und herrlichen Abenden folgte eine trübe Regenperiode mit starken Weststürmen, und drei Monate lang gab es kaum einen Tag ohne Regenschauer, an manchen Tagen gab es sogar ein halbes Dutzend. Gairloch liegt, wie ich bereits sagte, genau im Mittelpunkt jener großen Kurve der jährlichen Niederschlagsmenge, die vom Atlantik aus auf unsere Westküste trifft, sich vom Norden Assynts bis zum Süden Mulls erstreckt und auf dem Regenmesser einen Jahresdurchschnitt von 35 Zoll anzeigt, ein Durchschnitt, der sehr erheblich über der mittleren Menge liegt, die in jedem anderen Teil Großbritanniens fällt, mit Ausnahme eines kleinen Gebiets am Land's End, das in einer südlichen Kurve mit gleicher Niederschlagsmenge enthalten ist. Die Niederschlagsmenge dieses Jahres muss jedoch sogar erheblich über diesem hohen Durchschnitt gelegen haben, und die Getreideernten der armen Hochländer begannen bald, dies zu bezeugen. Während des schönen Wetters hatte es mehr als gewöhnliche Aussichten auf Erfolg gegeben; aber in den feuchteren Senken lagen jetzt der Hafer und die Gerste verrottend auf dem Boden oder standen auf den exponierteren Höhen ohne Kolben wie bloße nackte Strohhalme da. Auch die Kartoffeln waren weich und wässrig geworden und müssen für die armen Hochländer nur eine mittelmäßige Nahrung gewesen sein, die selbst in besseren Jahreszeiten dazu verdammt waren, sich den größten Teil des Jahres von ihnen zu ernähren, und die jetzt durch die Missernte des Getreides fast ausschließlich auf sie zukommen mussten. Die Häusler des benachbarten Dorfes befanden sich zu dieser Zeit aus anderen Gründen in bedrückenderen Verhältnissen als sonst. Jede Familie zahlte dem Gutsherrn eine kleine jährliche Pacht von drei Pfund für ihr Stück Kornland und die Weide einer weiten Hochmoorlandschaft, auf der jede Familie drei Kühe hielt. Die Männer waren alle Fischer und Kleinpächter; und so gering die Pacht auch war, sie beschafften sie sich nur aus dem Meer – hauptsächlich aus dem Heringsfang – der, wie überall eine unsichere und prekäre Versorgungsquelle, hier noch unsicherer ist als an den meisten anderen Orten an der Nordwestküste Schottlands. Und da der Heringsfang im Loch drei Jahre lang gescheitert war, konnten sie sich ein Trimester nach dem anderen nicht mit dem Gutsherrn treffen und waren nun drei Jahre im Rückstand. Zu ihrem Glück war er ein humaner, vernünftiger Mann, der sich in seinen Verhältnissen wohl genug fühlte, um seine Angelegenheiten völlig selbst in die Hand zu nehmen, was Hochlandbesitzern oft fehlt; aber sie alle waren der Meinung, dass ihr Vieh ihnen nur gehörte, wenn sie es duldeten und solange er davon absah, seine Ansprüche gegen sie geltend zu machen; und sie hegten nur wenig Hoffnung auf eine endgültige Befreiung. Ich sah unter diesen armen Leuten viel von jener Trägheit, von der das Land nicht wenig gehört hat; und konnten angesichts der besonderen Erscheinungsformen, in denen sie sich präsentierte, nicht daran zweifeln, dass es sich, wie ich bereits sagte, um eine seit langem ererbte Trägheit handelte, der ihre Väter und Großväter jahrhundertelang nachgegeben hatten. Aber ihre Umstände hatten sicherlich wenig, was zur Bildung neuer Arbeitsgewohnheiten geführt hätte. Selbst ein zuvor fleißiges Volk würde, wenn es innerhalb der großen nordwestlichen Kurve mit 35 Zoll Regen lebte, Mais und Kartoffeln für die Herbststürme anbauen und im Auftrag des Gutsherrn Heringe fischen würde, die Jahr für Jahr nicht gefangen werden wollten, in kurzer Zeit fast so träge werden wie sie selbst. Und angesichts des Kontrasts, den meine Arbeitsbrüder zu diesen Highlandern der Westküste darstellten, konnte die Trägheit, die wir sahen und für die meine Kameraden keinerlei Toleranz zeigten, sicherlich kaum als von Natur aus keltisch bezeichnet werden. Ich selbst war der einzige echte Lowlander in unserer Gruppe. John Fraser, der, obwohl sechzig, Stein für Stein mit dem fleißigsten sächsischen Steinmetze in Großbritannien oder anderswo gelegt oder gehauen hätte, war ein echter Kelte skandinavisch-gälischer Abstammung; und alle unsere anderen Steinmetze – Macdonalds, M'Leods und Mackays, hart arbeitende Männer, die zufrieden waren, von Saison zu Saison und den ganzen Tag lang zu schuften – waren ebenfalls echte Kelten. Aber sie waren an der Ostgrenze der Highlands aufgewachsen, in einem Sandsteingebiet, wo sie die Möglichkeit hatten, ein Handwerk zu erlernen und sich in der Arbeitssaison eine regelmäßige, gut bezahlte Anstellung zu sichern; und so hatten sie sich zu fleißigen, geschickten Handwerkern entwickelt, die zumindest die übliche Leistungsfähigkeit besaßen. Es gibt andere Dinge, die viel schwerwiegender an der Trägheit der Westküsten-Highlander schuld sind als ihr keltisches Blut.

Als wir das Wohnhaus fertiggestellt hatten, an dem wir gearbeitet hatten, verließ fast die Hälfte der Arbeiter die Truppe und ging ins Tiefland, und der Rest zog in die Nachbarschaft des Gasthauses, in dem wir unsere erste Nacht oder vielmehr unseren ersten Morgen an diesem Ort verbracht hatten, um eine Küche und einen Lagerraum für den Gastwirt zu bauen. Unter den anderen verloren wir die Gesellschaft von Click-Clack, der uns in der Baracke die ganze Saison lang eine beständige Quelle der Belustigung und des Ärgernisses gewesen war. Wir merkten bald, dass die Hochländer in unserer Nachbarschaft ihn mit dem größten Grauen und der größten Angst betrachteten: sie hatten irgendwie erfahren, dass man ihn im Tiefland nachts verdächtig auf Friedhöfen herumhuschen sah und dass man ihn verdächtigte, ein Auferstehungstheoretiker zu sein; und keiner der Ghule oder Vampire der östlichen Geschichte hätte in den Regionen, die man für ihre Verbreitung glaubte, mehr gefürchtet oder gehasst werden können als ein Auferstehungstheoretiker in den westlichen Hochländern. Click-Clack hatte sicherlich die Angewohnheit, nachts umherzuwandern; und nicht selten brachte er bei seiner Rückkehr von einem nächtlichen Spaziergang Leichen mit in die Baracke; es waren aber ausnahmslos die Leichen von Kabeljau, Knurrhahn und Seehecht. Ich weiß nicht, wo sein Fischgrund lag oder welchen Köder er verwendete; aber ich bemerkte, dass fast alle Fische, die er fing, bereits getrocknet und gesalzen waren. Der alte John Fraser war nicht ohne Verdacht, dass der Fuhrmann gelegentlich die Unversehrtheit unseres Mehlfasses beeinträchtigte; und ich habe gesehen, wie der alte Mann kurz bevor er die Baracke verließ, um an seine Arbeit zu gehen, die Oberfläche des Mehlfasses glättete und mit der Spitze seines Messers das wichtige moralische Gebot „Du sollst nicht stehlen" darauf schrieb, und zwar auf eine Weise, die es unmöglich machte, das Gebot innerhalb des Fassumfangs zu brechen, ohne gleichzeitig einige seiner Zeichen auszulöschen. Und nachdem diese einmal gelöscht waren, hätte Click-Clack, da er selbst kein Schriftsteller war und weder einen Assistenten noch einen Vertrauten hatte, sie nicht neu schreiben können. Bevor wir uns in Richtung Tiefland aufmachten, handelte ich mit ihm aus, dass er meine Decke in seinem Karren nach Conon-side bringen sollte, und gab ihm einen Schilling und einen Schnaps im Voraus als Bezahlung für den Dienst. Er trug sie jedoch nicht weiter als bis zum nächsten Gasthof, wo er sie für einen zweiten Schilling und einen zweiten Schnaps verpfändete und mich im Vorbeigehen zurückließ, um sie abzuholen. Der arme Click-Clack war zwar einer der klügsten seiner Klasse, aber entschieden schwachsinnig; und ich darf, zumindest als merkwürdig, anmerken, dass ich, obwohl ich Idiotie in ihrem unvermischten Zustand, verbunden mit großer Ehrlichkeit und fähig zu uneigennütziger Zuneigung, kennengelernt habe, noch nie einen aus der schwachsinnigen Kaste kannte, der nicht selbstsüchtig und ein Schurke war.

Wir hatten in dieser Saison Pech mit unserer Unterkunft. Bevor wir unsere erste Arbeit vollenden konnten, mussten wir die Scheune, unsere erste Behausung, verlassen, um dem Heu des Eigentümers Platz zu machen und in einem Kuhstall Unterschlupf zu suchen, wo wir, da es keinen Schornstein gab, fast im Rauch erstickten. Und nun stellten wir fest, dass der Gastwirt, unser neuer Arbeitgeber, wie die Richter in Joe Miller darüber spekulierte, ob es möglich sei, uns in einem Gebäude unterzubringen, dessen Materialien für den Bau des Gebäudes verwendet werden sollten, das wir bauen sollten. Wir taten unser Bestes, um das Problem zu lösen, indem wir am Ende der zum Untergang verurteilten Hütte – die einst ein Salzlager gewesen war und bei feuchtem Wetter ständig Salzwasser schwitzte – eine hängende Trennwand aus Matten aufhängten, die ein wenig dem Vorhang eines Scheunentheaters ähnelte. Und während wir drinnen unsere Betten machten, begannen wir, je nach Bedarf an Materialien den Teil des Gebäudes, der draußen lag, Stück für Stück herunterzuziehen. Wir hätten beinahe unser Zuhause verlassen, bevor unsere Arbeit beendet war, und die kalten Oktoberböen, besonders wenn sie durch das offene Ende unserer Behausung bliesen, machten sie so ungemütlich wie eine flache Höhle in einer bloßen Felswand. Meine Kindheitserlebnisse in den Felsen von Cromarty waren jedoch keine schlechte Vorbereitung auf ein solches Leben, und ich meisterte es mindestens so gut wie alle meine Kameraden. Der Tag war so kurz geworden, dass die Nacht immer auf unsere unerledigten Arbeiten fiel, und ich machte keine Abendspaziergänge; aber es gab eine entzückende Gneisinsel von etwa dreißig Morgen Ausdehnung und fast zwei Meilen entfernt, wohin ich gelegentlich geschickt wurde, um Türstürze und Ecksteine zu brechen, und wo die Arbeit den ganzen Reiz eines Spiels hatte; und die ruhigen Sabbate gehörten ganz mir. Solange der Gutsherr und seine Familie im Herrenhaus von Flowerdale waren – mindestens vier Monate im Jahr – gab es einen englischen Gottesdienst in der Gemeindekirche; aber ich war in dieser Saison vor dem Gutsherrn an den Ort gekommen und blieb nun dort, nachdem er weggegangen war, und es gab keinen englischen Gottesdienst für mich. Und so verbrachte ich meine Sabbate normalerweise ganz allein in den edlen Wäldern von Flowerdale, die jetzt unter ihren dunklen Hügeln in den herbstlichen Farben hell leuchten und bemerkenswert sind für die große Höhe und Masse ihrer Eschen und einiger freistehender Tannen, die in ihrer ehrwürdigen Massivität von früheren Jahrhunderten erzählten. Die klaren, ruhigen Morgen, wenn der Spinnwebenfaden in langen grauen Filmen entlang der abgelegenen Lichtungen des Waldes segelte und das vereinzelte Sonnenlicht auf die purpurroten und orangefarbenen Pilze fiel, die zwischen dem feuchten Gras und unter dicht belaubten Zweigen in Scharlachrot und Gold emporsprangen, empfand ich als besonders reizvoll. Für jemanden, der weder ein Zuhause noch eine Kirche hat, sind die herbstlichen Wälder ein weitaus besserer Aufenthaltsort am Sabbat als eine flache, salzwassertriefende Höhle, die weder einen Stuhl noch einen Tisch hat und deren einzige Einrichtung aus zwei einfachen Bettgestellen aus unbearbeiteten Platten besteht, auf denen jeweils zwei Decken lagen, und einem Haufen Stroh. Sabbatwanderungen in Gruppen, insbesondere in der Nähe unserer großen Städte, sind immer eine frivole und oft sehr schlechte Sache; aber einsame Sabbatwanderungen in einer ländlichen Gegend – Wanderungen, wie sie der Dichter Graham beschreibt – sind nicht unbedingt schlecht; und die Sabbatarier, die darauf drängen, dass die Menschen, wenn sie am Sabbat nicht in der Kirche sind, in allen Fällen in ihren Wohnungen sein sollten, wissen in der Tat sehr wenig über die „Hütten, in denen arme Menschen liegen". In der Maurerbaracke oder der Hütte des Knechtes ist es oft unmöglich, die Ruhe des Sabbats zu genießen: Die dazu notwendigen

Voraussetzungen müssen im Freien, in den Tiefen eines dichten Waldes, am Ufer eines wenig frequentierten Flusses oder in der braunen Wüste einer einsamen Heidelandschaft gesucht werden.

Wir hatten unsere ganze Arbeit vor Allerheiligen erledigt, und nach einer Reise von fast drei Tagen war ich wieder zu Hause, mit der Muße des langen, glücklichen Winters vor mir. Ich blicke noch immer mit Interesse auf die Erlebnisse dieses Jahres zurück. Ich hatte in meiner Kindheit im Inneren von Sutherland die Hochländer in jenem relativen Wohlstand leben sehen, den sie von kurz nach der Niederschlagung des Aufstands von 1745 und der Abschaffung der erblichen Gerichtsbarkeiten bis zum Beginn des heutigen Jahrhunderts und in manchen Gegenden noch zehn oder zwölf Jahre danach genossen. Und auch hier sah ich sie in einem Zustand – hauptsächlich die Folge der Einführung des ausgedehnten Schafzuchtsystems im Landesinneren –, der sich seitdem in fast den gesamten Hochländern verbreitet hat und dessen Folgen man in den jährlichen Hungersnöten sehen kann. Die Bevölkerung, die früher ziemlich gleichmäßig über das Land verteilt war, besteht jetzt als kläglicher Streifen, der sich entlang der Küsten erstreckt, und ist in den meisten Fällen von unsicherer Fischerei abhängig, die sich ein oder zwei Jahre als einträglich, aber vielleicht ein halbes Dutzend Jahre als verheerend erweist. In den erfolgreichsten Zeiten können sie kaum überleben, aber eine Missernte der Kartoffelernte oder die erwartete Rückkehr der Heringsschwärme lässt sie sofort verhungern. Der große Unterschied zwischen der Lage der Bevölkerung der Highlands in besseren und in schlechteren Zeiten kann mit einem wichtigen Wort zusammengefasst werden: *Kapital*. Der Highlander war nie reich: Die Bewohner einer wilden, aus Urgestein geformten Bergregion sind es nie. Aber er besaß im Durchschnitt sechs, acht oder zehn Stück Vieh und seine kleine Schafherde; und wenn, wie es manchmal in den höher gelegenen Bezirken geschah, die Getreideernte ein Misserfolg war, genügte der Verkauf einiger Rinder oder Schafe mehr als nur, um die Rechnung mit dem Grundbesitzer zu begleichen, und ermöglichte ihm, seinen Winter- und Frühlingsvorrat an Mehl im Tiefland zu kaufen. Er war also ein Kapitalist und besaß den besonderen Vorteil des Kapitalisten, nicht „von der Hand in den Mund zu leben", sondern von einem angesammelten Kapital, das ihn immer vor absoluter Not, wenn auch nicht vor wirklicher Not, hielt und das es ihm ermöglichte, sich in einem Jahr der Knappheit auf seine eigenen Mittel zu verlassen, anstatt sich auf die Wohltätigkeit seiner Nachbarn im Tiefland zu verlassen. In den Jahren, die man ausdrücklich als die „teuren Jahre" zu Beginn des gegenwärtigen und der zweiten Hälfte des vergangenen Jahrhunderts bezeichnete, litten die einfachen Leute der Lowlands, insbesondere unsere Handwerker und Arbeiter der Lowlands, mehr als die Kleinbauern und *Kleinpächter* der Highlands, und zwar hauptsächlich aus dem Grund, dass die Missernten, die die Knappheit verursachten, ein Getreideausfall waren und kein Gras- und Weidemangel, sodass die einfacheren Highlander Schafe und Rinder hatten, die sie weiterhin mit Nahrung und Kleidung versorgten; während die einfacheren Lowlands, die fast ausschließlich von Getreide abhängig waren und ihre Kleidung normalerweise beim Tuchhändler kauften, durch die hohen Lebensmittelpreise in große Not gerieten. Zu Beginn des Jahrhunderts kam es jedoch zu einer gewaltigen Veränderung, die mit den Kriegen der ersten Französischen Revolution zusammenfiel und bis zu einem gewissen Grad auch deren Folge war. Die Lebensmittelpreise stiegen in England und den Lowlands, und mit ihnen stieg auch die Grundrente. Der Besitzer der Highlands machte sich natürlich daran, zu bestimmen, wie auch seine Pacht erhöht werden könnte. Als Folge der Schlussfolgerung, zu der er gelangte, begann man mit der Schafzucht und dem Räumungssystem. Viele tausend Highlander, die aus ihren gemütlichen Besitztümern vertrieben wurden, nutzten ihr kleines Kapital zur Auswanderung nach Kanada und in die Vereinigten Staaten. Dort vermehrte sich das kleine Kapital in den meisten Fällen, und ihre Nachkommen erfreuen sich weiterhin eines reinen Wohlstands. Viele weitere Tausende ließen sich jedoch an den Küsten des Landes nieder und begannen auf moosbedeckten Mooren oder kahlen Vorgebirgen, die kaum geeignet waren, die Arbeit der Landwirte zu entlohnen, eine Art Amphibienleben als Kleinbauern und Fischer. Und da sie auf unfruchtbarem Boden lebten und mit nur mäßigem Geschick ein unsicheres Gewerbe betrieben, lief ihnen ihr kleines Kapital aus den Händen und sie wurden die Ärmsten der Menschen. In einigen Teilen der Highlands und Inseln entwickelte sich inzwischen ein reger Handel, der – zum großen Nutzen der Grundbesitzer – viele Tausende von Einwohnern beschäftigte. Die Kelp-Produktion machte unwirtliche Inselchen und öde, felsige Küstenstreifen, die reich an Seegras waren, für die Eigentümer ebenso wertvoll wie das beste Land Schottlands; und unter dem Impuls der Vollbeschäftigung und, wenn auch nicht reichlicher, so doch zumindest lohnender Bezahlung wuchs die Bevölkerung. Plötzlich jedoch zerstörte der Freihandel in seinen ersten Ansätzen den Kelp-Handel; und dann besiegelte die Entdeckung einer billigen Methode zur Herstellung von Soda aus gewöhnlichem Salz seinen Ruin, der durch die Macht der Gesetzgebung nicht mehr zu beheben war. Sowohl die Bevölkerung als auch die Grundbesitzer erlebten in den Kelp-Gebieten die Übel, die ein ruinierter Handel immer hinterlässt. Alte Hochlandfamilien verschwanden aus der Mitte der Aristokratie und der Landbesitzer Schottlands; und die Bevölkerung ausgedehnter Inseln und Küsten des Landes, die nicht mehr als ausreichend war, wurde plötzlich bedrückend überzählig. Es bedurfte jedoch eines weiteren Tropfens, um das volle Glas zum Überlaufen zu bringen. Die Kartoffeln waren, wie ich gezeigt habe, das Grundnahrungsmittel der Hochländer geworden; und als 1846 die Kartoffelfäule ausbrach, wurden die Menschen, die größtenteils bereits zuvor ihres kleinen Kapitals und ihrer

Arbeit beraubt worden waren, ihrer Nahrung beraubt und mit einem Schlag ruiniert. Derselbe Schlag, der die Annehmlichkeiten der Menschen im Tiefland kaum mehr als geringfügig beeinträchtigte, streckte die Hochländer völlig nieder; und seitdem sind die Leiden der Hungersnot an den öden Küsten und zerklüfteten Inseln zumindest im nordwestlichen Teil unseres Landes chronisch geworden. Und vielleicht ist es nicht der schlimmste Teil des Übels, der die Form von lautstarker Not annimmt: Die Hungersnöte haben eine Klasse so schwer getroffen, die nicht unbedingt arm war, als sie ausbrachen, dass sie jetzt absolut arm ist; sie haben die letzten Reste des Kapitals der Hochländer *verschwendet*.

FUßNOTEN:

[4] Im Anhang ihrer gemeinsamen Abhandlung über die „Ablagerungen zwischen den schottischen Primärgesteinen und oolitischen Serien" und interessant, da es sich um die erste veröffentlichte geologische Karte von Schottland nördlich der Firths of Forth und Clyde handelt.

[5] Es gibt nur zwei dieser ausschließlich an der Westküste vorkommenden Muscheln, *Trochus umbilicatus* und *Pecten niveus*. Da keine von ihnen bisher in irgendeiner tertiären Formation entdeckt wurde, sind sie aller Wahrscheinlichkeit nach Muscheln verhältnismäßig jungen Ursprungs, die in irgendeinem westlichen Zentrum der Schöpfung entstanden sind; während ich in einer pleistozänen Ablagerung auch Exemplare von *Trochus magus* und *Nassa reticulata* gefunden habe, die gelegentlich an den Ostküsten des Königreichs vorkommen. Somit scheinen die weiter verbreiteten Muscheln auch die Muscheln älteren Ursprungs zu sein.

KAPITEL XIV.

„Edina! Schottlands Lieblingssitz!

Heil deinen Palästen und Türmen!" – BURNS.

In dieser Saison hatte sich, als ich in Gairloch arbeitete, ein trauriger Unfall zwischen den Cromarty-Felsen ereignet, der mich bei meiner Rückkehr sehr beeindruckte, da er mir vor etwa fünf Jahren beinahe selbst passiert wäre. Wenige hundert Meter von der sehr schlechten Straße entfernt, die ich dem alten Johnstone vom Forty-Second geholfen hatte zu bauen, befindet sich eine hohe, unzugängliche Klippe aus eisenhaltigem Gneis, die seit undenklichen Zeiten bis heute einem Paar Raben einen sicheren Nistplatz geboten hatte – den einzigen Vögeln ihrer Art, die die Felsen des Hügels häufig aufsuchten. Jahr für Jahr, regelmäßig wenn die Brutzeit kam, tauchten die Raben auf und nahmen ihren angestammten Lebensraum in Besitz: Mit Sicherheit taten sie dies seit hundert Jahren — manche sagten, schon viel länger; und da es an diesem Ort die Überlieferung gab, dass das Nest einmal von einem kühnen Kletterer seiner jungen Vögel beraubt worden war, stattete ich ihm eines Morgens einen Besuch ab, um festzustellen, ob ich es nicht auch berauben könnte. Von unten konnte man nicht hinaufkommen: der Abgrund, der von seiner Basis aus etwa hundert Fuß unzugänglicher war als eine Burgmauer, hing über dem Ufer; aber von oben schien er nicht unpassierbar; und als ich allmählich auf ihn herabstieg und beim Vorwärtskriechen jeden kleinen Vorsprung und jede kleine Vertiefung ausnutzte, stand ich schließlich sechs oder acht Fuß von den jungen Vögeln entfernt. Von diesem Punkt aus führte jedoch ein glatter Felsvorsprung ohne Vorsprung oder Hohlraum in einem Winkel von etwa vierzig Grad zum Nest hinab und endete abrupt, ohne Kante oder Rand, in dem überhängenden Abgrund. Bin ich nicht, fragte ich, an einem Dach entlanggekrochen, das sogar noch steiler geneigt war als der Felsvorsprung? Warum nicht auf die gleiche Weise zum Nest entlangkriechen, wo es festen Halt gibt? Ich hatte gerade meinen nackten Fuß ausgestreckt, um den ersten Schritt zu machen, als ich bemerkte, dass das Licht auf der glatten Oberfläche glitzerte, als die Sonne plötzlich hinter einer Wolke hervorbrach. Sie war mit einer dünnen Schicht Chlorit überzogen, glitschig wie die Mischung aus Seife und Fett, die der Schiffszimmermann am Morgen vor dem Stapellauf auf seine Slipanlagen streicht. Ich sah sofort, dass der Weg ein Gefahrenelement barg, das ich zunächst nicht einkalkuliert hatte; und so gab ich den Versuch als aussichtslos auf, kehrte auf demselben Weg zurück und dachte nicht mehr daran, das Rabennest auszurauben. In dieser Saison wurde es jedoch erneut versucht, allerdings mit tragischem Ausgang, und zwar von einem jungen Burschen aus Sutherland namens Mackay, der zuvor in seiner Heimatgrafschaft seine

Fähigkeiten als Felskundler unter Beweis gestellt und mehrere Male die von einer landwirtschaftlichen Gesellschaft für die Tötung junger Raubvögel verliehene Belohnung erhalten hatte. Wie mir der Vorfall erzählt wurde, hatte er sich dem Nest auf dem von mir gewählten Weg genähert; er hatte angehalten, wo ich angehalten hatte, und sogar noch länger; und dann wagte er sich vorwärts, und kaum hatte er sich auf das tückische Chlorit gestürzt, als er den Halt verlor, als ob er auf einer steilen Eisfläche wäre, und geradewegs über den Abgrund schoss. Die ersten fünfzig Fuß oder so stürzte er steil ab, ohne den Felsen zu berühren, dann wurde er von einer Ausbuchtung, die er gestreift hatte, rundum gedreht, und als er die untere Hälfte des Weges mit dem Kopf voran hinabstürzte und mit gewaltiger Wucht zwischen den glatten Meeressteinen darunter aufschlug, wurden seine Gehirne auf einer Fläche von zehn bis zwölf Quadratmetern verstreut. Sein einziger Begleiter – ein unwissender irischer Junge – musste die Fragmente seines Kopfes in einer Serviette aufsammeln.

Ich hatte jetzt das Gefühl, dass ich wahrscheinlich als Opfer des armen Mackays eingesetzt worden wäre, wenn nicht der Glanz der Sonne auf dem glitzernden Chlorit – der gerade rechtzeitig sichtbar wurde – gewesen wäre und dass er, durch mein Schicksal gewarnt, aller Wahrscheinlichkeit nach entkommen wäre. Und obwohl ich wusste, dass man fragen könnte: Warum hat die Vorsehung eingegriffen, um *Sie zu retten* , wenn er dem Untergang überlassen wurde?, *hatte ich* das Gefühl, dass ich meine Flucht nicht nur meiner Bekanntschaft mit Chlorit und seinen Eigenschaften verdankte. Für die volle Entwicklung der moralischen Instinkte unserer Natur kann man ein Leben führen, das viel zu ruhig und zu sicher ist: Ein paar plötzliche Gefahren und haarscharfe Fluchten sind, davon bin ich überzeugt, gesünder als eine völlige Abwesenheit von Gefahr, wenn man positiven Aberglauben vermeidet. Ich für meinen Teil habe zwar, wie ich hoffe, immer an die Lehre einer bestimmten Vorsehung geglaubt, aber es war immer ein knappes Entkommen, das mir die besten Beweise für die Vitalität und Stärke des Glaubens in mir lieferte. Es war immer der Hauch der Gefahr, der es emotional machte. Ein paar Jahre später, als ich mich nach vorne bückte, um einen Spalt in einer Felsfront zu untersuchen, an der ich gerade Steinbrüche baute, löste sich ein Stein, der von einer plötzlichen Windböe von oben losgerissen worden war, und streifte so dicht an meinem Kopf vorbei, dass er die vorspringende Vorderseite meiner Haube herunterschlug und dann eine tiefe Delle in den Rasen zu meinen Füßen hinterließ. An diesem Vorfall war nichts nicht vollkommen natürlich; aber der Schwall der Erkenntnis, der spontan aus meinem Herzen hervorbrach, hätte den Skeptizismus zunichte gemacht, der mich hätte davon überzeugen sollen, dass hier keine Vorsehung im Spiel war. Bei einer anderen Gelegenheit hielt ich einige Zeit inne, als ich eine Höhle an der alten Küstenlinie untersuchte, direkt unter ihrer niedrigen Decke aus Old Red-Konglomerat, und war mir der Gefahr ebenso wenig bewusst, als ob ich unter der Kuppel der St. Paul's Cathedral gestanden hätte; aber als ich das nächste Mal vorbeikam, war die Decke eingestürzt, und eine Masse, groß genug, um mich gleichzeitig Tod und Begräbnis zu bringen, versperrte den Platz, den ich eingenommen hatte. Bei einer anderen Gelegenheit kletterte ich ein paar Meter einen Abgrund hinab, um einige Holzapfelbäume zu untersuchen, die weit entfernt von Gärten und Baumschulen aus einem turmartigen Vorsprung des Felsens wuchsen und alle Anzeichen dafür aufwiesen, einheimisch zu sein; und dann kletterte ich zwischen den Zweigen hinauf und schüttelte sie auf eine Weise, die eine nicht geringe Hebelwirkung auf den darunter liegenden Ausläufer ausgeübt haben muss, um mir einige der Früchte zu holen, die die einheimischen Äpfel Schottlands waren. Beim Abstieg bemerkte ich, ohne viel darüber nachzudenken, einen anscheinend frischen Riss, der zwischen dem Ausläufer und dem Körper des Abgrunds verlief. Ich fand jedoch bei meiner Rückkehr, kaum einen Monat später, Grund genug, daran zu denken; denn damals lagen sowohl Ausläufer als auch Bäume zerbrochen und zersplittert mehr als hundert Fuß unter mir am Strand. Mit solcher Wucht waren selbst die dünneren Zweige gegen die Meereskiesel geschleudert worden, dass sie unter mehr als hundert Tonnen herabgefallenen Gesteins hervorragten, das an seiner Unterseite von der Rinde befreit war, als ob es mit der Hand geschält worden wäre. Und was ich bei all diesen Gelegenheiten fühlte, war, glaube ich, nicht mehr im Einklang mit der Natur des Menschen als Instinkt der moralischen Fähigkeit, als im Einklang mit jener Vorschrift der göttlichen Regierung, nach der kein Spatz ohne Erlaubnis fällt. Es gab vielleicht nie eine Zeit, in der die Lehre von einer bestimmten Vorsehung mehr in Frage gestellt und bezweifelt wurde als in der Gegenwart; und doch scheint der Skeptizismus, der diesbezüglich herrscht, sehr stark ein Skeptizismus der Anstrengung zu sein, der von mühseligen Intellekten in einem ruhigen Zeitalter und unter den wohlhabenden Klassen heraufbeschworen wurde; während der Glaube, den er teilweise und für die Zeit überschattet, die ganze Zeit über sicher in den Festungen der unveränderlichen Natur des Menschen verankert liegt. Wenn Gefahr droht, wird er in seinen alten Ausmaßen wieder aufleben; ja, es ist so tief im menschlichen Herzen verwurzelt, dass es, wenn es nicht seine *kultivierte* Form als Glaube an die Vorsehung annimmt, mit Sicherheit seine *wilde* Form als Glaube an Schicksal oder Bestimmung annehmen wird. Um eine Lehre, die so grundlegend wichtig ist, dass es ohne sie keine Religion geben kann, scheint Gott selbst bei der Formung des menschlichen Herzens Vorsorge getroffen zu haben.

Der Rabe baut nicht mehr zwischen den Felsen des Hügels von Cromarty; und ich habe vor vielen Jahren sein letztes Adlerpaar gesehen. Dieser letzte edle Vogel war zu Beginn dieses Jahrhunderts ein nicht seltener Besucher der Sutors. Ich erinnere mich noch, wie ich ihn von seinem Sitz auf der Südseite des Hügels verscheuchte, als der Tag sich dem Ende zuneigte, als die hohen

Klippen, zwischen denen er gewohnt hatte, tief im Schatten lagen; und ich erinnere mich lebhaft daran, wie malerisch er den roten Schimmer des Abends auf seinem warmen braunen Gefieder einfing, als er über das ruhige Meer viele hundert Fuß unter ihm hinaussegelte und aus dem Schatten der Klippen ins Sonnenlicht trat. Onkel James schoss einst einen sehr großen Adler unter einer der höchsten Klippen des südlichen Sutor; und als er durch die Brandung hinausschwamm, um seinen Körper zu bergen – denn er war tot ins Meer gefallen –, behielt er seine Haut viele Jahre lang als Trophäe. [6] Aber Adler sind jetzt nicht mehr auf den Sutors oder in ihrer Umgebung zu sehen oder zu schießen. Auch der Dachs – einer der vielleicht ältesten Bewohner des Landes, denn er scheint Zeitgenosse der ausgestorbenen Elefanten und Hyänen des Pleistozäns gewesen zu sein – ist an den steilen Hängen viel seltener geworden als in den Tagen meiner Kindheit; und auch Fuchs und Otter sieht man seltener. Es ist nicht uninteressant, mit dem Auge des Geologen zu beobachten, wie deutlich im Laufe eines einzigen Lebens – das noch immer fast zwanzig Jahre vor dem vom Psalmisten festgelegten Datum liegt – diese wilden Tiere in Schottland dem Aussterben entgegengegangen sind, das in seinem Einzugsgebiet während der menschlichen Periode den Bären, Biber und Wolf ereilte und von dem die in den Felsen eingeschriebene Vergangenheit der Erde so deutlich Zeugnis ablegt.

Der Winter verging mit den üblichen Beschäftigungen; und ich begann die Arbeitssaison des neuen Jahres, indem ich meinem alten Meister half, ein kleines Stück Land, das er auf Spekulation gekauft, aber nicht für Bauzwecke freigeschaufelt hatte, mit einer Steinmauer zu umgeben. Meine Dienste waren jedoch unentgeltlich – ich gab sie nur, um den eher mittelmäßigen Preis aufzubessern, den der alte Mann für meine Arbeit als Lehrling auf eigene Kosten erzielen konnte; und als unsere Arbeit beendet war, wurde es notwendig, dass ich mich nach einer einträglicheren Beschäftigung umsah. Im Norden war nicht viel los; aber in den großen Städten des Südens versprach Arbeit im Überfluss: Die verheerende Baumanie von 1824-25 hatte gerade begonnen, und nach einigem Zögern beschloss ich, zu versuchen, ob ich mich nicht als Mechaniker unter den Steinmetzen von Edinburgh durchschlagen könnte, die vielleicht die geschicktesten ihres Fachs auf der ganzen Welt waren. Außerdem wollte ich mich von einem kleinen Anwesen in Leith trennen, das der Familie viel Ärger und nicht wenig Geld gekostet hatte, von dem wir uns aber nicht losreißen konnten, solange der nominelle Eigentümer noch minderjährig war. Es handelte sich um ein Haus auf dem Coal-Hill, oder vielmehr um das abgeschlossene Erdgeschoss eines Hauses, das mein Vater durch den Tod eines Verwandten so unmittelbar vor seinem eigenen Tod erhalten hatte, dass er es nicht in Besitz genommen hatte. Es war mit Erbschaften in Höhe von fast zweihundert Pfund belastet; die jährliche Miete belief sich damals jedoch auf vierundzwanzig Pfund; und meine Mutter, die dem Rat von Freunden folgte und die Investition für eine gute hielt, hatte kaum die Versicherungssumme für das Schiff meines Vaters vom Versicherer zurückerhalten, als sie den größten Teil davon den Vermächtnisnehmern übergab und das Anwesen in meinem Namen in Besitz nahm. Ach! Nie gab es eine unglücklichere Erbschaft oder schlechtere Investition. Es war als Wirtshaus und Schankraum vermietet worden und Schauplatz eines etwas rauhen und, wie ich vermute, nicht sehr respektablen, aber dennoch gewinnbringenden Geschäfts gewesen; aber kaum war es mir gehört, als infolge einiger Veränderungen im Hafen der Großteil der Schiffe, die früher am Coal-Hill lagen, in eine tiefer gelegene Gegend verlegt wurde; das Schankraumgeschäft ging plötzlich zurück und die Miete sank im Laufe eines Jahres von vierundzwanzig auf zwölf Pfund. Und dann wurde das unglückliche Haus in seinem sengenden und winterlichen Zustand von einer Reihe elender Mieter bewohnt, die, obwohl sie sich fest verpflichteten, die zwölf Pfund zu zahlen, sie nie zahlten. Ich erinnere mich noch an die kurzen, knappen Briefe unseres Agenten, des verstorbenen Mr. Veitch, Stadtschreibers von Leith, die meine Mutter immer wieder mit Schrecken und Bestürzung erfüllten und zumindest in den erzählenden Teilen sehr den Notizen des Dichters Crabbe zu einem geplanten Gedicht über die verschwenderischen Armen ähnelten. Zwei unserer Pächter machten am Vorabend des Semesters einen Mondscheinausflug, und obwohl die wenigen Möbel, die sie zurückließen, ordnungsgemäß am Kreuz verscherbelt wurden, waren die unvermeidlichen Kosten der Transaktion so hoch, dass nichts vom Verkaufserlös Cromarty erreichte. Das Haus wurde anschließend von einer kräftigen Frau bewohnt, die eine bestimmte Art von Untermieterinnen hielt; und im ersten Halbjahr zahlte sie die Miete sehr gewissenhaft; aber die Behörden griffen ein, und es wurde ein anderes Haus für sie und ihre Damen in der Nähe des Calton gefunden, und die Miete für das zweite Halbjahr blieb unbezahlt. Und da das Haus infolge ihrer Belegung das Mindestmaß an Charakter verlor, das es zuvor behalten hatte, stand es fünf Jahre lang völlig unbewohnt, außer von einem boshaften Geist – dem Geist, so hieß es, eines ermordeten Herrn, dem die Damen in einem inneren Raum die Kehle durchgeschnitten und dessen Körper nachts in den tiefen Schlamm des Hafens geworfen worden war. Der Geist wurde jedoch schließlich von der Polizei entdeckt, als er in Gestalt einer der Damen auf einem Strohlager in der Ecke eines der Zimmer lag, und nach Bridewell vertrieben. Anschließend wurde das Haus von einem Mieter bewohnt, der sowohl den Willen als auch die Fähigkeit hatte, zu zahlen. Die Miete eines Jahres musste jedoch für Reparaturen ausgegeben werden. Noch vor Ablauf des nächsten Jahres wurden die Erben der Gemeinde für den Bau der prächtigen Gemeindekirche von North Leith mit ihrem hohen und anmutigen Turm und dem klassischen Portikus besteuert. Da wir niemanden hatten, der unseren Fall vortragen konnte, wurde unser Haus nicht nach seinem reduzierten, sondern nach seinem ursprünglichen Wert besteuert. Und so wurde die gesamte Miete des zweiten Jahres, plus mehrere Pfund zusätzlich, die ich von meinen hart verdienten Ersparnissen als Maurer abziehen musste, von den Erbauern der Kirche und des Turms zugunsten der kirchlichen Einrichtung des Landes beschlagnahmt. Ich war volljährig, als ich in den Überresten eines Salzlagers in Gairloch wohnte. Da ich vor dem Gesetz berechtigt war, das Haus auf dem Coal-Hill zu verkaufen, hoffte ich nun, wenn schon keinen Käufer, so doch wenigstens jemanden zu finden, der dumm genug war, es mir umsonst abzunehmen. Seitdem habe ich viel über die grausamen Vermieter der ärmeren und weniger angesehenen Häuser in unseren großen Städten gehört und gelesen und gehört, dass man sie als schlechte und selbstsüchtige Menschen streng bestrafen sollte. Und das sollten sie, wage ich zu behaupten, auch. Aber gleichzeitig kann ich nicht vergessen, dass ich selbst von meinem fünften bis fast zu meinem zweiundzwanzigsten Lebensjahr einer dieser grausamen Vermieter war und dass ich nichts dagegen tun konnte und es mir sehr leid tat.

Am vierten Tag, nachdem ich den Hill of Cromarty aus den Augen verloren hatte, schlängelte sich das Leith-Schiff, in dem ich segelte, in einem Morgen mit leichtem Wind und riesigen, aufgelockerten Nebelschwaden langsam durch die unteren Gebiete des Firth of Forth. Die Inseln und das ferne Land erschienen im Dunst düster und grau, wie Objekte auf einer unvollendeten Zeichnung; und manchmal wischte eine riesige, tief hängende Wolke vom Meer beim Vorbeiziehen den Schwamm auf und verdunkelte jeweils eine halbe Grafschaft; aber die Sonne brach gelegentlich in teilweisen Schimmern von großer Schönheit hervor und hob kleine Teile der Landschaft deutlich hervor – mal eine Stadt, mal eine kleine Insel und dann wieder den blauen Gipfel eines Hügels. Ein sonnenbeschienener Kranz erhob sich um den schroffen und zerklüfteten Bass, als wir vorbeifuhren; und mein Herz machte einen Sprung in mir, als ich zum ersten Mal jenen strengen Patmos der Frommen und Tapferen eines anderen Zeitalters sah, der dunkel und hoch durch den verdünnten Nebel aufragte und für einen Moment, als sich die Wolke teilte, in bernsteinfarbenen Glanz gehüllt war. In der Nähe von Cromarty hatte es einst eine kleine presbyterianische Oase gegeben, die, inmitten der Gleichgültigkeit der Highlands und *der gemäßigten* Schichten, die im 17. Jahrhundert den größten Teil des Nordens von Schottland kennzeichnete, dem Bass nicht wenige seiner ergebensten Opfer geliefert hatte. Mackilligen von Alness, Hogg von Kiltearn und die Rosses von Tain und Kincardine waren in seinen Kerkern eingesperrt worden; und wenn ich im frühen Frühling in den Steinbrüchen von Cromarty arbeitete, wusste ich immer, dass es Zeit war, meine Werkzeuge für den Abend zusammenzupacken, wenn ich die Sonne über dem hochgelegenen Bauernhof ruhen sah, der das Erbe eines anderen seiner bekannteren Opfer war – des jungen Fraser von Brea. Und so betrachtete ich mit doppeltem

Interesse den kühnen, vom Meer umgürteten Felsen und die sonnenvergoldete Wolke, die über seiner furchterregenden Stirn aufstieg, wie jener noch hellere Heiligenschein, der ihn in den Erinnerungen des schottischen Volkes verherrlicht. Viele lang gehegte Assoziationen zogen meine Gedanken nach Edinburgh. Ich kannte Ramsay und Fergusson und den „Humphrey Clinker" von Smollett und hatte eine Beschreibung des Ortes in „Marmion" und den früheren Romanen von Scott gelesen; und ich war noch nicht zu alt, um das Gefühl zu haben, mich einer großen magischen Stadt zu nähern – wie einige von denen in „Tausendundeiner Nacht" – die noch poetischer war als die Natur selbst. Ich schalt den verlockenden Nebel ein wenig, der wie ein launischer Schausteller jetzt eine Ecke seines Vorhangs hob und dann eine andere und mir den Ort auf einmal sehr undeutlich und nur Stückchen für Stück zeigte; und doch weiß ich nicht, ob ich es in Wirklichkeit besser hätte sehen können oder auf eine Weise, die mehr mit meinen früheren Vorstellungen im Einklang stand. Der Wasserstand im Hafen war während der ersten ein oder zwei Stunden nach unserer Ankunft zu niedrig, um unser Schiff schwimmen zu lassen, und wir blieben auf der Reede kreuzend und warteten auf das Signal vom Pierkopf, das uns anzeigen sollte, wann die Flut hoch genug gestiegen war, um uns einzulassen; und so hatte ich genügend Zeit, die Einzelheiten der Szenerie zu betrachten. Einmal kam ein flacher Abschnitt der Neustadt vollständig in Sicht, entlang dessen in der allgemeinen Dunkelheit die zahlreichen Schornsteine wie Kornhaufen auf einem frisch abgeernteten Feld aufragten; ein anderes Mal ragte das Schloss dunkel in den Wolken hervor; dann trat der schroffe Gipfel von Arthur's Seat, als ob er über der Erde schwebte, kraftvoll hervor, während sein Fuß im Kranz noch unsichtbar blieb; und bald darauf erhaschte ich einen Blick auf die fernen Pentlands, eingehüllt in einen klaren blauen Himmel und beleuchtet von der Sonne. Leith mit seinem Mastendickicht und seinem hohen runden Turm lag tief im Schatten im Vordergrund – eine kalte, schmuddelige, zerlumpte Stadt, die sich jedoch so stark vom blassen, rauchigen Grau des Hintergrunds abhob, dass sie wie eine weitere kleine Stadt von Zoar wirkte, die ganz vor dem Feuer lag. Und so war das seltsam malerische Antlitz, das mir die schottische Hauptstadt bot, als ich sie vor 29 Jahren zum ersten Mal kennenlernte.

Es war Abend, bevor ich dort ankam. Der Nebel des frühen Tages hatte sich verzogen, und alles war in klarem Licht und Schatten unter einem strahlenden, sonnigen Himmel zu sehen. Die Arbeiter des Ortes – ihre Arbeit hatte gerade für diesen Tag beendet – gingen in Gruppen die Straßen entlang zu ihren jeweiligen Häusern; aber ich war zu sehr damit beschäftigt, mir die Gebäude und Geschäfte anzusehen, um sie wirklich genau zu erkennen; und es war nicht ohne Überraschung, als ich plötzlich von einem von ihnen, einem schlanken Jungen in blasser Moleskin, der ziemlich mit Farbe bespritzt war, festgehalten wurde. Mein Freund William Ross stand vor mir; und er wurde bei dieser Gelegenheit sehr herzlich empfangen. Ich hatte zuvor eine hastige Besichtigung meines unglücklichen Hauses in Leith durchgeführt, begleitet von einem scharfsinnigen, scharf aussehenden, einhändigen Mann mittleren Alters, der den Schlüssel aufbewahrte und unter dem Stadtschreiber als Generaldirektor fungierte; und der, wie ich später herausfand, der unsterbliche Peter M'Craw war. Aber ich hatte nichts gesehen, was mich besonders eingebildet hätte hinsichtlich meines Erbes. Es bildete das unterste Stockwerk eines alten, schwarzen Gebäudes mit vier Stockwerken, das an einer Seite von einem feuchten, schmalen Hof flankiert wurde, und der mit seinem spitzen, vielfensterigen Giebel der Straße zugewandt war. Die unteren Fenster waren durch verfallene, wettergebleichte Läden verdeckt; in den oberen zeigten die verhältnismäßig frisch aussehenden Lumpen, die Löcher verstopften, wo eigentlich Scheiben hätten sein sollen, und ein paar sehr blasse Unterröcke und sehr dunkle Hemden, die im Wind flatterten, deutliche Anzeichen von Bewohnung. Mein Führer musste mit einer Hand mühevoll das Schloss der Außentür aufbrechen, vor der er zuerst eine sehr schäbige Frau in einem erdfarbenen Kleid vertreiben musste, das aussah, als sei es mit Asche gestärkt; und als die rostigen Scharniere knarrten und die Tür gegen die Wand fiel, nahmen wir einen feuchten, ungesunden Geruch wahr, der wie der Atem eines Leichenhauses aus dem Inneren drang. Der Ort war seit fast zwei Jahren verschlossen; und die stagnierende Atmosphäre war so übel geworden, dass die Kerze, die wir zur Erkundung mitgebracht hatten, matt und gelb brannte wie eine Grubenlampe. Die Böden, die an fünfzig verschiedenen Stellen aufgebrochen waren, waren mit verrottetem Stroh übersät; und in einer der Ecken lag ein feuchter Haufen, aufgehäuft wie die Höhle eines wilden Tieres, auf dem jemand geschlafen zu haben schien, vielleicht vor Monaten. Die Trennwände waren brüchig und wackelig; die Wände waren vom Rauch geschwärzt; breite Putzstücke waren von den Decken gefallen oder hingen noch an einzelnen Haaren daran; und die Gitterstäbe, verkrustet mit Rost, waren rot wie Fuchsschwänze geworden. Mr. M'Craw nickte mit dem Kopf über den aufgehäuften Strohhaufen. „Ah", sagte er, „wieder reingekommen, wie ich sehe! Die Fensterläden müssen überprüft werden." „Ich vermute", bemerkte ich und sah mich trostlos um, „es ist nicht sehr einfach, Mieter für Häuser dieser Art zu finden." „ *Sehr* einfach!", sagte Mr. M'Craw mit einem leichten schottischen Akzent und, wie ich fand, auch mit einer Menge schottischer Arroganz – was natürlich ganz natürlich war bei einem so schlauen und weitsichtigen Immobilienmakler, wenn er mit dem Eigentümer eines Domizils zu tun hatte, das nicht vermieten wollte und dumme Bemerkungen machte – „Nein, überhaupt nicht einfach, sonst wäre es nicht so verschlossen: aber wenn wir die Fensterläden abnehmen würden, würden Sie bald genug Mieter finden." „Oh, das nehme ich an; und ich vermute, es ist genauso schwierig, solche Häuser zu verkaufen wie zu vermieten." „Ja, und mehr noch", sagte Mr. M'Craw: „Wenn wir so tief sinken, gibt es nur Verkäufer und keine Käufer." „Aber glauben Sie nicht", fragte ich beharrlich, „dass sich in der Nachbarschaft eine freundliche, wohltätige Person finden könnte, die bereit wäre, es mir als Geschenk abzunehmen? Es ist schrecklich, ein Leben lang mit einem Haus wie diesem verheiratet zu sein und wie andere Ehemänner für alle Schulden haftbar gemacht zu werden. Gibt es keine Möglichkeit, sich scheiden zu lassen?" „Weiß nicht", antwortete er nachdrücklich und schnaubte ein wenig nasal. Und so trennten wir uns. Ich sah oder hörte nichts mehr von Peter M'Craw, bis ich viele Jahre später feststellte, dass er in dem bekannten Lied des armen Gilfillan gefeiert wurde. [7] Und in der Gesellschaft meines Freundes vergaß ich bald mein elendes Haus und alle damit verbundenen Verbindlichkeiten.

Ich war zu dieser Zeit mit großen Städten ebenso wenig vertraut wie der Hirte in Virgil; und aufgeregt von dem, was ich sah, forderte ich die Wanderfähigkeiten meines Freundes und, wie ich fürchte, auch seine Geduld heraus, indem ich einen bewundernden Blick auf alle charakteristischeren Straßen warf und mich dann auf den Weg zum Gipfel von Arthur's Seat machte – von wo aus ich an diesem Abend die Sonne hinter den fernen Lomonds untergehen sah –, um mich mit den Merkmalen der umliegenden Landschaft und der Wirkung der Stadt als Ganzes vertraut zu machen. Und inmitten vieler verworrener und unvollständiger Erinnerungen an malerische Gruppen alter Gebäude und prächtige Ansammlungen eleganter moderner Gebäude nahm ich zwei lebhaft unterschiedliche Ideen mit – erste Ergebnisse, wie ein Maler vielleicht sagen würde, eines „frischen Blicks", den kein späterer Blick aufgefrischt oder intensiviert hat. Ich hatte das Gefühl, nicht eine, sondern zwei Städte gesehen zu haben – eine Stadt der Vergangenheit und eine der Gegenwart – die wie zum Vergleich nebeneinander lagen, mit einem malerischen Tal, das wie ein tiefer Einschnitt zwischen ihnen gezogen war, um die Trennlinie zu markieren. Und das scheint in Wirklichkeit die große Besonderheit der schottischen Hauptstadt zu sein – ihr Unterscheidungsmerkmal unter den Städten des Reiches; obwohl natürlich die ältere der beiden Städte – die in vielen Teilen stark modernisiert wurde – in den 29 Jahren, die seit meinem ersten Besuch vergangen sind, weniger einheitlich und durchgängig antik in ihrem Aussehen geworden ist. Rein als Geschmackssache betrachtet, fand ich an den Verbesserungen, die ihr Aussehen so wesentlich verändert haben, wenig Bewundernswertes. Die älteren Teile wurden mir nie langweilig: Ich stellte fest, dass ich durch sie genauso einfach aus Vergnügen spazieren konnte wie durch die wilde und malerische Natur selbst; während ein Besuch der eleganten Straßen und großen Plätze der neuen Stadt immer ausreichte, um mich zu befriedigen; und ich verspürte ganz bestimmt nie den Wunsch, in irgendeine von ihnen zurückzukehren, um auf der Suche nach Vergnügen auf den glatten, gepflegten Bürgersteigen herumzuschlendern. Princes Street nehme ich natürlich aus. Dort stehen die beiden Städte Seite an Seite, als wollten sie sich vergleichen; und der Blick fällt auf die Züge einer Naturlandschaft, die an sich schon außergewöhnlich reizvoll wäre, selbst wenn beide Städte weit entfernt wären. Am nächsten Tag wartete ich auf den Stadtschreiber, Mr. Veitch, um zu sehen, ob er mir nicht einen Weg vorschlagen könnte, wie ich mich von meinem unglücklichen Grundstück auf dem Coal-Hill losreißen könnte. Er empfing mich höflich – sagte mir, das Grundstück sei keine ganz so verzweifelte Investition, wie ich zu glauben schien, da zumindest das Grundstück, an dem ich mit den anderen Eigentümern beteiligt war, etwas wert sei und der kleine Hof ausschließlich mir gehöre; und er glaube, er könne das Ganze für mich abwickeln, wenn ich bereit sei, einen kleinen Preis zu akzeptieren. Und ich war natürlich, wie ich ihm sagte, bereit, einen sehr kleinen Preis zu akzeptieren. Als er erfuhr, dass ich Steinmetz und arbeitslos war, stellte er mich freundlicherweise einem seiner Freunde vor, einem Baumeister, der mir eine Stelle in einem Herrenhaus einige Meilen südlich von Edinburgh anbot. Nachdem ich mir eine „Unterkunft" in einem kleinen Häuschen mit nur einer Wohnung in der Nähe des Dorfes Niddry Mill besorgt hatte, begann ich im Schatten der Niddry-Wälder meine Arbeit als Steinmetze.

In Niddry war eine Gruppe von sechzehn Maurern beschäftigt, neben Lehrlingen und Arbeitern. Sie waren ausgebildete Steinmetze – geschickter, besonders im Schneiden von Leisten, als die Maurer des Nordens es durchschnittlich taten; und mit einiger Sorgfalt machte ich mich daran, neben ihnen an Pfosten, Querbalken und Schildern zu arbeiten – denn unsere Arbeit war im alten englischen Stil – einem Stil, in dem ich keine Erfahrung hatte. Ich war jedoch fleißig und behielt die Prinzipien des alten John Fraser im Auge (obwohl ich, da die Natur weniger großzügig mit der Vermittlung der erforderlichen Fähigkeiten war, nicht so direkt wie er die erforderlichen Ebenen und Kurven der Steine schneiden konnte); und ich hatte die Genugtuung, als es an der Zahlabendzeit war, festzustellen, dass der Vorarbeiter, der während der Woche oft neben mir gestanden hatte, um meine Arbeitsweise und meine Fortschritte zu beobachten, meine Dienste genauso schätzte wie die der anderen. Wie die Besten von ihnen wurde ich nach und nach auch mit allen schwierigeren Arbeiten betraut, die beim Bau erforderlich waren, und war einmal sechs Wochen lang damit beschäftigt, lange, schmale, tief geformte Pfosten zu formen, von denen keiner in meinen Händen zerbrach, obwohl der Stein, den ich bearbeitete, spröde und körnig war und sich nur mittelmäßig für die anspruchsvolleren Zwecke des Architekten eignete. Ich stellte jedoch bald fest, dass die meisten meiner Arbeitskollegen mich mit unverhohlener Feindseligkeit und Abneigung betrachteten und zufriedener gewesen wären, wenn ich, wie sie anscheinend erwarteten, aus der nördlichen Gegend, in der ich aufgewachsen war, bei der Prüfung zusammengebrochen wäre. Ich sei, sagten sie, „ein Hochländer, der neu nach Schottland gekommen ist", und wenn ich nicht wieder nach Norden gejagt würde, würde ich die Hälfte des Geldes des Landes mit nach Hause nehmen. Einige der Bauarbeiter pflegten die Verarbeitung der Steine, die ich behauen hatte, sehr unfair zu kritisieren: Sie könnten sie nicht verlegen, sagten sie; und die Steinmetze weigerten sich manchmal, mir beim Hineintragen oder Drehen der schwereren Blöcke zu helfen, an denen ich arbeitete. Der Vorarbeiter jedoch, ein würdiger, frommer Mann, Mitglied einer Sezessionsgemeinde, stand mir zur Seite und ermutigte mich, durchzuhalten. „Lass dich nicht von der Arbeit vertreiben", sagte er, „und sie werden bald müde und lassen dich deinen eigenen Weg gehen. Ich kenne die Natur deines Vergehens genau: du trinkst nicht mit ihnen und bewirtest sie nicht, aber sie werden bald aufhören, das von dir zu erwarten, und wenn sie erst einmal merken, dass du dich nicht zwingen oder vertreiben lässt, werden sie dich in Ruhe lassen." Da die Männer jedoch aufgrund der Fülle an Beschäftigung – eine Folge der Baumanie – zu dieser Zeit Meister und mehr waren, konnte der Vorarbeiter meine Seite nicht offen gegen sie vertreten; aber ich war dankbar für seine Freundlichkeit und war zu sehr empört über die gemeinen Kerle, die sich so gegen einen harmlosen Fremden stellen konnten, als dass ich Gefahr liefe, der Vereinigung nachzugeben. Nur ein schwacher Mensch kann vom Wind seinen Mantel verlieren; ein Mensch von durchschnittlicher Kraft läuft eher Gefahr, ihn zu verlieren, wenn er von den milden Strahlen einer allzu gütigen Sonne angegriffen wird.

Ich stürzte mich wie gewöhnlich, um mir das Vergnügen zu gönnen, auf meine Abendspaziergänge, fand aber die Absperrung des Bezirks und die Einzäunung eines streng durchgesetzten Gesetzes gegen unbefugtes Betreten des Grundstücks als ernsthafte Nachteile und hörte auf, mich darüber zu wundern, dass ein gründlich kultiviertes Land in den meisten Fällen von seinen Leuten so viel weniger geliebt wird als ein wildes und offenes. Eigentumsrechte können in beiden gleichermaßen bestehen; aber in einem wichtigen Sinne gehört das offene Land sowohl den Eigentümern als auch den Leuten. Alles, was Herz und Verstand daraus ziehen können, kann für Bauern und Aristokraten gleichermaßen frei sein; wohingegen das kultivierte und streng eingezäunte Land normalerweise in jeder Hinsicht nur dem Eigentümer gehört; und da es viel einfacher und naheliegender ist, sein Land als eine Landschaft mit Hügeln, Flüssen und grünen Feldern zu lieben, inmitten derer man oft die Natur genießt, als als einen bestimmten Ort, an dem bestimmte Gesetze und verfassungsmäßige Privilegien existieren, ist es eher bedauerlich als verwunderlich, dass in einem Land mit gerechten Institutionen und gleichen Gesetzen, dessen Boden so exklusiv in Besitz genommen wurde, dass seinem Volk nur die staubigen Landstraßen blieben, oft weniger wahrer Patriotismus herrscht, als in wilden, offenen Ländern, in denen der Geist und die Zuneigung des Volkes frei sind, sich dem Boden zuzuwenden, deren Institutionen jedoch einseitig und mangelhaft sind.

Würde unsere geliebte Monarchin solche Herren ihres Hofes als Tabu betrachten, ihre Glen Tilts, und die Pässe der Grampians als eine Art illoyaler Zerstörer einer besonderen Art sperren, die es sich zur Aufgabe machen, ihr Volk seines Patriotismus zu berauben, und die ihnen praktisch beibringen, dass ein Land, das ihnen nicht mehr gehört, es nicht wert ist, dafür zu kämpfen, könnte man mit Sicherheit davon ausgehen, dass sie nur in einer anderen Richtung den starken gesunden Menschenverstand offenbarte, der sie schon immer ausgezeichnet hat. Obwohl ich von den benachbarten Feldern und Gebieten ausgeschlossen war, standen mir die Niddry-Wälder offen, und ich habe viele angenehme Spaziergänge entlang eines breiten bepflanzten Gürtels mit einem Graspfad in der Mitte genossen, der ihre südliche Grenze bildet und durch dessen weite Aussicht ich die Sonne über den malerischen Ruinen von Craigmillar Castle untergehen sehen konnte. Einige Besonderheiten in der Naturgeschichte des Bezirks zeigten mir, dass die beiden Breitengrade, die zwischen mir und den früheren Schauplätzen meiner Studien lagen, nicht ohne Einfluss auf das Tier- und Pflanzenreich waren. Die Gruppe der Landmuscheln war zumindest in ihren Proportionen anders; und ein gut erkennbares Weichtier – die große Schildpatt-Helix (*Helix aspersa*), die in dieser Gegend sehr häufig vorkommt – hatte ich im Norden überhaupt nie gesehen. Auf diesem waldigen, von Büschen gesäumten Weg machte ich auch zum ersten Mal Bekanntschaft mit dem wilden Igel – ein Tier, das nördlich des Moray Firth nicht vorkommt. Außerdem sah ich, obwohl der Sommer nur durchschnittlich warm war, die Eiche, die ihre Eicheln reifen ließ – ein seltenes Vorkommen in den Wäldern von Cromarty, wo sich in mindestens neun von zehn Jahreszeiten die Früchte lediglich bilden und dann abfallen. Aber meine Forschungen in dieser Saison galten eher Fossilien als rezenten Pflanzen und Tieren. Jetzt befand ich mich zum ersten Mal im Karbonsystem: Der Stein, den ich bearbeitete, war zwischen den aktiven Kohleflözen eingelagert und wies deutliche Abdrücke der robusteren Pflanzen dieser Zeit auf – Stigmaria, Sigillaria, Calamites und Lepidodendra. Da sie meine Neugierde sehr erregten, verbrachte ich viele Abendstunden in dem Steinbruch, in dem sie vorkamen, um ihre Formen im Gestein nachzuzeichnen. Oder ich dehnte meine Spaziergänge auf die benachbarten Kohlegruben aus und brach mit meinem Hammer die vom Bergmann aus der Tiefe gehobenen Schieferblöcke oder geschichteten Tons auf, um nach Organismen zu suchen. Damals gab es noch keine der populären Übersichten der Geologie, die heute so üblich sind. Ich musste mich also ohne Führer oder Helfer und völlig ohne Vokabular vortasten. Schließlich jedoch entwickelte ich durch geduldige Arbeit nicht sehr falsche, wenn auch natürlich unzureichende Vorstellungen von der alten Flora der Kohlenflöhe: Es war unmöglich zu bezweifeln, dass ihre zahlreichen Farne tatsächlich solche waren; und obwohl ich zunächst die vermeintlichen Analogien ihrer Lepidodendra und

Calamites nicht nachvollziehen konnte, war es zumindest offensichtlich, dass es sich um die stammartigen Stämme großer Pflanzen handelte, die aufrecht wie Bäume gestanden hatten. Nachdem ich mir eine gewisse Menge an Fakten angeeignet hatte, konnte ich auch die Masse kleiner Informationsfetzen verarbeiten, die ich aus zufälligen Absätzen und gelegentlichen Artikeln in Zeitschriften und Rezensionen erhielt und die mir ohne meine vorherige Bekanntschaft mit den Organismen, auf die sie sich bezogen, nichts gesagt hätten. Und so begann sich die Vegetation der Kohlenflöhe allmählich vor meinem geistigen Auge zu bilden, wo vorher alles leer gewesen war, als ich am Morgen meiner Ankunft die Türme und Säulen von Edinburgh im Nebel entstehen sah.

Ich fand jedoch, dass einer der frühesten Träume meiner Jugend sich seltsamerweise mit meinen Wiederherstellungen vermischte oder vielmehr ihre Grundlage bildete. Ich hatte Gulliver im richtigen Alter gelesen; und meine Vorstellungskraft war erfüllt von den kleinen Männern und Frauen und behielt zumindest eine Szene im Gedächtnis, die im Land der sehr großen Männer spielt – die, in der der Reisende, nachdem er durch Gras gewandert war, das sich zwanzig Fuß über seinem Kopf erhob, sich in einem riesigen, vierzig Fuß hohen Gerstendickicht verlor. Ich wurde in meiner Vorstellung Eigentümer einer Kolonie von Liliputanern, die mein achtzehn Zoll großes Kanu bemannten oder meinen schürzenbreiten Garten bestellten; und indem ich die Szene in Brobdignag mit den Männern von Liliput verband, stellte ich mir oft vor, wenn ich auf den grünen Hängen des Hügels oder in den Sümpfen der „Weiden" schwänzte, wie einige der vignettenartigen Szenen, von denen ich umgeben war, so winzigen Geschöpfen erschienen sein müssten. Ich habe mir vorgestellt, wie sie sich ihren Weg durch dunkle Wälder aus vierzig Fuß hohem Adlerfarn bahnten – oder wie sie am Berghang einen riesigen Bärlapp bewunderten, der seine grünen, haarigen Arme rutenlang ausstreckte – oder wie sie am Rand eines gefährlichen Morasts von Hecken aus gigantischem Schachtelhalm aufgehalten wurden, der hoch über dem Moor seine vielfensterigen, keulenartigen Zapfen trug und an jeder Spitze seine grünen, wirbelförmigen Blätter hervorstach, so groß wie Kutschenräder ohne Rand. Und während ich so von meinen Liliput-Gefährten träumte, wurde ich für eine Weile selbst zum Liliputaner, betrachtete die Natur wie durch ein Vergrößerungsglas, wanderte in Gedanken unter Farnen umher, die zu Bäumen emporgeschossen waren, und sah die dunklen, keulenartigen Köpfe der Schachtelhalme etwa sechs Meter über den stacheligen Zweigen aufragen. Und nun, so seltsam es auch klingen mag, musste ich einfach auf meine alten Vorstellungen aus der Kindheit zurückgreifen und mir meine ersten ungefähren Vorstellungen von den Wäldern der Kohlenflöze bilden, indem ich lernte, unsere Farne, Bärlappgewächse und Schachtelhalme mit den Augen eines wandernden Reisenden aus Liliput zu betrachten, der sich in ihrem Gewirr verirrt hat. Wenn ich bei Sonnenuntergang am Rande eines von Bäumen gesäumten Baches entlangschlenderte, der durch das Gelände floss, und neben dem der Schachtelhalm in den feuchteren Tälern dicht und üppig wuchs und der Adlerfarn seine Wedel aus den trockeneren Ufern schoss, musste ich mich wie in alten Zeiten in eine wenige Zoll große Puppe hineinversetzen und in den verworrenen Gräsern und dicht verschlungenen Schachtelhalmen tropische Dschungel und in den Büschen und dem Frauenfarn hohe Bäume sehen. Aber viele fehlende Merkmale mussten ergänzt und viele vorhandene verändert werden. Inmitten von Wäldern aus Baumfarnen und aus Pferdeschwänzen, die so hoch waren wie die Masten von Pinassen, erhoben sich gigantische Bärlappgewächse, dicker als der Körper eines Menschen und sechzig bis achtzig Fuß hoch, deren Blätter sich mit seltsamen Ungeheuern der Pflanzenwelt vermischten, von Arten, die unter den existierenden Formen nicht mehr zu erkennen sind – geformte Ullodendra, die geradlinige Streifen von gestielten Zapfen an ihren Seiten tragen – und kunstvoll tätowierte Siegelpflanzen, geriffelt wie Säulen und mit vertikalen Reihen von Blättern, die sich über ihre Stängel und größeren Zweige sträubten. Das waren einige der Träume, denen ich in dieser Zeit zum ersten Mal nachgab; und sie sind, wie die anderen Träume der Jugend, nicht vergangen. Der betagte Dichter muss sich nicht selten beklagen, dass seine „Visionen mit zunehmendem Alter weniger greifbar vor ihm schweben". Im Gegensatz dazu werden die von der Wissenschaft hervorgerufenen Formen immer deutlicher, da im Prozess des langsamen Aneignens eine Form nach der anderen aus der Dunkelheit der Vergangenheit hervorgerufen und eine Wiederherstellung zur nächsten hinzugefügt wird.

Zu dieser Zeit gab es in der Umgebung von Edinburgh mehrere Bergarbeiterdörfer, die inzwischen verschwunden sind. Sie lagen an den sogenannten „Randkohlen" – jenen steilen Schichten des Mid-Lothian Coal Basin , die tief im System liegen und eine stärkere Neigung zu den Höhenzügen im Süden und Westen aufweisen als die oberen Schichten in der Mitte des Feldes, und die, da sie in ihrem steilen Abstieg über eine bestimmte Tiefe hinaus nicht verfolgt werden konnten, heute zumindest aus praktischen Gründen für den Bergmann und bis der Wert der Kohle erheblich gestiegen ist, als ausgebaut gelten. Eines dieser Dörfer, dessen Fundamente nicht mehr zu finden sind, befand sich in unmittelbarer Nähe von Niddry Mill. Es war eine elende Ansammlung schäbiger, niedrig überdachter, mit Ziegeln gedeckter Hütten, von denen jede der anderen vollkommen ähnelte, und wurde von einer rohen und ungebildeten Menschenrasse bewohnt, die noch immer den Schmutz und Makel der jüngsten Sklaverei an sich trug. So merkwürdig es auch erscheinen mag, alle älteren Männer dieses Dorfes, obwohl es wenig mehr als sechs Kilometer von Edinburgh entfernt lag, waren als Sklaven geboren. Sogar 18 Jahre später

(1842), als das Parlament eine Kommission einsetzte, um die Art und die Folgen der Frauenarbeit in den Kohlengruben Schottlands zu untersuchen, lebte noch immer ein Bergarbeiter, der nie zwanzig Meilen von der schottischen Hauptstadt entfernt gewesen war und der den Kommissaren erklären konnte, dass sowohl sein Vater als auch sein Großvater Sklaven gewesen waren – dass er selbst als Sklave geboren worden war – und dass er jahrelang in einer Grube in der Nähe von Musselburgh gearbeitet hatte, bevor die Bergarbeiter ihre Freiheit erhielten. Vater und Großvater waren Gemeindemitglieder des verstorbenen Dr. Carlyle von Inveresk gewesen. Sie waren Zeitgenossen von Chatham und Cowper und Burke und Fox; und zu einer Zeit, als Granville Sharpe hätte einspringen und den entlaufenen Neger wirksam beschützen können, der in einem britischen Hafen vor der Tyrannei seines Herrn Zuflucht gesucht hatte, hätte niemand *sie* vor dem Gutsherrn von Inveresk, ihrem Eigentümer, beschützen können, wenn sie es gewagt hätten, das allen Briten zustehende Recht auszuüben, an einen anderen Ort zu ziehen oder sich eine andere Beschäftigung zu suchen. Es ist doch seltsam genug, dass ein so vollständiges Stück der barbarischen Vergangenheit so in das noch nicht ganz vergangene Zeitalter eingebunden wurde! Ich betrachte es als einen der merkwürdigsten Umstände meines Lebens, dass ich mit Schotten zu tun hatte, die als Sklaven geboren worden waren. Die Bergarbeiterinnen dieses Dorfes – arme, übermüdete Geschöpfe, die die ganze Kohle auf dem Rücken über eine lange, in einen der Schächte eingelassene Wendeltreppe aus dem Untergrund heraufschleppten – trugen noch immer mehr Zeichen der Leibeigenschaft an sich als selbst die Männer. Wie diese armen Frauen schufteten und wie sehr waren sie schon damals von der Sklavennatur geprägt! Ein Mann, der sie gut kannte – Mr. Robert Bald – schätzte, dass ihre tägliche Arbeit dem Tragen eines Zentners vom Meeresspiegel auf den Gipfel des Ben Lomond entsprach. Sie zeichneten sich durch einen besonderen Mund aus, an dem ich sie von allen anderen Frauen des Landes unterscheiden konnte. Er war breit, offen, hatte dicke Lippen, ragte gleichmäßig nach oben und unten hervor und ähnelte genau dem, den wir in den Abdrücken von Wilden in ihrem niedrigsten und erniedrigtsten Zustand finden, in Berichten unserer modernen Reisenden, wie zum Beispiel in der „Erzählung von Kapitän Fitzroys zweiter Reise mit der Beagle". Im Laufe der letzten zwanzig Jahre scheint dieser Mundtyp jedoch in Schottland verschwunden zu sein. Er war von Zügen fast kindlicher Schwäche begleitet. Ich habe diese Bergarbeiterinnen wie Kinder weinen sehen, wenn sie unter ihrer Last die oberen Rundungen der Holztreppe hinaufarbeiteten, die den Schacht durchquerte, und dann kaum eine Minute später mit dem leeren Korb zurückkamen und vor Freude sangen. Die Bergarbeiterhäuser waren vor allem deshalb bemerkenswert, weil sie alle gleich waren, von außen und innen; alle waren gleichermaßen schmuddelig, schmutzig, nackt und unbequem. In diesem rohen Dorf begann ich zum ersten Mal zu vermuten, dass die demokratische Parole „Freiheit und Gleichheit" in ihrer Philosophie etwas fehlerhaft ist. Sklaverei und Gleichheit käme der Sache näher. Wo immer es Freiheit gibt, beginnen sich die ursprünglichen Unterschiede zwischen den Menschen in ihren äußeren Umständen zu zeigen, und die Gleichheit hört sofort auf. Durch die Sklaverei soll die Gleichheit, zumindest unter den Massen, vollständig erreicht werden. [8]

Ich fand in der Nachbarschaft nur wenig Intelligenz, sogar unter den Dorf- und Landbewohnern, die auf einer höheren Plattform standen als die Bergarbeiter. Die Tatsache kann auf verschiedene Weise erklärt werden; aber es ist so, dass, obwohl es unter den Handwerkern großer Städte fast immer mehr Wissen und Kenntnisse gibt als der Durchschnitt, die kleinen Weiler und Dörfer, von denen sie umgeben sind, normalerweise von einer Klasse bewohnt werden, die erheblich unter dem Durchschnitt liegt. In M. Quetelets interessanter „Abhandlung über den Menschen" finden wir eine Reihe von Karten, die auf umfangreichen statistischen Tabellen basieren und durch dunklere und hellere Schattierungen den moralischen und intellektuellen Charakter der Menschen in den verschiedenen Bezirken der Länder zeigen, die sie repräsentieren. Auf einer Karte, die beispielsweise den Bildungsstand in Frankreich darstellt, sind bestimmte Provinzen mit guter Bildung hell dargestellt, als ob sie das Licht genießen würden, während andere, in denen große Unwissenheit herrscht, einen tiefen Schwärzeton aufweisen, als ob eine Wolke über ihnen ruhte; und das Gesamtbild gleicht einer Landschaft, die man von einem Hügel aus an einem Tag mit gesprenkeltem Licht und Schatten sieht. Es gibt jedoch gewisse feinere Schattierungen, durch die dem Auge auf diese Weise gewisse merkwürdige Tatsachen auffallend dargestellt werden könnten, für die statistische Tabellen keine ausreichende Grundlage liefern, die aber von Männern, die viel von den Menschen eines Landes gesehen haben, zumindest annähernd richtig wiedergegeben werden könnten. Auf einer schattierten Karte, die Schottlands Intelligenz darstellt, wäre ich geneigt – die verfallenen Klassen zu versenken oder sie nur durch ein paar dunkle Flecken darzustellen, die die Sonne sprenkeln –, die großen Städte als Zentren der fokalen Helligkeit darzustellen; aber jedes dieser fokalen Zentren würde ich mit einem Halo der Dunkelheit umgeben, der erheblich dunkler ist als die mittleren Bereiche dahinter. Ich fand, dass in dem düsteren Halo der schottischen Hauptstadt, unabhängig von der Unwissenheit der armen Bergleute, drei verschiedene Elemente existierten. Ein beträchtlicher Teil der Dorfbewohner waren Landarbeiter im Niedergang ihrer Existenz, die, da sie nicht mehr wie in ihren Tagen ungebrochener Stärke regelmäßige Aufträge von den Bauern des Bezirks erhalten konnten, sich als Gelegenheitsarbeiter über Wasser hielten. Und sie waren natürlich durch die Unwissenheit ihrer Klasse gekennzeichnet. Ein anderer Teil der Leute waren Fuhrleute – die in diesen Zeiten, bevor es die Eisenbahnen gab, hauptsächlich damit beschäftigt waren, den

Kohlenmarkt von Edinburgh zu versorgen und Baumaterialien aus den verschiedenen Steinbrüchen in die Stadt zu bringen. Und Fuhrleute als Klasse sind, wie alle, die viel in der Gesellschaft von Pferden leben, ausnahmslos unwissend und unintellektuell. Ein dritter, aber weitaus kleinerer Teil als die beiden anderen bestand aus Mechanikern; aber es waren nur Mechaniker niedrigeren Ranges, die außerhalb der Stadt blieben, um für Fuhrleute und Arbeiter zu arbeiten: die besser ausgebildeten und, da die Begriffe bis zu einem gewissen Grad umsetzbar sind, intelligenteren Mechaniker fanden in Edinburgh Arbeit und ein Zuhause. Das Häuschen, in dem ich wohnte, wurde von einem alten Knecht bewohnt – einem großen, stämmigen Mann mit kleinem Kopf, der auf seinem Lebensweg kaum eine Idee aufgeschnappt zu haben schien; und seine Frau, eine Frau um die sechzig, war zwar im Großen und Ganzen *körperlich recht* stattlich und eine gewissenhafte Wirtin, aber nicht intellektueller. Sie hatten nur eine einzige Wohnung in ihrem bescheidenen Heim, die durch eine kleine Trennwand von der Außentür abgetrennt war – und ich hätte mir gern gewünscht, sie hätten zwei –, aber im Dorf gab es keine andere Unterkunft, und ich musste mich, wie es der Arbeiter in solchen Umständen immer tun muss, mit der Unterkunft zufriedengeben, die ich bekommen konnte. Mein Bett stand am einen Ende des Zimmers und das meiner Vermieterin und ihres Mannes am anderen, mit dem Gang, durch den wir hineinkamen, dazwischen; aber die anständige alte Peggy Russel war ihr ganzes Leben lang an solche Einrichtungen gewöhnt und schien nie daran zu denken; und da sie jenes Lebensalter erreicht hatte, in dem Frauen der unteren Klasse die Merkmale des anderen Geschlechts annehmen, vermutlich in etwa nach dem Prinzip, nach dem sich sehr alte weibliche Vögel männliches Gefieder anlegten, hörte auch ich nach kurzer Zeit auf, daran zu denken. Es ist jedoch nicht weniger wahr, dass die Zwecke der Anständigkeit erfordern, dass viel für die Wohnungen der Armen getan wird, insbesondere in den südlichen und mittelenglischen Bezirken Schottlands.

FUSSNOTEN:

[6] Wäre Onkel James in dieser Angelegenheit zu Rate gezogen worden, hätte er die Verwendung des Kadavers seines toten Adlers kaum gebilligt. In dem Ort lebte eine exzentrische, schwachsinnige alte Frau, die für die kleine Summe von einem halben Penny auf der Straße zu tanzen begann, um Kinder zu unterhalten, und sich an dem wohlklingenden, wenn auch etwas obskuren Namen „Dribble Drone" erfreute. Als einige junge Burschen den Adler ohne Haut und in bemerkenswert sauberem und gepflegtem Zustand sahen, schlugen sie vor, ihn „Dribble" zu schicken; und so landete er in der Eigenschaft als „großartige Gans, das Geschenk eines Gentlemans" vor ihrer Tür. Das Geschenk wurde dankbar angenommen. In Dribbles Hütte roch es an den folgenden Tagen zur Essenszeit übel; und als man sie nach einer

Woche fragte, wie ihr die große Gans geschmeckt habe, die der Herr serviert hatte, antwortete sie, sie sei „unheimlich süß, aber oh! Teuch, Teuch!" Noch Jahre später galt diese Antwort hier als sprichwörtlich: und so manches Stück zu harter Stockfisch und zu frisches Steak wurde mit den Worten charakterisiert: „Wie Dribble Drones Adler, unheimlich süß, aber oh! Teuch, Teuch!"

[7] So bekannt Gilfillans Lied bei uns auch ist, so ist es doch im Süden der Grenze weit weniger bekannt. Ich stelle es meinen englischen Lesern als würdigen Vertreter jener lächerlichen Lieder aus alter Zeit vor, die trotz der Sticheleien Goldsmiths so wunderbar geeignet sind, zu zeigen,

„Dass ein Schotte Humor haben kann, ich hätte fast gesagt Witz."

DER STEUERERHÄLER.

Oh! Kennen Sie Peter, den Steuereintreiber und Schriftsteller?

Ihr seid gut drauf, wenn ihr nichts über ihn wisst, Ava;

Sie nennen ihn Inspektor oder Steuereintreiber –

Meine Güte! Er kennt sich in Leith gut aus, Peter M'Craw!

Er sagt und kommt wieder – ruft und summt wieder –

Er hat nur eine Hand, aber sie ist so gut wie zwei.

Er puscht aus und kassiert, und zieht die Steuern ein,

Und steckt die Urkunde ein – Schande! Peter M'Craw!

Er wird am Montag bei Tagesanbruch vor deiner Tür stehen,

Dienstags werdet ihr wieder mit einem Ca beehrt;

Er warf mir letzten Sonntag in der Kirche einen flüchtigen Blick zu,

Whilk meinte: „ *Achten Sie auf die Predigt und auf Peter M'Craw.* "

Er starrt meine alte Tür an, als hätte er es geschafft;

Er guckt durchs Schlüsselloch, wenn ich nicht da bin.

Er wird den alten Stein lesen, der sagt, wer ihn gelesen hat,

„ *Gott sei Dank für all die Gaben* " [A] – aber Peter M'Craw!

Seine kleinen Papiere sind ordentlich geordnet,

Dass Ihr Exemplar, welch ein Wunder, das erste auf dem Markt ist!

Es gibt keinen verhexten Peter, keine flinkere Antilope;

    die Bekanntschaft mit Peter M'Craw nicht *abgebrochen* !

Es war erst Freitag, ich war im alten Reekie,

    Ich hätte einen Schilling bekommen – vielleicht habe ich zwei bekommen;

Ich dachte, ich wäre mit Freunden oder einem Drappie glücklich,

    Wann sollte jemand kommen, Papin – außer Peter M'Craw?

Es gibt ein Schiff, obwohl es in Gefahr ist,

    Und um ihre schwachen Zinnen weht der wütende Wind.

Ich habe oft Freundlichkeit gegenüber Fremden entdeckt,

    Aber wer braucht die Freundlichkeit von Peter M'Craw?

Ich habe einen Mann erlebt, der begnadigt wurde, als er gerade am Galgen lag –

    Ich habe ein ehrliches Kind gekannt, als der Handel gesetzlich vorgeschrieben war!

Ich habe das Lächeln des Glücks sogar auf guten Brachen gespürt;

    Aber bei Peter M'Craw kenne ich keine Ausnahme!

Unsere Stadt ist, seit jeher fröhlich, düster und unheimlich;

    Unsere Schiffer haben uns verlassen, unser Handel ist vorbei;

Es sind keine schönen Mädchen unterwegs, keine kleinen Kinder spielen.

    Sie haben eine Menge zu verantworten, Peter M'Craw!

Aber was ist der Grund für die Ankunft der Stadt, die wir verlassen?

    Meine Plagen werde ich bald dort auf dem Kirchhof niederlegen;

Da wird mich keine Sorge bedrängen, keine Steuer mich bedrängen,

    Denn dort werde ich frei von dir sein – Peter M'Craw!

        [A] Eine fromme Legende, die im 17. Jahrhundert häufig über
                Hauseingängen angebracht war.

[8] Das Gesetz zur Freilassung unserer schottischen Bergleute wurde im Jahr 1775 verabschiedet, 49 Jahre vor dem Datum, an dem ich die Klasse in Niddry kennenlernte. Aber obwohl nur die Bergleute des Dorfes, die zu meiner Zeit, als ich sie kannte, im 50. Lebensjahr waren (und natürlich auch

alle älteren), als Sklaven geboren worden waren, waren sogar die Dreißigjährigen tatsächlich, wenn auch nicht nominell, in einem Zustand der Knechtschaft auf die Welt gekommen, als Folge bestimmter Strafen, die mit dem Emanzipationsgesetz verbunden waren, und die armen, unwissenden Arbeiter unter Tage waren zu leichtsinnig und zu wenig einfallsreich, um sich davor zu schützen. Sie wurden jedoch durch ein zweites Gesetz aus dem Jahr 1799 freigelassen. Die Formulierung dieser beiden Gesetze, die als britische Gesetze der zweiten Hälfte des letzten Jahrhunderts angesehen werden und sich auf britische Staatsbürger beziehen, die innerhalb der Grenzen der Insel lebten, ist überraschend. "In Anbetracht dessen", heißt es in der Präambel des älteren Gesetzes - des Gesetzes von 1775 - "sind nach schottischem Recht, wie es von den Richtern der dortigen Gerichte erklärt wurde, viele Bergleute, Kohlenträger und Salzarbeiter in einem Zustand der *Sklaverei oder Leibeigenschaft* , an die Kohlengruben oder Salzwerke gebunden, in denen sie *lebenslang arbeiten, und übertragbar mit den Kohlengruben und Salzwerken* ; und in Anbetracht dessen, dass die Emanzipation" usw. usw. Eine Passage in der Präambel des Gesetzes von 1799 ist kaum weniger bemerkenswert: Sie erklärt, dass trotz des früheren Gesetzes "viele Bergleute und Kohlenträger in Schottland *noch immer in einem Zustand der Leibeigenschaft* " leben. Die Geschichte unserer schottischen Bergleute wird interessant und lehrreich sein. Ihre Sklaverei scheint nicht aus den alten Melodien der allgemeinen Leibeigenschaft abzustammen, sondern ihren Ursprung in verhältnismäßig modernen Gesetzen des schottischen Parlaments und in Entscheidungen des Court of Session zu haben - in Gesetzen eines Parlaments, in dem die armen, unwissenden Untergrundmenschen des Landes natürlich überhaupt nicht vertreten waren, und in Entscheidungen eines Gerichts, bei dem nie ein Vertreter von ihnen zu ihrer Vertretung auftrat.

Fünfzehntes Kapitel.

"Sieh die Trunkenheit, sie schwingt ihren Zauberstab,

Und siehe, ihre blassen und ihre purpurnen Sklaven." – CRABBE.

Im Laufe einiger Wochen gesellte sich ein weiterer Untermieter zu mir in Peggy Russels Einzimmer-Häuschen – Untermieter der bescheideneren Klasse verkehren normalerweise paarweise miteinander. Mein neuer Gefährte hatte vor meiner Ankunft in Niddry einige Zeit in einem benachbarten Haus gelebt, das er, da er ein „ruhiger Mann" war und die Bewohner turbulent und unstet waren, nach einigem Ertragen verlassen musste. Wie unser Vorarbeiter war er ein strikter Sezessionist und in voller Gemeinschaft mit seiner Kirche. Obwohl er nur ein einfacher Arbeiter war und nicht mehr als die Hälfte des Lohns unserer Facharbeiter verdiente, war mir schon vor Beginn unserer Bekanntschaft aufgefallen, dass kein Maurer in der Truppe an Wochentagen bequemer gekleidet war als er oder am Sonntag einen besseren Anzug trug; und so hatte ich ihn aufgrund dieser Umstände als anständigen Mann abgestempelt. Ich stellte nun fest, dass er, wie mein Onkel Sandy, ein großer Leser guter Bücher war – ein Bewunder sogar derselben alten Autoren – und wie dieser sehr belesen in Durham und Rutherford war – und auch großen Respekt vor Baxter, Boston, dem alten John Brown und den Erskines hatte. In einer Hinsicht jedoch unterschied er sich von meinen beiden Onkeln: Er hatte begonnen, die Vortrefflichkeit religiöser Einrichtungen in Frage zu stellen, ja, er war der Ansicht, dass es dem Land ohne seine kirchlichen Stiftungen nicht schlechter gehen würde – eine Ansicht, die auch unser Vorarbeiter vertrat; wohingegen Onkel Sandy und Onkel James ebenso wenig wie die alten Geistlichen selbst einem vom Staat bezahlten Priestertum abgeneigt waren und nur wünschten, es sollte ein gutes sein. Zwei weitere Sezessionisten waren als Maurer bei der Arbeit beschäftigt – sie waren eher vom polemischen und weniger vom frommen Typ als der Vorarbeiter oder mein neuer Kamerad, der Arbeiter; und sie sprachen gelegentlich nicht nur von der zweifelhaften Nützlichkeit, sondern – da sie in ihrer Sprache stärker waren als ihre selbstverleugnenderen und konsequenteren Glaubensgenossen – von der absoluten Wertlosigkeit der Institutionen. Der Streit um die Freiwilligenrechte brach erst ungefähr neun Jahre nach dieser Zeit aus, als die Reformbill vielen angestauten Meinungen und Humor in der Klasse, der sie das Wahlrecht ausdehnte, Luft machte; aber das Material für den Krieg hatte sich offensichtlich bereits unter den intelligenten Dissenters Schottlands angesammelt, und nach dem, was ich jetzt sah, überraschte mich sein erstes Auftauchen in einem etwas furchterregenden Aussehen nicht. Ich muss der Gerechtigkeit halber hinzufügen, dass die ganze Religiosität unserer Partei unter ihren

Sezessionisten zu finden war. Unsere anderen Arbeiter waren wirklich wilde Kerle, von denen die meisten nie eine Kirche besuchten. Innerhalb des Establishments hatte bereits eine entschiedene Reaktion auf den kalten, eleganten, unpopulären Moderatismus der vorangegangenen Periode eingesetzt – jenen Moderatismus, der in der schottischen Hauptstadt durch die Theologie Blairs und die Kirchenpolitik Robertsons so angemessen vertreten worden war; aber die Reaktion hatte vor allem in der Mittel- und Oberschicht eingesetzt; und kaum ein Teil der einfachen Leute, die im Laufe der beiden vorangegangenen Generationen an die Kirche verloren gegangen waren, war bisher zurückgewonnen worden. Und so waren die Arbeiter Edinburghs und seiner Umgebung zu dieser Zeit größtenteils entweder nicht religiös oder gehörten den Unabhängigen oder Sezessionisten an.

John Wilson – so hieß mein neuer Kamerad – war ein wahrhaft guter Mensch – fromm, gewissenhaft, freundlich – nicht hochintellektuell, aber eine Person mit gesundem Menschenverstand und keineswegs ohne Allgemeinwissen. Es gab noch einen anderen Arbeiter bei der Arbeit, einen unglücklichen kleinen Mann, mit dem ich John oft Mörtel mischen oder Baumaterial zu den Bauarbeitern bringen sah, aber ich war immer erstaunt über den Kontrast, den sie in Charakter und Aussehen darstellten. John war eine schlichte, etwas bäuerlich wirkende Person; und eine Verletzung, die er sich in einem Steinbruch durch Schießpulver zugezogen hatte und die das Sehvermögen eines Auges zerstörte und das des anderen erheblich trübte, hatte natürlich nicht dazu beigetragen, sein Aussehen zu verbessern; aber er wirkte immer fröhlich und zufrieden und war trotz seiner Schlichtheit eine Person, die dem Anblick gefiel. Sein Begleiter war ein wirklich gutaussehender Mann – grauhaarig, mit silbernem Backenbart, mit einem aristokratischen Gesichtsausdruck, der einem königlichen Salon nicht geschadet hätte, und einer aufrechten, wenn auch etwas zierlichen Gestalt, die, wenn sie besser zur Geltung gekommen wäre, als elegant erkannt worden wäre. Aber John Lindsay – so wurde er genannt – trug immer den Stempel des Elends auf seinen markanten Zügen. Zwischen dem armen kleinen Mann und dem Adelsstand von Crawford lag nur ein schmaler Abgrund, der durch eine fehlende Heiratsurkunde dargestellt wurde; aber er war nie in der Lage, diesen Abgrund zu überbrücken; und so musste er unglücklich als Maurergehilfe weiterarbeiten. Ich habe den Ruf zwanzig Mal am Tag von den Wänden schallen hören – „John, Yearl Crafurd, bring uns noch einen Eimer Kalk."

Ich fand, dass die Religion unter diesen Arbeitern im Süden Schottlands einen viel bescheideneren Platz einnahm als im Norden. In meinem Heimatbezirk und den benachbarten Grafschaften hatte sie noch immer Autorität; und ein Mann, der sich in irgendeiner Gesellschaft für sie einsetzte, schaffte es immer, die Opposition zum Schweigen zu bringen und ihre

Ansprüche geltend zu machen, es sei denn, er war sehr töricht oder sehr inkonsequent. Hier jedoch behaupteten die Religionslosen ihre Macht als Mehrheit und führten die Dinge mit erhobener Hand; und die Religion selbst, die nur als *Dissens*, nicht als *Institution existierte*, musste sich mit bloßer Toleranz begnügen. Proteste oder sogar Ratschläge waren nicht erlaubt. „Johnnie, Junge", hörte ich einen der raueren Handwerker halb im Scherz, halb im Ernst zu meinem Begleiter sagen, „wenn du dich anstrengst, mich zu bekehren, schlage ich dir das Gesicht ein"; und ich hörte einen anderen von ihnen mit herablassender Miene sagen, dass „Kirchen schließlich keine sehr schlechte Sache waren"; dass er „immer gern einmal im Jahr in der Kirche war, der Anständigkeit wegen"; und dass er, da er „die letzten zehn Monate nicht in der Kirche gewesen war, nur auf einen verregneten Sabbat wartete, um seinen Vorrat an Göttlichkeit für das Jahr anzulegen." Unser neuer Untermieter, der sich bewusst war, wie wenig jede Einmischung in die religiösen Belange anderer hier geduldet wurde, schien eine Zeit lang nicht die Entschlossenheit aufzubringen, sein Lieblingsthema in der Familie anzusprechen. Er zog sich jeden Abend vor dem Schlafengehen in sein Kämmerlein zurück – das blaue Gewölbe mit all seinen Sternen – oft das einzige Kämmerlein des frommen Untermieters in einem Cottage im Süden; aber ich sah, dass er jeden Abend, bevor er ausging, den Wirt und mich unruhig ansah, als ob ihm etwas wegen uns auf dem Herzen läge, das er sich nicht zu entledigen traute und das ihn dennoch sehr unbehaglich machte. „Nun, John", fragte ich eines Abends direkt zu seiner offensichtlichen Verlegenheit, „was ist los?" John sah den alten William, den Wirt, an und dann mich. „Dachten wir es nicht für richtig", sagte er, „dass es in der Familie einen Abendgottesdienst geben sollte?" Der alte William hatte nicht genug Ideen für ein Gespräch: Entweder drückte er seine Zustimmung zu allem, was ihm gefiel, durch ein immer wiederkehrendes „ja, ja, ja" aus, oder er brummelte seine abweichende Meinung in ein paar explosiven Lauten heraus, die seine Bedeutung eher durch ihren Charakter als durch ihre Tonlage als durch ihre Vokale vermittelten. Aber jetzt mischte sich in die gewöhnlichen Explosionen die deutliche Aussprache, die mit für ihn ungewohnter Betonung gegeben wurde, dass er „nicht dafür war". Ich warf jedoch auf der anderen Seite ein und appellierte an Peggy. „Ich war sicher", sagte ich, „dass Mrs. Russel die Angemessenheit von Johns Vorschlag erkennen würde." Und Mrs. Russel erkannte die Angemessenheit darin, wie es die meisten Frauen unter diesen Umständen getan hätten, es sei denn, es waren wirklich sehr schlechte Frauen; und von diesem Abend an gab es in der Hütte einen Familiengottesdienst. Johns Gebete waren immer sehr ernst und ausgezeichnet, aber manchmal ein wenig zu lang; und der alte William, der, wie ich fürchte, nicht viel davon hatte, schlief nicht selten auf seinen Knien ein. Aber obwohl er sich manchmal in sein Bett schlich, wenn John zufällig etwas später als gewöhnlich das Buch zur Hand nahm, und in einen tiefen Schlaf fiel, bevor das Gebet begann, fügte er sich der Mehrheit und leistete uns keinen aktiven Widerstand. Er war kein lasterhafter Mensch: sein Intellekt hatte sein Leben lang geschlafen, und er hatte so wenig Religion wie ein altes Pferd oder ein alter Hund; aber er war ruhig und ehrlich und, im Maße seiner mangelnden Fähigkeiten, ein treuer Arbeiter in seinen bescheidenen Beschäftigungen. Seine religiöse Erziehung schien, wie die seiner Mitdorfbewohner, stark vernachlässigt worden zu sein. Wäre er am Sonntag in die Gemeindekirche gegangen, hätte er eine anständige moralische Abhandlung von der Kanzel vorgelesen gehört und wäre natürlich darunter eingeschlafen; aber William zog es wie die meisten seiner Nachbarn vor, tagsüber zu Hause zu schlafen und ging nie in die Kirche; und so sicher wie er nicht zum Religionslehrer ging, kam der Religionslehrer nie zu ihm. Während der zehn Monate, die ich in der Gegend von Niddry Mill verbrachte, sah ich weder Pfarrer noch Missionar. Aber wenn das Dorf auch kein vorteilhaftes Terrain bot, um den Kampf gegen religiöse Einrichtungen auszufechten – da die Einrichtungen dort keinerlei Nutzen brachten –, so bot es doch ein ebenso ungeeignetes Terrain für die Klasse der Voluntarier, die der Ansicht sind, dass das Angebot an Religionsunterricht, wie bei allen anderen Gütern, durch die Nachfrage bestimmt werden sollte. Angebot und Nachfrage waren im Dorf Niddry bewundernswert ausgewogen: Es gab keinen Religionsunterricht und auch weder Wunsch noch Verlangen danach.

Die Maurer in Niddry House wurden alle zwei Wochen, Samstagabend, bezahlt. Die Löhne waren hoch – wir erhielten zwei Pfund und acht Schilling für unsere zweiwöchige Arbeit; aber kaum ein halbes Dutzend in der Truppe konnte bei der Abrechnung die volle Summe für sich beanspruchen, da der Montag und Dienstag nach der Zahlnacht normalerweise leere Tage waren, die von zwei Dritteln der gesamten Truppe dem Trinken und Ausschweifen gewidmet wurden. Selten wurde der Lohn schlimmer verschwendet als von meinen armen Arbeitskollegen in Niddry während dieser Zeit reichlicher und gut bezahlter Arbeit. Nachdem sie ihr Geld erhalten hatten, machten sie sich in Gruppen von drei oder vier auf den Weg nach Edinburgh; und bis zum Abend des folgenden Montags oder Dienstags sah ich keinen von ihnen mehr. Sie kamen dann hereingeplatzt, blass, schmutzig, mit trostlosem Aussehen – fast immer in dem reaktionären Zustand des Unglücks, der auf eine Trunkenheit folgt (sie selbst nannten es „ *die Schrecken* ") – und mit einem so erschütterten Nervensystem, dass sie ihre normale Arbeitsfähigkeit erst nach ein oder zwei Tagen wiedererlangten. Dann jedoch begannen Berichte über ihre Abenteuer in der Truppe zu kursieren – Abenteuer, die normalerweise vom Typ „Tom und Jerry" waren; und je extravaganter sie waren, desto mehr Bewunderung erregten sie immer. Ich erinnere mich an eine Gelegenheit (denn es wurde oft als Ausdruck von Hochmut bezeichnet), bei der drei von ihnen eine Kutsche mieteten und am Sonntag hinausfuhren, um Roslin und Hawthornden zu besuchen, und auf diese Weise ihre sechs

Pfund nach Gentleman-Art so sehr ausgaben, dass sie am Montagabend ohne einen Pfennig zum Hammer zurückkehren konnten. Und da sie deshalb am Dienstag arbeiteten, gelang es ihnen, wie sie sagten, den Lohn eines sonst verlorenen Tages zu sparen, indem sie die Sache so vornehm machten. Edinburgh hatte damals keine sehr effiziente Polizei und in einigen seiner weniger angesehenen Gegenden muss es gefährlich gewesen sein. Burke fand seinen West Port viele Jahre später als passenden Schauplatz für sein schreckliches Gewerbe; und den Geschichten einiger unserer kühneren Geister zufolge, die, obwohl vielleicht übertrieben, offensichtlich ihren Kern der Wahrheit hatten, gab es in den Jahren der Spekulationsmanie nicht wenig Gewalt und Gesetzlosigkeit in seinen abscheulicheren Schlupfwinkeln. Vier unserer Maurer fanden an einem Samstagabend einen Bauernjungen, der an Händen und Füßen gefesselt auf dem Boden eines dunklen Innenraums in einer der Höhlen der High Street lag; und der Erschöpfungszustand, in den er geraten war, war so groß, hauptsächlich durch den Druck einer alten Schürze, die eng um sein Gesicht gewickelt war, dass er, obwohl sie ihn losließen, einige Zeit brauchte, bis er genug Kraft aufbringen konnte, um wegzukriechen. Er war von einer Horde Frauen ausgeraubt worden, die er dummerweise zu behandeln wagte. Und als er drohte, den Wachmann zu rufen, hatten sie eine Methode gefunden, ihn ruhig zu halten, die ihn, wenn nicht meine wilden Arbeitskollegen eingegriffen hätten , bald für immer zum Schweigen gebracht hätte. Und das war nur eine von vielen Geschichten dieser Art.

Natürlich gab es unter meinen rücksichtsloseren Arbeitskollegen eine beträchtliche Vielfalt an Talent und Kenntnissen; und es war merkwürdig genug, ihre sehr unterschiedlichen Ansichten darüber zu bemerken, was Geist oder das Fehlen desselben ausmacht. Ein schwacher Junge erzählte uns immer von einem außergewöhnlich temperamentvollen Lehrlingsbruder, der nicht nur trank, lockere Gesellschaft leistete und alle möglichen boshaften Streiche spielte, sondern sogar gelegentlich aus Lagerhäusern stahl; was natürlich eine sehr furchtlose Sache war, da er dadurch in Windeseile dem Galgen ausgesetzt war; während ein anderer unserer wilden Arbeiter – ein Mann mit Verstand und Intelligenz – die Erzählungen des schwächeren Bruders nicht selten abkürzte, indem er seinen temperamentvollen Lehrling als gemeinen, plumpen Schurken charakterisierte, der, wenn er bekommen hätte, was er verdient hätte, wie ein Hund aufgehängt worden wäre. Ich fand, dass die Intelligenz, die aus einer guten Schulbildung resultiert, geschärft durch eine spätere Vorliebe fürs Lesen, in bestimmten Punkten den Maßstab, nach dem meine Kameraden ihr Verhalten ausrichteten, sehr erhöhte. Die bloße Intelligenz schützte sie nicht vor Maßlosigkeit oder Zügellosigkeit, aber sie bot einen nicht unwirksamen Schutz vor den besonders gemeinen Lastern – wie Diebstahl und den gröberen und schleichenderen Formen der Unwahrhaftigkeit und Unehrlichkeit. Natürlich gibt es in allen

Gesellschaftsschichten Ausnahmefälle: Es gab gebildete Damen von Reichtum und Stand, die sich der Neigung hingaben, aus Tuchgeschäften zu stehlen; und Herren von Geburt und Bildung, denen man eine Bibliothek oder das Hinterzimmer eines Buchhändlers nicht anvertrauen konnte; und was manchmal in den höheren Schichten vorkommt, muss sich gelegentlich auch in den niederen Schichten abspielen; aber nach dem zu urteilen, was ich gesehen habe, muss ich es als allgemeine Regel betrachten, dass eine gute intellektuelle Bildung ein nicht unwirksamer Schutz gegen die gemeineren Verbrechen ist, wenn auch in keiner Weise gegen die „angenehmen Laster". Der einzige angemessene Schutz gegen beides ist die Art von Bildung, die mein Freund, der Arbeiter John Wilson, verkörperte - eine Art von Bildung, die man nicht oft in der Schule erwirbt und die bei Schulmeistern nicht viel häufiger vorkommt als bei jeder anderen Klasse von Berufstätigen.

Der bemerkenswerteste Mann in unserer Gruppe war ein junger Bursche von dreiundzwanzig Jahren – mindestens genauso ein Schurke wie seine Kameraden, aber mit großer Charakterstärke und Intelligenz ausgestattet und trotz seiner Wildheit von sehr edlen Zügen geprägt. Er war ein kräftiger und nicht unelegant gebauter Mann von etwa sechs Fuß – dunkelhäutig und mit einem mürrischen Gesichtsausdruck, der jedoch, obwohl er, wie ich bezweifle, nicht ganz so furchterregend werden konnte, wie er aussah, in seinen normalen Stimmungen viel Gelassenheit und eine reiche Ader Humor verbarg. Charles – war der anerkannte Held der Truppe; aber er unterschied sich erheblich von den Männern, die ihn am meisten bewunderten. Burns erzählt uns, dass er „oft die Bekanntschaft des Teils der Menschheit suchte, der gemeinhin unter dem gebräuchlichen Ausdruck ‚ *Schurke* ' *bekannt ist* "; und dass er, „obwohl durch Torheiten entehrt, ja manchmal mit Schuld befleckt, doch in nicht wenigen Fällen einige der edelsten Tugenden unter ihnen gefunden hatte – Großmut, Großzügigkeit, uneigennützige Freundschaft und sogar Bescheidenheit." Ich kann nicht mit dem Dichter sagen, dass ich jemals die Bekanntschaft von Schurken gemacht habe; aber obwohl der Arbeiter seine Freunde aussuchen kann, kann er sich seine Arbeitskollegen nicht aussuchen; und so bin ich nicht selten mit Schurken *in Kontakt gekommen* und hatte Gelegenheit, sie ziemlich gründlich kennenzulernen. Und meine Erfahrung mit dieser Klasse war ganz das Gegenteil von der von Burns. Normalerweise fand ich ihre Tugenden nur theatralisch und ihre Laster real; in einigen Fällen viel vorgetäuschte Großzügigkeit, aber darunter verborgen lag eine Gefühlskälte und Gemeinheit. In diesem armen Kerl fand ich jedoch sicherlich ein Beispiel der edleren Variante der Gattung. Der arme Charles gehörte nur zu entschieden dazu. Er war es, der die Sonntagsparty nach Roslin plante; und er war es, der sich in die Nischen eines verrufenen Hauses in der High Street drängte, den festgebundenen Kerl in einer Schürze erstickend vorfand, die Stricke löste und ihn gehen ließ. Keiner der Männer der Gruppe verschleuderte seine

Gewinne rücksichtsloser als Charles oder hatte lockerere Vorstellungen von der Rechtmäßigkeit der Zwecke, für die er sie allzu oft verwendete. Und dennoch war er ein großzügiger Kerl; und unter dem Einfluss religiöser Prinzipien wäre er, wie Burns selbst, ein sehr edler Mann geworden.

Als ich ihn allmählich kennenlernte, fiel mir zunächst auf, dass er sich nie an dem plumpen Spott beteiligte, mit dem ich von den anderen Arbeitern angegriffen wurde. Einmal musste ich auch aufgrund einer stillschweigenden Abmachung gegen mich einen großen Stein zu einer Art Blockbank oder *Belagerung*, wie es technisch genannt wird, rollen, auf der die Masse behauen werden musste, und als ich langsam und mit sehr großer Anstrengung das schaffte, was normalerweise zwei oder drei Männer gemeinsam tun, trat Charles heraus, um mir zu helfen, und die Abmachung brach sofort zusammen. Im Gegensatz zu den anderen, die zwar nie Skrupel hatten, gegen mich anzutreten, aber vorsichtig genug schienen, um nicht allein mit mir in Kontakt zu kommen, lernte er, mich in unseren Arbeitspausen aufzusuchen und sich über Themen zu unterhalten, die uns beide interessierten. Er war nicht nur ein ausgezeichneter Mechaniker, sondern besaß auch beträchtliche architektonische Fähigkeiten, und auf diesem speziellen Gebiet fanden wir einen nicht unnützen Gedankenaustausch. Er hatte auch eine Begabung fürs Lesen, obwohl er keineswegs belesen war, und unterhielt sich gern über Bücher. Und obwohl diese Fähigkeit nur wenig gefördert worden war, fehlte es ihm nicht an einem Auge für das Kuriose in der Natur. Als er eines Morgens seine Aufmerksamkeit auf einen gut erkennbaren Abdruck eines Lepidodendrons richtete, der mit seinem rautenförmigen Geflecht eine der Flächen des Steins vor mir zart überzog, begann er mit einer unter Arbeitern nicht üblichen Beobachtungsgabe gewisse merkwürdige Formen zu beschreiben, die seine Aufmerksamkeit erregt hatten, als sie auf den grauen Steinplatten von Forfarshire verwendet wurden. Lange Zeit später erkannte ich in seiner Beschreibung jenes merkwürdige Krebstier aus dem mittleren Old Red Sandstein von Schottland, den *Pterygotus* —ein Organismus, der Geologen zu dieser Zeit völlig unbekannt war und auch heute noch nur teilweise bekannt ist; und ich sah 1838 bei der Veröffentlichung der „Elemente" von Sir Charles Lyell in der ersten Ausgabe, was er mit einer groben Skizze, die er auf den Stein vor uns zeichnete, andeuten wollte. An die Basis einer Halbellipse, die ein wenig an ein Hufeisen erinnerte, schloss sich eine eckige Verlängerung an, die dem Eisenstiel einer aus dem Griff gezogenen Fugenkelle nicht unähnlich war. Offenbar hatte er diesen seltsamen Ichthyolith des Old Red-Systems, den Cephalaspis, lange bevor er vom wissenschaftlichen Auge entdeckt wurde, gesehen . Seine Geschichte, obwohl er sie mit viel Humor und nicht wenig dramatischer Wirkung zu erzählen pflegte, war in Wirklichkeit sehr traurig. Er hatte sich als ganzer Junge mit einem seiner Arbeitskollegen gestritten und hatte das Pech, dass er sich bei dem darauf folgenden Faustkampf den Kiefer brach und ihn sonst so schwer verletzte, dass seine Genesung eine Zeit lang fraglich schien. Er floh, von den Gesetzeshütern verfolgt, und wurde nach einigen Tagen im Versteck festgenommen, ins Gefängnis gesteckt, vor dem High Court of Justiciary angeklagt und schließlich zu drei Monaten Gefängnis verurteilt. Und diese drei Monate musste er - denn so waren die erbärmlichen Verhältnisse damals - in der schlimmsten Gesellschaft der Welt verbringen. Wenn er, wie er es manchmal zur allgemeinen Belustigung tat, die Charaktere der verschiedenen Gefangenen skizzierte, mit denen er verkehrt hatte - vom hinterhältigen Taschendieb und dem mörderischen Grobian bis zum einfachen Hochlandschmuggler, der sein Getreide in Whisky verwandelt hatte und kaum intelligent genug war, um zu erkennen, dass an dieser Transaktion irgendetwas moralisch Verwerfliches war -, versuchte er nur, so anschaulich und humorvoll wie möglich zu sein, und das gelang ihm immer vollständig. Aber seinen Erzählungen war eine unbeabsichtigte Moral beigefügt; und ich kann sie noch immer nicht anrufen, ohne mich empört zu fühlen über die abscheuliche Praxis der wahllosen Inhaftierung, die so lange in unserem Land herrschte und die zur Folge hatte, dass die Gefängnisse sich so sehr in Institutionen verwandelten, die die Kriminalität produzierten, dass, wenn die ehrlichen Männer der Gemeinde aufgestanden wären und mit ihnen verfahren wären, wie der Pöbel um Lord George Gordon mit Newgate verfahren ist, sie meiner Meinung nach kaum untypisch gehandelt hätten. Der arme Charles hatte eine edle Natur, die ihn davor bewahrte, von den schlimmsten Seiten seiner gemeineren Kameraden angesteckt zu werden; aber die Inhaftierung machte ihn nicht besser, und natürlich verließ er das Gefängnis als gezeichneter Mann; und seine spätere Laufbahn war, fürchte ich, umso rücksichtsloser infolge des Makels, der zu dieser Zeit auf seinem Charakter lastete. Er war unter seinen Arbeitsbrüdern ein ebenso entschiedener Anführer, wie ich es selbst unter meinen Schulkameraden gewesen war, als ich mir die Hörner abstoßen konnte; aber die Gesellschaft in ihrem geregelten Zustand und in einem Land wie dem unseren lässt dem Mann nicht denselben Spielraum wie dem Jungen; und so hatte seine Führung, die sowohl für ihn als auch für seine Gefährten gefährlich war, als Schauplatz ihrer Trophäen hauptsächlich die gröberen und gesetzloseren Orte des Lasters und der Ausschweifung. Sein Lebensweg war traurig und, wie ich fürchte, kurz. Als es zu dem plötzlichen Zusammenbruch der Handelswelt kam, der die Spekulationsmanie von 1824-25 beendete, wurde er mit Tausenden anderen arbeitslos; und da er nicht einen Pfennig seines Verdienstes gespart hatte, war er unter dem Druck tatsächlicher Not gezwungen, sich als Soldat in eines der Linienregimenter zu melden, die in eine der innertropischen Kolonien geschickt wurden. Und dort, als seine alten Kameraden jede Spur von ihm verloren, fiel auch er in einem ungesunden Klima wahrscheinlich alten Gewohnheiten und neuem Rum zum Opfer.

Da ich mich für unverbesserlich hielt, ließen mich meine Kollegen schließlich so eigenartig sein, wie ich wollte; und die Arbeitsphase der Herbstmonate verging recht angenehm, während ich unter dem verzweigten Laub der Ulmen und Kastanien von Niddry Park große Steine behauen musste. Da die Steine jedoch so groß waren, war die vorherige Prüfung eine peinliche gewesen; und obwohl ich zu stolz war, um zuzugeben, dass mir die Sache etwas ausmachte, war ich jetzt froh genug, dass sie ziemlich vorbei war. Unsere modernen Abstinenzvereine – Institutionen, die es damals noch nicht gab – haben viel getan, um nüchterne Arbeiter vor Verbindungen dieser Art zu schützen, denen sie in der beinahe verstorbenen Generation nur allzu oft ausgesetzt waren. Es gibt kaum noch Arbeitsgruppen, die nicht ihre Gruppen begeisterter Abstinenzler haben, die sich immer gegen die Trinker zusammentun und sich gegenseitig unterstützen und bei Laune halten. Auf diese Weise wird in der Mitte des Stroms ein Wellenbrecher gebildet, um vor der zermürbenden Unterdrückung der Armen durch die Armen zu schützen, die, so sehr die Volksagitatoren auf der anderen Seite auch deklamieren mögen, zugleich anstrengender und allgemeiner ist als die Unterdrückung, die sie von den Großen und Reichen erfahren. Nach der eindrucksvollen Figur des weisen alten Königs „ist es wie ein Regenguss, der keine Nahrung übrig lässt". Fanatismus an sich ist nichts Gutes; ebenso wenig gibt es viele ruhige Menschen, die Enthusiasmus nicht ablehnen; und die Mitglieder neuer Sekten, ob religiöse Sekten oder nicht, sind fast immer Enthusiasten und in gewissem Maße fanatisch. Ein Mensch kann kaum Vegetarier werden, ohne auch in gewissem Maße intolerant gegenüber der immer noch großen und nicht sehr verrufenen Klasse zu werden, die Rindfleisch zu ihrem Gemüse und Heringe zu ihren Kartoffeln isst; und die Wassertrinker sagen ziemlich harte Dinge über die Männer, die, wären sie Gäste bei der Hochzeit zu Kana in Galiläa gewesen, nichts allzu Schlimmes daran gesehen hätten, in Maßen Wein zu trinken. Es gibt einen etwas intoleranten Fanatismus unter den Abstinenzlern, genau wie es Fanatismus unter den meisten anderen neuen Sekten gibt; und doch, da ich ihn einfach als Stärke anerkenne und weiß, womit er zu kämpfen hat, bin ich sehr geneigt, ihn zu tolerieren, ob *er* mich nun toleriert oder nicht. Die menschliche Natur mit all ihren Fehlern ist weiser als der bloße gesunde Menschenverstand der Geschöpfe, deren Natur sie ist; und wir finden in ihr, wie in den Instinkten der bescheideneren Tiere, besondere Vorkehrungen, um die besonderen Schwierigkeiten zu überwinden, mit denen sie zu kämpfen hat. Und die Art von Fanatismus, auf die ich mich beziehe, scheint eine dieser Vorkehrungen zu sein. Ein Paar Abstinenzler von durchschnittlichem Kaliber und Stärke, die sich in einer Partei wilder, zerstreuter Mechaniker gegen die Mehrheit stellen, würden eine beträchtliche Menge an energischem Fanatismus benötigen, um ihre Position zu behaupten; auch sehe ich in den gewöhnlichen Menschen, so wie die Gesellschaft heute existiert, nichts, das zugleich von Natur aus stark genug und in seiner Existenz allgemein genug wäre, um ihren Platz einzunehmen und ihre Arbeit zu tun. Es scheint im gegenwärtigen unvollkommenen Zustand als weise Vorsorge zu bestehen, obwohl es, wie andere weise Vorsorgemaßnahmen, wie die Hörner des Stiers oder der Stachel der Biene, manchmal fehlgeleitet wird und Schaden anrichtet.

Der Winter kam und unser Wochenlohn wurde gleich nach Allerheiligen von 24 auf 15 Schilling pro Woche gesenkt. Das wurde als zu große Kürzung angesehen, und wenn man die wöchentlichen Stunden berücksichtigt, die wir im Durchschnitt noch arbeiten konnten – 42, soweit ich es berechnen konnte, statt 60 –, war es eine *zu* große Kürzung um etwa einen Schilling und neun Pence. Unter diesen Umständen hätte ich jedoch besonders darauf geachtet, nicht für einen Vorschuss zu streiken. Ich wusste, dass drei Viertel der Maurer in der Stadt – die genauso leichtsinnig waren wie die Maurer unserer eigenen Gruppe – nicht vierzehn Tage lang von ihren Mitteln leben konnten und keinen allgemeinen Fonds hatten, um sich zu ernähren; und außerdem waren viele der Baumeister nicht sehr darauf erpicht, ihre Arbeit den ganzen Winter über fortzusetzen. Als ich also am Montagmorgen nach dem Ende unserer ersten zwei Wochen mit reduziertem Lohn in die Werkhalle kam, meine Kameraden in einer Gruppe davor versammelt vorfand und erfuhr, dass im ganzen Bezirk ein großer Streik stattfand, nahm ich diese Nachricht mit so wenig Enthusiasmus auf, wie es nur möglich war, wie es der „unabhängige assoziierte Mechaniker" tat. „Sie haben mit Ihren Forderungen recht", sagte ich zu Charles, „aber Sie haben sich die Zeit genommen, sie zu vertreten, und werden mit Sicherheit geschlagen werden. Die Meister sind auf einen Streik viel besser vorbereitet als Sie. Wie, darf ich fragen, sind Sie selbst mit den Nerven für den Krieg ausgestattet?" "Sehr schlimm", sagte Charles und kratzte sich am Kopf. "Wenn die Meister nicht vor Samstag nachgeben, ist es um mich geschehen. Aber egal, lasst uns einen Tag Spaß haben. Es soll eine große Versammlung in Bruntsfield Links geben. Lasst uns als Abordnung der Landmaurer dorthin gehen und eine Rede über unsere Rechte und Pflichten halten. Und wenn wir dann sehen, dass die Dinge sehr schief laufen, können wir einfach wieder zurücktreten und morgen mit der Arbeit beginnen." "Tapfer entschlossen", sagte ich. "Ich werde auf jeden Fall mit Ihnen gehen und mir Ihre Rede notieren." Wir marschierten in die Stadt, etwa sechzehn an der Zahl. Als wir uns der Menge anschlossen, die sich bereits in Bruntsfield Links versammelt hatte, wurden wir an der tiefroten Farbe unserer Kleidung und Schürzen, die sich erheblich von denen der Arbeiter aus dem helleren Edinburgh-Stein unterschied, von weitem als Verstärkung erkannt und mit lautem Jubel empfangen. Charles hielt jedoch seine Rede nicht: Die Versammlung, die aus etwa achthundert Personen bestand, schien in den Händen einiger Spitzenredner zu sein, die mit einer Gewandtheit sprachen, die er nicht für bare Münze nehmen konnte; und so antwortete er auf die verschiedenen Rufe seiner Kameraden „Cha,

Cha", indem er ihnen versicherte, dass er die Aufmerksamkeit des Herrn auf dem Vorsitz nicht erregen könne. Die Versammlung hatte natürlich weder einen Vorsitzenden noch einen Vorsitzenden; und nach einer Menge müßiger Reden, die die Sprecher selbst offenbar bemerkenswert zufriedenstellten, die aber zumindest einige ihrer Zuhörer für Unsinn hielten, stellten wir fest, dass der einzige Antrag, dem wir einvernehmlich zustimmen konnten, ein Antrag auf Vertagung war. Und so vertagten wir die Sitzung bis zum Abend und legten als Versammlungsort einen der bescheideneren Säle der Stadt fest.

Meine Kameraden schlugen vor, dass wir die Zeit bis zur Versammlung in einem Wirtshaus verbringen sollten. Da ich einen Blick auf die Art von Vergnügen erhaschen wollte, für die sie so viel opferten, begleitete ich sie. Wir kamen an nicht wenigen weiteren einladend aussehenden Orten vorbei und betraten eine niedrige Taverne im oberen Teil des Canongate, die in einem alten, halb verfallenen Gebäude untergebracht war, das inzwischen verschwunden ist. Wir gingen durch einen schmalen Gang weiter zu einem niedrigen Raum in der Mitte des Gebäudes, in den das Tageslicht nie eindrang und in dem das Gas in einer engen, trägen Atmosphäre schwach brannte, die durch Tabakrauch und einen starken Geruch von glühenden Spirituosen noch erstickender wurde. In der Mitte des verrückten Bodens befand sich eine Falltür, die zu diesem Zeitpunkt offen stand. Aus dem Raum darunter drang eine wilde Mischung von Geräuschen, bei denen das Kläffen eines Hundes und einige barsche Stimmen, die ihn anzufeuern schienen, am deutlichsten zu hören waren. Zu dieser Zeit war es üblich, dass Gaststätten Dachse in langen, schmalen Boxen hielten und Arbeiter Hunde hielten. Es gehörte zum üblichen Sport an solchen Orten, die Hunde loszuschicken, um die Dachse aus ihrem Käfig zu locken. Der wilde Sport, den Scott in seinem „Guy Mannering" beschreibt, wie ihn Dandy Dinmont und seine Gefährten bei den Cheviots betrieben, wurde vor 29 Jahren in den düstereren Gegenden der High Street und der Canongate ausgiebig betrieben. Unsere Gruppe hatte wie die meisten anderen ihren Hund – ein abstoßend aussehendes Tier mit einem auf die Erde gerichteten Blick, als ob es ein schlechtes Gewissen mit sich herumtrüge. Meine Gefährten wollten seine Fähigkeit, Erden zu fangen, unbedingt an dem Dachs des Lokals testen. Als wir jedoch den Wirt riefen, wurde uns gesagt, dass die Gruppe unten uns zuvorgekommen war. Ihr Hund war, wie wir hörten, „gerade dabei, den Dachs anzulocken. Und bevor unser Hund ihn anlocken durfte, musste das arme Tier eine Stunde ruhen." Ich brauche wohl kaum zu erwähnen, dass wir die Stunde in dieser stagnierenden Atmosphäre mit heftigem Saufen verbrachten; und dann stiegen wir alle über eine Leiter durch die Falltür in einen dunklen und feuchten Kerker mit nackten Wänden hinab, in dem die pestverseuchte Luft wie in einer Grabkammer roch. Die Szene, die folgte, war äußerst abstoßend und brutal – fast so abstoßend wie manche der Szenen, die bei den

Otterjagden entstehen, an denen sich die Aristokratie des Landes gelegentlich erfreut. Unter Geschrei und Gebrüll wurde der Dachs, der noch immer vom Blut seines jüngsten Kampfes getränkt war, erneut in das Maul der Kiste gelockt; und die Gruppe kehrte zufrieden in den oberen Raum zurück und widmete sich erneut heftigem Saufen. Nach kurzer Zeit begann der Alkohol zu wirken, nicht zuerst, wie man annehmen könnte, bei unseren jüngeren Männern, die meist große, kräftige Burschen im ersten Aufschwung ihrer vollen Kraft waren, sondern bei einigen Arbeitern mittleren Alters, deren Konstitution durch eine frühere Phase der Ausschweifung und Ausschweifung angegriffen schien. Die Unterhaltung wurde sehr laut, sehr verwickelt und, obwohl stark gewürzt mit nachdrücklichen Flüchen, sehr fad; und ich ließ mit Cha – der etwas beunruhigt schien, dass mein Blick in dieser Stunde der Schwäche auf ihr Treffen fiel – genug Geld da, um meinen Anteil an der Rechnung zu begleichen, schlich mich in den King's Park und verbrachte eine Stunde sinnvoller zwischen den Fallsteinen, als ich sie neben der Falltür hätte verbringen können. Von dieser Wirtshausgesellschaft ist mir außer dem Autor niemand bekannt, der heute noch lebt; selbst ihr Hund hat nicht einmal die Hälfte seines Lebens erlebt. Sein Besitzer wurde eines Morgens kurz danach durch die Nachricht alarmiert, dass ein Dutzend Schafe während der Nacht auf einem benachbarten Bauernhof aufgescheucht worden waren und dass ein Hund, der seinem sehr ähnlich war, in der Pferche herumgeschlichen war; aber um dies herauszufinden, würde er, wie hinzugefügt wurde, im Laufe des Tages von dem Schäfer und einem Polizeibeamten besucht werden. Der Hund war sich jedoch seiner Schuld bewusst – denn Hunde scheinen in solchen Angelegenheiten tatsächlich ein Gewissen zu haben – und war nirgends zu finden, obwohl er nach Ablauf von fast einer Woche wieder bei der Arbeit erschien. Sein Herr legte ihm ein Seil um den Hals und brachte ihn zu einem verlassenen Kohlenschacht, der halb mit Wasser gefüllt war und auf ein angrenzendes Feld hinausging. Als er ihn hineinwarf, hinterließ er den Behörden keine Spur, anhand derer sie seine Identität mit dem Räuber und Mörder der Pferche feststellen konnten.

Ich hatte jetzt genug von dem Streik und verbrachte die Nacht mit meinem Freund William Ross, anstatt an der Abendversammlung teilzunehmen. Da ich jedoch neugierig war, ob meine Arbeitskollegen meine Abwesenheit bemerkt hatten, fragte ich Cha bei unserem nächsten Treffen, „was er von unserer *Versammlung hielt* ". „Um Gottes Willen!", antwortete er, „lasst die Klappe bleiben! Wir haben uns ins Getümmel gestürzt, *nachdem* ihr uns verlassen habt, und sind taub für die Zeit geworden, und so hat noch keiner von uns die Versammlung gesehen." Ich erfuhr jedoch, dass die Gruppe, obwohl zahlenmäßig etwas reduziert, sehr lebhaft und energisch gewesen war und beschlossen hatte, die Fahnen an den Mast zu nageln; aber an ein paar darauffolgenden Morgen kehrten mehrere Trupps zu den Bedingungen ihres Meisters zur Arbeit zurück und alle lösten sich etwa eine Woche später auf. Entgegen dem, was ich aufgrund meiner bisherigen Kenntnisse von ihm erwartet hätte, stellte ich fest, dass mein Freund William Ross ein großes Interesse an Streiks und Zusammenschlüssen hatte, und war sehr überrascht über die Apathie, die ich bei dieser Gelegenheit zeigte; ja, er selbst, wie er mir erzählte, war sogar als Angestellter einer Vereinigung von Anstreichern tätig und hegte große Hoffnungen hinsichtlich des positiven Einflusses, den das Gewerkschaftsprinzip noch auf die Stellung und das Wohlergehen der Arbeiter ausüben würde. Es gibt keine schwierigeren Probleme als jene, die Spekulanten manchmal zu lösen versuchen, wenn sie sich vornehmen, vorherzusagen, wie sich bestimmte Charaktere unter bestimmten Umständen verhalten würden. In welchem Geist, so wurde gefragt, hätte Sokrates der Ansprache von Paulus auf dem Mars Hill zugehört, wenn er ein paar Zeitalter später gelebt hätte? Und was für ein Staatsmann wäre Robert Burns geworden? Ich kann keine der beiden Fragen beantworten; aber so viel weiß ich, dass ich aufgrund meiner intimen Bekanntschaft mit dem zurückhaltenden, unaufdringlichen Charakter meines Freundes in jungen Jahren vorausgesagt hätte, dass er sich überhaupt nicht für Streiks oder Gewerkschaften interessieren würde; und jetzt war ich überrascht, dass es anders war. Und er andererseits, der meine verhältnismäßig wilde Kindheit und meinen Einfluss unter meinen Schulkameraden ebenso gut kannte, hätte vorausgesagt, dass ich mich sehr für solche Vereinigungen interessieren würde, vielleicht als Anführer, jedenfalls als energisches, einflussreiches Mitglied; und jetzt war er nicht wenig erstaunt, dass ich mich von ihnen fernhielt, als wären sie bedeutungslos oder wertlos. Ich glaube jedoch, dass wir beide so handelten, wie wir es taten. Da er nicht meine Hartnäckigkeit besaß, hatte er sich bei seiner Ankunft in der Hauptstadt bis zu einem gewissen Grad der Tyrannei seiner Arbeitskollegen unterworfen; und da er einer von ihnen geworden war und seine Interessen mit ihren identifizierte, hatten ihn seine Talente und Fähigkeiten für ein Vertrauensamt unter ihnen empfohlen; während ich, der ich wie Harry vom Wynd hartnäckig „um meine eigene Hand" kämpfte, keinen Finger rührte, um die angeblichen Rechte von Leuten zu behaupten, die keinen Respekt vor den Rechten hatten, die unbestreitbar meine waren.

Ich möchte hier erwähnen, dass dieses erste Jahr der Baumanie auch das erste der großen *Streiks* unter Arbeitern im laufenden Jahrhundert war, von denen die Öffentlichkeit seitdem so viel gehört und gesehen hat. Bis zu diesem Zeitpunkt war die Vereinigung von Arbeitern zum Zweck der Lohnerhöhung ein strafbares Verbrechen gewesen; und obwohl es mehrere Vereinigungen und Gewerkschaften gab, konnte man kaum sagen, dass offene Streiks jemals stattgefunden hätten, die eine zu offensichtliche Manifestation davon gewesen wären, um toleriert zu werden. Ich sah damals genug, um mich davon zu überzeugen, dass, obwohl das *Vereinigungsrecht* abstrakt betrachtet gerecht und angemessen ist, die Streiks, die sich daraus ergeben würden, viel Böses und wenig Gutes hervorbringen würden; und in einem Streit mit meinem Freund William über dieses Thema wagte ich es, ihm zu versichern, dass seine Anstreichergewerkschaft den Anstreichern als Klasse niemals nützen würde, und drängte ihn, seine Stelle als Angestellter aufzugeben. "Es mangelt", sagte ich, "an wahrer Führung unter unseren Mitarbeitern in diesen Vereinigungen. Es sind die wilderen Geister, die die Bedingungen diktieren; und indem sie ihre Forderungen hoch ansetzen, beginnen sie normalerweise damit, die ruhigeren und gemäßigteren unter ihren Gefährten zur Zustimmung zu zwingen. Sie sind Tyrannen für ihre Mitmenschen, bevor sie mit ihren Herren in Konflikt geraten, und haben so einen Feind im Lager, der nicht abgeneigt ist, ihre Zeiten der Schwäche auszunutzen, und der bereit ist, sich, wenn auch vielleicht insgeheim, über ihre Niederlagen und Rückschläge zu freuen. Und außerdem wird ihre Niederlage immer ganz sicher sein, wenn Zeiten der Depression kommen, da sie, wenn sie ihre Bedingungen in guten Zeiten festlegen, sie eher im Hinblick auf ihre gegenwärtige Macht, sie durchzusetzen, festlegen werden als auf jene mittlere Linie fairer und gleicher Anpassung, auf die ein gewissenhafter Mann seinen Fuß setzen und fest stehen könnte. Männer wie Sie, die fähig und bereit sind, für diese Vereinigungen zu arbeiten, werden natürlich die Arbeit zu erledigen bekommen, aber Sie werden wenig oder Sie haben keine Macht, sie zu leiten: die Leitung liegt anscheinend in den Händen einiger weniger gewandter *Schwätzer*; und doch werden auch diese nicht die eigentlichen Leiter sein – sie sind nur die Vertreter und Stimmen der allgemein mittelmäßigen Stimmung und des minderwertigen Empfindens der Masse als Ganzes und nur so lange akzeptabel, wie sie dem Ausdruck verleihen; und so wird für die Arbeiter auf diese Weise letztlich nur sehr wenig gewonnen. Es ist gut, ihnen zu erlauben, sich zusammenzuschließen, da dies denen gestattet ist, die sie beschäftigen; aber bis die Mehrheit unserer Arbeiter im Süden sich sehr von dem unterscheidet, was sie jetzt sind – viel weiser und viel besser –, wird durch ihre Zusammenschlüsse mehr verloren als gewonnen. Je nach den Umständen der Zeit und Jahreszeit wird die Strömung einmal zu ihren Gunsten gegen die Herren und einmal zu Gunsten der Herren gegen sie sein: Es wird ein ständiges Auf und Ab geben, wie auf dem Meer, aber keinen allgemeinen Fortschritt; und je eher Leute wie Sie und ich aus dem harten Kampf und Gedränge des Gezeitenkanals herauskommen und uns daran machen, mit unseren eigenen inneren Ressourcen zu arbeiten, desto besser wird es für uns sein." William gab jedoch seine Stelle als Angestellter nicht auf, und ich wage zu behaupten, dass die Art der Behandlung, die ich von meinen Arbeitskollegen erfahren hatte, mich veranlasste, mich ziemlich energisch zu diesem Thema zu äußern; aber die tatsächliche Geschichte der zahlreichen Streiks und Zusammenschlüsse, die in dem seither vergangenen Vierteljahrhundert und mehr stattgefunden haben, ist von einer Art, die nicht im Geringsten geeignet ist, meine Ansichten zu ändern. Es besteht *ein* Mangel an vernünftiger Führung unter unseren Arbeitern, und die Autobiographien der Klasse, die geeignet und interessant genug sind, um von ihren Autoren gehört zu werden, zeigen, so neige ich zu der Annahme, wie dies geschieht. Zusammenschlüsse werden zuerst unter ihnen gegen die Männer, ihre Mitmenschen, eingesetzt, die genug geistige Kraft haben, um für sich selbst zu denken und zu handeln; und so ist immer der Charakter des geborenen Führers: Diese wahren Führer werden fast immer in die Opposition gezwungen; und so trennen sie sich von den Männern, die von Natur aus dazu geeignet sind, sie furchterregend zu machen, und geraten unter die Führung bloßer Schwätzer und Wahlkampfredner, was in Wirklichkeit überhaupt keine Führung ist. Der Autor von „Working Man's Way in the World" – offensichtlich ein sehr überlegener Mann – musste, wie er uns erzählt, seine Arbeit aufgeben, weil er von dem sinnlosen Spott seiner Arbeitskollegen überwältigt wurde. Somerville erklärt in seiner Autobiographie, dass er sowohl als Arbeiter als auch als Soldat – bis auf einen denkwürdigen Fall – all die Tyrannei und Unterdrückung, deren Opfer er geworden war, aus den Händen seiner Kameraden erfahren hatte. Ja, Benjamin Franklin selbst wurde in der Druckerei in Bartholomew Close, wo er als „Wasseramerikaner" gehänselt und ausgelacht wurde , *als viel gewöhnlicherer Mensch angesehen* als im Repräsentantenhaus, der Royal Society oder am französischen Hof. Obwohl der große Drucker von angesehenen Politikern als tiefgründiger Staatsmann und von Männern der soliden Wissenschaft als „der vernünftigste der Philosophen" anerkannt wurde, galt er bei seinen armen Brüdern, den Schriftsetzern, lediglich als Sonderling, der sich nicht an ihre Trinkgewohnheiten hielt und den man deshalb mit Recht als Verächter des *Sakraments* der *Kapelle ärgern und ärgern durfte* . [9]

Das Leben meines Freundes war jedoch besser und gehobener als das der meisten seiner Gewerkschaftsbrüder. Es war intellektuell und moralisch, und seine glücklicheren Stunden waren die Stunden der stillen Selbstverbesserung, in denen er sich auf die Ressourcen in seinem Inneren stürzte und für eine Weile die Gewerkschaften und Vereinigungen vergaß, die ihm viele lästige Beschäftigungen bescherten, ihm aber nie von Nutzen waren. Ich bedauerte jedoch, dass in ihm immer noch ein Misstrauen gegenüber seinen eigenen Fähigkeiten wuchs und seinen Kreis der Freuden einschränkte. Als ich ihn fragte, ob er sich immer noch mit seiner Flöte vergnüge, wandte er sich, nachdem er mit einem kurzen „O nein!" geantwortet hatte, an einen Kameraden, mit dem er jahrelang zusammengelebt hatte, und sagte ruhig zu ihm, um die Frage zu erklären: „Robert, ich nehme an, du weißt nicht, dass ich einmal ein großartiger Flötenspieler war!" Und Robert wusste es tatsächlich nicht. Er hatte auch das Aquarellzeichnen aufgegeben, in dem er ausgesprochen guten Geschmack hatte; und selbst in Öl, mit dem er sich noch gelegentlich beschäftigte, anstatt sich wie früher ganz der Natur zu widmen, war er ein Kopist des verstorbenen Reverend Mr. Thomson aus Duddingstone geworden, der damals auf dem Höhepunkt seines künstlerischen Rufs stand; und ich konnte nicht erkennen, dass er ihn gut kopierte. Ich drängte und protestierte, aber ohne Erfolg. „Ach, Miller", hat er gesagt, „was macht es aus, wie ich mich amüsiere? Sie haben Ausdauer in sich und werden sich durchsetzen; aber mir fehlt die Kraft: Die Welt wird nie von mir hören." Diese anmaßende Eitelkeit, die dem jungen Mann so natürlich erscheint wie eine spielerische Veranlagung gegenüber einem Kätzchen oder eine sanfte und schüchterne gegenüber einem Welpen, nimmt oft einen lächerlichen und noch häufiger einen unliebenswerten Aspekt an. Und doch scheint es, obwohl es viele sehr dumme Dinge hervorbringt, an sich, wie der Fanatismus der Abstinenzler, eine weise Vorsorge zu sein, die, wäre sie nicht von der Natur geschaffen, den meisten Geistern nicht genug Schwung lassen würde, um mit der erforderlichen Energie die Bewegungen auszuführen, die notwendig sind, um sie in ein geschäftiges oder lernbegieriges Leben zu führen. Der nüchterne Mann im reifen Alter, der gelernt hat, sich selbst ziemlich richtig einzuschätzen, hat sich normalerweise sowohl Gewohnheiten als auch Kenntnisse angeeignet, die ihm dabei helfen, seinen Weg voranzutreiben, und die treibende Kraft der Notwendigkeit drängt ihn immer von hinten vorwärts; aber die berauschende Überzeugung, zu höheren Fähigkeiten geboren zu sein und etwas erstaunlich Kluges zu tun, scheint dem jungen Mann notwendig zu sein; und wenn ich sehe, wie sie sich manifestiert, wenn auch nicht sehr dumm oder sehr anstößig, denke ich normalerweise an meinen armen Freund William Ross, der das Pech hatte, es unbedingt zu wollen, und erweise ihm eine ziemlich große Toleranz. Schließlich gab mein Freund die Malerei auf und beschränkte sich auf die dekorativen Aspekte seines Berufs, in denen er ein großer Meister wurde. Als er eine Decke in Öl fertigstellte, auf der er einige der kunstvoll gemeißelten Blätter des Architekten in kräftigem Relief dargestellt hatte, forderte der Herr, für den er arbeitete (der Schwiegersohn eines angesehenen Künstlers und selbst ein Amateur), seine Frau auf, die wahrheitsgetreue und zarte Schattierung ihres Anstreichers zu bewundern. Es sei erstaunlich, sagte er, und vielleicht etwas demütigend, zu sehen, wie der bloße Handwerker so entschieden in die Domäne des Künstlers eindrang. Der arme William Ross war jedoch kein bloßer Handwerker; und selbst Künstler hätten seine Eingriffe in ihr eigentliches Gebiet eher mit Selbstgefälligkeit als mit Demütigung betrachtet. Eines der letzten Werke, mit denen er beschäftigt war, war eine prächtig bemalte Decke im Palast eines irischen Bischofs, für deren Fertigstellung er den ganzen Weg von Glasgow geschickt worden war.

Jede Gesellschaft, wie einfach sie auch sein mag, hat ihre malerischen Seiten, und nicht einmal die des ziemlich gewöhnlichen Dörfchens, in dem ich zu dieser Zeit lebte, fehlte ihnen ganz. Ein paar Türen weiter gab es ein verfallenes Häuschen, dessen Bewohnerin eine übellaunige alte Frau war, die sich sehr bemühte, sich als Hexe zu etablieren, aber aus reinem Mangel an dem nötigen Kapital scheiterte. Sie war zu ihrer Zeit eine der Untergrundarbeiterinnen von Niddry gewesen; und da sie ebenso wenig intelligent war wie die meisten anderen Bergarbeiterinnen der Nachbarschaft, besaß sie nicht das nötige Hexenwissen, um ihre Ansprüche an die Glaubwürdigkeit anzupassen, die in der Gegend herrschte. Und so war die allgemeine Meinung, die man von ihr hatte, die, der unsere Wirtin gelegentlich Ausdruck gab. „Donnart auld bodie", pflegte Peggy zu sagen; „obwohl sie sich selbst als Hexe bezeichnet, ist sie keine Hexe mehr als ich: Sie versucht in ihrem verantwortungslosen alten Alter nur, die Leute dazu zu bringen, ihr Ehrfurcht entgegenzubringen." Die alte Alie war jedoch auf ihre Art eine Kuriosität – sie war bösartig genug, um eine echte Hexe zu sein, und sie war, wenn sie ein paar zusätzliche Vorteile durch den Erwerb hatte, um ein oder zwei Jahre älter geworden, dazu geeignet, eine ebenso hoffnungsvolle Kandidatin für ein Teerfass zu werden wie die meisten ihrer Klasse. Ihre Nachbarin war ebenfalls eine alte Frau und beinahe so arm wie die Alte; aber sie war eine gutmütige, freundliche Person, die niemandem etwas Böses wollte; und der Ausdruck der Zufriedenheit, der auf ihrem runden, frischen Gesicht lag, das nach der Strapazen von mehr als siebzig Wintern immer noch ein bisschen Farbe hatte, bildete einen starken Kontrast zu der wilden Elendheit, die aus den scharfen und fahlen Zügen der Hexe schimmerte. Es war offensichtlich, dass die beiden alten Frauen, obwohl äußerlich in fast denselben Umständen, im Wesentlichen ein sehr unterschiedliches Schicksal zugeteilt bekommen hatten und das Leben in sehr unterschiedlichem Maße genossen. Die ruhige alte Frau hatte einen einsamen Untermieter – „Davie, den Lehrling" – einen eigensinnigen, exzentrischen Jungen, ungefähr in meinem Alter, obwohl erst im zweiten „Jahr seiner Zeit", der sogar ihr die Laune verderben konnte und der, nachdem er ich weiß nicht wie viele andere Berufe ausprobiert hatte, nun zu entdecken begann, dass sein Genie dem Hammer nicht gewachsen war. Davie war verrückt nach der Bühne; aber für die Bühne schien die Natur ihn eher ungeeignet zu haben: Sie hatte ihm eine gedrungene, plumpe Gestalt, ein ausdrucksloses Gesicht, eine Stimme, deren Tonfall ein wenig dem Knirschen einer Zimmermannssäge ähnelte, und außerdem keine sehr schöne Vorstellung von komischen oder ernsten Charakteren gegeben; aber er konnte im „großen Wau-Stil" rezitieren und nur an Theaterstücke und Theaterschauspieler denken und träumen. Für Davie schienen die Welt und ihre Belange keines Augenblicks der Sorge wert zu sein, und die Bühne schien die einzige große Realität zu sein. Als ich ihn kennenlernte, war er gerade damit beschäftigt, ein Stück zu schreiben, mit dem er bereits eine ganze Lage Kanzleipapier gefüllt hatte, ohne jedoch ganz in die Handlung eingestiegen zu sein; und er las mir einige der Szenen mit solcher Energie vor, dass das ganze Dorf es hörte. Obwohl sein Stück in der Art von Versen geschrieben war, die Dr. Young für die Sprache der Engel hielt, war es trauriger Stoff; und als er innehielt, um meine Zustimmung zu erhalten, wagte ich es, eine Änderung in einer der Reden vorzuschlagen. „So, Sir", sagte Davie im Stil von Kambyses, „nehmen Sie die Feder; lassen Sie mich sehen, Sir, wie *Sie* sie drehen würden." Ich nahm also die Feder und schrieb die Rede neu. „Hm", sagte Davie, während er mit dem Blick über die Zeilen glitt, „das, Sir, ist bloße Poesie. Was, glauben Sie, könnte der große Kean aus so schwachem Stoff machen? Lassen Sie mich Ihnen sagen, Sir, Sie haben überhaupt keine Ahnung von Bühneneffekten." Ich gab natürlich sofort nach; und Davie, besänftigt durch meine Unterwerfung, las mir noch eine weitere Szene vor. Cha jedoch, vor dem er große Ehrfurcht hatte, pflegte ihn nicht wenig wegen seines Stückes zu necken. Ich habe gehört, wie er sich eifrig nach der Entwicklung der Geschichte und der Handhabung der Charaktere erkundigte und ob er die einzelnen Rollen mit gebührender Berücksichtigung der Fähigkeiten der Hauptdarsteller der Zeit schrieb; und Davie, der sich anscheinend nicht ganz sicher war, ob Cha es im Scherz oder ernst meinte, war bei solchen Gelegenheiten normalerweise sehr zurückhaltend mit Antworten.

Davie wäre, wenn er nur Zugang gehabt hätte, jeden Abend in die Stadt gegangen, um das Theater zu besuchen; und es erstaunte ihn ganz, sagte er immer, dass ich, der ich wirklich etwas vom Drama verstand und vier Schilling am Tag hatte, nicht jeden Abend mindestens einen der vier dafür ausgab, mir vollkommenes Glück und einen Platz in der Schillinggalerie zu kaufen. Bei etwa zwei oder höchstens drei Gelegenheiten besuchte ich das Theater, begleitet von Cha und einigen anderen Arbeitern; aber obwohl ich als Junge sehr entzückt war von der Schauspielerei einer Gruppe von Spaziergängern, die Cromarty besucht und die Council House Hall in ein Theater verwandelt hatten, konnte mich das weitaus bessere Schauspiel der Edinburgher Truppe jetzt nicht mehr zufriedenstellen. Die wenigen Stücke, die ich aufgeführt sah, waren jedoch eher mittelmäßiger Natur und boten keinen Raum für die Entfaltung von schauspielerischem Talent; auch stand damals keiner der großen Schauspieler des Südens auf den Bühnen Edinburghs. Auch die Bühnendekoration, obwohl in ihrer Art recht schön, hatte, wie ich fand, eine ganz andere Wirkung auf mich als die, die sie eigentlich erzeugen sollte. Beim Durchlesen unserer schönen alten Dramen war es die Wahrheit der Natur, die die lebhaft gezeichneten Szenen und Figuren und die glücklich porträtierten Charaktere immer suggerierten; während die bemalte Leinwand und das respektable, aber doch zu greifbare Schauspiel nur dazu dienten, das, was ich sah, zu vergessen und mich daran zu erinnern, dass ich mich nur in einem Theater befand. Außerdem hielt ich es für einen zu hohen Preis, einen ganzen Abend damit zu verbringen, mir ein Stück anzusehen, das ich als Komposition vielleicht nicht für lesenswert gehalten hätte; und so konnte mich die Versuchung, ins Theater zu gehen, nicht reizen; und als meine Kameraden sich später auf den Weg zum Theater machten, blieb ich zu Hause. Was auch immer der Prozess gewesen sein mag, den sie durchgemacht haben, ein beträchtlicher Teil der intelligenteren Mechaniker der heutigen Generation scheint zu ähnlichen Schlussfolgerungen gelangt zu sein wie ich damals. Zumindest kommt auf ein Dutzend Leute, die vor dreißig Jahren das Theater besuchten, kaum einer, der es heute besucht. Ich habe gesagt, dass die Bühnenkulisse keinen sehr positiven Eindruck auf mich gemacht hat. Einige Teile davon müssen jedoch einen wesentlich stärkeren Eindruck gemacht haben, als ich damals hätte annehmen können. Vierzehn Jahre später, als das Ganze aus meiner Erinnerung verschwunden schien, lag ich an Pocken erkrankt da, die, obwohl offenbar durch die Impfung vor langer Zeit stark gemildert, von einem so starken Fieber begleitet wurden, dass zwei Tage lang ein wahnsinniges Bild dem anderen in meinem gestörten Sinnesorgan folgte, wie eine Szene auf die andere in der Loge eines Wanderschaustellers. Wie es jedoch nicht ungewöhnlich ist, war ich in solchen Fällen, obwohl ich krank genug war, um von den Bildern heimgesucht zu werden, doch gesund genug, um zu wissen, dass es sich um leere Unwirklichkeiten handelte, um bloße Auswirkungen von Unwohlsein; und sogar gefasst genug, um sie mit Interesse zu beobachten, wenn sie auftauchten, und zu versuchen, festzustellen, ob sie durch die üblichen assoziativen Verbindungen miteinander verbunden waren. Ich stellte jedoch fest, dass sie völlig unabhängig voneinander waren. Neugierig, ob der Wille irgendeine Macht über sie ausübte, versuchte ich, einen Totenkopf als Teil der Serie heraufzubeschwören; aber stattdessen erhob sich ein fröhliches Kaminfeuer im Wohnzimmer, auf dem ein Teekessel brannte, und als das Bild verblasste und dann verschwand, folgte ihm ein prächtiger Wasserfall, bei dem der weiße Schaum, der sich zunächst stark von dem dunklen Felsen abhob, über den er fiel, bald einen tiefen schwefelblauen Farbton annahm und dann in einer furchtbaren Blutwolke herabstürzte. Die große Einzigartigkeit der Vision half, meine Erinnerung aufzufrischen, und ich erkannte in dem seltsamen Wasserfall jede Linie und jeden Farbton des Wasserfalls in der Beschwörungsszene im „Freischütz", den ich so lange zuvor im Theatre Royal in Edinburgh gesehen hatte, sicherlich ohne großes Interesse. Ich vermute, dass es Bereiche in der Philosophie des Geistes gibt, in die die Metaphysiker noch nicht vorgedrungen sind. Über das leicht zugängliche Lagerhaus, in dem die Erinnerungen an vergangene Ereignisse geordnet und aufgeklebt vorliegen, scheinen sie eine ganze Menge zu wissen; über ein geheimnisvolles Kabinett mit Daguerreotypien jedoch, das normalerweise fest verschlossen ist, dessen Tür aber wegen einer Krankheit manchmal einen Spalt weit offen steht, scheinen sie nichts zu wissen.

FUSSNOTE:

[9] Die Art von Club, zu dem sich die Schriftsetzer einer Druckerei regelmäßig zusammenschließen, wird seit jeher als eine *Kapelle bezeichnet* ; und die kleinen Streiche, über die Franklin sich ärgerte, wurden ihm angeblich vom Geist der Kapelle gespielt. "Da mein Arbeitgeber mich nach einigen Wochen in der Setzerei beschäftigen wollte", sagt er, " verließ ich die Drucker. Die Setzer verlangten von mir ein neues *Trinkgeld* in Höhe von fünf Schilling. Ich hielt das für eine Zumutung, da ich den Druckern einen Schilling gezahlt hatte. Der Meister war ebenfalls dieser Meinung und verbot mir, das Geld zu zahlen. Ich blieb zwei oder drei Wochen aus, wurde dementsprechend als exkommuniziert betrachtet *und* es wurden so viele kleine private Bosheiten gegen mich verübt, indem meine Sorten vermischt, meine Stoffe vertauscht und zerlegt wurden usw. usw., wenn ich jemals das Zimmer verließ. Und das alles wurde dem *Geist der Kapelle zugeschrieben* , der, wie sie sagten, immer diejenigen heimsuchte, die nicht regelmäßig eingelassen wurden, dass ich mich trotz des Schutzes meines Meisters gezwungen sah, nachzugeben und das Geld zu zahlen."

KAPITEL XVI.

„Lass diese schwache, unwissende Hand nicht

Nimm dir vor, deine Bolzen abzufeuern."— POPE.

Die großen Brände des Parliament Close und der High Street waren Ereignisse dieses Winters. Ein Landsmann, der die Stadt verlassen hatte, als der alte Turm der Tron-Kirche wie eine Fackel loderte und die große Gebäudegruppe fast gegenüber dem Kreuz noch vom Erdgeschoss bis zum Dach in Flammen stand, kam kurz nach zwei Uhr an unserer Werkhalle vorbei und erzählte uns, was er gesehen hatte. Er bemerkte, dass wir, wenn der Brand so weiterginge, als Aufgabe für die nächste Saison die Altstadt von Edinburgh wiederaufbauen müssten. Und als der Abend über unserer Arbeit zu Ende ging, gingen wir geschlossen in die Stadt, um die Brände zu sehen, die uns so viel Gutes zu tun versprachen. Der Turm war ausgebrannt, und zwischen uns und dem dunklen Himmel war nur noch der quadratische, abrupte Umriss des Mauerwerks, das den hölzernen Turm getragen hatte, von dem nur wenige Stunden zuvor Fergussons Glocke in einem geschmolzenen Regen herabgefallen war. Auch die Flammen in der oberen Gebäudegruppe beschränkte sich auf die unteren Stockwerke und loderten sporadisch auf den hohen Gestalten und blanken Schwertern der Dragoner, die aus den benachbarten Kasernen geholt worden waren, als sie den Mittelplatz auf und ab ritten, oder blitzten quer über die Straße auf Gruppen elend aussehender Frauen und Raufbolde, die mit gierigen Augen die noch nicht weggeräumten Haufen von Hausrat zu beäugen schienen, die aus den brennenden Mietshäusern gerettet worden waren. Die erste Gestalt, die mir ins Auge fiel, war außerordentlich lächerlich. Nur durch eine dicke Wand von der brennenden Masse entfernt stand ein hell mit Gas erleuchteter Friseurladen, dessen vorhangloses Fenster es den Zuschauern draußen ermöglichte, zu sehen, was drinnen vor sich ging. Der Friseur war so eifrig bei der Arbeit, als wäre er hundert Meilen vom Gefahrenort entfernt, obwohl die Maschinen zu dieser Zeit an der Außenseite seiner Giebelwand dröhnten; und das unmittelbare Objekt unter seinen Händen, als mein Blick auf ihn ruhte, war ein ungeheuer fetter alter Kerl, auf dessen runder, kahler Stirn und roten Wangen der Schweiß, der durch die ofenartige Hitze des Ortes verursacht wurde, in riesigen Tropfen stand, und dessen riesiger Mund, weit geöffnet, um den Mann mit dem Rasiermesser aufzunehmen, seinem Gesicht einen Ausdruck verlieh, wie ich ihn manchmal bei grotesken gotischen Köpfen jenes Kunstzeitalters gesehen habe, in dem der kirchliche Architekt begann, sich über seine Religion lustig zu machen. Das nächste Objekt, das sich präsentierte, war jedoch von ernüchternderer Art. Ein armer Arbeiter, beladen mit seinem Lieblingsmöbelstück, einer Kommode oder einem

Schrank mit Glasfront, den er aus seiner brennenden Wohnung retten konnte, kam aus einer der Gassen, gefolgt von seiner Frau, als er mit dem Fuß gegen ein Hindernis auf dem Weg stieß oder unter dem zu großen Gewicht seiner Last taumelte und gegen eine vorspringende Ecke stolperte, und die Glastür wurde mit einem Krachen eingeschlagen. In dem Wehklagen seiner Frau lag hoffnungsloses Elend: „Oh, Ruin, Ruin! – Auch *das ist* verloren!" Und seine eigene verzweifelte Antwort war nicht weniger traurig: „Ja, ja, armes Mädchen, es ist jetzt zu Ende." So merkwürdig es auch erscheinen mag, die wilde Aufregung der Szene hatte meine Stimmung zunächst eher aufgeheitert als deprimiert; aber der Vorfall mit dem Glasschrank weckte das richtige Gefühl in mir; und als ich das Elend der Katastrophe näher kennenlernte und die Gruppen zitternder Obdachloser bemerkte, die neben den zerbrochenen Teilen ihrer Sachen Wache hielten, sah ich, was für eine schreckliche Katastrophe ein großes Feuer wirklich ist. Fast zweihundert Familien waren zu diesem Zeitpunkt bereits obdachlos auf der Straße. Kurz bevor ich den Brandort verließ und aufs Land ging, ging ich eine gewöhnliche Treppe entlang, die vom Parliament Close zum Cowgate führte, durch ein hohes altes Wohnhaus mit elf Stockwerken, und später fiel mir ein, dass der Durchgang von einem schwelenden, drückenden Dampf erfüllt war, der, der Windrichtung nach zu urteilen, kaum von dem benachbarten Brand stammen konnte, obwohl ich damals, ohne viel über die Umstände nachzudenken, zu dem Schluss kam, dass er vielleicht durch eine leichte Querströmung durch die schmalen Gassen nach Westen gekrochen war. Weniger als eine Stunde später stand dieses hohe Wohnhaus vom Erdgeschoss bis über 30 Meter über seinen höchsten Schornstein in Flammen, und etwa sechzig weitere Familien, seine Mieter, wurden mit den anderen auf die Straße geworfen. Mein Freund William Ross versicherte mir später, dass er nie etwas gesehen habe, das an Größe diesem letzten Brand gleichkam. Direkt über dem Feuermeer unten schienen die tief hängenden Wolken wie mit einem Meer aus Blut gefüllt, das sich mit jedem Auf und Ab der Flammen erhellte und verdunkelte; und weit und breit leuchteten Turm und Turmspitze und hohe Hausdächer vor einem Hintergrund aus Dunkelheit, als wären sie von einem großen unterirdischen, aus der Erde stammenden Feuer rotglühend gemacht worden, das schnell aufstieg, um die ganze Stadt in Zerstörung zu hüllen. Die alte Kirche St. Giles, sagte er, mit dem fantastischen Mauerwerk ihres blassgrauen Turms, in Purpur getaucht, und dem ihrer dunklen, groben Mauern, die in bronzefarbenes Umbra getaucht waren, und mit dem roten Licht, das durch ihre riesigen Fenster mit Pfosten hereinschimmerte und auf ihrem Steindach flackerte, bildete eines der malerischsten Objekte, die er je gesehen hatte. [10]

Manchmal hörte ich den alten Dr. Colquhoun aus Leith predigen. Damals gab es weniger Autoren unter den Geistlichen als heute; und ich empfand ein besonderes Interesse an einem lebenden Geistlichen, der ein so gutes Buch geschrieben hatte, dass mein Onkel Sandy – kein schlechter Kenner solcher Dinge – ihm einen Platz in seiner kleinen theologischen Bibliothek zugewiesen hatte, neben den Schriften der großen Geistlichen anderer Zeitalter. Die Tage des alten Mannes als Prediger waren vor dem Winter 1824 beinahe vorbei: Er konnte sich kaum über die Hälfte seiner großen, massigen Kapelle hinweg Gehör verschaffen, die jedoch immer weniger als zur Hälfte gefüllt war; aber obwohl die schwachen Töne das Ohr neckisch anstrengten, hörte ich seiner seltsam gekleideten, aber normalerweise sehr soliden Theologie gern zu und fand, wie ich fand, mehr Inhalt in seinen Reden als in denen von Männern, die lauter und in einem auffälligeren Stil sprachen. Der würdige Mann tat mir jedoch zu dieser Zeit Unheil an. Etwa drei Wochen vor dem Brand hatte in Edinburgh ein großes Musikfestival stattgefunden, bei dem Oratorien im üblichen heidnischen Stil aufgeführt wurden, bei denen Amateure fromm spielen, ohne auch nur zuzugeben, dass sie es empfinden. In seiner ersten Predigt nach den großen Bränden brachte der Doktor ernsthaft seine Überzeugung zum Ausdruck, dass es sich um Strafgerichte handelte, die über Edinburgh verhängt worden waren, um die Gotteslästerung des Musikfestivals zu rächen. Edinburgh habe gesündigt, sagte er, und Edinburgh werde nun bestraft. Und es entspräche der göttlichen Ordnung, fügte er hinzu, dass Strafgerichte, die genau nach der Art der Strafe verhängt würden, die wir gerade erlebt hatten, über Städte und Königreiche hereinbrechen sollten. Diese Argumentation gefiel mir sehr schlecht. Ich kannte nur zwei Möglichkeiten, wie man feststellen konnte, dass Gottes Urteile wirklich solche waren – entweder durch direkte Offenbarung von Gott selbst oder in jenen Fällen, in denen sie so sehr in Übereinstimmung mit Seinen festgelegten Gesetzen und in einer solchen Beziehung zu dem Vergehen oder Verbrechen erfolgen, das mit der Strafe belegt ist, dass der Mensch sie einfach durch die Ausübung seiner Vernunft und das Denken von Ursache und Wirkung, wie es seiner Natur entspricht, selbst bestimmen kann. Und die großen Brände von Edinburgh fielen in keine der beiden Kategorien. Gott offenbarte nicht, dass er die Handwerker und Handwerker der High Street für die musikalischen Sünden der Anwälte und Grundbesitzer von Abercromby Place und Charlotte Square bestraft hatte; ebenso wenig konnte irgendeine natürliche Beziehung zwischen den Oratorien im Parlamentsgebäude oder den Konzerten im Theatre Royal und den Feuersbrünsten gegenüber dem Kreuz oder oben auf dem Kirchturm von Tron hergestellt werden. Alles, was in diesem Fall bewiesen werden konnte, waren die Tatsachen des Fests und der Brände; und die weitere Tatsache, dass, soweit festgestellt werden konnte, kein sichtbarer Zusammenhang zwischen ihnen bestand und dass es nicht die Menschen waren, die sich dem einen angeschlossen hatten, die unter den anderen gelitten hatten. Und das Argument des Doktors schien das gefährliche, lockere zu sein, dass, da Gott in alten Zeiten manchmal Städte und Nationen mit Urteilen heimgesucht hatte, die keinen sichtbaren Zusammenhang mit den bestraften Sünden hatten und die nicht als solche erkannt werden konnten, wenn Er nicht selbst gesagt hätte, dass sie solche waren, die Feuer in Edinburgh, von denen Er nichts gesagt hatte, mit Recht als besondere Urteile über die Oratorien angesehen werden könnten – da sie in gleicher Weise keinen Zusammenhang mit den Oratorien hatten und den Menschen, die die Oratorien besucht hatten, keinen Schaden zugefügt hatten. Der gute alte Papist hatte gesagt: „Ich glaube, weil es unmöglich ist." Was der Doktor in diesem Fall zu sagen schien, war: „Ich glaube, weil es nicht im Geringsten wahrscheinlich ist." Wenn, so argumentierte ich, Dr. Colquhouns eigenes Haus und seine Bibliothek niedergebrannt wären, hätte er dies zweifellos zu Recht als eine große Prüfung für sich selbst betrachtet; aber auf welcher Grundlage hätte er weiter behaupten können, dass es nicht nur eine Prüfung für ihn selbst, sondern auch eine Strafe für seinen Nächsten war? Wenn wir nicht glauben dürfen, dass der Einsturz des Turms von Siloah eine besondere Heimsuchung für die Sünden der armen Menschen war, die er niederschmetterte, wie oder auf welcher Grundlage sollen wir dann glauben, dass es eine besondere Heimsuchung für die Sünden der Menschen war, die er nicht im Geringsten verletzte? Ich fürchte, ich erinnere mich besser an Dr. Colquhouns Bemerkungen über das Feuer als an alles andere, was ich je von ihm gehört habe; ja, ich muss hinzufügen, dass ich in den Schriften der Skeptiker nie etwas gefunden habe, das eine schlimmere Wirkung auf meinen Geist hatte; und ich erwähne den Umstand jetzt, um zu zeigen, wie nüchtern ein Theologe in einer Zeit wie der heutigen bei der Anwendung dieser Art sein sollte. Es dauerte eine Weile, bis ich den üblen Geruch dieser toten Fliege vergaß, und sie verlieh einer ernsten und sehr wichtigen Glaubensrichtung eine Zeit lang ihren eigenen zweifelhaften Charakter.

Aber von dem Pfarrer, dessen Kapelle ich am häufigsten besuchte, bestand kaum die Gefahr, dass meine Überzeugungen durch derart fragwürdige Argumente erschüttert wurden. „Gehen Sie unbedingt hin", sagten meine beiden Onkel, als ich Cromarty verließ, um in den Süden zu gehen, „hören Sie sich unbedingt Dr. M'Crie an." Und so ging ich tatsächlich hin und hörte mir Dr. M'Crie an; und zwar nicht nur einmal oder zweimal, sondern oft. Der Biograph von Knox – um die Worte zu verwenden, in denen Wordsworth den bescheidenen Helden der „Exkursion" beschreibt –

"war ein Mann

An dem niemand ohne Aufsehen hätte vorbeigehen können."

Und als ich zum ersten Mal seine Kirche besuchte, stellte ich fest, dass ich ihn unabsichtlich schon einmal gesehen hatte und dass ich *nicht* ohne Bemerkung an ihm vorbeigegangen war. Kurz nachdem ich in Niddry mit der Arbeit begonnen hatte, hatte ich einen meiner üblichen Abendspaziergänge in Richtung des südlichen Vororts von Edinburgh unternommen und schlenderte durch eine der grünen Gassen von Liberton, als ich einem Herrn begegnete, dessen Aussehen mir sofort auffiel. Er war ein außergewöhnlich aufrechter, hagerer, großer Mann und hatte ein Aussehen, das weder ganz geistlich noch ganz militärisch war, sondern eine seltsame Mischung aus beidem zu sein schien. Sein Gesicht war blass und der Ausdruck, wie ich fand, etwas melancholisch; aber in jedem seiner Züge lag so deutlich eine Aura gesetzter Macht, dass ich stehen blieb, als er vorbeiging, und etwa eine halbe Minute lang stehen blieb und ihm nachsah. Er trug über einem schwarzen Anzug einen braunen Mantel, dessen Kragen stark durch Puder weiß war, und die Krempe des Hutes, der hinten leicht nach oben geklappt war, wies einen ähnlichen Fleck auf. „Dieser altmodische Mann hat etwas Besonderes an sich", sagte ich mir, „wer oder was kann er sein?" Merkwürdigerweise erinnerte mich die offensichtliche Kombination aus Militär und Geistlichem in seinem Gang und Auftreten an Sir Richard Steeles Geschichte im „Tattler" über den alten Offizier, der in seiner Doppelfunktion als Major und Kaplan seines Regiments einen jungen Mann wegen Gotteslästerung herausforderte und ihn nach der Entwaffnung nicht in Gnaden aufnahm, bis er Gott auf den Knien auf dem Duellplatz um Verzeihung gebeten hatte für die Respektlosigkeit, mit der er seinen Namen behandelt hatte. Meine Neugierde in Bezug auf den fremden Herrn wurde bald befriedigt. Am nächsten Sabbat besuchte ich die Kapelle des Doktors und sah den großen, hageren, klerikal-militärisch aussehenden Mann auf der Kanzel. Ich habe großes Vertrauen in das militärische Auftreten, wenn ich finde, dass es als natürliche Eigenschaft Männer stark kennzeichnet, die nie in der Armee gedient haben. Ich habe noch nie erlebt, dass ein Zivilist diese Aufgabe erfüllt hätte, der nicht zumindest die Elemente eines Soldaten in sich getragen hätte; und ich kann auch nicht bezweifeln, dass die Aufständischen in Bothwell das gehabt hätten, was sie so dringend brauchten – einen General, wenn Dr. M'Crie ein schottischer Covenanter aus der Zeit Karls II. gewesen wäre. Der scharfsinnige Sinn seiner Reden hatte großen Charme für mich; und obwohl er kein auffälliger, ja nicht einmal im üblichen Sinne des Wortes beredter Prediger war, gab es keinen anderen Geistlichen aus Edinburgh, dem ich zuhören konnte, und zwar mit größerem Nutzen oder größerer Befriedigung. Ein einfacher Vorfall, der sich während meines ersten Morgenbesuchs in seiner Kapelle ereignete, machte mir einen starken Eindruck von seiner Scharfsinnigkeit. Es war viel Husten im Raum zu hören, die Folge eines kürzlichen Wetterwechsels; und der Doktor, dessen Stimme nicht kräftig war und der durch die unbarmherzigen Unterbrechungen etwas verärgert schien, hielt mitten in seiner Argumentation plötzlich inne und machte eine furchtbare Pause. Wenn die Leute sehr überrascht werden, hören sie auf zu husten – ein Umstand, den er offensichtlich einkalkuliert hatte. Alle Augen waren jetzt auf ihn gerichtet, und eine ganze Minute lang herrschte so totenstille, dass man eine Stecknadel hätte fallen hören können. „Ich sehe, meine Freunde", sagte der Doktor und nahm seine Rede mit einem unterdrückten Lächeln wieder auf – „ich sehe, Sie können ganz ruhig sein, wenn ich ruhig bin." In dem Tadel steckte nicht wenig echte Strategie; und da Husten viel mehr unter dem Einfluss des Willens liegt, als die meisten Hustenanfäller annehmen, war seine Wirkung so groß, dass während des restlichen Tages kein Zehntel des vorherigen Hustens zu hören war.

Das Einzimmerhäuschen, das ich mit seinen drei anderen Bewohnern teilte, bot nicht alle möglichen Annehmlichkeiten zum Lernen; aber es hatte einen kleinen Tisch in einer Ecke, an dem ich viel zu schreiben verstand; und mein Bücherregal zeigte bereits zwanzig bis dreißig Bände, die ich Samstagabends an den Buchständen der Stadt gekauft hatte und die alle meine kleine Bibliothek ergänzten. Außerdem bekam ich ein paar Bände zum Lesen von meinem Freund William Ross und ein paar mehr von meinem Arbeitskollegen Cha; und so war mein Lerntempo in Sachen Bücherwissen zwar nicht so hoch wie in früheren Jahren, aber doch beträchtlich höher als in der letzten Saison, die ich in den Highlands verbracht und in der ich nur drei Bände gelesen hatte – einer der drei war ein schmaler Band mit schmalen Gedichten von einer Dame, und der andere war das eher merkwürdige als erbauliche Werk „Presbyterian Eloquence Displayed". Die billige Literatur war noch nicht entstanden; und ohne seine Vorteile im Geringsten zu unterschätzen, war es, wage ich zu sagen, insgesamt besser als geistige Übung und weitaus besser als Vorsorge für die Zukunft, mich durch die Werke unserer besten Prosa- und Versautoren zu quälen – Werke, die immer einen Eindruck im Gedächtnis hinterließen –, als mich stattdessen damit zu beschäftigen, Informationen aus losen Aufsätzen aufzuschnappen, den hastigen Erzeugnissen von Männern, die zu wenig Energie oder zu wenig Muße hatten, um ihren Schriften den Stempel ihrer eigenen Individualität aufzudrücken. In ruhigen Mondnächten fand ich es außerordentlich angenehm, ganz allein durch die Wälder von Niddry zu schlendern. Mondlicht verleiht sogar blattlosen Hainen den Reiz vollen Laubes und verbirgt die Zahmheit der Umrisse einer Landschaft. Ich fand es auch außerordentlich angenehm, aus einer so tiefen Einsamkeit, wie sie mir ein kurzer Spaziergang sicherte, den fernen Glocken der Stadt zu lauschen, die mit acht Uhr das alte Ausgangsgeläut läuteten; und unter den ineinander verschlungenen Zweigen eines langgewölbten Ausblicks den gelegentlichen Schimmer des Lichts von Inchkeith zu beobachten, das, während sich die Laterne drehte, mal heller und mal schwächer wurde. Kurz gesagt, der Winter verging nicht unangenehm: Ich hatte jetzt nichts mehr, was mich in der

Werkstatt ärgerte, und meine einzige ernsthafte Sorge galt meinem unglückseligen Haus in Leith, für das ich eines Morgens von einem wie ein Offizier aussehenden Mann vorgeladen wurde, um fast drei Pfund zu bezahlen - die letzte Rate, die ich, wie man mir sagte, als einer der Erben des Ortes für seine schöne neue Kirche schuldete. Ich muss gestehen, ich war böse genug, mir bei dieser Gelegenheit zu wünschen, das Grundstück auf dem Coal Hill wäre in die Versteigerung des Musikfestivals einbezogen worden. Doch kurz darauf teilte mir Mr. Veitch, nicht weniger zu meiner Überraschung als zu meiner Freude, mit, dass er endlich einen Käufer für mein Haus gefunden hatte; und nachdem ich mich vor dem Gericht von Canongate als Erbe meines Vaters ausweisen ließ und einen großen Rückstand an Feudalsteuer an jene ehrwürdige Körperschaft zahlte, in der ich meinen Feudalherrn anerkennen musste, ließ ich mich so sicher von Coal-Hill los, wie es Papier und Pergament nur konnten, und steckte durch die Transaktion einen Betrag von etwa fünfzig Pfund ein. Soweit ich es ausrechnen konnte, was uns das Eigentum von Anfang bis Ende gekostet hatte, betrug der Betrag, *den* es einbrachte, etwa fünf Schilling pro Pfund. Und das war der abschließende Abschnitt in der Geschichte eines Erbes, das eine Zeitlang den Ruin der Familie zu bedeuten drohte. Als ich das letzte Mal am Coal-Hill vorbeikam, sah ich, dass mein altes Haus nur noch aus einem Stück schäbiger Mauer bestand, ein Stockwerk hoch und durchbrochen von drei schmalen altmodischen Türen, eifersüchtig vernagelt und anscheinend, wie in den Tagen, als es mir gehörte, von keinerlei Nutzen in der Welt. Ich vertraue jedoch darauf, dass es für den Eigentümer nicht mehr so schädlich ist wie für mich.

Die arbeitsreiche Saison hatte nun richtig begonnen: Die Löhne stiegen schnell auf das Niveau des Vorjahres, das sie schließlich übertrafen, und es gab sehr viel Arbeit. Ich fand jedoch, dass es für mich gut sein könnte, für ein paar Monate nach Hause zurückzukehren. Der Staub des Steins, den ich in den letzten zwei Jahren behauen hatte, hatte begonnen, meine Lungen zu beeinträchtigen, wie sie es im letzten Herbst meiner Lehrzeit getan hatten, nur viel schlimmer; und ich war zu deutlich an Fleisch und Kraft geschwunden, als dass ich die Folgen einer weiteren Saison harter Arbeit als Steinmetz gefahrlos ertragen hätte können. Aufgrund des Stadiums der Krankheit, das ich bereits erreicht hatte, werfen sich arme Arbeiter, die nicht mehr in der Lage sind, das zu tun, was ich getan habe, von ihrer Arbeit los und versinken in sechs oder acht Monaten im Grab – manche früher, manche später im Leben; aber die Krankheit ist so weit verbreitet, dass nur wenige unserer Steinmetze in Edinburgh ihr vierzigstes Jahr unbeschadet überstehen und nicht einer von fünfzig von ihnen jemals sein fünfundvierzigstes Jahr erreicht. Ich brach also in einer Schaluppe aus Inverness nach Norden auf und verabschiedete mich von meinen wenigen Freunden – dem hervorragenden Vorarbeiter der Niddry-Truppe und von Cha und John

Wilson, mit denen ich trotz ihrer gegensätzlichen Charaktere eine sehr enge Freundschaft geschlossen hatte. Unter anderem verabschiedete ich mich auch von einer Cousine väterlicherseits, die in Leith ansässig war, der Frau eines gutherzigen Seemanns, Kapitän eines inzwischen völlig veralteten Schiffstyps, einer der alten Smacks aus Leith und London, mit einem riesigen Einzelmast, massiv und hoch wie der einer Fregatte, und einem Großsegel von einem Viertel Morgen. Meine Cousine hatte mir viel Freundlichkeit entgegengebracht, die neben ihrer Verwandtschaft mit meinem Vater auch eine Zeitgenossin und frühe Freundin meiner Mutter gewesen war; und mein Empfang durch den Kapitän, ihren Ehemann – einen der gutmütigsten Männer, die ich je kannte – war immer einer der herzlichsten. Und nachdem ich mich von Cousin Marshall verabschiedet hatte, nahm ich meinen Entschluss auf, noch eine weitere Cousine zu besuchen.

Cousin William, der älteste Sohn meiner Tante aus Sutherlandshire, lebte seit einigen Jahren in Edinburgh, zunächst als leitender Angestellter und Verwalter – denn nach seinem Misserfolg als Kaufmann musste er sich in seiner Welt neu aufbauen; und jetzt, im Spekulationsjahr, war es ihm gelungen, ein eigenes Geschäft aufzubauen, das, solange die allzu freundliche Jahreszeit währte, einen hoffnungsvollen und vielversprechenden Anschein erweckte, aber wie so viele etablierte Unternehmen in dem darauf folgenden Sturm unterging. Als ich den Norden verließ, hatte mich sein Vater mit einem Brief für ihn beauftragt, von dem ich jedoch wusste, dass er ausschließlich für mich selbst empfehlend war, und so hatte ich es versäumt, ihn abzugeben. Cousin William hatte wie Onkel James fest damit gerechnet, dass ich in einem der gelehrten Berufe meinen Weg im Leben finden würde; und da seine Stellung – obwohl, wie sich leider zeigte, keine sehr sichere – meiner erheblich überlegen war, hielt ich mich von ihm fern, in der Rolle eines armen Verwandten, der ebenso stolz wie arm war, und in der Überzeugung, dass seine neuen Freunde, von denen er, wie ich hörte, jetzt fast so viele hatte wie früher, der Meinung sein würden, dass die Vetternschaft eines einfachen Arbeiters ihm wenig Ehre einbrachte. Er hatte jedoch von zu Hause erfahren, dass ich in Edinburgh war, und hatte nicht wenige erfolglose Versuche unternommen, mich ausfindig zu machen, von denen ich gehört hatte; und jetzt, als ich meinen Entschluss fasste, in den Norden zurückzukehren, bediente ich ihn in seinen Räumen in Ambrose's Lodgings – die damals eine Art klassisches Interesse besaßen, da der berühmte Blackwood Club mit Christopher North an der Spitze sich im Hotel direkt darunter zu treffen pflegte. Cousin William hatte ein warmes Herz und empfing mich mit großer Freundlichkeit, obwohl ich mir natürlich die Schelte anhören musste, die ich verdiente; und da einige junge Freunde ihn am Abend besuchen wollten, sagte er, musste ich tun, was ich gern vermieden hätte, nämlich Buße tun, indem ich auf seine ausdrückliche Einladung wartete, um sie zu treffen. Es waren, wie ich feststellte, hauptsächlich Studenten der Medizin und Theologie, die an den Vorlesungen der Universität teilnahmen, und überhaupt nicht die furchterregende Art von Personen, die ich zu treffen befürchtet hatte; und da ich in ihrer Unterhaltung nichts sehr Unerreichbares fand und Cousin William es sich zur Aufgabe machte, mich „herauszuholen", wagte ich es schließlich, mich unter sie zu mischen, und stellte fest, dass mir meine Lektüre einigermaßen zugute kam. Wie man uns sagte, gab es an diesem Abend ein Treffen im unteren Apartment des Blackwood Clubs. Die Nacht, die ich mit meinem Cousin verbrachte, war, wenn unsere Informationen richtig waren und die *Noctes* kein bloßer Mythos waren, eine der berühmten *Noctes Ambrosiance*; und gern hätte ich die Männer, deren Namen so weithin bekannt waren, nur für einen Augenblick von einer ruhigen Ecke aus gesehen; aber ich war nie glücklich mit der Neugier – obwohl ich sie immer stark gehegt habe –, die sich auf das Erscheinungsbild berühmter Männer konzentriert. Ich hatte mich nun schon mehrere Samstagabende in der Castle Street gegenüber dem Haus von Sir Walter Scott aufgehalten, in der Hoffnung, einen Blick auf diesen großen Schriftsteller und freundlichen Menschen zu erhaschen, war aber nie erfolgreich. Ich hätte auch gern Hogg gesehen (der zu dieser Zeit gelegentlich Edinburgh besuchte), mit Jeffrey, den alten Dugald Stewart, der noch lebte, *Delta* und Professor Wilson. Aber ich verließ den Ort, ohne einen von ihnen gesehen zu haben, und bevor ich zehn Jahre später wieder in die Hauptstadt zurückkehrte, hatte der Tod in den hohen Kreisen sein Unwesen getrieben und die meisten von ihnen waren nicht länger zu sehen. Kurz gesagt, Dr. M'Crie war der einzige Mann, dessen Name zu leben verspricht und von dessen Erscheinungsbild ich zu diesem Zeitpunkt ein deutliches Bild mitnehmen konnte. Addison macht in seinem *Spectator* eher im Scherz als im Ernst die Bemerkung, dass „ein Leser ein Buch selten mit Vergnügen liest, bis er weiß, ob der Autor ein Schwarzer oder ein blonder Mann ist, ein sanftes oder cholerisches Gemüt hat, verheiratet oder Junggeselle ist und weitere Einzelheiten dieser Art aufweist, die sehr zum richtigen Verständnis eines Autors beitragen." Ich neige dazu, fast dasselbe zu sagen, ohne auch nur im Geringsten scherzhaft zu sein. Ich glaube, ich verstehe einen Autor umso besser, wenn ich genau weiß, wie er aussah. Ich müsste die massive Vehemenz des Stils von Chalmers als erheblich weniger charakteristisch für den Mann erachten, wenn sie von der breiten Brust und dem mächtigen Knochenbau getrennt wäre; und der kriegerische Geist, der in gedämpfter, aber immer noch sehr greifbarer Form in den historischen Schriften des älteren M'Crie atmet, scheint mir in bemerkenswerter Harmonie mit der militärischen Ausstrahlung dieses presbyterianischen Pfarrers vom Typ Knox und Melville zu stehen. Wie auch immer Theologen die Bedeutung des Textes definieren mögen, es ist eine der großen Lehren seiner Schriften, dass diejenigen Kirchen der Reformation, die *nicht* zum Schwert griffen, durch das Schwert umkamen.

Ich wurde zum Schiff von meinem Freund William Ross begleitet, von dem ich mich leider zum letzten Mal trennte. Als wir an Bord gingen, kam Cousin William auf mich zu und drückte mir die Hand. Ich hatte kaum erwartet, ihn zu sehen, aber der sich eine Stunde von der Arbeit losgesagt hatte und den ganzen Weg nach Leith gelaufen war, um mir Lebewohl zu sagen. Ich bin nicht sehr geneigt, den Stolz des Arbeiters zu streiten, da es sich dabei Johnson und Chalmers zufolge um einen defensiven und nicht um einen aggressiven Stolz handelt. Aber manchmal führt er dazu, dass er den besseren Gefühlen der Menschen gegenüber, die einen etwas höheren Platz auf der Stufenleiter einnehmen als er selbst, nicht ganz gerecht ist. Cousin William, von dem ich mich so eifersüchtig ferngehalten hatte, hatte ein Herz aus feinstem Wasser. Sein weiterer Lebensweg war rau und unheilvoll. Nach der allgemeinen Krise von 1825/26 kämpfte er sich unter sehr schwierigen Umständen noch sechs oder acht Jahre in London weiter. und dann erhielt er eine Art Stellvertreterstelle bei der besoldeten Magistratur der Westindischen Inseln und segelte nach Jamaika – wo er, damals schon weit über fünfzig, bald dem Klima zum Opfer fiel.

Auf meiner Reise nach Norden verbrachte ich zwischen Leith Roads und den Sutors of Cromarty etwa halb so viele Tage auf See wie die Cunard-Dampfer heute bei ihrer Atlantiküberquerung. Ich hatte eine Kabinenpassage gebucht, da ich meine geschwächten Lungen nicht der Belastung einer Zwischendeckpassage aussetzen wollte; aber während der sieben Tage mit dichten, nebligen Morgen, klaren Mondnächten und fast ununterbrochener Windstille, sowohl nachts als auch morgens, in denen wir langsam nach Norden segelten, war ich viel Zeit mit den Männern im Vorschiff, um zu sehen, wie die Seeleute lebten, und um herauszufinden, worüber sie nachdachten und wie sie lebten. Wir hatten seltene Geschichten in den Nächten –

„Wunderbare Geschichten von Kampf und Untergang,

Das wurde uns von den Männern der Wache erzählt."

Einige der Besatzungsmitglieder waren früher in ferne Teile der Welt gereist; und obwohl kein Leben eintöniger sein kann als das alltägliche Leben eines Seemanns, hat der Beruf immer seine bemerkenswerten Begebenheiten, die ihm, wenn sie aneinandergereiht werden, einen Anflug von Interesse verleihen, den seine gewöhnlichen Einzelheiten leider vermissen lassen, und die junge Burschen mit romantischer Ader nur enttäuschen, weil sie ihn aufgrund seines vermeintlichen Charakters als eine fortlaufende Reihe von aufregenden Ereignissen und spannenden Abenteuern wählen. Was mir jedoch in den Erzählungen meiner Gefährten merkwürdig vorkam, war die große Mischung des Übernatürlichen, die sie fast immer zeigten. Die

Geschichte von Jack Grant, dem Maat, die in einem frühen Kapitel erzählt wird, kann als nicht untypisch repräsentativ für die Seemannsgeschichten angesehen werden, die fast dreißig Jahre später an Deck und Vorschiff zumindest entlang der Nordküste Schottlands erzählt wurden. Dieses Leben voller Gefahren, das den Seemann jedem rauen Sturm und jeder Leeküste aussetzt und bei dem seine Berechnungen hinsichtlich der endgültigen Ergebnisse immer sehr zweifelhaft sein müssen, hat eine starke Tendenz, ihn abergläubisch zu machen. Er ist auch weiter entfernt vom Einfluss der allgemeinen Meinung und der vielleicht allzu skeptischen Lehren der Presse als der Landsmann seiner Erziehung und seines Standes; und aufgrund ihrer Position und Umstände fand ich zu dieser Zeit Seeleute der Generation, zu der ich selbst gehörte, als überzeugte Anhänger von Geistern, Gespenstern und Todeswarnungen, wie es die Zeitgenossen meines Großvaters an Land sechzig Jahre zuvor getan hatten. Kurz zuvor war eine Reihe gut geschriebener Seemannsgeschichten in einer der großstädtischen Monatszeitschriften erschienen – dem *London Magazine* , wenn ich mich recht erinnere; und ich war nun erfreut, in einer der Seemannsgeschichten das Original der entschieden besten von ihnen zu finden – „Der verdammte Mann". Der Autor der Reihe – ein gewisser Mr. Hamilton, wie es hieß, der später Lehrer in Irving wurde und zu gewissenhaft wurde, um in Romanen eine sehr angenehme Feder zu verwenden, obwohl er als Porträtmaler weiterhin einen eher mittelmäßigen Bleistift verwendete – hatte offensichtlich nach solchen Gelegenheiten gesucht, Seemannsgeschichten zuzuhören, wie ich sie mir damals gegönnt hatte. Der Literat kann auf diese Weise sehr interessantes Material für Romane finden . Man muss davon ausgehen, dass Sir Walter Scott kein unfähiger Richter darüber war, welche Fähigkeiten ein Stück Erzählung für die Zwecke eines Romanautors hatte; und doch sagen wir von der Geschichte, die ein einfacher Seemann seinem Freund William Clerk erzählte und die er in den „Letters on Demonology and Witchcraft" aufzeichnet, dass „die Erzählung, richtig gehandhabt, einem Romanautor ein Vermögen hätte einbringen können".

Manchmal fand ich tagsüber - denn die Geschichten der Seeleute waren Geschichten der Nacht - interessante Gesellschaft in der Gesellschaft eines jungen Theologiestudenten, eines der Passagiere, der es, obwohl ein begabter und gebildeter Junge, nicht für seine Würde hielt, sich mit einem Arbeiter in blassem Moleskin über literarische Themen zu unterhalten, und den ich erst viele Jahre später wiedersah, als wir beide aktiv denselben Streit ausfochten - er als einer der Mehrheitsmitglieder des Presbyteriums von Auchterarder und ich als Herausgeber der führenden Zeitung der Non-Intrusion-Partei. Vielleicht kann sich der angesehene Pfarrer der Free Church von North Leith noch an unsere damaligen Diskussionen über Literatur und Belletristik erinnern - natürlich nicht an die Themen, aber an die *Tatsache ;* und als er mich eines Morgens fragte, ob ich nicht, laut Burns, am Abend zuvor an

Deck „vor mich hin gesäuselt" hätte, was der Kadenz nach wie Verse aussah, wagte ich es, ihm als meine Nachtarbeit ein paar beschreibende Strophen vorzulegen. Und als eine Art Erinnerung an unsere Reise und damit mein freundlicher Kritiker nach dem Ablauf von deutlich mehr als einem Vierteljahrhundert in der Lage ist, sein Urteil darüber zu überprüfen, lege ich sie dem Leser nun vor:

Auf See geschriebene Strophe.

Freude der Dichterseele, ich werbe um Deine Hilfe;

* * * * *

Um unser Schiff tobt die Mitternachtswelle.

Der trostlose Mond versinkt im westlichen Himmel;

Es herrscht windstille Stille! – in ihrer Meereshöhle

Die Meerjungfrau ruht, während ihr geliebter Liebhaber naht,

Markiert die blassen Sternenstrahlen, wenn sie von oben herabfallen.

Ihr Schlaflager wird mit zitterndem Licht vergoldet.

Warum ungläubig lächeln? Das Auge der verzückten Muse

Durch die dunklen Höhlen der Erde, über die schönen Ebenen des Himmels,

Kann seine verborgene Zelle durchstreifen, wo die unergründliche Tiefe rast.

Auf dem schroffen Meeresgrund, im Schatten

Von buschigem Seegras verheddert, dunkel und braun,

Sie sieht das Wrack des gesunkenen Schiffes liegen,

In schleimiger Stille, viele Klafter tief

Von wo der Sternenstrahl zittert; darüber geworfen

Sind die Schätze aufgehäuft, für deren Erwerb die Menschen gestorben sind.

Und in trauriger Verhöhnung des Abschiedsstöhnens,

Das sprudelte inmitten der wilden, unbarmherzigen See,

Die ruhelosen Gezeiten klagen über schnelles, strömendes Wasser über den Knochen.

Düster und weit rollt das Grabesmeer,

Das Grab meiner Verwandten, das Grab meines Vaters!

Vielleicht ist da, wo er jetzt schläft, ein Platz für mich

Ist vom Schicksal gezeichnet unter der tiefgrünen Welle.

Das kann er wohl! Arme Brust, warum hebst du

So wild? Oh, viele Sorgen, lästig und dunkel.

Auf Erden harrt du noch; die Höhle der Meerjungfrau

Trauer verfolgt nicht; sicher wäre es angenehm, dort zu sehen,

Heiter, zur Mittagszeit, fährt die Barke des Seemanns vorbei.

Sicherlich war es angenehm durch die weite Tiefe,

Wenn auf seiner Brust der goldene Strahl spielt.

Mit rasender Geschwindigkeit durch Lauben und Höhlen fegen;

Wenn Flammen das Wasser mit smaragdgrünem Glanz umgeben –

Wenn, von Flut und Sturm heraufgetragen, der Schrei

Von Seemöwen gemilderten Wasserfällen – wenn hell und fröhlich

Das purpurne Unkraut, die stolzen Anhänger des Ozeans, der Strom

Von Trophäenwracks und dunkelgrauen Felstürmen –

Es war sicher ein Vergnügen, durch so seltsam schöne Landschaften zu streifen.

Warum dieser seltsame Gedanke? Wenn, in diesem Ozean lag.

Das Ohr würde aufhören zu hören, das Auge nicht mehr sehen,

Obwohl Bilder und Geräusche wie diese mein Bett umkreisen,

Wachlos und schwer wäre mein Schlummer:

Obwohl das milde, gemilderte Sonnenlicht auf mich schien

(Wenn ein stumpfer Knochenhaufen meinen Namen behielte,

Das gebleicht oder geschwärzt inmitten des verschwenderischen Meeres),

Sein Glanz ist unsichtbar, sein goldener Strahl

Vergeblich könnte man durch Korallenhaine oder über smaragdgrüne
Dächer strömen.

Doch wohnt ein Geist in diesem irdischen Körper

Welches die Ozeane nicht löschen und die Zeit nicht zerstören kann.

Ein unsterblicher, unvergänglicher Strahl, eine himmlische Flamme,

Das reine wird aufsteigen, wenn jede Basislegierung versagt

Diese Erde flößt dunkle Trauer oder grundlose Freude ein:

Dann werden ihm die Geheimnisse des Ozeans offenbart.

Denn ich bin der Meinung, dass glückliche Seelen genießen

Ein weites, weitreichendes Spektrum des Engelflugs,

Von der schönen Quelle des Tages bis zu den Toren der Nacht.

Nun zerreißt der dunkle Schleier der Nacht; auf jenem Land

Das blau und fern über dem Meer emporsteigt,

Ich sehe den violetten Morgenhimmel sich ausdehnen,

Zerstreue die Dunkelheit. Dann hör auf mit meinem schwachen Ton:

Als die Dunkelheit herrschte, linderte dein Flüstern meinen Schmerz –

Der Schmerz wird durch Müdigkeit und Mattigkeit hervorgerufen.

Doch nun werden meine Augen eine schönere Szene erblicken

Als Phantasie dargestellt: von seinem dunkelgrünen Bett

Bald wird die Kugel des Tages sein glorreiches Haupt erheben.

Meine beiden Onkel, Cousin George und mehrere andere Freunde und
Verwandte warteten am Strand von Cromarty auf mich. Bald war ich unter
ihnen so glücklich, wie es ein Mann sein kann, der stark unter Schwäche, aber
nicht so sehr unter Schmerzen leidet. Als ich etwa zehn Jahre später den
Süden Schottlands erneut besuchte, war dies, um die Ausbildung zum
Bankbuchhalter zu absolvieren. Und als ich zu einem noch späteren
Zeitpunkt wieder dorthin reiste, war dies, um die Leitung einer Zeitung in
der Hauptstadt zu übernehmen. In beiden Fällen verkehrte ich mit einer
anderen Art von Menschen als denen, mit denen ich in den Jahren 1824-25
in Kontakt gekommen war. Und da ich mich jetzt von der Unterschicht
verabschiede, ist es mir vielleicht gestattet, einige allgemeine Bemerkungen
über sie zu machen.

Es ist eine merkwürdige Veränderung, die in diesem Land während der letzten hundert Jahre stattgefunden hat. Bis zur Rebellion von 1745 und etwas später waren es die entlegeneren Provinzen, die die gefährlichen Teile bildeten; und die wirksamen Festungen, von denen aus die Vorhut der Zivilisation und der guten Ordnung allmählich die alte Anarchie und Barbarei besiegte, waren die großen Städte. Kirchenhistoriker erzählen uns, dass in Rom nach der Zeit Konstantins der Begriff Dorfbewohner (*Pagus*) als Synonym für Heide angesehen wurde, da die Anbeter der Götter damals hauptsächlich in entlegenen ländlichen Gegenden zu finden waren; und wir wissen, dass die Reformation in Schottland einen Verlauf verfolgte, der dem des Christentums in der alten römischen Welt genau ähnelte: Sie begann in den größeren und einflussreicheren Städten; und in den entlegeneren ländlichen Gegenden hielt sich die verdrängte Religion am längsten auf und fand ihre wirksamsten Verfechter und Verbündeten. Edinburgh, Glasgow, Perth, St. Andrews und Dundee waren alle protestantisch und schickten ihre gut ausgebildeten Bürger in die Armee der Lords of the Congregation, als Huntly und Hamilton ihre Vasallen bewaffneten, um für den veralteten Glauben zu kämpfen. In einem späteren Zeitalter wurden die zugänglichen Lowlands von einem evangelistischen Presbyterianismus durchdrungen, als die bergigeren und unzugänglicheren Provinzen des Landes noch in der Lage waren, mit dem sogenannten Highland Host ein schreckliches Verfolgungsinstrument zu liefern. Sogar noch in der Mitte des letzten Jahrhunderts gelangte „Sabbath", so ein populärer Schriftsteller, „nie über den Pass von Killicrankie hinaus"; und die Stuarts, die wegen ihrer Anhängerschaft an den Papst verbannt wurden, gründeten ihre Hoffnungen auf Wiedereinsetzung weiterhin fast ausschließlich auf die Schwerter ihrer Glaubensbrüder, der Highlander. Während der letzten hundert Jahre hat sich dieser alte Zustand jedoch seltsamerweise umgekehrt; und in den großen Städten ist *das Heidentum* heute vor allem vorherrschend. Zumindest in den abgefallenen Klassen – einem rasch wachsenden Anteil der Bevölkerung – sind es jene Städte unseres Landes, die als erste das Licht der Religion und des Lernens aufgefangen haben, die zu den vorherrschenden dunklen Teilen des Landes geworden sind; genauso, wenn ich den Vergleich verwenden darf, wie es jene Teile des Mondes sind, die das Licht am frühesten empfangen, wenn er aufgeht, und wie ein silberner Faden im tiefen Blau des Himmels leuchten, die als erste dunkel werden, wenn er abnimmt.

Diese Veränderung zum Schlechteren hat in den großen Städten Schottlands hauptsächlich im letzten halben Jahrhundert stattgefunden. Im Jahr 1824 war sie noch nicht einmal zur Hälfte abgeschlossen, aber sie ging rasch voran, und ich sah zumindest teilweise die Prozesse, durch die sie bewirkt wurde. Die Städte des Landes haben in den letzten fünfzig Jahren ihre Bevölkerung weit über das Verhältnis der ländlichen Gebiete hinaus vergrößert – zum Teil eine Folge der Revolutionen, die im Agrarsystem der Lowlands stattgefunden haben, und der Rodungen der Highlands, zum Teil aber auch der außerordentlichen Entwicklung der Industrie und des Handels des Königreichs, die die letzten beiden Generationen miterlebt haben. Von den wilderen Edinburgher Handwerkern, mit denen ich damals Bekanntschaft schloss, waren weniger als ein Viertel Einheimische. Die anderen waren bloße Siedler, die größtenteils aus ländlichen Gebieten und Kleinstädten weggezogen waren, in denen sie, jeder aus seinem eigenen Nachbarschaftskreis, bekannt waren, und infolgedessen unter dem heilsamen Einfluss der öffentlichen Meinung lebten. In Edinburgh – das damals zu groß geworden war, um den Menschen zu erlauben, irgendetwas über ihre Nachbarn zu erfahren – waren sie von diesem heilsamen Einfluss befreit und konnten, sofern sie nicht von höheren Prinzipien geleitet wurden, so ziemlich alles tun, was sie wollten. Und da es keine *allgemeine* Meinung gab, die sie kontrollieren konnten, bildeten Cliquen und Gruppen ihrer wilderen Geister in ihren Schuppen und Werkstätten bald ihre eigene Meinung und fanden nur allzu wirksame Mittel, ihre schwächeren Kameraden zu zwingen, sich ihr anzupassen. Und daher eine Menge wilder Ausschweifung und Lasterhaftigkeit, natürlich verbunden mit der unvermeidlichen Leichtsinnigkeit. Und obwohl Ausschweifung und Leichtsinn in der ersten Generation durchaus mit Intelligenz vereinbar sind, werden sie sich in der zweiten Generation mit Sicherheit immer davon trennen. Die Familie des unsteten, verschwenderischen Arbeiters ist nie eine gut erzogene Familie. Sie wächst in Unwissenheit auf und nimmt, da ihr ein schlechtes Beispiel vor und um sie herum gegeben wird, fast zwangsläufig ihren Platz unter den abgefallenen Klassen ein. In der dritten Generation ist der Abstieg natürlich noch größer und hoffnungsloser als in der zweiten. In einigen unserer großen Städte zeigt sich bereits eine Art von körperlicher Erniedrigung, insbesondere unter erniedrigten Frauen, die kaum weniger ausgeprägt ist als die der Neger , und die sowohl meine Leser aus Edinburgh als auch aus Glasgow in den jeweiligen Hauptstraßen dieser Städte oft bemerkt haben müssen. Die Gesichtszüge sind im Allgemeinen aufgedunsen und überladen, die Profillinien normalerweise konkav, der Teint grob und hochgewachsen und der Ausdruck einer Ausschweifung und Sinnlichkeit wird chronisch und angeboren. Und es ist schwer zu erkennen, wie diese Klasse – konstitutionell erniedrigt und mit einem in den meisten Fällen völlig unterentwickelten und blinden moralischen Empfinden – jemals zurückgewonnen werden soll. Die eingewanderten Iren bilden ebenfalls einen sehr spürbaren Faktor für die Erniedrigung unserer großen Städte. Sie sind jedoch *Heiden* , nicht des neuen, sondern des alten Typs. Und sie sind vor allem deshalb so furchterregend, weil sie aus ihren Lehmhütten in unsere Straßen und Gassen gekommen sind und weil sie in einen verheerenden Wettbewerb mit den ungelernten Landarbeitern geraten sind, der zur Folge hatte, dass unsere niederen Landsleute auf ein niedrigeres Niveau herabgedrückt wurden, als sie es vielleicht jemals zuvor getan haben. Inzwischen schreitet dieser Weg der Erniedrigung in allen unseren größeren Städten in immer stärkerem Ausmaß voran, und alles, was die Philanthropie und die Kirchen dagegen tun, ist nichts weiter als ein paar Spritzer auf einen Brand. Ich fürchte, es bereitet schreckliche Erschütterungen für die Zukunft vor. Als die gefährlichen Klassen eines Landes noch in den entlegensten Gebieten des Landes angesiedelt waren, wie etwa in Schottland in der ersten Hälfte des letzten Jahrhunderts, war es verhältnismäßig einfach, mit ihnen fertig zu werden. Doch die *Sansculottes* von Paris erwiesen sich während der Ersten Revolution neben der Exekutive als äußerst furchterregend. Und leider ist es auch nicht sehr unwahrscheinlich, dass die immer größer werdenden Massen unserer großen Städte, die sich von der Sanktion von Religion und Moral losgesagt haben, sich noch auf schreckliche Weise an den oberen Klassen und den Kirchen des Landes für die Gleichgültigkeit rächen könnten, mit der man sie untergehen ließ.

Kurz nach meiner Ankunft erfuhr ich von Cousin George, dass mein alter Freund aus der Doocot Cave, nachdem er zwei Jahre lang als Lebensmittelhändler gearbeitet hatte, sein Geschäft aufgegeben und aufs College gegangen war, um sich auf die Kirche vorzubereiten. Er sei gerade nach Abschluss seines ersten Semesters nach Hause zurückgekehrt, fügte George hinzu, und habe den starken Wunsch geäußert, mich zu treffen. Auch seine Mutter hatte sich der Einladung angeschlossen – ob ich an diesem Abend nicht mit ihnen Tee trinken würde? – und Cousin George war gebeten worden, mich zu begleiten. Ich zögerte, machte mich aber schließlich mit George auf den Weg und verbrachte, nach einer Unterbrechung unseres Umgangs von etwa fünf Jahren, den Abend mit meinem alten Freund. Und jahrelang danach waren wir unzertrennliche Gefährten, die, wenn sie in derselben Nachbarschaft lebten, fast jede Stunde zusammen verbrachten, die nicht für private Studien oder unvermeidliche Beschäftigungen verwendet wurde, und die, wenn sie durch die Entfernung getrennt waren, so viele Briefe austauschten, dass man ganze Bände hätte füllen können. Wir hatten uns als Jungen getrennt und waren jetzt erwachsene Männer; und in den ersten Wochen zogen wir mit einiger Neugier Bilanz über die Kenntnisse und Erfahrungen des anderen und das Kaliber des anderen. Der Geist meines Freundes hatte sich eher in eine wissenschaftliche als eine literarische Richtung entwickelt. Später gewann er den ersten Mathematikpreis seines Collegejahres und den zweiten in Naturphilosophie; und ich stellte nun fest, dass er ein sehr scharfsinniger Metaphysiker war und nicht unerhebliche Kenntnisse über die antagonistischen Positionen der Schulen von Hume und Reid hatte. Andererseits hatte ich vielleicht mehr Beobachtungsmöglichkeiten als er und war mit Menschen und sogar Büchern besser vertraut; und bei unserem Gedankenaustausch gewannen beide: Gelegentlich griff er in unseren Gesprächen eine Tatsache auf, die ihm vorher unbekannt war; und ich lernte vielleicht, mir ein Argument genauer anzusehen als zuvor. Ich machte ihn mit dem Eathie Lias bekannt und half ihm beim Aufbau einer kleinen Sammlung, die, bevor er sie schließlich auflöste, einige merkwürdige Fossilien enthielt – unter anderem das zweite jemals gefundene Exemplar von *Pterichthys* ; und er wiederum konnte mir einige geologische Begriffe vermitteln, die ich zwar ziemlich grob fand – denn Naturwissenschaften wurden an der Universität, die er besuchte, nicht gelehrt –, die mir aber bei der Ordnung meiner Fakten von Nutzen waren, die jetzt aber so bedeutend sind, dass ich jene theoretischen Fäden brauche, ohne die große Ansammlungen von Fakten im Gedächtnis nicht zusammenpassen. Es gab eine spezielle Hypothese, die er angeschnitten gehört hatte, und deren völlige Unwahrscheinlichkeit ich als Geologe noch nicht genug zu erkennen vermochte, die eine Zeit lang meine ganze Vorstellungskraft erfüllte. Es sei gesagt worden, erzählte er mir, dass die alte Welt, in der meine Fossilien, Tier- und Pflanzenfossilien, gediehen und verfallen waren – eine Welt, die viel älter war als die vor der Sintflut –, von vernünftigen, verantwortlichen Wesen bewohnt worden sei, auf die, wie auf die Rasse, zu der wir selbst gehören, eine Auferstehung und ein Tag des Jüngsten Gerichts gewartet hätten. Aber seit diesem Tag – mit Nachdruck der *letzte* für die präadamitische Rasse – waren viele tausend Jahre vergangen. Von allen verantwortlichen Geschöpfen, die vor Gericht geladen worden waren, war nur Knochenmaterial zu Knochenmaterial zusammengefügt worden, so dass in den Felsen oder Böden, in denen sie ursprünglich begraben worden waren, keine Spur des Gerüsts ihrer Körper zu finden war; und infolgedessen waren jetzt nur noch die Überreste ihrer verantwortungslosen Zeitgenossen, der niederen Tiere, und der Pflanzenprodukte ihrer Felder und Wälder zu finden. Der Traum füllte eine Zeit lang meine ganze Vorstellungskraft aus; aber obwohl die Poesie eine so suggestive und kühne Hypothese gut begründen könnte, brauche ich kaum zu sagen, dass sie selbst keine wissenschaftliche Grundlage hat. Der Mensch hatte *keinen* verantwortlichen Vorgänger auf Erden. Zu der bestimmten Zeit, als seine ihm zugewiesene Wohnstätte vollständig für ihn geeignet war, kam er und nahm sie in Besitz; aber die alten geologischen Zeitalter waren Zeitalter der Unreife gewesen – *Tage* , deren Werk als Werk der Verheißung „gut" war, aber noch nicht „sehr gut", noch nicht reif für das Erscheinen eines moralischen Akteurs, dessen Natur es ist, ein Mitarbeiter des Schöpfers selbst in Bezug auf das Physische und Materielle zu sein. Der Planet, den wir bewohnen, scheint für den Menschen und nur für den Menschen vorbereitet worden zu sein.

Teilweise durch meinen Freund, teilweise aber auch durch den Umstand, dass ich ein gewisses Maß an Vertrautheit mit meinen Schulkameraden beibehielt, die später ihre Ausbildung am College fortsetzten, kannte ich in den späteren Jahren, in denen ich als Maurer arbeitete, eine ganze Reihe von jungen Leuten mit Universitätsausbildung, und manchmal konnte ich es nicht vermeiden, sie in Gedanken mit Arbeitern zu vergleichen, die, soweit ich es erraten konnte, denselben ursprünglichen Kaliber hatten. Ich fand nicht immer jene allgemeine Überlegenheit auf Seiten des Gelehrten, die der Gelehrte selbst normalerweise für selbstverständlich hielt. Was er speziell studiert hatte, wusste er, außer in seltenen und außergewöhnlichen Fällen, besser als der Arbeiter; aber während der Student sein Griechisch und Latein perfektionierte und sich in Naturphilosophie und Mathematik ausbreitete, hatte der Arbeiter, wenn er einen forschenden Geist hatte, etwas anderes getan; und es ist zumindest eine Tatsache, dass alle großen Leser, die ich zu dieser Zeit kannte – die Männer, die am besten mit englischer Literatur vertraut waren – nicht diejenigen waren, die die klassische Ausbildung genossen hatten. Andererseits lagen die Gelehrten bei der Formulierung eines Arguments im Vorteil. In Bezug auf jenen gesunden Menschenverstand jedoch, der zwar logisch denkt, aber nicht argumentiert, und der es den Menschen ermöglicht, ihre Schritte auf der Reise des Lebens umsichtig zu wählen, stellte ich fest, dass die klassische Ausbildung keinerlei Vorteile bot; noch schien sie eine so passende Einführung in die Realitäten des Geschäftslebens zu sein wie der Umgang mit greifbaren und tatsächlichen Dingen, bei dem der Arbeiter seine Fähigkeiten einsetzen muss und aus dem er seine Erfahrung bezieht. Ein Grund für die zu geringe Einschätzung, die der klassische Gelehrte so oft von der Intelligenz jener Klasse von Menschen hat, zu der unsere gelernten Mechaniker gehören, liegt in erster Linie in der Voreiligkeit einer Gruppe von Dummköpfen, die sich ihm immer aufdrängen und von ihm als durchschnittliche Exemplare ihrer Art angesehen werden. Ich habe noch nie einen wirklich intelligenten Mechaniker gekannt, der sich aufdrängte. Männer vom Schlag meiner beiden Onkel und meines Freundes William Ross drängen sich nie in die Aufmerksamkeit der über ihnen stehenden Klassen. Ein neu in ein Amt eingetretener Pfarrer beispielsweise stellt oft fest, dass es die Dummköpfe seiner Gemeinde sind, die sich ihm als Erstes aufdrängen. Ich habe den verstorbenen Mr. Stewart aus Cromarty sagen hören, dass die bescheideneren Dummköpfe der Gemeinde sich alle schon lange vor seinem Bekanntenkreis vorgestellt hatten, bevor er die klugen Kerle entdeckte. Und daher begehen Geistliche im Umgang mit den Menschen oft traurige Fehler. Es scheint ihm nie in den Sinn zu kommen, dass es unter ihnen Männer seines Kalibers geben könnte, die in bestimmten praktischen Bereichen sogar besser ausgebildet sind als er; und dass diese höhere Klasse immer sicher die anderen anführt. Und wenn er auf der Ebene der Männer mit bescheideneren Fähigkeiten predigt, versäumt er es oft, zu Männern mit überhaupt irgendeiner Fähigkeit zu predigen, und ist nutzlos. Einige der geistlichen Zeitgenossen von Mr. Stewart behaupteten, dass er bei der Ausübung seiner bewundernswerten Fähigkeiten auf theologischem Gebiet manchmal vergaß, sich zu seinen Leuten herabzulassen, und so über ihre Köpfe hinweg predigte. Und wenn sie manchmal selbst auf seine Kanzel kamen, was gelegentlich geschah, hielten sie Predigten an die Gemeinde, die so einfach waren, dass sogar Kinder sie verstehen konnten. Ich unterrichtete damals eine Klasse Jungen in der Cromarty-Sabbatschule und stellte bei diesen Gelegenheiten immer fest, dass die Erinnerungen meiner Schüler zwar voll von den eindringlichen Gedanken und anschaulichen Illustrationen der sehr komplizierten Predigten waren, die für sie als zu anspruchsvoll galten, sie sich jedoch an die sehr einfachen, speziell auf begrenzte Fähigkeiten abgestimmten, Predigten nicht an ein einziges Wort oder eine einzige Note erinnerten. Alle Versuche, billige Literatur zu schaffen, die fehlschlugen, waren zu niedrig angesetzte Versuche: Die Bemühungen mit höherem Ton waren normalerweise erfolgreich. Wenn es dem Autor dieser Kapitel in gewissem Maße gelungen ist, sich als Journalist an die presbyterianischen Menschen Schottlands zu wenden, dann nicht, indem er auf ihrem *Niveau schrieb* , sondern indem er bei jeder Gelegenheit sein Bestes tat, auf ihrem Niveau zu *schreiben* . Er hat sie sich immer so vorgestellt, wie sie von seinem Freund William, seinen Onkeln und seinem Cousin George repräsentiert würden – vom schlauen alten John Fraser und seinem rücksichtslosen, wenn auch sehr intelligenten Bekannten Cha. Und indem er sie bei jeder Gelegenheit mit so viel gesundem Menschenverstand und soliden Informationen versorgte, wie er nur aufbringen konnte, ist es ihm manchmal gelungen, ihre Aufmerksamkeit zu gewinnen und vielleicht bis zu einem gewissen Grad ihr Urteil zu beeinflussen.

FUSSNOTE:

[10] Die außerordentliche Malerische Schönheit dieser Brände – zum Teil eine Folge der enormen Höhe und der eigentümlichen Architektur der Gebäude, die sie zerstörten – erregte die Aufmerksamkeit von Sir Walter Scott. „Ich kann mir", so sagen wir in einem seiner Briefe aus dieser Zeit, „keinen großartigeren oder schrecklicheren Anblick vorstellen, als diese hohen Gebäude von oben bis unten in Flammen zu sehen, wie sie wie ein Vulkan aus jeder Öffnung Flammen spucken und schließlich eines nach dem anderen in einen Abgrund aus Feuer stürzen, der nichts anderes als die Hölle glich; denn es gab Gewölbe voller Wein und Spirituosen, die riesige Flammenstrahlen erzeugten, wenn sie durch den Fall dieser massiven Fragmente aktiviert wurden. Zwischen der Ecke des Parliament Square und der Tron Church ist alles zerstört, bis auf einige neue Gebäude am unteren Ende."

KAPITEL XVII.

„Hüte dich, Lorenzo, vor einem langsamen, plötzlichen Tod." – YOUNG.

Es gab ein besonderes Thema, auf das mein Freund bei unseren ruhigen Abendspaziergängen meine Aufmerksamkeit immer ernsthaft zu lenken pflegte. Er hatte unter starkem religiösen Eindruck ein so vielversprechendes Geschäft begonnen, dass er in zwei Jahren bereits genug Geld gespart hatte, um die Kosten für ein Collegestudium zu decken. Und sicherlich hat sich noch nie ein Mensch dazu entschlossen, den Geistlichen zu betreten, der seine Ansichten so vollkommen desinteressiert hatte wie er. Im schottischen Establishment herrschte damals die Protektion, und mein Freund hatte weder Einfluss noch einen Mäzen. Aber er konnte sich nicht vorstellen, sich den evangelischen Dissenters oder der Secession anzuschließen. Da er glaubte, dass die wichtigste Arbeit auf Erden die Arbeit der Seelenrettung ist, hatte er seinen neuen Weg in der vollen Überzeugung eingeschlagen, dass Gott ihm eine Gelegenheit dazu geben würde, wenn er eine so erhabene Arbeit für ihn hätte. Und jetzt, in aller Ernsthaftigkeit und als Teil der besonderen Beschäftigung, der er sich verschrieben hatte, machte er sich daran, mir die Bedeutung religiöser Belange in ihrer persönlichen Bedeutung nahezubringen.

Die Standardtheologie der schottischen Kirche war mir nicht unbekannt. In der Pfarrschule hatte ich mir tatsächlich keine Vorstellungen zu diesem Thema angeeignet; und obwohl ich jetzt viel, meist in kontroverser Weise, über den hervorragenden religiösen Einfluss unserer Pfarrseminare höre, kannte ich nie jemanden, der diesen Institutionen mehr als nur ein klein wenig theologisches Wissen verdankte, und keinen einzigen Menschen, der jemals auch nur den geringsten Anflug von religiösem Gefühl von ihnen mitgebracht hatte. Tatsächlich waren die Menschen in Schottland während fast des gesamten letzten Jahrhunderts und zumindest während der ersten vierzig Jahre der Gegenwart trotz all ihrer Fehler wesentlich christlicher als der Großteil ihrer Schulmeister. Soweit ich mich erinnern kann, habe ich aus der Schule nur eine einzige Bemerkung mitgebracht, die theologischer Natur war, und diese war eher dazu geeignet, Schaden als Nutzen zu bringen. Als ich an einem Samstagmorgen in der Klasse einen Teil des Hundertneunzehnten Psalms las, erzählte mir der Lehrer, dass dieses ethische Gedicht eine Art alphabetisches Akrostichon sei – ein Umstand, fügte er hinzu, der seinen unzusammenhängenden und inkonsekutiven Charakter als Komposition erkläre. Hauptsächlich jedoch hatte ich mir ein beträchtliches Maß an religiösem Wissen angeeignet, und zwar durch die Katechesen am Sabbat, denen ich als Junge von meinen Onkeln und später von den alten Geistlichen, den Lieblingen meines Onkels Sandy, unterzogen worden war, und durch die Lehren von der Kanzel. Ich hatte auch viel über einige der besonderen Lehren des Calvinismus in ihrem Charakter als abstruse Positionen nachgedacht – etwa die Lehre von den göttlichen Ratschlüssen und von der Unfähigkeit des Menschen, bei der Arbeit an seiner eigenen Bekehrung die Initiative zu ergreifen. Außerdem bewunderte ich die Bibel sehr, besonders ihre erzählenden und poetischen Teile; und ich konnte kaum stark genug zum Ausdruck bringen, wie sehr ich die vulgären und geschmacklosen Skeptiker verachtete, die, allen voran Paine, es als ein schwaches oder törichtes Buch bezeichneten. Da ich außerdem in einem Familienkreis aufwuchs, in dem einige Mitglieder aus Gewohnheit fromm waren und alle die Religion respektierten und für sie eintraten und von den bewegenden kirchlichen Traditionen ihres Landes durchdrungen waren, hatte ich das Gefühl, dass die religiöse Seite in jedem Streit eine Art erblichen Anspruch auf mich hatte. Ich glaube, ich darf sagen, dass ich vor dieser Zeit noch nie erlebt hatte, dass ein religiöser Mann wegen seiner Religion bedrängt wurde, und zwar oft in der Minderheit, ohne offen auf seiner Seite zu stehen; und es ist auch nicht unmöglich, dass ich in Zeiten der Not beinahe den Charakter verdient hätte, den der alte John Howie einem ziemlich bemerkenswerten „Gentleman, der manchmal Burly genannt wurde" zuschrieb, der, „obwohl er von manchen als keiner der Religiösesten angesehen wurde", sich der leidenden Partei anschloss und „immer eifrig und aufrichtig" war. Und doch war meine Religion eine seltsam widersprüchliche Sache. Sie nahm in meinem Kopf die Form einer Masse unverdauter Theologie an, wobei hier und da ein hervorstechender Punkt überproportional herausgearbeitet war, weil ich selbst darüber nachgedacht hatte; und während sie, wenn ich so sagen darf, in den Tiefen und unter dem Schutz der allgemeinen chaotischen Masse eine nicht unerhebliche Menge Aberglaube beherbergte, ruhten darüber die Wolken eines trostlosen Skeptizismus. Wenn ich auf die Zweifel und Fragen dieser Zeit zurückblickte, dachte ich manchmal und sprach vielleicht sogar von mir als einem Ungläubigen. Aber ein Ungläubiger war ich ganz gewiss nicht: Mein Glaube war mindestens so real wie meine Ungläubigkeit und hatte, so neige ich zu der Annahme, einen viel tieferen Sitz in meinem Geist. Aber ich schwankte zwischen den beiden Extremen – mal war ich gläubig, mal war ich skeptisch – wobei sich der Glaube meist als ein stark begründeter Instinkt äußerte, der Skeptizismus als das Ergebnis eines intellektuellen Prozesses – und lebte jahrelang in einer Art unruhigem Zustand der Wippe, ohne einen Mittelweg zwischen den beiden Extremen, auf dem ich zugleich argumentieren und glauben konnte.

Diesen Mittelweg konnte ich nun finden. Es ist zugleich heikel und gefährlich, über den eigenen geistigen Zustand zu sprechen oder über die emotionalen Empfindungen, auf denen die eigenen Schlüsse darüber oft so zweifelhaft beruhen. Egoismus wird in religiöser Form vielleicht mehr geduldet als in jeder anderen; aber deshalb ist er für den Egoisten selbst nicht weniger gefährlich. Es ist jedoch weniger heikel, über den eigenen Glauben zu sprechen als über seine Gefühle; und ich glaube, ich brauche nicht zu zögern zu sagen, dass ich zu diesem Zeitpunkt durch die Vermittlung meines Freundes erkannte, dass meinem theologischen System zuvor ein zentrales Objekt gefehlt hatte, an das sich das Herz ebenso sicher wie der Verstand binden konnte; und dass der wahre Mittelpunkt eines wirksamen *Christentums*, wie der Name schon sagt, „das fleischgewordene Wort" ist. Um diese zentrale Sonne des christlichen Systems herum – die jedoch nicht als eine *Lehre gewürdigt wird*, die eine bloße Abstraktion ist, sondern als eine göttliche Person – die so wahrhaftig Mensch ist, dass die Zuneigungen des menschlichen Herzens Ihn ergreifen können, und so wahrhaftig Gott ist, dass der Geist durch den Glauben jederzeit und überall in direkten Kontakt mit Ihm gebracht werden kann – nimmt alles, was wirklich religiös ist, seinen Platz in einer untergeordneten und untergeordneten Beziehung ein. Ich sage untergeordnet und untergeordnet. Der göttliche Mensch ist der große anziehende Mittelpunkt, der einzige Gravitationspunkt eines Systems, das Ihm seine gesamte Kohärenz verdankt und das, wenn Er nicht da wäre, nichts als Chaos wäre. Es scheint die Existenz der menschlichen Natur in diesem zentralen und überragenden Objekt zu sein, die dem Christentum in seinem subjektiven Charakter seine besondere Macht verleiht, den menschlichen Geist zu beeinflussen und zu beherrschen. Es mag Menschen geben, die aufgrund einer besonderen Eigenart ihrer Konstitution in der Lage sind, in gewisser Weise einen bloß abstrakten Gott zu lieben, der unsichtbar und unvorstellbar ist; obwohl, wie der Anflug von krankhafter Sentimentalität zeigt, der fast alles anstrahlt, was zu diesem Thema gesagt und geschrieben wurde, dieses Gefühl in seiner wahren Form sehr selten und außergewöhnlich sein muss. In all meiner Erfahrung mit Menschen habe ich nie ein echtes Beispiel dafür gekannt. Die Liebe zu einem abstrakten Gott scheint der gewöhnlichen menschlichen Konstitution ebenso wenig natürlich zu sein wie die Liebe zu einer abstrakten Sonne oder einem abstrakten Planeten. Und so wird man feststellen, dass sich in allen Religionen, die den Geist des Menschen fest im Griff hatten, das Element einer kraftvollen Menschlichkeit im Charakter ihrer Götter mit dem theistischen Element vermischt hat. Die Götter der klassischen Mythologie waren einfach mächtige Männer, die von der Tyrannei der Naturgesetze befreit waren; und in ihrem rein menschlichen Charakter, als herzliche Freunde und tödliche Feinde, wurden sie sowohl gefürchtet als auch geliebt. Und so beherrschte der Glaube, der sich vor ihren Schreinen verneigte, die alte zivilisierte Welt viele Jahrhunderte lang. In den großen alten Mythologien des Ostens – Buddhismus und Brahmanismus – beides sehr einflussreiche Glaubensformen – haben wir dieselben Elemente, echte Menschlichkeit, die gottähnlicher Macht hinzugefügt wurde. Im Glauben der Moslems verleiht der menschliche Charakter des Mannes Mohammed, der zu einer allmächtigen Stellvertreterin in heiligen Dingen erhoben wurde, dem, was ohne ihn nur ein schwacher Theismus wäre, große Stärke. Buchstäblich ist es Allahs höchster Prophet, der Allah selbst einen Platz im Geist Mohammeds sichert. Auch im Papsttum finden wir ein Übermaß an Menschlichkeit, das kaum weniger groß ist als in der klassischen Mythologie selbst, und mit nahezu entsprechenden Ergebnissen. Obwohl die Jungfrau Maria als Königin des Himmels den ersten Platz in dem Schema einnimmt und in dieser Rolle eine weitaus interessantere Göttin darstellt als jede der alten, die Odysseus berieten oder die Liebe von Anchises oder Endymion erwiderten, muss sie ihr Reich mit den kleineren Heiligen teilen und in ihnen eine Vielzahl von Rivalen erkennen. Aber zweifellos verdankt das Papsttum diesem volkstümlichen Element nicht wenig seiner unbezwingbaren Stärke. In all diesen Religionsformen jedoch, ob sie nun von Anfang an falsch sind oder später von Fiktion und Unwahrheit überlagert werden, sodass ihr ursprünglicher Wahrheitsgrund von Irrtum und Fabeln verdeckt wird, besteht ein solcher Mangel an Kohärenz zwischen den theistischen und menschlichen Elementen, dass wir sie immer einem Trennungsprozess unterziehen sehen. Wir sehen, wie das menschliche Element immer mehr Einfluss auf das Volksdenken nimmt und sich dort in Form eines starken Aberglaubens manifestiert; und das theistische Element wird andererseits vom kultivierten Intellekt als das ausschließliche und einzige Element anerkannt und zu einer Art natürlicher Theologie ausgearbeitet, die in ihren Aussagen normalerweise vernünftig genug ist, aber für jeden praktischen Zweck immer schwach und unwirksam ist. Eine solche Trennung der beiden Elemente fand in alten Zeiten in den Zeiten der klassischen Mythologie statt; und daher der völlig gegensätzliche Charakter der wilden, aber freundlichen und populären Fabeln, die von den Dichtern so exquisit geschmückt wurden, und der vernünftigen, aber wenig einflussreichen Lehren, die von einigen wenigen Auserwählten von den Philosophen übernommen wurden. Eine solche Trennung fand auch in Frankreich in der zweiten Hälfte des letzten Jahrhunderts statt; und noch immer finden wir auf dem europäischen Kontinent diese Trennung im Allgemeinen durch die Befürworter eines schwachen Theismus auf der einen Seite und einer abergläubischen Heiligenverehrung auf der anderen Seite vertreten. In den falschen oder verdorbenen Religionen scheinen die beiden unverzichtbaren Elemente der Göttlichkeit und der Menschheit durch einen rein mechanischen Prozess miteinander vermischt zu sein; und es ist ihre natürliche Tendenz, sich durch eine Art Abschwächung des menschlichen Elements vom theistischen zu trennen, als ob die notwendigen Affinitäten fehlen würden. Im Christentum hingegen, wenn es in seiner Integrität als Religion des Neuen Testaments existiert, ist die Vereinigung der beiden Elemente vollständig: Es hat nicht die Natur einer mechanischen, sondern einer chemischen Mischung; und seine große zentrale Lehre – die wahre Menschheit und wahre Göttlichkeit des anbetungswürdigen Erlösers – ist eine Wahrheit, die sowohl von den bescheidensten als auch von den erhabensten Intellektuellen gleichermaßen angenommen werden kann. Arme sterbende Kinder, die nur über ein paar einfache Ideen verfügen, und Männer mit dem stärksten Intellekt, wie die Chalmerses, Fosters und Halls der christlichen Kirche, können ihre Erlösung gleichermaßen auf den *Menschen* „Christus, der über allem steht, *Gott* , gesegnet in Ewigkeit" stützen. Diese grundlegende Wahrheit der zwei Naturen ist in der komprimierten Verkündigung des Evangeliums, die das Motto unseres Glaubens bildet: „Glaube an den Herrn Jesus Christus, und du wirst errettet werden", eine direkte und greifbare Verkörperung; und ohne sie ist das Christentum nur ein bloßer Name.

Zu dieser Zeit beeindruckte mich ein weiterer sehr bemerkenswerter Aspekt der Religion Christi, nämlich ihr subjektiver Charakter. Kames illustriert in seiner „Kunst des Denkens" eine seiner Beobachtungen über die „Natur des Menschen" mit einer merkwürdigen Geschichte. „Nichts ist häufiger", sagt er, „als Liebe, die sich in Hass verwandelt; und wir haben Fälle erlebt, in denen sich Hass in Liebe verwandelt hat." Und um diese Bemerkung zu verdeutlichen, erzählt er seine Anekdote von „Unnion und Valentine". Zwei englische Soldaten, die in den Kriegen von Königin Anne kämpften – der eine ein Unteroffizier, der andere ein einfacher Wachposten – waren jahrelang Freunde und Kameraden gewesen; aber als sie sich in einer Liebesaffäre stritten, wurden sie zu erbitterten Feinden. Der Offizier machte einen unedlen Gebrauch von seiner Autorität und ärgerte und verfolgte den Wachposten so sehr, dass er ihn fast in den Wahnsinn trieb; und man hörte ihn oft sagen, er würde sterben, um sich an ihm zu rächen. Ganze Monate vergingen damit, auf der einen Seite Verletzungen zuzufügen und auf der anderen Seite ihren Klagen Luft zu machen. Dann wurden sie inmitten ihrer gegenseitigen Wut beide als Männer mit erprobtem Mut ausgewählt, an einem verzweifelten Angriff teilzunehmen, der jedoch erfolglos blieb. Der Offizier wurde auf dem Rückzug kampfunfähig und durch einen Schuss in den Oberschenkel niedergestreckt. „Oh, Valentine! Und willst du mich hier sterben lassen?", rief er aus, als sein alter Kamerad an ihm vorbeistürmte. Der arme Verletzte kehrte sofort zurück und trug seinen verwundeten Feind inmitten eines dichten Feuers an einen scheinbar sicheren Ort, als er von einer zufälligen Kugel getroffen wurde und unter seiner Last tot zusammenbrach. Der Offizier vergaß seine Wunde sofort, stand auf, raufte sich die Haare, warf sich auf den blutenden Körper und rief: „Ach, Valentine! Und bist du wegen mir gestorben, der dich so barbarisch behandelt hat? Ich werde nach dir nicht mehr leben." Er ließ sich auf keinen Fall von der Leiche wegbringen, sondern wurde mit der blutenden Leiche in den Armen weggetragen, und alle seine Kameraden, die von seiner Grausamkeit gegenüber dem Verstorbenen wussten, waren von Tränen begleitet. Als man ihn in ein Zelt brachte, wurden seine Wunden mit Gewalt verbunden, aber am nächsten Tag, während er noch immer nach Valentine rief und seine Grausamkeiten ihm gegenüber beklagte, starb er in den Qualen der Reue und Verzweiflung.

Dies ist sicherlich eine bemerkenswerte Geschichte; die darauf basierende, alltägliche Bemerkung des Philosophen ist jedoch weit weniger bemerkenswert. Menschen, die geliebt haben, *lernen* oft, das Objekt ihrer Zuneigung zu hassen; und Menschen, die gehasst haben, lernen manchmal, zu lieben; aber der Teil der Anekdote, der besonders erwähnenswert scheint, ist der, der sich mit der überwältigenden Reue und dem Kummer des geretteten Soldaten befasst und zeigt, wie wirksam sein armer toter Kamerad, indem er für ihn starb, „als er noch sein Feind war", „feurige Kohlen auf sein Haupt gehäuft" hatte. Und dies scheint einer der Hauptgrundsätze zu sein, auf denen der Plan der Erlösung in göttlicher Anpassung an das Herz des Menschen aufgebaut wurde. Der Erlöser bekräftigte seine Liebe, „indem er für uns starb, als wir noch Sünder waren". In diesem Grundsatz steckt eine unbeschreiblich große Kraft; und so manches tief bewegte Herz hat ihn bis ins Innerste gespürt. Die Theologen haben sich vielleicht zu oft mit der stellvertretenden Genugtuung des Erlösers für die Sünden der Menschen in Bezug auf die verletzte Gerechtigkeit des Vaters befasst. Wie oder auf welcher Grundlage der Vater befriedigt wurde, weiß ich nicht und werde es vielleicht nie erfahren. Die Aussage über die stellvertretende Genugtuung kann im Glauben als Tatsache akzeptiert werden , aber ich vermute, man kann nicht richtig darüber nachdenken, bis wir in der Lage sind, den moralischen Sinn der Gottheit mit seinen Anforderungen in die Grenzen einer kleinen und trivialen Logik zu bringen. Die gründliche Anpassung des Schemas an die Natur des Menschen ist jedoch weitaus erkennbarer und liegt vollständig im Bereich der Beobachtung und Erfahrung. Und wie gründlich diese Anpassung ist, sollten alle, die sich mit der Angelegenheit wirklich befasst haben, beurteilen können. Führt eine irdische Priesterschaft, die angeblich die Macht hat, zwischen Gott und Mensch zu treten, immer zu einer kirchlichen Tyrannei, die letztlich zur Folge hat, die Masse der Menschen von ihrem Schöpfer fernzuhalten? – Hier ist ein Hohepriester, der in den Himmel aufgestiegen ist – der einzige Priester, den der evangelische Protestant wirklich als solchen anerkennt – an den sich in seiner Rolle als Mittler zwischen Gott und Mensch alle wenden können und vor dem man nichts von jener erbärmlichen Niedergeschlagenheit des Geistes und Verstandes zu spüren braucht, die der Mensch immer erfährt, wenn er sich vor dem bloß menschlichen Priester beugt. Ist Selbstgerechtigkeit die hartnäckigste Schwäche des religiösen Menschen? – Im Schema der stellvertretenden Gerechtigkeit findet sie keinen Halt. Der selbstgefällige Pharisäer muss sich damit zufrieden geben, seine eigenen Verdienste aufzugeben, bevor er an dem Verdienstfonds teilhaben oder Anteil haben kann, der allein zählt; und doch kann er ohne persönliche Gerechtigkeit keinerlei Beweise dafür haben, dass er ein Interesse an der allgegenwärtigen zugeschriebenen Gerechtigkeit hat. Doch erst am Ende des Lebens, wenn die Tugenden des Menschen so unbegreiflich werden, dass sie ihm entgleiten und Sünden und Verfehlungen, die ihm vorher kaum aufgefallen waren, wie Gespenster um ihn herum auftauchen, erscheint der Erlösungsplan der unendlichen Weisheit und Güte Gottes würdig, und das, was der Erlöser getan und erlitten hat, scheint wirksam genug, um die Schuld jeder Sünde auszulöschen. Wenn die kleinen Lichter des Trostes erlöschen, scheint die Sonne der Gerechtigkeit hervor und gleicht sie alle mehr als aus.

Die Meinungen, die ich mir damals zu diesem Thema von höchster Wichtigkeit gebildet hatte, hatte ich später nicht mehr zu ändern oder abzuändern. Im Gegenteil, beim Übergang von der subjektiven zur objektiven Sichtweise habe ich die Lehre von der Vereinigung der beiden Naturen weitgehend bestätigt gesehen. Die Wahrheiten der Geologie scheinen in Zukunft einen nicht unerheblichen Einfluss auf die natürliche Theologie auszuüben, und mit dieser besonderen Lehre scheinen sie sehr im Einklang zu stehen. Das charakteristische Merkmal dieses langen und majestätischen Marsches der Schöpfung, mit dem uns die Aufzeichnungen der steinernen Wissenschaft bekannt machen, ist der Fortschritt. Es scheint eine Zeit gegeben zu haben, in der es auf unserem Planeten nur tote Materie ohne Verbindung zu Vitalität gab, und dann eine Zeit, in der Pflanzen und Tiere niedriger Ordnung zu existieren begannen, in der aber selbst Fische, die bescheidensten Wirbeltiere, so selten und außergewöhnlich waren, dass sie in der Natur kaum einen nennenswerten Platz einnahmen. Dann kam ein Zeitalter der riesigen Fische, und zu der besonderen ichthyischen Organisation kamen bestimmte gut ausgeprägte Merkmale der ihnen unmittelbar übergeordneten Reptilienklasse hinzu. Und dann, nach einer Zeit, in der das Reptil einen ebenso unauffälligen Platz eingenommen hatte wie der Fisch in den früheren Perioden des Tierlebens, wurde ein Zeitalter der Reptilien von enormer Größe und hohem Rang eingeleitet. Und als es im Lauf unzähliger Zeitalter *ebenfalls* verschwunden war, folgte ein Zeitalter der großen Säugetiere. Weichtiere, Fische, Reptilien, Säugetiere hatten nacheinander ihre Perioden von enormer Ausdehnung; und dann kam eine Periode, die sich in der Art ihrer Herrenexistenz noch mehr von jeder dieser Schöpfungen unterschied, als sie sich mit ihren vielen Lebenskräften von der vorherigen anorganischen Periode unterschieden hatten, in der das Leben noch nicht begonnen hatte. Die menschliche Periode begann – die Periode eines Mitarbeiters Gottes, geschaffen nach Gottes eigenem Bild. Die tierischen Existenzen der vorherigen Zeitalter bildeten, wenn ich mich so ausdrücken darf, bloße Figuren in den Landschaften des großen Gartens, den sie bewohnten. Der Mensch hingegen wurde hineingestellt, um ihn „zu bewahren und zu gestalten"; und die Wirkung seiner Arbeiten war so groß , dass sie das Gesicht ganzer Kontinente verändert und verbessert haben. Unser Globus, selbst wenn man ihn vom Mond aus sehen könnte, zeugt auf seiner Oberfläche von jener einzigartigen Natur des Menschen, die kein niederes Tier teilt, was ihn in physischen und natürlichen Dingen zu einem Mitarbeiter des Schöpfers macht, der ihn zuerst erschaffen hat. Und von der Identität zumindest seines Intellekts mit dem seines Schöpfers und folglich von der Integrität der Offenbarung, die erklärt, dass er nach Gottes eigenem Bild geschaffen wurde, haben wir direkte Beweise in seiner Fähigkeit, Gottes Erfindungen nicht nur zu begreifen, sondern sie sogar zu reproduzieren; und dies nicht als bloßer Nachahmer, sondern als origineller Denker. Er mag gelegentlich die Prinzipien seiner Erfindungen aus den Werken des ursprünglichen Schöpfers übernehmen, aber viel häufiger entdeckt er beim Studium der Werke des ursprünglichen Schöpfers in ihnen die Prinzipien seiner eigenen Erfindungen. Er war kein Nachahmer: Er hat lediglich, mit ähnlichen Ergebnissen, den ähnlichen Geist, *d. h.* den Geist, der nach dem Bild Gottes geschaffen wurde, geübt. Aber die bestehende Szene der Dinge ist nicht dazu bestimmt, die letzte zu sein. So hoch sie auch ist, sie ist zu niedrig und zu unvollkommen, um als Gottes vollendetes Werk angesehen zu werden: Sie ist lediglich eine der *fortschreitenden* Dynastien; und die Offenbarung und die eingepflanzten Instinkte unserer Natur lehren uns gleichermaßen, eine glorreiche *letzte* Dynastie zu erwarten. In der ersten Morgendämmerung des Seins war einfache Vitalität mit Materie vereint: Die so vereinte Vitalität wurde in jeder folgenden Periode von immer höherer Ordnung; – es war nacheinander die Vitalität der Weichtiere, der Fische, der Reptilien, der klugen Säugetiere und schließlich des verantwortungsbewussten, unsterblichen Menschen, der nach dem Bild Gottes geschaffen wurde. Was wird der nächste Fortschritt sein? Soll es lediglich eine Wiederholung der Vergangenheit geben – eine zweite Einführung des „nach dem Bild Gottes geschaffenen Menschen"? Nein! Der Geologe findet in den Steintafeln, die seine Aufzeichnungen bilden, kein Beispiel dafür, dass Dynastien, die einmal vergangen sind, wieder auferstehen. Es hat keine Wiederholung der Dynastie der Fische, der Reptilien oder der Säugetiere gegeben. Die Dynastie der Zukunft soll den verherrlichten Menschen als Bewohner haben; aber es soll die Dynastie – das „*Königreich*" – nicht des verherrlichten Menschen sein, der nach dem Bild Gottes geschaffen wurde, sondern Gottes selbst in der Gestalt des Menschen. In der Lehre von den zwei Naturen und in der weiteren Lehre, dass die letzte Dynastie insbesondere die Dynastie dessen sein soll, in dem die Naturen vereint sind, finden wir jene erforderliche Entwicklung, über die der Fortschritt nicht hinausgehen kann. Schöpfung und Schöpfer treffen sich an einem Punkt und in einer Person. Die lange aufsteigende Linie von der toten Materie zum Menschen war ein Fortschritt hin zu Gott – kein asymptotischer Fortschritt, sondern von Anfang an dazu bestimmt, einen

Punkt der Vereinigung zu schaffen; und indem wir diesen Punkt als wahrer Gott und wahrer Mensch, als Schöpfer und Geschöpf einnehmen, erkennen wir den anbetungswürdigen Monarchen der gesamten Zukunft. Wie der Apostel betont, ist es der besondere Ruhm unserer Menschheit, dass sie den Berührungspunkt geschaffen hat, an dem sich die Gottheit nicht nur mit dem Menschen, sondern durch den Menschen auch mit seinem eigenen Universum - dem Universum der Materie und des Geistes - verbunden hat.

Ich blieb mehrere Monate lang bei schwacher und etwas unsicherer Gesundheit. Meine Lungen waren ernsthafter geschädigt worden, als ich zunächst angenommen hatte; und es schien eine Zeitlang ziemlich zweifelhaft, ob die schwere mechanische Reizung, die sie so gereizt hatte, dass die Atemwege mit Materie und Gesteinsstaub überladen schienen, nicht zu den Beschwerden führen könnte, die sie hervorrief, und zu einer bestätigten Schwindsucht führen könnte. Merkwürdigerweise hatten mir meine Kameraden – unter den anderen Cha, ein Mann mit Verstand und Beobachtungsgabe – in nüchternem Ernst gesagt, dass ich den Verlust meiner Nüchternheit dadurch bezahlen würde, dass ich früher als sie von der Steinmetzkrankheit betroffen wäre: „Ein gutes *Haus* " gab, sagten sie, der Konstitution einen gesunden Auftrieb und „reinigte den Schwefel aus den Lungen"; und meine würden leiden, weil ihnen die Medizin fehlte, die ihre rein hielt. Ich weiß nicht, ob ihr Heilmittel wirksam war: es scheint durchaus möglich, dass der Schock, den eine Überdosis hochprozentigen Alkohols der Konstitution zufügt, in bestimmten Fällen medizinische Wirkungen haben kann; aber sie lagen mit ihrer Vorhersage sicher nicht falsch. Unter den Holzfällern der Gruppe war ich der erste, der von der Krankheit befallen wurde. Ich erinnere mich noch an das eher nachdenkliche als traurige Gefühl, mit dem ich damals über einen frühen Tod nachdachte, und an die intensive Liebe zur Natur, die mich Tag für Tag in die schöne Landschaft zog, die meine Heimatstadt umgab, und die ich umso mehr liebte, da ich wusste, dass meine Augen sich so bald für immer vor ihr verschließen könnten. „Es *ist* eine Freude, die Sonne zu sehen." Unter meinen Manuskripten – nutzlosen Papierfetzen, denen ich jedoch in ihrem Charakter als Fossilien der vergangenen Epochen meines Lebens nicht umhin kann, ein Interesse beizumessen, das nicht an sich selbst liegt – finde ich die Stimmung nur in ein paar fast kindlichen Versen wieder, die an ein fügsames kleines Mädchen von fünf Jahren gerichtet waren, meine älteste Schwester aus der zweiten Ehe meiner Mutter und meine häufige Begleiterin während meiner Krankheit auf meinen kurzen Spaziergängen.

AN JEANIE.

Schwester Jeanie, beeil dich, wir gehen

Wo die weißsternigen Kleider wachsen,

Mit der goldfarbenen Puddock-Blume.

Das schneeweiße und das schöne veilchenblaue.

Schwester Jeanie, beeil dich, wir gehen

Dorthin, wo der blühende Flieder wächst –

Um die Kiefer zu sehen, dunkel und hoch,

Richtet seinen Hahn zum wolkenlosen Himmel.

Jeanie, viel Spaß

Wird heute in den jungen Laubwäldern gesungen;

Auf leichten Flügeln huscht der Drache davon,

Und die große rote Biene rammt die Blume in den Boden.

Der Burnie bahnt sich seinen Weg

Unter dem sich biegenden Birkenspray,

Ein Schleier um den grünen Moosstein,

Und trauert. Ich weiß nicht warum, mit einer endlosen Mähne.

Jeanie, komm, deine Spieltage

Die Herbstflut wird vorübergehen;

Sonst werden diese Szenen in Dunkelheit gehüllt,

Lassen Sie sich vom wilden Wintereinbruch verwüsten.

Wenn auch ein Quell dir entspringt,

Und ebenso schöne Szenen erfreuen deine Augen;

Und doch, durch so manchen trüben Tag,

Meine bezaubernde Jean soll herzlich und fröhlich sein;

Wer deine kleine Hand ergreift,

Nae Langer wird an deiner Seite stehen,

Noch über dem blumenbestreuten Hügel

Führe dich auf den bescheidensten und schönsten Weg.

Siehst du dort drüben so grün,

Mit vielen Moossteinen übersät?

Ein paar kurze Wochen des Schmerzes werden vergehen,

Und in diesem *Bett* soll dein armer Bruder schlafen.

Dann die Tränen deiner Mutter eine Weile

Kann deine Freude schmälern und dein Lächeln trüben;

Doch der Kummer wird bald vergehen,

Und ich werde von jedem vergessen werden.

Ich finde den Gedanken nicht traurig;

Das Leben hat mich geärgert, aber das macht mich froh:

Als mein Herz sich beruhigte und mein Auge sich schloss,

Schön sollen die Träume meines Schlafes sein.

Schließlich jedoch schüttelte mein Körper die Krankheit ab, obwohl – wie ich gelegentlich noch immer fühle – das betroffene Organ nie ganz seine frühere Kraft zurückerlangte, und ich begann, die stille, aber exquisite Freude der Genesung zu erleben. Nach einer langen und deprimierenden Krankheit scheint die Jugend selbst mit der wiederkehrenden Gesundheit zurückzukehren, und es scheint eine der ausgleichenden Maßnahmen zu sein, dass während Männer mit robuster Konstitution und starrer Organisation allmählich geistig alt und gefühlsdämpfend werden, die Klasse, die viele Male krank sein muss, den Trost hat, auch viele Male jung zu sein. Der reduzierte und geschwächte Körper wird für das Emotionale ebenso empfänglich wie in der zarten und empfindlichen Jugend. Ich weiß nicht, ob ich jemals drei glücklichere Monate verbracht habe als die Herbstmonate dieses Jahres, als ich in meinen alten Lieblingsplätzen, den Wäldern und Höhlen, allmählich wieder an Fleisch und Kraft gewann. Mein Freund hatte mich Anfang Juli verlassen und war nach Aberdeen gegangen, wo er seine Studien unter dem Auge eines Lehrers, eines gewissen Mr. Duncan, fortsetzte, den er mir in seinen Briefen als den vielleicht gelehrtesten Mann beschrieb, den er je gesehen hatte. „Sie können ihm eine gewöhnliche Frage stellen“, sagte mein Freund, „ohne eine Antwort zu erhalten – denn er ist weitaus abwesender als die durchschnittliche Abwesenheit eines großen Gelehrten; aber wenn Sie ihn nach dem Stand einer Kontroverse fragen, die jemals in der Kirche oder der Welt aufgeworfen wurde, wird er Ihnen dies sofort mitteilen, mit, wenn

Sie so wollen, allen Argumenten beider Seiten." Diese Eigenschaft kam mir damals ziemlich bemerkenswert vor; und ich dachte viele Jahre später daran, als der Name des Lehrers meines Freundes als Dr. Duncan, Hebräischprofessor an unserem Free Church College und einer der gelehrtesten Orientalisten, ziemlich weithin bekannt geworden war. Obwohl ich jedoch von meinem Freund getrennt war, fand ich ein stilles Vergnügen daran, auf meinen einsamen Spaziergängen den Ansichten nachzugehen, die seine Gespräche angeregt hatten; und in einer Abschrift von Versen, die aus dieser Zeit stammen und die mir trotz ihrer Armut und Steifheit als wahr und repräsentativ für das Gefühl der Genesung gefallen, finde ich direkte Hinweise auf die Überzeugungen, die er zu vermitteln versucht hatte. Meine Verse sind in einer Art Metrum geschrieben, das in den Händen von Collins flexibel und außerordentlich poetisch wurde und das in denen von Kirke White zumindest gefällt, von dem wir aber in den „Anthologien" von Southey recht schlechte Beispiele finden und das vielleicht niemand, der in seinem metrischen Vokabular so eingeschränkt und in seinem musikalischen Gehör so mangelhaft ist wie der Autor dieser Kapitel, jemals versucht hätte.

TROST.

Kein Stern von goldenem Einfluss bejubelte die Geburt

Von ihm, der, ganz unbekannt und einsam, gießt,

    Wenn das Licht des Abends erlischt,

    Sein nachdenkliches, schlichtes Lied;

Ja, diejenigen, die Ehre, Wohlstand, Ruhm und Ehre schätzen,

Da es die einzigen Freuden des Menschen sind, soll er keine Freude daran finden.

    Doch von weit edlerer Art

    Seine stillen Freuden beweisen es.

Denn die Wege der Menschen blieben von ihm nicht unberührt;

Noch ist ihm die weite Seite unbekannt,

    Wo, von der Hand der Natur gezeichnet,

    Ist so manche erfreuliche Zeile.

Oh! Wenn die stumpfsinnigen Kinder der Welt das Knie beugen,

Gemeinheitlich unterwürfig gegenüber einem sterblichen Gott,

Es bringt keine vulgäre Freude

Allein, um abseits zu stehen;

Oder wenn sie auf der überfüllten Straße des Reichtums drängen,

Und der Tumult schwillt im Winde an, es ist süß,

Nachdenklich, endlich zurückgelehnt,

Um das zornige Summen aufzulisten.

Was, wenn der schwache, heitere Affekt zu verachten

Der herumlungernde Träumer des dunkelsten Schattens des Lebens,

Stachellos der Spott, dessen Stimme

Kommt vom falschen Weg.

Spötter, verkünde das Ende all Deiner Mühen!

Wenn Freude, Freude unaufgefordert kommt, um zu jubeln

Die Spukstellen dessen, der verbringt

Seine Stunden in stiller Betrachtung.

Und glücklicher ist, wer das Verlangen unterdrücken kann,

Als diejenigen, die selten einen vereitelten Wunsch betrauern;

Die Vasallen des Schicksals –

Er ist der unbeugsame Eroberer,

Und du, gesegnete Muse, obwohl du deine Leier grob bespannt hast,

Seine Töne können den dunklen und einsamen Tag täuschen –

Kann die faltige Stirn glätten,

Und trockne die Tränen der Trauer.

Dir gebührt viel Glück – oh, Dir gebührt viel Trost!

Von dir gestützt, behauptet die Seele ihren Thron,

Die gezügelten Leidenschaften schlafen,

Und es herrscht taubenäugiger Frieden.

Und du, schöne Hoffnung! Wenn anderer Trost versagt –

Wenn der Nacht dichter Nebel herabfällt, flammt dein Leuchtfeuer,

Bis die dunklen Wolken glühen

Mit Strahlen versprochener Glückseligkeit.

Du versäumst es nicht, wenn du die beruhigende Leier verstummen lässt,

Lebt dein unvergänglicher Trost; süß zu erheben

    Dein Auge, o stille Hoffnung,

    Und grüße einen Freund im Himmel!—

Ein Freund, ein Bruder, dessen schrecklicher Thron

In heiliger Furcht nähern sich des Himmels mächtigste Söhne:

    Das Herz des Menschen soll für den Menschen fühlen –

    Um ihn zu retten, bedarf es Gottes großer Kraft!

Bezwinger des Todes, Freude der angenommenen Seele,

Oh, Wunder erregen keinen Zweifel, wenn man von dir erzählt!

    Dein Weg vorbei, herauszufinden,

    Kann die Zunge Deine Liebe ausdrücken?

Erheitert durch dein Lächeln, wohnt Frieden inmitten des Sturms.

Von deiner Hand gehalten, greifen die Fluten vergeblich an;

    Mit Trauer vermischt sich Freude,

    Und strahlt das Gewölbe des Todes.

Als ich diesen Herbst bei einem meiner Spaziergänge an der Höhle vorbeikam, in der ich als Junge so viele glückliche Stunden mit Finlay verbracht hatte, fand ich sie rauchend wie in alten Zeiten, von einem riesigen Feuer besessen und von einer wilderen und sorgloseren Gruppe bewohnt als selbst meine schwänzenden Schulkameraden. Eine Bande Zigeuner war entdeckt und in Besitz genommen worden. Angezogen von den Rußflecken an Dach und Wänden hatten sie den Schluss gezogen, dass sie in früheren Zeiten von Zigeunern bewohnt worden war, und ohne Rücksprache mit einem Verwalter oder Grundbesitzer sofort als rechtmäßige Nachfolger der früheren Bewohner Besitz ergriffen. Es war eine wilde Bande mit viel echtem Zigeunerblut in ihren Adern, aber nicht ohne Beimischung einer heruntergekommenen Klasse offensichtlich britischer Abstammung; und eine ihrer Frauen war eine reine Irin. Nach dem, was ich zuvor über Zigeuner gehört hatte, war ich auf eine derartige Beimischung nicht vorbereitet; aber ich fand es ziemlich allgemein und stellte fest, dass zumindest eine der Arten, wie es stattgefunden hatte, durch den Fall der einen irischen Frau veranschaulicht wurde. Ihr Zigeunermann hatte als Soldat gedient und sie in der Armee geheiratet. Ich war immer äußerst neugierig, den Menschen in seinem rohen Element zu sehen – ihn als Wilden zu studieren, ob unter den erniedrigten Klassen unseres eigenen Landes oder, wie es in den Schriften von Reisenden und Seefahrern dargestellt wird, in seinem ursprünglichen Zustand; und jetzt zögerte ich nicht, die Zigeuner zu besuchen und nicht selten ein oder zwei Stunden in ihrer Gesellschaft zu verbringen. Zuerst schienen sie auf mich als Spion eifersüchtig zu sein; aber als sie mich harmlos fanden und feststellten, dass ich keinen Rat verriet, erkannten sie mich schließlich als den „ruhigen, kränklichen Jungen" und plauderten in meiner Gegenwart genauso frei wie in der der anderen Krüge mit Ohren, die sie zu Dutzenden und Dutzenden aus Zinn herzustellen pflegten und deren Herstellung zusammen mit der Herstellung von Hornlöffeln den Hauptzweig der in der Höhle betriebenen Geschäfte bildete. Bei diesen Besuchen bekam ich merkwürdige Einblicke in das Leben der Zigeuner. Ich konnte nur dem vertrauen, was ich tatsächlich miterlebte: Was man mir erzählte, konnte man auf keinen Fall glauben; denn nie gab es gröbere und ungeheuerlichere Lügen als die der Zigeuner; aber selbst das Lügen bildete an sich ein besonderes Merkmal. Ich habe nirgendwo anders eine Lüge gehört, die alle Wahrscheinlichkeit so völlig in Frage stellte – eine Folge davon, dass sie sich wie ungeschickte Autoren unbekümmert daran wagten, sich in Erfindungsbereichen zu verlieren, die ihre Erfahrung nicht umfasste. Einmal stellte eine alte Zigeunerin fest, dass ich an Schwindsucht leide, und verschrieb mir als unfehlbares Heilmittel klein gehackte, zu Kugeln geformte rohe Petersilie mit frischer Butter. Da sie aber an meinem Benehmen erkannte, dass ich nicht den nötigen Glauben an ihre Spezialität hatte, sagte sie weiter, dass sie ihr Wissen in solchen Dingen von ihrer Mutter habe, einer der „schlauesten Frauen, die je gelebt haben". Ihre Mutter, sagte sie, habe einmal den Sohn eines Lords in einer halben Minute von einer schweren Verletzung geheilt, nachdem alle englischen Ärzte ihm nichts mehr zu helfen vermocht hatten. Sein Auge war durch einen Schlag aus der Höhle geschlagen worden und hing halb über seine Wange. Obwohl die Ärzte es natürlich wieder an seinen Platz zurückbringen konnten, wollte es nicht haften und fiel immer wieder heraus. Ihre Mutter verstand den Fall jedoch sofort. und indem sie hinten im Nacken des jungen Mannes einen kleinen Schnitt machte, ergriff sie das Ende einer Sehne, zog mit einem Ruck die gelöste Kugel hinein und machte alles fest, indem sie einen Knoten in das Kontrollband machte, und hielt so das Auge an seinem Platz. Und abgesehen davon, dass der junge Lord weiterhin ein wenig blinzelte, ging es ihm sofort wieder gut. Die eigentümliche Anatomie, auf der diese Erfindung beruhte, musste natürlich der einer Wachspuppe mit blinzelnden Augen geähnelt haben; aber für die Frau war sie gut genug; und da sie keinen Charakter hatte, den sie für die Wahrheit hätte aufrechterhalten können, zögerte sie nicht, darauf aufzubauen. Als man sie fragte, ob sie jemals in die Kirche ging, antwortete sie sofort: „O ja, früher sehr oft. Ich bin die Tochter eines Pfarrers – eine *natürliche* Tochter, wissen Sie: Mein Vater war der mächtigste Prediger im ganzen Süden, und ich ging immer hin, um ihm zuzuhören." Ungefähr eine Stunde später jedoch vergaß sie ihren improvisierten Ausrutscher und den ehrwürdigen Charakter, mit dem sie ihren Vater bedrängt hatte, und sprach von ihm, in einer anderen ebenso offensichtlichen Erfindung, als dem größten „König der Zigeuner", den die Zigeuner je gehabt hätten. Sogar die Kinder hatten sich diese Angewohnheit der ungeheuerlichen Verlogenheit zugelegt. Da war einer der Jungen der Bande, deutlich unter zwölf, der stundenlang Lügengeschichten improvisieren konnte und sich immer zu freuen schien, einen Zuhörer zu haben; und ein kleines Mädchen, noch jünger, das „in der *Fiktion lispelte* , denn die *Fiktion* kam". Es gab zwei Dinge, die mir bei diesen Zigeunern immer als eigenartig auffielen – ein hinduistischer Kopf, klein von Größe, aber mit einer beträchtlichen Fülle der Stirn, besonders entlang der Mittellinie, in der Region, wie der Phrenologe vielleicht sagen würde, der *Individualität* und *Vergleichbarkeit* ; und eine eigenartige Haltung, die die älteren Frauen des Stammes einnahmen, wenn sie vor ihren Feuern hockten, wobei die Ellbogen auf den eng zusammengelegten Knien ruhten, das Kinn auf den Handflächen lag und die gesamte Figur (die in ihrer Haltung etwas an eine mexikanische Mumie erinnerte) ein fremdartiges Aussehen annahm, das mich an einige der grotesken Skulpturen Ägyptens und Hindustans erinnerte. Der eigenartige Kopftyp stammte, daran zweifle ich nicht, von einer Abstammung, die ursprünglich anders war als die der sesshaften Rassen des Landes; ebenso ist es nicht unmöglich, dass die eigenartige Haltung – anders als alle, die ich jemals schottische Frauen einnehmen sah – ebenfalls ausländischen Ursprungs war.

Ich habe Szenen unter diesen Zigeunern miterlebt, von denen der Autor der „Jolly Beggars" vielleicht nur selten Gebrauch gemacht hätte, die aber eine Art Material darstellten, für dessen richtige Verwendung mir die besondere Fähigkeit fehlte. Einmal wurde berichtet, dass in der Höhle eine Hochzeitszeremonie und eine Hochzeit stattfinden sollten , und ich schlenderte den Weg entlang in der Hoffnung, herauszufinden, wie die Bewohner es fertigbrachten, selbst das zu tun, was natürlich kein Geistlicher für sie wagen würde – da der Bräutigam von den zu vereinenden Parteien bereits so viele lebende Frauen haben könnte wie „Peter Bell" und die Braut ebenso viele Ehemänner. Einige Jahre zuvor hatte in einer Höhle in der Nähe von Rosemarkie eine Zigeunerhochzeit stattgefunden. Ein alter Zigeunermann, der die seltene Fähigkeit des Lesens besaß, hatte dem jungen Paar den englischen Hochzeitsgottesdienst halb vorgelesen und halb buchstabiert, und die Zeremonie galt nach ihrem Abschluss als abgeschlossen. Und jetzt erwartete ich, etwas Ähnliches mitzuerleben. In einer Lichtung im Wald oben begegnete ich zwei sehr betrunkenen Zigeunern und sah die ersten Früchte der kommenden Fröhlichkeit. Einer der beiden war ein ungehobelt aussehendes Monster, fahlhäutig, flachgesichtig, rundschultrig, lang und dünngliedrig, mindestens 1,88 m groß, und aufgrund seiner seltsamen Missverhältnisse hätte er jeden Tag für 2,10 m durchgehen können, wären da nicht seine Hosen gewesen, die für einen viel kleineren Mann gemacht waren und bis zur Mitte seines wadenlosen Beins reichten, was ihm das Aussehen eines großen Jungen auf Stelzen verliehen hätte. Die Jungen des Ortes nannten ihn „Riesen-Grimbo“, während sie seinen Begleiter, einen strammen, adretten kleinen Kerl, der immer ein kompaktes, wohlgerundetes Bein in Cordhosen zur Schau stellte, als „Billy Breeches“ zu erkennen gelernt hatten. Der Riese, der einen Dudelsack trug, war zusammengebrochen, bevor ich sie einholte; und jetzt, im Gras sitzend, summte er in stoßweisen Stößen eine teuflische Musik, zu der Billy Breeches tanzte; aber gerade als ich vorbeikam, gab auch Billy nach, nachdem er unendlich viel Kraft darauf verwendet hatte, aufrecht zu bleiben; und als ich über den am Boden liegenden Musiker fiel, konnte ich hören, wie der Sack sich mit einem langgezogenen, melancholischen Quietschen die Seele aus dem Leib stöhnte, als er sich dagegen drückte. Die Höhle bot einen mehr als gewöhnlich malerischen Anblick. Sie hatte ihre zwei Feuer und ihre doppelte Portion Rauch, der in der Stille wie ein umgekehrter Fluss hinausrollte; denn er klebte dicht an der Decke, als ob er durch umgekehrte Schwerkraft angetrieben würde, und drehte seine schäumende Oberfläche nach unten. An dem einen Feuer war eine alte Zigeunerin damit beschäftigt, Haferkuchen zu backen; und über dem anderen hing ein großer Topf, der den wohlschmeckenden Geruch unglücklichen Geflügels, das mitten in seinem Leben ausgehungert worden war, und unglücklicher Hasen, die ohne Jagdschein erlegt worden waren, durch die Höhle verbreitete. Ein Esel, das Gemeineigentum des Stammes, stand nachdenklich im Vordergrund; zwei Bengel, jeder etwa zehn bis zwölf Jahre alt – erbärmlich ausgestattet mit diesem Kleidungsstück – denn der eine, nur mit einer zerfetzten Hose ausgestattet, war von der Hüfte aufwärts nackt, und der andere, nur mit einer zerschlissenen Jacke ausgestattet, war von der Hüfte abwärts nackt – waren damit beschäftigt, weiter vorne Brennstoff für das Feuer aufzulesen; ein paar der gewöhnlichen Bewohner des Ortes lungerten im Schutz des Rauchs herum, anscheinend in einer nicht im Geringsten geschäftigen Stimmung; und auf einem Sofa aus getrocknetem Farn saß offensichtlich die zentrale Figur der Gruppe, eine junge Brünette mit funkelnden Augen, die mehr als gewöhnlich die hinduistischen Besonderheiten an Kopf und Gesichtszügen aufwies, und ihr folgte ein wild aussehender Kerl von etwa zwanzig Jahren, dunkel wie ein Mulatte und mit einer Fülle langen, flexiblen Haares, schwarz wie Pech, das ihm bis in die Augen hing und ihm um Wangen und Hals fiel. Dies waren, wie ich feststellte, Braut und Bräutigam. Die Braut war damit beschäftigt, eine Mütze zu nähen – der Bräutigam beobachtete den Fortgang der Arbeit. Mir fiel auf, dass die Gesellschaft, die weniger mitteilsam war als sonst, mich wie einen Eindringling zu betrachten schien. Ein älterer Kesselflicker, der Vater der Braut, grau wie ein blattloser Dorn im Winter, aber noch immer kräftig und stark, saß da und bewunderte ein Stück Dinkel von etwa einem Pfund Gewicht. Es sei Gold, sagte er, oder, wie er das Wort aussprach, „Gilde", das in einem alten Steinhaufen gefunden worden war und von immensem Wert war, „denn es war Peer Guild und das war die beste Gilde", aber wenn ich gefiele, würde er es mir zu einem sehr guten Preis verkaufen. Ich hatte einige Schwierigkeiten, das Angebot abzulehnen, als wir durch die Klänge des Dudelsacks unterbrochen wurden. Giant Grimbo und Billy Breeches hatten es geschafft, wieder auf die Beine zu kommen, und man sah sie taumelnd auf die Höhle zugehen. „Wo ist der Whisky, Billy!", fragte der Besitzer des Goldes und wandte sich an den Mann in Unterkleidern. „Whisky!", sagte Billy, „frag Grimbo." „Wo ist der Whisky, Grimbo?", wiederholte der Kesselflicker. „Whisky!", antwortete Grimbo, „Whisky!" und noch einmal, nach einer Pause und einem Schluckauf, „Whisky!" „Ihr verdammten Schwarzen!" sagte der Kesselflicker und sprang mit einer für ein so fortgeschrittenes Alter wie das seine erstaunlichen Geschmeidigkeiten auf die Füße. „Hast du alles getrunken? Aber nimm das, Grimbo", fügte er hinzu und versetzte dem Riesen einen Schlag mit voller Wucht auf die Seite seines Kopfes, der ihn mit seiner gewaltigen Länge auf den Boden der Höhle warf. „Und nimm das, Billy", wiederholte er und versetzte dem kleineren Mann einen weiteren Schlag, der ihn direkt quer über seinen am Boden liegenden Kameraden schickte. Und dann wandte er sich mir zu und bemerkte mit vollkommener Kühle: „Das, Meister, nenne ich einen tüchtigen Schlag." „Ehrlicher Junge", flüsterte eine der Frauen gleich darauf, „es wird heute Nacht eine *echt harte* Zeit mit uns hier: du solltest besser deiner Wege gehen." Ich hatte bereits ohne Aufforderung begonnen, so zu denken; und so verabschiedete ich mich von den Zigeunern und scheiterte, wie ich vorgeschlagen hatte, als einer der Trauzeugen.

In Szenen der beschriebenen Art steckt eine Art grotesker Humor, der auf Künstler und Autoren einer bestimmten Klasse – einige von ihnen Männer mit breitem Mitgefühl und großem Genie – einen Reiz ausübt; und daher ist durch ihre literarischen und bildlichen Darstellungen der lächerliche Standpunkt zum konventionellen und gewöhnlichen geworden. Und doch ist es letzten Endes eine ziemlich traurige Heiterkeit, die eine so extreme Erniedrigung zum Thema hat. Ich habe nie einen Zigeuner gekannt, der ein moralisches Empfinden zu besitzen schien – ein Grad an *Pariatum* , den nur eine andere Klasse im Land erreicht hat, und auch nur eine kleine – die Nachkommen erniedrigter Frauen in unseren großen Städten. Eine Ausbildung in Schottland, wie weltlich sie auch sein mag, bringt immer eine gewisse Aufklärung ins Gewissen; ein Heim, wie bescheiden es auch sein mag, dessen Bewohner ihr Brot durch ehrliche Arbeit verdienen, hat eine ähnliche Wirkung; aber in den besonderen Schichten, in denen es seit Generationen keinerlei Bildung gab oder in denen Brot der Lohn der Schande war, scheint das moralische Gefühl so völlig ausgelöscht, dass es im Geist nichts zu überleben scheint, an das der Missionar oder der Moralist appellieren könnte. Es scheint kaum möglich, dass ein Mensch auch nur ein wenig über diese Klassen weiß, ohne infolgedessen zu lernen, ehrliche Arbeit und sogar weltliches Wissen als zumindest die *zweitbesten* Dinge in ihrer moralischen Bedeutung und ihrem Einfluss zu respektieren, die unter einem Volk existieren können.

KAPITEL XVIII.

„Denn das ist der Fehler oder die Tiefe des Plans

Im Wesen dieses wunderbaren Geschöpfes namens Mensch,

Keine zwei Tugenden, egal wie sie zueinander in Beziehung stehen,

Es gibt noch nicht einmal zwei verschiedene Schattierungen derselben.

Obwohl es wie immer zwischen Zwillingsbrudern war.

Der Besitz des einen bedeutet, dass man auch das andere hat." – BURNS.

Während meiner Genesungszeit vergnügte ich mich damit, für meine Onkel nach einem Originalentwurf einen verzierten Ziffernstein zu hauen. Der Ziffernstein existiert noch immer und zeigt, dass meine Fertigkeiten als Steinmetz etwas über dem Durchschnitt des Berufsstandes in den Teilen des Landes lagen, in denen er am höchsten eingestuft wird. Als ich wieder gesund und stark wurde, kamen nach und nach kleine Aufträge herein. Ich fertigte gemeißelte Tafeln in einem Stil an, der im Norden Schottlands nicht üblich war. Ich brachte auf die Friedhöfe der Gegend einen besseren Grabsteintyp, als er dort zuvor verwendet worden war, vielleicht außer in einer sehr frühen Zeit. Ich ließ alle meine Konkurrenten in der Kunst des Inschriftenschneidens hinter mir und fand schließlich heraus, dass ich leben konnte, ohne meine geschwächten Lungen der rauen Beanspruchung auszusetzen, der sich der gewöhnliche Steinmetz unterziehen muss. Ich hielt es auch für einen Vorteil, dass mich mein neuer Beschäftigungszweig nicht selten für ein paar Tage in ländliche Gegenden führte, die weit genug von zu Hause entfernt waren, um mir neue Beobachtungsfelder zu eröffnen und neue Forschungsgebiete zu erschließen. Manchmal verbrachte ich eine halbe Woche in einem Bauernhaus in der Nähe eines ländlichen Friedhofs, manchmal wohnte ich in einem Dorf, und häufiger als einmal suchte ich Schutz neben dem Sitz eines Herren, wo der erhabene Schatten des Gutshofs schwer auf der Gesellschaft lag. Auf diese Weise lernte ich eine Menge der schottischen Menschen in ihren vielfarbigen Facetten kennen, die mir sonst verborgen geblieben wären. Manchmal gelang es mir auch, auf einem staubigen Bauernregal ein seltenes Buch aufzuheben oder, was nicht weniger willkommen war, eine merkwürdige Überlieferung von einem Bauern zu erfahren. Oder es lag in Reichweite eines Abendspaziergangs ein interessantes Stück Altertum oder eine Felsformation, die ich zu besuchen für lohnenswert hielt. Auch ein einsamer Friedhof, der, wie ländliche Friedhöfe normalerweise sind, an einem angenehmen Ort liegt und von Gruppen alter Bäume umgeben ist, bot einen viel angenehmeren Schauplatz der Arbeit als eine staubige Werkhalle oder ein offener Platz in einer geschäftigen Stadt. Insgesamt empfand ich meine neue Lebensweise als ruhig und glücklich. Trotz all seiner Ruhe war es auch keine Art von Leben, bei dem der Intellekt in großer Gefahr war, einzuschlafen. Es gab kaum einen Ort, an dem nicht ein neues Spiel begonnen werden konnte, das die Fähigkeiten beim Ausschöpfen auf Hochtouren hielt. Lassen Sie mich dies anhand der Beschreibung der physischen und metaphysischen Forschungsrichtungen veranschaulichen, die sich mir eröffneten, als ich einige Tage zuerst auf dem Friedhof von Kirkmichael und dann auf dem Friedhof von Nigg verbrachte.

Ich habe an anderer Stelle die verfallene Kapelle und den einsamen Friedhof von Kirkmichael etwas phantasievoll beschrieben, als lägen sie auf einer sanften Böschung, nur wenige Meter von einem flachen Meeresstrand entfernt, so wenig dem Wind ausgesetzt, dass es scheinen könnte, als ob „der Ozean seine Wellen dämpfte, als er sich diesem Totenfeld näherte". Und so treffen sich hier die beiden Vegetationen – die des Landes und die des Meeres – ungestört von der Brandung, die an offeneren Küsten das Wachstum der einen oder anderen entlang der oberen Küstenlinie verhindert, wo die Wellen am stärksten schlagen, und vermischen sich, wobei jede ein Stück weit in den Bereich der anderen eindringt. Und zu den Mahlzeiten und wenn ich abends am Ufer entlang nach Hause zurückkehrte, war es mir amüsant genug, den Charakter der verschiedenen Pflanzen beider Floren zu beobachten, die sich so begegnen und kreuzen, und das Aussehen, das sie annehmen, wenn sie den Bereich der anderen bewohnen. Auf der Landseite wuchsen große, markante Polster aus Strandflieder mit ihren bunten Blumen, den Strandnelken, die wie kleine Inseln aus dem fließenden Meer ragten und bei Flut bis zu einer Tiefe von 45 bis 60 Zentimetern von Salzwasser bedeckt wurden. Unter diese mischten sich gelegentlich Ähren des Strandflieders und hin und wieder, wenn auch seltener, eine *Strandaster* , die ihre zusammengesetzten Blüten mit ihren leuchtend gelben Staubgefäßen und ihren blassvioletten Blütenblättern über die ruhige Oberfläche streckte. Weit hinter den Strandfliederpolstern konnte ich jedoch die fleischigen, gegliederten Stängel des Quellers erkennen, die aus dem Schlamm ragten, aber immer kleiner und verzweigter wurden, je weiter ich ihnen nach unten folgte, bis sie in Tiefen, wo sie häufig von jungen Seelachsen und Flundern überschwemmt worden sein mussten, nur noch als fleischige Ähren von kaum einem Zoll Höhe erschienen und dann aufhörten. Auf der Meeresseite waren es die verschiedenen Fucoide, die am höchsten am Strand wuchsen: Der gezackte Brennpunkt berührte kaum das Salzkraut; doch der blasentragende Fucus (*Fucus nodosus*) vermischte seine braunen Wedel nicht selten mit den purpurnen Blüten der Strandnelke, und der blasenförmige Fucus (*Fucus vesiculosus*) wuchs noch höher und ging eine seltsame Gesellschaft mit den Strandwegerichen und dem gewöhnlichen Löffelkraut ein. Grüne Enteromorpha zweier Arten – *E. compressa* und *E. intestinalis* – fand ich ebenfalls in Hülle und Fülle entlang der Ränder der

Strandnelkenbeete; und damals kam es mir merkwürdig vor, dass die meisten der Landpflanzen, die so unter den Meeresspiegel gesunken waren, zu den hohen zweikeimblättrigen Pflanzen gehörten, die Meerespflanzen, mit denen sie ihre Blätter und Samenkapseln vermischten, jedoch niedrig standen – Fuci und Enteromorpha –, Pflanzen, die zumindest nicht höher standen als ihre verwandten Kryptogamen, die Flechten und Moose des Landes. Weit dahinter, in den äußeren Bereichen der Bucht, wo sich Landpflanzen nie näherten, gab es Wiesen mit Unterwasservegetation, die (für das Meer) verhältnismäßig hoch war. Ihre zahlreichen Pflanzen (*Zostera marina*) hatten echte Wurzeln, echte Blätter und echte Blüten; und ihre Ähren reiften gegen Ende des Herbstes inmitten der Salzwasser, runde weiße Samen, die wie viele der Samen des Landes Zucker und Stärke enthielten. Aber diese Pflanzen hielten sich in ihren grünen Tiefen weit von ihren Artgenossen, den Einkeimblättrigen der Landflora, fern. Ich fand lediglich die niedrigen *Fucaceæ* und *Confervæ* des Meeres, die auf die herabsteigenden Zweikeimblättrigen des Landes trafen und sich mit ihnen vermischten. Etwa zu dieser Zeit war es für mich sehr interessant, festzustellen, dass auf einem riesigen Felsblock in der Nähe von Cromarty, am äußersten Punkt der Ebbe der Springflut, gewisse Gürtel von Meeresvegetation auftraten. Ich entdeckte die verschiedenen Arten in Zonen angeordnet, genau wie der Botaniker auf hohen Hügeln seine Acker-, Moor- und Alpenzonen nacheinander übereinander aufragen findet. Am Fuße der riesigen Masse, auf einer Höhe, auf die die Flut selten fällt, ist das charakteristische Gewächs das rauhstängelige Gewirr – *Laminaria digitata* . In der Zone unmittelbar über dem niedrigsten ist das glattstängelige Gewirr – *Laminaria saccharina* – *das vorherrschende Gewächs* . Noch höher kommt eine Zone des gezähnten Fucus – *F. serratus* – *vor* , vermischt mit einem anderen bekannten Fucus – *F. nodosus* . Dann folgt eine noch höhere Zone von *Fucus vesiculosus* und noch höher ein paar verstreute Büschel von *Fucus canaliculatus* . Und dann hört die Vegetation auf, wie auf hohen Bergen, die sich über die ewige Schneegrenze erheben, und der Felsbrocken zeigt einen runden, kahlen Kopf, der nach den ersten Stunden der Ebbe über die Oberfläche ragt. Doch weit hinter seiner Basis, wo das Meer nie hinabsinkt, gedeihen in den Tiefen des Wassers grüne Wiesen von *Zostera* , wo sie ihre farblosen, blütenlosen Blüten entfalten und ihre mehligen Samen reifen lassen, die, wo immer sie an die Oberfläche steigen, sehr frostempfindlich zu sein scheinen. Ich habe die Ufer mit einer Reihe grüner *Zostera übersät gesehen* , deren Ähren voller Samen waren, nachdem ein heftiger Oktoberfrost, der mit der Ebbe einer niedrigen Springflut zusammenfiel, ihre geradlinigen Wedel und biegsamen Stängel geknabbert hatte.

Aber was, so könnte man fragen, war die Bedeutung all dieser Beobachtungen? Ich erkannte damals keineswegs ihre ganze Bedeutung: Ich beobachtete und zeichnete einfach auf, weil ich es angenehm fand, zu beobachten und aufzuzeichnen. Und doch hatte einer der wilden Träume Maillets in seinem *Telliamed* meinen Erkenntnissen zu diesem Thema einen gewissen Grad an Einheit und eine gewisse eindeutige Richtung verliehen, die sie sonst nicht gehabt hätten. Dieser phantasievolle Autor war der Ansicht, dass die Vegetation des Landes ursprünglich aus der des Ozeans stammte. „Kurz gesagt", sagt er, „stammen Kräuter, Pflanzen, Wurzeln, Körner und alles, was die Erde hervorbringt und nährt, nicht aus dem Meer? Ist es nicht zumindest natürlich, das zu denken, da wir sicher sind, dass all unsere bewohnbaren Länder ursprünglich aus dem Meer kamen? Außerdem finden wir auf kleinen Inseln weit weg vom Kontinent, die höchstens vor wenigen Jahrhunderten aufgetaucht sind und auf denen offensichtlich nie Menschen gelebt haben, Sträucher, Kräuter und Wurzeln. Nun muss man zugeben, dass diese Erzeugnisse entweder ihren Ursprung im Meer *oder einer neuen Schöpfung haben, was absurd ist*." Und dann fährt Maillet fort und zeigt auf eine Art und Weise, die – da die Algenologie nun eine Wissenschaft geworden ist – als zumindest merkwürdig angesehen werden muss, dass die Pflanzen des Meeres, obwohl sie nicht so gut entwickelt sind wie die des Landes, in Wirklichkeit sehr ähnlicher Natur sind. „Die Fischer von Marseille finden täglich", sagt er, „in ihren Netzen und zwischen ihren Fischen Pflanzen von hundert Arten, an denen noch Früchte hängen; und obwohl diese Früchte nicht so groß und so gut genährt sind wie die unserer Erde, ist ihre Art in keiner anderen Hinsicht zweifelhaft. Dort finden sie Trauben von weißen und schwarzen Trauben, Pfirsichbäume, Birnbäume, Pflaumenbäume, Apfelbäume und alle Arten von Blumen." Dies war die Art von wilder Fabel, die in einem naturwissenschaftlichen Traktat erfunden wurde, dessen Wahrheit ich gerne kennenlernen wollte. Seitdem habe ich die außergewöhnliche Vision von Maillet wiederbelebt gesehen, zuerst von Oken und dann vom Autor der „Vestiges of Creation"; und als ich mich, während ich mich mit einigen der Ansichten und Aussagen des letzteren Autors auseinandersetzte, daran machte, das Kapitel meiner kleinen Arbeit zu schreiben, das sich mit dieser speziellen Hypothese befasst, stellte ich fest, dass ich in gewisser Weise in der Schule studiert hatte, in der die für ihre Aufstellung notwendige Bildung am gründlichsten zu erwerben war. Hätte der geniale Autor der „Vestiges" nur kurze Zeit Unterricht in derselben Form genommen, hätte er kaum daran gedacht, in späteren Zeiten den Traum von Oken und Maillet wieder aufleben zu lassen. Die Kenntnis der Fakten hätte ihn mit Sicherheit vor der Reproduktion der Hypothese geschützt.

Die Lektion in Nigg war merkwürdigerer Art, wenn auch vielleicht weniger eindeutig. Das Haus des Besitzers von Nigg grenzte an den Friedhof. Ich war damit beschäftigt, eine Inschrift in den Grabstein seiner kürzlich verstorbenen Frau zu ritzen, und ein armer Idiot, der seinen Lebensunterhalt in der Küche verdiente und dem die Verstorbene Güte erwiesen hatte, kam jeden Tag auf den Friedhof, um sich neben mich zu setzen und mit gebrochener Stimme seinen Kummer auszuplaudern. Ich war von der Extremität seiner Idiotie beeindruckt: Er zeigte noch mehr als die übliche Unfähigkeit seiner Klasse, mit Zahlen umzugehen, denn er konnte kaum sagen, ob die Natur ihn mit einem oder zwei Köpfen ausgestattet hatte, und keine Erziehung hätte ihm beibringen können, seine Finger zu zählen. Auch in der Mechanik war er ebenso unzulänglich. Angus ließ sich keine Hose anziehen, und die Konstruktion des Knopfes blieb ein Rätsel, das er nie verstehen konnte. Und so trug er ein großes blaues Gewand, wie das eines Perlenhändlers, das er über den Kopf zog und das mit einem Gürtel um die Mitte zusammengehalten wurde, mit einem dicken Wollhemd darunter. Aber obwohl er das Geheimnis des Knopfes nicht kannte, gab es Geheimnisse anderer Art, mit denen er bestens vertraut zu sein schien: Angus – immer ein treuer Kirchgänger – war ein großer Kritiker in Predigten; und nicht jeder Prediger war ihm recht; und seine Nachahmungslust war so groß, dass er selbst stundenlang predigen konnte, in der Art – zumindest was Stimme und Gesten anging – aller beliebten Pfarrer des Bezirks. Seine Reden waren jedoch ziemlich ideenarm: In seinen energischeren Passagen, wenn er auf das Buch schlug und mit dem Fuß stampfte, wiederholte er normalerweise in klangvollem Gälisch: „Die Bösen, die Bösen, oh ihr Elenden, die Bösen!", während eine Passage von weniger abwertendem Charakter ihm dazu diente, seine mittleren Töne und sein Pathos hervorzuheben. Was seinen Charakter jedoch vor allem auszeichnete, war eine instinktive, fuchsgleiche Schläue, die ihm zugrunde zu liegen schien - eine Schläue, die allerdings mit vollkommener Ehrlichkeit und einer ergebenen Bindung an seinen Gönner, den Eigentümer, einherging.

Die Stadt Cromarty hatte ihren armen Schwachkopf ganz anderer Art. Jock Gordon war, so hieß es, bis zu seinem vierzehnten Lebensjahr „wie andere Leute", bis ihn eine schwere Krankheit geistig und körperlich ruinierte. Er erhob sich aus dem Bett, hinkte an einem Fuß und einer Hand, seine eine Seite war geschrumpft und kraftlos, der eine Lappen seines Gehirns schien funktionslos und er hatte weniger als die Hälfte seiner früheren Energie und Intelligenz; er war jedoch keineswegs ein Idiot, obwohl er etwas hilfloser war – das arme verstümmelte Fragment eines vernünftigen Menschen. Zu seinen weiteren Schwächen gehörte sein beklagenswertes Stottern. Er wurde Küchenangestellter von Cromarty House und lernte mit großer Treue und Erfolg, Besorgungen zu machen, oder, ich sollte eher sagen, zu hinken – denn er war von dem Fieber aufgestanden, das ihn zum Laufen verdorben hatte. Er ging gern in die Kirche, las gute kleine Bücher und sang, trotz seines traurigen Stotterns, gern. Tagsüber konnte man ihn hören, wenn er geschäftlich durch die Straßen humpelte und „ *in sich hineinsang* ", wie die

Kinder zu sagen pflegten, mit einem leisen, unveränderten Unterton, der ein wenig an das Summen einer Biene erinnerte; aber wenn die Nacht hereinbrach, hörte ihn die ganze Stadt. Er war kein Förderer moderner Dichter oder Komponisten. „There was a ship, and a ship of fame" und „Death and the fair Lady" waren seine besonderen Favoriten; und er konnte die „Gosport Tragedy" und „Babes in the Wood" von Anfang bis Ende wiederholen. Manchmal stotterte er in den Noten, und dann wurden sie immer länger und länger bis zu einem nicht enden wollenden Zittern, um das unsere erstklassigen Sänger ihn beneidet hätten. Manchmal gab es eine plötzliche Pause – Jock hatte in der Tasche nachgesehen, in der er sein Brot aufbewahrte; aber kaum hatte er den Mund halb gesäubert, begann er wieder. In der Mitte seines Lebens ereilte ihn jedoch ein großes Unglück. Sein Gönner, der Bewohner von Cromarty House, verließ das Land und ging nach Frankreich: Jock blieb ohne Beschäftigung und Nahrung zurück, und die Straßen hörten seine Lieder nicht mehr. Er wurde hager und dünn, stotterte und hinkte noch schmerzhafter als zuvor und befand sich im letzten Stadium der Entbehrung und Not, als der wohlwollende Besitzer von Nigg, der die Hälfte des Jahres in einem Stadthaus in Cromarty wohnte, Mitleid mit ihm hatte und ihn in seine Küche einführte. Und nach ein paar Tagen sang und hinkte Jock mit ebenso viel Energie wie immer. Doch schließlich kam die Zeit, als sein neuer Wohltäter sein Haus in der Stadt verlassen und aufs Land ziehen musste, und es war Jocks Pflicht, vorübergehend von Cromarty Abschied zu nehmen und ihm zu folgen. Und dann musste sich der arme schwachsinnige Mann aus der Stadtküche natürlich mit seinem furchterregenden Rivalen messen, dem energischen Idioten aus der Landküche.

Bei Jocks Ankunft in Nigg – die einige Wochen vor meiner Verabredung auf dem Kirchhof stattgefunden hatte – schien Angus' Charakter an Energie und Kraft zuzunehmen. Er begab sich mit Spaten und Spitzhacke auf den Kirchhof und begann, ein Grab zu graben. Es sei ein Grab, sagte er, für den bösen Jock Gordon; und Jock sei, ob er es nun glaube oder nicht, nur nach Nigg gekommen, um begraben zu werden, fügte er hinzu. Jock ließ sich jedoch nicht so vertreiben; und Angus, der ihm plötzlich seine Freundschaft gestand, brachte den großmütigen Entschluss zum Ausdruck, dass er Jock nicht nur tolerieren, sondern auch sehr freundlich zu ihm sein und ihm den Ort zeigen würde, an dem er sein ganzes Geld aufbewahrte. Er habe viel Geld, sagte er, das er in einem Deich versteckt habe; aber er würde Jock Gordon – dem armen Krüppel Jock Gordon – den Ort zeigen: Er würde ihm das Loch selbst zeigen, und Jock würde alles bekommen. Und so brachte er Jock zu dem Loch – einer Höhle in einer Torfmauer im benachbarten Wald – und bat ihn, seine Hand hineinzustecken, wobei er darauf achtete, dass sein eigener Rückzugsweg frei war. Kaum hatte er dies getan, als zwischen seinen Fingern eine Wolke von Wespen hervorkam, von der Art, die im Norden so häufig vorkommt und ihre Nester in Erdwällen und alten Maulwurfshügeln baut; und der arme Jock, der in einem plötzlichen Notfall kaum für einen Rückzug gerüstet war, wurde fast zu Tode gestochen. Angus kehrte in höchster Freude zurück und predigte über „den bösen Jock Gordon, den selbst die Wespen nicht in Ruhe lassen würden". Doch obwohl er einige Tage später keine weitere Freundschaft vortäuschte, zog er ihn wieder in scheinbarer Freundlichkeit an; und als Jock am folgenden Samstag mit einem Schafskopf zum Versengen zu einer benachbarten Schmiede geschickt wurde, bot Angus seine Dienste an, um ihm den Weg zu zeigen.

Angus trabte voran, Jock humpelte hinterher: Die Felder waren offen und kahl, die Häuser rar gesät, und nachdem er nach etwa einer Stunde Fußmarsch ein halbes Dutzend kleiner Weiler passiert hatte, wunderte sich Jock außerordentlich, dass von der Schmiede keine Spur zu sehen war. „Armer, dummer Jock Gordon!", rief Angus und beschleunigte seinen Trab zu einem Galopp. „Was weiß er schon davon, Schafsköpfe zur Schmiede zu bringen?" Jock bemühte sich sehr, mit seinem Führer Schritt zu halten; er zitterte und zitterte halb, je nachdem, wie sein Atem ihm gefiel – denn Jock begann immer zu singen, wenn er sich nach Einbruch der Dunkelheit an einsamen Orten aufhielt, als Schutz vor Geistern. Schließlich verschwand das Tageslicht vollständig, und er konnte von Angus nur erfahren, dass die Schmiede weiter weg war als je zuvor; und zu allem Übel und seiner Verwirrung zeigte ihm die Unebenheit des Bodens, dass sie von der Straße abgekommen waren. Zuerst mühten sie sich durch eine scheinbar endlose Reihe von Feldern, die durch tiefe Gräben und Steinzäune voneinander getrennt waren; dann überquerten sie ein ödes Moor, das von Ginster und Schlehendornen strotzte; dann über eine Wüste aus Sümpfen und Moor; dann über einen Pfad frisch gepflügten Landes; und dann betraten sie einen zweiten Wald. Endlich, nach einer elenden nächtlichen Wanderung, brach für die beiden verlassenen Satyrn der Tag an; und Jock fand sich in einem fremden Land wieder, mit einem langen, schmalen See vor sich und einem Wald dahinter. Er war seinem Führer in die abgelegene Gemeinde Tarbet gefolgt.

Tarbet war damals voller kleiner schlammiger Seen, die von Wasserscheiden und Schilf gesäumt waren und in denen es von Fröschen und Aalen wimmelte. Und es war einer der größten und tiefsten Seen, der jetzt vor Jock und seinem Führer lag. Angus raffte sein blaues Gewand hoch, als wolle er hinüberwaten. Jock hätte ebenso gut daran gedacht, den Deutschen Ozean zu durchqueren. „Oh, der böse Jock Gordon!", rief der Narr, als er ihn zögern sah. „Der Oberst wartet, der arme Mann, auf seinen Kopf, und Jock wird ihn nicht zur Schmiede bringen." Er stieg ins Wasser. Jock folgte ihm in purer Verzweiflung. Nachdem sie den Schilfgürtel hinter sich gelassen hatten, sanken beide bis zur Mitte in das Gemisch aus Wasser und Schlamm.

Angus hatte endlich das Ziel seiner Reise erreicht. Er befreite sich im Nu – denn er war geschmeidig und flink –, riss Jock den Kopf und die Füße des Schafs aus der Hand, sprang an Land und ließ den armen Mann dort festkleben. Es war Kirchgangszeit, bevor er auf seinem Rückweg die alte Abtei von Fearn erreichte, die noch immer als protestantisches Gotteshaus genutzt wird; und da der Anblick der versammelten Menschen seine Neigung zum Kirchgang weckte, ging er hinein. Er war in Hochstimmung – schien, den Mündern nach zu urteilen, die er machte, die Predigt sehr zu bewundern, und ließ den Schafskopf und die Füße mindestens zwanzig Mal durch die Gänge und die Galerie paradieren, wie ein Mönch des Ordens des Heiligen Franziskus, der die Reliquien eines Lieblingsheiligen ausstellt. Am Abend fand er den Weg nach Hause, erfuhr aber zu seinem Kummer und Erstaunen, dass der „böse Jock Gordon" kurz vor ihm in einem Karren dort angekommen war. Der arme Mann war drei lange Stunden im Schlamm stecken geblieben, nachdem Angus ihn verlassen hatte, bis schließlich sogar die Frösche begannen, seine Bekanntschaft zu machen, wie sie es früher mit der von König Log getan hatten; und im Schlamm wäre er noch immer stecken geblieben, wenn ihn nicht ein Bauer aus Fearn befreit hätte, der auf dem Weg zur Kirche den See mitgenommen hatte. Er verließ Nigg jedoch am nächsten Tag in Richtung Cromarty, überzeugt, dass er seinem Rivalen nicht gewachsen war, und zweifelte, wie das nächste Abenteuer ausgehen würde.

Dies war die Geschichte, die ich in Nigg hörte, als ich auf dem Friedhof arbeitete und der Held des Abenteuers oft neben mir war. Sie veranlasste mich, seine Klasse besonders zu beachten und Fakten über sie zu sammeln, auf denen ich eine Art halbmetaphysische Theorie des menschlichen Charakters aufbaute, die ich mir, obwohl sie heute keineswegs als neuartig angesehen werden würde, selbst ausgedacht hatte und die für mich daher den Reiz der Originalität besaß. In diesen armen Geschöpfen, so argumentierte ich, finden wir inmitten allgemeiner Verwahrlosung und geistiger Zerbrochenheit gewisse Instinkte und Eigenheiten, die vollständig erhalten geblieben sind. Hier, in Angus, zum Beispiel, ist jene instinktive Schlauheit, die einige der niederen Tiere, wie der Fuchs, besitzen, in einem wunderbaren Grad der Vollkommenheit vorhanden. Pope selbst, der „ohne List keinen Tee trinken konnte", hätte kaum einen größeren Anteil davon besitzen können. Und doch muss diese Art von Einfallsreichtum von dem mechanischen Einfallsreichtum verschieden sein! Angus kann keinen Knopf in sein Loch stecken. Ich sehe ihn sogar vor einer großen Schnupftabakdose mit einer kleinen Menge Schnupftabak auf dem Boden, die außerhalb der Reichweite seines Fingers liegt, verblüfft sein. Er ist nicht schlau genug, sie auf die Seite zu legen oder den Schnupftabak in seine Handfläche zu leeren; er streckt und streckt den nutzlosen Finger immer wieder danach und wird dann wütend, als er feststellt, dass er sich seiner Berührung entzieht. Es gibt jedoch andere Idioten, die nicht über Angus' Schlauheit verfügen, bei denen diese mechanische Fähigkeit jedoch entschieden entwickelt ist. Viele *Kretins* der Alpen sollen für ihre handwerklichen Fähigkeiten bemerkenswert sein; und es wird von einem schottischen Idioten berichtet, der in einem Cottage auf dem Maolbuie Common im oberen Teil der Black Isle lebte und der eine ähnliche mechanische Fähigkeit besaß, die von Fähigkeiten fast jeder anderen Art abstrahiert war, und der unter anderem aus einem Stück Rohmetall eine große Sacknadel anfertigte. Angus hängt an seinem Gönner und trauert um die verstorbene Dame; aber er scheint wenig Achtung vor der Spezies zu haben – er macht einfach für die Zeit denen den Hof, von denen er Schnupftabak erwartet. Der Cromarty-Idiot hingegen ist allen gegenüber zuvorkommend und freundlich und hat eine besondere Liebe zu Kindern; und obwohl er in mancher Hinsicht noch ein Idiot ist als Angus, hat er ein Gespür für Kleidung und kann sich sehr ordentlich kleiden. In dieser letzten Hinsicht wurde der Cromarty-Idiot jedoch von einem Idioten aus der letzten Zeit übertroffen, der den Kindern vieler Dörfer und Weiler als Narr Charloch bekannt war und durch das Land zog, geschmückt, ein bisschen wie ein Indianerhäuptling, mit einem halben Pfauenschwanz in seiner Mütze. Ein weiterer Idiot, ein wildes und gefährliches Geschöpf, schien in seinem Wesen ebenso bösartig zu sein wie der aus Cromarty wohlwollend und starb im Gefängnis, in das er eingewiesen wurde, weil er einen armen, schwachsinnigen Gefährten getötet hatte. Ein weiterer Idiot aus dem Norden Schottlands hatte eine seltsame Neigung zum Übernatürlichen. Er murmelte Zaubersprüche und Omen und besaß, so hieß es, das zweite Gesicht. Ich sammelte nicht wenige andere Fakten ähnlicher Art und folgerte über sie wie folgt:

Diese Idioten sind unvollkommene Menschen, aus deren Geist gewisse Fähigkeiten ausgelöscht wurden, während andere Fähigkeiten übrig geblieben sind, die umso deutlicher hervortreten, weil sie so allein dastehen. Sie ähneln Menschen, die ihre Hände verloren haben, aber ihre Füße behalten, oder die ihr Sehvermögen oder ihren Geruchssinn verloren haben, aber ihren Geschmacks- und Gehörsinn behalten. Aber so wie die Gliedmaßen und Sinne, wenn sie nicht als getrennte Teile des Körpers existierten, nicht getrennt verloren gehen könnten, so müssen auch im Geist selbst oder zumindest in der Organisation, durch die sich der Geist manifestiert, getrennte Teile vorhanden sein, sonst würde die Natur sie in ihren verstümmelten und verkümmerten Exemplaren nicht so isoliert vorfinden. Jene Metaphysiker, die sich mit dem Verstand befassen, als wäre er einfach eine allgemeine, in *Zuständen existierende Kraft*, müssen sich kaum weniger irren, als wenn sie die *Sinne* lediglich als eine allgemeine, in Zuständen existierende Kraft betrachten würden, anstatt sie als unterschiedliche, unabhängige Kräfte anzuerkennen, die oft in ihrem Entwicklungsgrad so unterschiedlich sind, dass aus der völligen

Vollkommenheit einer von ihnen nicht auf die Vollkommenheit oder sogar die Existenz einer der anderen geschlossen werden kann. Wenn es sich beispielsweise – wie einige Ärzte meinen – um dieselbe allgemeine Wärme der emotionalen Kraft handeln würde, die in Güte glüht und in Groll brennt, würden der wilde, gefährliche Idiot, der seinen Gefährten tötete, und der gutmütige Mann aus Cromarty, der den armen alten Frauen des Ortes Eimer voll Wasser nach Hause bringt und seine eigenen Spielsachen an die Kinder des Ortes verteilt, anstatt so die entgegengesetzten Charaktere zu zeigen, einander zumindest so sehr ähneln, dass der rachsüchtige Narr manchmal freundlich und zuvorkommend und der wohlwollende manchmal gewalttätig und nachtragend wäre. Aber das ist nicht der Fall: Der eine ist nie wahnsinnig wild – der andere nie freundlich und gütig; und so scheint es legitim, zu folgern, dass es keine allgemeine Kraft oder Energie ist, die durch sie in verschiedenen Zuständen wirkt, sondern zwei besondere Kräfte oder Energien, die in ihrer Natur so verschieden sind und so fähig sind, getrennt zu wirken, wie Sehen und Hören. Sogar Kräfte, die so viel gemeinsam zu haben scheinen, dass manchmal dieselben Wörter in Bezug auf beide verwendet werden, können so verschieden sein wie Riechen und Schmecken. Wir sprechen vom *schlauen* Arbeiter, und wir sprechen vom *schlauen* Mann; und wir beziehen uns auf eine gewisse Fähigkeit zur Erfindung, die sich im Umgang mit Charakteren und Angelegenheiten seitens des einen und im Umgang mit bestimmten Veränderungen der Materie seitens des anderen manifestiert; aber die beiden Fähigkeiten sind so völlig verschieden, und darüber hinaus sind sie, zumindest in ihren ersten Elementen, so wenig abhängig vom Intellekt, dass wir feststellen können, dass die Schlauheit, die sich in Angelegenheiten manifestiert, wie bei Angus, völlig losgelöst von mechanischem Geschick existiert; und andererseits die Schlauheit des Handwerkers, die, wie beim Idioten des Maolbuie, völlig getrennt von der des Diplomaten existiert. Kurz gesagt, da ich Idioten als Personen mit einem fragmentarischen Verstand betrachte, bei denen gewisse primäre geistige Elemente in einem Zustand großer Vollständigkeit hervortreten und umso auffallender aus der Isolation hervortreten, betrachtete ich sie als *Analysestücke* , wenn ich mich so ausdrücken darf, die mir die Natur in die Hand gegeben hatte und durch deren Studium ich mir die Struktur von Geistern von vollständigerem und daher komplexerem Charakter vorstellen konnte. So wie Kinder das Alphabet von Karten lernen, auf denen jeweils nur ein oder zwei Buchstaben groß gedruckt sind, so war ich damals der Meinung und bin mit einigen Änderungen immer noch der Meinung, dass diese primären Gefühle und Neigungen, die die Grundlage des Charakters bilden, in den verhältnismäßig leeren Geistern der Schwachsinnigen auf die gleiche Weise separat eingeprägt sind; und dass der Student der Mentalphilosophie von ihnen das, was als das Alphabet seiner Wissenschaft angesehen werden kann, viel wahrheitsgetreuer lernen kann als von jenen

Metaphysikern, die den Geist als eine Kraft darstellen, die sich nicht in gleichzeitigen und trennbaren Fähigkeiten manifestiert, sondern in aufeinanderfolgenden Zuständen existiert.

Cromarty hatte Glück mit seinen Gemeindepfarrern. Seit dem Tod des letzten Vikars kurz nach der Revolution und der darauf folgenden Rückkehr des alten „geouteten Pfarrers", der vor 28 Jahren aus Gewissensgründen seinen Lebensabend mit seinen Leuten verbracht hatte, hatte es die Dienste einer Reihe frommer und beliebter Männer genossen; und so war die Sache der Gründung sowohl in der Stadt als auch in der Gemeinde besonders stark. Zu Beginn des heutigen Jahrhunderts gab es in Cromarty keinen einzigen Dissenter; und obwohl einige der sogenannten „Haldane-Leute" dort zu finden waren, gelang es ihnen etwa acht oder zehn Jahre später nicht, eine Unterkunft zu finden, und sie verließen die Stadt schließlich und zogen in eine benachbarte Stadt. Fast alle Dissenter, die seit der Revolution in Schottland aufkamen, waren eine Folge des Moderatismus und der Zwangsansiedlungen; und da der Ort weder das eine noch das andere kannte, blieben seine Leute der Kirche ihrer Väter treu und wollten nicht wechseln. Während meines Aufenthalts im Süden war durch den Tod des Amtsinhabers, des angesehenen Pfarrers meiner Kindheit und Jugend, eine Stelle frei geworden, und bei meiner Rückkehr fand ich ein neues Gesicht auf der Kanzel. Es war das eines bemerkenswerten Mannes – des verstorbenen Mr. Stewart von Cromarty – einer der originellsten Denker und tiefgründigsten Theologen, die ich je kannte; obwohl er leider ebenso wenig Spuren seines exquisiten Talents hinterlassen hat wie jene süßen Sänger früherer Zeiten, deren bezaubernde Töne bis auf ein zweifelhaftes Echo mit der Generation, die sie hörte, gestorben sind. Ich saß mit wenigen Unterbrechungen sechzehn Jahre lang unter seiner Leitung und genoss fast zwölf davon sein Vertrauen und seine Freundschaft.

Ich konnte nie die Aufmerksamkeit von hochrangigen Männern auf mich ziehen, so sehr ich auch ihre Bekanntschaft machen wollte, und habe infolgedessen unzählige Gelegenheiten verpasst, in freundschaftlichen Kontakt mit Personen zu kommen, deren Bekanntschaft mir eine Freude und Ehre zugleich wäre. Und so war ich die ersten zwei Jahre oder etwas länger damit zufrieden, den Kanzelreden meines neuen Pfarrers mit großer Aufmerksamkeit zuzuhören und, wenn ich an die Reihe kam, als Katechumene bei seinen Katechesen aufzutreten. Er war jedoch, wie er mir später erzählte, von meiner anhaltenden Aufmerksamkeit in der Kirche beeindruckt gewesen, und als er sich bei seinen Freunden nach mir erkundigte, erfuhr er, dass ich ein großer Leser und, wie man annahm, ein Versschreiber war. Und als er eines Tages, als er vorbeiging und meinen Arbeitsplatz verließ, um auf die Straße zu gehen, unabsichtlich auf ihn zukam, sprach er mich an: „Nun, Junge", sagte er, „es ist Ihre Essenszeit: Ich habe gehört, dass ich einen Dichter unter meinen Leuten habe?" „Das bezweifle ich sehr", antwortete ich. „Nun", erwiderte er, „man kann zwar kein Dichter sein, aber dennoch etwas gewinnen, wenn man seinen Geschmack und sein Talent auf dem Weg der Poesie ausübt. Die Kunst des Verses ist zumindest keine vulgäre." Das Gespräch ging weiter, als wir zusammen die Straße entlanggingen, und er blieb eine Weile gegenüber der Tür des Pfarrhauses stehen. „Ich baue", sagte er, „eine kleine Bibliothek für unsere Sonntagsschüler und -lehrer auf. Die meisten Bücher sind recht einfache kleine Dinge, aber sie enthält auch einige Werke der intellektuellen Klasse. Kommen Sie heute Abend zu mir, damit wir sie durchsehen können, und vielleicht finden Sie darunter einige Bände, die Sie lesen möchten." Ich bediente ihn daher am Abend, und wir unterhielten uns lange miteinander. Ich sah, dass er mich neugierig auslotete und mich von allen Seiten maß; oder, wie er es später selbst in seiner typischen Art auszudrücken pflegte, er war wie ein Reisender, der unerwartet auf einen dunklen Teich in einer Furt stößt und seinen Stab eintaucht, um die Tiefe des Wassers und die Beschaffenheit des Bodens festzustellen. Er erkundigte sich nach meiner Lektüre und fand heraus, dass die Belletristik, insbesondere die englische Literatur, ungefähr so umfangreich war wie seine eigene. Als nächstes erkundigte er sich nach meiner Bekanntschaft mit den Metaphysikern. „Habe ich Reid gelesen?" „Ja." „Brown?" „Ja." „ Hume? " „Ja." „Ah! ha! Hume!! Übrigens, hat er nicht etwas sehr Geniales über Wunder? Erinnern Sie sich an sein Argument?" Ich legte das Argument dar. „Ah, sehr genial – höchst genial. Und wie würden Sie darauf antworten?" Ich sagte: „Ich dachte, ich könnte eine Zusammenfassung der Antwort von Campbell geben", und skizzierte in groben Zügen das Argument des ehrwürdigen Doktors. „Und halten Sie das für zufriedenstellend?", sagte der Pfarrer. „Nein, überhaupt nicht", antwortete ich. „Nein! Nein! Das ist nicht zufriedenstellend." „Aber vollkommen zufriedenstellend", erwiderte ich, „dass die allgemeine Voreingenommenheit für die bessere Seite so groß ist, dass das schlechtere Argument in den letzten sechzig Jahren als vollkommen ausreichend angesehen wurde." Das Gesicht des Ministers strahlte vor Freude, die so stark in seinem Wesen zum Ausdruck kam, und das Gespräch nahm eine andere Richtung.

Von diesem Abend an genoss ich vielleicht mehr sein Vertrauen und seine Unterhaltung als irgendein anderer Mann in seiner Gemeinde. Viele Stunden verbrachte er neben mir auf dem Kirchhof, und viele ruhige Teestunden genoss ich im Pfarrhaus; und ich lernte zu erfahren, wie viel solider Wert und wahre Weisheit sich unter der etwas exzentrischen Fassade eines Mannes verbarg, der den Konventionen kaum etwas opferte. Mit Ausnahme von Chalmers, dem erhabensten der schottischen Prediger – denn so wenig er auch bekannt war, ich werde ihm diesen Platz streitig machen – war dies ein freundlicher Mann, der für einen Scherz alles außer seinen Prinzipien opfern würde; aber obwohl er sich wunderbar darum kümmerte, den „Glanz des klerikalen Emails" intakt zu halten, gab es nie eine echtere Aufrichtigkeit als seine oder eine gründlichere Ehrlichkeit. Er war zufrieden damit, im Recht zu sein, dachte nie daran, es vorzutäuschen, und opferte sogar weniger als nötig für den Schein. Ich möchte erwähnen, dass ich bei meiner Ankunft in Edinburgh feststellte, dass der besondere Geschmack, der sich unter der Leitung von Mr. Stewart entwickelt hatte, unter denen von Dr. Guthrie am gründlichsten befriedigt wurde; und als ich mich in der Gemeinde umsah, sah ich eher mit Freude als mit Überraschung, dass alle in Edinburgh lebenden Leute von Mr. Stewart zu demselben Schluss gekommen waren; denn dort – in den Kirchenbänken des Doktors – saßen sie alle. Sicherlich scheint die Ähnlichkeit zwischen dem verstorbenen und dem lebenden Pfarrer in Bezug auf die Fruchtbarkeit der Illustration, die ergreifende, evangelistische Lehre und die allgemeine Grundlage reichen Humors vollständig zu sein; aber Genie ist immer einzigartig; und während Dr. Guthrie in Bezug auf die Breite seiner Volksmacht unter den lebenden Predigern allein steht, habe ich auf dem analogen Gebiet nie Argumente gehört oder gelesen, die in Bezug auf Einfallsreichtum oder Originalität denen von Mr. Stewart gleichkamen.

Worin er alle Menschen, die ich kannte, besonders übertraf, war die Fähigkeit, okkulte Ähnlichkeiten zu erkennen und festzustellen. Er schien in der Lage zu sein, diese alte Offenbarung von Typ und Symbol, die Gott dem Menschen zuerst gab, wie durch Intuition – nicht in Bruchstücken und Fragmenten, sondern als zusammenhängendes Ganzes – wiederzugeben; und als ich das Privileg hatte, ihm zuzuhören, musste ich in der offensichtlichen Integrität der Lesung und dem tiefgründigen und konsistenten theologischen System, das die bildliche Darstellung vermittelte, einen Beweis der Göttlichkeit ihres Ursprungs erkennen, der nicht weniger kraftvoll und überzeugend war als die Beweise der anderen und bekannteren Teile der christlichen Zeugnisse. Verglichen mit anderen Theologen in dieser Provinz habe ich mich unter seiner Leitung gefühlt, als ob wir, als wir in die Gesellschaft einer Gruppe moderner *Gelehrter* aufgenommen wurden, die damit beschäftigt waren, einen mit Hieroglyphen bedeckten Obelisken in der Wüste zu entziffern, und dabei die Bedeutung eines einzelnen Zeichens und dort eines einzelnen Symbols erfolgreich ergründen konnten, plötzlich von einem Weisen aus alten Zeiten begleitet worden wären, für den die geheimnisvolle Inschrift nur ein Stück Alltagssprache war, das in einem vertrauten Alphabet geschrieben war, und der fließend und als Ganzes vorlesen konnte, was die anderen nur in einzelnen und unterbrochenen Teilen dunkel erraten konnten. Zu dieser einzigartigen Fähigkeit, Analogien aufzuspüren, kam bei Mr. Stewart die Fähigkeit hinzu, die lebendigsten Illustrationen zu schaffen. In einigen Fällen brachte ein plötzlicher Strich eine Figur hervor, die den Gegenstand seiner Rede sofort beleuchtete, wie das Licht einer Laterne, das hastig auf eine bemalte Wand blitzt; in anderen Fällen verweilte er bei einem illustrativen Bild und beendete es Strich für Strich, bis es die ganze Vorstellungskraft erfüllte und tief ins Gedächtnis eindrang. Ich erinnere mich, ihn einmal über die Rückkehr der Juden als Volk zu DEM predigen gehört zu haben, den sie abgelehnt hatten, und über die Wirkung, die ihre plötzliche Bekehrung auf die ungläubige und heidnische Welt haben musste. Plötzlich wurde seine Sprache von einer hohen Ebene beredter Einfachheit zu einer Metapher. „Wenn JOSEPH sich seinen *Brüdern offenbaren wird", sagte er, „wird* das *ganze Haus des Pharaos das Weinen hören*." Bei einer anderen Gelegenheit hörte ich ihn über diese enorme Tiefe sprechen, die für die biblische Offenbarung Gottes charakteristisch ist und die immer tiefer und breiter wird, je länger und gründlicher sie erforscht wird, bis der Student schließlich – zuerst beeindruckt von ihrer Ausführlichkeit, sie aber als bloß *gemessene* Ausführlichkeit auffassend – feststellt, dass sie an der unbegrenzten Unendlichkeit der göttlichen Natur selbst teilhat. Natürlich und einfach, als ob sie aus dem Thema herauswächst, wie eine mit Beeren bedeckte Mistel aus dem massiven Stamm einer Eiche, entsprang eine seiner ausführlicheren Illustrationen. Ein im Landesinneren aufgewachsenes Kind wurde zum ersten Mal an die Küste gebracht und in die Mitte einer der herrlichen Meeresbuchten getragen, die unsere Küste so tief durchziehen. Und als er zurückkam, beschreibt er seinem Vater mit der ganzen Begeisterung eines Kindes die wunderbare Weite des Ozeans, *den* er gesehen hatte. Er sei hinausgefahren, erzählt er ihm, weit zwischen den großen Wellen und den stürmischen Gezeiten hindurch, bis die Hügel schließlich zu bloßen Hügeln geschrumpft schienen und das weite Land selbst nur noch als schmaler blauer Streifen entlang des Wassers erschien. Und dann, als sie mitten auf See waren, warfen die Seeleute das Blei hoch; es sank und sank und sank, und das lange Seil glitt schnell davon, Windung um Windung, bis, bevor das Lot auf dem Schlamm darunter aufsetzte, fast alles aufgebraucht war. Und war es nicht das große Meer, fragt der Junge, das so unendlich breit und so unheimlich tief war? Ach! mein Kind, ruft der Vater, du hast nichts von seiner Größe gesehen: du bist nur über einen seiner kleinen Arme gesegelt. Hätten die Seeleute dich auf den weiten Ozean hinausgebracht, „hättest du kein Ufer *gesehen* und keinen Grund gefunden." In einer seltenen Eigenschaft des Redners stand Mr. Stewart unter seinen Zeitgenossen allein. Pope spricht von einer seltsamen Fähigkeit, Liebe und Bewunderung zu erzeugen, indem er „gerade den Rand all dessen berührt, was wir hassen". Und Burke *veranschaulicht* dies in einigen seiner edleren Passagen auf treffende Weise. Er verstärkte die Wirkung seiner brennenden Beredsamkeit durch die Verwendung von Figuren, die so schlicht – ja, fast so abstoßend – waren, dass der Mann mit geringeren Fähigkeiten, der sich an ihre Verwendung wagte, sie nur wirksam darin fand, sein Thema herabzusetzen und seine Sache zu ruinieren. Ich brauche zur Veranschaulichung nur auf die bekannte

Figur des ausgeweideten Vogels zu verweisen, die in der empörten Ablehnung vorkommt, dass der Charakter der revolutionären Franzosen in irgendeiner Weise dem der Engländer ähnelte. „Wir wurden nicht", sagt der Redner, „gezogen und gefesselt, damit wir wie ausgestopfte Vögel in einem Museum mit Spreu, Lumpen und armseligen, verwischten Papierfetzen über die Menschenrechte gefüllt werden." In diesen gefährlichen, aber außerordentlich wirksamen Bereich, der selbst überlegenen Männern verschlossen ist, konnte Mr. Stewart sicher und nach Belieben eintreten. Eine der letzten Predigten, die ich ihn halten hörte – eine Rede von außerordentlicher Kraft – handelte vom „Sündopfer" der jüdischen Ökonomie, wie es im Buch Levitikus detailliert beschrieben wird. Er zeichnete ein Bild des geschlachteten Tieres, das von Staub und Blut besudelt war und in seiner Unreinheit der Sonne entgegenströmte, während es inmitten der Unreinheit der Asche außerhalb des Lagers auf das verzehrende Feuer wartete – seine Kehle war aufgeschlitzt, seine Eingeweide offengelegt; ein abscheuliches und grauenhaftes Ding, das niemand sehen konnte, ohne Ekelgefühle zu verspüren, und das niemand berühren konnte, ohne sich zu beflecken. Die Beschreibung erschien zu schmerzhaft lebendig – ihre Einleitung zu wenig im Einklang mit den Regeln des guten Geschmacks. Aber der Meister dieses schwierigen Weges wusste, was er tat. Und das, sagte er und zeigte auf das kräftig gefärbte Bild, das er gerade fertiggestellt hatte – „Und DAS IST SÜNDE." Mit einem Strich war die beabsichtigte Wirkung erzielt und der aufkommende Ekel und Schrecken wandelte sich vom abstoßenden materiellen Bild zum großen moralischen Übel.

Wie konnte ein solcher Mann von der Erde gehen, ohne eine Spur zu hinterlassen? Ich glaube, hauptsächlich aus zwei Gründen. Als Pfarrer einer angeschlossenen Provinzgemeinde veranlassten ihn Pflichtgefühl und die Eingebungen einer hochintellektuellen Natur, für die Anstrengung ein Vergnügen war, dazu, viel und gründlich zu studieren; und er ließ seine volle und immer funkelnde *Flut* beredter Ideen so frei und reichhaltig erklingen, wie die Nachtigall, ohne dass sie einen Zuhörer bemerkt, ihre Melodie im Schatten erklingen lässt. Aber er war seltsam skeptisch gegenüber seinen eigenen Fähigkeiten und konnte nicht dazu gebracht werden zu glauben, dass das, was die wenigen Privilegierten in seiner Umgebung so sehr beeindruckte und erfreute, ebenso geeignet war, die vielen Intellektuellen außerhalb zu beeindrucken und zu erfreuen; oder dass er geeignet war, durch die Presse in einem Ton zu sprechen, der nicht nur die Aufmerksamkeit der religiösen, sondern auch der literarischen Welt fesseln würde. Da er sich außerdem kaum in der Kunst des kunstvollen Schreibens auskannte und einen Sprechstil beherrschte, der für die Zwecke der Kanzel geeigneter war als fast jeder andere geschriebene Stil, mit Ausnahme des von Chalmers, konnte er bei all seinen schriftstellerischen Versuchen einen anspruchsvollen Geschmack nicht befriedigen, der seine Fähigkeit zur Produktion bei weitem überholt hatte. Und so hinterließ er keine angemessenen Spuren. Ich finde, dass ich meinen theologischen Ideenschatz, der nicht direkt aus der Heiligen Schrift stammt, zwei schottischen Theologen mehr zu verdanken habe als allen anderen Männern ihres Berufs und Standes. Der eine von ihnen war Thomas Chalmers – der andere Alexander Stewart: der eine ist ein Name, der überall bekannt ist, wo die englische Sprache gesprochen wird; während von dem anderen nur, und das von vergleichsweise wenigen, erinnert wird, dass zum Zeitpunkt seines Todes der Eindruck bestand, dass

„Ein mächtiger Geist wurde verfinstert – eine Macht

Vom Tag zur Dunkelheit übergegangen, zu deren Stunde

Dem Licht wurde kein Bild hinterlassen – kein Name."

Neunzehntes Kapitel.

„Seht dort den armen, übermüdeten Kerl,

So erbärmlich, gemein und abscheulich,

Wer bittet einen Bruder der Erde

Um ihm die Erlaubnis zu geben, zu schuften;

Und sehe seinen edlen *Mitwurm*

Die Armen weisen die Petition zurück." – BURNS.

Gegen Ende Juni 1828 hatte ich keine Arbeit mehr, und auf Anraten eines Freundes, der glaubte, dass meine Art, Inschriften zu schnitzen, mir mit Sicherheit viele kleine Aufträge auf den Friedhöfen von Inverness verschaffen würde, besuchte ich diesen Ort und schaltete eine kurze Anzeige in einer der Zeitungen, in der ich um Arbeit warb. Ich wagte es, meinen Gravurstil als sauber und *korrekt* zu beschreiben, wobei ich besonderen Wert auf die Korrektheit legte, eine Eigenschaft, die unter den Steinmetzen des Nordens nicht sehr verbreitet ist. Es war kein Schotte, sondern ein englischer Steinmetz, der auf Veranlassung eines trauernden Witwers auf den Grabstein seiner Frau schreiben sollte, eine „tugendhafte Frau ist eine *Krone* für ihren Mann", den Text in seiner Einfalt verfälschte, indem er „ *Krone* " durch „*5s.* " ersetzte. Aber selbst schottische Steinmetzarbeiten machen manchmal ziemlich merkwürdige Fehler, besonders in den Provinzen; und ich hatte das Gefühl, ich hätte schon etwas gewonnen, wenn ich nur die Gelegenheit bekäme, dem Publikum von Inverness zu zeigen, dass meine Englischkenntnisse wenigstens ausreichend waren, um die landläufigen Irrtümer zu vermeiden. Meine Verse, dachte ich, sind wenigstens einigermaßen richtig: Könnte ich nicht ein oder zwei Exemplare in die Dichterecke des *Inverness Courier* oder *Journal bringen* und so zeigen, dass ich literarisch genug bin, um mit dem Anbringen einer Grabinschrift betraut zu werden? Ich hatte ein Empfehlungsschreiben eines Freundes aus Cromarty an einen der dortigen Pfarrer erhalten, der selbst Schriftsteller und bei den Eigentümern des *Courier eine einflussreiche Person* war. Da ich mit einiger literarischer Sympathie von einem Mann rechnete, der es gewohnt war, das Publikum über die Presse zu umwerben, dachte ich, ich könnte es wagen, ihm den Fall darzulegen. Zunächst jedoch schrieb ich eine kurze Ansprache in achtsilbigen Vierzeilern an den Fluss, der durch die Stadt fließt und ihr ihren Namen gibt. Ein Aufsatz, der meiner Ansicht nach mehr Werbung enthält, als sich gehört, der aber vielleicht weniger Zuversicht ausgedrückt hätte, wenn er weniger unter dem Einfluss einer schwindenden Ängstlichkeit geschrieben worden wäre, die sich durch Worte des Trostes und der Ermutigung zu beruhigen suchte.

Ich wurde informiert, dass der Pfarrer Besucher der unteren Klassen zwischen elf und zwölf Uhr mittags empfing. Mit dem Empfehlungsschreiben und meiner Abschrift der Verse in der Tasche ging ich ins Pfarrhaus und wurde in ein kleines, schmales Vorzimmer geführt, das mit zwei Sitzen aus Tannenholz ausgestattet war, die an den gegenüberliegenden Wänden entlangliefen. Ich fand den Raum mit etwa sechs oder sieben Personen besetzt – mehr als die Hälfte von ihnen waren alte, verwelkte Frauen in sehr schäbiger Kleidung, die, wie ich bald aus einem Gespräch erfuhr, das sie in ernstem Ton über wöchentliche Zuwendungen und die Vorliebe der Sitzung führten, arm waren. Die anderen waren junge Männer, die anscheinend ernsthafte Wünsche bezüglich Heirat und Taufe hatten. Ich sah, dass einer von ihnen ab und zu eine zerfledderte Abschrift des Kleinen Katechismus aus seiner Brusttasche zog und die Fragen durchging. Und ich hörte, wie ein anderer seinen Nachbarn fragte, „wer die Vertragsklauseln für ihn aufgesetzt hat" und „woher er den Whisky hat". Der Pfarrer trat ein. und als er das innere Zimmer betrat, erhoben wir uns alle. Er blieb einen Augenblick in der Tür stehen, dann winkte er einem der jungen Männer – dem vom Katechismus – sie gingen zusammen hinein und die Tür schloss sich. Sie blieben etwa zwanzig Minuten oder eine halbe Stunde lang miteinander verschlossen, dann ging der junge Mann hinaus und ein anderer junger Mann – derjenige, der die Vertragsklauseln und den Whisky besorgt hatte – nahm seinen Platz ein. Das Gespräch in diesem zweiten Fall war jedoch viel kürzer als im ersten; und nur wenige Minuten dienten dazu, die Geschäfte des dritten jungen Mannes zu erledigen; und dann kam der Pfarrer in die Tür und sah zuerst die alte Frau und dann mich an, als ob er im Geiste unsere jeweiligen Vorrangsansprüche abwäge; und da sich schließlich meiner durchsetzte – ich weiß nicht, aufgrund welches geheimen Prinzips –, wurde ich hereingewinkt. Ich überreichte mein Empfehlungsschreiben, das freundlich vorgelesen wurde; und obwohl mir die Art der Angelegenheit völlig unpassend vorkam und es mich einige Mühe kostete, einmal einen Lachanfall zu unterdrücken, der unter den gegebenen Umständen natürlich ungeheuer unpassend gewesen wäre, erläuterte ich ihm in wenigen Worten meinen kleinen Plan und reichte ihm meine Abschrift mit den Versen. Er las sie langsam und bedächtig laut vor.

ODE AN DIE NESS.

Kind des Sees! Dessen silberner Glanz

Es lebe die rauhe Wüste, dunkel und einsam, [11] —

Ein brauner, tiefer, düsterer, unruhiger Strom,

Mit unaufhörlicher Geschwindigkeit eilst du weiter.

Und doch sind deine Ufer mit Blumen geschmückt;

    Die Sonne lacht über deine gequälte Brust;

Und über deinen Gezeiten spielen die Zephyre,

    Doch mangelt es dir an ruhiger Ruhe. [12]

Strom des Sees! Wer vom Weg abkommt,

    Einsam, deinen gewundenen Marsch entlang,

Nicht beladen mit Überlieferungen aus anderen Tagen,

    Und doch sind nicht alle ungesegnet im Gesang –

Dem erzählst du von geschäftigen Männern,

    Die ihren heutigen Tag wie verrückt vergeuden.

Hoffnungen verfolgend, grundlos wie vergeblich,

    Während das Leben unverbraucht davongleitet.

Strom des Sees! Warum so eilen?

    Ein stürmischer Ozean breitet sich vor uns aus,

Wo dunkle Fluten rauschen und wilde Winde stöhnen,

    Und Schaumkränze säumen ein trostloses Ufer,

Weder sich neigende Blumen noch wogende Felder,

    Es gibt für dich keine Ruhe.

Doch Ruhe bereitet dir keine Freude;

    Dann beeil dich und begib dich auf die stürmische See!

Strom des Sees! Von blutigen Männern,

    Wer dürstet nach dem schuldigen Kampf?

Die Freude im Todesschmerz suchen,

    Musik im mitreißenden Schrei des Elends –

Du sagst: Der Friede macht ihnen keine Freude,

    Noch das goldene Lächeln des harmlosen Vergnügens;

Der bösen Tat der freudlose Ruhm

Ist der einzige Lohn, der ihre Mühen krönt.

Das wäre nicht der Fall, wenn das Vergnügen strahlte –
  Strom des tiefen und stillen Sees!—
Sein Weg, den die Not drängt,
  Durch trostlose Wüste und dorniges Gestrüpp.
Denn, ach! jede angenehme Szene, die er liebt,
  Und Frieden ist sein einziger Herzenswunsch.
Und ach, von Orten, wo das Vergnügen umherschweift,
  Und Frieden, könnte der sanfte Minnesänger müde werden?

Strom des Sees! Auf dich warte
  Die Stürme eines wütenden Meeres;
Eine bessere Hoffnung, ein glücklicheres Schicksal,
  Er prahlt, dessen gegenwärtiger Weg Schmerz ist.
Ja, auch für ihn kann der Tod bereiten
  Ein Zuhause der Freude, des Friedens und der Liebe;
So gesegnet mit Hoffnung, ist seine Sorge gering.
  Obwohl sich sein derzeitiger Kurs als rau erweisen könnte.

Der Pfarrer hielt inne, als er schloss, und sah verwirrt aus. „Ziemlich gut, würde ich sagen", sagte er; „aber ich lese jetzt keine Gedichte. Sie verwenden jedoch ein Wort, das nicht englisch ist – ‚Thy winding *marge* along'. Marge! – Was ist Marge?" „Sie werden es bei Johnson finden", sagte ich. „Ah, aber wir dürfen nicht alle Wörter verwenden, die wir bei Johnson finden." „Aber die Dichter verwenden es häufig." „Welche Dichter?" „Spenser." „Zu alt – zu alt; jetzt keine Autorität mehr", sagte der Pfarrer. „Aber die Wartons verwenden es auch." „Ich kenne die Wartons nicht." „Es kommt auch vor", wiederholte ich, „in einem der vollendetsten Sonette von Henry Kirke White." „Welches Sonett?" „Das an den Fluss Trent.

'Noch einmal, o Trent! Entlang deines Kieselstrandes,
  Ein nachdenklicher Kranker, erschöpft und blass,
Aus dem engen Krankenzimmer, das neulich frei geworden war,
  Der angenehme Wind umwirbt seine kummergeplagte Wange.'

Es ist, kurz gesagt, eines der gebräuchlichsten englischen Wörter des poetischen Vokabulars." Könnte ein Mann, der auf der Suche nach Mäzenatentum ist und tatsächlich um einen Gefallen bittet, es sich einfallen lassen, etwas Unvorsichtigeres zu sagen? Und das auch noch zu einem Gentleman, der es so gewohnt ist, dass man ihm Respekt zollt, wenn er sich für die *Standards einsetzt* , dass er manchmal aus reiner Gewohnheit vergaß, dass er selbst kein Standard war! Er errötete bis in die Augen, und seine herablassende Bescheidenheit, die mir für den Anlass etwas zu groß erschien und von einer Art war, die mein Freund Mr. Stewart sonst nie an den Tag legte, wirkte etwas zerzaust. „Ich kenne den Herausgeber des *Courier nicht*", *sagte er,* „ wir vertreten in sehr wichtigen Fragen unterschiedliche Standpunkte, und ich kann ihm Ihre Verse nicht empfehlen, aber wenden Sie sich an Mr. ——, er ist einer der Eigentümer, und legen Sie ihm mit *meinen Empfehlungen* Ihren Fall dar, er wird Ihnen vielleicht weiterhelfen können. In der Zwischenzeit wünsche ich Ihnen allen viel Erfolg." Der Pfarrer drängte mich hinaus und eine der verwitterten alten Frauen wurde hereingerufen. „Das", sagte ich mir, als ich auf die Straße trat, „ist die Art von Schirmherrschaft, die einem Empfehlungsschreiben verschaffen. Ich glaube nicht, dass ich noch mehr davon anstreben werde."

Als ich jedoch auf der Straße zwei Freunde aus Cromarty traf, von denen einer gerade den vom Pfarrer genannten Herrn besuchen wollte, überredete er mich, ihn zu begleiten. Der andere sagte, als er sich wieder auf den Weg machte, er sei gekommen, um einen alten Stadtbewohner zu besuchen, der in Inverness ansässig sei und in der Stadt einiges an Einfluss habe. Er würde ihm meinen Fall vortragen und er sei sicher, dass er sich bemühen würde, mir eine Anstellung zu verschaffen. Ich habe bereits auf die Bemerkung von Burns hingewiesen. Sein Bruder Gilbert berichtet, dass der Dichter oft sagte: „Er könne sich kein demütigenderes Bild des menschlichen Lebens vorstellen als einen Mann, der Arbeit sucht." Und dass das exquisite Klagelied „Der Mensch wurde zum Trauern gebracht" seine Existenz diesem Gefühl verdankt. Das Gefühl ist sicherlich sehr deprimierend. Und da bei den meisten anderen Gelegenheiten die Arbeit mich eher suchte als ich die Arbeit, erlebte ich es zu dieser Zeit mehr als zu jeder anderen Zeit meines Lebens. Ich konnte natürlich kaum erwarten, dass Menschen sterben und Grabinschriften benötigen würden, nur um mir entgegenzukommen. Diese Forderung nach einem Recht auf Arbeit in allen Fällen und unter allen Umständen, die die extremeren „Arbeitsansprüche" ohne Skrupel durchsetzen, ist das Ergebnis einer Art empörter Reaktion auf dieses Gefühl – ein Gefühl, das bei Burns zu Poesie und bei den Kommunisten zu Unsinn wurde; das ich jedoch weder als Unsinn noch als Poesie empfand, sondern einfach als deprimierende Überzeugung, dass ich ein Mann zu viel auf der Welt war. Der Herr, den ich jetzt mit meinem Freund besuchte, war eine Person mit Geschäftsgewohnheiten und literarischem Geschmack; aber ich sah, dass mein poetischer Plan mich in seiner Achtung eher schädigte. Die englischen Verse, die zu dieser Zeit im hohen Norden produziert wurden, waren von einer Art, die für den Literaturmarkt schlecht geeignet war, und wurden normalerweise im Rahmen jenes ätzenden Abonnementsystems veröffentlicht oder vielmehr gedruckt – denn veröffentlicht wurden sie nie – , das den Leuten so oft gutes Geld raubt und ihnen schlechte Bücher dafür gibt; und er schien mich als einen der lästigen Halbbettler einzustufen – was hoffentlich eher ein Fehler war. Er stellte mich jedoch freundlicherweise einem Herrn aus Literatur und Wissenschaft vor, dem Sekretär einer örtlichen Gesellschaft mit antiquarischem und wissenschaftlichem Charakter, der sogenannten „Northern Institution", und dem ehrenamtlichen Konservator des dortigen Museums – einer interessanten gemischten Sammlung, die ich zuvor schon gesehen hatte und in deren Zusammenhang ich auch meinen einzigen anderen Plan geschmiedet hatte, eine Anstellung zu finden.

Ich schrieb mit viel Genauigkeit in der alten englischen Handschrift, die in letzter Zeit durch die allgemeine Begeisterung für das Mittelalter wiederbelebt wurde, damals aber eine verlorene Kunst war, und konnte Imitationen der illuminierten Handschriften anfertigen, die unseren gedruckten Büchern vorausgingen, die selbst ein Altertumsforscher für respektabel erklärt hätte. Und ich wandte mich in einem etwas längeren Vers an die Mitglieder der Northern Institution über die Art und Tendenz ihrer Beschäftigungen und dachte dabei am wenigsten an Drydens Art, wie sie in seinen Gedichten mittelmäßigen Stils wie der *Religio Laici zum Ausdruck* kommt. Ich vertiefte mich in die alte Handschrift und bat nun den Sekretär, ihn bei der ersten Versammlung der Gesellschaft vorzulegen, die, wie ich verstand, in wenigen Tagen stattfinden sollte. Der Sekretär war an seinem Schreibtisch beschäftigt; aber er empfing mich höflich, sprach anerkennend über meine Arbeit als Nachahmung des alten Manuskripts und beauftragte sich zuvorkommend damit, sie bei der Versammlung vorzutragen. Und so trennten wir uns fürs Erste, ohne uns im Geringsten bewusst zu sein, dass es eine Wissenschaft gab, die sich mit Schriftzeichen beschäftigte, die viel älter waren als die der alten Manuskripte und mit tieferen Bedeutungen beladen waren, an denen wir beide ein tiefes Interesse hatten und über die wir mit gegenseitigem Vergnügen und Nutzen Fakten und Ideen hätten austauschen können. Der Sekretär der Northern Institution war zu dieser Zeit Mr. George Anderson, der bekannte Geologe und gemeinsam mit seinem Bruder Autor des bewundernswerten „Guide-Book to the Highlands", das ihren Namen trägt. Ich habe nie erfahren, wie meine Ansprache ankam. Sie wurde natürlich zurückgestellt – vermutlich ein oder zwei Mitglieder sahen sie sich ein paar Sekunden lang an – und dann beiseite gelegt. Wahrscheinlich befindet sie sich noch immer in den Archiven der Institution und wartet auf das Licht künftiger Zeitalter, wenn ihre vorgetäuschte Antike Wirklichkeit geworden sein wird. Es war nicht in einer lesbaren Schrift geschrieben, und ich fürchte, es war auch in keiner Schrift lesbar; und so müssen die Mitglieder der Institution all die Weisheit, die ich bei ihren antiquarischen und ethnologischen Nachforschungen gefunden hatte, nicht gekannt haben. Das Folgende ist ein durchschnittliches Beispiel der Produktion:

„Es liegt an Ihnen,

Jedes tief verwurzelte Merkmal, das die Menschheit kennzeichnet;

Und als die ägyptischen Priester, voller Geheimnisse,

Durch Zeichen, nicht Worte, von Sphinx und Horus gelehrt,

So durchforstet nun eure Vorräte nach *Dingen* , nicht nach Büchern,

Die Kräfte, der Umfang und die Geschichte des menschlichen Geistes.

Jene karierte Wand zeigt die Waffen des Krieges

Von fernen Zeiten und weit entfernten Nationen;

Ach! Der Club und die Marke dienen nur dazu, zu zeigen

Wie weit erstreckt sich die Herrschaft des Unrechts und des Elends?

Und rauhe Risse und federleichte Reifchen erzählen

In den Herzen der Menschen wohnt welch alberner Schnickschnack.

Ja, alles, was der Mensch zu seinem Bild gemacht hat, trägt es;

Und es kommt viel Hass und viel Stolz zum Vorschein.

"Angenehm ist es, jeden einzelnen Schritt zu prüfen,

Wodurch der Wilde zuerst den Menschen annimmt;

Um zu sehen, welche Gefühle seine erweichende Brust bewegen,

Oder welche starke Leidenschaft über den Rest triumphiert.

Engherzig, frei, mutig oder gemein,

Sogar im Säuglingsalter können wir den Mann erkennen.

Und von den rohen, plumpen Vätern weiß man

Die kultivierten Söhne werden jedes markante Merkmal zeigen.

Je nachdem, welche Stimmungen herrschen,

Die Wissenschaft wird lächeln oder ihre Schätze vergeblich verbreiten:

Wenn Feiglinge fürchten oder großzügige Leidenschaften herrschen,

Soll die Freiheit herrschen oder herzlose Sklaven gehorchen?

„Nichts von der Macht darf dem Zufall überlassen werden, –

Die Genialität eines Landes ist ein Geschenk des Himmels.

Was des Dichters Lieder mit edler Glut wärmt,

Das keine Mühe erreichen und keine Kunst anstreben kann?

Der den Weisen lehrte, voll tiefster Weisheit,

Während kaum ein Schüler den schwerwiegenden Gedanken begreift?

Nein, warum fragst du? – wie der Himmel den Geist schenkt,

Ein Napier rechnet und ein Thomson glüht.

Nun wende dich dorthin, wo unterhalb der Stadtmauer,

Die grimmigen Strahlen der Sonne fallen in ungebrochener Pracht;

Leer und schwach sitzt da der idiotische Junge,

Ich bin mir des Schmerzes kaum bewusst und der Freude kaum gewachsen.

Tausend geschäftige Geräusche brüllen um ihn herum;

Der Handel verfügt über das Werkzeug, und die Wirtschaft schwingt das Ruder.

Doch ohne auf die unruhige Szene zu achten,

Von Mühe weiß er nichts, und von Gewinn nichts.

Die Gedanken gewöhnlicher Menschen waren ihm fremd,

Sogar Napier scheint so etwas zu denken.

So wie bei den Menschen finden wir in bevölkerten Staaten

Ungleiche Kräfte und unterschiedliche Gemütszustände:

Schüchtern oder unerschrocken, hochgesinnt oder niedrig,

Überwältigt von Schleim oder erfüllt von Feuer glühen sie

Und da die Kunst des Bildhauers besser zur Geltung kommt

In parischem Marmor als in porösem Stein,

Frische oder verbrannte Kränze entlohnen die Mühe der Verfeinerung,

Wie Genie den Boden prägt oder Stumpfheit.

Wo Koralleninseln das südliche Festland übersäen,

Und bemalte Könige und Krieger im Gürtel regieren,

Es gibt Völker, die angeborene Werte besitzen,

Jede Kunst soll ihn umwerben, jede Wissenschaft segnen:

Und es gibt Stämme, die schweren Herzens und langsam sind,

An dem kein kommendes Zeitalter eine Veränderung erfahren wird."

Ich vermute, dass all diese Planungen reine Zeitverschwendung waren; aber manche Männer scheinen dazu bestimmt zu sein, Dinge ungeschickt und schlecht zu machen, und das mit einem Vielfachen des Aufwands, der den Geschickteren zum Erfolg verhilft. Ich schickte meine Ode an die Zeitung, begleitet von einem erläuternden Brief; aber sie kam ebenso schlecht an wie meine Ansprache an die Institution, und eine einzige kursiv gedruckte Zeile in der nächsten Nummer deutete an, dass sie nicht erscheinen würde. Und so wurden beide meine Pläne, wie es sich gehörte, über den Haufen geworfen. Seither habe ich keine mehr geplant. Strategie ist, fürchte ich, nicht meine Stärke, und es ist müßig, gegen die Natur etwas zu tun, wozu man nicht geboren ist. Außerdem begann ich, ernsthaft unzufrieden mit mir selbst zu sein; es schien absolut nichts Falsches daran zu sein, dass ein Mann, der eine ehrliche Beschäftigung suchte, auf diese Weise zeigte, dass er dazu fähig war; aber ich spürte, wie sich mein Geist dagegen wehrte; und so beschloss ich, niemanden mehr um Gefälligkeiten zu bitten, selbst wenn mir die Dichterecken für immer verschlossen blieben oder wenn literarische oder wissenschaftliche Institutionen mir ihre Aufmerksamkeit schenken würden. Ich schritt durch die Straßen, einen halben Zoll größer aufgrund dieses Entschlusses, und sofort, als wolle man mich für meine Großzügigkeit belohnen, erhielt ich unaufgefordert ein Stellenangebot. Ich wurde vom Rekrutierungssergeant eines Highland-Regiments angesprochen, der mich fragte, ob ich nicht zu Aird gehöre. „Nein, nicht zu Aird, sondern zu Cromarty", antwortete ich. „Ah, zu Cromarty – ein sehr schöner Ort! Aber wäre es nicht besser, wenn Sie Cromarty Lebewohl sagen und mit mir kommen würden? Wir haben eine hervorragende Grenadierkompanie, und in unserem Regiment kommt ein kräftiger, zuverlässiger Mann immer weiter." Ich dankte ihm, lehnte seine Einladung jedoch ab, und mit einer Entschuldigung seinerseits, die nicht im Geringsten nötig war oder erwartet wurde, trennten wir uns.

Obwohl mir Verse und altes Englisch fehlten, verschaffte mir die einfache Aussage meines Freundes aus Cromarty gegenüber meinem Mitbürger in Inverness, dass ich ein guter Arbeiter sei und Arbeit suchte, sofort das Schneiden einer Inschrift und außerdem zwei kleine Arbeiten in Cromarty, die ich nach meiner Rückkehr nach Hause ausführen sollte. Die Arbeit in Inverness war bald abgeschlossen; aber ich hatte die nahe Aussicht auf eine weitere; und da das wenige Publikum, das zu mir kam, meine Arbeit billigte, vertraute ich darauf, dass sich die Arbeit schnell einstellen würde. Ich wohnte bei einer würdigen alten Witwe, die gewissenhaft und fromm war und ihre bescheidene Arbeit immer bewusst vor den Augen des großen Zuchtmeisters verrichtete – einer Klasse von Menschen, die auf der Welt keineswegs so zahlreich sind, wie es wünschenswert wäre, aber häufig genug, um es eher verwunderlich erscheinen zu lassen, dass einige unserer modernen Meister der Belletristik – ihren Schriften nach zu urteilen – nie zufällig mit einem von ihnen in Kontakt gekommen sind. Sie hatte einen einzigen Sohn, der Tischler war und sie gelegentlich mit seinen albernen Witzen über ernste Dinge ärgerte. Er war zu dieser Zeit um eine Geliebte buhlte, die 500 Pfund auf der Bank hatte – eine ungeheuer große Summe für einen Mann in seiner Lage. Er hatte seine Werbung mit so offensichtlichem Erfolg vorangetrieben, dass der Hochzeitstag feststand und nahe war und das Haus, das er als seinen zukünftigen Wohnsitz gemietet hatte, vollständig möbliert war. Und es war sein zukünftiger Schwager, der mein neuer Arbeitgeber werden sollte, sobald die Hochzeit ihm genug Freizeit ließe, um Grabinschriften für zwei Grabsteine anzufertigen, die kürzlich auf dem Familienfriedhof aufgestellt worden waren. Der Hochzeitstag kam, und um dem Trubel und dem Pomp zu entgehen, zog ich mich in das Haus eines Nachbarn zurück, eines Zimmermanns, dem ich mit ein paar Unterrichtsstunden in praktischer Geometrie und Architekturzeichnen einen Gefallen getan hatte. Der Zimmermann war auf der Hochzeit, und da ich das ganze Haus für mich allein hatte, war ich mit Schreiben beschäftigt, als die Tür aufflog und mein Schüler, der Zimmermann, hereinstürzte. „Was ist passiert?" Ich fragte. „Passiert!", sagte der Zimmermann, „Passiert!! Die Braut ist mit einem anderen Mann weg!! Der Bräutigam hat sich ins Bett gelegt und tobt wie ein Wahnsinniger; und seine arme alte Mutter – eine gute, ehrliche Frau – weint wie ein Kind. Kommen Sie und sehen Sie, was getan werden kann." Ich begleitete ihn zu meiner Vermieterin, wo ich den Bräutigam in einem Anfall von Trauer und Wut fand, der sich abwechselnd zu seiner Flucht beglückwünschte und seine unglückliche Enttäuschung beklagte. Er lag quer über dem Bett, das er, wie er mir am Morgen erzählte, zum letzten Mal verlassen hatte; aber als ich eintrat, erhob er sich halb, schnappte sich ein Paar neue Schuhe, die für die Braut vorbereitet worden waren und auf einem Tisch neben ihm lagen, und schleuderte sie gegen die Wand, erst das eine und dann das andere, bis sie durch das Zimmer zurückprallten; und dann stürzte er sich mit einem Ausruf, der nicht wiederholt werden muss, wieder hin. Ich tat mein Bestes, um seine arme Mutter zu trösten, die die Kränkung ihres Sohnes sehr zu spüren schien und mit Furcht den Skandal und Klatsch erwartete, der ihr bescheidener Haushalt zum Gegenstand machen würde. Sie schien jedoch zu begreifen, dass er geflohen war, und stimmte meinem Vorschlag sofort zu, dass man jetzt nur noch alle Ausgaben, die ihr Sohn für die Vorbereitungen für den Haushalt und die Hochzeit aufgewendet hatte, auf die Schultern der anderen Partei übertragen sollte. Und eine solche Vereinbarung könnte, dachte ich, leicht über den Bruder der Braut zustande kommen, der ein vernünftiger Mann zu sein schien und der sich auch bewusst sein würde, dass im Fall seiner Schwester eine Klage eingereicht werden könnte; obwohl ich der Meinung war, dass es für beide Parteien das Beste wäre, sich nicht auf eine solche Klage einzulassen. Und auf die Bitte der alten Frau machte ich mich mit dem Zimmermann auf den Weg, um den Bruder der Braut aufzusuchen und zu sehen, ob er nicht zu einer ähnlichen Vereinbarung, wie ich sie vorgeschlagen hatte, bereit wäre und uns außerdem einige Erklärungen für den außergewöhnlichen Schritt der Braut geben könnte.

Als wir die Straße entlanggingen, wurden wir von einer Person eingeholt, die, wie sie sagte, auf der Suche nach uns war und uns nun bat, ihn zu begleiten. Unter seiner Führung bahnten wir uns unseren Weg durch ein paar enge Gassen, die die Häuseransammlung am Westufer des Ness durchqueren, und blieben vor der Tür einer obskuren Kneipe stehen. Dies, sagte unser Führer, haben wir als das Versteck der Braut herausgefunden. Er führte uns in einen Raum, in dem sich etwa acht oder zehn Personen aufhielten, die sich an den gegenüberliegenden Seiten mit einem leeren Raum dazwischen aufstellten. Auf der einen Seite saß die Braut, ein farbenfrohes, dralles junges Mädchen, gelassen und aufrecht wie Britannia auf den Halfpennies, und bewacht von zwei kräftigen Burschen, offenbar Maurern oder Dachdeckern, in ihren Arbeitskleidern. Sie blickten den Zimmermann und mich scharf an, als wir eintraten, und betrachteten uns natürlich als Angreifer, gegen die sie ihre Beute verteidigen mussten. Auf der anderen Seite saß eine Gruppe von Verwandten der Braut – unter anderem ihr Bruder – schweigend und alle offensichtlich sehr betrübt; während in dem Raum zwischen ihnen ein lahmes, fahlhäutiges Sonderling in schäbigem Schwarz auf und ab stapfte, das eine festgelegte Rede zu halten schien, auf die niemand antwortete, über die heiligen Ansprüche der Liebe und die Grausamkeit, die Gefühle junger Leute zu verletzen. Weder der Zimmermann noch ich fühlten irgendeine Neigung, mit dem Redner zu debattieren oder mit den Wachen zu kämpfen oder auch nur die Gefühle der jungen Dame zu verletzen; und so riefen wir den Bruder in ein anderes Zimmer, drückten unser Bedauern über das aus, was geschehen war, und legten unseren Fall dar und fanden ihn, wie wir erwartet hatten, sehr vernünftig. Wir konnten jedoch nicht für den abwesenden Bräutigam verhandeln, noch konnte er für seine Schwester einspringen; und so mussten wir uns trennen, ohne zu einer Einigung zu kommen. Es gab Punkte in dem Fall, die ich zunächst nicht verstehen konnte. Mein sitzengelassener Bekannter, der Tischler, hatte nicht nur die Gunst aller Verwandten seiner Herrin genossen, sondern war auch von ihr so gut aufgenommen worden, wie es Liebhaber gewöhnlich sind: Sie hatte ihm freundliche Briefe geschrieben und seine Geschenke angenommen, und dann, gerade als ihre Freunde sich zum Hochzeitsfrühstück niederließen, war sie mit einem anderen Mann durchgebrannt. Der andere Mann jedoch – ein hübscher Kerl, aber ein großer Schlingel – hatte einen vorrangigen Anspruch auf ihre Zuneigung: Er war der Liebhaber ihrer Wahl gewesen, obwohl ihr Bruder und alle ihre Freunde ihn verabscheuten, die seinen Charakter gut genug kannten, um zu wissen, dass er sie ins Verderben stürzen würde; und während seiner Abwesenheit auf dem Land, wo er als Dachdecker arbeitete, hatten sie meinem Bekannten, dem Tischler, ihren Einfluss und ihre Unterstützung geliehen, um sie mit einem verhältnismäßig ungefährlichen Mann zu verheiraten, der außerhalb der Reichweite des Dachdeckers lag. Und da sie nicht sehr willensstark war, hatte sie sich mit der Vereinbarung einverstanden erklärt. Am Vorabend der Hochzeit war der Dachdecker jedoch in die Stadt gekommen; und nachdem er mit einem Bekannten, einem schottischen Soldaten, die Kleider getauscht hatte, war er unvermutet gegenüber ihrer Tür vorbeigegangen, bis er am Morgen des Hochzeitstages eine Gelegenheit fand, sich mit ihr zu unterhalten. Er hatte ihren neuen Liebhaber als einen dummen, hässlichen Kerl dargestellt, der gerade Kopf genug hatte, um ein Söldner zu sein, und sich selbst als einen der ergebensten und trostlosesten aller Liebhaber. Und da seine sanfte Zunge und sein schönes Bein die Oberhand gewannen, hatte sie die Hochzeitsgäste allein ihren Tee und Toast genießen lassen und war mit ihm zur Umkleidekabine aufgebrochen. Letztendlich endete die Affäre für alle Beteiligten schlecht. Ich verlor meine Stelle, denn ich sah den Bruder der Braut nicht mehr; der fehlgeleitete Tischler reichte entgegen dem Rat seiner Mutter und ihres Untermieters einen Rechtsstreit ein, in dem er nur geringen Schadenersatz und viel Ärger bekam; und der Dachdecker und seine Geliebte verfielen, nachdem sie Mann und Frau geworden waren, in einen derart ausschweifenden Lebenswandel, dass sie und die fünfhundert Pfund fast gleichzeitig ihr Ende fanden. Kurz darauf verließen meine Vermieterin und ihr Sohn das Land und gingen in die Vereinigten Staaten. Die arme Frau hatte auf mich einen so guten Eindruck gemacht, dass ich eine Reise von Cromarty nach Inverness unternahm – eine Entfernung von neunzehn Meilen – um mich von ihr zu verabschieden. Als ich jedoch ankam, fand ich ihr Haus verschlossen vor und erfuhr, dass sie den Ort zwei Tage zuvor verlassen hatte, um in einen Segelhafen an der Westküste zu gehen. Sie war eine einfache Wäscherin, aber ich bin überzeugt, dass sie in der anderen Welt, die sie schon vor langer Zeit betreten haben muss, einen wesentlich höheren Rang einnimmt!

Ich wartete in Inverness in der Hoffnung, dass, wie Burns sagte, „meine Brüder auf Erden mir die Erlaubnis geben würden, zu arbeiten", aber die Hoffnung war vergeblich, da es mir nicht gelang, eine zweite Stelle zu finden. Es mangelte jedoch nicht an der Art von Beschäftigung, die ich mir selbst schaffen konnte; aber die Vergütung – die erst jetzt und sehr langsam in Kraft trat – musste auf einen fernen Tag verschoben werden. Ich musste den Beschäftigungen, die mich beschäftigten, mehr als zwölf Jahre *Kredit geben* , und da mein Kapital gering war, war es eine ziemlich anstrengende Angelegenheit, „so lange von meinem Lohn ausgeschlossen zu sein". In der unmittelbaren Umgebung von Inverness gibt es eine wunderbare Gruppe von dem, was heute *Osars* genannt wird – eine Gruppe, zu der die Königin der schottischen Tomhans, die malerische Tomnahuirich, gehört, und deren Untersuchung ich mehrere Tage widmete. Aber ich lernte nur, die Schwierigkeit darzulegen, die sie darstellen – nicht, sie zu lösen; und jetzt, da Agassiz seine Gletschertheorie verkündet hat und Spuren der großen Eiskräfte in ganz Schottland entdeckt wurden, bleibt das Geheimnis der *Osars* weiterhin ein Rätsel. Es gelang mir jedoch, zu diesem Zeitpunkt festzustellen, dass sie einer späteren Periode angehören als der Geschiebelehm, den ich unter der großen Kiesformation fand, zu der sie gehören, in einem Abschnitt in der Nähe von Loch Ness, der kurz zuvor bei Ausgrabungen für den großen Kaledonischen Kanal freigelegt worden war. Und da alle oder fast alle Schalen des Geschiebelehms von noch lebenden Arten sind, können wir davon ausgehen, dass die mysteriösen Osars nicht sehr lange vor der Einführung des neugierigen kleinen Geschöpfs auf unserem Planeten entstanden sind, das sich – zumindest bisher ohne zufriedenstellendes Ergebnis – den Kopf zerbrochen hat, um ihren Ursprung zu erklären. Ich untersuchte auch mit einiger Sorgfalt die alte Küstenlinie, die in dieser Gegend so gut entwickelt ist, dass sie eines der Merkmale der beeindruckenden Landschaft bildet und als geologisches Denkmal und Repräsentant jener letzten Zeitalter der Welt angesehen werden muss, in denen die menschliche Epoche in die alten voradamitischen Perioden eingriff. Die Beamten des Ortes waren zu dieser Zeit damit beschäftigt, ihre Pflicht zu erfüllen, wie sie es als vernünftige Menschen taten, was ich unweigerlich als etwas barbarisch empfinden konnte. Der hübsche, wohl proportionierte, sehr uninteressante Gefängnisturm der Stadt, um dessen Integrität sich niemand kümmert, war durch ein Erdbeben im Jahr 1816 erschüttert worden und zu einer der größten Kuriositäten des Königreichs geworden. Das Erdbeben, das für ein schottisches Erdbeben beispiellos heftig war, insbesondere im Bereich des großen Caledonian Valley, hatte durch eine seltsame Wirbelbewegung den Turm verdreht, so dass die Scheiben *und* Ecken des achteckigen Räumschilds, das seine Spitze bildete, an der Querlinie der Verschiebung volle sieben Zoll über ihre eigentliche Position hinausragten. Die Ecken waren fast bis in die Mitte der *Scheiben* gedrückt, als ob eine riesige Hand beim Versuch, das Gebäude am Turm zu umkreisen, wie man einen Kreisel am Stiel oder Stamm umkreist, aufgrund eines Fehlers in der Kohärenz des Mauerwerks nur den Teil umdrehen konnte, den sie erfasst hatte. Sir Charles Lyell beschreibt in seinen

„Principles" ähnliche Verschiebungen in den Steinen zweier Obelisken in einem kalabrischen Kloster und schließt sich dem genialen Vorschlag der Herren Darwin und Mallet an. Und hier gab es ein schottisches Beispiel für die gleiche Art mysteriöser Phänomene, nicht weniger merkwürdig als das kalabrische und sicherlich einzigartig in seinem Charakter *als schottisches*, das die Beamten auf Kosten der Stadt mühsam auslöschten, obwohl das beschädigte Gebäude bereits zwölf Jahre in seinem verschobenen Zustand gestanden hatte und noch so viele Jahre stehen könnte wie der Hängende Turm von Pisa. Sie waren dabei auch vollkommen erfolgreich; und der Turm des Gefängnisses wurde ordnungsgemäß in seinen ursprünglichen Zustand der Bedeutungslosigkeit als fünftklassiges Stück dekoratives Mauerwerk zurückversetzt. Aber wie absurd müssen diese Bemerkungen erscheinen, außer vielleicht hier und da für einen Geologen!

Aber meine Kritik an der Magistratur, so töricht sie auch war, war stille Kritik und schadete niemandem. Ungefähr zu der Zeit jedoch, als ich mich ihr hingab, setzte ich mich durch eine jener impulsiven Handlungen, die die Menschen in ihrer Freizeit bereuen, unvorsichtigerweise einer Kritik aus, die nicht still und von einer Art war, die gelegentlich Schaden *anrichtet*. Die Ablehnung meiner Verse über den Ness hatte mich verärgert. Zugegeben, ich hatte keine hohe Meinung von ihrem Wert und hielt sie für kaum mehr als ebenbürtig mit den durchschnittlichen Versen der Provinzdrucke; aber dann hatte ich einigen Freunden aus Cromarty meinen Plan, sie drucken zu lassen, angedeutet und war nun schwach genug, um mich über den Gedanken zu ärgern, dass meine Stadtbewohner mich für einen unfähigen Dummkopf halten würden, der keine Reime schreiben konnte, die gut genug für eine Zeitung waren. Und so beschloss ich vorschnell, mich in einem kleinen Band an die Öffentlichkeit zu wenden. Hätte ich schon früher über das Zeitungswesen Bescheid gewusst und über die Art und Weise, wie Redakteure und ihre Gehilfen oft mit Kopien von Gedichtbänden umgehen - ermüdet von dem Unsinn, ohne Hoffnung, in den riesigen Haufen Spreu, die ihnen vorgelegt wurden, Korn zu finden und zu beschäftigt, um danach zu suchen, selbst wenn sie glaubten, es handele sich nur um einzelne, spärlich verstreute Körner -, hätte ich mir weniger Gedanken über die Sache gemacht. So aber sammelte ich eilig aus meinen Manuskriptstapeln etwa fünfzehn oder zwanzig Gedichtbände, die hauptsächlich in den vorhergehenden sechs Jahren geschrieben worden waren, und gab sie dem Drucker des *Inverness Courier*. Wie ich bald einsah, wäre es weitaus klüger gewesen, sie stattdessen ins Feuer zu werfen; aber meine Wahl einer Druckerei verschaffte mir zumindest einen Vorteil - ich lernte dadurch einen der fähigsten und versiertesten schottischen Redakteure kennen - den Herrn, dem der *Courier jetzt gehört und der ihn immer noch leitet*. und außerdem fühlte ich, nachdem ich den Rubikon einmal überschritten hatte, meinen ganzen angeborenen Eigensinn geweckt, um mir eine gute Position zu verschaffen, trotz der

Misserfolge und Rückschläge auf der anderen Seite. In manchen Fällen ist es von Vorteil, engagiert zu sein. Der klare, große Druck der *Courier*- Abteilung zeigte mir jedoch viele Fehler in meinen Versen, die mir vorher entgangen waren, und löste Assoziationen auf, die - seltsamerweise mit den Manuskripten verknüpft - den darin enthaltenen Strophen und Passagen einen Reiz in Ton und Farbe verliehen hatten, der ihnen nicht eigen war. Ich begann auch zu erkennen, dass meine bescheidenen Verse zu eng waren, um mein Denken zu umfassen; - die Denkfähigkeit war gewachsen, nicht jedoch die Fähigkeit zum poetischen Ausdruck; ja, viele der Gedanken schienen von einer Art zu sein, die für poetische Zwecke überhaupt nicht geeignet war; und obwohl es natürlich viel besser war, wenn ich dies mit der Zeit erfuhr, als dass ich, wie einige, sogar überlegene Männer, weiterhin die Stunden, in denen ich kraftvolle Prosa hätte produzieren können, mit unwirksamen Versen vergeudete, war es doch zumindest ziemlich demütigend genug, diese Entdeckung zu machen, nachdem ein halber Band in Versmaß gedruckt und in den Händen des Druckers war. Da ich jedoch beschloss, dass mein bescheidener Name nicht auf der Titelseite erscheinen sollte, machte ich mit meinem Band weiter. Mein neuer Freund, der Herausgeber, legte freundlicherweise von Zeit zu Zeit Kopien seiner Verse in die Spalten seiner Zeitung und bemühte sich, ein gewisses Maß an Interesse und Erwartung diesbezüglich zu erregen; aber meine jüngste Entdeckung hatte mich gründlich ernüchtert, und ich erwartete die Veröffentlichung meines Bandes, nicht sehr erfreut über die mir erwiesene Ehre und so wenig zuversichtlich hinsichtlich seines endgültigen Erfolgs, wie ich es nur sein konnte. Und bevor ich Inverness verließ, drängte ein trauriger Verlust, der den Kreis meiner liebsten Freunde erheblich einschränkte, alle meine Gedanken darüber in den Hintergrund.

Als ich Cromarty verließ, ließ ich meinen Onkel James zurück, der an einem Anfall von rheumatischem Fieber litt. Doch obwohl er gerade in die Wechseljahre gekommen war, war er noch immer ein kräftiger und aktiver Mann, und ich konnte nicht daran zweifeln, dass er stark genug war, um die Krankheit abzuwehren. Er hatte sich jedoch nicht erholt, und als ich eines Abends von einem langen Erkundungsspaziergang zurückkam, fand ich in meiner Unterkunft eine Nachricht vor, die seinen Tod ankündigte. Der Schlag hatte eine betäubende Wirkung. Seit dem Tod meines Vaters hatten meine beiden Onkel treu seinen Platz eingenommen. Und James, der ein offeneres und weniger zurückhaltendes Gemüt als Alexander hatte und meine kindlichen Torheiten besser duldete, hatte, obwohl ich den anderen aufrichtig liebte, meine Zuneigung stärker geweckt. Außerdem war er von freundlicher Natur und blieb in seinen Hoffnungen und Erwartungen stets optimistisch. und er hatte unabsichtlich meiner Eitelkeit geschmeichelt, indem er mich ziemlich genau nach meiner eigenen Einschätzung einschätzte – natürlich übertrieben hoch, wie die der meisten jungen Männer, aber vielleicht notwendig, um angesichts von Hindernissen und Schwierigkeiten voranzukommen. Onkel James hätte, wie *Le Balafré* in dem Roman, „seinen Neffen gegen den Wicht Wallace antreten lassen". Ich machte mich sofort auf den Weg nach Cromarty und, so merkwürdig es auch scheinen mag, fand ich den Kummer so gesellig, dass mir die vier Stunden, die ich unterwegs verbrachte, kaum wie eine einzige vorkamen. Ich behielt jedoch nur eine verschwommene Erinnerung an meine Reise und konnte mich kaum mehr erinnern, als dass ich, als ich um Mitternacht den trostlosen Maolbuie entlangfuhr, den Mond im Abnehmen sah, rot und lichtlos aus dem fernen Meer aufsteigen sah und dass er, wie er, wie er am Horizont lag, mich an einen unterlegenen Ringer erinnerte, der hilflos auf den Boden geworfen wurde.

Als ich nach Hause kam, fand ich meine Mutter, obwohl es schon spät war, noch wach und damit beschäftigt, ein Leichentuch für die Leiche zu nähen. „Es wartet ein Brief aus dem Süden mit einem schwarzen Siegel auf dich", sagte sie. „Ich fürchte, du hast auch deinen Freund William Ross verloren." Ich öffnete den Brief und fand ihre Vermutung zu gut begründet. Es war ein Abschiedsbrief, geschrieben in schwacher Schrift, aber nicht in schwachem Geist; und ein kurzer Nachtrag, hinzugefügt von einem Kameraden, deutete auf den Tod des Schreibers hin. „Dies", schrieb der Sterbende mit einer Hand, die ihre Schlauheit schnell vergaß, „ist aller menschlichen Wahrscheinlichkeit nach mein letzter Brief; aber der Gedanke bereitet mir wenig Sorgen; denn meine Hoffnung auf Erlösung liegt im Blut Jesu. Leb wohl, mein aufrichtigster Freund!" Es gibt eine Vorkehrung, durch die die Natur sowohl dem körperlichen als auch dem geistigen Leiden Grenzen setzt. Ein Mann, der durch einen heftigen Schlag teilweise betäubt ist, ist sich manchmal bewusst, dass ihm weitere Schläge folgen, mehr weil er sie sieht als weil er sie fühlt; seine Leidensfähigkeit ist durch den ersten erschöpft; und die anderen, die ihn treffen, verursachen zwar Verletzungen, aber keinen Schmerz. Und so ist es auch mit Schlägen, die das Herz treffen. Unter anderen Umständen hätte ich um den Tod meines Freundes getrauert, aber meine Gedanken waren bereits völlig mit dem Tod meines Onkels beschäftigt, und obwohl ich den neuen Schlag *sah*, vergingen mehrere Tage, bevor *ich* ihn spüren konnte. Mein Freund war nach einem halben Leben des Niedergangs plötzlich zusammengebrochen. Ein Kamerad, der bei ihm lebte – ein kräftiger, blühender Junge – war etwa ein Jahr zuvor von derselben heimtückischen Krankheit befallen worden wie er selbst; und da er zuvor nichts von Krankheit gekannt hatte, hatte sich die Krankheit bei ihm schnell ausgebreitet und seine Leiden waren so groß, dass er mehrere Monate vor seinem Tod arbeitsunfähig war. Doch mein armer Freund, obwohl er zu dieser Zeit am Boden war, tat sein Bestes: Er konnte seine Arbeit – die laut Bacon „eher den Finger als den Arm erforderte" – auch in den letzten Stadien seiner Krankheit weiterführen; und nachdem er seinen sterbenden

Kameraden bis zu seinem Untergang unterstützt und gepflegt hatte, brach er selbst plötzlich zusammen und starb. Und so starb er, unbekannt und in der Blüte seiner Tage, als Mann mit unerschütterlichen Grundsätzen und großem Genie. Ich fand genug Beschäftigung für die wenigen Wochen, die von der Arbeitssaison dieses Jahres noch übrig waren, indem ich einen Grabstein für meinen Onkel James hauen ließ, auf den ich eine Grabinschrift von wenigen Zeilen schrieb, die den Verdienst hatte, wahr zu sein. Sie charakterisierte den Verstorbenen – „James Wright" – als „einen ehrlichen, warmherzigen Mann, der das Glück hatte, ohne Tadel zu leben und ohne Angst zu sterben."

FUßNOTEN:

[11] Loch Ness.

[12] Ich fürchte, diese Beschreibung des Ness entspricht kaum dem normalen Charakter des Flusses. Ich hatte ihn im vergangenen Winter besucht und war ein paar Meilen an seinen Ufern entlang gewandert, als das Landstück, durch das er fließt, ausgebleicht und ohne Grün und vom wochenlangen Regen durchtränkt war und der Strom selbst, bei hohem Hochwasser, in seinen seichteren Abschnitten von Ufer zu Ufer rauschte oder in seinen dunkleren Tümpeln düster und trüb in vielen kreisenden Wirbeln brodelte. Und meine Beschreibung verbindet auf etwas unpassende Weise eine sonnenbeschienene Sommerlandschaft, reich an Blumen und Laub, mit dem braunen winterlichen Fluss.

KAPITEL XX.

„Während meine Vorstellung einen Sklent genommen hat,

Um mein Schicksal in gutem schwarzen Glauben zu versuchen;

Aber noch immer bin ich so geneigt,

    Etwas schreit, Hoolie!

Ich habe dir gesagt, ehrlicher Mann, nimm das Zelt;

    „Ihr werdet eure Torheit erkennen." – BURNS.

Mein Gedichtband kam nur langsam durch die Presse, und da ich seinem Erscheinen schon ziemlich wehmütig entgegensah, war ich nicht gerade darauf erpicht, ihn voranzutreiben. Schließlich wurden jedoch alle Stücke in Druck gesetzt, und ich ließ ihnen einen Schlussteil in Prosa folgen, der etwas nach dem Vorbild des Vorworts von Pope gestaltet war – denn ich war damals ein großer Bewunderer des Englischen, das von den „Witzen von Königin Anne" geschrieben wurde –, und in dem ich ernsthaft den Verdacht äußerte, dass ich als Verfasser von Gedichten meinen Beruf verkannt hatte.

"Es ist mehr als möglich", sagte ich, "dass ich in der Poesie völlig versagt habe. Es mag so aussehen, als hätte ich, während ich nach Originalität in der Beschreibung und dem Gefühl strebte und mich bemühte, einen angemessenen Ausdruck zu finden, nur gewöhnliche Bilder dargestellt und offensichtliche Gedanken verkörpert, und das auch in uneleganter Sprache. Doch selbst in diesem Fall werde ich, obwohl ich enttäuscht bin, nicht ohne meine Trostquellen sein. Die Freude, die ich beim Verfassen von Versen habe, ist völlig unabhängig von der Meinung anderer Menschen darüber; und ich erwarte, mich bei diesem Vergnügen so glücklich wie immer zu fühlen, auch wenn ich sicher bin, dass andere keine Freude daran finden könnten, das zu lesen, was ich beim Schreiben so sehr gefunden habe. Es ist kein geringer Trost, darüber nachzudenken, dass die Fabel vom Hund und dem Schatten nicht auf mich zutreffen kann, da meine Vorliebe für Poesie mich nicht daran gehindert hat, zumindest die Fertigkeit des gewöhnlichen Handwerks zu erwerben. Ich bin nicht unwissender in Mauerwerk und Architektur als viele Professoren dieser Künste, die nie eine Strophe gemessen haben. Es ist auch eine gewisse Genugtuung, darüber nachzudenken, dass ich im Gegensatz zu einigen Möchtegern-Satirikern nicht angegriffener Privatcharakter; und obwohl die Menschen mich als ungeschickten Dichter verspotten, können sie mich nicht mit Recht als schlechten oder bösartigen Menschen verabscheuen. Nein, ich werde möglicherweise das Vergnügen haben, es denen, die sich auf meine Kosten lustig machen, mit ihrer eigenen Münze zurückzuzahlen. Ein schlecht konditionierter Kritiker ist immer eine bemitleidenswertere Person als ein erfolgloser Versdichter; und der Wunsch, seine eigene Urteilskraft auf Kosten des Nächsten zu zeigen, ist eine weitaus schlimmere Sache als der einfache Wunsch, ihm, wie auch immer losgelöst von der Fähigkeit, ein harmloses Vergnügen zu bereiten. Darüber hinaus wäre es, denke ich, nicht schwer zu zeigen, dass mein Fehler, mich für einen Dichter zu halten, nicht ein bisschen lächerlicher und unendlich weniger schädlich ist als viele der Fehler, denen Myriaden meiner Mitmenschen täglich verfallen. Ich habe gesehen, wie die Lasterhaften versuchten, Moral zu lehren, und die Schwachen, Geheimnisse zu enthüllen. Ich habe gesehen, wie Männer als Freidenker hingestellt wurden, die geboren wurden, überhaupt nicht zu denken. Abschließend möchte ich sagen, dass ich sicherlich Grund zur Selbstbeweihräucherung habe, wenn ich bedenke, dass ich durch meine Tätigkeit als Autor nur ein paar Pfund abgenommen habe und mir nicht den Ruf eines gemeinen Kerls erworben habe, der alle seine Bekannten so lange geärgert hat, bis sie ein wertloses Buch abonniert haben. Und dass die schärfste Bemerkung des schärfsten Kritikers nur sein kann: ‚Ein gewisser anonymer Reimer ist kein Dichter.'"

Da die Urheberschaft meines Buches trotz der Lücke auf der Titelseite in Cromarty und Umgebung bekannt sein würde, machte ich mich daran, zu prüfen, ob ich nicht inzwischen etwas für den Druck vorbereiten könnte, das besser geeignet war, einen Eindruck zu meinen Gunsten zu machen. Beim Werfen der Stange oder des Steins wird der Teilnehmer, der mit einem eher mittelmäßigen Wurf beginnt, nie sehr ungünstig beurteilt, wenn er ihn sofort durch einen besseren verbessert; und ich beschloss, meinen Wurf zu verbessern, wenn ich konnte, indem ich für den *Inverness Courier* – der mir dank der Freundlichkeit des Herausgebers nun zugänglich war – eine Reihe sorgfältig vorbereiteter Briefe zu einem populären Thema schrieb. In den Tagen von Goldsmith beschäftigte der Heringsfang, wie er uns in einem seiner Essays erzählt, „die ganze Grub Street". Im Norden Schottlands war dieser Fischfang vor kaum mehr als zwanzig Jahren ein populäres Thema.

Das Wohlergehen ganzer Gemeinden hing in nicht geringem Maße von seinem Erfolg ab: er bildete die Grundlage vieler Berechnungen und war Gegenstand vieler Investitionen; und es war für meinen Zweck umso geeigneter, da es in diesem Teil der Welt keine Grub Street gab, die sich damit hätte beschäftigen können. Es war, zumindest in all seinen besseren Aspekten, ein neues Thema, und ich hielt mich für gründlicher damit vertraut als zumindest die meisten Männer, die als *Literaten geschickt genug waren* , ihr Wissen schriftlich mitzuteilen. Ich kannte die Eigenheiten der Fischer als Klasse und die Auswirkungen dieses besonderen Zweigs ihres Berufs auf ihren Charakter: Ich hatte sie ihren Beschäftigungen inmitten der erhabenen Natur nachgehen sehen und hatte gelegentlich an ihrer Arbeit teilgenommen; und außerdem kannte ich nicht wenige alte Überlieferungen von Fischern aus anderen Zeiten, in denen sich, wie in den Erzählungen der meisten Seefahrer, mit einer gewissen Menge an wahren Begebenheiten auch merkwürdige Andeutungen des Übernatürlichen vermischten. Kurz gesagt, das Thema war eines, über das ich bis zu einem gewissen Grad zu schreiben befähigt war, da ich eine Menge darüber wusste, was nicht allgemein bekannt war; und so verbrachte ich meine Muße damit, meine diesbezüglichen Fakten in einer Reihe von Briefen zusammenzufassen, von denen der erste vierzehn Tage, nachdem mein Gedichtband auf den Tischen der Buchhändler im Norden des Landes lag, im *„Courier"* erschien.

Ich war vor etwa zehn Jahren zum ersten Mal zur See gefahren, um beim Heringsfang zu helfen. In einem meiner Briefe beschrieb ich nun so wahrheitsgetreu wie möglich jene Einzelheiten der Szene, die ich bei dieser Gelegenheit kennengelernt hatte und die mir neuartig und eigenartig vorgekommen waren. Und was mir fremd war, erwies sich, wie ich feststellte, auch den Lesern des *Courier als ebenso fremd* . Meine Briefe erregten Aufmerksamkeit und wurden von den Eigentümern der Zeitung in meinem Namen erneut veröffentlicht, „aufgrund des Interesses, das sie in den nördlichen Grafschaften erregt hatten", sagte mein Freund, der Herausgeber, in einer Anmerkung, die er freundlicherweise der Broschüre beifügte, die sie verfassten." [13] Ihr bescheidener Erfolg, so gering ihr Thema auch war, verglichen mit dem einiger meiner anspruchsvolleren Verse, lehrte mich meinen richtigen Weg. Ich sagte, es sei meine Aufgabe, das zu wissen, was nicht allgemein bekannt ist. Ich möchte mich dazu befähigen, als Dolmetscher zwischen Natur und Öffentlichkeit zu stehen. Während ich mich bemühe, so angenehm zu erzählen und so lebendig wie möglich zu beschreiben, soll die Wahrheit und nicht die Fiktion mein Weg sein. und wenn es mir gelingt, den Roman mit der Wahrheit zu verbinden, in Bereichen von allgemeinerem Interesse als dem sehr bescheidenen, was mir jetzt teilweise gelungen ist, werde ich auch eine Position einnehmen können, die mir, wenn auch nicht erhaben, zumindest einen festeren Stand geben wird, als ich ihn als bloßer *Literat erreichen könnte* , der vielleicht ein wenig Freude hat, aber nichts zum Gesamtfonds beiträgt. Der Entschluss war, glaube ich, gut; wäre er doch besser eingehalten worden! Die folgenden Auszüge mögen zeigen, dass mein neues Thema, so bescheiden es auch erscheinen mag, beträchtlichen Spielraum für Beschreibungen einer Art bot, die man nicht oft mit Heringen in Verbindung bringt, selbst wenn sie die ganze Grub Street bevölkerten:—

„Als die Nacht allmählich dunkler wurde, nahm der Himmel einen toten und bleiernen Farbton an: Das Meer, aufgeraut durch die aufkommende Brise, reflektierte seine tiefen Farbtöne mit einer Intensität, die an Schwarz heranreichte, und schien ein dunkler, unebener Boden zu sein, der jeden Strahl des verbleibenden Lichts absorbierte. Ein ruhiger, silbriger Fleck, etwa fünfzehn oder zwanzig Meter breit, bewegte sich langsam durch das Schwarz. Es schien nur ein mit Öl überzogener Wasserfleck zu sein; aber einer anderen Antriebskraft als der von Gezeiten oder Wind gehorchend, segelte er schräg auf unsere Bojenreihe zu, ein Stein, der von unserem Bug geworfen wurde – verlängerte sich entlang der Linie auf das Dreifache seiner ursprünglichen Länge – hielt wie für einen Moment inne – und dann sanken drei der Bojen, nachdem sie sich auf ihrer schmaleren Basis aufgerichtet hatten, mit einem plötzlichen Ruck langsam. ‚Eins – zwei – drei Bojen!‘, rief einer der Fischer aus und zählte sie, als sie verschwanden; – , *da* sind zehn Fässer für uns sicher.‘ Ein paar Augenblicke vergingen, und dann machten wir den Schlepper vom Bug los, brachten ihn nach achtern und begannen mit dem Einholen. Die Netze näherten sich der Bordwand. Die ersten drei erschienen im phosphorhaltigen Licht des Wassers, als ob sie in blassgrünen Flammen aufgingen. Hier und da glitzerte ein Hering hell in den Maschen oder schoss durch die pechschwarze Dunkelheit davon, für einen Moment durch sein eigenes Licht sichtbar. Das vierte Netz war heller als alle anderen und glitzerte durch die Wellen, während es noch mehrere Faden entfernt war: das blasse Grün schien mit zerbrochenen Schneeschichten vermischt, die – flackernd inmitten der Lichtmasse – sich bei jedem Ruck der Fischer zu verschieben, aufzulösen und wieder zu bilden schienen; und von ihm strömten Myriaden grüner Strahlen in die umgebende Dunkelheit, einen Augenblick gesehen und dann wieder verschwunden – die fliehenden Fische, die den Maschen aus dem Weg gegangen waren, aber, bis sie gestört wurden, neben ihren verwickelten

Gefährten. Es enthielt eine beträchtliche Menge Heringe. Als wir sie über die Bordwand hoben, fühlten sie sich warm an, denn in der Mitte eines großen Schwarms steigt sogar die Wassertemperatur – eine Tatsache, die jedem Heringsfischer wohlbekannt ist; und als wir sie aus den Maschen schüttelten, vernahm das Ohr ein schrilles, zirpendes Geräusch wie das einer Maus, nur viel schwächer – ein unaufhörliches Piepsen, Piepsen, Piepsen, das anscheinend – denn kein echter Fisch ist mit Lautorganen ausgestattet – durch ein plötzliches Entkommen aus der Schwimmblase verursacht wurde. Der Schwarm, ein kleiner, hatte sich nur über drei der Netze ausgebreitet – die drei, deren Bojen so plötzlich verschwunden waren; und die meisten anderen hatten nur eine Handvoll Fische, ein paar Dutzend oder zwei in einem Netz; aber in den glücklichen dreien hatten sie so dicht gelegen, dass der gesamte Fang aus etwas mehr als zwölf Fässern bestand.

$$* * * * *$$

Wir brachen gegen Mitternacht auf und sahen wie zuvor ein offenes Meer; aber die Szene hatte sich erheblich verändert, seit wir uns hingelegt hatten. Die Brise war abgeflaut und ruhig geworden; der Himmel, nicht länger dunkel und grau, glühte von Sternen; und das Meer erschien aufgrund der Glätte seiner Oberfläche wie ein zweiter Himmel, ebenso hell und sternenreich wie der andere; mit dem Unterschied jedoch, dass alle seine Sterne Kometen zu sein schienen! Die leicht zitternde Bewegung der Oberfläche streckte die reflektierten Bilder und gab jedem seinen Schweif. Am Horizont war keine sichtbare Trennlinie zu sehen. Wo sich die Berge entlang der Küste hoch erhoben und durch ihren wellenförmigen Schattenstreifen wie verdoppelt aussahen, lag etwas, das man als dichtes Wolkenband bezeichnen könnte, schlafend am Himmel, genau dort, wo das obere und das untere Firmament aufeinandertrafen; aber seine Anwesenheit machte die Illusion dennoch vollständig: Der Umriss des Bootes lag dunkel um uns herum, wie das Fragment eines zerbrochenen Planeten, der im mittleren Raum schwebte, weit weg von der Erde und jedem Stern; und ringsum sahen wir die gesamte Sphäre ausgebreitet – oben unverborgen von Orion bis zum Pol und unten sichtbar vom Pol bis zum Orion. Sicherlich besitzt eine erhabene Landschaft an sich keine Kraft, die stark genug wäre, um die Fähigkeiten zu entwickeln, sonst hätte der Geist des Fischers nicht so lange geschlafen. Es gibt keinen Beruf, dessen Erinnerungen zu reinerer Poesie aufsteigen könnten als seine; aber wenn der Spiegel nicht seine frühere Mischung aus Geschmack und Genie trägt, was macht es dann aus, wenn die Szene, die ihr vielfarbiges Licht darauf wirft, reich an Erhabenheit und Schönheit ist? Es wird kein entsprechendes Bild erzeugt: Die Empfänglichkeit, die Landschaft zu reflektieren, wird niemals von der Landschaft selbst vermittelt, weder dem Geist noch dem Glas. Es gibt keine Klasse von Erinnerungen, die illusorischer sind als jene, die – als ob sie in der Beziehung von Ursache und Wirkung existierten – ein Stück eindrucksvoller Landschaft mit einer plötzlichen Entwicklung des Intellekts oder der Vorstellungskraft verbinden. Die Augen öffnen sich und es wird eine äußere Schönheit gesehen; aber es ist nicht die äußere Schönheit, die die Augen geöffnet hat.

* * * * *

"Es war noch immer totenstill – still bis zur Dunkelheit; als etwa eine Stunde nach Sonnenaufgang scheinbar leichte, unbeständige Winde auf der Oberfläche zu spielen begannen und ihr in unregelmäßigen Flecken einen Grauton verliehen. Zuerst bildete sich ein Fleck, dann ein zweiter daneben, dann ein dritter, und dann schien die Oberfläche, die sonst so silbrig war, meilenweit mit Grau überzogen zu sein: Die scheinbare Brise schien sich von einem zentralen Punkt aus auszubreiten. Ein paar Sekunden später war alles wieder ruhig wie am Anfang; und dann bildeten sich von einem anderen Zentrum aus wieder die grauen Flecken und weiteten sich aus, bis der ganze Firth von ihnen bedeckt schien. Ein eigenartiges Knallgeräusch, als ob ein Gewitterschauer mit seinen unzähligen Tropfen auf die Oberfläche schlug, erhob sich um unser Boot; das Wasser schien mit einer Unzahl von Silberpunkten besprenkelt zu sein, die für einen Augenblick in der Sonne glitzerten und dann ihren Platz an andere schnell aufblitzende Punkte räumten, denen wiederum andere folgten. Die Heringe spielten zu Millionen und Tausenden von Millionen um uns, sprangen ein paar Zentimeter in die Luft, fielen dann und verschwanden, um wieder aufzusteigen und zu springen. Untiefe stieg nach Untiefe, bis das ganze Ufer des Gulliam zu Schaum geschlagen schien, und die leisen Knallgeräusche vervielfachten sich zu einem Brüllen, wie das des Windes in einem hohen Wald, das man in der Stille meilenweit hören konnte. Und wieder schienen die Untiefen, die sich um uns herum ausbreiteten, Hunderte von Quadratmeilen des riesigen Moray Firth zu bedecken. Aber obwohl sie zu Tausenden neben unseren Bojen spielten, schwamm kein Hering so tief wie der obere Balken unseres Drifts. Einer der Fischer nahm einen Stein und schleuderte ihn direkt über unsere zweite Boje in die Mitte der Untiefe, worauf die Fische mehrere Faden weit von der Oberfläche verschwanden. „Ah, da gehen sie", rief er aus, „wenn sie nur tief genug gehen. Vor vier Jahren habe ich dreißig Fässer mit leichten Fischen in meinen Drift aufgescheucht, nur indem ich einen Stein dazwischen warf." Ich weiß nicht, welche Wirkung der Stein diesmal gehabt haben mag. Doch als wir unsere Netze zum dritten und letzten Mal einholten, stellten wir fest, dass wir etwa acht Fässer Fisch gefangen hatten. Dann hissten wir die Segel – denn eine leichte Brise aus Osten war aufgekommen – und machten uns mit einer Ladung von zwanzig Fässern auf den Weg zum Ufer."

Inzwischen urteilten die Zeitungskritiker des Südens allerlei über meine Verse. Der Titel des Bandes ließ vermuten, dass sie „in den Mußestunden eines Maurergesellen geschrieben" worden waren, und diese Andeutung schien den meisten meiner Rezensenten den richtigen Anstoß zu geben, sich mit ihnen zu befassen. „Die Zeit ist vorbei", sagte einer, „als ein literarischer Mechaniker als Phänomen angesehen wurde: Würde jetzt ein zweiter Burns auftauchen, hätte er nicht so viel Lob verdient wie der erste." „Es ist unsere Pflicht, diesem Autor zu sagen", sagte ein anderer, „dass er in einer Woche mit seiner Kelle mehr verdienen wird als in einem halben Jahrhundert mit seiner Feder." „Wir freuen uns zu hören", sagte ein Dritter – allerdings sehr vernünftig – „dass unser Autor den gesunden Menschenverstand hat, sich mehr auf seinen Meißel als auf die Musen zu verlassen." Die Lektionen waren recht vielfältig, aber im Großen und Ganzen eher widersprüchlich. Ein Autor sagte mir, ich sei ein langweiliger, korrekter Kerl, der ein Buch geschrieben habe, in dem weder etwas Lustiges noch etwas Absurdes vorkomme. Ein anderer jedoch munterte meine niedergeschlagene Stimmung auf, indem er mir versicherte, ich sei ein „genialer Mann, dessen Gedichte zwar viele Fehler, aber auch viel Interessantes enthielten". Ein dritter war überzeugt, ich hätte „über die Grenzen meines Heimatortes hinaus keine Chance, bekannt zu werden", und mein „Buch weise keine oder so gut wie keine jener Anzeichen auf, die die Erwartung besserer Dinge rechtfertigen", während ein vierter, optimistischerer Autor, in meinem Werk den Beweis für „Gaben der Natur" sah, „die der Ansporn der Ermutigung und das mildernde Licht der Erfahrung später entwickeln und zur Errungenschaft von etwas wahrhaft Wunderbarem führen könnten". Es waren vor allem zwei Namen, die mein kleines Buch den Zeitungsrezensenten immer wieder in den Sinn brachte. Der Tam o'Shanter und der Souter Johnnie des genialen Thorn wurden gerade ausgestellt; und es war bekannt, dass Thorn als Maurergeselle gearbeitet hatte; und es gab einen ziemlich schlanken Dichter namens Sillery, den Autor mehrerer vergessener Gedichtbände, von denen einer gleichzeitig mit meinem in die Presse gekommen war; da er ein wenig Geld hatte und seine literarischen Freunde angeblich sehr luxuriös behandelte, wurde er von den Zeitungskritikern, insbesondere von denen der schottischen Hauptstadt, über alle Maßen gelobt. Und Thom als Maurer und Sillery als Dichter wurden mir wiederholt vorgezogen. Ein Kritiker, der sicher war, dass ich es nie zu etwas bringen würde, bemerkte jedoch großmütig, dass er, da er mir nichts nachtragend sei, froh wäre, wenn er sich täusche; ja, dass es ihm „aufrichtige Freude bereiten würde, zu erfahren, dass ich den wohlverdienten Ruhm selbst von Mr. Thom erlangt habe." Und ein anderer kritisierte die unangemessene Strenge, die gebildete Schriftsteller dem Arbeiter gegenüber so oft an den Tag legten, und behauptete, der „Maurergeselle" sei in diesem Fall, ungeachtet seiner Behandlung, ein Mann mit gehobenen Fähigkeiten gewesen. Abschließend bemerkte er, dass natürlich nicht jeder verdiente Mann erwarten könne, die „hohe poetische Bedeutung und Berühmtheit eines Charles Doyne Sillery" zu erlangen.

All dies war jedoch Kritik aus der Ferne und störte mich kaum, wenn ich auf dem Friedhof arbeitete oder meine ruhigen Abendspaziergänge genoss. Aber es wurde noch furchterregender, als es mich einmal in meinem Arbeitszimmer überraschte.

Der Ort wurde von einem reisenden Vortragsredner besucht – einem gewissen Walsh, der, da seine Kunst bei den ruhigen Damen und geschäftigen Herren von Cromarty nicht sehr gefragt war, keine Besucher anzog; bis schließlich eines Morgens an Pfosten und Säulen ein Hinweis erschien, dass Herr Walsh an diesem Abend eine ausführliche Kritik des kürzlich erschienenen Bandes „Gedichte, geschrieben in den Mußestunden eines Maurergesellen" halten und daraus einen Teil seiner abendlichen Lesungen auswählen würde. Der Hinweis zog viele Besucher an; und neugierig, was mich erwartete, bezahlte ich mit den anderen meinen Schilling und zog mich in eine Ecke zurück. Als erstes in der Unterhaltung gab es eine ermüdende Abhandlung über harmonische Beugungen, doppelte Betonung, widerhallende Wörter und monotone Stimmen. Aber um es mit Meg Dods auszudrücken: „Oh, was für ein Sprachstil!" Der Vortragsredner, offensichtlich ein ungebildeter und völlig unwissender Mann, hatte keine

Ahnung von Komposition. Syntax, Grammatik und gesunder Menschenverstand wurden in jedem Satz vernachlässigt; andererseits wurde die Betonung sorgfältig beibehalten und ging über dem Unsinn darunter auf und ab, wie die Welle einer seichten Bucht über einem Boden aus Schlamm und zerkleinertem Seegras. Nach der Abhandlung wurden wir durch ein paar Rezitationen erfreut. „Lord Ullins Tochter", „Der Rasiermesserverkäufer" und „Mein Name ist Norval" wurden mit großer Kraft vorgetragen. Und dann kam die Kritik. "Meine Damen und Herren", sagte der Rezensent, "von einem Maurergesellen in der Poesiebranche können wir nicht viel erwarten. Richtige Poesie muss gelehrt werden. Niemand kann ein richtiger Dichter sein, wenn er kein Rhetoriker ist; denn wie kann er, wenn er kein Rhetoriker ist, seine Verse an den richtigen Stellen betonen, die harmonischen Beugungen beherrschen oder mit den rhetorischen Pausen umgehen? Und jetzt, meine Damen und Herren, werde ich Ihnen anhand verschiedener Passagen in diesem Buch zeigen, dass der ungeschulte Maurergeselle, der es geschafft hat, nie Unterricht in Rhetorik genommen hat. Ich werde Ihnen zuerst eine Passage aus einem Gedicht mit dem Titel 'Der Tod von Gardiner' vorlesen - gemeint ist vermutlich der verstorbene Colonel Gardiner. Der Anfang des Gedichts handelt von der Flucht von Johnnie Copes Männern:"—

* * * * *

„Doch in diesem feigen, furchtsamen Heer,

Ein tapferes Herz schlug scharf und hoch;

In dieser dunklen Stunde der beschämenden Flucht,

Einer blieb zurück, um zu sterben!

Tiefe Wunden durch so manchen Frevlerschlag,

Er schläft dort, wo die Besiegten kämpften –

Von silbernen Locken und gefurchter Stirn,

Ein ehrwürdiger Mann.

Selbst als seine tausend Krieger flohen –

Ihre niedere Tapferkeit erlosch –

Er – der sanftmütige Anführer dieser Bande –

Blieb und kämpfte allein.

Er stand, von wilden Feinden umringt;

Das hohle Todesstöhnen der Verzweiflung.

Das klirrende Schwert, die spaltende Axt,

    Der mörderische Dolch war da.

Stärkere Tapferkeit oder stärkere Hände,

    Niemals drängte er zum Brand und schleuderte den Speer

Aber was bedeutete das dem alten Mann?

    Gott war seine einzige Angst.

Er stand dort, wo sich Tausende von Feinden drängten.

    Und dieser Krieger kämpfte lange und gut.

Tapfer kämpfte er, fest stand er,

    Er fiel bis zu der Stelle, an der er stand.

Er fiel – und sprach ein patriotisches Gebet.

    Dann übergab er seine Seele seinem Gott:

Nicht verlassen von den vielen Söhnen der Erde

    Ein besserer Mann dahinter.

Seine Tapferkeit, seine große Verachtung des Todes,

    Dem stolzen Lohn des Ruhms gebührt kein Antrieb;

Sein Eifer war rein und unbefleckt.

    Für Großbritannien und für Gott.

Er fiel – er starb; – der wilde Feind

    Sorglos über den edlen Lehm getreten;

Doch nicht umsonst kämpfte dieser Champion,

    In diesem verheerenden Kampf.

Über bigotte Glaubensbekenntnisse und Schwerverbrecherschwerter

    Teilerfolg kann liebevoll lächeln,

Bis das ehrliche Herz des Patrioten blutet,

    Und der Märtyrerhaufen brennt.

Doch der Patriot blutet nicht umsonst;

    Doch der Märtyrer stirbt nicht umsonst;

Aus stummer Asche und stummen Blutes,

Was für bewegende Erinnerungen kommen hoch!

Der Spötter besitzt das Glaubensbekenntnis des Fanatikers,

Wie scharfsinnig der heimliche Seitenhieb auch sein mag;

Der Skeptiker sucht die Kuppel des Tyrannen.

Und beugt das bereitwillige Knie.

Aber oh! in den Tagen dunkler Unterdrückung.

Wenn die Fackel lodert, wenn das Schwert flammt.

Wer sind die Mutigen in der Sache der Freiheit?

Die Männer, die den Herrn fürchten." [14]

„Nun, meine Damen und Herren", fuhr der Kritiker fort, „das ist sehr schlechte Poesie. Ich fordere jeden Redner heraus, es mit den Beugungen zufriedenstellend zu lesen. Und sehen Sie sich außerdem an, wie voller Tautologie es ist. Nehmen wir nur einen der Verse: ‚Er fiel – er starb!' Im Kampf zu fallen bedeutet, wie wir alle wissen, im Kampf zu sterben; – im Kampf zu sterben ist genau dasselbe wie im Kampf zu fallen. Zu sagen ‚er fiel – er starb' ist daher gleichbedeutend damit, zu sagen, dass er fiel, er fiel, oder dass er starb, er starb, und ist schlechte Poesie und Tautologie. Und das ist eine der Auswirkungen von Unwissenheit und einem Mangel an richtiger Bildung." Hier jedoch unterbrach ein leises, murrendes Geräusch, das sich allmählich in Worte formte, den Vortragenden. Unter den Zuhörern befand sich ein würdiger alter Kapitän, der sich nicht sehr mit dem Studium der Redekunst oder der *schönen Literatur beschäftigt hatte* ; er war in seinen jüngeren Tagen zu sehr damit beschäftigt gewesen, sich unter Howe und Nelson auf engem Raum mit den Franzosen auseinanderzusetzen, als dass ihm viel Zeit für die Feinheiten des Vortragens oder der Kritik geblieben wäre. Aber der tapfere alte Mann hatte ein freundliches, großzügiges Herz, und die Kritik des Redners, die, wie alle sahen, in Gegenwart des angegriffenen Autors von sich gab, ging ihm auf die Nerven. „Es war nicht gentlemanhaft", sagte er, „einen harmlosen Mann auf diese Weise anzugreifen: es war falsch. Die Gedichte waren, wie man ihm sagte, sehr gute Gedichte. Er kenne gute Kritiker, die das dächten; und unprovozierte Bemerkungen darüber, wie die des Dozenten, sollten nicht erlaubt sein." Der Dozent antwortete, und in seiner Gewandtheit und Ausdrucksstärke wäre er dem würdigen Kapitän bei weitem überlegen gewesen; aber ein Sturm von Zischen unterstützte den alten Veteranen, und der Kritiker gab nach. Da seine Bemerkungen, sagte er, nicht nach dem Geschmack des Publikums waren – obwohl er sich nur die übliche kritische Freiheit nahm –, würde er mit den Lesungen fortfahren. Und mit ein paar Auszügen, die ich ohne Anmerkung oder Kommentar vorlas, endete die Unterhaltung des Abends. Die Kritik an Walsh war nicht sehr furchterregend; aber da ich kein großes Gesicht habe, war es mir ziemlich unangenehm, in meiner ruhigen Ecke von jedem im Raum angestarrt zu werden, und ich glaube, ich sah sehr verärgert aus; und das Mitgefühl und Beileid der Leute aus meiner Stadt, die mich in dem Zustand der vermeintlichen Vernichtung und Bedeutungslosigkeit trösteten, in den mich seine Kritik gebracht hatte, waren nur ein wenig ärgerlich. Der arme Walsh jedoch wäre, wenn er nur gewusst hätte, was ihm drohte, wesentlich weniger entspannt gewesen als sein Opfer.

Der Cousin Walter, der dem Leser in einem frühen Kapitel als Begleiter einer meiner Reisen durch die Highlands vorgestellt wurde, war zu einem gutaussehenden und sehr kräftigen jungen Mann herangewachsen. Man hätte seine Größe auf etwa 1,78 m schätzen können, aber in Wirklichkeit war er etwas größer als 1,80 m. Seine Arme waren erstaunlich lang und stark, und sein Knochenbau war so beschaffen, dass, wenn er seinen Ärmel hochkrempelte, um eine Kugel über die Stadtbahnen zu schleudern oder den Hammer oder Stein zu werfen, die knotigen Vorsprünge seines Handgelenks mit den scharf darüber aufragenden Sehnen eher an das Gerüst eines Pferdebeins als an das eines menschlichen Arms erinnerten. Und Walter, obwohl ein feiner, gutmütiger Kerl, hatte mehr als einmal oder zweimal gezeigt, dass er seine enorme Kraft sehr furchterregend einsetzen konnte. Einige der späteren Beispiele waren in ihrer Art ziemlich interessant. Kurz zuvor war ein großes holländisches Transportschiff voller Truppen durch Wetterkapriolen in die Bucht gezwungen worden, und ein hübscher junger Soldat der Gruppe – ein gebürtiger Norddeutscher namens Wolf – hatte, ich weiß nicht wie, die Bekanntschaft von Walter gemacht. Wolf, der wie viele seiner Landsleute ein begeisterter Leser war und durch deutsche Übersetzungen die Waverley-Romane bestens kannte, hatte alle seine Vorstellungen von Schottland und seinen Leuten aus den Beschreibungen von Scott übernommen, und in Walter, der ebenso hübsch wie kräftig war, fand er das *beau ideal* eines schottischen Helden. Er war ein Mann, der genau dem Vorbild von Harry Bertrams, Halbert Glendinnings und Quentin Durwards des Romanautors entsprach. Während der kurzen Zeit, in der das Schiff im Hafen lag, waren Wolf und Walter unzertrennlich. Walter wusste ein wenig über die Helden von Scott, hauptsächlich aus zweiter Hand, durch seinen Cousin; und Wolf unterhielt sich gern mit ihm in seinem gebrochenen Englisch über Balfour of Burley, Rob Roy und Vich Ian Vohr. Und immer wieder drängte er ihn, ihm eine Leistung in Sachen Stärke oder Beweglichkeit zu zeigen – eine Aufforderung, der Walter immer nachkam. Unter den Truppen befand sich ein Sergeant – ein Holländer, der als ihr stärkster Mann galt und sehr stolz auf seine Tapferkeit war. Als er Wolfs Beschreibung von Walter hörte, äußerte er den Wunsch, ihm vorgestellt zu werden. Wolf fand bald einen Weg, den Sergeant zufriedenzustellen. Der starke Holländer streckte seine Hand aus und als er Walters ergriff, packte er sie sehr fest. Walter durchschaute seine Absicht und erwiderte den Griff mit solch überwältigender Festigkeit, dass die Hand in seiner kraftlos wurde. „Ah!", rief der Holländer in seinem gebrochenen Englisch, schüttelte seine Finger und blies darauf. „Ich werde nicht versuchen, dir noch einmal die Hand zu drücken. Du bist ein sehr, *sehr* starker Mann." Wolf stand noch eine Minute da, lachte und klatschte in die Hände, als wäre der Sieg sein und nicht Walters. Als schließlich der Tag kam, an dem das Schiff ablegen sollte, schienen die beiden Freunde sich so ungern trennen zu wollen, als wären sie schon seit Jahren verbunden. Walter schenkte Wolf eine seiner Lieblingsschnupftabakdosen; Wolf schenkte Walter seine schöne deutsche Pfeife.

Bevor ich am Morgen des Tages aufgestanden war, der auf den Tag folgte, an dem ich von dem Redner vernichtet worden war, trat Cousin Walter an mein Bett, mit einem Sturm auf der Stirn, dunkel wie die Mitternacht. „Stimmt es, Hugh", fragte er, „dass der Dozent Walsh Sie und Ihre Gedichte gestern Abend im Council House verspottet hat?" „Oh, und was ist damit?", sagte ich, „wen interessiert es, wenn ein Dummkopf verspottet wird?" „Ja", sagte Walter, „das ist immer Ihre Art, aber *ich* kümmere mich darum! Wäre ich gestern Abend dort gewesen, hätte ich den Welpen durch das Fenster geschickt, damit er zwischen den Brennnesseln im Hof Kritik übt. Aber es ist keine Zeit verloren: Ich werde ihn bedienen, wenn es heute Abend dunkel wird, und ihm eine Lektion in guten Manieren erteilen." „Nicht um dein Leben, Walter!", rief ich aus. „Oh", sagte Walter, „ich werde Walsh jede Art von Fair Play geben." „Fair Play!", erwiderte ich; "Sie können Walsh nicht fair behandeln; Sie sind fünf Walshes überlegen. Wenn Sie sich überhaupt mit ihm einlassen, werden Sie den armen, schlanken Mann mit einem Schlag töten, und dann werden Sie nicht nur wegen Totschlags – vielleicht sogar wegen Mordes – festgenommen, sondern es wird auch gesagt, dass ich gemein genug war, Sie dazu zu bringen, etwas zu tun, wozu ich selbst nicht den Mut hatte. Sie *müssen* alle Gedanken daran aufgeben, sich mit Walsh einzulassen." Kurz gesagt, es gelang mir schließlich teilweise, Walter davon zu überzeugen, dass er mir großen Schaden zufügen könnte, wenn er meinen Kritiker angriff; aber ich war so wenig davon überzeugt, dass er die Sache im richtigen Licht sehen würde, dass ich, als der Vortragende keine Zuhörer mehr finden konnte und den Raum verließ und Walter keine Gelegenheit mehr hatte, meine Sache zu rächen, das Gefühl hatte, eine schwere Sorge sei von mir genommen worden.

Kurz darauf erreichte Cromarty eine Kritik, die sich erheblich von der von Walsh unterschied und das erschütterte Vertrauen einiger meiner Bekannten wiederherstellte. Die anderen Kritiken, die in Zeitungen, kritischen Zeitschriften und Literaturzeitschriften erschienen waren, waren offensichtlich das Werk kleiner Leute; und da sie in ihrem Stil und Denken schwach und banal waren, hatten sie kein Gewicht – denn wer kümmert sich schon um das Urteil über die eigenen Schriften von Leuten, die selbst nicht schreiben können? Doch hier gab es endlich eine Kritik, die eloquent und kraftvoll geschrieben war. Sie war jedoch in ihrem Lob mindestens ebenso überschwänglich wie die anderen in ihrer Kritik. Der freundliche Kritiker wusste nichts über den Autor, den er lobte; aber ich nehme an, er hatte zuerst die abwertenden Kritiken gesehen und dann einen Blick auf den Band geworfen, den sie verurteilten; und da er ihn erheblich besser fand, als behauptet wurde, stürzte er sich in großzügiges Lob und beschrieb ihn als in Wirklichkeit viel besser, als er war. Nach einer übertrieben hohen Einschätzung der Fähigkeiten des Autors fuhr er mit den Worten fort: „Wenn wir diese Beobachtungen machen, sprechen wir auch nicht relativ und möchten auch nicht so verstanden werden, als würden wir lediglich sagen, dass die Gedichte vor uns bemerkenswerte Werke eines ‚Maurergesellen' sind." Dass dies tatsächlich der Fall ist, kann niemand bezweifeln, der sie liest; aber wenn wir das poetische Talent charakterisieren, das sie zeigen, sind unsere Beobachtungen absolut gemeint; und wir behaupten ohne Furcht vor Widersprüchen, dass die Stücke in dem bescheidenen Band vor uns den Stempel und das Gepräge eines nicht gewöhnlichen Genies tragen; dass sie mit Juwelen echter Poesie übersät sind; und dass ihr anspruchsloser Autor die Anerkennung und Unterstützung eines anspruchsvollen Publikums verdient – und dies zweifellos auch erhalten wird. Die Natur ist kein Aristokrat. Dem Pflüger, der seinem Gespann auf dem Feld folgt – dem Hirten, der seine Herden in der Wildnis hütet – oder dem groben Steinmetz, der in seinem Holzschuppen bei seiner harten Arbeit eingeengt ist – verteilt sie manchmal ihre reichsten und seltensten Gaben ebenso großzügig wie dem stolzen Patrizier oder dem mit Titel versehenen Vertreter einer langen Reihe berühmter Vorfahren. Sie nimmt keine Rücksicht auf Personen; und alle anderen Auszeichnungen weichen dem Titel, den ihre Gunst verleiht. Die Namen, mögen sie noch so bescheiden sein, die sie veranschaulicht, brauchen keine weitere Ausschmückung, um für sie zu werben; und daher ist es vielleicht sogar dem unseres ‚Maurergesellen' bestimmt, seinen Platz neben denen der Männer einzunehmen, die wie er zuerst ihre ‚wilden Waldtöne' in den bescheidensten und niedrigsten Bereichen des Lebens erklingen ließen, aber, zu unsterblichen Liedern erhoben, als geläufige Worte all jenen vertraut wurden, die die ungekünstelten Erzeugnisse einheimischer Genialität lieben und bewundern." Der verstorbene Dr. James Browne aus Edinburgh, Autor der

„History of the Highlands" und aktiver Herausgeber der „Encyclopædia Britannica", war, wie ich später erfuhr, der Verfasser dieser übertrieben lobenden, aber unter den gegebenen Umständen sicherlich großzügigen Kritik.

Schließlich erweiterte sich mein Freundeskreis durch die Veröffentlichung meiner Verse und Briefe beträchtlich. Mr. Isaac Forsyth aus Elgin, der Bruder und Biograph des bekannten Joseph Forsyth, dessen klassisches Werk über Italien noch immer als das vielleicht beste Werk gilt, dem sich ein Reisender mit Geschmack in diesem Land widmen kann, setzte sich als einflussreichster Buchhändler des Nordens mit uneigennütziger Freundlichkeit für mich ein. Auch der verstorbene Sir Thomas Dick Lauder, der zu dieser Zeit in seinem Wohnsitz Relugas in Moray lebte, lieh mir unaufgefordert seinen Einfluss; und da er sich durch seinen feinen Geschmack und sein literarisches Können auszeichnete, wagte er es, beides zu meinen Gunsten einzusetzen. Auch die verstorbene Miss Dunbar aus Boath – eine literarische Dame des hohen Typs der letzten Zeit, die in den besten literarischen Kreisen bekannt war – erfuhr viel Freundlichkeit, die nun, in fortgeschrittenem Alter, einen weiteren Freund in ihren erlesenen Freundeskreis aufnahm, mich mit vielen freundlichen Briefen erheiterte und mich zu häufigen Besuchen in ihr gastfreundliches Anwesen einlud. Wenn ich in meiner Laufbahn als Arbeiter nie finanzielle Verpflichtungen eingegangen bin und nie einen Schilling ausgegeben habe, für den ich nicht vorher gearbeitet habe, dann lag das sicher nicht daran, dass es mir an Gelegenheiten mangelte. Miss Dunbar meinte, was sie sagte, und mehr als einmal drückte sie mir ihre Geldbörse auf, als ich zustimmte. Auch vom verstorbenen Rektor Baird erfuhr ich viel Freundlichkeit. Der ehrwürdige Rektor hatte auf einer seiner Reisen durch die Highlands – die er wohlwollend im Auftrag eines Bildungsprogramms der Generalversammlung unternahm, in dessen Dienst er nach seinem siebzigsten Geburtstag mehr als 8.000 Meilen zurücklegte – meine Verse und Briefe gelesen. Mein Freund, der Herausgeber des *Courier*, *äußerte den starken Wunsch, ihren Autor kennenzulernen,* und schickte einen seiner Lehrlinge nach Cromarty, um ihm zu sagen, dass er der Meinung sei, man dürfe sich die Gelegenheit, einen solchen Mann zu treffen, nicht entgehen lassen. Ich fuhr also nach Inverness und hatte ein Gespräch mit Dr. Baird. Ich kannte ihn vorher namentlich als einen der Korrespondenten von Burns und als Herausgeber der besten Gedichtausgabe von Michael Bruce. Obwohl ich damals wusste, dass er meine Arbeit viel zu hoch einschätzte, fühlte ich mich durch seine Erwähnung doch geschmeichelt. Er drängte mich, den Norden zu verlassen und nach Edinburgh zu gehen. Die Hauptstadt, sagte er, biete das richtige Betätigungsfeld für einen schottischen Literaten. Er war überzeugt, dass ich mir bei den von Zeitungen und Zeitschriften angebotenen Stellen eine Unterkunft verschaffen und mich hocharbeiten würde. Und bis ich der Sache eine faire Chance gab, würde ich natürlich zu ihm kommen und bei ihm leben. Ich war aufrichtig dankbar für seine Freundlichkeit, lehnte die Einladung jedoch ab. Ich hielt es für möglich, dass ich in einer untergeordneten Funktion – als Verfasser von Absätzen, als Kürzung von Parlamentsdebatten oder sogar als Verfasser von Gelegenheitsartikeln – eine lukrativere Anstellung als als Steinmetz finden könnte. Aber obwohl ich mich in einer großen Stadt mit der Welt der Bücher vertraut machen konnte, wenn ich auf diese Weise beschäftigt war, fragte ich mich, ob ich die gleichen Möglichkeiten haben würde, mich mit dem Okkulten und dem Neuen in der Naturwissenschaft vertraut zu machen, wie wenn ich in der Provinz als Mechaniker arbeitete. Und so beschloss ich, dass ich, anstatt mich einer anstrengenden literarischen Beschäftigung zu widmen, bei der ich unaufhörlich auf den Vorrat an Fakten und Überlegungen zurückgreifen müsste, den ich bereits angesammelt hatte, noch mindestens einige Jahre weitermachen würde, um mir durch meine Arbeit als Maurer Unabhängigkeit zu erkaufen und meine Freizeit damit zu verbringen, meinen durch ursprüngliche Beobachtungen und auf Spaziergängen, die ich noch nie begangen hatte, gesammelten Geldschatz zu vergrößern.

Der ehrwürdige Direktor gab mir eine literarische Aufgabe, die ich ohne seinen Rat nie zu schreiben gedacht hätte und von der diese autobiographischen Kapitel die späte, aber legitime Folge sind. „Literaten", sagte er, „werden manchmal in zwei Klassen unterteilt – die Gebildeten und die Ungebildeten; aber sie müssen alle gleichermaßen eine Ausbildung haben, bevor sie zu Literaten werden können; und je ungewöhnlicher die Art und Weise ist, in der die Ausbildung erworben wurde, desto interessanter ist immer die Geschichte davon. Ich möchte, dass Sie für mich einen Bericht über Ihren schreiben." Ich schrieb dementsprechend eine autobiographische Skizze für den Direktor, die meine Geschichte bis zu meiner Rückkehr im Jahr 1825 aus dem Süden in mein Zuhause im Norden erzählte und die, obwohl sehr überladen mit Reflexionen und Bemerkungen, sowohl die Gedanken als auch die Ereignisse einer frühen Zeit für mich frischer bewahrt hat, als wenn sie bis jetzt als bloße Erinnerungen im Gedächtnis hätten existieren dürfen. Als nächstes machte ich mich daran, die Traditionen meines Heimatortes und der umliegenden Gegend in einer etwas ausführlicheren Form aufzuzeichnen; und da ich die Arbeit sehr gemächlich anging, nicht als Arbeit, sondern als Zeitvertreib – denn meine Arbeit war wie früher immer die eines Steinmetzes –, wuchs ein dicker Band unter meinen Händen. Ich hatte mir zwei Regeln zurechtgelegt. Es gibt keinen fataleren Fehler, den ein literarisch veranlagter Arbeiter begehen kann, als den, sich für seine bescheidenen Arbeiten zu gut zu halten; und doch ist es ein ebenso häufiger wie fataler Fehler. Ich hatte bereits mehrere arme, elende Handwerker gesehen, die sich für Dichter hielten und die manuelle Arbeit, mit der sie allein unabhängig leben konnten, als unter ihrer Würde betrachteten und infolgedessen kaum besser als Bettler geworden waren – zu gut, um für ihr Brot zu arbeiten, aber nicht zu gut, um es praktisch zu betteln; und da ich sie als warnende Leuchtfeuer betrachtete, beschloss ich, mit Gottes Hilfe ihren Fehler weitestgehend zu vermeiden und niemals die Vorstellung von Geiz mit einem ehrlichen Beruf in Verbindung zu bringen oder mich für zu gut zu halten, um unabhängig zu sein. Und zweitens, als ich sah, dass die Aufmerksamkeit und insbesondere die Gastfreundschaft der Personen in den oberen Reihen selbst auf willensstarke Männer in Umständen wie den meinen eine verschlechternde Wirkung auszuüben schien, beschloss ich, die Aufmerksamkeit dieser Klasse, die mir nun zuteil wurde, eher zu vermeiden als zu umwerben. Johnson beschreibt seinen „Ortogrul von Basra" als einen nachdenklichen und meditativen Mann; und doch erzählt er uns, dass er, nachdem er den Palast des Wesirs gesehen und „die mit goldenen Wandteppichen behangenen Wände und die mit seidenen Teppichen bedeckten Böden bewundert hatte, die schlichte Sauberkeit seiner eigenen kleinen Behausung verachtete". Und ich fürchte, die Lehre aus der Fiktion wird durch die wahre Geschichte eines der willensstärksten Männer des letzten Zeitalters – Robert Burns – zu deutlich veranschaulicht. Der Dichter scheint viel von seiner frühen Selbstzufriedenheit in seinem bescheidenen Zuhause hinter sich gelassen zu haben, in den prächtigen Villen der Männer, die ihn zwar nicht würdig behandelten, ihm aber durch ihre Gastfreundschaft schadeten. Es fiel mir jedoch schwerer, an diesem zweiten Entschluss festzuhalten als an dem ersten. Da ich nicht groß genug war, um als Löwe angesehen zu werden, waren die Einladungen, die ich erhielt, meist wirklich freundlich, und ich konnte die freundlichen Annäherungsversuche nicht immer zurückweisen. So kam es vor, dass ich mich manchmal in einer Gesellschaft befand, in der der Arbeiter als fehl am Platz und in Gefahr galt. Bei zwei verschiedenen Gelegenheiten zum Beispiel musste ich, nachdem ich nicht wenige vorherige Einladungen abgelehnt hatte, jeweils eine Woche als Gast meiner geschätzten Freundin Miss Dunbar of Boath verbringen. Und mein Heimatort wurde von wenigen hervorragenden Männern besucht, die ich nicht in einem gastfreundlichen Restaurant kennengelernt hatte. Aber ich darf wohl sagen, dass mir die Versuchung nicht geschadet hat und dass ich bei solchen Gelegenheiten zu meinen unbedeutenden Beschäftigungen und meinem bescheidenen Heim zurückkehrte, dankbar für die Freundlichkeit, die ich erfahren hatte, aber keineswegs unzufrieden mit meinem Schicksal.

Miss Dunbar gehörte, wie ich bereits sagte, zu einem Typus literarischer Damen, der heute fast ausgestorben ist, von dem wir aber in der Briefliteratur des letzten Jahrhunderts häufig Spuren finden. Diese Klasse erscheint uns in eleganten und geschmackvollen Briefen, die auf literarisch durchdrungene, wenn auch vielleicht nicht ehrgeizige Autorengeister hinweisen und zeigen, welche Zierde ihre Schriftstellerinnen für die Gesellschaft gewesen sein müssen, der sie angehörten, und welche Freude sie den Kreisen bereitet haben müssen, in denen sie sich unmittelbarer bewegten. Lady Russel, Lady Luxborough, die Gräfin von Pomfret, Mrs. Elizabeth Montague usw. usw. – Namen, die in der englischen Briefliteratur fest verankert, in den Kreisen der gewöhnlichen Schriftstellerei jedoch unbekannt sind – können als Beispiele dieser Klasse angesehen werden. Selbst in den Fällen, in denen ihre Mitglieder Schriftstellerinnen wurden und von Genialität durchdrungene Lieder und Balladen verfassten, scheinen sie nur wenig vom Ehrgeiz der Autoren in sich gehabt zu haben; und ihre Lieder, die achtlos ins Wasser geworfen wurden, wurden nach vielen Tagen eher durch Zufall als durch Absicht erhalten gefunden. Lady Wardlaw, die die edle Ballade „Hardyknute" schrieb – Lady Ann Lindsay, die „Auld Robin Gray" schrieb – Miss Blamire, deren „Nabob" trotz seines leider prosaischen Namens eine so bezaubernde Komposition ist – und die verstorbene Lady Nairne, Autorin von „Land o' the Leal", „John Tod" und „Laird o' Cockpen" – sind Beispiele der Klasse, die ihren Namen unter den Dichtern scheinbar mit so wenig Aufwand oder Absicht etablierten, wie singende Vögel ihre Melodien hervorbringen.

Der Norden hatte im letzten Zeitalter seine interessante Gruppe von Damen dieses Typs, deren zentrale Figur die verstorbene Mrs. Elizabeth Rose aus Kilravock sein könnte, die Briefpartnerin von Burns und die Cousine und Gefährtin von Henry Mackenzie, dem „Mann des Gefühls". Mrs. Rose scheint eine Dame mit einem außergewöhnlich feinen Verstand gewesen zu sein – obwohl sie vielleicht ein wenig von der vorherrschenden Sentimentalität des Zeitalters berührt war. Die Herrin von Harley, Miss Walton, könnte genau solche Tagebücher geführt haben wie sie; aber das Talent, das sie zeigten, war sicherlich von hohem Rang; und das Gefühl war, obwohl in eine etwas künstliche Form gegossen, zweifellos aufrichtig. Teile dieser Tagebücher konnte ich bei meinem Besuch bei meiner Freundin Miss Dunbar durchlesen; und eine Kopie eines davon befindet sich jetzt in meinem Besitz. Ein weiteres Mitglied dieser Gruppe war die verstorbene Mrs. Grant aus Laggan – zu der Zeit, als sie noch existierte, die Herrin eines abgelegenen Anwesens in den Highlands und nur ihren persönlichen Freunden bekannt durch jene früheren Briefe, die die erste Hälfte ihrer „Briefe aus den Bergen" bilden und die an Leichtigkeit und Frische alles übertreffen, was sie nach Beginn ihrer Autorenkarriere schrieb. Nicht wenige ihrer Briefe und mehrere ihrer Gedichte waren an meine Freundin Miss Dunbar gerichtet. Einige der anderen Mitglieder der Gruppe waren wesentlich jünger als Mrs. Grant und die Lady von Kilravock. Und eine der fähigsten unter ihnen war die verstorbene Lady Gordon Cumming aus Altyre, die Wissenschaftlern durch ihre geologischen Arbeiten in den ichthyolithischen Formationen von Moray bekannt war und die Mutter des berühmten Löwenjägers Mr. Gordon Cumming war. Meine Freundin Miss Dunbar war zu dieser Zeit schon recht weit fortgeschritten im Leben und ihr

Gesundheitszustand alles andere als gut. Sie besaß jedoch eine außergewöhnliche Lebensfreude, die durch Jahre und häufige Krankheiten nicht gemindert werden konnte; und ihr Interesse und ihre Freude an der Natur und an Büchern blieben so groß wie vor langer Zeit, als ihre Freundin Mrs. Grant sie als

„Helen, durch jedes Mitgefühl verbunden,

   Durch die Liebe zur Tugend und durch die Liebe zum Gesang,

Mitfühlend in Bezug auf Jugend und Schönheitsstolz."

Ihr Geist war von Literatur durchdrungen und mit literarischen Anekdoten gefüllt: Sie unterhielt sich elegant und widmete allem, was sie ansprach, Interesse; und obwohl sie nie an eigene Autorenschaft zu denken schien, schrieb sie angenehm und mit großer Leichtigkeit, sowohl in Prosa als auch in Versen. Ihre Verse, meist humorvoller Natur, flossen leicht über die Zunge, als wären die Worte durch einen glücklichen Zufall – denn die Anordnung trug keine Spuren von Anstrengung – genau an die Stellen gefallen, wo sie die Bedeutung des Autors am besten hervorbrachten und sich am angenehmsten an das Ohr richteten. Die Anfangsstrophen eines leichten *Jeu d'esprit* über einen jungen Marineoffizier, der in Cromarty an einem Frauenmord beteiligt war, sind mir in Erinnerung geblieben; und – unter der Voraussetzung, dass Miss Dunbars Bruder, der verstorbene Baronet von Boath, Kapitän bei der Marine war und der Frauenheld sein erster Offizier – werde ich mir die Freiheit nehmen, alles wiederzugeben, woran ich mich von dem Stück erinnere, als Beispiel ihres lockeren Stils: –

„In Cromarty Bay,

   Als der Fahrer gemütlich lag,

Der Leutnant würde an Land gehen

   Und eine Figur zum Schneiden,

   Vom Kopf bis zum Fuß

Er war durch und durch modisch und prächtig.

   Ein Hut reich geschnürt,

   Auf der linken Seite wurde platziert,

Das ließ ihn kriegerisch und kühn aussehen;

   Sein Mantel aus echtem Blau

   War blitzblank neu.

Und die Knöpfe waren mit Gold poliert.

Sein Halstuch war schön aufgebauscht.

Die sechs Taschentücher füllten,

Und in Farbe hätte er mit Schnee wetteifern können,

Wurde mit großer Sorgfalt angelegt,

Als Köder für die Messe,

Und die Enden wurden zu einem Liebesknoten gebunden" usw. usw.

Ich habe meine Besuche bei dieser gutherzigen und gebildeten Dame sehr genossen. Keine frostige Herablassung ihrerseits maß mir meine Distanz zu. Miss Dunbar erkannte sofort die Gemeinsamkeiten in literarischen Vorlieben und Beschäftigungen, und wenn ich mich dort nicht unterlegen fühlte, sorgte sie dafür, dass ich sie nirgendwo sonst spürte. Es gab nur einen Punkt, in dem wir unterschiedlicher Meinung waren. Während sie mir gastfreundlich jede Möglichkeit bot, die wissenschaftlich interessanten Objekte in ihrer Nachbarschaft zu besuchen – wie die Sandwüsten von Culbin, in denen eine alte Baronie begraben liegt, und die geologischen Abschnitte an den Ufern des Findhorn –, wollte sie mich doch auf die Literatur als meinen eigentlichen Lebensbereich festlegen, während ich andererseits ebenso gern in die Wissenschaft flüchten wollte.

FUßNOTEN:

[13] Der Herausgeber des *Courier erinnert mich* in einer sehr freundlichen Kritik des vorliegenden Bandes an eine Stelle in der Geschichte meines kleinen Werkes, die mir entfallen war. „Sie war", so schreibt er, „Sir Walter Scott bekannt geworden, der sich bemühte, eine Kopie zu beschaffen, nachdem die begrenzte Auflage erschöpft war."

[14] Im Folgenden sind die Eröffnungsstrophen des Stückes aufgeführt. Sie sind der Kritik ebenso zuwider, fürchte ich, wie die von Walsh ausgewählten:

„Habt ihr nicht gesehen, am Winterabend,

Als Schneegestöber das Antlitz des Himmels verdunkelte.

Wellengleich getragen von der unbeständigen Brise.

Der Ort, an dem sich der Schneekranz verschiebt?

Leise und langsam wie ein treibender Kranz.

Vorher, die Clans von Preston Hill

Hinab ins Tal darunter gezogen:—

    Die Szene war dunkel und still!

An stürmischen Herbsttagen, wenn traurig

    Der düstere Bauer ärgert sich verzweifelt,

Habt ihr nicht den Gebirgsbach gesehen

    Den stehenden Mais niedermähen?

Im Morgengrauen, als Prestons Sumpf durchquert war,

    Wie ein Gebirgsbach, der über seine Ufer tritt.

Diese keltischen Herzen aus Feuer sind wild aufgeladen.

    In Copes ergebenen Reihen.

Habt ihr nicht gesehen, aus einsamer Wüste,

    Der Rauchturm erhebt sich hoch und langsam,

Überblickend, wie ein stattlicher Baum,

    Die rotbraune Ebene unten?

Und habt ihr den Säulenkranz bemerkt,

    Als plötzlich ein Sturm aus dem Norden kam,

Inmitten der niedrigen und verkrüppelten Heide,

    In zerbrochene Bände gegossen?

Bei Sonnenaufgang, wie durch Nordwind

    Der säulenförmige Rauch ist weggerollt.

Die ganze Wolke des sächsischen Krieges ist geflohen.

    In kopfloser Unordnung."

    * * *

KAPITEL XXI.

„Wer mit dem Taschenhammer auf die Schneide schlägt,

Aus glücklosem Fels oder markantem Stein, getarnt

Durch Wetterflecken oder von der Natur verkrustet

Mit ihren ersten Wucherungen, die sich durch den Schlaganfall ablösten

Ein Splitter oder ein Stein, um seine Zweifel auszuräumen;
Und mit dieser Antwort zufrieden,
Die Substanz wird unter einem barbarischen Namen klassifiziert.
Und eilt weiter." – WORDSWORTH.

Während meiner beiden Besuche bei Miss Dunbar hatte ich mehrere Gelegenheiten, die Sandwüsten von Culbin zu untersuchen und einige der Besonderheiten festzustellen, die die sandige subaquatische Formation von der sandigen subaquatischen unterscheiden. Von der heutigen Erdoberfläche sind allein in Afrika und Asien deutlich mehr als sechs Millionen Quadratmeilen von Sandwüsten bedeckt. Nur durch das schmale Niltal unterbrochen, erstreckt sich eine riesige Zone aus trockenem Sand von satten 900 Meilen Breite von der Ostküste Afrikas bis auf wenige Tagesreisen an die chinesische Grenze heran: Es ist ein Gürtel, der fast die Hälfte der Erde umgibt – ein riesiger „Ozean", wie die Mauren sagen, „ohne Wasser". Die Sandwüsten der regenlosen Gebiete Chilis sind ebenfalls sehr ausgedehnt: und selbst in den höheren Breiten gibt es nur wenige Länder, die nicht über sandige Wüstengebiete verfügen. Diese Sandflächen, die in der heutigen Situation so häufig vorkommen, können meiner Ansicht nach nicht auf die jüngsten geologischen Perioden beschränkt sein. Sie müssen, wie alle gewöhnlicheren Naturphänomene, unter jedem nachfolgenden System existiert haben, in dem die Sonne schien und die Winde wehten, Meeresböden in die Luft und das Licht gehoben wurden und die Wellen ihre Ansammlungen von leichtem Sand vom sandigen Meeresboden an die Küste warfen. Und ich war nun damit beschäftigt, mich mit den Merkmalen vertraut zu machen, anhand derer ich unter den immer wiederkehrenden Sandsteinschichten der geologischen Ablagerungen unterirdisch von unterirdisch gelegenen Formationen unterscheiden konnte. Ich habe, wenn ich so beschäftigt war, sehr schöne Stunden inmitten der Wüste verbracht. Bei der Weiterbildung ist es immer sehr angenehm, sich mit jenen *Formen zu befassen*, die noch in keiner Schule eingeführt wurden.
Eine der Eigenheiten der Unterwasserformation, die ich zu diesem Zeitpunkt entdeckte, machte mich neugierig. Als ich mich zwischen den Sandhügeln einer offenen, ebenen Fläche näherte, die dicht mit von Wasser gerollten Kieselsteinen und Kies bedeckt war, war ich überrascht zu sehen, dass der

kleine offene Platz, so trocken und heiß der Tag auch sonst war, einem schweren Tau oder einem heftigen Regenschauer ausgesetzt gewesen zu sein schien. Die Kieselsteine glitzerten hell in der Sonne und hatten den dunklen Farbton frischer Nässe. Bei näherer Betrachtung stellte ich jedoch fest, dass die Strahlen nicht von nassen, sondern von polierten Oberflächen reflektiert wurden. Die leichten Sandkörner, die der Wind im Laufe vieler Jahre gegen die Kieselsteine geschleudert hatte – Korn für Korn wiederholte seinen winzigen Schlag, wo vielleicht zuvor Millionen von Körnern aufgeschlagen waren – hatten schließlich allen freiliegenden Teilen eine harzig aussehende, ungleichmäßige Politur verliehen, während die bedeckten Teile den stumpfen, glanzlosen Überzug behielten, den sie einst durch Reibung und Wasser hatten. Ich habe noch nie gehört, dass diese Besonderheit als Merkmal der Sandwüsten beschrieben wurde. Obwohl sie anscheinend unbemerkt geblieben ist, wird sie, so zweifle ich nicht, überall dort zu finden sein, wo es Sand gibt, den der Wind mit sich herumwehen kann, und harte Kieselsteine, gegen die die Körner geschleudert werden können. Als ich viele Jahre später einige Exemplare verkieselten Holzes untersuchte, die ich aus der ägyptischen Wüste mitgebracht hatte, erkannte ich auf ihrer kieseligen Oberfläche sofort den harzartigen Glanz der Kieselsteine von Culbin. Und ich kann auch nicht daran zweifeln, dass, wenn es in der Geologie subaerische Formationen aus verfestigtem Sand gibt, diese durch ihre polierten Kieselsteine gekennzeichnet sein werden. Ich bemerkte mehrere andere Besonderheiten der Formation. In einigen der steileren, vom Wind freigelegten Abschnitte konnte man deutlich Büschel des Straußgrases (*Arundo arenaria* – hier wie in allen Sandwüsten verbreitet) erkennen, die dort, wo sie wuchsen, vergraben worden waren. Jeder einzelne stand aufrecht, aber Büschel für Büschel ragte in dem steilen Winkel des Hügels empor, den sie ursprünglich bedeckt hatten. Und obwohl sie mich aufgrund ihrer dunklen Farbe, die sich vom helleren Farbton des Sandes abhob, an die kohlenstoffhaltigen Markierungen des Sandsteins der Kohleflöze erinnerten, erkannte ich zumindest *ihre Anordnung* als einzigartig. Es scheint eine Anordnung zu sein – in der Hauptlinie abfallend, aber in jedem Büschel aufrecht –, wie sie nur in einer subaerischen Formation vorkommen kann. Ich bemerkte weiter, dass sich auf der Oberfläche des Sandes um die verrottenden Büschel des Straußgrases häufig tiefe Kreise befanden, als ob sie mit einem Zirkel oder einem Trainer gezeichnet worden wären – offenbar die Wirkung von Wirbelwinden, die die verrottenden Pflanzen wie auf einem Drehpunkt umwirbelten; und außerdem waren Fußspuren, insbesondere die von Kaninchen und Vögeln, in der Wüste nicht selten. Und da, wie ich feststellte, die Schichtungslinien in der Formation deutlich erhalten blieben, hielt ich es für nicht unwahrscheinlich, dass in Fällen, in denen starke Winde unmittelbar nach Regenperioden aufkamen und die feuchten Schichten in den Senken mit Sand bedeckten, der auf den Höhen schnell trocknete, sowohl die kreisförmigen Markierungen als auch die Fußspuren in den Schichten verankert blieben, um von ihrem Ursprung zu erzählen. An mehreren Stellen fand ich in von einem kürzlichen Sturm ausgehöhlten Abgründen freiliegende Stücke des alten Bodens, der fast zwei Jahrhunderte zuvor von der Sandflut bedeckt worden war. In einer der Öffnungen waren noch die Spuren der alten Furchen erkennbar; in einer anderen war die dünne Schicht eisenhaltigen Bodens anscheinend nie gepflügt worden und ich fand sie übersät mit Wurzeln des Ackerbrasses (*Pteris aquilina*), die perfekt erhalten, aber schwarz und spröde wie Kohle waren. Unter dieser Erdschicht lag eine dünne Ablagerung geschichteten Kieses aus der heute als spätere Eiszeit bekannten Zeit – dem Zeitalter der *Osare* und Moränen; und unter all dem – denn der darunter liegende Old Red Sandstone der Gegend ist inmitten der ebenen Einöden von Culbin nicht freigelegt – ruhte Geschiebelehm, das Denkmal einer Zeit des Untergangs, als Schottland als winterlicher Inselarchipel tief im Meer lag, häufig von Eisbergen gestreift, und als in seinen Meerengen und Buchten subarktische Weichtiere lebten. Ein Abschnitt von einigen Fuß vertikaler Ausdehnung zeigte mir vier verschiedene Perioden. Da war zunächst die Periode der Sandflut, dargestellt durch die Bank aus hellem Sand; dann zweitens die Zeit der Kultivierung und menschlichen Besiedlung, dargestellt durch den dunklen, vom Pflug zerfurchten Gürtel aus verhärteter Erde; drittens gab es den Kies und viertens den Lehm. Und dieser flache Abschnitt umfasste die historischen Zeitalter und mehr; denn das doppelte Band aus Kies und Lehm gehörte fühlbar zu den geologischen Zeitaltern, bevor der Mensch auf unserem Planeten erschien. Nur wenige Jahre zuvor hatte man an dieser Stelle eine beträchtliche Anzahl steinerner Pfeilspitzen gefunden – einige davon nur teilweise fertiggestellt und einige bei der Herstellung beschädigt, als ob ein Pfeilmacher aus der Steinzeit seine Arbeit an Ort und Stelle durchgeführt hätte; und all diese Denkmäler einer Zeit, die lange vor den ersten Anfängen der Geschichte auf der Insel lag, waren auf die Schicht aus verhärtetem Lehm beschränkt.

Ich führte meine Forschungen in dieser – ich möchte es als chronologisch bezeichnen – Richtung weiter, in Verbindung mit der alten Küstenlinie, die, wie ich bereits sagte, in der Umgebung von Cromarty auf beiden Seiten des Firth gut ausgebaut ist und entlang der Steilhänge der Sutors durch eine Reihe tiefer Höhlen repräsentiert wird, in die das Meer heute nicht mehr eindringt. Und auch sie schärfte mir die Tatsache des erstaunlichen Alters der Erde ein. Ich fand heraus, dass die von der Brandung ausgehöhlten Höhlen – als das Meer 15 bis 520 Fuß über seinem heutigen Niveau stand, oder, wie ich vielleicht eher sagen sollte, als das Land so viel tiefer lag – im Durchschnitt etwa ein Drittel tiefer waren als jene Höhlen der heutigen Küstenlinie, die noch immer von den Wellen ausgehöhlt werden. Und doch haben die Wellen während der gesamten historischen Periode an der heutigen Küstenlinie gebrochen. Die alte Antoninusmauer, die sich zwischen den Firths von Forth und Clyde erstreckte, wurde an ihren Enden unter Berücksichtigung der bestehenden Wasserstände errichtet; und bevor Caesar in Britannien landete, war St. Michael's Mount wie heute durch einen schmalen Strandabschnitt mit dem Festland verbunden, der von der Ebbe freigelegt wurde und über den die Bergleute aus Cornwall laut Diodorus Siculus bei Ebbe ihre mit Zinn beladenen Karren fuhren. Wenn das Meer zweitausendsechshundert Jahre lang an der heutigen Küstenlinie gestanden hat – und kein Geologe würde seine Schätzung des Zeitraums niedriger ansetzen –, dann muss es dreitausendneunhundert Jahre an der alten Linie gestanden haben, bevor es Höhlen ausgraben konnte, die ein Drittel tiefer sind als die modernen. Und beide Summen zusammengenommen erschöpfen die hebräische Chronologie mehr als. Doch was für einen bloßen Anfang der geologischen Geschichte bildet die Epoche der alten Küstenlinie nicht! Sie ist nur ein Ausgangspunkt aus der jüngsten Zeit. Nicht eine einzige Muschel scheint während der letzten sechstausend Jahre ausgestorben zu sein. Die Organismen, die ich tief im Boden unter der alten Küstenlinie fand, waren genau jene, die noch heute in unseren Meeren leben. Und Mr. Smith aus Jordanhill, einer unserer höchsten Experten auf diesem Gebiet, hat mir später erzählt, dass er nur drei Muscheln aus einer Zeit entdeckte, die ihm als lebende Formen unbekannt waren, und dass er später bei seinen Baggerexpeditionen alle drei noch lebend vorfand. Die sechstausend Jahre menschlicher Geschichte bilden nur einen Teil der geologischen Zeit, die vor uns liegt: Sie reichen nicht bis in die *Vergangenheit* des Globus, geschweige denn berühren sie die Myriaden von Zeitaltern, die sich darüber hinaus erstrecken. Dr. Chalmers hatte mehr als ein Vierteljahrhundert zuvor gelehrt, dass die Heiligen Schriften das Alter der Erde nicht festlegen. „Wenn sie etwas festlegen", sagte er, „dann ist es nur das Alter der menschlichen Spezies." Der Doktor, obwohl damals praktisch kein Geologe, hatte die vorgelegten Beweise und den wissenschaftlichen Charakter der Männer, die sie vorlegten, klug abgewogen und kam zu einer Schlussfolgerung, die man heute getrost als die endgültige betrachten kann. Ich hingegen, der ich verhältnismäßig wenig über die Stellung der Geologen oder das Gewicht ihrer Aussagen wusste, stützte meine Erkenntnisse über das enorme Alter der Erde genau auf die Daten, auf denen sie ihre eigenen basierten; und je mehr ich mich seitdem mit den geologischen Ablagerungen auskannte, desto fester wurden meine Überzeugungen zu diesem Thema und desto dringlicher und unvermeidlicher fühlte ich die immer stärker werdende Forderung nach immer längeren Zeiträumen für ihre Entstehung. So sicher wie die Sonne das Zentrum unseres Systems ist, muss sich unsere Erde Millionen von Jahren um sie gedreht haben. Ein amerikanischer Theologe, Autor eines Büchleins mit dem Titel „Epoche der Schöpfung", erweist mir die Ehre, auf meine Überzeugungen zu diesem Thema hinzuweisen, und erklärt, ich „zeige unzweifelhafte Anzeichen dafür, dass ich bis zur Verblendung gebannt bin durch die ausgemachte Schlussfolgerung" meiner „Theorie über das hohe Alter der Erde und die Abfolge tierischer und pflanzlicher Schöpfungen." In einem beredten Satz von anderthalb Seiten fügt er weiter hinzu, hätte ich zuerst meine Bibel studiert und ihr Glauben geschenkt, hätte ich nicht an aufeinanderfolgende Schöpfungen und die geologische Chronologie geglaubt. Ich hoffe jedoch, sagen zu können, dass ich zuerst meine Bibel studiert und ihr Glauben geschenkt habe. Aber der menschliche Geist ist so beschaffen, dass er, außer wenn er durch Leidenschaft geblendet oder durch Vorurteile verzerrt ist, der Kraft der Beweise unfreiwillig zustimmen muss; und ich kann mich jetzt nicht mehr weigern zu glauben, im Gegensatz zu angesehenen Theologen wie Mr. Granville Penn, Professor Moses Stuart und Mr. Eleazar Lord, dass die Erde von unermesslich großer Antike ist, ebenso wenig wie ich mich weigern kann zu glauben, im Gegensatz zu noch angeseheneren Theologen wie St. Augustinus, Lactantius und Turretine, dass sie Antipoden hat und sich um die Sonne dreht. Und darüber hinaus können Männer wie die Herren Penn, Stuart und Lord sicher sein, dass alle Theologen, selbst die schwächsten, in fünfzig Jahren bereit sein werden, das zu glauben, was ich jetzt in dieser Angelegenheit glaube.

Manchmal lehrte mich ein Zufall eine interessante geologische Lektion. Ende des Jahres 1830 blies ein gewaltiger Hurrikan aus dem Süden und Westen, der im Norden Schottlands seit mindestens der Zeit des großen Hurrikans von Weihnachten 1806 seinesgleichen suchte, in einer einzigen Stunde viertausend ausgewachsene Bäume auf dem Hügel von Cromarty um. Die riesigen Lücken und Alleen, die er in dem Wald darüber öffnete, waren von der Stadt aus zu sehen; und kaum hatte er begonnen, sich zu erheben, machte ich mich auf den Weg zum Schauplatz seiner Verwüstungen. Zuvor hatte ich von einer geschützten Senke der alten Küstenlinie aus das außergewöhnliche Aussehen des Meeres beobachtet. Es schien, als hätte die Gewalt des Windes die Wellen niedergehalten. Er streifte ihre Spitzen ab, als sie aufstiegen, und fegte die Gischt in einer dichten Wolke mit sich, weiß wie treibender Schnee, die hoch in die Luft stieg, als sie sich vom Ufer zurückzog, und am Horizont die Grenze zwischen Himmel und Wasser verwischte. Als ich mich dem Wald näherte, begegnete ich zwei armen kleinen Mädchen im Alter von acht bis zehn Jahren, die in einem Anfall von Bestürzung weinend die Straße entlanggerannt kamen; doch als sie mich sahen, fassten sie sich ein Herz und erzählten, dass sie sich inmitten der umstürzenden Bäume befunden hatten, als der Sturm am schlimmsten war. Sie machten sich beim ersten Aufkommen des Windes auf den Weg zum Hügel, in der Erwartung einer reichen Ernte verdorrter Zweige, und erreichten einen der exponiertesten Hügel, gerade als der Sturm seinen Höhepunkt erreicht hatte und die Bäume um sie herum umzustürzen begannen. Ihre kleinen, tränenüberströmten Gesichter zeigten noch immer, wie extrem die Qual ihrer Angst gewesen war.

Sie rannten, sagten sie, ein paar Schritte in eine Richtung, bis eine riesige Kiefer brüllend umstürzte und ihnen den Weg versperrte; dann drehten sie sich mit einem Schrei um und rannten ein paar Schritte in eine andere Richtung; und dann, erschrocken durch eine ähnliche Unterbrechung, rannten sie wieder in eine dritte Richtung. Schließlich, nachdem sie fast eine Stunde in äußerster Gefahr und in aller Angst verbracht hatten, die die Umstände rechtfertigten, gelang es ihnen, unverletzt an den äußeren Rand des Waldes zu gelangen. Bewick hätte in dem Vorfall das Thema einer Vignette gefunden, die ihre eigene Geschichte erzählt hätte. Als ich in das dichte Waldgebiet vordrang, war ich von der außergewöhnlichen Natur der Szene beeindruckt, die sich mir bot. An manchen Stellen lag weit mehr als die Hälfte ihrer Leute ausgestreckt auf dem Boden. Auf den exponierteren Hügelvorsprüngen stand auf mehreren Hektar kaum ein Baum: Sie bedeckten die Hänge; Baum über Baum wie Ziegel auf einem Dach, mit hier und da einem zerschmetterten Stamm, dessen Spitze weggeweht und vom Hurrikan etwa fünfzehn oder zwanzig Meter weit weggetragen worden war und der in trauriger Trümmerhaftigkeit über seinen gefallenen Kameraden ruhte. Was jedoch den auffälligsten, weil weniger erwarteten Teil der Szene bildete, waren die hohen Torfmauern, die überall zwischen den umgestürzten Bäumen aufragten, wie die Ruinen abgerissener Hütten. Der Granitgneis des Hügels ist von einer dicken Schicht des roten Geschiebelehms der Gegend bedeckt, und der Lehm wiederum von einer dünnen Schicht Pflanzenerde, die in alle Richtungen von den Baumwurzeln durchzogen ist, die in ihrem Abwärtswachstum durch den steifen Lehm aufgehalten werden und auf die obere Schicht beschränkt sind. Und abgesehen von den Stellen, an denen ich hier und da einen Baum fand, der in der Mitte umgeknickt oder seiner Spitze beraubt war, waren alle anderen an der Grenze zwischen dem Geschiebelehm und dem Boden eingeknickt und hatten beim Fallen gewaltige Mauern aus Filzscholle mitgerissen, die zwischen fünfzehn und zwanzig Fuß lang und zehn bis zwölf Fuß hoch waren. Es standen genug dieser Mauern zwischen den umgestürzten Bäumen, um zwanzig der zerstörten Dörfer des östlichen Sultans zu bilden, und sie verliehen der Szene eines ihrer seltsamsten Merkmale. Ich habe in einem früheren Kapitel erwähnt, dass der Hügel dichtes Dickicht hatte, das wegen der Dunkelheit, die selbst mittags in seinen Nischen brütete, bei den Jungen der Nachbarstadt als „Verliese" bekannt war. Sie waren jedoch jetzt bei diesem schrecklichen Umsturz wie Verliese anderswo in Revolutionszeiten ergangen und wurden alle weggefegt; und Stapel umgestürzter Bäume – in einigen Fällen zehn oder zwölf auf einem einzigen Haufen – markierten, wo sie gestanden hatten. An mehreren Stellen, wo sie über sumpfige Senken fielen oder wo tief liegende Quellen ans Licht sprudelten, fand ich das Wasser teilweise aufgestaut und sah, dass, wenn man sie auf dem Boden liegen ließe, wie es sicherlich die Trümmer der Wälder gewesen wären, die in den früheren Zeitaltern der schottischen Geschichte von Hurrikanen zerstört wurden, der tiefe Schatten und die Feuchtigkeit zwangsläufig eine völlige Veränderung der Vegetation herbeigeführt hätten. Ich markierte auch die umgestürzten Bäume, die alle in eine Richtung lagen, in die Richtung des Windes; und sofort kam mir der Gedanke, dass dieser jüngste Schauplatz der Verwüstung mir den Ursprung der Hälfte unserer schottischen Moose veranschaulicht. Einige der Moose des Südens stammen aus der Zeit der römischen Invasion. Ihre unteren Stammreihen tragen die Spur der römischen Axt, und in einigen Fällen steckte die stark zerstörte Axt selbst - ein schmales, längliches Werkzeug, das etwas an die des amerikanischen Hinterwäldlers erinnert - in dem vergrabenen Baumstumpf. Einige unserer anderen Moose sind noch jüngeren Ursprungs: Es gibt schottische Moose, die anscheinend entstanden sind, als Robert the Bruce die Wälder fällte und das Land von John of Lorn verwüstete. Aber nicht wenige der anderen verdanken ihren Ursprung offensichtlich heftigen Hurrikanen wie dem, der diesmal den Hill of Cromarty verwüstete. Die Bäume, die ihre untere Schicht bilden, sind quer durchgebrochen oder mit den Wurzeln herausgerissen, *und ihre Stämme liegen alle in einer Richtung*. Ein großer Teil des Interesses einer Wissenschaft wie der Geologie besteht wohl in der Fähigkeit, tote Ablagerungen lebendige Szenen darzustellen, und dieser Hurrikan ermöglichte es mir, mir, wenn ich mich so ausdrücken darf, bildlich vorzustellen, den Ursprung jener verhältnismäßig jungen Ablagerungen Schottlands, die fast ausschließlich aus pflanzlicher Materie bestehen und neben primitiven Kunstwerken und gelegentlich Überresten der frühen menschlichen Bewohner des Landes Skelette von Wölfen, Bären und Bibern mit Hörnern von Bos *primigenius* und *Bos longifrons* sowie einer riesigen Vielfalt von Rothirschen enthalten, deren Größe in diesen späteren Zeitaltern von keinem anderen Tier derselben Art erreicht wurde. Gelegentlich konnte ich auf diese Weise sogar die alten Ablagerungen des Lias mit ihrem enormen Reichtum an Kopffüßlern – Belemniten, Ammoniten und Nautilen – zum Leben erwecken. Mein Freund aus der Höhle war Gemeindeschullehrer von Nigg geworden; und seine gastfreundliche Behausung war für mich ein hervorragender Ausgangspunkt zur Erforschung der Geologie der Gemeinde, besonders der liasischen Ablagerungen bei Shandwick mit ihren riesigen Gryphiten und ihren zahlreichen Belemniten von mindestens zwei in Eathie verhältnismäßig seltenen Arten – dem *Belemniten abreviatus* und *dem Belemniten elongatus*. Ich hatte erfahren, dass diese merkwürdigen Schalen einst Teil des inneren Gerüsts einer Molluske bildeten, die den heutigen Tintenfischen ähnlicher war als alles andere, was heute existiert; und die Tintenfische – mindestens eine ihrer Arten (*Loligo vulgare*) ist im Firth of Cromarty nicht selten – untersuchte ich bei jeder Gelegenheit. Ich habe achtzehn bis zwanzig Exemplare dieser Art gleichzeitig im Innenraum eines unserer Lachskäfige gesehen. Die meisten dieser Schwärme habe ich normalerweise tot und in verschiedenen Schattierungen von Grün, Blau und Gelb gefärbt gefunden – denn es ist eine der Eigenschaften dieser Kreatur, beim Übergang in den Verwesungszustand eine Abfolge leuchtender Farben anzunehmen; aber ich habe sechs bis acht Exemplare von ihnen noch lebend in einem kleinen Teich neben den Netzen gesehen, die noch immer ihre ursprüngliche rosa Tönung mit roten Flecken hatten. Und diese habe ich beobachtet, als mein Schatten über ihren kleinen Wasserfleck fiel, wie sie in panischer Angst innerhalb der engen Grenzen von einer Seite zur anderen schossen und bei fast jedem Pfeil Tinte ausspuckten, bis der ganze Teich zu einer tiefen Sepialösung geworden war. Einige meiner interessantesten Erinnerungen an die Tintenfische sind jedoch mit dem Fang und der Sektion eines einzelnen Exemplars verbunden. Das Tier schießt beim Schwimmen durch das Wasser, ungefähr so, wie ein Junge mit den Füßen voran einen eisverkrusteten Abhang hinunterrutscht – die unteren Extremitäten kommen zuerst und der Kopf dahinter: es folgt seinem Schwanz, anstatt von ihm verfolgt zu werden; und diese merkwürdige Eigenart in seiner Fortbewegungsweise, obwohl sie natürlich im Großen und Ganzen seiner Gestalt und seinen Instinkten am besten entspricht, erweist sich bei ruhigem Wetter manchmal als tödlich, wenn sich nicht eine Welle auf den Kieselsteinen bricht, die vor der Nähe des Ufers warnt. Ein Feind taucht auf: das Tier stößt seine Tintenwolke aus, wie ein Scharfschütze, der sein Gewehr abfeuert, bevor er zurückweicht; und dann schießt es mit dem Schwanz voran im Schutz der Wolke davon, landet hoch oben auf dem Strand und kommt dort um. Ich ging an einem sehr ruhigen Tag am Ufer von Cromarty etwas westlich der Stadt entlang, als ich ein sonderbares Geräusch hörte – ein *Quietschen*, wenn ich dieses Wort verwenden darf – und sah, dass ein großer Loligo, gut anderthalb Fuß lang, sich hoch und trocken auf den Strand geworfen hatte. Ich packte ihn an seiner Scheide oder seinem Sack und der Loligo wiederum griff nach den Kieselsteinen, anscheinend um seine Entführung so schwer wie möglich zu machen, genauso wie ich einen Jungen gesehen habe, der sich gegen seinen Willen von einem Stärkeren fortgetragen wurde und sich an Türpfosten und Möbeln festhielt. Die Kieselsteine waren hart und glatt, aber das Geschöpf hob sie sehr bereitwillig mit seinen Saugnäpfen hoch. Ich legte eine meiner Hände in seinen Griff und es hielt sie fest; aber obwohl die Saugnäpfe noch immer benutzt wurden, verwendete es sie nach einem anderen Prinzip. Um den kreisförmigen Rand jedes Steins befindet sich ein Saum aus winzigen Dornen, ein wenig gebogen wie die der Wildrose. Beim Festhalten an den harten, polierten Kieselsteinen wurden diese von einer fleischigen Membran überdeckt, ähnlich wie die Pfotenpolster einer Katze ihre Krallen überdecken, wenn das Tier ruhig ist. Durch die hervorstehende Membran wurde der hohle Innenraum luftdicht verschlossen und das Vakuum vervollständigt. Beim Kontakt mit der Hand – einem weichen Material – wurden die Dornen freigelegt, wie die Krallen einer Katze, wenn sie wütend ausgestreckt wird, und mindestens tausend winzige Stacheln bohrten sich auf einmal in die Haut. Sie konnten nicht eindringen, denn sie waren kurz und einzeln nicht stark. Aber zu Hunderten zusammen boten sie zumindest einen sehr festen Halt.

Was folgt, mag als barbarisch gelten; aber die Männer, die auf einmal ein halbes Hundert lebende Austern hinunterschlingen, um ihren Gaumen zu befriedigen, werden mir sicher verzeihen, dass ich nur ein einziges Weichtier vernichte, um meine Neugier zu befriedigen! Ich schnitt den Sack des Geschöpfs mit einem scharfen Taschenmesser auf und legte die Eingeweide frei. Welch ein Anblick für Harvey, als er in den frühen Stadien seine großartige Entdeckung des Blutkreislaufs vorantrieb! *Dort*, in der Mitte, war das gelbe, muskulöse Herz, das das *gelbe* Blut in die durchsichtigen, röhrenförmigen Arterien trieb. Schlag – Schlag – Schlag: Ich konnte das Ganze wie in einem Glasmodell sehen; und alles, was mir fehlte, waren ausreichende Sehkräfte, um die Flüssigkeit zu erkennen, die durch die winzigen Arterienäste floss und dann durch die Venen zu den *beiden* anderen Herzen des Geschöpfs zurückkehrte; denn seltsamerweise ist es mit dreien ausgestattet. Dort in der Mitte sah ich das gelbe Herz und, völlig losgelöst davon, zwei andere dunkel gefärbte Herzen an den Seiten. Ich schnitt etwas tiefer. *Da* war der magenartige Magen, gefüllt mit Fragmenten winziger Muschel- und Krabbenschalen; und *dort*, in die schwammige, konische, gelblich gefärbte Leber eingesetzt und in seiner Form ein wenig einer Florentiner Flasche ähnelnd, war der Tintenbeutel aufgebläht, mit seinem tiefdunklen Sepia – dem identischen Pigment, das unter diesem Namen in unseren Farbgeschäften verkauft und vom Maler so häufig für Landschaftszeichnungen verwendet wird. Dann sezierte und legte ich das kreis- oder ringförmige Gehirn frei, das den papageienartigen Schnabel des Geschöpfs umgibt, als ob sein *denkender* Teil keine andere Aufgabe hätte, als sich einfach um den Mund und seine zugehörigen Teile zu kümmern – was jedoch fast die einzige Aufgabe nicht weniger Gehirne einer erheblich höheren Ordnung ist. Als nächstes legte ich die riesigen Augen frei. Es waren merkwürdige Organe, einfacher aufgebaut als die der echten Fische, aber, daran zweifle ich nicht, bewundernswert geeignet für Sehzwecke. Eine Camera obscura kann man als aus zwei Teilen bestehend beschreiben – einer Linse vorne und einer abgedunkelten Kammer dahinter; aber bei den Augen der Fische wie auch bei den Augen von Tieren und Menschen kommt ein dritter Teil hinzu: in der Mitte befindet sich eine Linse, dahinter eine abgedunkelte Kammer und davor eine erleuchtete Kammer oder vielmehr ein Vorraum. Dieser erleuchtete Vorraum – die Hornhaut – fehlt im Auge des Tintenfisches. Die Linse ist vorne angebracht und die abgedunkelte Kammer dahinter. Das Organ ist wie eine gewöhnliche Camera obscura aufgebaut. Bemerkenswert fand ich auch die besondere Art, wie die Kammer abgedunkelt ist. Bei höheren Tieren kann man sie als eine mit schwarzem Samt ausgehängte Kammer beschreiben – das *Pigmentum nigrum*, das sie bedeckt, ist tiefschwarz; beim Tintenfisch ist sie jedoch eine mit Samt ausgehängte Kammer, die nicht schwarz, sondern dunkelpurpurn ist – das *Pigmentum nigrum* hat eine purpurrote Farbe. Es ist interessant, diese erste Abweichung von der unveränderten Beschaffenheit der Augen mit perfekterer Struktur zu bemerken und dann die Besonderheit durch fast jede Farbnuance nach unten zu verfolgen, bis zu den smaragdartigen Augenflecken der Pecten und den noch rudimentäreren roten Augenflecken des Seesterns. Nachdem ich die Augen untersucht hatte, legte ich als nächstes den Rückenknochen des Tieres in seiner ganzen Länge, vom Hals bis zur Spitze des Sacks, frei – ich würde eher sagen, seine innere Schale, denn Knochen hat es nicht. Die Form der Schale bei dieser Art ist die einer Feder, die auf beiden Seiten gleichmäßig in der Schwimmhaut entwickelt ist. Sie verleiht dem Körper Festigkeit und stattet die Muskeln mit einem Drehpunkt aus. Und wir stellen fest, dass sie, wie alle anderen *Schalen* , aus einer Mischung tierischer Stoffe und kohlensäurehaltigem Kalk besteht. Das war die Lektion, die ich bei einem einzigen Spaziergang gelernt habe. Ich habe sie ausführlich aufgezeichnet. Das Thema dieser Entdeckung, der Loligo, wurde von einigen unserer angeseheneren Naturforscher, wie Kirby in seinem Bridgewater Treatise, als „eines der wunderbarsten Werke des Schöpfers" beschrieben; und der Leser wird sich vielleicht erinnern, wie wichtig ein Vorfall wie der erzählte im Leben des jungen Cuvier für die Naturwissenschaften war. Als dieser größte moderne Naturforscher sein zweiundzwanzigstes Jahr an der Küste in der Nähe von Fiquainville verbrachte, wurde er durch die Entdeckung eines an den Strand gestrandeten Tintenfischs, den er später sezierte, dazu gebracht, die Anatomie und den Charakter der Molluske zu studieren. Für mich jedoch diente die Lektion lediglich dazu, die toten Ablagerungen des Oolit-Systems, wie sie durch die Lias von Cromarty und Ross repräsentiert werden, wieder zum Leben zu erwecken. Die mittleren und späteren Zeitalter der großen sekundären Abteilung waren insbesondere Zeitalter der Kopffüßermollusken: Ihre Belemniten, Ammoniten, Nautili, Baculiten, Hamiten, Turriliten und Skaphiten gehörten zu der großen natürlichen Klasse – die außergewöhnlich reich an ausgestorbenen Ordnungen und Gattungen, aber verhältnismäßig arm an noch existierenden ist –, die wir durch die Tintenfische repräsentiert finden; und als ich damit beschäftigt war, die Überreste der früher geborenen Mitglieder der Familie – Ammoniten, Belemniten und Nautili – aus den Schiefern von Eathie oder den Tonsteinen von Shandwick auszugraben, ermöglichte mir der Vorfall mit dem Loligo, sie mir nicht als bloße tote Überreste vorzustellen, sondern als die lebenden Bewohner urzeitlicher Meere, die von den täglichen Gezeiten aufgewühlt und von der Sonne beleuchtet wurden.

Bei meinen Nachforschungen in den Ablagerungen des Lias machte ich eine interessante Entdeckung. Im Norden Schottlands gibt es zwei große

Hügelsysteme – ein älteres und ein neueres – die sich gegenseitig durchschneiden wie die Furchen eines Feldes, das zuerst quer und dann diagonal gepflügt wurde. Die diagonalen Furchen, die zuletzt gezeichnet wurden, sind noch sehr vollständig. Das große, von Meer zu Meer offene Caledonian Valley ist das bemerkenswerteste davon; aber die parallelen Täler des Nairn, des Findhorn und des Spey sind alle gut abgegrenzte Furchen; und auch die Bergkämme, die sie trennen, sind nicht weniger deutlich in durchgehenden Linien angeordnet. Die Kämme und Furchen des früheren Pflügens sind im Gegenteil, wie zu erwarten, gebrochen und unterbrochen: Der auslöschende Pflug ist über sie hinweggefahren: und doch gibt es bestimmte Stellen, an denen wir die Fragmente dieses früheren Systems so vollständig vorfinden, dass sie eines der Hauptmerkmale der Landschaft bilden. Wenn man durch die oberen Bereiche des Moray Firth und entlang des Caledonian Valley geht, kann man die Querfurchen sehen, die sich nach Westen verzweigen und als Täler des Loch Fleet, des Dornoch Firth, des Firth of Cromarty, der Bay of Munlochy, des Firth of Beauty und, wenn wir die eigentlichen Highlands betreten, als Glen Urquhart, Glen Morrison, Glen Garry, Loch Arkaig und Loch Eil existieren. Das diagonale System – dargestellt durch das große Tal selbst und bekannt als das System des Ben Nevis und des Ord of Caithness in unserem eigenen Land und, laut De Beaumont, als das des Mount Pilate und Coté d'Or auf dem Kontinent – wurde nach dem Ende des Oolitischen Zeitalters umgewälzt. Erst in der Zeit des Weald waren seine „Hügel geformt und seine Berge entstanden"; und in der Linie des Moray Firth liegen Lias und Oolith in steilen Winkeln an den Seiten seiner langen Steilküsten. Es ist nicht so einfach, das Alter des älteren Systems zu bestimmen. Im Norden Schottlands gibt es zwischen Lias und Old Red Sandstone keine Formationen: Die riesigen Ablagerungen aus Karbon, Perm und Trias werden durch eine breite Lücke dargestellt; und alles, was man über die älteren Hügel sagen kann, ist, dass sie den Old Red Sandstone aufgewühlt und mit sich gehoben haben; aber da zur Zeit ihrer Aufwölbung kein moderneres Gestein an ihrer Basis lag, das hätte aufgewühlt werden können, scheint es unmöglich, ihr Alter genau zu bestimmen. Auch in ihren Mündungen oder Tälern finden sich keine Spuren der oolithischen Ablagerungen. Da sie aller Wahrscheinlichkeit nach sogar während der Zeit des Lias als subaerisches Gerüst des oolithischen Schottlands existierten – als Gerüst, auf dem die oolithischen Pflanzen wuchsen –, kann natürlich keine Ablagerung des Systems über ihnen stattgefunden haben. Ich hatte mir jedoch noch keine genaue Vorstellung von den beiden Systemen gemacht oder festgestellt, dass sie offenbar aus einer anderen Zeit stammen. Als ich den Lias an den steileren Hängen des Moray Firth entdeckte – eine der gewaltigen Furchen des moderneren Systems –, versuchte ich wiederholt, ihn auch an den Ufern des Cromarty Firth zu finden – eine der Furchen des wesentlich älteren Systems. Ich war jedoch bei meiner Suche etwas unsystematisch vorgegangen. Da im Herbst 1830 zwischen der Fertigstellung einer Arbeit und dem Beginn einer neuen eine Pause von einigen Tagen in meiner beruflichen Arbeit eintrat, beschloss ich, diese Zeit einer gründlichen Untersuchung des Cromarty Firth zu widmen, in der Hoffnung, den Lias zu entdecken. Ich begann meine Suche am Granitgneis des Hügels und ging nach Westen weiter, wobei ich nacheinander in aufsteigender Reihenfolge die aufgerichteten Schichten des unteren Old Red Sandstone von der Basis des Great Conglomerate des Systems aus durchquerte, bis ich den mittleren Teil der Ablagerung erreichte, die an dieser Stelle aus abwechselnden Schichten von Kalkstein, Sandstein und geschichtetem Ton besteht und die wir in Caithness durch die ausgedehnten Steinplatten repräsentiert finden. Und dann, als der Fels verschwand, ging ich über einen mit Felsbrocken gesprenkelten Kieselstrand; und in einer kleinen Bucht, keine halbe Meile von der Stadt entfernt, fand ich den Fels wieder freigelegt.

Ich hatte schon lange zuvor bemerkt, dass der Fels in dieser kleinen Bucht an die Oberfläche stieg. Als Junge hatte ich sogar Stücke seines geschichteten Tons als Schiefergriffel benutzt, aber ich hatte es bisher versäumt, ihn gründlich zu untersuchen. Jetzt jedoch war ich von seiner Ähnlichkeit mit dem Lias bis auf die Farbe beeindruckt. Die Schichten lagen in einem flachen Winkel. Sie bestanden aus tonhaltigem Schiefer und waren reich an Kalksteinknollen. Wenn nicht sowohl der Schiefer als auch die Knollen statt des tiefen Lias-Graus eine olivfarbene Tönung aufwiesen, hätte ich fast meinen können, ich sei auf die Fortsetzung einiger der Eathie-Schichten gestoßen. Ich legte einen Knollen mit einem Hammerschlag auf, und mein Herz machte einen Sprung, als ich sah, dass er einen Organismus umgab. Die Mitte befand sich in einer dunklen, undeutlich abgegrenzten bituminösen Masse, aber ich konnte etwas erkennen, das wie Stacheln und kleine Ichthyos aussah, die an den Rändern hervorragten. und als ich sie der Untersuchung durch das Glas unterzog, wurden ihre Formen deutlicher und eindeutiger, im Gegensatz zu jenen bloß zufälligen Ähnlichkeiten, die manchmal für einen Moment das Auge täuschen. Ich legte einen zweiten Knoten frei. Er enthielt eine Gruppe glitzernder rhomboider Schuppen mit einigen Hirnplatten und einem Kiefer voller Zähne. Ein dritter Knoten lieferte ebenfalls seinen Organismus, in Form eines gut definierten Ichthyoliths, der mit winzigen, fein gestreiften Schuppen bedeckt und an der Vorderkante jeder Flosse mit einem scharfen Dorn versehen war. Ich arbeitete eifrig daran und grub im Laufe einer einzigen Flut genug Exemplare aus, um einen Museumstisch zu bedecken; und als die Wellen der herannahenden Flut gegen die Kieselsteine schlugen und die Ichthyolith-Betten bedeckten, trug ich sie mit großer Freude zu den höheren Hängen des Strandes und begann, auf einem Felsbrocken sitzend, sie sorgfältig und detailliert mit einem gewöhnlichen Botanikermikroskop zu untersuchen. Aber ich konnte unter ihren

Organismen keine Platte, keinen Stachel und keine Schuppe entdecken, die mit den ichthyischen Überresten des Lias identisch gewesen wären. Ich war auf die Überreste einer völlig anderen und unermesslich älteren Schöpfung gestoßen. Meine neu entdeckten Organismen repräsentierten nicht das erste, sondern nur das zweite Zeitalter der Wirbeltierexistenz auf unserem Planeten. Da die Überreste des früheren Zeitalters jedoch nur aus abgetrennten Zähnen und Stacheln von Placoiden bestehen, die zwar die *Existenz* der Fische, zu denen sie gehören, vollständig belegen, aber kaum Aufschluss über ihre Struktur geben, kann der Paläontologe anhand der Ganoiden dieses zweiten Zeitalters mit Sicherheit wissen, unter welchen besonderen Formmerkmalen und in Verbindung mit welchen Arten von Mechanismen das Wirbeltierleben in den früheren Zeitaltern der Welt existierte. In meiner neu entdeckten Fundstätte – zu der ich jedoch bald innerhalb der Grenzen der Gemeinde noch sechs oder acht weitere Fundstätten hinzufügte, die alle dieselben ichthyischen Überreste enthielten – hatte ich genug Arbeit vor mir, die ich jahrelang geduldig studieren konnte.

KAPITEL XXII.

„Sie legen ihre privaten Sorgen beiseite,

Um die Angelegenheiten der Kirche und des Staates zu regeln;

Sie reden von Mäzenatentum und Priestern,

Mit entfachter Wut in ihren Brüsten;

Oder sagen Sie, welche neuen Steuern kommen,

Und veräppeln Sie die Leute in *London*.“ – BURNS.

Wie ich bereits erwähnt habe, gab es in der Gemeinde Cromarty keine Dissenters. Die sogenannten Haldanes hatten versucht, sich bei uns in der Stadt niederzulassen, aber ohne Erfolg: Im Laufe mehrerer Jahre gelang es ihnen nicht, mehr als sechs oder acht Mitglieder zu gewinnen; und diese gehörten nicht zu den gefestigteren Leuten, sondern galten als exzentrische Klasse, die gerne argumentierte und von einer Vorliebe für das Neue und Extreme besessen war. Die führenden Lehrer der Gruppe waren ein pensionierter englischer Kaufmann und ein ehemaliger Schmied, der in mittleren Jahren die Schmiede verließ, ohne großen Erfolg die normalen Studien weiterführte und Prediger wurde. Und beide waren, glaube ich, gute Männer, aber keineswegs kluge Missionare. Sie sprachen sich sehr stark gegen die Kirche von Schottland aus, an einem Ort, an dem die Kirche von Schottland sehr respektiert wurde; und es wurde beobachtet, dass sie zwar nicht viel taten, um die Ungläubigen zum Christentum zu bekehren, aber außerordentlich eifrig versuchten, die Gläubigen zu Baptisten zu machen. Zu meinem großen Ärger in meinen jüngeren Tagen pflegten sie Onkel Sandy nach seiner Rückkehr vom Hügel aufzulauern, wenn ich abends hingegangen war, um von ihm etwas über Sandwürmer, Schwertfische oder Seehasen zu lernen, und verwickelten ihn in lange Kontroversen über die Säuglingstaufe und die Kirchengründung. Die Themen, die sie diskutierten, waren viel zu hoch für mich, und ich war auch kein aufmerksamer Zuhörer; aber ich begriff genug, um zu wissen, dass Onkel Sandy, obwohl er ein Mann mit langsamer Sprache war, stur an Knox' Gründungsplan und der Verteidigung des Presbyterianismus festhielt; und es erforderte keine besonders ausgeprägten Wahrnehmungsfähigkeiten, um zu bemerken, dass sowohl seine Gegner als auch er selbst manchmal ziemlich hitzig wurden und ziemlich laut redeten – lauter jedenfalls, als es in den ruhigen Abendwäldern überhaupt nötig war. Ich erinnere mich auch, dass sie, wenn sie ihn drängten, die Nationalkirche zu verlassen und sich ihrer anzuschließen, gewöhnlich eine Sprache verwendeten, die der Offenbarung entlehnt war; und sie nannten seine Kirche *Babylon* und forderten ihn auf, aus ihr herauszukommen, damit er nicht an ihren Plagen teilhabe. Onkel Sandy hatte zu viel von der Welt gesehen und zu viel Kontroverse gelesen und gehört, um von dem Ausdruck übermäßig schockiert zu sein; aber einem anständigen Bauern der Gemeinde schadeten die harten Worte der Missionare. Der pensionierte Kaufmann hatte ihn gedrängt, die Kirche zu verlassen; und der Bauer hatte in seiner Einfalt geantwortet, indem er fragte, ob er glaube, dass er seine Kirche auf diese Weise versinken lassen sollte. „Ja", rief der Kaufmann mit großem Nachdruck aus; „lass sie an ihren Platz sinken – in die tiefste Hölle!" Das war schrecklich: Der anständige Bauer riss seine riesigen Augen auf, als er hörte, was er für eine dreiste Gotteslästerung hielt. Die Kirche, von der der Baptist sprach, war zumindest in Cromarty die Kirche des *geouteten* Mr. Hugh Anderson, der während der Verfolgung aus Gewissensgründen alles aufgab; es war die Kirche von Mr. Gordon, dessen Dienst während der Zeit der großen Erweckung so deutlich unterstützt worden war; es war die Kirche des frommen Mr. Monro und des würdigen Mr. Smith und vieler frommer Ältester und gottesfürchtiger Mitglieder, die an Christus als dem Haupt festgehalten hatten; und doch wurde sie hier als eine Kirche angeprangert, deren wahrer Platz die Hölle sei. Der Bauer wandte sich ab, der Streit hatte ihn satt; und die unbesonnene Rede des pensionierten Kaufmanns verbreitete sich wie ein Lauffeuer über die Gemeinde. „Sicherlich", sagt Bacon, „müssen Fürsten in heiklen Angelegenheiten und heiklen Zeiten aufpassen, was sie sagen, besonders in jenen kurzen Reden, die wie Pfeile umherfliegen und von denen man glaubt, sie seien aus ihren geheimen Absichten heraus abgefeuert worden." Fürsten sind jedoch nicht die einzigen Männer, die gut daran täten, sich vor kurzen Reden zu hüten. Die kurze Rede des Kaufmanns ruinierte die Sache der Baptisten in Cromarty; Wenn die beiden Missionare gewusst hätten, in welche Lage sie dadurch geraten waren, hätten sie gleich nach der Übergabe des Briefes genau das tun können, womit sie sich ein paar Jahre später zufrieden gaben: ihre Sachen packen und den Ort verlassen.

Da wir jahrelang außerhalb der Grenzen der Gemeinde keine Gegner hatten, mit denen wir uns auseinandersetzen mussten, war es natürlich, dass wir auch innerhalb der Gemeinde Gegner fanden. Aber während der Amtszeit von Herrn Smith – dem Pfarrer der Gemeinde während der ersten einundzwanzig Jahre meines Lebens – fehlten selbst diese; und wir verbrachten eine sehr ruhige Zeit, ungestört von politischen oder kirchlichen Kontroversen jeglicher Art. Auch die ersten Jahre von Herrn Stewarts Amtszeit waren nicht weniger ruhig. Das katholische Hilfsgesetz war ein Kieselstein, der in den Teich geworfen wurde, aber ein sehr kleiner; und die Wellen, die es verursachte, verursachten kaum Aufregung. Herr Stewart konnte sich nicht alle Schwierigkeiten des Gesetzes klar vorstellen; aber, zum Teil beeinflusst von einigen seiner Brüder in der Nachbarschaft, entschloss er sich schließlich, eine Petition dagegen einzureichen; und seiner Petition, in der er darum bat, dass den Papisten keine Zugeständnisse gemacht werden sollten, schlossen sich weit mehr als neunzehn Zwanzigstel der männlichen Gemeindemitglieder an. Die wenigen Personen, die sich fernhielten, waren hauptsächlich Jungs mit einer extraliberalen Einstellung, denen, wie den meisten extremen Politikern, die üblichen kirchlichen Sympathien ihrer Landsleute fehlten; und da ich keine Bekanntschaft mit ihnen pflegte und eher kirchliche als politische Neigungen hatte, hatte ich die Genugtuung, dass ich mich in einer respektablen Minderheit von einer Person befand, was die katholische Hilfsmaßnahme anging, und zwar im Gegensatz zu all meinen Freunden. Sogar Onkel Sandy machte sich nach einigen kleinen Einwänden und einer Explosion gegen das irische Establishment auf den Weg und unterzeichnete die Petition. Ich sah jedoch nicht ein, dass ich im Unrecht war. Angesichts der beiden großen Tatsachen der Irischen Union und der Irischen Kirche konnte ich keine Petition gegen die römisch-katholische Emanzipation einreichen. Ich fühlte auch, dass ich, wäre ich selbst ein römisch-katholischer Mensch, keinem protestantischen Argument zuhören würde, bis mir zuerst das widerfahren wäre, was ich für Gerechtigkeit hielt. Ich hätte sofort gefolgert, dass eine Religion, die mit dem verbunden ist, was ich für Ungerechtigkeit hielt, eine falsche und keine wahre Religion ist; und hätte es aufgrund dieser Schlussfolgerung ohne weitere Untersuchung abgelehnt; und konnte ich nicht glauben, dass viele Katholiken tatsächlich das taten, was ich selbst unter diesen Umständen getan hätte? Und da ich glaubte, meinen Standpunkt verteidigen zu können, der sicherlich nicht aufdringlich war und im Gespräch manchmal von meinen Freunden auf eine Weise angegriffen wurde, die, wie ich dachte, zeigte, dass sie ihn nicht verstanden, setzte ich mich hin und schrieb einen ausführlichen Brief zu diesem Thema an den Herausgeber des *Inverness Courier* ; wie ich später herausfand, war ich glücklich genug, in einigen Punkten die Linie vorwegzunehmen, die ein Mann in seiner berühmten Emanzipationsrede eingeschlagen hatte, den ich schon früh als den größten und weisesten schottischen Geistlichen erkannt hatte – der verstorbene Dr. Chalmers. Als ich jedoch meinen Brief überflog und mir dann die guten Männer unter den Leuten in meiner Stadt ansah – einschließlich meines Onkels und meines Pfarrers –, mit denen ich mich durch diesen Brief in noch entschiedenere Feindschaft stürzen würde, als wenn ich ihre Petition einfach nicht unterschreiben würde, beschloss ich, ihn nicht auf dem Postamt, sondern ins Feuer zu werfen, was ich dann auch tat. Damit war die Sache erledigt, und was ich zu meiner Verteidigung und zur Emanzipation vorzubringen hatte, wurde infolgedessen nie gesagt.

Dies war jedoch nur der Schatten einer Kontroverse; es war lediglich eine mögliche Kontroverse, die im Keim erstickt wurde. Doch etwa drei Jahre später wurde die Gemeinde durch einen schrecklichen kirchlichen Streit erschüttert, der uns alle an den Ohren zusammenbrachte. Der Ort hatte nicht nur seine Gemeindekirche, sondern auch seine gälische Kapelle, die zwar auf dem gewöhnlichen Fundament einer Kapelle stand, aber von der Krone gestiftet und unter ihrer Schirmherrschaft stand. Sie war etwa sechzig Jahre zuvor von einem wohlwollenden Eigentümer der Ländereien von Cromarty erbaut worden – „George Ross, der schottische Agent" –, den Junius ironisch als „vertrauten Freund und würdigen Vertrauten von Lord Mansfield" beschrieb; und der, was auch immer der Satiriker von beiden gehalten haben mag, in Wirklichkeit ein Mann war, der der Freundschaft des versierten und philosophischen Anwalts würdig war. Cromarty, ursprünglich eine Siedlung im Tiefland, hatte von der Reformation bis zum letzten Viertel des letzten Jahrhunderts kein gälisches Gotteshaus gehabt. Nach dem Zusammenbruch des Feudalsystems begannen die Hochländer jedoch, auf der Suche nach Arbeit in den Ort zu kommen; und George Ross, der von ihrer vernachlässigten religiösen Situation betroffen war, baute für sie auf eigene Kosten eine Kapelle und hatte genug Einfluss, um von der Regierung eine Stiftung für ihren Pfarrer zu erhalten. Die Regierung behielt die Schirmherrschaft in ihren eigenen Händen; und da die Hochländer nur aus Landarbeitern und Landbediensteten sowie den Arbeitern einer Hanffabrik bestanden und keinerlei Einfluss hatten, wurden ihre Wünsche bei der Wahl eines Pfarrers nicht immer berücksichtigt. Ungefähr zur Zeit der Ernennung von Mr. Stewart wurde den Gälen durch den verstorbenen Sir Robert Peel, der den Wünschen der englischen Gemeinde höflich nachgegeben hatte, ein Pfarrer vorgestellt, den sie kaum selbst gewählt hätten, der aber trotz allem beliebte Eigenschaften hatte. Obwohl er nicht besonders begabt war, war er offen und freundlich, besuchte die Leute oft und unterhielt sich viel; und schließlich betrachteten ihn die Hochländer als das wahre *Ideal* eines Pfarrers. Er und Mr. Stewart gehörten zu den verfeindeten Parteien in der Kirche. Mr. Stewart nahm seinen Platz in der alten presbyterianischen Abteilung unter Chalmers und Thomson ein, während die gälische Pfarrstelle von Dr. Inglis und Dr. Cook besetzt wurde. Ihre jeweiligen Gemeinden waren so stark von ihren Ansichten beeinflusst, dass bei der Spaltung der Kirche im Jahr 1843 deutlich mehr als neun Zehntel der englischsprachigen Gemeindemitglieder ihre Verbindung mit dem Staat auflösten und Freikirchenmitglieder wurden, während mindestens ein gleicher Anteil der Highlander der Kapelle der Staatskirche anhing. Merkwürdigerweise kam es jedoch zu dieser Zeit zu einer Kontroverse zwischen den Gemeinden, bei der jede in Bezug auf die allgemeine Frage, um die es ging, die Partei der anderen zu ergreifen schien.

Ich glaube nicht, dass die englische Gemeinde in irgendeiner Weise eifersüchtig auf die gälische war. Die Engländer stellten die *Elite* des Ortes dar – alle reichen und einflussreichen Männer, von den Kaufleuten und Erben bis hinunter zu den bescheidensten der Klasse, die später die Zehn-Pfund-Steuer erhielten; die Gälen hingegen waren, wie ich bereits sagte, einfach arme Arbeiter und Weber: und wenn sich das Überlegenheitsgefühl manchmal stärker zeigte, so nur unter den einfacheren Leuten der englischen

Gemeinde. Als bei einer bestimmten Gelegenheit ein Fremder mitten in einer von Mr. Stewarts besten Predigten einschlief und lauter schnarchte als es sich gehörte, hörte man jemanden neben ihm leise flüstern, man solle den Mann zu den „ *Gälern* " schicken, da er nicht geeignet sei, unter ihnen zu sein; und es mochte noch einige andere ähnliche Äußerungen geben; aber die Parteien waren nicht auf ausreichend gleicher Ebene, um die Rolle jener rivalisierenden Gemeinden zu spielen, die sich ständig gegenseitig über ihre Verfehlungen beklagen und denen in ihren Tagen des Fastens und der Demütigung die Sünden ihrer Nachbarn mindestens ebenso stark vor Augen stehen wie ihre eigenen. Aber wenn die englische Gemeinde nicht eifersüchtig auf die gälische war, so war die gälische, wie es unter ihren Umständen vielleicht natürlich war, leider eifersüchtig auf die Engländer: Sie seien arme Leute, pflegten sie manchmal zu sagen, aber ihre Seelen seien ebenso wertvoll wie die der reicheren Leute, und sie hätten sicherlich ebenso ein Anrecht auf ihre gerechten Rechte wie das englische Volk – Grundsätze, die, glaube ich, niemand in der anderen Gemeinde bestritt oder auch nur erörterte. Eines Morgens wurden wir jedoch alle aufgeweckt, um den Fall zu erörtern, als wir erfuhren, dass der Pfarrer der gälischen Kapelle am Vortag bei der Presbytery des Bezirks eine Petition eingereicht hatte, in der er entweder die Zuweisung einer Pfarrei innerhalb der Grenzen der Pfarrei Cromarty oder die Umwandlung der Pfarrei in eine Stiftsgemeinde beantragte und dass sein Anteil natürlich dem von Mr. Stewart zugeordnet werden sollte.

Die Engländer waren sofort sehr wütend und sehr beunruhigt. Da die beiden Gemeinden über dasselbe Stück Land verstreut waren, war es unmöglich, es in zwei Pfarreien aufzuteilen, ohne einen Teil von Mr. Stewarts Leuten und ihren Pfarrer zu trennen und sie zu Gemeindemitgliedern eines Mannes zu machen, den sie noch nicht zu mögen gelernt hatten; und andererseits würde der Pfarrer, den sie noch nicht zu mögen gelernt hatten, durch die Umwandlung der Gemeinde in eine kollegiale eine ebenso reale Gerichtsbarkeit über sie erlangen wie der Pfarrer ihrer Wahl. Oder – wie einer von ihnen den Fall etwas kurios ausdrückte – durch die eine Alternative „würde der Gäle der alleinige Pfarrer der Hälfte von ihnen werden und durch die andere der halbe Pfarrer der Gesamtheit." Und so beschlossen sie, energischen Widerstand zu leisten. Auch Mr. Stewart selbst gefiel der Schritt seines Nachbarn, des gälischen Pfarrers, äußerst schlecht. Er wolle nicht, sagte er, einen Kollegen unter seine Obhut drängen, der ihn bei den gemäßigten Grundsätzen halte – ein Vorteil, mit dem er nicht gerechnet hatte, als er das Geschenk annahm; ebenso wenig wollte er, als Alternative, sein lebendes Kind, die Gemeinde, in zwei Hälften geteilt und die Hälfte dem seltsamen Antragsteller gegeben sehen, der nicht ihre Muttergemeinde war. Es gab noch einen anderen Grund, warum ihm die Bewegung missfiel: Die beiden großen Parteien der Kirche waren zu dieser Zeit im Presbyterium gleichmäßig vertreten – sie hatten jeweils drei Mitglieder; und er sah natürlich, dass die Einführung des gälischen Pfarrers das Gleichgewicht zugunsten des Moderatismus verschieben würde. Und da es Pfarrer und Volk gleichermaßen ernst war, wurden bald Gegenpetitionen eingereicht, in denen das Presbyterium als ersten Schritt gebeten wurde, ihnen Kopien des Dokuments des gälischen Pfarrers zuzustellen. Das Presbyterium entschied im Sinne ihrer Bitte, dass Kopien zugestellt werden sollten; und der gälische Pfarrer legte mit der etwas extremen Begründung, dass das Volk überhaupt kein Recht hätte, in die Angelegenheit einzugreifen, Berufung an die Generalversammlung ein. Und so mussten die Menschen als nächstes dieses ehrwürdige Gericht anrufen, um ihre Rechte, wie sie es für gefährdet hielten, zu verteidigen; während die gälische Gemeinde, die den festen Eindruck hatte, dass ihre anmaßenden englischen Nachbarn sie behandelten, „als hätten sie keine Seele", eine Gegenpetition einreichte, die praktisch darauf hinauslief, dass die Gemeinde entweder in zwei Hälften geteilt und die Hälfte davon ihrem Pfarrer gegeben werden könnte oder dass er zumindest zum zweiten Pfarrer für jeden Mann in der Gemeinde ernannt werden könnte. Als der Pfarrer jedoch bei der Generalversammlung feststellte, dass die kirchliche Partei, auf deren Unterstützung er sich verlassen hatte, *in toto* gegen die Errichtung von Kapellen mit regulären Gebühren war und dass die Besonderheiten des Falles so waren, dass er jede Chance auf Unterstützung durch ihre Gegner ausschloss, zog er seine Berufung zurück und der Fall wurde nie vor Gericht gebracht. Einige unserer Fischer aus Cromarty, die fest auf der Seite der Engländer standen, obwohl sie die Vorteile nicht ganz erkennen konnten, hatten eine ganz andere Version der Angelegenheit. „Der Gäle hatte kaum die Kirche der Generalversammlung betreten", sagten sie, „als der Meister der Versammlung aufstand und in sehr grober Stimme sagte: ‚Du widerspenstiger Schurke, was führst du hier? Warum belästigst du diesen anständigen Jungen, Mr. Stewart? Ich bin sicher, er hat nichts mit dir zu tun! Kümmere dich um deine Angelegenheiten, du widerspenstiger Schurke!'"

Ich nahm aktiv an dieser Kontroverse teil, verfasste Petitionen und Stellungnahmen für meine Gemeindemitglieder sowie Absätze für die örtlichen Zeitungen und einen langen Brief für den *Caledonian Mercury* als Antwort auf ein in dieser Ausgabe enthaltenes Gewebe von Falschdarstellungen aus der Feder eines der Rechtsvertreter des gälischen Pfarrers und schließlich antwortete ich auf eine Broschüre derselben Hand, die zwar als Schriftstück erbärmlich war – denn sie ähnelte keiner anderen jemals verfassten Schrift, außer vielleicht einer sehr schlecht geschriebenen juristischen Arbeit –, aber Aussagen enthielt, denen ich mich stellen musste. Das waren meine ersten Versuche auf dem rauen Gebiet kirchlicher Kontroversen – einem Gebiet, in das mich meine Neigung nie geführt hätte, das mir aber sicherlich sehr im Weg lag und auf dem ich viele mühevolle Stunden verbracht habe. Meine ersten Stücke waren ziemlich steif geschrieben, ein wenig nach dem gefährlichen Vorbild von Junius; aber da es kaum möglich war, so schlecht zu schreiben wie mein Gegner, konnte ich sogar seine Freunde fragen, ob es ganz richtig von ihm war, mich in einer Prosa, die so viel schlechter war als meine, als Analphabet und Ungebildeten zu bezeichnen. Vor allem, indem ich die Lacher hin und wieder auf meine Seite zog, gelang es mir, ihn wütend zu machen; und er antwortete auf meine Witze, indem er *Schimpfwörter benutzte* – eine Phrase, die er übrigens, da er seine Watts' Hymns vergaß und seinen Johnson nicht zu Rate zog, als nicht englisch bezeichnete. Ich sei, sagte er, ein „oberflächlicher, vorgebender Trottel", ein „unverschämter, ungebildeter Junge", „ein Fanatiker" und ein „rasender Mensch", der „niedrige Untergebene einer Fraktion" und „Peter der Einsiedler", und schließlich versicherte er mir, dass ich *seiner* „Einschätzung nach der unedelste und verachtetste im gesamten Bereich der menschlichen Spezies" sei. Das war furchtbar! aber ich habe nicht nur alles überlebt, sondern, fürchte ich, nachdem ich auf diese Weise zum ersten Mal Blut gekostet hatte, auch gelernt, eine etwas zu große Freude an der Wut eines Gegners zu empfinden. Ich möchte hinzufügen, dass weder meine Mitbürger noch ich etwas Anfechtbares in dieser Vereinbarung sahen, als die Generalversammlung etwa zwei oder drei Jahre nach dieser Kontroverse die sogenannten Parlamentsminister und die Minister der Kapellen zu Sitzen in den Kirchengerichten zuließ. Sie enthielt keines der Elemente, die unsere Feindseligkeit im Fall der Kapelle von Cromarty hervorgerufen hatten: Sie übergab die Leute eines Ministers nicht der Obhut eines anderen, den sie niemals selbst gewählt hätten, sondern stellte, ohne die Rechte des Volkes anzutasten, nach dem Schema der Presbyterianer die Stellung der Minister und die Ansprüche der Gemeinden gleich.

Die nächste Angelegenheit, die meine Stadtbewohner beschäftigte, war wesentlich ernster. Als im Jahr 1831 die Cholera erstmals die Küsten Großbritanniens bedrohte, wurde die Bucht von Cromarty von der Regierung zu einem der Quarantänehäfen ernannt. Und wir wurden vertraut mit dem zunächst als recht erschreckend empfundenen Anblick von Schiffsflotten, die auf der oberen Reede lagen und an deren Mastspitzen die gelbe Flagge wehte. Die Krankheit fand jedoch nicht den Weg an Land, und als sie im Sommer des folgenden Jahres in Nordschottland eingeschleppt wurde, schlich sie mehrere Monate lang in der Stadt und den Gemeinden umher, ohne welche zu besuchen. Sie hat die Dörfer Portmahomak und Inver mehr als vernichtet und die Gemeinden Nigg und Urquhart sowie die Städte Inverness, Nairn, Avoch, Dingwall und Rosemarkie schwer getroffen. kurz gesagt, die Quarantäne-Hafenstadt, die anfangs am meisten durch die Krankheit gefährdet schien, schien später fast der einzige größere Ort in der Gegend zu sein, der von ihren Verwüstungen verschont blieb. Sie kam jedoch beängstigend nahe. Die Mündung des Cromarty Firth ist kaum mehr als eine Meile breit. Mit einem Fernglas normaler Vergrößerung kann man jede Fensterscheibe der Behausungen, die das Nordufer säumen, zählen und ihre Bewohner unterscheiden. Und doch wütete in diesen Behausungen die Cholera. In mindestens einem Fall konnten wir eine Leiche sehen, die von zwei Personen auf einer Handkarre weggebracht und auf einer benachbarten Sandbank begraben wurde. Auch Geschichten über das traurige Schicksal von Personen, die die Stadtbewohner kannten und die in bekannten Gegenden gelebt hatten, wurden mit großer Wirkung erzählt. Die allgemeine Panik in den verseuchten Orten war so groß, dass man die Leichen nicht mehr auf den Friedhof trug, sondern in einsamen Löchern und Ecken zusammenkauerte. und die Bilder, die sich der Fantasie boten von vertrauten Gesichtern, die ohne Sarg neben einem einsamen Wald, in dunklem Moor oder heidebewachsenem Moor in der Erde lagen, erfüllten viele mit einem stärkeren Schrecken als dem vor dem Tod. Wir wussten, dass die Leiche eines jungen, stämmigen Fischers, der gelegentlich als Fährmann von Cromarty gearbeitet hatte und dessen Aussehen daher jeder kannte, verwesend auf einer Sandbank lag; dass der Eisenrahmen eines muskulösen Schmieds in einem moosigen Loch neben einem Dornbusch verweste; dass die Hälfte der Einwohner des kleinen Fischerdorfes Inver in flachen Furchen entlang der dürren Wüste verstreut lag, die ihre Behausungen umgab; dass Häuser, die ihrer Pächter beraubt worden waren und zu stinkenden Ansteckungsstätten geworden waren, in Brand gesteckt und bis auf die Grundmauern niedergebrannt worden waren; und dass die Landbevölkerung um die infizierten Fischerdörfer Hilton und Balintore eine Art *barrière sanitaire gezogen hatte* und die elenden Einwohner innerhalb der Grenzen ihrer jeweiligen Dörfer einpferchte. Und in der allgemeinen Bestürzung - einer viel extremeren Bestürzung als jene, die sich zeigte, als die Krankheit den Ort tatsächlich heimsuchte - fragten die Stadtbewohner, ob *sie* nicht, solange der Ort nicht infiziert sei, einen ähnlichen *Kordon* um sich ziehen sollten. Folglich wurde eine öffentliche Versammlung einberufen, um über die beste Möglichkeit zu beraten, sich einzuschließen; und an der Versammlung nahmen fast alle erwachsenen männlichen Einwohner teil, mit Ausnahme der Herren im Friedenskommissariat und der Stadtbeamten, die zwar durchaus bereit waren, über unsere Unregelmäßigkeiten hinwegzusehen, aber nicht sahen, dass sie aus rechtlich vertretbaren Gründen selbst daran Anteil haben konnten.

Unser Treffen drohte zunächst stürmisch zu werden. Die zusätzlichen Liberalen, die im vorherigen kirchlichen Kampf bis auf den letzten Mann mit den Gälen zusammengearbeitet hatten, wie sie es auch im nachfolgenden kirchlichen Streit mit dem Court of Session taten, begannen mit einem Angriff auf die Stadtrichter. „Wir alle könnten jetzt sehen", sagte ein junger liberaler Schriftsteller, der sich an uns wandte, „wie wenig diese Leute unsere Freunde seien. Jetzt, wo der Ort von der Pest bedroht sei, würden sie nichts für uns tun; sie würden unser Treffen nicht einmal dulden; wir sahen, dass keiner von ihnen anwesend war: Kurz gesagt, sie kümmerten sich überhaupt nicht um uns oder darum, ob wir starben oder lebten. Aber er und seine Freunde würden bis zum Schluss zu uns stehen; ja, während die Richter offensichtlich Angst hatten, trotz all ihres Reichtums in der Sache etwas zu unternehmen, zweifellos erschrocken von den Schadensersatzklagen, die gegen sie erhoben werden könnten, wenn sie die Straßen sperren und Reisende zurückschicken würden, würde er selbst, obwohl alles andere als reich, unsere Sicherheit gegen alle Rechtsverfahren sein. Das war natürlich sehr edel; umso edler, als der Sprecher, wie uns die *Gazette* mitteilte, zu diesem Zeitpunkt seinen eigenen tatsächlichen Verpflichtungen nicht nachkommen konnte und dennoch voll und ganz darauf vorbereitet war, alle unsere möglichen Verpflichtungen zu erfüllen. Doch fast bevor er zu Ende gesprochen hatte, sprang ein Freund der Richter auf und hielt eine so wütende Rede zu ihrer Verteidigung, dass die Versammlung drohte, sich in zwei Parteien aufzuspalten und in einem Streit zu explodieren. Ich erhob mich in der Notlage und wandte mich, obwohl ich leider kein Redner war, in ein paar einfachen Sätzen an meine Mitbürger. Cholera, erinnerte ich sie, war zu offensichtlich keine Partei; und die Richter waren, da war ich mir sicher, fast genauso verängstigt wie wir. Aber sie konnten wirklich nichts für uns tun. In Angelegenheiten von Leben und Tod jedoch, wenn Gesetze und Richter es versäumten, ruhige Menschen zu schützen, waren die Menschen berechtigt, das natürliche Recht auf Selbstschutz geltend zu machen; und was auch immer Gesetze und Anwälte dagegen argumentieren mochten, dieses Recht war jetzt unser. In einer benachbarten Grafschaft waren die Bewohner bestimmter infizierter Dörfer bereits von den umliegenden Landbewohnern, die selbst einen einwandfreien Gesundheitszustand vorweisen konnten, in ihren Häusern eingeschlossen; und wenn wir in der Lage dieser Dorfbewohner wären, würden wir wahrscheinlich genauso behandelt werden. Und was uns in unserer aktuellen Lage blieb, war, dem Prozess des Einschließens zuvorzukommen, indem wir das Land einschlossen. Die Stadt, die auf einem Vorgebirge liegt und nur von wenigen Stellen aus zugänglich ist, konnte leicht bewacht werden; und anstatt über die Verdienste von Friedensrichtern zu streiten – die wahrscheinlich eher konservativ eingestellt sind – oder über temperamentvolle Reformer, die auch sehr gerne Friedensrichter sein würden und zweifellos sehr hervorragende Richter abgeben würden, dachte ich, es wäre weitaus besser für uns, uns sofort zu einer Verteidigungsvereinigung zusammenzuschließen und unsere Wachen zu regeln und unsere Wachen aufzustellen. Meine kurze Rede wurde bemerkenswert gut aufgenommen. Direkt neben mir saß ein armer Mann, der große Angst vor der Cholera hatte und tatsächlich eines der ersten Opfer an diesem Ort war – denn kaum mehr als eine Woche später lag er im Grab –, der mich mit einem besonders energischen „Hört, hört!" unterstützte, und das „Hört, hört!" der Versammlung erstickte jede Erwiderung. Wir gründeten daher sofort unsere Verteidigungsvereinigung, und noch vor Mitternacht waren unsere Runden und Stationen markiert und unsere Uhren aufgestellt. Alle Macht ging sofort aus den Händen der Richter, aber die ehrenwerten Männer selbst sagten sehr wenig darüber, und wir hatten die Genugtuung zu erfahren, dass ihre Familien – insbesondere ihre Frauen und Töchter – der Vereinigung und der vorübergehenden Aufhebung des Gesetzes sehr freundlich gegenüberstanden und dass sie uns sowohl in ihrem eigenen als auch in unserem Namen viel Erfolg wünschten.

Wir hielten mehrere Tage lang Wache. Alle Vagabunden und Landstreicher wurden ohne Reue zurückgeschickt; es gab jedoch eine anständige Klasse von Reisenden, von denen weniger Gefahr ausging; und mit diesen war der Umgang etwas schwierig. Ich hätte sie sofort zugelassen; aber die Mehrheit der Vereinigung war dagegen; das zu tun, hieße laut Corporal Trim, „einen Mann über den Kopf eines anderen zu stellen"; und schließlich einigte man sich darauf, sie nicht sofort einzulassen, sondern sie zunächst in ein für diesen Zweck eingerichtetes Holzgebäude zu bringen und gründlich mit Schwefel und Chlorkalk zu begasen. Ich weiß nicht, von wem dieser Ausweg zuerst kam; es hieß, er sei von einem Mediziner vorgeschlagen worden, der sich sehr gut mit Cholera auskannte. Und obwohl ich meinerseits nicht sehen konnte, wie der Dämon der Krankheit durch den Dampf von ein wenig Schwefel und Chlorid ausgetrieben werden sollte, so wie der böse Geist in Tobit durch den Rauch der Fischleber vertrieben wurde, schien es die Vereinigung wunderbar zufriedenzustellen, und ein gut geräucherter Fremder wurde als ungefährlich angesehen. Ein Tag stand bevor, der ungewöhnlich viel Räuchern versprach. Die Agitation um die Reformbill hatte begonnen; an diesem Tag sollte in Cromarty eine große Berufungsverhandlung stattfinden; und man wusste, dass sowohl eine Whig- als auch eine Tory-Partei aus Inverness, wo zu dieser Zeit die Cholera wütete, mit Sicherheit daran teilnehmen würden. Was, so fragte man sich, sollten wir mit den Politikern tun – den furchterregenden Bankiers, Faktoren und Anwälten – die, wie wir wussten, die Inverness-Kavalkade bilden würden? Individuell schien die Frage in einer Art düsterer Angst gestellt zu werden, die die Konsequenzen kalkulierte; aber als die Vereinigung diese Frage gemeinsam stellte und sie in einem Gremium beantwortete, geschah dies in einem kühnen Ton, der Furcht ins Unermessliche trieb. Und so wurde beschlossen, *dass* die Politiker von Inverness wie die anderen abgekanzelt werden sollten. Ich war am Vorabend um Mitternacht an die Reihe gekommen, Wache zu stehen; aber ich hatte damit gerechnet, die Wache zu verlassen, bevor die Leute von Inverness kamen. Unglücklicherweise wurde ich jedoch nicht zum einfachen Wachposten ernannt, sondern zum Nachtoffizier. Meine Aufgabe war es, die verschiedenen Posten abzulaufen und darauf zu achten, dass die verschiedenen Wachen gut aufpassten, was ich sehr gewissenhaft tat; aber als die Zeit meiner Wache abgelaufen war, kam kein Ablöseoffizier, um meinen Platz einzunehmen. Der für diesen Anlass ernannte umsichtige Mann überbrückte, wie ich fürchtete, die bevorstehende Schwierigkeit in einer ruhigen Ecke; aber ich setzte meine Runde fort, obwohl ich den Verdacht hegte, in der Hoffnung auf sein Erscheinen. Und als ich mich einer der wichtigsten Stationen näherte – jener an der großen Straße, die die Stadt Cromarty mit Kessock Ferry verbindet – , kam *gerade* der Whig-Teil der Inverness-Kavallerie heran. Der neu ernannte Wachposten trat beiseite, damit sein Offizier sich um die Whig-Herren kümmern konnte, wie es natürlich sowohl ihrer Stellung als auch *ihrem* offiziellen Status am besten entsprach. Ich wäre lieber woanders gewesen, aber ich brachte die Prozession sofort zum Stehen. Ein Mann von hohem Geist und Einfluss – ein Bankier und ganz ein Whig – sprach mich sofort streng an: „Mit welcher Vollmacht, Sir?" Mit der Vollmacht, antwortete ich, von fünfhundert wehrfähigen Männern in der Nachbarstadt, die sich zum Schutz ihrer selbst und ihrer Familien zusammengeschlossen hatten. „Schutz wogegen?" „Schutz gegen die Pest; – Sie kommen aus einem verseuchten Ort." „Wissen Sie, was Sie tun, Sir?", sagte der Bankier grimmig. „Ja; wir tun, was das Gesetz nicht für uns tun kann, aber was wir selbst zu tun beschlossen haben." Der Bankier wurde blass vor Wut, und man hörte ihn später sagen, wenn er damals eine Pistole gehabt hätte, hätte er den Mann, der ihn aufhielt, auf der Stelle erschossen; aber da er keine Pistole hatte, konnte er mich nicht erschießen, und so schickte ich ihn und seine Leute unter Bewachung weg, um sie auszuräuchern. Und da sie unterwegs etwas aufsässig waren und einem der Wachmänner den Hut über die Nase schlugen, bekamen sie beim Ausräuchern, wie ich leider erfahren musste, eine doppelte Portion Schwefel und Chlorid und kamen nach Luft schnappend in den Gerichtssaal, um sich mit den Tories zu messen. Ich war mir bewusst, dass ich mich bei dieser Gelegenheit sehr töricht verhalten hatte; ich hätte mit Sicherheit weglaufen müssen, als die Kavalkade aus Inverness herankam; aber das Weglaufen hätte laut Rochester eine Menge moralischen Mutes erfordert, den ich nicht besaß. Ich fürchte auch, das ist nicht der Fall. Ich muss zugeben, dass der raue Tonfall der Ansprache des Bankiers etwas in meinen Adern aufwühlte, das lange Zeit ruhig in meinen Adern schlummerte – etwas von dem wilden Piratenblut von John Feddes und den alten seefahrenden Millers; und so blieb ich schwach auf meinem Posten und tat, was die Vereinigung für meine Pflicht hielt. Ich vertraue darauf, dass der Bankier mich nicht erkannte und dass er jetzt, nach mehr als zwanzig Jahren, geneigt sein wird, mir seine Vergebung zu erweisen. Ich nutze diese letzte Gelegenheit, um ihn demütig um Verzeihung zu bitten und ihm zu versichern, dass ich zu dem Zeitpunkt, als ich ihn in die Enge trieb, in seiner Politik von ganzem Herzen mit ihm übereinstimmte. Aber meine Stadtbewohner waren sehr verängstigt und waren vollkommen unparteiisch, wenn es darum ging, Whigs und Tories gleichermaßen auszuräuchern; und ich konnte mir keine geeignete Methode vorstellen, meine Freunde von einem Ausräucherungsprozess zu befreien, der, wie ich wohl sagen würde, sehr unangenehm war und an dessen Vorzüge ich sicherlich nicht stark glaubte.

scheinbar erfolgreich damit beschäftigt waren, unseren *Kordon* aufrechtzuerhalten , drang die Cholera auf eine Weise in den Ort ein, die wir unmöglich hätten voraussehen können. Ein Fischer aus Cromarty war vor etwas mehr als einem Monat in Wick an der Krankheit gestorben, und die Kleidungsstücke, von denen man wusste, dass sie mit der Leiche in Berührung gekommen waren, wurden von den Wick-Behörden im Freien verbrannt. Er hatte jedoch einen Bruder vor Ort, der sich heimlich einige der besseren Kleidungsstücke angeeignet hatte; diese brachte er in einer Truhe mit nach Hause; allerdings war die Furcht, mit der er sie betrachtete, so groß, dass er die Truhe mehr als vier Wochen lang ungeöffnet neben sich liegen ließ. Schließlich wurden in einer bösen Stunde die Kleidungsstücke herausgenommen, und wie das „schöne babylonische Gewand", das Achans Vernichtung und die Niedergeschlagenheit des Lagers herbeiführte, führten sie zunächst zum Tod des armen, unvorsichtigen Fischers und unmittelbar darauf zum Tod nicht weniger seiner Stadtbewohner. Er selbst wurde am folgenden Tag von der Cholera befallen; weniger als zwei Tage später war er tot und begraben; und die Krankheit kroch noch wochenlang durch die Straßen und Gassen – hier streckte sie einen starken Mann in voller Lebenskraft nieder – dort verkürzte sie anscheinend die Lebensspanne eines abgekämpften Geschöpfs, das bereits am Rande des Grabes lag, um nur wenige Monate. Die Heimsuchung hatte ihre wild malerischen Begleiterscheinungen. Pech und Teer wurden während der Nacht in den Öffnungen der verseuchten Gassen verbrannt; und das unstete Licht flackerte mit gespenstischer Wirkung auf Haus und Mauer und auf die hohen Schornsteinspitzen und auf die huschenden Gestalten der Wächter. Tagsüber hatten die vielen Särge, die nur von wenigen Trägern zum Grab getragen wurden, und der häufige Rauch, der außerhalb des Ortes von Feuern aufstieg, die entzündet wurden, um die Kleidung der Infizierten zu verzehren, ihre traurige und erschreckende Wirkung; auch die Migration eines beträchtlichen Teils der Fischerbevölkerung in die Höhlen des Hügels, in denen sie weiterlebten, bis die Krankheit die Stadt verließ, bildete eine eindrucksvolle Begleiterscheinung der Heimsuchung; und doch ließ seltsamerweise die Bestürzung nach, als die Gefahr zuzunehmen schien, und die Angst unter den Menschen war viel geringer, als die Krankheit tatsächlich wütete, als wenn sie nur in Sichtweite herumschlich. Auch ihre schlimmsten Schrecken wurden wir bald vertraut und lernten sogar, sie als vergleichsweise gewöhnlich und alltäglich zu betrachten. Ich hatte etwa zwei Jahre zuvor die Passage in Southeys „ *Colloquies* " gelesen, in der Sir Thomas More bemerkt, dass die modernen Engländer in letzter Zeit keinerlei Garantie dafür haben, dass ihre Küsten nicht wie in alten Zeiten von verheerenden Seuchen heimgesucht werden. "Was die Pest betrifft", sagt Sir Thomas (oder vielmehr der Dichter in seinem Namen), "wähnen Sie sich sicher, weil die Pest in den letzten hundertfünfzig Jahren nicht unter Ihnen aufgetreten ist - ein Zeitraum, der, so lang er auch erscheinen mag, im Vergleich zur kurzen Zeit der sterblichen Existenz nichts in der physischen Geschichte des Globus ist. Die Einfuhr dieser Geißel ist heute genauso möglich wie in früheren Zeiten; und glauben Sie, dass sie, wäre sie einmal eingeschleppt, mit weniger Gewalt unter der dicht gedrängten Bevölkerung Ihrer Metropole wüten würde als vor dem Brand? Was", fügt er hinzu, "wenn die Schweißkrankheit, die ausdrücklich die englische Krankheit genannt wird, wieder auftauchen würde? Kann man irgendeinen Grund dafür nennen, warum sie im neunzehnten Jahrhundert nicht so wahrscheinlich ausbricht wie im fünfzehnten?" Und so bemerkenswert die Passage auch ist, ich erinnere mich, sie mit jenem ungläubigen Gefühl gelesen zu haben, das Menschen in ruhigen Zeiten angeboren ist und sie dazu bringt, eine so breite Grenze zwischen der Erfahrung der Geschichte, wenn auch aus einer relativ fernen Zeit oder einem weit entfernten Ort, und ihrer eigenen persönlichen Erfahrung zu ziehen. Im weitesten Sinne des Sophisten widersprach es meiner Erfahrung, dass Großbritannien zum Zentrum einer so tödlichen und weit verheerenden Krankheit werden sollte, wie sie es früher heimgesucht hatte. Und doch, jetzt, da ich sah, wie eine so schreckliche und ungewöhnliche Plage wie die Pest oder die Schweißkrankheit unsere Städte und Dörfer verwüstete, und die schrecklichen Szenen, die De Foe und Patrick Walker beschrieben, ihnen in nichts nachstanden, war das Gefühl, mit dem ich es betrachtete, nicht das der Fremdartigkeit, sondern der Vertrautheit.

Nachdem die Reform Bill for Scotland so erfolglos eingesetzt worden war, um unseren heimtückischen Feind zu bewachen und abzuwehren, wurde sie vom House of Lords verabschiedet und zum Gesetz des Landes. Ich hatte mit Interesse das Wachstum des Volkselements im Land beobachtet – hatte gesehen, wie es allmählich stärker wurde, von den despotischen Zeiten Liverpools und Castlereaghs über die mittlere Periode von Canning und Goderich bis hinab, bis selbst Wellington und Peel, Männer aus Eisen, dem Druck von außen nachgeben mussten und zuerst die Test- und Corporation Acts aufhoben und dann, gegen ihre eigene Überzeugung, das große katholische Emanzipationsgesetz durchsetzten. Das Volk wurde während einer Zeit ungestörten Friedens, die der Entwicklung der Meinung förderlich war, entschiedener zu einer Macht im Land als je zuvor; und natürlich war ich als einer des Volkes und in der Überzeugung, dass der Einfluss der Vielen weniger selbstsüchtig ausgeübt würde als der der Wenigen, erfreut darüber und sah besseren Tagen entgegen. Für mich persönlich erwartete ich nichts. Ich habe schon früh erkannt, dass körperliche und geistige Arbeit mein Lebensinhalt sein wird und dass ich durch keine mögliche Verbesserung der

Regierung des Landes davon befreit werden kann, für meinen Lebensunterhalt zu arbeiten. Von der staatlichen Unterstützung habe ich nie etwas erwartet und habe davon ungefähr so viel erhalten, wie ich je erwartet habe.

An einem schönen Abend im Sommer 1830 war ich damit beschäftigt, mir mein Brot zu verdienen, und arbeitete mit bloßer Brust und bloßen Armen in der Nähe des Hafens von Cromarty an einem großen Grabstein, der am nächsten Tag mit der Fähre zu einem Friedhof auf der gegenüberliegenden Seite des Firth gebracht werden sollte. Eine Gruppe französischer Fischer, die sich um mich versammelt hatte, betrachtete meine Arbeitsweise neugierig und, wie mir schien, auch mich selbst, als ob sie über die körperlichen Kräfte eines Mannes spekulierten, mit dem sie zumindest eines Tages zu tun haben würden. Sie gehörten zur Mannschaft eines jener stark bemannten französischen Lugger, die jedes Jahr unsere Nordküste besuchen, angeblich mit dem Ziel, den Heringsfang zu betreiben, die aber, hauptsächlich durch hohe Regierungsprämien und nur zu einem kleinen Teil durch ihre Fischereispekulationen, in Wirklichkeit vom Staat unterhalten werden, um Matrosen für die französische Marine heranzuziehen. Ihr Logger – ein ungehobelt aussehendes Schiff, das eher die Schifffahrt von vor drei Jahrhunderten als die von heute repräsentierte – lag neben uns im Hafen gestrandet; und als ihre Arbeit für diesen Tag beendet war, schienen sie so ruhig und schweigsam wie der ruhige Abend, dessen Stille sie genossen, als der Briefträger des Ortes zu meinem Arbeitsplatz kam und mir, ganz nass von der Presse, ein Exemplar des *Inverness Courier überreichte* , das ich der Freundlichkeit seines Herausgebers verdankte. Ich war sofort von der in Großbuchstaben geschriebenen Überschrift seines Leitartikels angezogen – „Revolution in Frankreich – Flucht von Charles X." – und machte die Franzosen darauf aufmerksam. Keiner von ihnen verstand Englisch; aber sie konnten hier und da die Bedeutung der wichtigeren Worte verstehen, und mit dem Ausruf „ *Révolution en France!! – Fuite de Charles X.!!* " drängten sie sich in einem Zustand äußerster Aufregung darum und plapperten schneller und lauter als dreimal so viel, wie viele Engländer es unter irgendwelchen Umständen hätten tun können. Schließlich jedoch schien ihr Entschluss gefasst: Merkwürdigerweise trug ihr Lugger den Namen „*Charles X.*"; und einer von ihnen ergriff einen großen Klumpen Kreide, begab sich zum Heck des Schiffes und löschte den königlichen Namen aus, indem er die Bleibuchstaben mit der Kreide überdeckte. Charles wurde von dem kleinen Stück Frankreich, das auf dem Lugger segelte, praktisch zum König erklärt; und der Vorfall erschien mir, so trivial er auch erscheinen mag, als ein deutliches Beispiel für die extreme Schwäche des Einflusses, den die Herrscher des modernen Frankreichs auf die Zuneigung ihres Volkes haben. Ich kehrte bei Einbruch der Dunkelheit nach Hause zurück, bewegter von dieser unerwarteten Revolution als von jedem anderen politischen Ereignis meiner Zeit – voller Hoffnung für die Sache der Freiheit in der ganzen zivilisierten Welt und insbesondere – irregeführt durch eine Art *analoge Erfahrung* – optimistisch in meinen Erwartungen für Frankreich. Es hatte, wie unser eigenes Land, seine erste stürmische Revolution erlebt, in der sein Monarch seinen Kopf verloren hatte; und dann sein Cromwell und dann seine Restauration und sein bequemer, luxuriöser König, der wie Karl II. auf dem Thron gestorben war und von einem schwachen, bigotten Bruder abgelöst worden war, dem genauen Gegenstück zu Jakob VII. Und jetzt, nach einer vergleichsweise geordneten Revolution wie der von 1688, war der Bigott entthront und das Oberhaupt eines anderen Zweigs der königlichen Familie berufen worden, um die Rolle Wilhelms III. zu übernehmen. Die historische Parallele schien vollständig; und konnte ich daran zweifeln, dass als nächstes eine lange Periode fortschreitender Verbesserung folgen würde, in der das französische Volk ebenso wie das britische eine wohlgeordnete Freiheit genießen würde, unter der Revolutionen unnötig, vielleicht sogar unmöglich wären? War es nicht auch offensichtlich, dass der Erfolg der Franzosen in ihrem edlen Kampf sich sofort positiv auf die Sache des Volkes in unserem eigenen Land und überall sonst auswirken und den Fortschritt der Reformen erheblich beschleunigen würde?

Und so verfolgte ich weiterhin mit Interesse den Verlauf des Reformgesetzes und war erfreut, es nach einer außerordentlich stürmischen und gefährlichen Überfahrt endlich sicher im Hafen ankern zu sehen. Auch einige der Maßnahmen, zu denen es später führte, erfreuten mich sehr, insbesondere die Emanzipation unserer Negersklaven in den Kolonien. Ich konnte mich auch nicht vielen meiner persönlichen Freunde anschließen, die diese sogenannte Aneignungsmaßnahme anprangerten – ebenfalls eine Folge der veränderten Wählerschaft –, die die irischen Bistümer abschaffte. Ich wagte es, meinem Pfarrer zu sagen, der die andere Seite vertrat: Wenn es einer protestantischen Kirche nicht gelang, sich nach dreihundert Jahren der Vorteile einer großen Stiftung und aller Vorteile einer Stellung, die das Gesetzbuch verleihen konnte, zur Kirche der Vielen zu erheben, dann war es höchste Zeit, sich mit ihr in ihrem wahren Charakter zu befassen – als Kirche der Wenigen. Zu Hause jedoch, im engen Umkreis meiner Heimatstadt, hatte die Maßnahme Auswirkungen, die mir, obwohl verhältnismäßig unbedeutend, wesentlich schlechter gefielen als die Abschaffung der Bistümer. Sie spaltete die Stadtbevölkerung in zwei Teile – der eine bestand aus älteren oder mittelalten Männern, die vor der Verabschiedung des Gesetzes an der Friedenskommission beteiligt gewesen waren und die nun, da es die Stadt zu einem parlamentarischen Bezirk machte, kraft der Unterstützung der Mehrheit der Wähler unsere Magistrate wurden; und eine jüngere und schwächere, aber kluge und sehr aktive Partei, von denen nur wenige bereits an der Friedenskommission beteiligt waren und die, nachdem sie erfolglos für das Magistratsamt kandidiert hatten, die

Führer einer patriotischen Opposition wurden, die es schaffte, den Sitz der Justiz in Cromarty ziemlich unbehaglich zu machen. Die jüngeren Männer waren überzeugte Liberale, aber große Gemäßigte – die älteren überzeugte Evangelikale, aber entschieden konservativ in ihren Neigungen; und da ich kirchlich zu der einen Partei gehörte und weltlich zu der anderen, fand ich meine Position im Großen und Ganzen ziemlich ungewöhnlich. Beide Parteien wurden in Rechtsstreitigkeiten verwickelt. Wenn die Whig-Abgeordneten für die Grafschaft und den Stadtbezirk vorbeikamen, sah man sie Arm in Arm mit den jungen Whigs durch die Straßen gehen, was natürlich eine besondere Ehre war; und in der Hitze einer umkämpften Wahl gelang es den jungen Whigs, sich dankbar zu zeigen, mit einem konservativen Wähler durchzubrennen, den sie beim Alkohol ertappt hatten, und gerieten dadurch in einen Rechtsstreit, der sie mehrere hundert Pfund kostete. Die Konservativen andererseits wurden ebenfalls in einen kostspieligen Rechtsstreit verwickelt. Die Stadt hatte ihren jährlichen Jahrmarkt, auf dem fünfzig bis hundert Kinder Lebkuchen kauften, und der viele Jahre lang am östlichen Ende der Stadtmauern abgehalten wurde. Durch eine unerklärliche Strategie der jungen Liberalen kam jedoch ein Markttag, an dem die Lebkuchenfrauen auf einer Grünfläche etwas oberhalb des Hafens standen. Und wo die Lebkuchen waren, versammelten sich natürlich die Kinder. Die Richter besichtigten erstaunt den Ort, um sich, wenn möglich, über die Philosophie der Veränderung zu informieren. Sie fanden den Platz von einem redseligen Hausierer besetzt, der sich entschieden für die jungen Liberalen und die neue Seite einsetzte. Die Richter verlangten sofort die Vorlage seiner Lizenz. Der Hausierer hatte keine. Und so wurde er verhaftet und kurzerhand des Verstoßes gegen Gesetz 55 Geo. III. cap. 71 angeklagt und des Hausierens ohne Lizenz für schuldig befunden und ins Gefängnis gesteckt. Der Hausierer, wie man annahm, von den jungen Liberalen unterstützt, erhob Klage wegen unrechtmäßiger Freiheitsstrafe. und mit der Begründung, dass der Tag, an dem er seine Waren verkauft hatte, ein Jahrmarkt oder Markttag war, an dem jeder alles verkaufen konnte, wurden die Richter zu Schadensersatz verurteilt. Ich war von den Gerichtsverfahren sehr angetan und war der Meinung, dass die jungen Liberalen klüger damit beschäftigt gewesen wären, mit ihren Geschäften und Berufen Geld zu verdienen – in der Gewissheit, dass die begehrten Ehren letztlich den guten Bankkonten zufallen würden –, als dass sie damit beschäftigt gewesen wären, ihre eigenen Mittel vor Gericht zu verprassen oder die Mittel ihrer Nachbarn zu beeinträchtigen. Und schließlich fand ich meine angemessene politische Position als Unterstützer meiner konservativen Mitbürger in allen kirchlichen und kommunalen Angelegenheiten und als Unterstützer der Whigs in fast allen nationalen Angelegenheiten; die ich jedoch immer lieber mochte und für tugendhafter hielt, wenn sie nicht im Amt waren, als wenn sie im Amt waren.

Einmal wurde ich sogar politisch genug, um für einen Ratsposten zu kandidieren. Meine Freunde, vor allem durch den Tod älterer Wähler und den Aufstieg jüngerer Männer, von denen nur wenige Konservative waren, fühlten sich in der Stadt schwach; und da sie befürchteten, dass sie sonst keine Mehrheit im Ratsvorstand erreichen könnten, drängten sie mich, für einen der freien Posten zu kandidieren, was ich dementsprechend tat und meine Wahl mit einer schwimmenden Mehrheit gewann. Und als ich ordnungsgemäß an der ersten Ratssitzung teilnahm, hörte ich eine beredte Rede eines Herrn der Opposition, die sich gegen die Personen richtete, die, wie er es treffend ausdrückte, „das Schicksal seiner Heimatstadt in der Hand hatten"; und sah, dass die Ratsmitglieder als einziges ernstes Thema vor der Sitzung jeweils einen Penny zusammenlegten, um angesichts des völligen Mangels an städtischen Mitteln die Kosten für ein Neun-Penny-Porto zu bestreiten. Und dann, da ich, wie ich fürchte, der Verantwortung meines neuen Amtes nicht wirklich gerecht wurde, blieb ich dem Ratsgremium fern und tat für es überhaupt nichts, und das mit erstaunlicher Ausdauer und Erfolg, und das drei Jahre lang. Und so begann und endete meine Kommunalkarriere – eine Karriere, die mir, wie ich gestehen muss, nicht den Dank meines Wahlkreises einbrachte; aber andererseits ist mir nicht bekannt, dass die ehrenwerten Leute sich jemals ernsthaft beschwert hätten. Es gab absolut nichts im Ratsamt zu tun; und anders als einige meiner Amtskollegen tat ich das erforderliche Nichts ruhig und rücksichtsvoll und sehr in meiner Freizeit, ohne unnötige Wortklauberei oder sonst etwas zur Schau zu stellen.

KAPITEL XXIII.

„Tage vergingen; und nun schritt mein geduldiger Schritt

    Dieses Mädchen begleitet ihre Spaziergänge;

Meine Gelübde hatten das Ohr des Mädchens erreicht,

    Ja, und sie nannte mich ihre Freundin.

Und ich wurde gesegnet, wie man nur gesegnet werden kann;

    Die liebevolle, verrückte Träumerin Hope

Ich habe nie von glücklicheren Tagen geträumt als meinen,

    Oder die Freuden eines größeren Spielraums." – HENRISON'S SANG.

Wie gesagt, hatte ich gelegentlich Besuch, wenn ich auf dem Friedhof arbeitete. Mein Pfarrer stand stundenlang neben mir und wir diskutierten über alle möglichen Themen, von den Missetaten der gemäßigten Geistlichen – die er umso weniger mochte, weil sie Brüder seines eigenen Glaubens waren – bis zu den Ansichten Isaac Taylors über die Verderbtheit des Christentums oder die Möglichkeiten des zukünftigen Staates. Auch Fremde kamen gelegentlich vorbei, die die Naturwunder der Gegend kennenlernen wollten, insbesondere ihre Geologie. Ich erinnere mich, wie ich auf diese Weise zum ersten Mal auf dem Friedhof den verstorbenen Sir Thomas Dick Lauder traf und dass ich Gelegenheit hatte, den derzeitigen angesehenen Professor für Humanwissenschaften an der Universität Edinburgh mit einem Hammer in der Hand über die Natur des Bindeglieds in dem nichtkalkhaltigen Sandstein zu befragen, den ich gerade behauen wollte. Manchmal hatte ich eine andere, aber nicht weniger interessante Art von Besuchern. Die Stadt hatte ihren kleinen, aber sehr erlesenen Kreis gebildeter intellektueller Damen, die man früher im Jahrhundert vielleicht als Mitglieder der Blaustrumpf-Schwesternschaft bezeichnet hätte; aber die fortschreitende Intelligenz des Zeitalters hatte den Ausdruck überholt gemacht; und sie nahmen einfach ihren Platz als gut informierte, vernünftige Frauen ein, deren Bekanntschaft mit den besten Autoren sie in keiner Weise von ihren eigentlichen Pflichten als Ehefrauen oder Töchter entbinden sollte. Und mein Bekanntenkreis umfasste die gesamte Klasse. Ich traf sie bei entzückenden Teepartys und lieh mir manchmal einen Tag von meiner Arbeit, um sie durch den malerischen Bach von Eathie oder die wilde Landschaft von Cromarty Hill zu führen oder sie mit den fossilführenden Ablagerungen des Lias oder des Old Red Sandstone bekannt zu machen. Und nicht selten endeten ihre Abendspaziergänge dort, wo ich arbeitete, in der alten Kapelle von St. Regulus oder auf dem Friedhof der Gemeinde neben einem lieblichen bewaldeten Tal, das als „Ladies' Walk" bekannt ist;

und meine Arbeit für diesen Tag endete mit etwas, was mir immer große Freude bereitete – einer Unterhaltung über das letzte gute Buch oder über einen neuen, kürzlich ausgegrabenen Organismus aus dem Sekundär- oder Paläozoikum.

Ich hatte zu dieser Zeit im oberen Teil des Gartens meines Onkels gehauen und meine Arbeit gerade für den Abend beendet, als ich Besuch von einer meiner Freundinnen bekam, die von einer fremden Dame begleitet wurde, die gekommen war, um einen merkwürdigen alten Zifferblattstein zu sehen, den ich vor langer Zeit, als Junge, aus der Erde gegraben hatte und der ursprünglich zum alten Schlossgarten von Cromarty gehört hatte. Ich stand mit ihnen neben dem Zifferblatt, das ich in den Garten meines Onkels gestellt hatte, und bemerkte, dass es, da seine Struktur nicht wenig mathematisches Geschick aufwies, wahrscheinlich unter den Augen des exzentrischen, aber versierten Sir Thomas Urquhart geschnitten worden war; als eine dritte Dame, viel jünger als die anderen und die ich noch nie zuvor gesehen hatte, eilig den Gartenweg heruntergetrottet kam und die anderen beiden anscheinend ganz aufgeregt ansprach: „Oh, kommt, kommt weg“, sagte sie, „ich habe euch so lange gesucht.“ „Bist du das, L——?“ war die nüchterne Antwort: „Aber was jetzt? – Sie sind außer Atem geraten.“ Die junge Dame war, wie ich sah, sehr hübsch; und obwohl sie damals neunzehn Jahre alt war, ließen ihre leichte und etwas *zierliche* Figur und die wächserne Klarheit ihres Teints, der eher dem eines blonden Kindes als dem einer erwachsenen Frau ähnelte, sie drei bis vier Jahre jünger aussehen. Und als wäre sie in gewissem Maße noch ein Kind, schienen ihre beiden Freundinnen sie anzusehen. Sie blieb kaum eine Minute bei ihnen, bevor sie wieder losstolperte; auch bemerkte ich nicht, dass sie mir einen einzigen Blick zuwarf. Aber was konnte man sonst von einem plumpen, staubbedeckten Mechaniker in Hemdsärmeln und mit einer Lederschürze vor sich erwarten? Und der Mechaniker *erwartete auch* nichts anderes; und als er lange danach von jemandem, dessen Aussage in diesem Punkt schlüssig war, erfuhr, dass er der jungen Dame von einem so angesehenen Namen wie „dem Cromarty Poet“ vorgestellt worden war und dass sie etwas aufgeregt zu ihren Freunden gekommen war, nur damit sie ihn sich näher anschauen konnte, nahm er die Nachricht ziemlich überrascht auf. Alle ersten Begegnungen in allen Romanen, die ich je gelesen habe, sind romantischer und weniger schlichter Natur als die soeben erzählte besondere Begegnung; aber ich kenne keine merkwürdigere.

Nur wenige Abende später traf ich dieselbe junge Dame, unter Umständen, die der Autor einer Geschichte vielleicht noch etwas ausführlicher hätte erzählen können. Ich schlenderte gerade bei Sonnenuntergang einen meiner Lieblingsspaziergänge auf dem Hügel entlang – eine von Bäumen gesäumte Lichtung – und blickte durch die Lichtungen auf die immer frische Schönheit des Cromarty Firth mit seinen Vorgebirgen, Buchten und langen, gewundenen Uferstreifen, und bemerkte bald, wie rot das schräg einfallende Licht durch die Zwischenräume auf blasse, flechtenbewachsene Stämme und riesige Äste in den tieferen Winkeln des Waldes fiel – als ich mich unerwartet in der Gegenwart der jungen Dame vom Vorabend befand. Sie schlenderte ebenso gemächlich durch den Wald wie ich – und vertiefte sich ab und zu in einen ziemlich dicken Band, den sie bei sich trug, der nicht im Geringsten wie ein Roman aussah und der, wie ich später feststellte, ein ausführlicher Aufsatz über Kausalität war. Natürlich gingen wir auf unseren Wegen aneinander vorbei, ohne uns zu erkennen . Sie beschleunigte jedoch ihre Schritte und war bald außer Sichtweite. Ein oder zwei Mal später dachte ich an die Erscheinung, die sich mir gezeigt hatte, als sie vorbeiging, und die ebenso gut zu den Begleiterscheinungen passte – dem malerischen Wald und dem herrlichen Sonnenuntergang. Es wäre nicht leicht, dachte ich, wenn das große Buch nicht da wäre, eine sehr schöne Szene mit einer passenderen Figur zu versehen. Kurz darauf lernte ich die junge Dame bei den bezaubernden Teegesellschaften des Ortes kennen. Ihr Vater, ein ehrenwerter Mann, der durch unglückliche Spekulationen im Geschäft schwere Verluste erlitten hatte, war zu dieser Zeit mehrere Jahre tot. Seine Witwe hatte sich in Cromarty niedergelassen und bezog ein eher begrenztes Einkommen aus ihrem eigenen Vermögen. Dank großzügiger Unterstützung durch Verwandte in England war es ihr jedoch möglich gewesen, ihre Tochter nach Edinburgh zu schicken, wo die junge Dame alle Vorteile genoss, die eine erstklassige Ausbildung mit sich bringen konnte. Durch einen glücklichen Zufall kam sie dort, als sie noch ein junges Mädchen war, mit ein paar anderen Damen in der Familie von Mr. George Thomson unter, dem bekannten Brieffreund von Burns, und verbrachte unter seinem Dach einige ihrer glücklichsten Jahre. Mr. Thomson – selbst ein Kunstliebhaber – bemühte sich, die jungen Bewohner seines Hauses mit derselben Leidenschaft anzustecken und die Samen von Geschmack oder Genie in ihnen zu entwickeln, die sich darin fanden. Bis zum Ende eines Lebens, das weit über das gewöhnliche Maß hinausging, zeichnete er sich durch die feinen ritterlichen Manieren eines echten Gentlemans der alten Schule aus. Sein Einfluss auf seine jungen Freunde war sehr groß und seine Bemühungen zumindest in einigen Fällen sehr erfolgreich. Und in keinem Fall war er es vielleicht mehr als im Fall der jungen Dame aus meiner Erzählung. Von Edinburgh zog sie zu den Freunden nach England, deren Freundlichkeit sie so viel zu verdanken hatte. Und bei ihnen hätte sie für immer bleiben können, um die Vorteile einer höheren Stellung zu genießen. Sie befand sich jedoch in einem Alter, in dem man sich selten mit der Abwägung zeitlicher Vorteile beschäftigt; und da ihr einziger Bruder aufgrund des Interesses ihrer Freunde als Schüler ins Christ's Hospital aufgenommen worden war, zog sie es vor, zu ihrer verwitweten Mutter zurückzukehren, die nun allein war, allerdings mit der Aussicht, ihre Mittel aufbessern zu müssen, indem sie einige Kinder aus der Stadt als Tagesschüler aufnahm.

Ihr Anspruch, ihren Platz im intellektuellen Kreis der Stadt einzunehmen, wurde bald anerkannt. Ich stellte fest, dass ich mich in der jungen Dame sehr getäuscht hatte, da ich mich von ihrem extrem jugendlichen Aussehen und ihrem ausgeprägten kindlichen Benehmen hatte täuschen lassen. Ich hätte erwartet, dass sie im üblichen Sinne des Wortes begabt sein sollte – dass sie gut zeichnen, spielen und singen konnte. Aber ich war nicht darauf vorbereitet, dass sie, obwohl sie noch ein Mädchen zu sein schien, eine entschiedene Neigung nicht zu den leichteren, sondern zu den ernsteren Bereichen der Literatur haben und bereits die Fähigkeit erworben hatte, ihren Gedanken in einem Stil Ausdruck zu verleihen, der den besten englischen Vorbildern nachempfunden war und nicht im Geringsten dem einer jungen Dame ähnelte. Die anfängliche Schüchternheit verflog und wir wurden gute Freunde. Ich war fast zehn Jahre älter als sie und hatte sehr viel mehr Bücher gelesen als sie. Da sie mir eine Art Sachwörterbuch mit erklärenden Anmerkungen zur Hand gab, das je nach Belieben lang oder kurz wurde, hatte sie im Laufe ihrer Amateurstudien häufig Gelegenheit, mich zu konsultieren. Sie sah, dass es mehrere Damen in ihrem Bekanntenkreis gab, die sich gelegentlich mit mir auf dem Kirchhof unterhielten; aber um sich doppelt zu vergewissern, dass ein solches Vorgehen ihrerseits vollkommen angemessen war, ergriff sie die lobenswerte Vorsichtsmaßnahme, den Fall dem Wirt ihrer Mutter zu schildern, einem durch und durch vernünftigen Mann, einem der Stadtrichter und Ältesten der Kirche; und er bestätigte sofort, dass es keine Dame des Ortes gab, die sich nicht ohne Bemerkung so oft und so lange mit mir unterhalten konnte, wie sie wollte. Und so lernte meine junge Freundin, völlig gerechtfertigt durch das Beispiel ihrer Freundinnen – alles sehr vernünftige Frauen, einige von ihnen nur wenige Jahre älter als sie selbst – und durch das wohlüberlegte Urteil eines sehr vernünftigen Mannes, des Stadtrichters und Ältesten, mich auf dem Kirchhof zu besuchen, genau wie die anderen Damen; und, zumindest in letzter Zeit, erheblich öfter als jede von ihnen. Wir unterhielten uns über alle möglichen Themen aus der *Belletristik* und der Philosophie des Geistes, mit, soweit ich mich erinnern kann, nur einer einzigen deutlichen Ausnahme. Jene geheimnisvolle Zuneigung, die manchmal zwischen Personen unterschiedlichen Geschlechts entsteht, wenn sie eng zusammentreffen – obwohl sie gelegentlich von den Metaphysikern diskutiert und von den Dichtern viel besungen wird –, haben wir nie angesprochen. Die Liebe war das einzige Thema, das uns aus irgendeinem merkwürdigen Grund immer entging.

Und doch hatte ich, zumindest in letzter Zeit, angefangen, viel darüber nachzudenken. Die Natur hatte mich nicht zu der Sorte Mensch gemacht, die sich auf den ersten Blick verliebt. Ich hatte mich sogar entschlossen, ein Junggesellenleben zu führen, ohne von der Größe des Opfers sehr beeindruckt zu sein; aber ich wage zu behaupten, dass es etwas bedeutete, dass ich auf meinen einsamen Spaziergängen in den vorangegangenen vierzehn oder fünfzehn Jahren oft eine weibliche Begleiterin in Gedanken an meiner Seite hatte, mit der ich viele Gedanken austauschte und viele Gefühle ausdrückte, der ich viele Schönheiten der Landschaft zeigte und viele merkwürdige Tatsachen mitteilte, und deren Verständnis ebenso stark war wie ihr Geschmack tadellos und ihre Gefühle erlesen. Einer der englischen Essayisten – der ältere Moore – hat eine sehr perfekte Person dieses luftigen Charakters (allerdings nicht des sanfteren, sondern des männlichen Geschlechts) unter dem Namen „Ehemann der Magd" gezeichnet und ihn als einen der furchterregendsten Rivalen beschrieben, denen der gewöhnliche Liebhaber von Fleisch und Blut begegnen kann. Meine Tagtraumfrau – eine Person, die man mit gleicher Berechtigung als „Junggesellenfrau" bezeichnen könnte – wurde nicht so deutlich erkannt; aber sie nimmt einen großen Platz in unserer Literatur ein, als Geliebte aller Dichter, die jemals über die Liebe geschrieben haben, ohne sie tatsächlich zu erleben, von den Tagen Cowleys bis zu denen von Henry Kirke White; und ihre Anwesenheit dient immer dazu, ein Herz anzudeuten, das fähig ist, zu besetzen, aber noch unbesetzt ist. Ich finde die Junggesellenfrau in einem der posthumen Gedichte des armen Alexander Bethune fein gezeichnet, als „schönes Wesen" – das häufige Thema seiner Tagträume –

„Wessen sanfte Stimme

Sollte die süßeste Musik in seinem Ohr sein,

Alle Akkorde der Harmonie erwecken;

Dessen Auge eine Sprache zu seiner Seele sprechen sollte,

Beredter als alles, was Griechenland oder Rom

Konnte in seinen besten und glücklichsten Tagen prahlen;

Dessen Lächeln sollte seine reiche Belohnung für die Mühe sein;

Dessen reine, durchsichtige Wange, wenn sie an die seine gedrückt wird,

Sollte das Fieber seiner unruhigen Gedanken beruhigen,

Und locke seinen Geist in jene elysischen Gefilde –

Das Paradies, das starke Zuneigung bewacht."

Man kann von den Frauen dieser Junggesellen immer behaupten, dass sie in ihren Gesichtszügen nie einer lebenden Frau sehr ähnlich sind: Die des armen Bethune hätte nicht ein einziges Merkmal einer seiner schönen Nachbarinnen, der Mädchen von Upper Rankeillour oder Newburgh, gezeigt. Wäre dies anders, wäre die Traumfrau in großer Gefahr gewesen, von der echten, der sie ähnelte, verdrängt zu werden; und es war ein höchst bedeutsames Ereignis, das ich trotz meiner Unerfahrenheit nach und nach zu verstehen lernte, dass ungefähr zu dieser Zeit meine alte Gefährtin, die „Junggesellenfrau", mich völlig verließ und eine Vision meines jungen Freundes ihren Platz einnahm. Ich kann ehrlich behaupten, dass ich nicht die geringste Hoffnung hegte, dass das Gefühl auf Gegenseitigkeit beruhen sollte. In welchem anderen Punkt auch immer mir meine Eitelkeit geschmeichelt haben mag, sie tat dies sicherlich nie aufgrund des persönlichen Erscheinungsbildes. Meine persönliche Stärke war, wie ich wusste, erheblich über dem Durchschnitt der meiner Mitmenschen, und zu dieser Zeit auch meine Aktivität; aber ich war mir vollkommen bewusst, dass mein gutes Aussehen andererseits eher unter der Mittellinie lag als darüber hinaus. Und so hatte ich zwar den Verdacht, dass, wie in dem berühmten Märchen, „die Schönheit" das „Biest" besiegt hatte, aber ich hatte nicht die geringste Erwartung, dass das „Biest" seinerseits „die Schönheit" besiegen würde. Meine junge Freundin hatte, wie ich wusste, mehrere Verehrer – Männer, die jünger und besser gekleidet waren und die, da sie alle die freien Berufe gewählt hatten, bessere Aussichten hatten als ich; und was das gute Aussehen anging, hätte sie ihre Zuneigung auch nur auf den unwahrscheinlichsten von ihnen gerichtet, hätte ich ihn mit vollkommener Aufrichtigkeit mit den Worten der alten Ballade ansprechen können:

„Kein Wunder, kein Wunder, Gil Morrice,

   Meine Dame liebt Euch wohl.

Der schönste Teil meines Körpers

   Ist schwärzer als deine Ferse."

Seltsamerweise gelang es meinem jungen Freund jedoch ungefähr zur selben Zeit, als ich meine Entdeckung machte, ebenfalls eine Entdeckung zu machen: Der Mann des Mädchens teilte das gleiche Schicksal wie die Frau des Junggesellen meines, und ihre Besuche auf dem Friedhof hörten plötzlich auf.

Ein Jahr war vergangen, bevor wir das alles herausfinden konnten; aber die Mutter der jungen Dame hatte die Gefahr schon etwas früher erkannt; und da sie, wie es ganz richtig und angemessen war, einen Maurer für keinen sehr passenden Partner für ihre Tochter hielt, hatte ich nur noch selten Gelegenheit, meine Freundin bei *einer Konversation* oder einer Teeparty zu treffen. Ich machte jedoch meinen üblichen Abendspaziergang durch die

Wälder des Hügels; und da meine Freundin aufgrund ihrer Beschäftigungen zu derselben herrlichen Stunde frei war und sie ebenfalls auf dem Hügel wanderte, trafen wir uns manchmal und sahen gemeinsam aus der tieferen Einsamkeit seiner waldigen Hänge, wie die Sonne hinter dem fernen Ben Wevis unterging. Das waren sehr glückliche Abende; die Stunde, die wir zusammen verbrachten, schien immer außerordentlich kurz; aber um diese Kürze auszugleichen, gab es schließlich in der milderen Jahreszeit nur wenige Arbeitstage, an denen sie nicht den letzten bildete; natürlich aus dem Grund, dass die Ähnlichkeit unserer Vorlieben für Naturlandschaften uns immer zu denselben einsamen Spaziergängen um dieselbe herrliche Stunde des Sonnenuntergangs führte. Monatelang, sogar während dieser zweiten Phase unserer Freundschaft, gab es ein interessantes Thema, über das wir nie sprachen. Schließlich kamen wir jedoch zu einer gegenseitigen Übereinkunft. Es wurde vereinbart, dass wir noch drei Jahre unter den bestehenden Bedingungen in Schottland bleiben würden; und wenn sich mir während dieser Zeit zu Hause kein geeignetes Betätigungsfeld eröffnen sollte, würden wir das Land verlassen und nach Amerika gehen und in einem fremden Land gemeinsam das Schicksal teilen, das uns bevorstehen würde. Meine junge Freundin war wesentlich optimistischer als ich. Ich hatte ihr gewissenhaft jene Charakterfehler dargelegt, die mich zu einem ziemlich unfähigen Soldaten machten, wenn ich im Kampf ums Leben für mich selbst kämpfen wollte. An Arbeit und die Strapazen der Hütte und der Kaserne gewöhnt, glaubte ich, dass ich in der Wildnis, wo ich meine Axt an große Bäume heben müsste, wie die meisten meiner Nachbarn mit meiner Lichtung und meinen Feldfrüchten weitermachen könnte; aber dann, fürchtete ich, wäre die Wildnis kein Ort für sie; und was das erfolgreiche Durchsetzen meines Weges in den seit langem besiedelten Teilen der Vereinigten Staaten unter einem der kräftigsten und energischsten Völker der Welt angeht, so konnte ich nicht erkennen, dass ich dafür im Geringsten geeignet war. Sie jedoch war anderer Meinung. Die zarte Leidenschaft ist immer seltsam übertrieben. Im männlichen Geist beheimatet, verleiht sie ihrem Objekt alles, was an der Frau vortrefflich ist, und im weiblichen Geist teilt sie ihrem Objekt alles mit, was am Mann edel ist; und meine Freundin war zu der Überzeugung gelangt, dass ich von Natur aus dazu geeignet sei, entweder eine Armee anzuführen oder ein College zu leiten, und hielt es für eine meiner Charakterschwächen, dass ich selbst keine ebenso positive Einstellung dazu haben konnte. Es gab jedoch einen Beruf, für den ich mich, so genau ich konnte, für geeignet hielt: Ich sah Männer, die mir an natürlichem Talent nicht überlegen waren und die nicht einmal über eine größere Beherrschung der Feder verfügten, die in der Zeitschriftenliteratur der Zeit respektable Positionen einnahmen, als Redakteure schottischer Zeitungen, Provinzzeitungen und sogar von Großstädten, die durch ihre Arbeit ein Einkommen von ein- bis dreihundert Pfund pro Jahr erzielten; und wenn meine Fähigkeiten, wie sie waren, der

Öffentlichkeit durch Beispiele angemessen präsentiert und so auf dem Literaturmarkt eingeführt würden, könnten sie, so dachte ich, möglicherweise zu einer Anstellung als Zeitungsredakteur führen. Und so beschloss ich als ersten Schritt in diesem Prozess, meinen Band über traditionelle Geschichte zu veröffentlichen – ein Werk, dem ich beträchtliche Sorgfalt gewidmet hatte und das, als Beispiel dessen, was ich als Literat leisten konnte, *meiner* Meinung nach meine Fähigkeit, zumindest die leichteren Themen zu behandeln, mit denen sich Zeitungsredakteure gelegentlich befassen müssen, nicht unzureichend zeigen würde.

Fast zwei der drei zwölf Monate vergingen jedoch, und ich war immer noch als Maurer tätig. Trotz all meiner Besorgtheit konnte ich mich nicht mit ganzem Herzen einer Arbeit hingeben, wie sie Zeitungsredakteure damals zu tun hatten. Ich dachte, es könnte durchaus ausreichen, wenn der Anwalt ein Sonderverteidiger wäre. Mit Sonderplädoyers, die auf beiden Seiten eines Falles gleichermaßen extrem sind, und einem qualifizierten Richter, der zwischen ihnen das Gleichgewicht hält, könnte der Sache der Wahrheit und Gerechtigkeit sogar noch besser gedient werden, als wenn die gegnerischen Agenten sich so unparteiisch und unparteiisch verhalten würden wie der Richter selbst. Aber ich konnte den Sonderplädoyers des Zeitungsredakteurs nicht dieselbe Toleranz entgegenbringen. Ich sah, dass der Redakteur für viele Leser seiner Zeitung nicht die Rolle eines Rechtsvertreters, sondern eines Richters innehatte: Es war seine Aufgabe, ihnen daher keine raffinierten Plädoyers vorzulegen, sondern nach bestem Wissen und Gewissen ehrliche Entscheidungen. Und es bot sich nicht nur keine Stelle für mich im redaktionellen Bereich, sondern ich konnte dort wirklich keine Stelle sehen, die ich mit den Ansichten, die ich in dieser Hinsicht hegte, ohne Bedenken einnehmen wollte. Ich sah keine Parteisache, für die ich ehrlich plädieren konnte. Meine kirchlichen Freunde hatten sich, mit wenigen Ausnahmen, den Konservativen angeschlossen, und dorthin konnte ich ihnen nicht folgen. Die Liberalen hingegen, die zu dieser Zeit im Amt waren, waren ihren alten Gegnern mindestens ebenso ähnlich geworden wie früher, und ich konnte keineswegs alles verteidigen, was *sie* taten. An den Radikalismus glaubte ich nicht, und den Chartismus verabscheute ich zutiefst - die Erinnerung an die Behandlung, die ich von den Arbeitern des Südens erfahren hatte, war mir noch immer stark im Gedächtnis eingeprägt. Und so begann ich ernsthaft an die Hinterwäldler Amerikas zu denken. Aber mir stand ein anderes Schicksal bevor. Meine Heimatstadt war bis zu diesem Zeitpunkt zwar ein Ort beträchtlichen Handels gewesen, hatte aber keine Bankfiliale gehabt; aber auf Vorschlag einiger ihrer weitläufigeren Händler und der Eigentümer der Nachbarländereien hatte die Commercial Bank of Scotland zugestimmt, es zum Sitz einer ihrer Agenturen zu machen, und mit einem klugen und erfolgreichen Kaufmann und Schiffseigner des Ortes vereinbart, als ihr Agent zu fungieren. Auf Vorschlag eines benachbarten

Eigentümers hatte sie auch einen jungen Mann als Buchhalter bestimmt; und ich hörte von der geplanten Bank lediglich als eine Neuigkeit von Interesse für die Stadt und ihre Umgebung, aber natürlich ohne besonderen Bezug zu meinen Angelegenheiten. Als ich jedoch eines Wintermorgens eine Einladung zum Frühstück mit dem zukünftigen Agenten – Mr. Ross – erhielt, war ich nicht wenig überrascht, dass er mir, nachdem wir in aller Ruhe eine Tasse Tee zusammen getrunken und ein halbes Dutzend verschiedener Themen durchgesprochen hatten, die Buchhalterstelle der Zweigstelle der Bank anbot. Nach einer Pause von einer vollen halben Minute sagte ich, dass ich auf diesem Spaziergang keinerlei Erfahrung hätte – dass sogar die wenigen Zahlenkenntnisse, die ich mir in der Schule angeeignet hatte, durch mangelnde Übung in meinem Gedächtnis verblasst und verschwommen seien – und dass ich befürchtete, ich würde nur ein sehr mittelmäßiger Buchhalter sein. „Ich werde mich um Sie kümmern", sagte Mr. Ross, „und mein Bestes tun, um Ihnen zu helfen. Sie müssen jetzt nur noch Ihre Annahme des Angebots signalisieren." Ich bezog mich auf den jungen Mann, der, wie ich verstand, bereits zum Buchhalter ernannt worden war. Mr. Ross erklärte, dass er, da er ein völliger Fremder für ihn sei und das Amt ein Amt mit großem Vertrauen sei, als verantwortliche Partei die Sicherheit einer Garantie verlangt habe, die der Herr, der den jungen Mann empfohlen hatte, abgelehnt habe; und so sei seine Empfehlung ins Wasser gefallen. „Aber *ich* kann Ihnen keine Garantie geben", sagte ich. „Von Ihnen", erwiderte Mr. Ross, „wird nie eine verlangt." Und das war eine der besonderen *Fügungen* meines Lebens; denn warum sollte ich ihm einen bescheideneren Namen geben?

Ein paar Tage später verabschiedete ich mich voller Hoffnung von meinem jungen Freund und segelte auf einem alten und etwas verrückten Küstenschiff zur Stammbank in Edinburgh, um dort die notwendigen Anweisungen für den Filialbuchhalter entgegenzunehmen. Ich hatte, einschließlich meiner Lehrzeit, fünfzehn Jahre als Maurer gearbeitet – kein unerheblicher Teil des aktiveren Lebens eines Mannes; aber die Zeit war nicht ganz verloren. Ich genoss in diesen Jahren das durchschnittliche Maß an Glück und lernte mehr über die Schotten kennen, als allgemein bekannt ist. Lassen Sie mich hinzufügen – denn es scheint damals sehr Mode zu sein, traurige Bilder der Lage der Arbeiterklasse zu zeichnen –, dass ich vom Ende des ersten Jahres, in dem ich als Geselle arbeitete, bis zu meinem endgültigen Abschied von Hammer und Meißel nie wusste, was es heißt, einen Schilling zu brauchen; dass meine beiden Onkel, mein Großvater und der Maurer, bei dem ich meine Lehrzeit verbrachte – allesamt Arbeiter – eine ähnliche Erfahrung gemacht hatten; und dass dies auch die Erfahrung meines Vaters war. Ich kann nicht bezweifeln, dass verdienstvolle Mechaniker in Ausnahmefällen Not ausgesetzt sein können; aber ich kann ebenso wenig bezweifeln, dass die Fälle Ausnahmefälle *sind* und dass ein Großteil des

Leidens dieser Klasse entweder die Folge von Unvorsichtigkeit seitens der kompetenten Fachkräfte oder von Leichtsinn während der Lehrzeit ist – was ebenso üblich ist wie Leichtsinn in der Schule –, der diejenigen, die sich das erlauben, immer in die unglückliche Lage des minderwertigen Arbeiters bringt. Ich hoffe, ich darf noch hinzufügen, dass ich ein ehrlicher Mechaniker war. Es war eine der Maximen von Onkel James, dass, wie die Juden, die gesetzlich auf ihre vierzig Streifen beschränkt waren, immer um einen unter der gesetzlichen Zahl blieben, damit sie sie nicht durch Zufall überschreiten, ein Arbeiter, um jedes störende Element der Selbstsucht in seiner Veranlagung auszugleichen, seine Gebühren für geleistete Arbeit leicht, aber vernünftig in den von ihm als angemessen erachteten Rahmen bringen und so, wie er sich selbst auszudrücken pflegte, seinen „Kunden den Wurf des Balkens" geben sollte. Ich bin der Meinung, dass ich nach dieser Maxime gehandelt habe und dass ich, ohne meinen Arbeitskollegen durch Preissenkungen zu schaden, noch nie einem Arbeitgeber eine Arbeit in Rechnung gestellt habe, die bei angemessener Messung und Bewertung nicht mit einem etwas höheren Betrag bewertet worden wäre, als der, der auf meiner Rechnung stand.

Ich hatte Cromarty Ende November in Richtung Süden verlassen und war an einem trüben Dezembermorgen in Leith gelandet, gerade rechtzeitig, um einem gewaltigen Sturm mit Wind und Regen aus Westen zu entkommen, der, hätte er das Boot erwischt, mit dem ich auf dem Firth fuhr, uns alle nach Fraserburgh zurückgetrieben hätte, und da das Schiff zu diesem Zeitpunkt kaum seetüchtig war, vielleicht noch ein ganzes Stück weiter. Die Überfahrt war stürmisch gewesen, und ein sehr edler, aber ziemlich ungeselliger Mitpassagier – ein Prachtexemplar eines Steinadlers – war den größten Teil der Strecke seekrank und fühlte sich offensichtlich sehr unwohl. Der Adler musste an viel schnellere Bewegungen als das Schiff gewöhnt gewesen sein, aber es war eine Bewegung anderer Art; und so erging es ihm wie Leuten, die nie ein Problem damit haben, mit sechzig Kilometern pro Stunde auf einer Eisenbahnstrecke dahingejagt zu werden, die aber in einem schwankenden Boot, das durch die raue See mit einer Geschwindigkeit von nicht mehr als vier bis fünf Knoten in der gleichen Zeit kriecht, sehr zimperlich werden. Der Tag vor dem Sturm war bleiern und düster und so ruhig, dass der leichte Wind, obwohl er aus der richtigen Richtung wehte, uns vom ersten Morgenlicht an, als wir uns auf gleicher Höhe mit der Bass befanden, bis in die Nähe von Inchkeith trieb; denn als es dunkel wurde, sahen wir das Mailicht weit achtern schwach funkeln und das der Inch hell und hoch direkt vor uns aufgehen. Ich verbrachte den größten Teil des Tages an Deck und markierte die verschiedenen Objekte, als sie in Sicht kamen – Hügel, Insel und Hafenstadt, die ich fast zehn Jahre zuvor aus den Augen verloren hatte; wobei ich die ganze Zeit, nicht ohne einige feige Zurückhaltung, spürte, dass ich, nachdem ich auf meiner Lebensreise das Ende einer sehr bestimmten

Etappe mit ihrer besonderen Landschaft und ihren besonderen Gegenständen erreicht hatte, gerade am Vorabend eines neuen Stadiums stand, in dem Landschaft und Gegenstände alle fremd und neu sein würden. Ich war nun zwei Jahre über dreißig, und obwohl ich nicht der Meinung war, dass ein Bankbuchhalter unbedingt eine sehr große natürliche Begabung brauchte, wusste ich, dass die meisten Männer mit dreißig vergeblich versuchen würden, sich die Fähigkeit zu erwerben, auch nur eine Stecknadel mit der nötigen Gewandtheit zu köpfen, und dass ich aus demselben Grund vielleicht daran scheitern würde, als Buchhalter zu bestehen. Ich beschloss jedoch hartnäckig, mir diese Fähigkeit anzueignen, was auch immer das Ergebnis sein mochte, und betrat Edinburgh aufgrund dieses Entschlusses in einer Art Hochstimmung. Ich hatte das Manuskript meines legendären Werks mehrere Monate zuvor an Sir Thomas Dick Lauder übergeben; und da er nun in seiner Sache mit Mr. Adam Black, dem bekannten Verleger, auf einer Linie stand, nahm ich mir die Freiheit, ihn zu besuchen, um zu sehen, wie die Verhandlungen vorankamen. Er empfing mich mit großer Freundlichkeit, drängte mich gastfreundlich, bei ihm zu wohnen, solange ich in Edinburgh in seinem edlen Herrenhaus, dem Grange House, wohnte, und führte mich als Anreiz in seine Bibliothek ein, die voll mit den besten Ausgaben der besten Autoren und mit vielen seltenen Bänden und merkwürdigen Manuskripten bereichert war. „Hier", sagte er, „schrieb der Historiker Robertson sein letztes Werk – die *Disquisition* ; und hier", und er öffnete die Tür eines angrenzenden Zimmers, „starb er." Ich lehnte die Einladung natürlich ab. Das Grange House mit seinen Büchern und Bildern und seinem gastfreundlichen, so anekdotenreichen und so voller literarischer Sympathie stehenden Herrn wäre kein Ort für einen armen Lehrling und Buchhalter gewesen, der sich zwar zu sicher war, dumm zu sein, aber dennoch entschlossen war, sich zu beschäftigen. Außerdem erfuhr ich bei einem Besuch bei der Bank gleich danach, dass ich Edinburgh am nächsten Tag verlassen musste, um zu einer ländlichen Agentur zu gehen, wo ich in die Buchhaltung einer Filialbank eingewiesen werden konnte und wo die abzuwickelnden Geschäfte denen in Cromarty ähnelten. Sir Thomas war jedoch so freundlich, Mr. Black zu einem Abendessen einzuladen, und im Laufe des Abends erklärte sich dieser unternehmungslustige Buchhändler bereit, die Veröffentlichung meines Werks zu übernehmen, und zwar zu Bedingungen, die der namenlose Autor eines Buches mit einem eher lokalen Charakter und einem sehr lokalen Namen durchaus als großzügig betrachten könnte.

Linlithgow war der Ort, den die Mutterbank als Ort meiner Einweihung in die Geheimnisse des Filialbankwesens bestimmt hatte. Ich nahm meine Fahrt mit einem der Schienenboote, die damals auf dem Kanal zwischen Edinburgh und Glasgow verkehrten, und erreichte die schöne alte Stadt, als der kurze Wintertag zu Ende ging. Am nächsten Morgen saß ich an meinem

Schreibtisch, keine hundert Meter von der Stelle entfernt, an der Hamilton von Bothwellhaugh Stellung bezogen hatte, als er den guten Regenten erschoss. Ich war, wie ich erwartet hatte, sehr dumm und muss, nehme ich an, noch dümmer ausgesehen haben, als ich tatsächlich war: denn mein zeitweiliger Vorgesetzter, der Agent, war ein paar Tage nach meiner Ankunft nach Edinburgh gefahren und äußerte in der Mutterbank die Überzeugung, dass es vergeblich wäre, zu versuchen, „den Mann dort" zum Buchhalter zu machen. Da es mir völlig an der Klugheit mangelte, isolierte Details schnell zu meistern, wenn ich ihre Bedeutung für das Gesamtsystem, zu dem sie gehören, nicht kenne, konnte ich buchstäblich nichts tun, bis ich das System in den Griff bekommen hatte. das, eingeschlossen in den schwerfälligen Wälzern der Agentur, für einige Zeit meinem Zugriff entging. Schließlich jedoch entrollte es sich allmählich vor mir in all seinen schönen Proportionen, als eine der vielleicht vollständigsten Formen der „Buchhaltung", die der menschliche Verstand je ersonnen hat; und ich stellte fest, dass die Einzelheiten, die mich, als ich sie wie von außen angegangen war, zurückgewiesen und zurückgedrängt hatten, wie die Außenwerke einer Festung mit größter Leichtigkeit von der Zentrale aus befehligt werden konnten. Gerade als ich dieses Stadium erreicht hatte, wurde der reguläre Buchhalter der Filiale zu einer Anstellung bei einer der Aktienbanken Englands abberufen; und der Agent, der wieder geschäftlich nach Edinburgh fuhr, ließ mich für den größten Teil des Tages in Richtung der Agentur zurück. Es waren kaum mehr als vierzehn Tage vergangen, seit er sein ungünstiges Urteil abgegeben hatte; und er wurde nun gefragt, wie er in Abwesenheit des Buchhalters seiner Obhut entkommen konnte. Er hatte *mich* im Büro zurückgelassen, sagte er. „Was? Der *Unfähige* ?" „Oh, das", antwortete er, „ist alles ein Irrtum; der Unfähige hat unser System bereits gemeistert." Die mechanische Begabung kam jedoch nur langsam; und ich erlangte nie die Leichtigkeit des früh ausgebildeten Buchhalters, wenn es darum ging, Spalten von Summen zu bilden; obwohl ich durch Fleiß das, was mir fehlte, schnell nachholte, stellte ich nach meinen ersten paar Arbeitswochen in Linlithgow fest, dass ich wie früher gelegentlich eine Stunde der Literatur und Geologie widmen konnte. Die Korrekturabzüge meines Buches begannen bei mir einzutrudeln und verlangten nach Überarbeitung; und einem Steinbruch in der Nähe der Stadt, der reich an Organismen des Bergkalksteins war und von einer Basaltschicht überflutet wurde, die so regelmäßig säulenförmig war, dass eine der Legenden der Gegend ihre Entstehung den „alten Pechts" zuschrieb, konnte ich nicht ohne Nutzen die Abende mehrerer Samstage widmen. Zu dieser Zeit machte ich meine ersten Bekanntschaften mit den paläozoischen Schalen, wie sie im Gestein vorkommen – eine Bekanntschaft, die seitdem in gewissem Maße durch die oberen und unteren silurischen Ablagerungen erweitert wurde; und diese Schalen, obwohl sie in den immens langen Zeitaltern der Abteilung, zu der sie gehören, durch spezifische und sogar generische Vielfalt gekennzeichnet sind, weisen meiner Erfahrung nach durchweg einen einzigartigen Familientyp oder ein einzigartiges Muster auf, das sich so völlig vom Familientyp der sekundären Schalen unterscheidet, wie sich beide von den Familientypen des Tertiärs und den heutigen unterscheiden. Jede der drei großen Schöpfungsperioden hatte ihre eigene besondere Art; und nachdem ich mich mit den Arten der zweiten und dritten Periode vertraut gemacht hatte, interessierte mich nun besonders die Bekanntschaft, die ich auch mit der der ersten und frühesten Periode machen konnte. Ich fand auch in einem Trümmerfeld neben der Straße nach Edinburgh, knapp eine halbe Meile östlich der Stadt, zahlreiche Stücke verkohlter Braunkohle, die noch die holzige Struktur aufwiesen – wahrscheinlich die zerbrochenen Überreste eines Waldes aus der Karbonzeit, eingehüllt in ein altes Lavabett, das über die Sträucher und Bäume gerollt war und alles vernichtet hatte, bis auf die Holzkohlefragmente, die, eingeschlossen in ihren klebrigen Vertiefungen, der Kraft widerstanden hatten, die die freiliegendere Glut in Gas verwandelte. In ähnlicher Weise hatte ich, als ich in Conon-side und Inverness lebte, Holzkohlefragmente gefunden, die in den glasigen, blasigen Steinen der alten verglasten Festungen von Craig Phadrig und Knock Farril eingeschlossen waren und als einzige Repräsentanten der riesigen Brennstoffmengen existierten, die zum Schmelzen der schweren Mauern dieser einzigartigen Festungen verwendet worden sein mussten. Und jetzt war ich fasziniert, genau dieselben Phänomene in den *verglasten* Felsen der Kohleflöze zu finden . So kurz die Tage auch waren, hatte ich in Linlithgow immer eine Stunde der Dämmerung für mich allein. Und da die Abende für die Jahreszeit schön waren, bildete der alte königliche Park des Ortes mit seiner edlen Kirche, seinem massiven Palast und seinem lieblichen See, der noch immer von den Erbschwänen gesprenkelt war, deren Vorfahren in den Tagen, als Jakob IV. in der Geistergasse betete, über seine Gewässer gesegelt waren, einen entzückenden Rückzugsort, der von den Einwohnern der Stadt nur selten besucht wurde, aber infolgedessen nur umso mehr mein eigener war. Und wenn ich zwischen den Ruinen kletterte oder an den grasbewachsenen Ufern des Sees entlangschlenderte, fühlte ich, wie die Erschöpfung der Berechnungen und Berechnungen des Tages in die kühle, windige Luft abfiel, wie Spinnweben von einem ausgebreiteten Banner. Mein Aufenthalt in Linlithgow wurde etwas verlängert, da zuerst der Buchhalter der Filiale und dann ihr Agent wegzogen, der nach Süden gerufen wurde, um die Leitung einer neu errichteten englischen Bank zu übernehmen. Aber ich verlor durch die Verzögerung nichts. Ein bewundernswerter Geschäftsmann, einer der Beamten der Mutterbank in Edinburgh (jetzt deren Agent in Kirkcaldy und vor kurzem Provost des Ortes), wurde vorübergehend geschickt, um die Geschäfte der Agentur zu leiten; und ich sah unter ihm, wie ein relativer Fremder zu seinen Schlussfolgerungen hinsichtlich der Kreditwürdigkeit und Zahlungsfähigkeit der verschiedenen Kunden kam, mit denen er im Auftrag des Mutterinstituts Geschäfte machen sollte. Und schließlich lief meine kurze Lehrzeit ab – insgesamt etwa zwei Monate – und ich kehrte nach Cromarty zurück; und da die Eröffnung der Agentur dort nur auf meine Ankunft wartete, begann ich sofort meinen neuen Weg als Buchhalter. Als mein Minister mich zum ersten Mal am Schreibtisch sitzen sah, erklärte er mich für „endlich ziemlich gefangen"; und ich muss gestehen, dass ich das Gefühl hatte, meine letzten Tage würden sich von meinen früheren unterscheiden, beinahe so sehr wie die des alten Petrus, der sich als „jung" selbst gürtete und ging, wohin er wollte, der aber als er alt war, von anderen gürtet wurde und dorthin getragen wurde, wohin er nicht wollte."

Zwei lange Jahre mussten vergehen, bevor meine junge Freundin und ich vereint werden konnten – denn das waren die Bedingungen, unter denen wir die Zustimmung ihrer Mutter einholen mussten; aber mit unserer Vereinigung im Blickfeld konnten wir uns freier treffen als zuvor, und die Zeit verging nicht unangenehm. In den ersten sechs Monaten meiner neuen Anstellung war ich nicht in der Lage, die Freizeit, die ich, wie ich feststellte, noch immer zur Verfügung hatte, wie früher zu nutzen. Es war nichts sehr Intellektuelles im höheren Sinne des Wortes, die Banktransaktionen aufzuzeichnen, Zahlenkolonnen zusammenzuzählen oder Geschäfte am Schalter zu tätigen; und doch war die dadurch verursachte Ermüdung eine Ermüdung nicht der Sehnen und Muskeln, sondern der Nerven und des Gehirns, die mich zwar nicht völlig für meine früheren intellektuellen Vergnügungen disqualifizierte, mich ihnen gegenüber aber zumindest stark abneigte und mich zu einem wesentlich trägeren Menschen machte als vorher oder danach. Künstler mit scharfem Blick behaupten, dass die menschliche Hand einen Ausdruck trägt, der ihr vom allgemeinen Charakter geprägt ist, ebenso wie das menschliche Gesicht; und ich war während dieser Übergangsphase immer ganz besonders von dem entspannten und müßigen Ausdruck beeindruckt, den ich plötzlich angenommen hatte. Und die schlaffen Hände repräsentierten, das war mir auch klar, einen schlaffen Geist. Die unintellektuellen Arbeiten des Arbeiters wurden gelegentlich als weniger förderlich für die geistige Entwicklung dargestellt als die halbintellektuellen Beschäftigungen der Klasse, die ihm unmittelbar übergeordnet ist, zu der unsere Angestellten, Ladenangestellten und einfacheren Buchhalter gehören; aber man wird feststellen, dass genau das Gegenteil der Fall ist und dass, obwohl eine gewisse konventionelle Vornehmheit in Benehmen und Auftreten seitens der etwas höheren Klasse dazu dienen kann, diese Tatsache zu verbergen, der wahre Vorteil auf Seiten des Arbeiters liegt. Der Handelsbuchhalter oder Rechtsanwaltsgehilfe, der über seinen Schreibtisch gebeugt sitzt, seine Aufmerksamkeit auf seine Zahlenkolonnen oder die Seiten konzentriert, die er sorgfältig durchgearbeitet hat, und der nicht in der

Lage ist, einen Schritt in seiner Arbeit zu machen, ohne ihm seine ganze Aufmerksamkeit zu widmen, befindet sich in weitaus weniger günstigen Umständen als der Pflüger oder der Mechaniker, dessen Geist frei ist, obwohl sein Körper arbeitet, und der so gerade in der Rohheit seiner Beschäftigungen einen Ausgleich für ihren bescheidenen und mühsamen Charakter findet. Und man wird feststellen, dass die bescheidenere der beiden Klassen in unserer Literatur viel stärker vertreten ist als die um einen Grad weniger bescheidene Klasse. Gegenüber dem armen Angestellten aus Nottingham, Henry Kirke White, und dem noch glückloseren Angestellten aus Edinburgh, Robert Fergusson, sowie einigen anderen finden wir in unserer Literatur eine zahlreiche und energische Phalanx, bestehend aus Männern wie dem Pflüger von Ayrshire, dem Schäfer von Ettrick, den Förstern von Fifeshire, den Matrosen Dampier und Falconer – Bunyan, Bloomfield, Ramsay, Tannahill, Alexander Wilson, John Clare, Allan Cunningham und Ebenezer Elliot. Und ich lernte damals, das einfache Prinzip zu erkennen, dass die bescheideneren Klassen die größeren Vorteile haben. Allmählich jedoch, als ich mich mehr an das sitzende Leben gewöhnte, gewann mein Geist seine Sprungkraft zurück und meine alte Fähigkeit, meine freien Stunden wie zuvor mit geistiger Anstrengung zu verbringen, kehrte zurück. Inzwischen war mein legendärer Band im Druck erschienen und wurde, mit wenigen Ausnahmen, von den Kritikern sehr positiv aufgenommen. Leigh Hunt widmete ihm in seinem *Journal eine freundliche und herzliche Bemerkung* ; Robert Chambers charakterisierte es in *seinem nicht weniger positiv* ; und Dr. Hetherington, der zukünftige Historiker der Church of Scotland und der Westminster Assembly of Divines – damals Lizentiat der Kirche – machte es zum Gegenstand einer ausführlichen und sehr freundlichen Kritik in der *Presbyterian Review* . Auch war ich nicht weniger erfreut über die Worte, in denen der verstorbene Baron Hume, der Neffe und Erblasser des Historikers – selbst ein großer Kritiker der alten Schule – , es in einer Notiz an einen Freund aus dem Norden beschrieb. Er beschrieb es als ein Werk „geschrieben in einem englischen Stil, den" er „als eine der verlorenen Künste zu betrachten begonnen hatte". Aber es erlangte keine große Popularität. Dafür waren seine Themen zu lokal und seine Behandlung dieser vielleicht zu ruhig. Mein Verleger sagt mir jedoch, dass es sich nicht nur weiterhin verkauft, sondern in seinen späteren Ausgaben erheblich besser ankommt als bei seiner Erstveröffentlichung.

Die Bankfiliale bot mir ein völlig neues und interessantes Beobachtungsfeld und bildete eine sehr bewundernswerte Schule. Für die Entwicklung eines scharfsinnigen gesunden Menschenverstands ist eine Bankfiliale vielleicht eine der besten Schulen der Welt. Bloße Klugheit dient oft nur dazu, ihren Besitzer zu täuschen. Er verstrickt sich in seinen eigenen Einfallsreichtum und wird wie in einem Netz gefangen. Aber Einfallsreichtum, Plausibilitäten, besondere Plädoyers, alles, was den Wahlkampfredner groß macht, muss der

Bankier beiseite schieben. Die Frage bei ihm ist immer eine streng nackte: Ist Herr ... eine Person, der man das Geld der Bank anvertrauen kann, oder ist sie es nicht? Ist sein Sinn für Geldverpflichtungen klar oder stumpf? Ist sein Urteilsvermögen gut oder das Gegenteil? Sind seine Spekulationen solide oder unsicher? Was sind seine Ressourcen? Was sind seine Verbindlichkeiten? Ist er leichtfertig dabei, seinen Namen zu leihen? Schwimmt er auf Windscheinen, wie Jungen auf Schwimmblasen schwimmen? Oder repräsentieren seine Papiere nur echte Geschäftstransaktionen? Dies sind die Themen, die der Bankier in den Tiefen seines eigenen Geistes diskutieren muss; und er muss sie nicht nur plausibel oder geistreich, sondern solide und wahrheitsgetreu diskutieren, da er weiß, dass ein Fehler, wie illustriert oder ausgeschmückt er auch sein mag oder wie brillant er in einer Rede oder Broschüre verteidigt werden kann, für ihn immer die Form eines finanziellen Verlusts annehmen wird. Mein Vorgesetzter in der Agentur – Mr. Ross, ein guter und ehrenhafter Mann mit Verstand und Erfahrung – war für Berechnungen dieser Art hervorragend geeignet; und ich lernte, sowohl in seinem Namen als auch aus der Freude, die ich aus der Übung zog, auch nicht wenig Interesse an ihnen zu haben. Es war angenehm, die moralischen Auswirkungen einer gut geführten Agentur wie der seinen zu beobachten. Wie bescheiden Ehrlichkeit und gesunder Menschenverstand in der großen Welt im Allgemeinen auch bewertet werden mögen, sie sind, wenn sie vereint sind, in einer umsichtig geführten Bank immer von größter Bedeutung. Es war auch interessant genug zu sehen, wie ruhige, schweigsame Männer wie der „ehrliche Bauer Flamburgh" reich wurden, hauptsächlich weil es ihnen, obwohl sie nichts zur Schau stellten, an Integrität und Urteilsvermögen nicht mangelte; und wie kluge, gewissenlose Kerle wie „Ephraim Jenkinson", die „mit gutem Grund sprachen", arm wurden, hauptsächlich, weil es ihnen trotz all ihrer Klugheit an Verstand und Prinzipien mangelte. Es war auch bemerkenswert, dass ich, als ich mich aus meiner besonderen Perspektive auf die Bauern umsah, feststellte, dass die Bauern auf wirklich guten Bauernhöfen normalerweise florierten, auch wenn sie nicht selbst schuld waren, wie hoch ihre Pacht auch sein mochte; und dass andererseits die Bauern auf sterilen Bauernhöfen *nicht* florierten, wie bescheiden auch die Forderungen des Grundbesitzers waren. Es war noch trauriger, aber nicht weniger lehrreich, von Autoritäten zu erfahren, deren Beweise nicht angezweifelt werden konnten – Rechnungen, die in kleinen Raten bezahlt oder unter Vorbehalt gelassen wurden – dass das Kleinbauernsystem, das in früheren Zeiten so ausgezeichnet war, für die energische Konkurrenz der Gegenwart eher ungeeignet wurde; und dass die *Kleinbauern* - eine verhältnismäßig wohlhabende Klasse vor sechzig oder achtzig Jahren, die ihren Töchtern eine Mitgift gaben und ihren Söhnen gut ausgestattete Bauernhöfe hinterließen - in Not gerieten und, so respektabel sie auch sonst waren, in der Bank keine sehr guten Leute wurden. Es war auch interessant, den Charakter und die Fähigkeiten der verschiedenen Handelszweige zu beobachten, die im Ort betrieben wurden - wie das Geschäft der Ladenbesitzer immer in sehr wenige Hände fiel, während der größeren Zahl, die anscheinend dieselben Vorteile besaß wie ihre florierenden Kollegen, nur ein bloßer Schein von Kunden blieb - wie prekär der Fischereihandel seiner Natur nach immer ist, insbesondere der Heringsfang, nicht mehr wegen der Unsicherheit des Fischfangs selbst, als wegen der Schwankungen der Märkte - und wie im Schweinefleischhandel des Ortes eine umsichtige Verwendung des Geldes der Bank es den Pökelern ermöglichte, praktisch mit doppeltem Kapital zu handeln und, nach Abzug der Bankdiskonte, doppelte Gewinne zu erzielen. Nach ein paar Monaten war ich einigermaßen gut mit dem Charakter und den Umständen der Geschäftsleute des Bezirks vertraut und im Wesentlichen richtig. Bei zwei Gelegenheiten, als mein Vorgesetzter mir für eine Weile die Leitung der gesamten Geschäfte der Agentur überließ, hatte ich das Glück, ihm keine einzige uneinbringliche Rechnung zu überlassen. Das unbedingte Vertrauen, das mir ein so guter und kluger Mann entgegenbrachte, war sicherlich genug, um mich zu überzeugen. Es gab jedoch mindestens einen Punkt in meinen Berechnungen, bei dem ich mich fast immer als falsch herausstellte: Ich stellte fest, dass ich jeden Bankrott im Bezirk vorhersagen konnte, aber ich lag normalerweise zehn bis achtzehn Monate hinter dem Zeitraum zurück, in dem das Ereignis tatsächlich stattfand. Ich konnte ziemlich genau den Zeitpunkt bestimmen, zu dem die Schwierigkeiten und Verwicklungen, die ich sah, ihre eigentlichen Auswirkungen *hätten* zeigen und in einem Misserfolg enden sollen. Aber ich versäumte es, die verzweifelten Anstrengungen zu berücksichtigen, die Männer mit energischem Temperament in solchen Situationen unternehmen und denen es, zum großen Schaden ihrer Freunde und zum Verlust ihrer Gläubiger, normalerweise gelingt, die Katastrophe für eine Weile abzuwenden. Kurz gesagt, die Schule der Filialbank war eine sehr bewundernswerte Schule, und ich habe so viel von ihrem Unterricht profitiert, dass ich, wenn Fragen im Zusammenhang mit dem Bankwesen der Öffentlichkeit aufdrängen und meine Redaktionskollegen literarische Bankiers um Artikel zu diesem Thema bitten müssen, meine Artikel über das Bankwesen selbst schreiben kann.

Die Jahreszeiten vergingen; die zwei Jahre der Probezeit gingen zu Ende, wie alles, was vorher vergangen war; und nach einer langen und in ihren ersten Phasen ängstlichen Brautwerbung von insgesamt fünf Jahren empfing ich aus der Hand von Mr. Ross die meiner jungen Freundin im Haus ihrer Mutter und wurde von meinem Pfarrer, Mr. Stewart, mit ihr vermählt. Und dann brachen wir gleich nach der Zeremonie zur Südseite des Moray Firth auf, verbrachten zwei glückliche Tage zusammen in Elgin und besichtigten unter der Führung eines der angesehensten Bürger des Ortes, meines freundlichen Freundes Mr. Isaac Forsyth, die interessanteren Sehenswürdigkeiten, die mit der Stadt oder ihrer Umgebung verbunden sind. Er führte uns in die Elgin-Kathedrale ein, in den wahrhaft exzentrischen John Shanks, der nie vom Wolf von Badenoch hören konnte, der die Kathedrale vor vierhundert Jahren niedergebrannt hatte, ohne in Rage zu geraten und sich zu dem zu benehmen, was der Tote als verleumderisch empfunden hätte; und auch in das Taufbecken unter einem tropfenden Gewölbe aus gerippten Stein, in dem eine verrückte Mutter das arme Kind in den Schlaf zu sang, das später Generalleutnant Anderson wurde und für arme Bettler wie seine Mutter und arme Kinder, wie er selbst einst gewesen war, die fürstliche Institution errichtete, die seinen Namen trägt. Und dann, nachdem wir vom steinernen Taufbecken zur Institution selbst mit ihren glücklichen Kindern und ihren sehr unglücklichen alten Männern und Frauen übergegangen waren, führte uns Mr. Forsyth in das idyllische, halbhochländische Tal von Pluscardine mit seinem wunderschönen, holzumrahmten Priorat – eines der vielleicht schönsten und symmetrischsten Beispiele der schmucklosen Gotik aus der Zeit Alexanders II., das man in ganz Schottland sehen kann. Schließlich, nachdem ich einen wunderbaren Abend in seiner gastfreundlichen Pension verbracht und neben anderen Gästen auch meinen Freund Mr. Patrick Duff, den Autor der „Geologie von Moray", kennengelernt hatte, kehrte ich mit meiner jungen Frau nach Cromarty zurück und fand ihre Mutter, Mr. Ross, Mr. Stewart und eine Gruppe von Freunden in dem Haus, das mein Vater vor vierzig Jahren für sich selbst gebaut hatte, das er aber nie bewohnen sollte, auf uns warteten. Es war für die folgenden drei Jahre unser Zuhause. Die folgenden Verse – Prosa, vermute ich, eher als Poesie, denn die Stimmung, in der sie geschrieben wurden, war zu ernst, um fantasievoll zu sein – stelle ich als repräsentativ für meine damaligen Gefühle vor: Sie wurden vor meiner Hochzeit auf eine der leeren Seiten einer Taschenbibel geschrieben, die ich meiner zukünftigen Frau überreichte:

AN LYDIA.

Lydia, die durch ein schändliches Geschenk krank geworden ist
   Wäre Liebe wie die meine ausgedrückt,
Nimm des Himmels beste Gabe, dieses heilige Buch,
   Von dem, der dich am meisten liebt.
So stark wie die Liebe, die ich für dich empfinde
   Wurden sicher unpassend gesagt
Durch sterbende Blumen oder leblose Edelsteine,
   Oder seelenfesselndes Gold.

Ich weiß, Er war es, der dieses Herz geformt hat

Wer sucht die Führung dieses Herzens?

Warum denn? – Er befiehlt mir, dich mehr zu lieben

Als alles auf der Erde sonst. [16]

Ja, Lydia, befiehlt mir, an dir festzuhalten,

So lange dieses Herz gespalten ist:

Wenn doch, Liebste, seine anderen Gesetze

Wurden halb so gut angenommen!

So manche Veränderung, meine einzige Liebe,

Auf das menschliche Leben achtet;

Und am kalten Grabstein

Die ungewisse Aussicht endet.

Wie man die verschiedenen Veränderungen am besten erträgt,

Sollte Wohl oder Unglück geschehen,

Dieses heilige Buch lieben, leben, sterben,

Lydia, das sagt uns alles.

Oh, Geliebte, unser kommender Tag

Uns ist alles unbekannt,

Aber sicher, wir stehen auf einer breiteren Ebene

Als diejenigen, die alleine stehen.

Man weiß alles: nicht Sein Auge,

Wie unseres, verdunkelt und trübe;

Und da Er uns kennt, gibt Er uns dieses Buch,

Damit wir von ihm erfahren.

Seine Worte, meine Liebe, sind gnädige Worte,

Und gnädige Gedanken drücken aus:

Er kümmert sich um jeden kleinen Vogel

Das beflügelt den blauen Abgrund.

Er dachte an kommende Nöte und Leiden,

    Bevor Not und Elend begannen;

Und nahm ein menschliches Herz an sich.

    Damit er Mitgefühl für die Menschen haben könnte.

Dann, oh! meine erste, meine einzige Liebe,

    Der Freundlichste, Liebste, Beste!

Auf Ihm ruht all unsere Hoffnung,

    Auf Ihm ruhen unsere Wünsche.

Sein Tag der Zukunft ist zweifelhaft,

    Möge Freude oder Leid geschehen:

Im Leben oder Tod, in Wohl oder Weh,

    Unser Gott, unser Führer, unser Ein und Alles.

FUßNOTEN:

[15] Professor Pillans.

[16] Darum wird ein Mann Vater und Mutter verlassen und seiner Frau anhangen, und die zwei werden ein Fleisch sein."

KAPITEL XXIV.

„Das Leben ist ein Drama aus wenigen kurzen Akten;

Die Schauspieler wechseln, die Szene wird oft verändert,

Pausen und Revolutionen treten ein,

Der Geist ist auf viele verschiedene Melodien eingestellt.

Und klirrt und spielt abwechselnd in Harmonie."

ALEXANDER BETHUNE.

Obwohl meine Frau nach unserer Heirat weiterhin einige Schüler unterrichtete, überstiegen die Gesamteinnahmen des Haushalts nicht viel mehr als hundert Pfund pro Jahr – nicht ganz so viel, wie ich noch vor ein paar Jahren gedacht hatte. Also machte ich mich daran, meine Freizeit durch das Schreiben von Zeitschriften zu nutzen. Meine alte Unfähigkeit, Arbeit zu finden, war weiterhin so peinlich wie eh und je, und ohne eine zufällige Anstellung ohne viel Aussicht, die sich mir zu dieser Zeit unaufgefordert bot, hätte ich die Stelle, die ich suchte, wahrscheinlich nicht bekommen. Ein genialer Mechaniker und Autodidakt – der verstorbene Mr. John Mackay Wilson aus Berwick-on-Tweed –, der sich von seiner ursprünglichen Stelle als Setzer zum Herausgeber einer Provinzzeitung hochgearbeitet hatte, begann Anfang 1835 mit der Herausgabe einer Wochenzeitung, bestehend aus „Border Tales", die, da er über die Fähigkeit zum Geschichtenerzählen verfügte, großen Erfolg hatte. Er erlebte es jedoch nicht mehr, den ersten Jahresband fertigzustellen; die 49. Wochenausgabe kündigte seinen Tod an; aber da die Veröffentlichung nicht unrentabel gewesen war, beschloss der Verleger, sie weiterzuführen; und in einer kurzen Notiz, die einige Einzelheiten aus Mr. Wilsons Biographie enthielt, hieß es, da sein Material noch nicht erschöpft sei, lägen „noch nicht erzählte Geschichten in Reserve, um sein Andenken wach zu halten". Und im Namen Wilsons wurde die Veröffentlichung, glaube ich, fünf Jahre lang aufrechterhalten. Zu ihren Mitarbeitern zählten die beiden Bethunes, John und Alexander, und der verstorbene Professor Gillespie aus St. Andrews, sowie mehrere andere Autoren, von denen keiner etwas zu verdanken zu haben scheint, das der erste Herausgeber für Originalmaterial gesammelt hatte; und ich, der ich auf Ersuchen des Verlegers im ersten Jahr meiner Ehe genug Geschichten für sie schrieb, um ein normales Buch zu füllen, musste natürlich alle meine Materialien selbst beschaffen. Das Ganze brachte mir etwa fünfundzwanzig Pfund ein – eine beträchtliche Ergänzung zu den über hundert Pfund, die ich zuvor im Haushalt hatte, aber für die geleistete Arbeit eine ebenso unzureichende Vergütung, wie sie ein armer Schriftsteller in den Tagen von Grub Street je erhielt. Meine Geschichten waren jedoch nicht von höchster

Qualität, obwohl mir ein englischer Kritiker die Ehre erwies, eine davon in der Monatsausgabe, in der sie erschien, als die beste auszuwählen: Man musste sehr viel schreiben, um die drei Guineen zu verdienen, die der vereinbarte Lohn für eine Wochenausgabe waren ; und obwohl der arme Wilson auf seine Art ein recht netter Kerl gewesen sein mag, war man nicht gerade motiviert, sein Bestes zu geben, um „seine Erinnerung lebendig zu halten". In all diesen Angelegenheiten sollte, Sir Walter Scott und dem alten Sprichwort zufolge, „jeder Hering an seinem eigenen Kopf hängen".

Ich kann jedoch zeigen, dass zumindest einer meiner Beiträge Wilson ein wenig Anerkennung *einbrachte*. In dem gefährlichen Versuch, die Charaktere zweier unserer Nationaldichter – Burns und Fergusson – in dramatischer Form darzustellen, schrieb ich für die „Tales" eine Reihe von „Erinnerungen", die angeblich aus der Erinnerung einer Person stammen, die beide persönlich gekannt hatte, in Wirklichkeit jedoch auf meinen eigenen Vorstellungen von den Männern basierten, wie sie in ihren Leben und Schriften zum Ausdruck kamen. Und in einer kürzlich veröffentlichten ausführlichen Lebensbeschreibung von Fergusson finde ich einen Auszug aus meinem Beitrag und einen zustimmenden Verweis auf das Ganze, verbunden mit einer Information, die mir völlig neu war. „Diese Erinnerungen", sagt der Biograph, „sind wirklich interessant und berührend *und waren das Ergebnis verschiedener Mitteilungen an Mr. Wilson*, dessen sorgfältige Nachforschungen ich im Laufe meiner eigenen Recherchen häufig überprüfen konnte." Leider nein! Der arme Wilson lag schon mehr als ein Jahr im Grab, bevor dem Autor die Idee kam, diese „Erinnerungen" zu verfassen – einer Person, der nie von irgendjemandem etwas zu diesem Thema mitgeteilt wurde und die, nur durch eine der Biografien des Dichters unterstützt – nämlich in Chambers' „Leben berühmter Schotten" –, volle zweihundert Meilen vom Schauplatz seiner traurigen und kurzen Karriere entfernt schrieb. Derselbe Mensch, der im Namen von Mr. Wilson meine „mühselige Forschung" so lobt, ist, wie ich finde, sehr streng mit einem von Fergussons früheren Biographen – dem gelehrten Dr. Irving, Autor des Lebens von Buchanan und der Leben der älteren schottischen Dichter – einem Gentleman, der, wie auch immer seine Einschätzung des armen Dichters gewesen sein mag, keine Mühe gescheut hätte, die verschiedenen Ereignisse aufzuklären, die seine Geschichte ausmachten. Der Mann der Forschung wird grob behandelt, und der Fleiß des Mannes ohne Forschung wird mit einem Kompliment bedacht. Aber so ist es immer mit dem Ruhm.

„Einige hat sie entehrt, andere mit Ehren gekrönt;

Ungleiche Erfolge, gleiche Verdienste gefunden:

So regiert ihre blinde Schwester, das wankelmütige Fortuna.

Und zerstreut ohne Einsicht Kronen und Ketten."

In den Memoiren von John Bethune, die sein Bruder Alexander verfasste, wird dem Leser erzählt, dass er etwa ein Jahr vor seinem Ableben sehr deprimiert und enttäuscht war, weil mehrere seiner Geschichten nacheinander abgelehnt und an ihn zurückgeschickt wurden, „mit dem Todesurteil des Herausgebers darüber". Ich weiß nicht, ob das Urteil in diesem Fall vom Herausgeber der „Tales of the Borders" gefällt wurde; ich weiß aber, dass er einige meiner Geschichten verurteilte, die, so vermute ich, nicht sehr gut waren, obwohl sie, wie ich fand, den meisten seiner eigenen Geschichten nahezu ebenbürtig waren. Statt jedoch wie der arme Bethune meiner Depression nachzugeben, beschloss ich einfach, nicht mehr für ihn zu schreiben und bot Mr. Robert Chambers sofort meine Dienste an, die er annahm. In den beiden folgenden Jahren schrieb ich gelegentlich Beiträge für sein *Journal*, zu weitaus freizügigeren Bedingungen als denen, zu denen ich für die andere Zeitschrift gearbeitet hatte, und unter Angabe meines Namens auf meinen verschiedenen Artikeln. Ich muss die Gelegenheit nutzen, Herrn Chambers für seine Freundlichkeit zu danken. Es gibt heute wohl keinen anderen Schriftsteller, der so viel getan hat, um hoffnungslose Talente zu fördern, wie dieser Herr. Ich habe viele Jahre lang beobachtet, dass Veröffentlichungen, wie unbekannt sie auch sein mögen, in denen er etwas wirklich Lobenswertes findet, in seiner weit verbreiteten Zeitschrift immer ein freundliches, anerkennendes Wort finden – dass seine Kritiken stets den Stempel einer wohlwollenden Natur tragen, die mehr Freude an der Anerkennung von Verdiensten als an der Entdeckung von Mängeln hat – dass seine Freundlichkeit nicht bei diesen aufmunternden Bemerkungen endet, denn er findet im Laufe eines sehr arbeitsreichen Lebens Zeit, viele ermutigende und beratende Notizen an unbekannte Männer zu schreiben, in denen er einen ihrer Lage überlegenen Geist erkennt – und dass die Aufsätze von Schriftstellern dieser verdienstvollen Klasse, wenn sie ihm redaktionell vorgelegt werden, selten versäumen, wenn sie, sofern sie wirklich für seine Zeitschrift geeignet sind, darin einen Platz zu finden oder auf einer Skala vergütet zu werden, die sich stets am Wert der Mitteilungen orientiert – nicht an den Lebensumständen ihrer Autoren.

Ich kann kaum sagen, dass meine Beiträge zu den Zeitschriften zu dieser Zeit einen Teil meiner Ausbildung ausmachten. Ich erwarb mir durch das Schreiben eine etwas bessere Beherrschung der Feder als zuvor; aber sie dienten natürlich eher der Verschwendung von bereits vorhandenen Vorräten als der Anhäufung neuer; auch übten sie nicht jene höheren geistigen Fähigkeiten aus, die ich für mein größtes Interesse hielt. Meine wirkliche Ausbildung zu dieser Zeit bestand darin, dass ich nach und nach hinter dem Bankschalter eingeweiht wurde, als meine Erfahrung mit den Geschäften des Bezirks zunahm, und in dem, was ich mir an meinen freien

Abenden an der Küste aneignete. Eine reiche ichthyolithische Lagerstätte des Old Red Sandstone liegt, wie ich bereits sagte, weniger als eine halbe Meile von der Stadt Cromarty entfernt; und wenn ich von meinen Berechnungen in der Bank ermüdet war, fand ich es eine wunderbare Entspannung, die Fische dort zu Dutzenden auszulegen und ihre Eigenheiten in ihren verschiedenen Haltungszuständen zu studieren, bis ich schließlich in der Lage war, ihre verschiedenen Gattungen und Arten selbst anhand der kleinsten Fragmente zu bestimmen. Die Zahl der Ichthyolithe, die diese Lagerstätte an sich lieferte – ein Fleckchen von kaum mehr als 40 Quadratmetern –, schien völlig erstaunlich: Sie lieferte mir zehn Jahre lang bei fast jedem Besuch Exemplare; und obwohl sie, nachdem ich Cromarty in Richtung Edinburgh verlassen hatte, oft von geologischen Touristen und einigen Wissenschaftlern des Ortes erforscht wurde, war sie zehn Jahre lang nicht völlig erschöpft. Die Ganoiden des zweiten Zeitalters der Wirbeltierexistenz müssen sich in der Zeit des Lower Old Red Sandstone an dieser Stelle so dicht versammelt haben, wie es heute in ihrer Saison die Heringe an den besten Fischgründen von Caithness oder des Moray Firth tun. Bei meinen Versuchen, diese alten Fische wiederherzustellen, war ich eine Zeit lang sehr verblüfft über die Eigenheiten ihrer Organisation. Vergeblich untersuchte ich jede Fischart, die von den Fischern des Ortes gefangen wurde, vom Dornhai und dem Rochen bis zum Hering und der Makrele. Ich konnte bei unseren heutigen Fischen keine Schuppen aus emailliertem Knochen finden wie jene, die die *Dipteren* und die *Schneckenwürmer* bedeckten , und auch keine Tiere mit Plattenhülle wie die verschiedenen Arten von *Coccosteus* oder *Pterichthys* . Andererseits konnte ich, mit Ausnahme einer doppelten Reihe von Wirbelfortsätzen beim *Coccosteus* , bei den alten Fischen kein inneres Skelett finden: Sie hatten offenbar alle ihre Knochen außen abgenutzt, wo die Krebse ihre Schalen tragen, und waren innen nur mit Gerüsten aus vergänglichem Knorpel ausgestattet. Es schien auch etwas seltsam, dass die Geologen, die mir gelegentlich begegneten – einige von ihnen waren bedeutende Männer – noch weniger über meine Old Red-Fische und ihre besonderen Bauweisen zu wissen schienen als ich selbst. Ich hatte die verschiedenen Arten der Fundstätte einfach durch Ziffern dargestellt, die nicht wenige der Exemplare meiner Sammlung noch auf ihren verblassten Etiketten tragen, und wartete, bis jemand vorbeikäme, der klug genug war, meine provisorischen Zahlen durch Worte zu ersetzen, um sie zu bezeichnen; Aber das nötige Wissen schien mir zu fehlen, und schließlich wurde mir klar, dass ich auf dem Gebiet der Geologie auf *unbekanntes Terrain gestoßen war* , wo die meisten Organismen noch immer keinen Bezug zur menschlichen Sprache hatten. Sie hatten keine Vertreter in den Vokabeln.

Meine erste unvollständige Bekanntschaft mit den rezenten ganoiden Fischen machte ich 1836, als ich den Aufsatz des verstorbenen Dr. Hibbert über die Lagerstätte von Burdiehouse las, was ich der Freundlichkeit von Mr.

George Anderson verdankte. Dr. Hibbert stellte bei seiner Illustration der Fische der Kohlenflöze den Lepidosteus der amerikanischen Flüsse dar und beschrieb ihn kurz als einen noch lebenden Fisch des frühen Typs; doch seine Beschreibung des Tieres, die kurz darauf durch die von Dr. Buckland in seinem Bridgewater Treatise ergänzt wurde, brachte mich nur ein kleines Stück weiter. Ich sah, dass zwei der Old Red-Gattungen – *Osteolepis* und *Diplopterus* – dem amerikanischen Fisch äußerlich ähnelten. Man sieht, dass der ersterwähnte dieser urzeitlichen Ichthyolithen einen Namen trägt, der, wenn auch in umgekehrter Reihenfolge, aus genau denselben Wörtern zusammengesetzt ist. Doch während ich das Skelett des Lepidosteus als bemerkenswert hart und solide beschrieben fand, konnte ich beim *Osteolepis* und seiner verwandten Gattung überhaupt keine Spur eines inneren Skeletts entdecken. Auch die Gattungen der Cephalaspea - *Coccosteus* und *Pterichthys* - gaben mir große Rätsel auf: Ich konnte keine lebenden Analoga für sie finden; und so musste ich sie bei meinen oft wiederholten Restaurationsversuchen Platte für Platte wiederaufbauen, wie ein Kind seine sezierte Karte oder sein Bild Stück für Stück aufbaut - jedes neue Exemplar, das auftauchte, lieferte einen Schlüssel für einen bislang unbekannten Teil - bis schließlich, nach vielen vergeblichen Versuchen, die Tiere in ihren merkwürdigen, ungewohnten Proportionen vor mir auftauchten, so wie sie vor unzähligen Zeitaltern in den Urmeeren gelebt hatten. Die außergewöhnliche Form von *Pterichthys* erfüllte mich mit Erstaunen; und als ich seinen gewölbten Panzer und den flachen Bauchpanzer vor mir sah, kam ich zu dem Schluss, dass der *Pterichthys* ein Chelonischer Fisch war, ein Bindeglied zwischen Fisch und Schildkröte, so wie der rezente Lepidosteus und seine alten Vertreter aus dem Old Red Sandstone Sauroide waren – seltsame Bindeglieder zwischen Fischen und Alligatoren. Ein Knurrhahn – der so weit durch den Panzer einer kleinen Schildkröte ragte, dass sein Kopf aus der vorderen Öffnung herausragte, mit ruderartigen Paddeln anstelle von Brustflossen ausgestattet war und dessen Schwanzflosse spitz zulaufend gestutzt war – würde, wie ich fand, kein unzulänglicher Vertreter dieses seltsamsten aller Fische sein. Und als ich einige Jahre später das Vergnügen hatte, ihn Agassiz vorzustellen, stellte ich fest, dass er für ihn, trotz seiner weltweiten Erfahrung mit seiner Klasse, ebenso ein Gegenstand des Staunens war wie für mich. "Es ist unmöglich", sagt er in seinem großen Werk, "in der gesamten Schöpfung etwas Bizarreres zu finden als die Gattung der *Pterichthyan* : Ich selbst war genauso erstaunt wie Cuvier bei der Untersuchung des Plesiosaurus, als mir Mr. H. Miller, der erste Entdecker dieser Fossilien, die Exemplare zeigte, die er im Old Red Sandstone von Cromarty entdeckt hatte." Und es gab Besonderheiten beim *Coccosteus* , die mich kaum weniger in Erstaunen versetzten als die allgemeine Form des *Pterichthys* , und die, als ich sie zum ersten Mal zu beschreiben wagte, von den höheren Autoritäten der Paläontologie als bloße Fehler des Beobachters angesehen wurden. Seitdem ist es mir jedoch gelungen, nachzuweisen, dass, wenn es überhaupt Fehler gab – was ich stark bezweifle, denn die Natur macht nur sehr wenige –, es die Natur selbst war, die sich irrte, nicht der Beobachter. Bei dieser seltsamen Gattung *der Coccostea hat die Natur* in jedem Unterkieferast eine Gruppe gegenüberliegender Zähne platziert, genau in der Symphysenlinie – eine Anordnung, die, soweit bekannt, in der Wirbeltierabteilung einzigartig ist und die den Mund dieser Kreaturen zu einer außergewöhnlichen Kombination aus dem horizontalen Mund der Wirbeltiere und dem vertikalen Mund der Krebstiere gemacht haben muss. Für die Vollständigkeit meiner Restaurierungsarbeit war es günstig, dass die Druckerei nicht auf mich wartete und dass ich, wenn Teile der Kreaturen, an denen ich arbeitete, fehlten oder Platten auftauchten, deren Position ich nicht bestimmen konnte, meine selbst auferlegte Aufgabe für den Moment beiseite legen und sie erst wieder aufnehmen konnte, wenn mir ein neu gefundenes Exemplar die erforderlichen Materialien lieferte, um sie fortzusetzen. Und so wurde von unseren höchsten Autoritäten 1848, nachdem sie fast sechs Jahre lang beiseite gelegt worden waren, festgestellt, dass die Restaurierungen, die ich 1840 vollendete und 1841 veröffentlichte, im Wesentlichen doch die wahren waren. Ich sehe jedoch, dass eine der phantasievollsten und monströsesten aller vorläufigen Restaurationen von *Pterichthys* , die der Welt gegeben wurden – die von Herrn Joseph Dinkel 1844 für den verstorbenen Dr. Mantell angefertigte und in „Medals of Creation" veröffentlichte – in der kürzlich erschienenen illustrierten Ausgabe von „Vestiges of Creation" reproduziert wurde. Aber der geniale Autor dieses Werks könnte kaum umsichtig handeln, wenn er die Stichhaltigkeit seiner Hypothese auf die Integrität der Restauration setzen würde. Ich für meinen Teil bin damit einverstanden, wenn nachgewiesen werden kann, dass die *Pterichthys* , die einst auf unserem alten Globus lebten und sich bewegten, jemals in die *Pterichthys von Herrn Dinkel aufstiegen oder versanken, nicht nur die Möglichkeit, sondern auch die Wirklichkeit der Transmutation beider Arten und Gattungen* frei und uneingeschränkt zuzugeben . Zunächst bin ich jedoch bereit, vor jeder kompetenten Jury von Paläontologen auf der Welt zu beweisen, dass nicht eine einzige Platte oder Schuppe von Herrn Dinkels Restaurierung jene des Fisches wiedergibt, den er angeblich restauriert hat; dass dasselbe Urteil in gleicher Weise für seine Restaurierung des *Coccosteus gilt* ; und dass er, anstatt in seinen Figuren die wahren Formen der antiken Kephalaspäer wiederzugeben, lediglich das Abbild von Dingen gegeben hat, die niemals „im Himmel oben, auf der Erde unten oder in den Wassern unter der Erde" waren.

Der Platz dieser alten Fische auf der geologischen Skala musste ebenso bestimmt werden wie ihre Formen und Merkmale. Mr. George Anderson hatte mich bereits 1834 darüber informiert, dass einige von ihnen mit den Ichthyolithen der Gamrie-Lagerstätte identisch waren; der Platz der Gamrie-

Lagerstätte musste jedoch noch bestimmt werden. Sie war kürzlich demselben geologischen Horizont wie der Karbonkalkstein zugeordnet worden und galt als nicht konform mit dem Old Red Sandstone des Bezirks, in dem sie vorkommt; aber da ich mit den vorgelegten Beweisen völlig unzufrieden war, setzte ich meine Suche fort und sah, dass die Position der Cromarty-Schichten, obwohl sie langsam voranschritt, allmählich näher rückte. Erst im Herbst 1837 gelang es mir jedoch, sie bis zum Old Red Sandstone festzusetzen, und erst im Winter 1839 konnte ich ihren Platz an der Basis des Systems schlüssig nachweisen, kaum mehr als 30 Meter und an einer Stelle nicht mehr als 24 Meter über den oberen Schichten des Great Conglomerate. Während meiner Erkundungen hatte ich mir oft gewünscht, mein Beobachtungsfeld auf die benachbarten Grafschaften ausdehnen zu können, um festzustellen, ob ich nicht aus der Ferne die Beweise finden könnte, die ich zumindest eine Zeit lang zu Hause nicht finden konnte; aber meine täglichen Verpflichtungen in der Bank führten mich nach Cromarty und Umgebung, und ich befand mich in der Situation eines ziemlich lebhaften Käfers, der auf einer Nadel feststeckt und der sich zwar mit ein wenig Anstrengung um seinen Mittelpunkt drehen kann, ihn aber dennoch nicht ganz verlassen kann. Ende 1837 gewann ich jedoch in dem verstorbenen Dr. John Malcolmson aus Madras einen edlen Helfer, der sich frei über die für mich praktisch gesperrten Regionen auslassen konnte. Er war durch eine kurze Beschreibung der Geologie von Cromarty, die eher bildhaft als wissenschaftlich war und in meinem legendären Band erschienen war, dazu gebracht worden, es zu besuchen. Nachdem ich ihm die ichthyolithischen Schichten auf beiden Seiten des Hügels und in Eathie gezeigt und ihn mit ihrem Charakter und ihren Organismen vertraut gemacht hatte, machte er sich daran, die ähnlichen Ablagerungen der benachbarten Grafschaften Banff, Moray und Nairn aufzuspüren. Und in kaum mehr als vierzehn Tagen hatte er die Ichthyolithe an zahlreichen Orten in einem Gebiet aus Old Red Sandstone entdeckt, das sich von den Hauptbezirken von Banff bis in die Nähe des Feldes von Culloden erstreckt. Der Old Red Sandstone des Nordens, der bis dahin als so fossilienarm galt, fand er – mit den Cromarty-Ablagerungen als Schlüssel – voller organischer Überreste. Im Frühjahr 1838 besuchte Dr. Malcolmson England und den Kontinent und machte Agassiz auf einige meiner Cephalaspean-Fossilien aufmerksam und Mr. (jetzt Sir Roderick) Murchison einige der Beweise, die ich ihm bezüglich ihres Platzes in der Skala vorgelegt hatte. Und ich hatte infolgedessen die Ehre, mit diesen beiden angesehenen Männern zu korrespondieren, und die Genugtuung zu wissen, dass beide die Frucht meiner Arbeit als wichtig erachteten. Ich stelle fest, dass Humboldt in seinem „Kosmos" besonders auf das Urteil von Agassiz über den außergewöhnlichen Charakter der neuen zoologischen Verbindung verweist, die ich ihm geliefert hatte; und ich finde, dass Murchison in seinem großen Werk über das Silur-System, das 1839 veröffentlicht wurde, nicht wenig Wert auf die stratigraphische Tatsache legt. Nachdem er auf die zuvor geäußerte Meinung eingegangen ist, dass die Gamrie-Lagerstätte mit ihren Ichthyolithen keine Old Red-Lagerstätte war, fährt er fort: „Andererseits wurde ich kürzlich von Dr. Malcolmson darüber informiert, dass Mr. Miller von Cromarty (der in der Nähe dieses Ortes einige höchst interessante Entdeckungen gemacht hat) ihm Knollen gezeigt hat, die denen von Gamrie ähneln und ähnliche Fische enthalten, in stark geneigten Schichten, die in die große Masse des Old Red-Sandsteins von Ross und Cromarty eingefügt und dieser völlig untergeordnet sind. Diese wichtige Beobachtung wird, so hoffe ich, bald der Geological Society mitgeteilt, denn sie stärkt die Schlussfolgerung von M. Agassiz bezüglich der Epoche, in der *Cheiracanthus* und *Cheirolepis* lebten." All dies wird dem Leser, fürchte ich, ziemlich schwach und etwas mehr als ziemlich langweilig erscheinen. Er sollte jedoch bedenken, dass mein einziges Verdienst in diesem Fall geduldige Forschung ist – ein Verdienst, bei dem mich jeder, der will, übertreffen oder übertreffen kann; und dass diese bescheidene Fähigkeit der Geduld, wenn sie richtig gelenkt wird, zu außergewöhnlicheren Ideenentwicklungen führen kann als selbst Genie. Was ich langsam entziffert hatte, waren die *Ideen* Gottes, wie sie sich im Mechanismus und Rahmen seiner Geschöpfe während des zweiten Zeitalters der Wirbeltierexistenz entwickelten; und ein Teil meiner Untersuchungen ermittelte das Datum dieser Ideen und ein anderer ihren Charakter.

Viele der besten Abschnitte der Sutors und der angrenzenden Hügel mit ihren dazugehörigen Ablagerungen können nicht ohne Boot erkundet werden. Deshalb kaufte ich mir für ein paar Pfund eine leichte kleine Jolle, die mit Mast und Segel ausgestattet war und vier Ruder hatte, damit ich meine Erkundungen durchführen konnte. So konnte ich die Cromarty und Moray Firths sechs bis acht Meilen von der Stadt entfernt erkunden und hatte viele angenehme Abendausflüge zu den Tiefseehöhlen und Schären und den malerischen, von der Brandung überwucherten Stapeln der Granitfelswand, die in der Höhenlinie des Ben Nevis verläuft, von Shadwick im Osten bis zum Scarfs Crag im Westen. Ich kenne kein reicheres Gebiet für den Geologen. Unabhängig von dem Interesse, das seinem stark verformten Granitgneis anhaftet – der, wie Murchison scharfsinnig bemerkt, in festem Zustand durch die Sedimentablagerungen ragte, so wie ein gebrochener Knochen manchmal durch die Außenhaut ragt –, gibt es entlang der Bergkette drei verschiedene Ablagerungen des Old Red Ichthyoliths und drei verschiedene Ablagerungen des Lias, neben den unterwasserliegenden, mit zwei isolierten Schären, die ich als Ausläufer des Ooliths betrachte. Letztere kommen in Form von für Seeleute sehr gefährlichen Halbflutfelsen vor, die eine volle halbe Meile vom Ufer entfernt liegen und nur bei Ebbe und völliger Windstille gefahrlos besucht werden können, wenn keine Dünung vom Meer hereinrollt. Ich bin schon um zwei Uhr an einem schönen

Sommermorgen zu diesen Schären aufgebrochen und saß, nachdem ich mehrere Stunden auf ihnen verbracht hatte, vor zehn am Bankschalter. aber diese Vormittage waren sehr anstrengend. Die langen Samstagnachmittage waren meine liebsten Erkundungsjahreszeiten, und wenn das Wetter schön war, begleitete mich meine Frau oft auf diesen Exkursionen, und nicht selten ankerten wir unser Boot in einer felsigen Bucht oder über einem Fischgrund, und, mit Angelruten und Leinen ausgerüstet, fingen wir vor unserer Rückkehr einen Korb Kabeljau oder Seelachs zum Abendessen, der immer besser schmeckte als der Fisch, den wir auf dem Markt bekamen. Das waren schöne Feiertage. Shelley sagt von einem Tag von erlesener Schönheit, er werde „wie Freude in der Erinnerung weiterleben". Ich behalte Erinnerungen an diese Abende in meinem kleinen Boot – Erinnerungen, vermischt mit einer wohlbekannten Vorstellung von blauem Meer und purpurnen Hügeln, einer sonnenbeschienenen Stadt in der Ferne und hohen, waldbedeckten Klippen in der Nähe, die lange Schatten über Küste und Meer warfen – die nicht nur vergangene Freuden darstellen, sondern in bestimmten Gemütsverfassungen immer noch die Form von Freuden annehmen. Es sind bevorzugte Orte im wechselvollen Rückblick auf die Vergangenheit, auf die das Sonnenlicht der Erinnerung heller fällt als auf die meisten anderen.

Während dieser Zeit brach ganz unerwartet ein zweiter Krieg mit den liberalen Moderaten der Stadt aus, in den ich mich letztlich eher ungern als aus anderen Gründen einmischen musste. Das Abendmahl wird in den meisten Pfarrkirchen im Norden Schottlands nur einmal im Jahr gefeiert; und da viele Gemeinden zu dieser Zeit im Freien beten, werden für diesen „Anlass" normalerweise die Sommer- und Herbstzeit gewählt, da sie sich am besten für Versammlungen im Freien eignen. Da der Feier jedoch Werktagspredigten vorausgehen und folgen und an einem dieser Werktage – dem Donnerstag vor dem Sakramentssabbat – nicht gearbeitet wird, vermeiden die Kirchensitzungen es normalerweise, ihr Abendmahl in eine arbeitsreiche Zeit zu legen, wie etwa die Erntezeit in den ländlichen Gebieten oder die Zeit des Heringsfischens in den Hafenstädten; und da die Pfarrei Cromarty sowohl eine ländliche als auch eine fischende Bevölkerung hat , müssen die Kirchensitzungen des Ortes beide Zeiträume meiden. Und so ist der frühe Juli, bevor der Heringsfang oder die Ernte beginnt, normalerweise der Zeitpunkt für das Cromarty-Sakrament. In diesem Jahr jedoch (1838) fiel der für die Krönung der Königin festgelegte Tag mit dem sakramentalen Donnerstag zusammen, und die liberal-moderate Partei drängte die Sitzung, die Vorbereitungen für das Sakrament den Krönungsfeierlichkeiten zu überlassen. Wir waren im Norden nicht mehr an derartige Feierlichkeiten gewöhnt, seit den guten alten Zeiten, als sich ehrbare Tory-Herren am Geburtstag des Königs betrunken in der Öffentlichkeit zeigten, um ihre Loyalität zu demonstrieren: Die Krönungstage von Georg IV. und Wilhelm

IV. waren so ruhig wie Sabbate verlaufen, und die Sitzung, die der Ansicht war, dass es für die Leute genauso gut sein könnte, in der Kirche für ihre junge Königin zu beten und dann zu Hause in aller Ruhe auf ihre Gesundheit anzustoßen, als in Tavernen und Schankstuben für sie zu lobsingen, weigerte sich, ihren Tag zu ändern. Da ich glaubte, dass sie zwar im Wesentlichen im Recht, aber politisch im Unrecht waren und dass die Zeitungspresse plausible Argumente gegen sie vorbringen könnte, wartete ich auf meinen Pfarrer und drängte ihn, den Liberalen nachzugeben und seinen Vorbereitungstag von Donnerstag auf Freitag zu verlegen. Er schien durchaus bereit, dem Vorschlag nachzukommen; ja, er hatte, wie er mir erzählte, seiner Sitzung einen ähnlichen Vorschlag gemacht; aber die frommen Ältesten, die auf jahrhundertealten Präzedenzfällen beruhten, hatten es abgelehnt, die religiösen Dienste der Kirche dem vom Staat genehmigten Gelage und der Fröhlichkeit unterzuordnen. Und so beschlossen sie, ihren Tag der sakramentalen Vorbereitung auf den Donnerstag zu legen, wie es ihre Väter getan hatten. In der Zwischenzeit hielten die Liberalen eine so genannte öffentliche Versammlung ab, da die Öffentlichkeit, obwohl sie nicht erschienen war, völlig frei gewesen war, daran teilzunehmen, ja sogar ausdrücklich eingeladen worden war; und in den Provinzzeitungen erschien ein langer Bericht über die Vorgänge, darunter fünf Reden – alle von einem Juristen geschrieben –, in denen die Versammlung als eine Versammlung der Einwohner der Stadt und Gemeinde Cromarty bezeichnet wurde. Die Resolutionen waren natürlich von enthusiastischster Loyalität. Es gab kein Mitglied der Versammlung, das nicht bereit gewesen wäre, den letzten Tropfen seiner Flasche Portwein für Ihre Majestät auszugeben. Der Donnerstag kam – der Donnerstag des Abendmahls und der Krönung, und ich ging wie gewöhnlich mit neunundneunzig Hundertstel der kirchengehenden Teile meiner Stadtbewohner in die Kirche. Die Gemeinderesolutionsbefürworter, insgesamt zehn, wurden, das kann ich ehrlich versichern, in einer Gemeinde von fast ebenso vielen Hunderten kaum vermisst. Gegen Mittag jedoch konnten wir den gedämpften Knall ihrer Carronaden hören; und kurz nachdem der Gottesdienst vorbei war und wir nach Hause zurückgekehrt waren, zog eine verlassene kleine Gruppe von Menschen durch die Straßen, die sehr nach einer Presskolonne aussah, aber in Wirklichkeit zu einer Prozession bestimmt war. Obwohl sich ein Eigentümer aus einer benachbarten Gemeinde, ein Anwalt aus einer benachbarten Stadt, eine kleine Küstenwache mit ihrem Kommandanten und außerdem zwei episkopalische Offiziere mit halbem Sold anschlossen, überstieg die Zahl derer, die gingen, einschließlich der Jungen, nicht 25 Personen; und von diesen waren, wie ich bereits sagte, nur zehn Gemeindemitglieder. Die Prozessionsteilnehmer hatten ein edles Abendessen im Hauptgasthof des Ortes – fröhlicher als selbst Festessen normalerweise sind, da es natürlich Loyalität und Gemeinsinn war, den besonderen Anspruch der Kirche auf den Tag zu ignorieren; und am Abend loderte ein prächtiges Freudenfeuer auf dem Brae Head. Und die liberalen Zeitungen im Süden und Norden, die sich den Prozessionsteilnehmern anschlossen, stellten in vielen Absätzen und kurzen Leitartikeln ihren Scherz – denn das war es, und zwar ein sehr alberner – als einen glänzenden Triumph der Menschen von Cromarty über die Bigotterie der Presbyterien und die Vorherrschaft der Geistlichen dar. Ja, der Fall meines Pfarrers und seiner Sitzung erschien so schlimm, dass sie so gleichzeitig in Opposition zum Volk und zur Königin gebracht wurden, dass die Zeitungen der Gegenseite ihn nicht aufgriffen. Ein gut geschriebener Brief meiner Frau zu diesem Thema, der die Fakten klar darlegte, wurde sogar in der kirchlich-konservativen Zeitschrift abgelehnt, die damals besonders von der schottischen Kirche gefördert wurde; und die Freunde und Brüder meines Pfarrers im Süden konnten kaum etwas anderes tun, als sich über das zu wundern, was sie für seine wundersame Unvorsichtigkeit hielten.

Ich hatte von Anfang an erwartet, dass seine Lage schlecht sein würde, aber es gefiel mir nicht, ihn mit dem Rücken zur Wand stehen zu sehen. Und obwohl ich nach der Ablehnung meines Ratschlags beschlossen hatte, mich nicht an dem Streit zu beteiligen, beschloss ich nun, zu versuchen, ob ich nicht deutlich machen konnte, dass er in Wirklichkeit nicht mit seinem Volk im Streit lag, sondern nur mit einer sehr unbedeutenden Clique unter ihnen, die ihn nie gemocht hatte; und dass es ein großer Witz war, ihn als seiner Herrscherin gegenüber unzufrieden zu beschreiben, nur weil er seine Vorbereitungsgottesdienste am Tag ihrer Krönung abgehalten hatte. Um meinen ersten Punkt zu untermauern, nahm ich mir die unverzeihliche Freiheit, in einem Brief, der in unseren nördlichen Zeitungen erschien, die Namen aller Personen vollständig anzugeben, die an der Prozession teilnahmen und sich als das Volk vorstellten; und ich bestritt die Aufnahme auch nur eines einzigen Namens in eine lächerlich kurze Liste. Und um meinen zweiten Punkt zu untermauern, gelang es mir ziemlich, da es bei der Transaktion nicht wenige komische Umstände gab, die Lacher auf meine Seite zu ziehen. Die Clique war unglaublich wütend und schrieb nicht sehr heitere Briefe, die als Anzeigen in den Zeitungen erschienen, und zahlte Steuern, um dies deutlich zu machen. Es gab einen oberflächlichen und sehr ungebildeten jungen Schuhmacher im Ort namens Chaucer, der aus dem Süden Schottlands stammte und sich als Enkel des alten Dichters aus der Zeit von Edward III. ausgab und besonders elende Knittelverse schrieb, um seine Behauptung zu untermauern. Und da er in einer gewissen heiklen Angelegenheit einen Streit mit der Kirchensitzung hatte, hatte er sich den Prozessionsteilnehmern angeschlossen und ihre Leistungen in einer Ballade gefeiert, die ihrer durchaus würdig war. Und es war vielleicht der schlimmste Schlag von allen, dass der anerkannte Anführer der Bande erklärte, Chaucer den Jüngeren sei ein weitaus besserer Dichter als ich. Es wurden auch

Vorstellungen bei meinen Vorgesetzten in der Bankabteilung in Edinburgh gemacht, was mir einen, wenn auch milden, Verweis einbrachte; aber mein Vorgesetzter in Cromarty – Mr. Ross – ein ebenso weiser und guter Mann wie jeder andere in dieser Richtung und mit den Sachverhalten des Falles bestens vertraut – war ganz auf meiner Seite. Ich fürchte, der Leser könnte das alles für sehr töricht halten und der Meinung sein, dass ich besser zwischen den Felsen aufgehoben gewesen wäre, um die wahren Beziehungen ihrer verschiedenen Schichten und den Charakter ihrer Organismen zu bestimmen, als mich in einem kleinen Dorfstreit zu zanken und mir Feinde zu machen. Und doch fürchte ich, dass die Fähigkeit, effizient zu zanken, – so wie der Mensch nun einmal ist – viel besser vermarktbar ist als jede Fähigkeit, die Grenzen der Naturwissenschaften zu erweitern. Zumindest war es so, dass mir mein Brief zum Prozessionsstreit, obwohl meine geologischen Forschungen mir zu diesem Zeitpunkt nichts brachten, das Angebot einer Zeitungsredaktion verschaffte. Aber obwohl ich meine Lage aus finanzieller Sicht erheblich verbessert hätte, wenn ich damit abgeschlossen hätte, stellte ich fest, dass ich dies nicht tun konnte, ohne die Rolle des Sonderverteidigers einzunehmen und mich der Verteidigung von Ansichten und Prinzipien zu widmen, die ich in Wirklichkeit nicht vertrat; und so lehnte ich das Amt sofort ab, da ich mich für ungeeignet hielt und es mit meinem Gewissen nicht übernehmen konnte.

Zu dieser Zeit fand ich eine angenehmere Beschäftigung, obwohl sie natürlich nur meine Freizeit in Anspruch nahm: Ich schrieb auf Bitte seines Verwandten und Schwiegersohns, meines Freundes Mr. Isaac Forsyth aus Elgin, die Memoiren eines Stadtbewohners – des verstorbenen Mr. William Forsyth aus Cromarty. William Forsyth war vor der Abschaffung der erblichen Gerichtsbarkeiten ein erwachsener Mann gewesen; und aufgrund seines massiven und hervorragenden Charakters und seines hohen Ansehens als Kaufmann in einem Teil des Landes, in dem es damals nur wenige Kaufleute gab, hatte er innerhalb des Stadtbezirks nicht wenig Macht des erblichen Sheriffs des Bezirks erlangt; und nachdem er mehr als ein halbes Jahrhundert als eifriger Friedensrichter gewirkt und dabei mehr Streitigkeiten geschlichtet hatte, als die meisten Landanwälte je anzetteln konnten – denn es war ein raues und streitlustiges Zeitalter und der Kaufmann immer ein Friedensstifter –, lebte er lange genug, um Liberty-and-Equality-Clubs und Prozessionen zu erleben, und starb gegen Ende des ersten Krieges der Französischen Revolution. Es war ein wichtiges halbes Jahrhundert in Schottland – obwohl es in der Geschichte des Landes nur eine schmale, unauffällige Front darstellt –, das zwischen der Zeit der erblichen Gerichtsbarkeiten und der Liberty-and-Equality-Clubs lag. Es war insbesondere die Zeit, in der die öffentliche Meinung an Kraft zu gewinnen begann und in der das Schottland der Vergangenheit infolgedessen mit dem sehr unterschiedlichen Schottland der Gegenwart verschmolz. Und es bereitete mir viel Vergnügen, einige der auffälligeren Merkmale dieses Übergangszeitalters in der Biographie von Mr. Forsyth nachzuzeichnen. Mein kleines Werk wurde gedruckt, aber nicht veröffentlicht, und von Mr. Forsyth aus Elgin unter den Freunden der Familie verteilt, da es vielleicht ein besseres und angemesseneres Denkmal für einen würdigen und fähigen Mann sei, als man es auf seinem Grab platzieren könnte. Anlässlich des Todes seines letzten überlebenden Kindes – der verstorbenen Mrs. Mackenzie aus Cromarty, einer Dame, von der ich viel Freundlichkeit erfahren hatte und unter deren gastfreundlichem Dach ich die Gelegenheit hatte, nicht wenige hervorragende Männer kennenzulernen – wurde mein Memoirenwerk geschrieben; und ich betrachtete es als eine angemessene Hommage an eine würdige Familie, die gerade verstorben ist, die es verdient, um ihrer selbst willen in Erinnerung zu bleiben, und der ich zu Dank verpflichtet war.

Im Frühjahr 1839 verdunkelte ein trauriger Trauerfall mein Zuhause, und eine Zeit lang hatte ich kaum Lust, meinen gewohnten literarischen oder wissenschaftlichen Vergnügungen nachzugehen. Zehn Monate nach unserer Hochzeit bekamen wir Besuch von einem kleinen Mädchen, dessen Anwesenheit unser Glück nicht unerheblich steigerte. Unser Zuhause wurde durch die Anwesenheit des Kindes noch glücklicher, das in wenigen Monaten seine Mutter so gut kennenlernte und in wenigen weiteren Monaten in den Armen der Amme an einem oberen Fenster mit Blick auf die Straße Platz nahm und seinen Vater erkannte und ihm Zeichen gab, wenn er sich dem Haus näherte. Auch seine wenigen Worte klangen faszinierend in unseren Ohren – unsere eigenen Namen, die es jedes Mal, wenn wir uns näherten, in einer für sich eigenen Sprache lispelte; und das einfache schottische „awa, awa", das es in solch klagenden Tönen zu verwenden wusste, wenn wir uns zurückzogen, und das in unserer Erinnerung wie ein Echo aus dem Grab zurückkam, als es uns nach seinem kurzen Besuch für immer verlassen hatte und sein schönes Gesicht und sein seidiges Haar im Dunkeln inmitten der Schollen des Friedhofs lagen. In wie kurzer Zeit hatte es unsere Zuneigung gewonnen! Zwei kurze Jahre zuvor, und wir wussten es nicht; und jetzt schien es, als könne die ganze Welt die Leere, die es in unseren Herzen hinterlassen hatte, nicht füllen. Wir begruben es neben der alten Kapelle des Heiligen Regulus, umgeben von tiefen, üppigen Wäldern, außer dort, wo eine Lichtung vor uns das ferne Land und das blaue Meer überblickt; und wo die Gänseblümchen, die es zu lieben gelernt hatte, die moosbedeckten Hügel sternengleich gesprenkelt waren; und wo Vögel, deren Gesang sein Ohr zu unterscheiden gelernt hatte, ihre Lieder über sein kleines Grab erklingen ließen. Die folgenden einfachen, aber wahrheitsgetreuen Strophen, die ich in den Papieren seiner Mutter fand, scheinen an diesem Ort – der süßesten aller Begräbnisstätten – wenige Wochen nach seiner Beerdigung geschrieben worden zu sein, als ein kalter und verhaltener Frühling, der seine schwelende

Krankheit begünstigt hatte, sofort in einen freundlichen Sommer überging:
—

Du bist "awa, awa" von deiner Mutter Seite,

    Und "awa, awa" vom Schoß deines Vaters;

Du bist fern von unserem Segen, unserer Fürsorge, unserer Zärtlichkeit,

    Doch aus unseren Herzen wirst du nie verschwinden.

Alles, liebes Kind, was dir sonst gefiel,

    Umringen dich hier in strahlender Schönheit,

Es gibt seltene Musik in der wolkenlosen Luft,

    Und die Erde wimmelt von lebendiger Freude.

Du bist "awa, awa", aus dem aufbrechenden Frühling,

    Obwohl seine grünen Zweige über deinem Haupt wehen;

Die Lämmer hinterlassen ihre kleinen Fußabdrücke

    Auf dem Rasen deines neu gemachten Grabes.

Und du bist "awa" und "awa" für immer,

    Dieses kleine Gesicht, dieser zarte Körper,

Diese Stimme, die zuerst in süßestem Akzent

    Nennte mich den aufregenden Namen der Mutter,

Dieses Haupt von der Natur schönster Gestalt,—

    Diese Augen, das tiefe Blau des Nachtäthers

Wo die Sensibilität ihre Schatten

    Von ständig wechselnder Bedeutung werfen?

Deine Süße, Geduld im Leiden,

    Alle versprachen uns einen Eröffnungstag

Schönste, und sagte, dich zu unterwerfen

    Brauche nur die sanfteste Herrschaft der Liebe.

Ach, hierhin wollte ich dich führen,

    Und sag dir, was Leben und Tod sind,

Und erwecke das erste Erwachen deines ernsten Gedankens

    Für Ihn, der jeden unserer Atemzüge anhält.

Und missgönnt dir dann mein selbstsüchtiges Herz,

    Dass Engel jetzt deine Lehrer sind,—

Diese Herrlichkeit aus der Gegenwart deines Erlösers

    Entzündet die Krone auf deiner Stirn?

O nein! Für mich muss die Erde einsamer sein,

    Ich will deine Stimme, deine Hand, deine Liebe;

Doch scheinst du ein Stern der Verheißung,

    Sanftes Leuchtfeuer für die Welt da oben.

KAPITEL XXV.

„Alles für die Kirche und etwas weniger für den Staat." – BELHAVEN.

Ich hatte mich nicht sehr für die Voluntary-Kontroverse interessiert. Ich fand, dass auf beiden Seiten viel übertrieben und übertrieben wurde. Einerseits konnten mich die Voluntaries nicht davon überzeugen, dass eine staatliche Stiftung für kirchliche Zwecke an sich in irgendeiner Weise eine schlechte Sache ist. Ich hatte das Gegenteil direkt erlebt. Ich hatte eindeutige Beweise dafür, dass es in verschiedenen Teilen des Landes tatsächlich eine sehr gute Sache war. Es war zum Beispiel in der Gemeinde Cromarty seit der Revolution bis zum Tod von Mr. Smith eine sehr gute Sache gewesen – in Wirklichkeit ein wertvolles Erbe der Menschen dort; denn es hatte der Gemeinde kostenlos eine Reihe beliebter und ausgezeichneter Pfarrer zur Verfügung gestellt, die sonst die Gemeindemitglieder selbst hätten bezahlen müssen. Und es hatte uns nun meinen Freund Mr. Stewart beschert, einen der fähigsten und ehrlichsten Pfarrer in Schottland oder anderswo, ob etabliert oder dissentierend. Und diese Tatsachen, die nur Beispiele einer zahlreichen Klasse waren, hatten eine Greifbarkeit und Solidität an sich, die mich mehr beeinflussten als alle theoretischen Überlegungen, die mir über den Schaden, der der Kirche durch die Überfreundlichkeit Konstantins zugefügt wurde, oder die korrumpierenden Auswirkungen der Gunst des Staates aufdrängten. Aber ich konnte einigen meiner Freunde auf der Seite der Stiftung ebenso wenig zustimmen, dass die Stiftung, selbst in Schottland, überall von Wert war, wie einigen der Voluntaries, dass sie nirgendwo von Wert war. Ich hatte monatelang in verschiedenen Teilen des Landes gelebt, wo es niemandem außer dem Pfarrer und seiner Familie etwas ausgemacht hätte, wenn die Stiftung mit einem Schlag niedergestreckt worden wäre. Religion und Moral hätten unter der Vernichtung des Gehalts des Pfarrers ebenso wenig gelitten wie unter der Streichung der Pension eines pensionierten Aufsehers oder pensionierten Zollbeamten. Auch konnte ich nicht vergessen, dass die einzige Religion oder der Anschein von Religion, der in den Arbeitergruppen, bei denen ich beschäftigt war (wie zum Beispiel im Süden Schottlands), existierte, unter ihren Dissenters zu finden war – die meisten von ihnen waren damals Verfechter des freiwilligen Prinzips. Wenn die anderen Arbeiter zumindest statistisch als Anhänger des Establishments gezählt wurden, dann nicht, weil sie davon profitierten oder sich darum kümmerten, sondern nur in gewisser Weise, so wie nach dem allgemeinen englischen Glauben Personen, die auf See geboren wurden, zur Gemeinde Stepney gehören. Außerdem gefiel mir die Art von Gesellschaft nicht im Geringsten, in die der freiwillige Streit die guten Männer auf beiden Seiten gebracht hatte; er gab den Freiwilligen und den Ungläubigen eine gemeinsame Sache und brachte sie herzlich zusammen; andererseits stellte er den frommen Verfechter von Stiftungen und den ungläubigen alten Tory in bedeutungsvoll freundschaftlichem Verhältnis Seite an Seite. Auf beiden Seiten des Konflikts gab es religiöse Belange, doch handelte es sich nicht um einen religiösen Konflikt.

Die Familie meiner Großmutter, zu der natürlich auch Onkel James und Sandy gehörten, war eine Art Mittelweg zwischen der Sezession und der Obrigkeit. Meine Großmutter hatte die Familie von Donald Roy lange bevor er gezwungen worden war, sehr ungern die Kirche zu verlassen, verlassen; und da in der Gemeinde, in die sie gezogen war, keine Zwangsansiedlungen stattgefunden hatten und da alle Pfarrer Männer des richtigen Schlags waren, hatte sie getan, was Donald selbst so sehr gewollt hatte – sie blieb ein verbundenes Mitglied der Obrigkeit. Eine ihrer Schwestern hatte jedoch in Nigg geheiratet; und sie und ihr Mann waren Donald in die Reihen der Sezession gefolgt und hatten einen ihrer Söhne zum Pfarrer erzogen, der im Laufe der Zeit der geachtete Pfarrer der Gemeinde wurde, die sein Urgroßvater gegründet hatte. Und da der Pfarrer ein Zeitgenosse und Cousin ersten Grades meiner Onkel war, besuchte er sie jedes Mal, wenn er in die Stadt kam; und mein Onkel James wiederum (Onkel Sandy fuhr sehr selten aufs Land) versäumte es nie, seine Besuche zu erwidern, wenn er in Nigg oder Umgebung war. So wurde viel Verkehr zwischen den Familien gepflegt, nicht ohne Wirkung. Die meisten Bücher der modernen Theologie, die meine Onkel lasen, waren Sezessionsbücher, die ihnen ihr Cousin empfohlen hatte; und die religiöse Zeitschrift, die sie abonnierten, war eine Sezessionszeitschrift. Letztere trug, soweit ich mich erinnere, den Namen „Christian Magazine, or Evangelical Repository". Es war keine der glänzendsten Zeitschriften, aber eine solide und solide, mit, wie meine Onkel meinten, viel von der alten Salbung darin; und da war insbesondere einer der Mitarbeiter, dessen Aufsätze sie als besonders vortrefflich auswählten und nicht selten ein zweites Mal lasen. Sie trugen die etwas griechisch anmutende Unterschrift von *Leumas* , als ob der Verfasser ein Bruder oder deutscher Cousin einiger der alten Christen gewesen wäre, denen Paulus am Ende seiner Briefe freundliche Grüße und gute Wünsche zu übermitteln pflegte; aber es stellte sich bald heraus, dass *Leumas* nur der umgekehrte Eigenname Samuel war, obwohl meine Onkel nie erfuhren, wer der spezielle Samuel war, der seine Unterschrift nach rechts drehte, das falsche Ende nach vorne setzte und mit der ganzen knappen Ernsthaftigkeit und Ernsthaftigkeit der alten Geistlichen schrieb. Sie waren beide schon gestorben, bevor ich beim Durchblättern der „Zweiten Galerie literarischer Porträts" den ehrwürdigen alten *Leumas kennenlernte* , der damals ebenfalls in der unsichtbaren Welt lebte, als Vater des Autors dieses brillanten Werks – des Reverends George Gilfillan aus Dundee. Diese Art des Schreibens hatte natürlich die richtige Wirkung auf meine Onkel und durch sie auf die Familie: Sie hielt unseren Respekt für die Secession aufrecht. Auch die Staatskirche war damals eine ziemlich mangelhafte Institution. Meine Onkel interessierten sich für Missionen; und die Kirche hatte keine: nein, ihre bewusste Entscheidung gegen sie – die von 1796 – war bis heute unumkehrbar. Außerdem hatte es Zwangssiedlungen in unserer unmittelbaren Nachbarschaft gegeben; und der Moderatismus, der in seiner Generation weise und politisch war, hatte sie durch die Hände einiger der besseren Pfarrer des Bezirks verübt, die gelernt hatten, Dinge zu tun, die sie selbst für sehr böse hielten, wenn ihre Kirche es ihnen befahl – eine Art Berufsfreiheit, die meine Onkel nicht im Geringsten verstehen konnten. Kurz gesagt, die Sezession gefiel ihnen im Großen und Ganzen besser als die Staatskirche, obwohl sie weiterhin der Staatskirche anhingen und nicht erkannten, aufgrund welches Sezessionsprinzips ihre alten Freunde zu freiwilligen Sezessionisten wurden. Als die Kontroverse ausbrach, erinnerte ich mich an all das; und als mir gute Männer der Staatskirche sagten, dass fast die gesamte lebenswichtige Religion des Landes auf unserer Seite sei und dass sie die freiwilligen Sezessionisten verlassen habe, konnte ich nicht, obwohl die guten Männer selbst ehrlich glaubten, was sie sagten. Außerdem hatten sich die Einzelheiten einer Unterhaltung, die ich als kleiner Junge im Haus meines Cousins, des Seceder-Pfarrers, belauscht hatte und bei der ich kaum vermutet hätte, dass ich zuhörte – denn ich spielte zu der Zeit auf dem Boden –, tief in mein Gedächtnis eingeprägt und kamen mir in dieser Zeit oft in den Sinn. Mein Cousin und einige seiner Ältesten beklagten sich – sehr aufrichtig, daran kann ich nicht zweifeln – über den Verfall der Religion unter ihnen: Sie blieben weit hinter den Errungenschaften ihrer Väter zurück, sagten sie; es gab jetzt keinen Donald Roy mehr unter ihnen; und doch empfanden sie es als Genugtuung, wenn auch eine traurige, dass die wenige Religion, die es in der Gegend gab, anscheinend nur unter ihnen war. Und nun gab es genau dieselbe Art von Überzeugung, ebenso stark, auf der anderen Seite. Aber trotz all dieser freimütig zum Ausdruck gebrachten Nächstenliebe, die eines der charakteristischen Merkmale der heutigen Zeit bildet und in Wirklichkeit eines ihrer besten Dinge ist, gibt es immer noch eine große Menge dieser einseitigen Wertschätzung. Freunde werden im christlichen Aspekt gesehen, Gegner im polemischen; und es wird zu oft vergessen, dass die Freunde im Vergleich zu ihren Gegnern eine polemische Seite haben und die Gegner im Vergleich zu ihren Freunden eine christliche Seite. Und nicht nur in der Gegenwart, sondern auch in allen früheren Zeiten scheint dies der Fall gewesen zu sein. Manchmal bin ich geneigt zu glauben, dass entweder der Prophet Elias oder die siebentausend ehrlichen Männer, die nicht vor Baal das Knie gebeugt hatten, Andersdenkende gewesen sein müssen. Wäre der Prophet in seinen Ansichten völlig mit den siebentausend einer Meinung gewesen, ist es nicht leicht zu verstehen, wie er von ihrer Existenz völlig unwissend gewesen sein konnte.

Trotz all dieser latitudinarischen Überzeugungen war ich jedoch durch und durch ein Mann des Establishments. Die Einkünfte der schottischen Kirche betrachtete ich, wie gesagt, als das Erbe des schottischen Volkes; und ich sah einer Zeit entgegen, in der diese ungerechtfertigte Aneignung dieser Einkünfte, durch die die Aristokratie versucht hatte, ihren Einfluss auszuweiten, die aber nur dazu gedient hatte, ihre Macht im Land stark zu verringern, ein Ende finden würde. Kurz gesagt, was ich besonders wollte, war nicht die Beschlagnahme des Volkserbes, sondern einfach seine Rückgabe von den Gemäßigten und den Gutsherren. Und mit der Verabschiedung des Vetogesetzes sah ich den Prozess der Wiederherstellung deutlich eingeleitet. Ich hätte es viel lieber gesehen, wenn die Kirche eine breite Anti-Patronage-Agitation gestartet hätte. Wie der verstorbene Dr. M'Crie damals klug zeigte, wäre ein solcher Kurs zugleich klüger und sicherer gewesen. Aber auf eine solche Agitation waren selbst die besseren Pfarrer der Kirche nicht im Geringsten vorbereitet. Von 1712 bis 1784 – ein Zeitraum von 72 Jahren – hatte die Generalversammlung jährlich ihre Stimme gegen die Verabschiedung des Patronatsgesetzes von Königin Anne erhoben, da es sich um einen verfassungswidrigen Eingriff in jene Privilegien der Kirche und jene Rechte des schottischen Volkes handelte, die der Unionsvertrag sichern sollte. Aber das halbe Jahrhundert, das vergangen war, seit der Protest durch eine gemäßigte Mehrheit fallengelassen worden war, hatte die natürliche Wirkung gezeigt. Ein Großteil sogar der besseren Geistlichen der Kirche war durch das Patronatsgesetz in ihre Ämter aufgenommen worden; und da sie den Gönnern, die ihnen ihre Freundschaft erwiesen hatten, natürlich dankbar waren, zögerten sie, den Mächten, die zu ihrem eigenen Vorteil eingesetzt worden waren, offen den Krieg zu erklären. Laut Salomo hatte das „Geschenk" bis zu einem gewissen Grad „das Herz zerstört"; und so waren sie bereit, lediglich eine halbe Position einzunehmen, was ihren Vorgängern, den alten Volksgeistlichen, äußerst übel gefallen hätte. Ich konnte nicht umhin zu sehen, dass es sich um eine äußerst gefährliche Position handelte, die, wenn ich so sagen darf, in einer Art überragender Senke zwischen den Ansprüchen der Schirmherrschaft auf der einen Seite und den Rechten des Volkes auf der anderen Seite gefangen war und auf beiden Seiten außerordentlich anfällig für Missverständnisse und falsche Darstellungen war. Und da es den Schirmherren praktisch die Hälfte ihrer Macht entzog und dem Volk nur die Hälfte seiner Rechte zusprach, befürchtete ich nicht wenig, dass die Schirmherren weitaus empörter als das Volk dankbar sein könnten und dass die Kirche sich infolgedessen dem Zorn sehr mächtiger Feinde ausgesetzt sehen und nur von der Unterstützung lauwarmer Freunde unterstützt werden könnte. Aber wie gefährlich und schwierig diese Position auch sein mochte, ich konnte nicht umhin zu glauben, dass sie gewissenhaft eingenommen wurde; auch konnte ich nicht daran zweifeln, dass ihre Gründe streng verfassungsmäßig waren. Die Kirche könnte, so glaubte ich, in einem Streitfall die weltlichen Rechte verlieren müssen, wenn ihre Entscheidung von der der Gerichte abweicht, aber nur die weltlichen Rechte, die mit dem betreffenden Fall in Zusammenhang stehen; und ich hielt es für wert, diese im Interesse des Volkes zu riskieren, da sie für das Land als verloren gelten konnten, wenn eine Gemeinde einem Pfarrer zugeteilt wurde, den die Gemeindemitglieder nicht hören wollten. Es freute mich auch, die Wiederbelebung des alten Geistes in der Kirche zu sehen; und so verfolgte ich mit Interesse die frühen Phasen ihres Kampfes mit den Gerichten, der weitaus intensiver war als das, was mich je ein bloßer politischer Kampf inspiriert hatte. Mit großer Sorge sah ich, wie eine Entscheidung nach der anderen gegen sie ausfiel; zuerst die des Court of Session im März 1838 und dann die des House of Lords im Mai 1839; und dann, mit dem ursprünglichen Auchterarder-Fall der Kollision, sah ich, wie die von Lethendy und Marnoch vermischt wurden; und als eine Verwicklung die andere folgte, wurde die Verwirrung immer schlimmer. Erst als die Stunde der Gefahr für die Kirche kam, lernte ich, wie sehr ich sie wirklich schätzte und wie stark und zahlreich die Verbindungen waren, die sie an meine Zuneigung banden. Ich hatte zumindest durchschnittliches Interesse an politischen Maßnahmen empfunden, deren Tendenz und Prinzipien ich im Großen und Ganzen für gut hielt – wie etwa das Reformgesetz, das Gesetz zur Emanzipation der Katholiken und die Emanzipation der Neger; aber sie hatten mich nie auch nur eine Stunde Schlaf gekostet. Jetzt jedoch empfand ich tiefere Gefühle; und nachdem ich die Rede von Lord Brougham und die Entscheidung des House of Lords im Auchterarder-Fall gelesen hatte, schlief ich mindestens eine Nacht lang nicht.

Tatsächlich schien die Lage der Kirche zu dieser Zeit äußerst kritisch. Angegriffen durch die Behandlung, die sie von den Whigs erfahren hatte, als sie ihre Ansprüche auf Stiftungen für ihre neuen Kapellen geltend machte, und erschrocken über deren allgemeine Behandlung des irischen Establishments und die Abschaffung der zehn Bistümer, hatte sie ihren Einfluss auf die Tory-Waage geworfen und viel dazu beigetragen, jene Reaktion gegen die Liberale Partei in Schottland hervorzurufen, die während der Amtszeit von Lord Melbourne stattfand. In der Vertretung von mindestens einer Grafschaft, in der er allmächtig war – Ross-shire – war es ihr gelungen, einen Whig durch einen Tory zu ersetzen; und es gab nur wenige Bezirke im Königreich, in denen sie die Stimmen auf der Tory- oder, wie es genannt wurde, konservativen Seite nicht beträchtlich erhöht hatte. Das Volk konnte ihr jedoch, obwohl es den Whigs gegenüber ziemlich gleichgültig wurde und dies auch tat, nicht in die Reihen der Tories folgen. Sie standen abseits – nicht ohne Grund sehr misstrauisch gegenüber ihren neuen politischen Freunden – keine Bewunderer der Zeitungen, die sie unterstützte, und nicht im Geringsten in der Lage, die Art des Interesses zu erkennen, das sie begonnen hatte, für überzählige Bischöfe und das irische

Establishment zu entwickeln. Und jetzt, als sie wieder in einer Position war, die ihres alten Charakters würdig war, und als ihre Tory-Freunde – die sich sofort in die erbittertsten und unedelsten Feinde verwandelt hatten – sich gegen sie wandten, um sie zu zerreißen, musste sie sofort mit der Feindseligkeit der Whigs und der Gleichgültigkeit des Volkes konfrontiert werden. Darüber hinaus sprachen sich mit nur einer oder höchstens zwei Ausnahmen alle Zeitungen, die sie unterstützt hatte, gegen sie aus und waren während des gesamten Kampfes die erbittertsten und beleidigendsten ihrer Gegner. Auch die Voluntaries schlossen sich mit verdoppelter Vehemenz dem Schrei an, der erhoben wurde, um ihre Stimme zu übertönen und ihre Ansprüche falsch zu interpretieren und darzustellen. Die allgemeine Meinung war stark gegen sie. Mein Pfarrer, dem der Erfolg des Nichteinmischungsprinzips sehr am Herzen liegt, erzählte mir, dass ich in den vergangenen Monaten der einzige Mann in seiner Gemeinde gewesen sei, der wirklich mit ihm sympathisierte. Und ich zweifle nicht daran, dass der verstorbene Dr. George Cook vollkommen recht hatte und die Wahrheit sagte, als er etwa zu dieser Zeit in einer seiner öffentlichen Ansprachen bemerkte, er könne kaum ein Gasthaus oder eine Postkutsche betreten, ohne auf anständige Männer zu treffen, die die völlige Torheit der Nichteinmischungsbefürworter und die schlimmere Verrücktheit der Kirchengerichte anprangerten.

Konnte ich in ihrer Stunde der Gefahr nichts für meine Kirche tun? Ich glaubte, dass es im Land keine andere Institution gab, die auch nur halb so wertvoll war oder an der die Menschen so viel Anteil hatten. Die Kirche gehörte ihnen von Rechts wegen – ein Erbe, das sie sich durch das Blut ihrer Väter in den Kämpfen und Leiden von mehr als hundert Jahren erkämpft hatten; und jetzt, da ihre besseren Geistlichen zumindest teilweise versuchten, dieses Erbe aus den Händen einer Aristokratie zu retten, die als Körperschaft zumindest kein spirituelles Interesse an der Kirche hatte – da sie, wie die meisten ihrer Mitglieder, einer anderen Konfession angehörten – , liefen sie Gefahr, niedergeschlagen zu werden, ohne die Unterstützung des Volkes, die sie in einer solchen Sache verdienten. Konnte ich nicht etwas tun, um das Volk zu ihrer Hilfe zu bewegen? Ich wälzte mich eine lange Nacht lang wach hin und her, während der ich meinen Plan schmiedete, die rein volkstümliche Seite der Frage aufzugreifen; und am Morgen setzte ich mich hin, um dem Volk meine Ansichten in Form eines an Lord Brougham gerichteten Briefes darzulegen. Ich widmete meiner neuen Beschäftigung jeden Augenblick, der nicht durch meine Pflichten in der Bank zwingend in Anspruch genommen wurde, und konnte etwa eine Woche später das Manuskript meiner Broschüre an den geschätzten Direktor der Commercial Bank, Mr. Robert Paul, schicken, einen Gentleman, von dem ich in Edinburgh viel Freundlichkeit erfahren hatte und der im großen kirchlichen Kampf entschieden Partei für die Kirche ergriff. Mr. Paul brachte sie seinem

Pfarrer, dem ehrwürdigen Mr. Candlish von St. George's (jetzt Dr. Candlish), der den populären Charakter der Broschüre erkannte und auf ihre sofortige Veröffentlichung drängte. Das Manuskript wurde daher in die Hände von Mr. Johnstone gelegt, dem bekannten Kirchenbuchhändler. Dr. Candlish gehörte zu einer Gruppe von Pfarrern und Ältesten der evangelischen Mehrheit, die sich kurz zuvor in Edinburgh getroffen hatten, um Maßnahmen zur Gründung einer Zeitung zu ergreifen. Die gesamte Presse in Edinburgh, mit Ausnahme einer Zeitung, hatte sich gegen die kirchliche Partei ausgesprochen. und selbst diese erhielt durch die Freundschaft des Eigentümers eher Artikel und Absätze zu ihrem Vorteil, als dass sie selbst auf ihrer Seite war. Unter den Kirchenmännern von Edinburgh war der Whiggismus stärker verbreitet als in irgendeinem anderen Teil des Königreichs. Sie hatten infolgedessen sehr wohl gesehen, dass die Linie, die der konservative Teil ihrer Freunde verfolgte, wenn es darum ging, die Menschen durch die Presse anzusprechen, nicht wirksam gewesen war; – ihre Freunde hatten sich vorgenommen, die Menschen sowohl zu guten Konservativen als auch zu guten Kirchenmännern zu machen, und waren natürlich nie über den ersten Punkt hinweggekommen und würden es auch nie tun; und was sie nun vorschlugen, war, eine Zeitung zu gründen, die, ohne eine der alten Parteien im Staat zu unterstützen, in ihrer Politik ebenso liberal sein sollte wie in ihrer Kirchenmitgliedschaft. Aber es gab einen vorläufigen Punkt, den sie ebenfalls nicht überwinden konnten. Alle fertigen Herausgeber des Königreichs, wenn ich so sagen darf, hatten sich gegen sie ausgesprochen; und mangels eines Herausgebers war es ihrer Versammlung gelungen, nicht die geplante Zeitung ins Leben zu rufen, sondern lediglich eine formelle Anerkennung ihrer Wünschbarkeit und Bedeutung in einigen Resolutionen. Als Dr. Candlish jedoch mein Manuskript als Broschüre las, kam er sofort zu dem Schluss, dass der Autor das gewünschte Problem lösen müsse. Hier, sagte er, ist der Herausgeber, den wir gesucht haben. Inzwischen war mein kleines Werk im Druck erschienen und hatte Erfolg. Es erreichte rasch vier Auflagen zu je tausend Exemplaren - die Zahl, die sich, wie ich später herausfand, einer populären Nichtintrusionsbroschüre, die sich recht gut *verkaufen würde* - und wurde ziemlich viel von Männern gelesen, die keine Nichtintrusionisten waren. Unter diesen waren mehrere Mitglieder des damaligen Ministeriums, darunter der verstorbene Lord Melbourne, der es, wie ich erfahren habe, zunächst für eine Abhandlung in populärer Form und unter einem *Nom de guerre* einiger Nichtintrusionsführer aus Edinburgh hielt; und von dem verstorbenen Mr. O'Connell, der keine derartigen Verdächtigungen hegte und der, obwohl er, wie er sagte, keine Sympathie für die darin vertretenen kirchlichen Ansichten hatte, das, wie er es nannte, „rasante Englisch" genoss und die Stellung, in die es den edlen Lord stellte, an den es gerichtet war. Es wurde auch von Mr. Gladstone in seinem ausführlichen Werk über Kirchenprinzipien positiv aufgenommen und war, kurz gesagt, sowohl hinsichtlich des Umfangs seiner Verbreitung als auch der Kreise, in die es gelangte, eine sehr erfolgreiche Broschüre.

Mein Geist war so sehr mit unserer kirchlichen Kontroverse beschäftigt, dass ich, obwohl ich noch nichts über das Schicksal meiner ersten *Broschüre wusste*, bereits mit einer zweiten beschäftigt war. Vor etwas mehr als zwanzig Jahren hatte sich in diesem Bezirk ein bemerkenswerter Einbruchsfall ereignet; und nachdem ich meine Wochenarbeit auf der Bank erledigt hatte, machte ich mich an einem Samstagabend auf den Weg zum Haus eines Freundes in einer benachbarten Gemeinde, um am folgenden Sabbat die verlassene Kirche zu besuchen und durch tatsächliche Beobachtung das Material für eine wahrheitsgetreue Beschreibung zu sammeln, die, so hoffte ich, Aufschluss über die Kontroverse geben würde. Und da es sich um einen Fall handelte, bei dem die Wahrheit stärker ist als die Fiktion, war das, was ich zu beschreiben hatte, wirklich sehr merkwürdig; und meine Beschreibung fand weite Verbreitung. Ich füge die Passage vollständig ein, da sie eigentlich ein Teil meiner Geschichte ist.

> "Mit dieser nördlichen Gemeinde waren Verbindungen von besonders hohem Charakter verbunden. Mehr als tausend Jahre lang war sie Teil des Erbes einer wahrhaft edlen Familie, die von Philip Doddridge für ihren großen moralischen Wert und von Sir Walter Scott für ihr großes militärisches Genie gerühmt wurde; und durch deren Einfluss das Licht der Reformation in diese abgelegene Ecke gebracht worden war, zu einer Zeit, als die benachbarten Bezirke noch in der ursprünglichen Dunkelheit lagen. In einem späteren Zeitalter wurde sie durch die Geldstrafen und Ächtungen von Karl II. geehrt; und ihr Pfarrer – einer jener Männer Gottes, deren Namen noch immer in der Erinnerung des Landes leben und dessen Biographie einen nicht geringen Platz in der aufgezeichneten Geschichte ihrer ‚Würdenträger' einnimmt – hatte sich der Tyrannei und Gottlosigkeit der Zeit so zuwider gemacht, dass er mehr als ein Jahr vor allen anderen nonkonformistischen Geistlichen der Kirche aus seiner Obhut entlassen wurde. [17] Ich näherte mich der Gemeinde von Osten her. Der Tag war warm und angenehm; die Landschaft, durch die ich fuhr, gehörte zu den schönsten in Schottland. Die Berge erhoben sich zur Rechten in riesigen titanischen Massen, deren Purpur- und Blautöne im klaren Sonnenschein zu den zarten Tönen des tiefen Himmels dahinter zu mildern schienen; und ich konnte den noch nicht verdorrten Schnee des Winters in

kleinen, losgelösten Massen entlang ihrer Gipfel glitzern sehen. Die Hügel der mittleren Region waren mit Wald bedeckt; ein Wald aus gemischten Eichen und Lärchen, der noch immer die zarte Weichheit des Frühlings mit dem vollen Laub des Sommers vermischte, erstreckte sich bis zum Pfad; die weite, wellige Ebene darunter war in Felder aufgeteilt, gesprenkelt mit Hütten und wogend vom noch nicht geernteten Korn; und ein edler Meeresarm schlängelte sich fast zwanzig Meilen lang am unteren Rand entlang, verlor sich im Westen zwischen blauen Hügeln und vorspringenden Landzungen und öffnete sich im Osten durch ein prächtiges Tor aus Felsen zum Hauptozean. Aber die kleinen Gruppen, denen ich an jeder Wegbiegung begegnete, als sie mit der nüchternen, wohlbetonten Anständigkeit eines schottischen Sabbatmorgens zur Kirche einer benachbarten Gemeinde zogen, interessierten mich mehr als die Landschaft. Der Clan, der diesen Teil des Landes bewohnte, hatte in der schottischen Geschichte eine deutlich ausgeprägte Rolle gespielt. Buchanan hatte ihn als einen der furchtlosesten und kriegerischsten im Norden beschrieben. Er diente unter Bruce in Bannockburn. Er war der erste, der zu den Waffen griff, um Königin Mary bei ihrem Besuch in Inverness vor der geplanten Gewalt von Huntly zu schützen. Er kämpfte in Deutschland unter Gustav Adolf in den Schlachten des Protestantismus. Er deckte den Rückzug der Engländer bei Fontenoy und bot dem Feind eine ununterbrochene Front, nachdem alle anderen Truppen das Schlachtfeld verlassen hatten. Und es waren die Nachkommen eben dieser Männer, die mir jetzt auf der Straße begegneten. Die schroffe, robuste Gestalt, halb Knochen, halb Muskeln – die federnde Festigkeit des Schrittes – das ernste, männliche Gesicht – all das deutete darauf hin, dass die ursprünglichen Merkmale in ihrer vollen Stärke erhalten geblieben waren; und es war eine Stärke, die Vertrauen, nicht Furcht einflößte. Es gab grauhaarige, patriarchalisch wirkende Männer unter den Gruppen, deren ganzes Auftreten von einem Gefühl für die Pflichten des Tages geprägt schien; und selbst im Aussehen der Jüngsten und Unaufmerksamsten gab es nichts, was nicht mit dem Ziel der Reise übereinstimmte.

"Als ich weiterging, traf ich auf ein paar Leute, die in die entgegengesetzte Richtung gingen. Vor kurzem ist in der Gemeinde ein Versammlungshaus der Sezessionisten entstanden, und diese Leute gehörten zur Gemeinde. Ein von Gras und Unkraut fast verdeckter Pfad führt von der Hauptstraße zur Gemeindekirche. Ich konnte ihn nur mit Mühe finden, und niemand war da, der mir den Weg zeigte, denn ich ging jetzt allein. Der Friedhof der Gemeinde, dicht mit Gräbern und Grabsteinen übersät, umgibt die Kirche. Es ist ein ruhiger, einsamer Ort von großer Schönheit, der neben dem Meeresufer liegt; und da der Gottesdienst noch nicht begonnen hatte, verbrachte ich eine halbe Stunde damit, zwischen den Steinen umherzuschlendern und die Inschriften zu entziffern. Ich konnte in den groben Denkmälern dieses abgelegenen kleinen Ortes eine kurze, aber interessante Geschichte des Bezirks nachzeichnen. Die älteren Tafeln, grau und struppig von den Moosen und Flechten von drei Jahrhunderten, tragen in ihren groben Ähnlichkeiten die unhandliche Streitaxt und das zweihändige Schwert der alten Kriegsführung, die passenden und angemessenen Symbole der früheren Zeit. Aber die moderneren zeugen von der Einführung eines humanisierenden Einflusses. Sie sprechen von einem Leben nach dem Tod in den „heiligen Texten", die der Dichter beschreibt; oder bezeugen in einer ruhigen Bescheidenheit des Stils, die fast für ihre Wahrheit bürgt, dass die Schläfer unten „ehrliche Männer mit tadellosem Charakter und die Gott fürchteten" waren. Es gibt jedoch einen Grabstein, der bemerkenswerter ist als alle anderen. Er liegt neben der Kirchentür und bezeugt in einer alten Inschrift, dass er die Überreste des „ GROßEN MANNES GOTTES UND TREUEN DIENERS JESU CHRISTI " bedeckt, der in den dunklen Tagen von Charles und seinem Bruder Verfolgung für die Wahrheit ertragen hatte. Er hatte die Tyrannei der Stuarts überlebt und war, obwohl von Jahren und Leiden gezeichnet, während der Revolution in seine Gemeinde zurückgekehrt, um seinen Weg so zu beenden, wie er begonnen hatte. Er sah, wie vor seinem Tod das Patronatsgesetz abgeschafft und das Volksrecht praktisch gesichert wurde; und da er fürchtete, seine Leute könnten dazu verleitet werden, das ihnen verliehene wichtige Privileg zu missbrauchen, und da er den bleibenden Einfluss seines eigenen Charakters auf sie richtig einschätzte, gab er auf seinem Sterbebett den Befehl, sein Grab auf der Schwelle der Kirche auszuheben, damit sie ihn als Wachposten an der Tür betrachteten und sein Grabstein beim Ein- und Ausgehen zu ihnen sprach. Die Inschrift, die nach fast anderthalb Jahrhunderten immer noch perfekt lesbar ist, endet mit den folgenden bemerkenswerten Worten: „ DIESER STEIN SOLL gegen die Gemeindemitglieder von Kiltearn Zeugnis ablegen, wenn sie einen gottlosen Pfarrer hierher bringen." Hätte die Vorstellungskraft eines Dichters eine eindrucksvollere Vorstellung im Zusammenhang mit einer Kirche hervorbringen können, die von all ihren besseren Leuten verlassen ist und deren Pfarrer sich nutzlos und zufrieden von seinem Lohn mästet?

"Ich betrat die Kirche, denn der Geistliche war gerade hineingegangen. Es waren acht bis zehn Personen über die Bänke unten verstreut und sieben auf den Galerien oben; und diese bildeten die gesamte Gemeinde, da es in der Gemeinde keine ' Peter Clarks ' oder ' Michael Tods ' [18] mehr gab. Ich hüllte mich in meinen Plaid und setzte mich; und der Gottesdienst ging in seinem üblichen Verlauf weiter; aber er klang in meinen Ohren wie eine jämmerliche Verhöhnung. Der Vorsänger sang fast allein; und bevor der Geistliche die Mitte seiner Rede erreicht hatte, die er in einem leidenschaftslosen, monotonen Ton vortrug, war fast die Hälfte seiner Skelettgemeinde eingeschlafen; und der schläfrige, lustlose Ausdruck der anderen zeigte, dass sie aus jedem guten Grund auch hätten schlafen können. Und Sabbat für Sabbat hat dieser unglückliche Mann in den letzten dreiundzwanzig Jahren denselben ermüdenden Rundgang gemacht und mit genau denselben Ergebnissen; - zu keiner Zeit, die von den besseren Geistlichen des Bezirks wirklich als ihre angesehen wurde. Bruder; – von der Gemeinde nie als ihr eigentlicher Pfarrer anerkannt; – mit einer trostlosen Vakanz und ein paar gleichgültigen Herzen in seiner Kirche und dem Stein des Covenanter an der Tür. Gegen wen zeugt die Inschrift? Denn die Menschen sind entkommen. Gegen den Schutzpatron, den Eindringling und das Gesetz von Bolingbroke – die Dr. Robertsons des letzten Zeitalters und die Dr. Cooks der Gegenwart. Es ist gut, von dieser unglücklichen Gemeinde zu erfahren, in welchem genauen Sinn der Reverend Mr. Young unter anderen Umständen zum Pfarrer von Auchterarder ernannt worden wäre. Es ist auch gut zu erfahren, dass es in der Kirche Vakanzen geben kann, wo im Almanach keine Lücke erscheint."

Als ich am frühen Montag von dieser Reise nach Hause kam, fand ich einen Brief aus Edinburgh vor, in dem ich gebeten wurde, mich dort mit den führenden Nichtintrusionisten zu treffen. Nachdem ich also in dem angegebenen Auszug die Szene beschrieben hatte, deren ich gerade Zeuge geworden war, und meine zweite Broschüre fertiggestellt hatte, machte ich mich auf den Weg nach Edinburgh und sah zum ersten Mal Männer, deren Namen mir im Laufe der Kontroversen um die freiwillige und Nichtintrusion bekannt waren. Und da ich mich auf ihre Pläne einließ, wenn auch mit nicht geringer Besorgnis, dass ich den Anforderungen einer zweimal wöchentlich erscheinenden Zeitung nicht gewachsen sein könnte, die in Ishmaels Position gegen fast die gesamte Zeitungspresse des Königreichs bestehen müsste, erklärte ich mich bereit, die Redaktion ihrer geplanten Zeitung, des *Witness*, *zu übernehmen*. Abgesehen von dem intensiven Interesse, mit dem ich den Kampf verfolgte, und dem, wie ich glaubte, darin liegenden Einsatz des schottischen Volkes, hätte mich keine Überlegung dazu bewegt, einen Schritt zu unternehmen, der, wie ich damals dachte, so voller Gefahren und Unannehmlichkeiten war. Ganze zwanzig Jahre lang war ich nie auf eigene Kosten in einen Streit verwickelt gewesen: Alle meine Streitigkeiten, ob direkt oder indirekt, waren kirchlicher Natur; ich hatte für meinen Pfarrer oder für meine Mitbrüder in der Gemeinde gekämpft und würde jetzt gern mit allen Menschen in Frieden leben; aber die Redaktion einer Non-Intrusion-Zeitung brachte als Teil ihrer Pflichten Krieg mit der ganzen Welt mit sich. Außerdem war ich der Ansicht – ohne zu wissen, wie sehr der Ansporn der Notwendigkeit die Produktion beschleunigt –, dass die zweimal wöchentliche Veröffentlichung meine ganze Zeit in Anspruch nehmen würde und dass ich infolgedessen meine Lieblingsbeschäftigung – die Geologie – aufgeben müsste. Ich hatte auch einmal gehofft – obwohl die Hoffnung in den letzten Jahren schwächer geworden war –, in der Literatur meines Landes ein paar kleine Spuren zu hinterlassen; aber die letzten Reste dieser Erwartung mussten nun aufgegeben werden. Der Zeitungsredakteur schreibt in den Sand, wenn die Flut kommt. Wenn es ihm nur gelingt, die Meinung für die Gegenwart zu beeinflussen, muss er sich damit zufrieden geben, in Zukunft vergessen zu werden. Da ich jedoch glaubte, dass die Sache eine gute war, bereitete ich mich auf ein Leben voller Kampf, Mühsal und relativer Bedeutungslosigkeit vor. Als ich die Kosten berechnete, übertrieb ich sie beträchtlich; doch ich darf wohl sagen, dass ich sie in aller Ehrlichkeit und ohne böse Absicht oder Aussicht auf weltlichen Vorteil berechnete *und* mich bereit erklärte, das volle Opfer zu bringen, das die Sache verlangte.

Es wurde vereinbart, dass unsere neue Zeitung mit dem neuen Jahr (1840) erscheinen sollte; und ich kehrte inzwischen nach Cromarty zurück, um meine Verpflichtungen bei der Bank bis zum Ende des Geschäftsjahres zu erfüllen, das in den Büros der Commercial Bank Ende Herbst stattfindet. Kurz nach meiner Rückkehr besuchte Dr. Chalmers den Ort auf seiner letzten Reise zur Kirchenerweiterung; und ich hörte zum ersten Mal, wie dieser eindrucksvollste aller modernen Redner vor einer öffentlichen Versammlung sprach, und bekam eine merkwürdige Veranschaulichung der Kraft, die sein „tiefer Mund " Passagen verleihen konnte, die, wie man annehmen könnte, kaum geeignet waren, die Vehemenz seiner Beredsamkeit hervorzurufen. Um einen seiner Punkte zu veranschaulichen, zitierte er aus meinen „Memoiren von William Forsyth" eine kurze Anekdote, die in einer Beschreibung verfasst war, die die meisten Menschen in aller Ruhe gelesen hätten, die aber, da sie von ihm kam, von homerischer Kraft und Stärke durchdrungen zu sein schien. Die außerordentliche Eindrücklichkeit, die er der Passage verlieh, diente mir besser als alles andere dazu, mir zu zeigen, wie unvollkommen große Redner durch ihre geschriebenen Reden dargestellt werden können. So bewundernswert die veröffentlichten Predigten und Ansprachen von Dr. Chalmers auch sind, sie vermitteln doch keine angemessene Vorstellung von der wunderbaren Kraft und Eindringlichkeit, mit der er alle anderen britischen Prediger übertraf. [19]

Ich war dem Doktor einige Wochen zuvor in Edinburgh vorgestellt worden; aber bei dieser Gelegenheit sah ich ihn etwas häufiger. Er untersuchte mit neugierigem Interesse meine Sammlung geologischer Proben, die bereits nicht wenige wertvolle Fossilien enthielt, die nirgendwo sonst zu sehen waren; und ich hatte das Vergnügen, den größten Teil eines Tages damit zu verbringen, in seiner Gesellschaft mit dem Boot einige der eindrucksvolleren Orte der Cromarty Sutors zu besichtigen. Ich hatte lange zu Chalmers aufgeschaut, als dem Mann mit dem größten Verstand, den die Kirche von Schottland je hervorgebracht hatte; – nicht intensiver oder praktischer als Knox, aber mit breiteren Fähigkeiten; noch von Natur aus oder durch seine Leistungen geeignet, sich in der Literatur einen bleibenderen Namen zu machen als Robertson, aber von weitaus edlerer Gesinnung und mit einem größeren Verständnis des allgemeinen Intellekts. Es wäre unpassend, ihn mit irgendeinem unserer anderen schottischen Pfarrer zu vergleichen; da einige der fähigsten von ihnen, wie Henderson, kaum mehr als bloße historische Porträts sind, die von ihren Zeitgenossen gezeichnet wurden, deren wahres intellektuelles Maß jedoch aufgrund des Mangels an den notwendigen Materialien, auf deren Grundlage man sich ein Urteil bilden kann, nicht neu gemessen werden kann; und da viele der anderen ihre hervorragenden Fähigkeiten in literarischer und geistlicher Arbeit einsetzten, die zwar in ihren Folgen wichtig war, aber in ihrem Charakter kaum weniger flüchtig war als selbst die Arbeit eines Zeitungsredakteurs. Der Geist von Chalmers war ausgesprochen vielseitig. Nur wenige Männer kamen jemals in freundschaftlichen Kontakt mit ihm, die nicht darin, wenn sie wirklich etwas Gutes in sich hatten, moralisch oder intellektuell, eine Seite fanden, die ihnen entsprach; und ich war schon lange beeindruckt von dieser Verbindung, die sein Intellekt aus einer umfassenden Philosophie mit einer echten poetischen Fähigkeit aufwies, die von sehr exquisiter Qualität war, obwohl sie von dem getrennt war, was Wordsworth die „Vollendung von Versen" nennt. Es bereitete mir nicht wenig Freude, ihn bei dieser Gelegenheit als den *Dichter* Chalmers zu betrachten. Der Tag war ruhig und klar; aber es gab eine beträchtliche Dünung, die vom Deutschen Ozean hereinrollte, auf der unser kleines Schiff auf und ab ging und die die Brandung hoch gegen die Felsen trieb. Das Sonnenlicht spielte zwischen den zerklüfteten Felsen oben und im Laub eines überhängenden Waldes oder verfing sich auf halber Höhe in einem hervorstehenden Efeubüschel; aber die Wände der steileren Abhänge waren im Schatten braun; und wo die Welle in tiefen Höhlen darunter toste, war alles dunkel und kalt. Es gab mehrere Mitglieder der Gruppe, die versuchten, den Doktor in ein Gespräch zu verwickeln; aber er war nicht in Gesprächsstimmung. Es schien, als ob die an sein Ohr gerichteten Worte seine Aufmerksamkeit zunächst nicht fesselten und er mit peinlicher Höflichkeit ihre Bedeutung aus den verbleibenden Echos herauslesen und ihnen zweifelnd und einsilbig antworten musste, mit der geringstmöglichen Belastung seines Geistes. Sein Gesicht trug unterdessen einen Ausdruck verträumter Freude. Er war offensichtlich zwischen den Felsen und Waldhöhlen beschäftigt und hätte sich mehr amüsiert, wenn er allein gewesen wäre. In der Mitte einer edlen Klippe, die ihre hohe, mit Kiefern bewachsene Kuppe mehr als hundert Meter in die Höhe ragte, erhob sich ein beträchtliches, mit Büschen bewachsenes Felsplateau, das jedoch völlig unzugänglich war, denn der Fels fiel von oben steil ab und sank dann von seiner Außenkante senkrecht zum Strand darunter. Das abgeschiedene Felsplateau in seiner grünen, unzugänglichen Einsamkeit hatte offenbar seine Aufmerksamkeit erregt. *Es* war der Schauplatz, sagte ich – wobei ich die Richtung seines Blicks als Hinweis auf das *„es" nahm* –, es war, so die Überlieferung, der Schauplatz einer traurigen Tragödie zur Zeit der Christenverfolgung unter Karl. Ein abtrünniger Kaplan, eher schwach als böse, stürzte sich in einem Zustand wilder Verzweiflung in die Klippe, und sein Körper, der beim Fallen von dem Felsplateau aufgefangen wurde, lag jahrelang unbegraben im Gebüsch, bis er zu einem trockenen, weißlichen Skelett gebleicht war. Sogar noch im letzten Zeitalter behielt das Felsplateau den Namen „Chaplain's Lair". Ich stellte fest, dass meine Mitteilung, die sich in seinen Gedankengang einfügte, sowohl sein Ohr als auch seine Aufmerksamkeit erregte; und seine Antwort, obwohl kurz, drückte die Genugtuung aus, die dieser kurze Vorfall ihm bereitet hatte. Als unser Boot noch ein paar Ruderlängen weiterfuhr, störten wir einen Schwarm Möwen, die in der Sonne über einem Schwarm Seeschwalben spielten; und einige von ihnen flogen zu einem vorspringenden Felsen, der sich direkt neben dem Felsplateau erhob. Ich sah Chalmers' Augen leuchten, als er ihnen folgte. „Möchten Sie nicht, Sir", sagte er zu meinem Pfarrer, der neben ihm saß, „möchten Sie nicht eine Möwe sein? Ich glaube, das würde *ich*. Möwen sind frei von den drei Elementen Erde, Luft und Wasser. Diese Vögel segelten erst vor einer halben Minute ohne Boot, angelten und aßen gleichzeitig, und jetzt machen sie es sich bereits in der Kaplanshöhle gemütlich. Ich glaube, ich könnte es genießen, eine Möwe zu sein." Ich sah den Doktor später einmal in ähnlicher Stimmung. Als ich ihn im folgenden Jahr auf Burnt Island besuchte, bemerkte ich, als ich mich mit dem Boot dem Ufer näherte, eine einsame Gestalt, die auf dem mit Grasnarben bedeckten Trappfelsen stand, der direkt unterhalb der Stadt ins Meer ragt; und nachdem ich einige Zeit damit verbracht hatte, an Land zu gehen und um die Stelle herumzugehen, stand die einsame Gestalt noch immer regungslos da, so wie bei ihrer ersten Erscheinung. Es war Chalmers – auf seinen Zügen lag derselbe Ausdruck verträumter Freude, den ich in dem kleinen Boot gesehen hatte, und mit den Augen auf das Meer und das gegenüberliegende Land gerichtet. Es war ein herrlicher Morgen. Eine schwache Brise hatte gerade begonnen, die spiegelglatte Schwärze der vorherigen Ruhe, in der der breite Firth seit Tagesanbruch geschlafen hatte, in einzelnen Streifen und Flecken zu kräuseln; und das Sonnenlicht tanzte auf den neu aufgekommenen Wellen; während ein dünner langer Kranz blauen Nebels, der seinen Schwanz wie eine Schlange um das ferne Inchkeith zu schlingen schien, langsam die Falten seines drachenartigen Halses und Kopfes vor der schottischen Hauptstadt hob, die in der Ferne verschwommen war, und Festung, Turm und Kirchturm und den edlen Vorhang blauer Hügel dahinter enthüllte. Und da war Chalmers, der offensichtlich die Vorzüglichkeit der Szenerie genoss, wie nur der wahre Dichter eine Landschaft genießen kann. Diese eindrucksvollen Metaphern, die in seinen Schriften so häufig vorkommen und die dem Leser so oft ohne sichtbare Anstrengung die materielle Welt vor Augen führen, zeigen, wie sehr er die Schönheiten der Natur in sich aufgenommen haben muss; die Bilder, die in seinem Gedächtnis haften blieben, wurden, wie Worte für den gewöhnlichen Menschen, zu Zeichen seines Denkens und bildeten als solche ein wichtiges Element seiner Denkkraft. Ich habe gesehen, wie seine Astronomischen Diskurse von einem dürftigen und launischen Kritiker abschätzig behandelt wurden, als wären sie nur die Kapitel einer bloßen Abhandlung über Astronomie – etwas, das natürlich jeder gewöhnliche Mensch schreiben könnte – vielleicht sogar der Kritiker selbst. Die Astronomischen Diskurse hingegen hätte niemand außer Chalmers schreiben können. Obwohl sie nominell eine Reihe von Predigten sind, repräsentieren sie in Wirklichkeit jene Schule der philosophischen Poesie, zu der in der antiken Literatur das Werk von Lucretius gehörte und für die in der Literatur unseres Landes die „Jahreszeiten" von Thomson und Akensides „Pleasures of the Imagination" angemessene Beispiele liefern, und sind im heutigen Jahrhundert vielleicht die einzigen würdigen Vertreter dieser Schule. Ich vermute, derjenige, der die „Jahreszeiten" so behandeln würde, als wären sie bloß das Tagebuch eines Naturforschers, oder das Gedicht von Akenside, als wäre es lediglich eine metaphysische Abhandlung, wäre kein anspruchsvoller Kritiker.

Der Herbst dieses Jahres bescherte mir einen unerwarteten, aber sehr willkommenen Besucher, meinen alten Freund Finlay aus der Marcus-Höhle. Er begleitete mich, als ich alle meine früheren Wohnstätten besuchte, um mich von ihnen zu verabschieden, bevor ich den Ort verließ, um zum Schauplatz meiner zukünftigen Arbeit zu gehen. Obwohl er viele Jahre lang als Plantagenbesitzer in Jamaika tätig war, war seine Zuneigung immer noch herzlich und sein literarischer Geschmack unverändert. Er war ein Autor, wie in alten Zeiten, mit süßen, einfachen Versen und ein ebenso eifriger Leser wie immer. Wenn die Zeit es erlaubt hätte, hätten wir gemeinsam in den Höhlen Feuer machen können, wie wir es vor über zwanzig Jahren getan hatten, und die Küsten nach Schalentieren und Krabben absuchen können. Er hatte jedoch im Laufe des Lebens seinen vollen Anteil an dessen Sorgen und Nöten gehabt. Eine junge Dame, mit der er in früher Jugend verlobt gewesen war, war auf See umgekommen, und er war ihr zuliebe allein geblieben. Auch in seinen Geschäftsbeziehungen hatte er mit den Verlegenheiten zu kämpfen, die eine sinkende Kolonie mit sich brachte. und obwohl das westindische Klima anfing, seiner Konstitution zuzusetzen, waren seine Umstände, obwohl er einigermaßen entspannt war, nicht so, dass er dauerhaft in Schottland wohnen konnte. Er kehrte im folgenden Jahr nach Jamaika zurück; und einige Zeit später las ich in einer Zeitung aus Kingston eine Andeutung seiner Wahl in das Repräsentantenhaus der Kolonie und den Entwurf einer wohlgeformten, vernünftigen Ansprache an seine Wähler, in der er betonte, dass die einzige Hoffnung der Kolonie in der Bildung und geistigen Anhebung ihrer schwarzen Bevölkerung auf das Niveau der Menschen zu Hause liege. Ich wurde informiert, dass der letzte Teil seines Lebens, wie der vieler Plantagenbesitzer in Jamaika in ihren veränderten Umständen, ein ziemlicher Kampf war; und da seine Gesundheit schließlich in einem für Europäer wenig günstigen Klima nachließ, starb er vor etwa drei Jahren – mit Ausnahme meines Freundes aus der Doocot-Höhle, jetzt Pfarrer der Free Church von Nigg, dem letzten meiner Gefährten aus der Marcus-Höhle. Ihre Überreste liegen über die halbe Welt verstreut.

Ich beendete meine Verbindung mit der Bank am Ende des Geschäftsjahres, widmete mich einige Wochen lang sehr eifrig der Geologie und hatte dabei das Glück, Exemplare zu finden, auf denen Agassiz zwei seiner Fossilienarten aufbaute; bekam zum Abschied ein elegantes

Frühstücksservice von einem netten und zahlreichen Freundeskreis aus allen politischen Richtungen und beiden Seiten der Kirche; und wurde bei einem öffentlichen Abendessen eingeladen, bei dem ich eine Rede versuchte, die aber nur mittelmäßig verlief, obwohl sie im Bericht meines Freundes Mr. Carruthers ganz gut aussah, und für die sich die Geiger, wie ich vermute, in gewisser Weise entschuldigten, indem sie am Ende anstimmten: „Ein Mann ist ein Mann, und das ist alles." Dass der alte Onkel Sandy anwesend war und dass die Gesellschaft in der anerkannten Eigenschaft meines besten und ältesten Freundes herzlich auf seine Gesundheit trank, war, wie ich fand, nicht der am wenigsten erfreuliche Teil der Unterhaltung. Und dann verabschiedete ich mich von meiner Mutter und meinem Onkel, von meinem verehrten Minister und meinem verehrten Vorgesetzten in der Bank, Mr. Ross, und machte mich auf den Weg nach Edinburgh. Ein paar Tage später saß ich an der Redaktion – ein Punkt, an dem die Geschichte meiner Ausbildung vorläufig enden muss. Während des ersten Jahres schrieb ich für meine Zeitung eine Reihe geologischer Kapitel, die glücklicherweise die Aufmerksamkeit der Geologen der British Association erregten, die in diesem Jahr in Glasgow zusammenkamen, und die in gesammelter Form mein kleines Werk über den Old Red Sandstone bilden. Die Auflage der Zeitung selbst stieg rasch, bis sie schließlich ihren Platz unter den sogenannten erstklassigen schottischen Zeitungen erreichte; und von ihren Abonnenten sind vielleicht mehr Männer mit Universitätsausbildung als jede andere schottische Zeitschrift mit der gleichen Leserzahl. Und während der ersten drei Jahre verdoppelten meine Arbeitgeber mein Gehalt. Ich bin mir jedoch bewusst, dass dies nur kleine Erfolge sind. Wenn ich auf meine Jugend zurückblicke, sehe ich, wie es mir scheint, einen wilden Obstbaum, reich an Blättern und Blüten; und es ist beschämend genug, zu sehen, wie wenige Blüten sich gebildet haben und wie klein und unvollkommen die Früchte sind, die selbst die wenigen produktiven Früchte hervorgebracht haben. Hätte ich die Möglichkeiten der Bildung, die mir in früher Jugend geboten wurden, richtig genutzt, wäre ich noch vor meinem fünfundzwanzigsten Lebensjahr ein Gelehrter gewesen und hätte mir mindestens zehn der besten Jahre meines Lebens erspart – Jahre, die ich in obskuren und bescheidenen Beschäftigungen verbrachte. Meine Geschichte soll zwar die Übel aufzeigen, die aus Schulschwänzen und Nachlässigkeit in der Kindheit resultieren, und dass das, was für den jungen Burschen ein Kinderspiel war, für den Mann zu einem ernsten Unglück werden kann, doch sie soll auch zeigen, dass man durch gewissenhaften Fleiß viel tun kann, um einen frühen Fehler dieser Art wiedergutzumachen – dass das Leben selbst eine Schule ist und die Natur immer ein neues Studienfach – und dass der Mann, der seine Augen und seinen Geist offen hält, es immer für angebracht halten wird, ihn in seiner lebenslangen Erziehung voranzutreiben, auch wenn es harte Schulmeister sein mögen.

FUßNOTEN:

[17] Thomas Hog von Kiltearn. Siehe „Scots Worthies" oder die Billigausgaben der Free Church von 1846.

[18] Peter Clark und Michael Tod waren die einzigen Personen in einer Bevölkerung von dreitausend Seelen, die im berühmten Auchterarder-Fall ihre Unterschrift unter den *Anruf* des widerwärtigen Anwesenden, Herrn Young, setzten.

[19] Die folgende Passage wurde bei dieser Gelegenheit von Chalmers gewürdigt und erzählte sich in seinen Händen mit der Wirkung des kraftvollsten Schauspiels: „Saunders Macivor, der Maat der ‚Elizabeth', war ein ernster und etwas rauher Mann, kräftig in Knochen und Muskeln, selbst nachdem er schon sechzig Jahre alt war, und sehr geachtet wegen seiner unbeugsamen Integrität und der Tiefe seiner religiösen Gefühle. Sowohl der Maat als auch seine fromme Frau waren besondere Lieblinge von Mr. Porteous von Kilmuir – einem Pfarrer derselben Klasse wie die Pedens, Renwicks und Cargils früherer Zeiten; und als einmal in seiner Gemeinde das Abendmahl gespendet wurde und Saunders auf einer seiner Kontinentalreisen abwesend war, war Mrs. Macivor eine Bewohnerin des Pfarrhauses. Ein gewaltiger Sturm brach in der Nacht aus, und die arme Frau lag wach und lauschte in äußerster Angst dem furchtbaren Brüllen des Windes, der in der Schornsteine und rüttelte an Fenstern und Türen. Schließlich, als sie nicht länger still liegen konnte, stand sie auf und schlich den Gang entlang zur Tür des Zimmers des Pfarrers. „Oh, Mr. Porteous", sagte sie, „Mr. Porteous, hören Sie das nicht? – und der arme Saunders auf dem Rückweg aus Holland! Oh, stehen Sie auf, stehen Sie auf und bitten Sie Ihren Herrn um tatkräftige Hilfe!" Der Pfarrer stand also auf und betrat sein Kabinett. Die „Elizabeth" fuhr in diesem kritischen Moment weiter durch Gischt und Dunkelheit entlang der Nordküste des Moray Firth. Die furchterregenden Schären von Shandwick, wo so viele tapfere Schiffe untergegangen sind, waren ganz in der Nähe; und das zunehmende Rollen der See zeigte, wie das Wasser allmählich seichter wurde. Macivor und sein alter Stadtbewohner Robert Hossack standen zusammen am Kompass. Eine gewaltige Welle rollte hinter ihnen her, und sie hatten kaum Zeit, sich an den nächsten Laderaum zu klammern, als sie halbmasthoch über ihnen zusammenbrach und Spieren, Schanzkleider und Tauwerk mitriss. Sie zog vorbei, aber das Schiff erhob sich nicht. Sein Deck blieb unter einer Schaumschicht begraben, und es schien, als würde es sich mit dem Bug absetzen. Es folgte eine furchtbare Pause. Zuerst jedoch begannen der Bugspriet und die Enden der Ankerwinde aufzutauchen – dann das Vorschiff – das Schiff schien sich von der Last abzuschütteln; und dann kam das ganze Deck zum Vorschein, als es über die nächste Welle kippte. „Es stehen uns

noch weitere Gnaden bevor", sagte Macivor zu seinem Begleiter, „es schwimmt noch." „O, Saunders, Saunders!", rief Robert aus, „da war sicherlich Gottes Seele für uns am Werk, sonst hätte sie dich nie *eingeschüchtert*."